国家出版基金项目
NATIONAL PUBLICATION FOUNDATION

生态文明建设文库

陈宗兴　总主编

生态修复工程
零缺陷建设技术

下

康世勇　主编

中国林业出版社

图书在版编目 (CIP) 数据

生态修复工程零缺陷建设技术／康世勇主编 .－北京：中国林业出版社，2020.7
（生态文明建设文库／陈宗兴总主编）

ISBN 978-7-5219-0633-2

Ⅰ.①生… Ⅱ.①康… Ⅲ.①生态恢复－环境工程－建设－研究 Ⅳ.① X171.4

中国版本图书馆 CIP 数据核字 (2020) 第 104666 号

出 版 人	刘东黎
总 策 划	徐小英
策划编辑	沈登峰　于界芬　何　鹏　李　伟
责任编辑	杨长峰　梁翔云
美术编辑	赵　芳
责任校对	梁翔云

出版发行	中国林业出版社 (100009　北京西城区刘海胡同 7 号)
	http://www.forestry.gov.cn/lycb.html
	E-mail:pubbooks@126.com　电话：(010)83143523
设计制作	北京涅斯托尔信息技术有限公司
印刷装订	北京中科印刷有限公司
版　　次	2020 年 7 月第 1 版
印　　次	2020 年 7 月第 1 次
开　　本	787mm×1092mm　1/16
字　　数	1558 千字
印　　张	61
定　　价	190.00 元（上、下册）

"生态文明建设文库"
编撰工作领导小组

组　长
刘东黎　成　吉

副组长
王佳会　杨　波　胡勘平　徐小英

成　员
（按姓氏笔画为序）

于界芬　于彦奇　王佳会　成　吉　刘东黎　刘先银　李美芬　杨　波

杨长峰　杨玉芳　沈登峰　张　锴　胡勘平　袁林富　徐小英　航　宇

编辑项目组

组　长：徐小英

副组长：沈登峰　于界芬　刘先银

成　员（按姓氏笔画为序）：

于界芬　于晓文　王　越　刘先银　刘香瑞　许艳艳　李　伟

李　娜　何　鹏　肖基浒　沈登峰　张　璠　范立鹏　赵　芳

徐小英　梁翔云

特约编审：杜建玲　周军见　刘　慧　严　丽

《生态修复工程零缺陷建设技术》
编审委员会

主　任：王玉杰

副主任：康世勇　张　卫　戴晟懋　杨文斌　宋飞云　丁国栋　徐小英

编　委（按姓氏笔画为序）：

王占雄　白　莹　冯学武　杜全仁　刘德云　李　东　李　伟

李　强　李　斌　李晓刚　张慧琳　张汝民　沈登峰　杨长峰

杨志明　高俊臣　徐　惠　韩　平　康静宜

编写组

主　　编：康世勇

执行主编：张　卫

副主编：武志博　戴晟懋　杨文斌　丁国栋　田永祯　赵廷宁

作　者（按姓氏笔画为序）：

于明含　王　军　王占雄　王雨田　王建华　边丽娜　田永祯　白　莹

关　宵　关红杰　李　东　李　锐　李　强　李　斌　李永明　李学文

李爱林　李沁峰　李晓刚　刘　玉　刘　凯　刘　荣　刘秀芳　刘彩霞

刘润清　刘德云　闫　锋　杜全仁　苗引弟　邬海英　邱俊花　张　卫

张汝民　张　帅　张　帆　张国华　张美霞　张慧琳　张慧敏　闫晋华

武志博　陈鹏年　杨彦生　杨永清　杨志明　杨新选　越利龙　赵晓波

赵媛媛　贺丽娜　高天强　高俊臣　徐　惠　康世勇　康静宜　韩文卿

韩　平　程　艳　訾云岗

目　录

总　序/陈宗兴

生态修复零缺陷是加快推进绿色发展的重要理念（代序）/王玉杰

生态魂（代前言）/本书编写组

上　册

第一篇　生态修复工程零缺陷建设技术原理

下 册

第三篇 生态修复工程零缺陷建设现场

第三篇

生态修复工程
零缺陷建设现场

第一章
生态修复工程项目建设现场零缺陷技术与管理概述

生态修复工程项目建设零缺陷现场技术与管理的成功与否，直接关系到工程项目能否有效实现预期生态防护目标及其功能作用，以及项目建设施工按期保质竣工验收和质量等级的评定，这是生态修复工程项目建设现场零缺陷施工全过程中的核心内容。

第一节
建设施工现场零缺陷的全面技术与管理概念

1 项目零缺陷建设施工的概念与意义

1.1 项目建设零缺陷现场全面技术与管理的概念

生态修复工程项目建设零缺陷现场全面技术与管理，是指施工企业项目部严格依据设计方案，按照与建设单位签订的施工承包合同书中规定的施工任务工程量、工期、质量、工艺等指标和安全文明施工等约定，对所有参与工程项目建设施工人员的技术作业操作与管理，对所有施工人力、材料与机械等物资的调运供应、施工资金的周转与开支管理等，进行全方位、全过程的合理协调与零缺陷控制，即对生态修复工程项目建设所需人、财、物资源和场地实行统一规划、统一调度、统一使用的无缺陷式管理。

1.2 实行项目建设零缺陷现场全面技术与管理的深刻意义

生态修复工程项目建设设计的生态防护功能、作用和结构，直接决定着生态修复工程项目建设现场技术与管理的工作内容，因此，理清和加深了解生态修复工程项目建设所具有的特点，可以帮助所有建设人员掌握施工现场实施全面技术与管理的规律，有助于在建设施工现场实践中有针对性地实施施工作业，少走弯路或不走弯路，有效避免造成不必要的人、财、物浪费，使生态修复工程项目建设施工沿着正确、合理的零缺陷技术与管理轨道运行，实现预期的生态修复建设施工目的和达到的生态修复工程项目零缺陷建设竣工的最终目标。

2   生态修复工程项目零缺陷建设的特点

综合归纳我国南北各地区生态修复工程项目建设现场的情况，就可以确切地知道，我国生态修复工程项目建设具有以下 6 大突出的特性。

2.1   建设面积规模不一、社会与自然环境条件参差不齐

在生态修复工程项目建设过程中会遇到各种面积规模不一、自然环境条件参差不齐的生态修复工程项目建设场地，可谓千差万别，没有任何一致性和可比性。我国有面积规模可达几百公顷、几千平方公里的大型或特大型生态修复建设治理（保护）区，也有面积在几公顷甚至几十公顷的生态修复治理区。

生态修复工程项目建设除在面积规模上呈现出不同外，建设项目所处地理位置、地质地貌、海拔、气候、土壤、植被等自然条件的不同，以及项目建设区域的人口、区域社会经济发展状况、交通运输、信息流通等的差异，导致生态修复工程项目建设在平面与立体空间上的变化很大，也各不相同、各有千秋。

2.2   建设场地位居的地理位置不同

生态修复工程项目位居不同的地理位置是它们具有的共同特点。生态修复工程项目地处不同的地理位置，意味着在建设治理生态危害时要面临的交通、人力、机械、材料等资源配置条件的差异。一般来讲，生态修复建设项目区位居城市或交通线边缘，有利于生态修复建设的各种条件相对多些，如便利的交通、广泛的信息来源、充足的劳动力市场和购置各类物资材料的方便快捷，为生态修复项目建设确能带来很多的便捷条件，直接起到降低建设成本的作用；但有些生态修复建设项目则位居偏僻、交通不便、信息不通畅、海拔高、气候恶劣等具体的不利环境因素，面临的各种困难更要多些，特别是给建设施工后勤生活服务会造成一定程度的影响。总而言之，不论处于何种地理位置的生态修复建设工程项目，其修复建设施工环境条件总是有对其有利的一方面，也会存在着对其不利的因素，应该视实际情况作具体分析和认真对待。

2.3   建设所植植物种类与工程措施施工工程类型多

为了达到和顺利实现生态修复工程项目建设设计所规定的生态防护目标、功能和作用，生态修复工程项目建设从立项、计划开始，历经勘测、规划和设计直至施工，都把建设有效生态防护价值、治理和消除生态危害，营造良好生态环境作为核心课题来研究，而最终体现和展示生态建设投资价值的任务就落实到了生态工程建设中的植物措施与工程措施组合而成的具体生态施工作业项目上，因此，建设施工就应该圆满地完成这些能够切实发挥生态防护功能和作用的复合型生态建设工程项目。

生态修复工程项目建设按生态防护功能作用及其结构配置，分为植物措施和与其相匹配、不可或缺的工程措施 2 大类工程项目。按照生态修复工程项目建设划分的类型有林业防护林工程项目、水土保持工程项目、沙质荒漠化防治工程项目、盐碱地改造工程项目、土地复垦工程项目、退耕还林工程项目、水源涵养林保护工程项目、天然林资源保护工程项目 7 大类型，但是，我国

生态修复建设的地理范围广、立项治理项目的自然条件千差万别和修复建设防护的具体目标、功能作用却因地而异，适地宜植乔木、灌木与草本植物种类繁多，加之因害与因地设防、因地制宜、建设资金投入等因素，以及所采取工程措施的地域性与广泛性，致使我国生态修复工程项目建设的种类数不胜数。

2.4 建设施工作业必须配备的专业技艺和操作工种类别多

从施工建设具有稳固防护功能作用的综合性生态修复工程项目的目标需要出发，要求施工企业项目部配备生态多专业技术人员，配备种植、工建、管网安装等操作工种，如林业、水保、植保、给排水、供电等施工专业技术与工种。

2.5 建设施工所需材料类繁多

生态修复工程项目建设有别于其他建设工程施工的最大特点，就是施工所需要的材料、机械等物资种类繁多且规格和质量要求标准高。如建设施工常用材料虽然分为乔灌草植物苗木材料和配套工程措施材料，而各种类型材料按种类、规格和用途又细分为很多种，如植物苗木划分为针叶常绿乔木、针叶落叶乔木、阔叶常绿乔木、阔叶落叶乔木、针叶常绿灌木、落叶灌木、多年生宿根草苗、1~2年生草苗，配套机械沙障工程措施材料有灌草枝叶材料、黏土材料、沥青乳化学材料等，水土保持配套工程措施材料有通用硅酸盐水泥、钢材、砂、石等种类；浇灌与排水材料有输送水管网材料、绿地排水管渠材料2大类，浇灌管网系统施工材料分为水泵、喷头、镀锌钢管、非镀锌钢管、无缝钢管、铸铁钢管及配件等；供电材料分为配电变压器、电动机、三芯单相电线、四芯三相电缆、配管配线，以及各类照明灯具等；以及所必需的浇灌水、有机与无机肥料、农药剂等。

2.6 建设施工使用机械类型多

生态修复工程项目建设施工使用的机械种类，除常规的各种规格型号的运输车辆外，还需要如挖掘、推土、平整、转载、夯实、挖坑，以及栽植、移植、修剪、喷灌等机械类别。土方工程施工机械种类有各种型号的推土机、铲运机、平地机和挖掘装载机等；沟槽夯实机械有内燃夯土机、电动夯土机、电动振动式夯土机；树苗栽植机械种类有挖坑机、开沟机、液压移植机；树木修剪机械种类有油锯、电链锯、割灌机、轧草机、高空修剪机；喷灌机械种类分为固定式喷灌机、移动式喷灌机和半固定式喷灌机等；防治有害生物和植物病害常用药械有机动喷雾喷粉机、背负式喷雾喷粪机、高压动力喷雾机、车载高射程喷雾机、车载式远射程风送喷雾机、背负式热力烟雾机、普及型肩挎式烟雾机、灭虫布撒器、打孔注药机等。

3 建设施工现场全面技术与管理的零缺陷要求

生态修复工程项目零缺陷建设技术与管理要面对的现场情况：一是施工作业项目和工序繁多；二是工程质量要求严格且标准高；三是作业工期短暂；四是施工作业操作人员的工艺水平和素质良莠不齐；五是要求各工序、工种和人工与机械协调配合作业程度高；六是要求施工材料供应及时且质量、规格达标；七是要求做到安全文明建设施工作业；八是建设施工后勤生活服务必须达到实用、安全的质量保障。为此，生态施工企业项目部应在施工全过程自始至终贯彻和把握住以下 8 个方面的技术与管理零缺陷要求。

3.1   必须零缺陷地保证和体现生态修复建设设计的真正意图

3.1.1   必须严格按照生态修复建设设计方案施工作业

生态修复工程项目建设施工的所有活动就是把生态修复工程项目建设设计意图转化为生态修复工程项目环境中实有的防护功能实体。为此，应在建设施工全过程按照设计方案规定的技术工艺、规模、规格等进行施工作业，以保证所施工作业的生态修复工程项目符合生态建设质量要求，顺利通过建设单位（甲方）的竣工验收。

3.1.2   在生态修复建设施工过程中创造性地发挥

随着社会各界对生态修复防护工程项目具有更多、更高功能、更高价值和更高作用的要求，加之随着生态修复建设施工新技术、新材料的引进和应用，就对建设施工技术与管理的水平提出了更高要求；特别是有一些因建设决策和设计时间短暂而必须建设施工的工程，有些设计方案仅有总体设计平面图和防护目标的大体要求，或者没有分项、立面、结构等细致性设计内容；再则，即使设计方案已经做到了相当程度的细化处理，但在生态修复建设施工现场和过程中总会发生与项目建设有密切关联而又出乎设计之外的各种技术事项，这是所有生态修复工程项目建设施工实践所面临的必然问题。这就要求施工企业项目部积极开动脑筋、集思广益、因地制宜、实地适技，在生态项目施工全过程标新立异地开展施工技术与管理的创新活动，超常规地发挥项目部的集体智慧力量，排除和解决施工过程中出现的任何技术难题，在原设计方案基础上创造性地锦上添花，建设出生态修复精品工程。

3.1.3   建设施工要对生态修复建设项目总体方面进行把握和均衡

从生态修复工程项目建设立体断面上观察，涉及地表面的施工项目有地形地貌处理、造林种草整地、配套建筑物建造和工程措施设施布置等，涉及地表下的项目有基础设施、管网铺设与安装等内容。从生态修复建设施工全过程分析，在建设施工现场前有立项、规划、可行性分析、设计、招投标、签署建设承包施工合同、建设施工人财物准备等；在建设施工现场涉及的技术与管理内容有工程质量、工期进度、安全文明作业和后勤保障等；在抚育保质过程中涉及的技术与管理内容有抚育保质机制的设立与正常运行、生态修复防护植被病虫害防治、防灭火措施、防毁损管护措施等；在竣工验收过程，涉及所完成生态修复建设项目的工程质量、工程数量以及工程资料等的验收与移交，以及生态修复工程项目建设竣工后的承包施工结算、施工技术与管理工作总结等内容。总而言之，就是要求所有参与生态工程项目建设施工各方，在生态项目建设施工全过程的技术与管理中，必须做到统一筹划、统一调度、统一管理，对施工全局进行整体性的合理安排与布置。

3.2   要营造良好的生态修复工程项目建设施工文化理念氛围

刚柔交错，天文也；文明以止，人文也。关乎天文，以察时变；观乎人文，以化成天下。

——《贲卦·象传》

生态修复工程项目建设施工的文化理念，是指施工企业在长期生产实践中形成的共同思想、作风、价值观和行为准则，是项目部全体成员共同认定且遵守的具有本企业个性的信念和行为方式。施工文化理念实质上是一种企业管理哲学理念与施工现场情况紧密相结合后形成的结晶和精髓，是施工企业最持久、最顽强、最具激励作用、最具有凝聚力和最有代表性的核心素质能力、战斗力的真实表现。

现代企业管理强调以人为本的理念，它主要是体现在人性化和柔性化的管理方式上，注重依靠人的重要性，发挥人的精神、智慧力量与作用。因此，文化理念又是现场施工技术与管理的灵魂。施工文化理念的建设与管理，也是项目部在施工全过程中未列入任务指标的重要施工项目内容。自强、自律、优秀、独特、有效、诚信、顽强和具有创新的施工文化理念是企业规章制度、企业发展战略和愿景规划的重要组成部分，对于增强项目部施工队伍的凝聚力和战斗力，增强员工的团队协作精神，培养员工树立新理念、新价值观、新职业道德观，有着十分重要的作用。生态修复建设施工的实践充分证明，只有加强项目部文化理念建设和管理工作，注重员工心灵的塑造和启迪，创建良好的具有特色的施工文化理念，提高项目部全体人员的整体素质和自主管理水平，才能高度发挥项目部在生态项目施工全过程的技术与管理作用，建造出一流的生态修复防护精品工程。

塑造生态修复工程项目建设施工的文化理念，项目部应该主要关注以下 6 个要点。

（1）注重营造具有"团结、民主、学习、创新"4 乐章特色的施工文化理念环境氛围。

（2）在执行施工规章制度、技术规范标准和生活待遇面前人人平等。

（3）确立"建设精品工程，打造精彩人生"为目标的生态修复工程项目建设施工行为文化。

（4）用"聚是一团火，散是满天星"的星火哲理教育所有施工人员。

（5）倡导全体员工共同建设施工文化理念，引导、培养所有施工人员爱岗敬业、诚实守信、顽强拼搏的职业道德精神和作风。

（6）把员工期望达到的施工价值目标与项目部完成生态工程项目建设施工具体的工作任务目标有机地结合在一起，从而激发员工内心为之全力拼搏、努力工作的信念和动力。

3.3　规范生态修复建设施工技术、作业操作工艺水平的专业娴熟力度

生态修复工程项目建设施工是一门融科学性、技术性、艺术性和自然性为一体的实践行为活动。因此，从施工技术与管理角度出发，要求各专业技术、管理人员和各工种工人具备专业、娴熟的技术和工艺水平。这也是规范施工、标准施工、效率施工、安全施工、文明施工，顺利实现工程质量、工期、效率、效益和安全文明建设等目标的需求和要求。具备高娴熟力的施工专业技术和作业操作工艺有以下 6 方面的作用。

（1）可以有效地保证施工项目的工程质量，减少和杜绝建设施工质量事故。

（2）可以加快施工进度、缩短工期。

（3）可以起到有效提高单项工程施工作业的工效。

（4）能够有效地减少各种施工材料的浪费，起到节能降耗、降低施工成本的作用。

（5）可以显著提高和体现施工技术经济和工程综合经济的效益。

（6）能够极大地降低各类施工安全文明事故的发生机率，提高安全文明标准化施工作业操

作的程度，有效防止施工安全文明施工隐患。

3.4   要求生态修复建设施工工序的衔接恰合时宜

3.4.1   有序衔接工序的重要性

生态修复工程项目建设施工作业属于在特定区域建设具有立体生态防护功能作用的工程施工项目，从地表到地下的有限立体空间里，要建成由多措施项目构成、分时间段作业和由各工序施工队协同配合完成的特殊复合型生态修复工程项目。为此，各施工工序的有序衔接显得尤为重要。因此，就应严格要求各工序之间实现有序、有效的衔接。在施工过程中，各工序与上一道工序过早、过晚衔接都会对工程建设施工不利。其不利影响作用主要如下所述。

（1）工序衔接过早的危害。当上道工序尚未完全结束或施工操作项目正处于保护状态时，衔接过早极容易造成现场的混乱和人为破坏上道工序质量；它会对整体工程质量产生不同程度的负面影响；在此期间若发生技术或安全等任何施工责任事故，极有可能处于一种说不清的境况，对正常施工进程危害性极大。

（2）工序衔接过晚的影响。工序衔接过晚，会滞碍施工进度、耽误施工工期；给后序施工操作造成一种紧迫感压力，容易出现为赶工期忽视作业质量的问题，对整体工程施工质量也会产生极大的负面影响。

3.4.2   有序、适时衔接工序作业的正确做法

当前一道作业工序正处于操作尾期时，拟作业的下道工序施工队负责人应立即与其进行技术与工艺上的联系和沟通，了解和掌握现场工作面操作的详细情况后，及时与其办理有关施工文件、图纸等资料的交接，并对接受过来的文件、图纸等资料进行反复研读，做到心中有"数""量""形"印象，然后对照现场施工场地情况编制本道工序的施工作业实施方案；当前一道工序施工队对施工场地完成"4 清"扫尾，撤出施工现场后，本工序施工队方可进入施工场地进行材料、器械等的布设和作业操作。

现场施工作业"4 清"的工作内容：①施工队对本队工序作业操作完成的工程数量和质量清楚；②对有继续使用价值的施工材料、操作器械、工具及时分门别类的归整，要登记清楚；③对本工序施工现场产生的废弃物进行彻底的清理和清除，要环境清洁；④对本工序施工作业操作过程的所有技术记录资料进行详细的填写、整理和装订登记，做到资料清楚。

总而言之，理顺工程施工所有工序的作业程序，把握住在恰当的时机，适时地进行各工序的良性衔接，对工程施工有极大的推动和促进作用。这是现场施工技术与管理的基本要求。

3.5   要求建设施工技术与管理做到称职、到位和有效

把生态修复工程项目建设整个施工过程作为一个有机的系统工程来对待，进行合理、有效的调度和控制是施工技术与管理称职、到位的工作内容，也是项目部实现预定技术与管理目标的前提保证。为此，对施工过程进行称职、到位和有效技术与管理的具体要求归纳如下。

（1）应该依据施工作业实施方案，把施工涉及的人员、材料与机械器具、工序、技术与工艺要求、质量指标、工期期限、安全文明制度和后勤服务等所有的一切，都纳入施工技术与管理系统之中，做到施工技术与管理心细如麻、忙而有序。

（2）在施工全过程都应该积极努力做到称职、到位的技术与管理，并始终如一。

（3）在施工全过程应该采取规范、措施得力和立竿见影的技术与管理的方法和措施，力争使施工技术与管理起到明显的施工效果作用。

3.6　要求所备施工材料质优、规格达标且供应接续

中国有句俗语是"巧妇难为无米之炊"。同理，生态修复工程项目建设施工如若没有充分准备到位的优质材料，没有有效的采购、调运和供配管理，也将会是"无米之炊"的结果。因此，在生态修复工程项目施工前的准备时期，要对施工所需各种材料的采购、运输和有序的接续供应进行技术与管理就是一项非常重要的工作。为此，在对其管理中应该特别注意以下 5 项要点：

3.6.1　计划到位

严格依据施工作业实施方案所包括的单、分项工程类别和工程量清单，详细计算、列出整个工程施工所需材料的基础清单。基础清单内容应详细注明材料序号、品名、质地或型号规格、单位、使用或保质期、预算单价、数量、库存防护要点和分期调运等。

3.6.2　精确选购

在采购施工材料时，应仔细甄别、防止误购到假冒伪劣产品，货比三家，选购优质、货真价实和用途、功能、规格、型号等符合施工技术与管理要求的各种材料。

3.6.3　稳妥包装

对采购到的施工材料在运输过程应按产品的性质特点，采取必要的包装或包裹、捆绑或其他保护措施，运至施工现场必须先办理入库登记手续和采取必需的防护措施。

3.6.4　实行严格的领用料管理制度

施工队领取材料时必须填写和办理领取材料的例行审批手续，并按时间和以队为单位进行材料使用和消耗的统计、汇总、考核以及损耗分析。

3.6.5　按施工进度安排材料进场时间

对施工过程需分期、分批调运使用的材料，应在与供货商签订供货合同中明确约定，按施工所需材料的使用需求时间分次调运。常规做法是根据运距和运输时间，当上一批次材料在施工用至 1/4~1/3 时即可通知送货或自行组织调运。

3.7　要求项目建设施工质量达标且经得起现场监理的零缺陷检测和验收

生态修复工程项目建设施工技术与管理工作只有全部称职和做到位，并关注了每一处的施工细节，把每道工序的每件小事做细做精，才能创造出生态防护精品工程项目。施工技术与管理最核心的原理讲的就是做事不贪大，做人不计小。也就是说在施工中，每一个人、每一时、每一刻、每一项技术措施、每一处作业细节、每一项技术工艺、每一种材料的质量与规格、每一道工序等，都要朝着力争尽善尽美的方向努力和发展，那么无数个细微、细小的优等质量组合起来就是一项经得起任何质量监理、检测手段验证的优质精品工程。因此，在生态修复工程项目施工全过程，从开工的第一天始，每一名施工技术与管理人员的敬业与责任素质、计划与管理素质、技术与操作工艺等素质或技能，每天提高一点，那么对整个工程而言，其质量就会每天提高一大步。

3.8　要遵循"施工管理＝简单＋勤奋"的施工现场管理模式

　　生态修复工程项目建设施工技术与管理应遵循："施工管理＝简单＋勤奋＝保质按期竣工"的管理模式。施工中最简单、最直接、最有效的管理机制应该是，每名员工只有1个顶头上司管理者，这是提高工程施工工效最基本也是最关键的组织管理框架机制。这是因为，在一般情况下，员工或者各工种操作工人的上司就是项目部经理或施工队长，他只需听从这个人的指挥、指令或要求即可，这种施工管理机制就是最简单的，最简单的管理也就是现代企业，特别是生态修复工程施工企业必须应遵循的最先进、最时尚和最合理的管理模式，也是一家企业从一般做到优秀，又从优秀做到卓越的秘诀。试想，如果一名员工既要听从项目部经理的直接领导，又必须要服从总工的指令，还要按副总工的指示开展工作，那这名员工势必要花许多精力和时间去平衡这么多的"管理关系"，他的工作目标就不是工程施工这个大目标，而是为应付这些关系在费力地奔波和"工作"，他还能把更多的心思放在施工技术与管理赋予他的工作职责上吗？因此，在施工过程，项目部每位员工只能有1个顶头上司，每名操作工人只能有1个施工队长或作业班组长是他的直接领导，作为员工或工人，他只需对这名直接领导负责，其他任何职务的领导包括总经理在这里都没有发言权；同理，项目部经理也只能听命于1个总监上司。这样的施工管理模式，才是最符合施工技术与管理的自然规律和特点，才是最简单和最有效的施工管理体制，才可以让员工和工人全心全意地把精力放在施工上，才能使每名员工和工人自觉自愿地为完成施工任务动脑筋想办法，勤奋地做好工作职责之内的每件事，最终使工程施工在有效保证质量的同时，按期完工、提交验收和移交。

第二节
建设施工现场零缺陷的全面技术与管理步骤

　　生态修复工程项目建设施工现场零缺陷全面技术与管理的步骤，是指生态修复工程项目正式施工作业开工前，在全面、合格、零缺陷地完成各项技术与管理准备工作的基础上，严格按照施工合同规定的各项任务指标，密切结合施工场地的自然条件和施工准备情况，制定出的施工技术与管理工作实施项目内容的合理工作程序。只有按符合工程施工自然规律的技术与管理程序运行，才能够使项目部施工人员对施工全过程、整个施工项目有清晰的了解和深刻的认识，才能指引施工有正确的方向和目标。理清工程施工现场全面进行的技术与管理程序，对有效保障施工质量、加快进度，做到安全文明规范施工，有效降低施工成本等方面有着积极的促进和推动作用，它是项目部对工程施工全过程、全体施工人员和全部机械材料进行科学、合理、有效、实用的指挥调度、协调控制管理的指南针。生态修复工程项目建设施工现场执行零缺陷全面技术与管理的6个步骤如下。

1　第1步骤：零缺陷核实已准备的人、财、物等施工资源

1.1　核实已准备的人、财、物等施工资源

生态修复建设施工现场零缺陷全面技术与管理执行的第1步骤工作内容是：对施工前已准备完毕的所有人、物、财等施工资源配置情况进行核查、核实。开展该步骤工作主要是为了进一步夯实和完善施工准备工作，做到不打无准备之仗。

1.2　核实已准备的人、财、物等施工资源的具体工作内容

核实已准备的人、财、物等施工资源具体的工作内容如下。

（1）对工程施工人力与劳动力配置情况进行核实。应对各专业技术与管理人员、各工种技术工人和劳动力详细复查、核实，若存在工种或人员短缺要及时采取补充招聘等办法充实。

（2）对已制定出的施工作业实施方案、施工规章制度，再比对施工现场情况作进一步的审阅、补充和完善。

（3）对照施工工程量所需的机械、材料清单，再仔细盘点、核实其质量、规格和数量，以及检查存放施工材料的临时库存防护措施是否得当等。

（4）对已筹集到位的工程施工周转资金额及其相应的开支管理办法进行检查与完善。

（5）详细检查施工现场用水、用电、临时建筑、道路和运输能力等设施的安全性能，其功能配置和数量是否满足施工需要等状况，若有漏项或不齐全应及时设法补救。

（6）应及时与工程建设、设计单位沟通联系，申请其对施工进行全面、详细的技术交底与技术示范等。具体的施工现场第1步骤工作内容如图1-1。

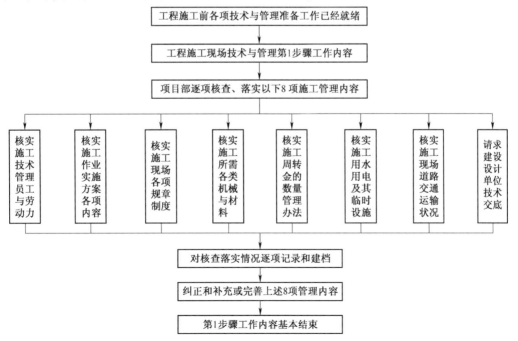

图 **1-1**　工程施工现场第 1 步骤工作部署

2　第 2 步骤：制定现场零缺陷组织管理措施

2.1　制定现场零缺陷组织管理措施的目的意义

　　生态施工企业项目部在已核实已准备完毕的人、财、物等施工资源基础上，应立即制定出现场零缺陷组织管理措施，这是保证施工作业有序、正确开展生态修复工程项目零缺陷施工技术与管理的前提。对有效确保生态修复工程项目零缺陷的施工质量、工期进度、安全文明规范施工有着积极的促进作用。

2.2　制定现场零缺陷组织管理措施的工作内容

　　制定现场零缺陷组织管理措施的具体工作内容有如下 5 项。

　　（1）详细调查工程施工场地的自然条件及其危害，如地形地貌高程、地质构造、地下水位、气候、土壤类别及其理化性质、乡土植物树种等情况。

　　（2）认真研读、熟悉工程设计方案所有的说明书、图纸等资料，如设计平面图、立体鸟瞰图、分单项构造图、设计说明书、项目规格及工程量清单、质量指标、进度要求、项目施工程序、养护保质标准及期限要求等。

　　（3）对工程施工总任务量按专业工种的不同类别进行合理分解和落实。

　　（4）项目部与其各专业施工队签订包括施工作业任务量、质量责任目标、安全文明作业等内容的合同，明确双方各自所应该承担的义务和责任，以及项目部对其进行考核奖罚管理的办法和指标。

　　（5）项目部详细地向施工队进行施工作业操作的技术交底和技术操作示范工作。

　　生态修复工程项目施工现场第 2 步骤工作内容如图 1-2。

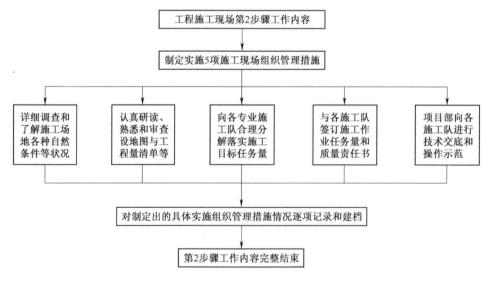

图 **1-2**　工程施工现场第 2 步骤工作部署

3　第3步骤：实施零缺陷技术管理措施

3.1　实施零缺陷技术管理措施的工作内容

建设施工现场全面技术与管理的第3步骤工作，是指施工队接受任务后的零缺陷技术管理措施行动。其4项具体工作内容如下。

（1）根据欲施工作业操作的专业工种类别，认真查阅、熟悉相对应的作业操作技术规程、规范、标准、质量和进度要求等，做到对号入座、严格规范操作。

（2）施工队认真负责地向所有技术工人进行作业操作的技术交底和技术示范，同时详细地向每一名工人讲解技术操作的要点、难点、注意事项和技术规范动作等要求。

（3）施工队和项目部专业技术员共同组织工人对施工场地进行准确的测量放线和设置标桩等工作。

（4）施工队组织用于工程施工的机械、材料和配件等进入规定的施工场地位置；同期，要对机械进行必要的安装和调试，对材料采取防雨或防风等防护措施。

3.2　实施零缺陷技术管理措施的管理部署

实施零缺陷技术管理措施具体部署，按如图1-3所示的施工现场第3步骤工作部署实施。

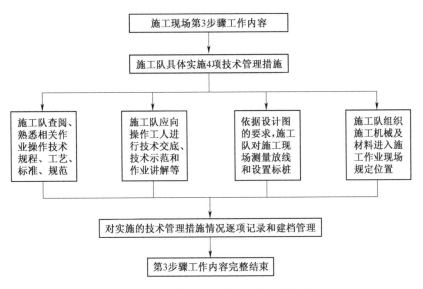

图 **1-3**　工程施工现场第3步骤工作部署

4　第4步骤：控制、协调和协商的零缺陷管理

4.1　控制、协调和协商的零缺陷管理工作内容

生态修复工程项目建设施工现场全面技术与管理第4步骤的零缺陷内容如下所述。

（1）施工队按照工程施工的工序顺序，组织和管理工人进行全方位的施工作业操作。

（2）项目部对施工现场实行全方位、全过程的技术与控制管理。其工作内容是：对施工作业的质量进行检查和控制管理；对施工作业进度的检查与控制管理；对施工现场规章制度执行力的管理；对施工安全文明的检查管理；对施工材料接续供应的检查管理；对施工财务日常收支的管理；对施工现场成本控制的管理；对施工文件、图纸、日志等资料的建档管理；对施工后勤生活服务的管理；对施工现场"3 防"（防火、防盗、防洪）的检查管理；对施工设计变更的技术与管理。

（3）项目部认真接受工程建设、监理和设计单位的现场监理、检查和指导。

生态修复工程项目建设施工第 4 步骤属于施工的关键性技术与管理工作内容，也是工程施工的核心，必须始终进行严格、到位和有效的管理。

4.2　实施控制、协调和协商的零缺陷管理部署

第 4 步骤的零缺陷工作具体内容如图 1-4。

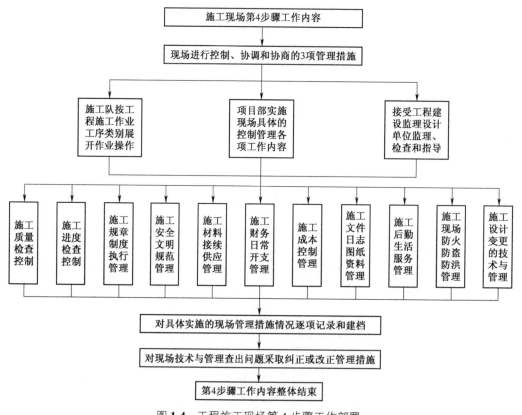

图 1-4　工程施工现场第 4 步骤工作部署

5　第 5 步骤：施工尾期的"4 清"零缺陷管理

5.1　施工末期"4 清"零缺陷管理的工作内容

实施生态修复工程项目施工技术与管理的第 5 步骤，标志着生态修复工程项目建设施工现场

大规模的作业操作已接近尾期，施工已进入作业实施的期末阶段，其工程项目的施工即将进入现场保护、保质和防护时期，此时应对施工作业现场全面实行"4清"零缺陷技术与管理。

5.2 实施施工末期"4清"零缺陷管理的具体工作部署

生态修复工程项目施工末期"4清"零缺陷管理的具体工作内容如图1-5。

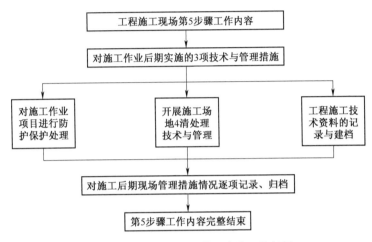

图 1-5　工程施工现场第 5 步骤工作部署

6 第 6 步骤：抚育与保质养护的零缺陷措施

6.1 保质与养护措施的零缺陷工作内容

对生态修复工程项目建设施工现场作业完毕的所有工程项目进行零缺陷保质与养护，是生态修复项目施工全过程不可欠缺的工作内容，通过采取有效、到位的保质养护技术与管理综合措施，可以起到弥补设计、施工过程中未考虑或遗漏的一些瑕疵或缺陷的作用，或者由于工程量特别微小不值得办理施工设计变更手续的一些项目，均可以在保质养护过程中给予合理、有效、到位的零缺陷处理和完善。生态修复项目建设保质养护期限视项目建设规模和技艺、工序难易程度，分为2~3年、特殊类型的工程为4~5年，也有1年保质养护期限的微型工程。为此，项目部应该抽调合适的专业人员实施工程保质与养护的技术与管理工作。该步骤需要做的零缺陷技术与管理工作内容是：①必须建立专业的工程保质养护队，对已完工工程实施全方位的保质养护技术与管理。②制定翔实的工程保质养护技术与管理规章制度和监督体制，把工程保质养护各项技术与管理措施落实到位，防止发生功亏一篑、前功尽弃的现象。③工程保质养护队在规定的保质养护期限之内，应从始至终认真负责地履行工程保质养护的工作职责，使保质养护工作为工程施工锦上添花。④建立工程保质养护记录制度，并实行技术与管理资料的建档保管。

6.2 保质与养护措施的零缺陷工作部署

生态修复工程项目施工第6步骤的零缺陷工作部署如图1-6。

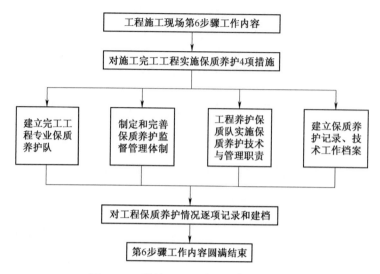

图 1-6 工程施工现场第 6 步骤工作部署

第二章
生态修复工程项目建设现场零缺陷施工组织与管理

第一节
建设施工现场的零缺陷组织及其结构

1 施工现场的零缺陷组织

生态修复工程项目建设施工现场零缺陷组织，是指项目部在营造防护措施得当、布局合理、现代化的生态修复工程项目良性环境过程中，按照企业运作形式组建的单位群体，它是生态修复建设施工现场管理的重要职能部门，是人与人之间或人与物之间资源配置与消耗的活动主体；施工现场组织作为企业的派出性实体单位，应该具有明确的工作行动目标和领导、协调与控制的管理职责。生态修复工程项目建设施工现场组织管理的含义，就是项目部对拥有、掌控的员工与劳动力、机械与材料和资金等资源，在符合生态修复工程项目建设施工自然规律的基础上，把完整、系统的工程项目建设施工目标任务分解成不同的单项与分项工程类别，并由相对应的专业施工队承担完成这些单、分项工程；同时确定和合理计划、安排这些单、分项工程施工作业的必要工序；然后应用综合性的技术与管理方法来确保这些单、分项工程与工序的得到有效的实施，各工序之间即相对独立作业操作，又相互紧密联系、衔接和协调，它们形成具有施工整体系统性和有机性的行为活动过程。

为保证生态修复工程项目建设施工现场组织管理的有效运转，满足项目建设零缺陷施工的需要，项目部要以既定的施工组织目标为前提，根据所处的自然环境条件和各种合成要素，将实现施工组织目标所必须要进行的综合技术与管理措施加以分类组合，并根据技术与管理的规律与原理，划分出不同的专业或工种管理部门与层次，也要将控制、监督各专业或工种活动的管理职权授予各部门、各层次主管负责人，以及规定这些管理部门和层次之间的相互配合关系，即确定施工现场的组织结构框架。其目的就是要通过建立一个适合于施工现场组织成员相互合作，发挥各自职能作用的内部和谐工作环境，从而消除由于施工技术与管理工作行为或职责方面可能引起的各种冲突，使施工现场组织成员都能在各自岗位上为项目建设施工目标的实现作出应有的贡献。

2　施工现场的零缺陷组织结构

项目部采用的施工现场零缺陷组织结构形式，通常取决于欲施工的生态修复工程项目建设设计方案中的项目构成、工程量规模、施工技术与工艺水平、施工场地自然环境条件、质量标准要求、工期进度和企业的组织机制要求等。但设计得再完美的施工组织结构，在实践中运行一段时间后也都必然要进行变革与调整，这样才能更好地适应施工组织内外部环境条件变化的要求。主持施工现场组织变革是任何施工企业都不可回避的问题，也是生态修复工程项目建设施工项目部行使零缺陷技术与管理职责的一项重要工作，而能否抓住时机顺利推进组织变革则成为衡量管理工作有效性的重要标志。

当生态修复工程项目建设施工技术与管理处于规模扩大化、工程项目构造复杂化和建设技艺精细化的情况下，其工程现场施工组织的规模则趋于扩大和业务关系联系更加紧密的状态，故此，施工组织结构在整个工程的施工技术与管理工作中的作用变得日益显著、重要，组织结构已经成为了生态修复工程项目建设施工中重要的管理问题。为此，应在具体生态修复工程项目建设施工实践工作中着重解决涉及零缺陷组织结构的以下 4 个问题。

（1）设计和构建适合生态修复工程项目建设施工的现场零缺陷组织管理结构。所谓零缺陷组织结构的设计，就是把为实现施工组织管理目标而需要完成的工程项目施工任务，不断划分为若干专业或工种不同的施工作业操作业务，然后再把这些业务"组合"成若干部门，并随之确定这些若干部门的施工技术与管理的工作职责或职权。

（2）拟定生态修复建设零缺陷施工组织管理结构改革的具体方案。随着生态修复工程项目建设施工市场竞争程度的加剧和生态修复项目设计、建设方面的科技进步与发展，工程施工的组织管理结构必须与之相适应，那么，唯一的出路就是同步进行组织管理结构的变革和创新，即与时俱进。

（3）努力建立和完善零缺陷施工组织管理结构的运行机制措施。包括以下 2 项具体内容。
①把握住组织管理结构运行过程中的调控和纠偏。
②建立健全各项组织管理规章制度并始终零缺陷贯彻执行。

（4）强化现场零缺陷组织的各项管理建设工作。基于施工零缺陷组织结构建设变革与创新的任务，项目部要进一步强化下属各专业施工队在组织管理方面的制度化、规范化、标准化和效率化的建设工作，对员工与操作工人进行合理、有效的岗位设置、分工和作业操作工作业务量的分配。

第二节
建设现场施工的零缺陷调度管理

1　施工现场零缺陷调度管理的原则和制度

针对生态修复工程项目建设施工过程面临的施工工序项目多、复杂且技术操作要求工艺水平高、施工质量标准高、工期紧，易受各种内外因素的影响，施工中不同专业、不同工种必须要适应客观形势的这种不断变化，以及施工工序衔接、所需材料供应和工地周边环境等复杂条件的变化，为此，只有实行施工作业中的零缺陷调度才能随时根据变化的信息情况，及时对人、物、财等施工资源重新进行调整、部署和安排，以变应变。建立和实施施工现场零缺陷调度管理的机制，就是为了有效完成工程施工总任务目标、提高工效、保证工程施工质量、按工期进度完工，采取必要的措施平衡各施工队对人、财、物需求的技术与管理。

1.1　施工现场零缺陷调度管理的基本原则

为了实现生态修复工程项目建设施工有序、不偏离建设总目标和按预定施工程序运行的目的，施工现场零缺陷调度必须以施工作业实施方案为依据，在具体执行中遇到内、外部因素发生变化、施工计划失去平衡时，应立即请示项目部经理，及时修改和调整原计划，使整个施工过程始终处于一种"平衡—不平衡—平衡"的态势下运行。及时、全面、稳妥地推行生态修复建设施工现场零缺陷调度需要掌握的 6 项基本管理原则如下。

（1）计划性原则。应严格按照生态修复项目建设施工计划步骤进行作业运行，是现场调度管理的第一个原则。遵守计划性的基本原则是现场调度管理为了保证施工的所有行为活动，在施工规定完成的时间序列内围绕着施工目标而实施完成的工作量。然而，由于生态修复工程项目施工作业是一项十分复杂的过程，易受各种因素的干扰影响，施工中不同专业、不同工种必须要适应客观形势的变化，并遵守新的施工调度调整指令的安排，以实现和确保工程施工任务这个总目标。

（2）权威性原则。施工现场调度令必须得到认真服从和贯彻执行。这是为完成预定施工总任务目标形势所决定的，不容有任何敷衍或置若罔闻的现象发生。在施工过程当单纯某一专业施工项目、工序发生一般性变化时，只需在这个项目或工序施工队范围内及时给予合理协调解决，不可随意下达调度令；当发生涉及 2 个以上工序的施工项目受到影响变化时，则必须立即报告项目部经理并及时向相关各方下达调整调度令，各施工队接到调度令后必须立即在规定期限内严格执行。

（3）及时性原则。生态修复工程项目建设施工现场调度令要迅速、果断和准确。调度是建立在对施工现场全面收集信息、了解情况、认真分析和充分比对施工计划的基础上，作出的最佳调整计划决定，是解决施工变化、避免引发矛盾而采取的管理措施和办法，所有人员都应该及时执行调度决定。

（4）预见性原则。生态修复工程项目建设施工现场调度要有预见性。应根据生态修复施工现场自然环境变化的具体条件、施工队自身技术素质与操作工艺水平和材料供应等情况，对施工过程中可能发生的问题提前做出预见性评估，并采取适当防范对策和准备技术与管理措施。

（5）统一性原则。生态修复工程项目建设施工现场调度要有工程整体施工的全局性。在施工过程当现场环境和施工资源人、财、物某一项因素发生变化时，都必然会涉及和影响到整个工程各单分项工程、各道工序的施工作业进程，牵一发而动全身。因此，在分析、判断施工现场的变化时，项目部及其各施工队负责人心中要有施工的全局性观念，冷静把握住工程施工的整体统一性，不可顾此失彼或拆东墙补西墙。

（6）技术性原则。生态修复建设施工现场调度要从工程施工具有的不同项目施工特点、程序规律、作业工艺与操作技术要求出发，遵守生态修复建设施工的技术机理，立足于施工现场客观实际情况，使施工调度工作既符合专业技术性，又具有科学性、工艺性、合理性、实用性和适用性。

1.2   施工现场零缺陷调度制度

生态修复工程项目建设施工现场应执行以下 5 项零缺陷调度管理制度。

（1）调度日常值班制度。在生态修复项目施工现场，施工项目部应根据工程施工作业的规模和复杂程度适当安排可安排 12 人 24h 调度值班，并编排调度人员轮流值班表。

（2）调度报告制度。在调度值班期间若接到工程施工突发事件的信息，对其 4 种处理方法是：①要记录清楚事件的时间、地点，事件中我方与外方主体单位或人员的姓名、联系电话、事件起因或结果等详细情况。②要冷静分析它对工程施工带来的影响范围、程度和造成的损失预估。③提出应对调整调度的措施方案。④及时报告项目部经理或调度主管领导裁决处置。

（3）调度会议制度。根据生态修复建设施工作业规模和工艺复杂程度，应按时间安排日、周、旬调度会议制度。其会议的 4 项主要内容包括：①值班调度员汇报前一天、上周或上旬施工进展情况和存在的主要问题，同时提出解决问题的技术思路、途径或方法的建议，以及当天、本周或本旬施工安排意见。②听取各部门、各施工队急需解决的施工技术与管理问题汇报，并与各方协调解决当天、本周或本旬施工中的技术与管理问题和难题。③部署当日和第二日、下周（旬、月）的施工作业任务。④对施工工程量、质量、进度和安全文明等活动进行分析、总结。

（4）调度现场制度。生态修复建设施工调度应根据施工作业实施方案和施工调度计划安排，定期和不定期到施工现场实地对施工进度与质量状况、人员思想动态、工序衔接、材料供应等进行检查和记录，掌握施工第一线的真实情况，为正确调度调整提供充分的依据。

（5）调度记录制度。生态修复施工现场调度应该形成及时、完整和规范的记录制度。只有把施工全过程发生的调度会议、各种突发事件调度调整处理或人员变动等重大事件进行详细、真实的记录，才能为施工现场后续调度调整管理以及整个的生态修复工程项目建设施工技术与管理提供全面的依据。

2   施工零缺陷调度的主要工作内容

2.1   完善施工统计工作

统计是反映施工实际情况和掌握施工进程的工具，是施工过程不可缺少的重要工作。一套完整的施工统计指标体系组成的统计资料，是项目部进行施工技术与管理决策、指导工作、制订计划的基础和依据。项目部应设立专职或兼职调度统计员。施工统计的原则是准确、及时，它应能够为项目部领导掌握、了解施工过程各方面的情况提供准确可靠的数据和分析资料。施工统计应遵循统计学的一系列指标和计算方法。施工统计应把施工队开展各项作业的原始记录、台账、合同或进货单等都纳入统计的原始资料来源范围。应在项目部调度办公室显著位置设置大型形象进度图，对计划进度与实际执行完成情况用不同的符号或颜色加以标注，对重点单位工程和分部、分项工程应做出详细标识。调度员必须随时掌握施工现场确切的进度情况并及时标注，为检查施工进度和分析原因提供基础资料。

2.2　稳妥做好施工平衡调度工作

生态修复工程项目建设施工过程可变因素多，即使计划编制遵循了"全面可靠，留有余地"的平衡安排，但在施工过程也还会有许多难以预料的事情发生，不平衡是经常的。因此，施工现场调度员协助项目部经理不断做好平衡调度的工作非常重要。项目部经理对施工过程进行平衡调度是技术与管理的应尽职责。当施工目标任务与劳动力、材料、机械发生冲突，产生不平衡时，项目部经理要总揽全局，在掌握工程施工全部情况时须做到情况了解详细、确实，分析、判断原因准确，平衡调度处理措施应简明、得当、及时，并要提出有预见性的防范对策和措施。施工调度应在项目部经理的统一指挥下进行，收集信息和传达调度令要采用现代化的快捷信息手段，坚决避免调度令的朝令夕改和调度的随意化、任意化和曲折化，必须注意和强化工程施工调度令的权威性和执行性。

2.3　建立健全施工现场调度台账

施工调度台账是施工全过程发生有关事项的原始记录。它对于工程质量的评定、验工计价、施工索赔以及实现施工活动的可追溯性等都具有重大作用。台账应包括如下 9 项内容：①施工完成工程量及形象进度记录。②工程施工开、竣工报告记录。③施工作业调度命令、通知、报告等登记记录。④施工质量事故记录。⑤施工材料消耗、供应及储备情况。⑥施工作业劳动力数量及分布、劳动生产率、工效利用率情况。⑦施工全过程活动大事记。⑧施工安全文明事故记录。⑨现场气候、水文等自然情况的记录等。

3　施工零缺陷调度机构设置与工作人员素质要求

3.1　设置调度机构的作用

施工现场调度室是项目部的核心机构。其地位和作用相当于一支善战部队里的作战参谋部。它随时收集记录施工现场的信息，时刻都掌握着施工的进展动态，分析和制定施工调度措施是它的工作职责，它是项目部进行施工技术与管理的思维大脑。

3.2　调度员的工作职责

调度工作人员的 6 项职责如下所述。

（1）依据施工作业实施方案的部署和要求，全面制定并安排单、分项工程和其工序的施工作业顺序。

（2）合理组织和安排日或周、旬、月、季的施工进度，并按期到施工作业操作现场实地对照检查和落实。

（3）具体安排施工所需材料的接续、有序供应。

（4）定时深入到施工第一线，合理计划、组织劳动力，严防背工和窝工。

（5）对预定施工计划要经常进行平衡调度的预防，当出现不平衡时应及时给予调整。

（6）建立健全调度台账，完善调度记录的完整和归档存放制度。

3.3　调度技术装备配置

施工现场零缺陷调度要根据工程施工的具体情况，应装备配置必要的现代化技术设备。配备的调度装备有以下3大类。

（1）要做到通讯信息的现代化，配备一定数量的先进信息通讯设施。

（2）配备必要的现代化交通工具。

（3）要配备一些调度工作所需要的其他必需办公设施、设备。

3.4　调度工作人员的零缺陷素质要求

对于调度工作人员的零缺陷素质要求，应满足以下4项基本技能。

（1）熟悉、掌握施工整个过程的机理、工序程序、施工质量标准、安全文明施工要求、机械种类与作业方式、材料类别与接续供应等。

（2）具有娴熟的交流、沟通与协调工作能力。

（3）能够熟练使用现代化办公设备和工具的能力。

（4）具有应对突发事件的心理承受能力，且工作责任心强、能灵活应变、身体素质良好、吃苦耐劳。

第三节
建设现场施工执行力的零缺陷管理

1　建设现场实行施工执行力零缺陷管理的目的意义

三分战略，七分执行。对于个人来说，执行力是构成其工作能力与素质的一部分；但对于生态修复项目建设施工企业来说，现场执行力就是零缺陷施工技术与管理成败的分水岭。

对于项目部来说，什么是最窝囊的？施工需要的所有硬件条件，如技术、人力、劳动力、物资材料、资金、施工合同等都已具备，可以说要什么有什么，而且公司已经在施工投标前期投入了大量的人、财、物，但仅仅是因为在施工过程对技术与管理的执行力不够，致使施工半途而废；或因施工质量、进度等事故问题被甲方累累处罚，虽勉强竣工，但无任何盈余；或者事态更严重者会直接导致所施工的工程根本无法竣工。究其原因，其关键就是施工管理者没有把正确的施工决策思路变成实际行动、变成现实，最后导致该干成的工程没有干成，这是不是最窝囊的？深究探讨这样的案例就会发现，施工执行力差是表面现象，而施工整体性技术与管理不善恐怕才是其问题的实质。个别员工执行力差，是个人能力问题，如果整个工程项目部的施工执行力差，就是管理问题，就是施工执行力机制出现了严重问题。

2　建设现场提高施工执行力零缺陷管理的 8 项措施

导致生态修复建设施工技术与管理执行力不强的原因是多方面的。以下 8 个方面是生态修复建设施工过程中最常见的，也是施工企业要解决施工技术与管理执行力问题中必须要考虑的问题和采取的必要措施。

2.1　项目部对施工技术与管理的执行力没有常抓不懈

当出现对施工技术与管理的执行力没有常抓不懈这种情况，从大的方面来讲是对施工技术与管理策略的执行不能始终如一地坚持、虎头蛇尾；从细节方面来说，是有布置没有落实、更没有检查，或者检查时前紧后松，在执行和遵守制度时宽以待己、严于律人，自己没有做好表率等。古人云："己身不正，虽令不行。"中国管理上还有句通俗的说法是"上梁不正下梁歪"，其深刻含义都是这个道理。所以一项施工工程出了问题首先要问责项目部经理。因此，项目部要强化对工程施工技术与管理制度、指挥、调度等的执行力，在方案出台时，管理者一定要率先示范、做出表率，并且始终模范遵守和执行，这样才能行得通。

2.2　制定和出台的施工技术与管理者规章制度不严谨

要求员工执行的规章制度没有经过充分、认真的论证就仓促出台宣布，而且还经常朝令夕改，让员工无所适从，最后导致真有好的制度、规定出台时也得不到有效的认可与执行。欲改变这种被动局面的有效解决方法，可以从正反两个方面入手：①选其首恶对他公开进行处罚，以此能够引起他人的警觉，起到杀鸡骇猴的作用和效果；②大力鼓励、表彰先进，树立和弘扬正面的执行典型，通过范例告诉所有员工项目部的管理意图，从而把施工执行难的问题逐步扭转和改进。

2.3　规章制度本身不合理

由于规章制度缺少针对性和可行性，造成不利于在施工中执行的局面。在施工技术与管理实践中，经常会遇到一些施工企业的项目部，企图通过填写各种报表的方式来约束员工的行为，或者通过各种考核制度企图达到改善施工技术与管理执行力差的目的，但往往是事与愿违。施工技术与管理者每制定出一个制度就是给执行者头上戴上了一圈金箍，也进一步增加了执行者内心的逆反心理，最后导致员工敷衍了事，使施工技术与管理的规章制度流于形式，说不定一些原本很好的规定也受到了牵连。因此，项目部在设计相关制度与规定时一定要本着这样的原则，就是所有的制度和规定就是为了帮助员工更好地完成施工作业，是为施工提供便捷而不是为了只单纯地约束员工，是为了规范其行为而不是增大其负担。所以，制定施工技术与管理规章制度时一定要讲求合理、实用、适用、有针对性且易于执行，这是制定规章制度时必须要遵循的最基本原则。我国文学大师郭沫若有句话："吃狗肉是为了长人肉，而不是为了长狗肉。"把它应用到规章制度的执行上来也很有讽刺意味。经常看到有些企业把所谓的先进管理制度全盘引进，生搬硬套，结果导致水土不服。什么是现场施工技术与管理最好的规章制度？正确答案应该是：适合自己的才是最好的。

2.4　规章制度的执行过于繁琐或囿于条款

有研究显示，处理一个文件只需要 7min，但耽搁在中间环节的时间却能多达 4 天。有时施工过程一件事需要各个部门审批，这样繁琐的审批程序可能会导致具体执行人员失去耐心而影响到执行效果。不要妄想工程建设单位会理解施工企业繁琐的内部程序，他们只关心从打电话通知到具体处理执行完施工事项需用多长时间。缩短非必要部门的中间审批环节，提高施工作业效率，进行科学、合理、实用、可行的执行流程再造，是制度得以有效贯彻执行的必要管理措施和手段。

2.5　执行过程缺少科学、系统和实用的监督考核机制

造成这种结果有 2 种情况：第一是没有人监督，第二是监督的方法不对。前者只是做了，做得好与坏没人管，或者是有些事没有明确规定哪些部门该做什么、该管什么，职责不明确，所以无法考核。常见有的施工企业存在着施工管理真空或者施工管理职能重叠问题，导致在施工过程有问题需要解决的时候没人负责、没有人管。前者是监督、考核机制不健全、不完善所致。后者是监督或考核机制不合理，得不到大多数员工的认可就无法让员工很好地执行。可见，光有好的规章制度还远远不够，还要有合理、实用和可行的监督考核机制相匹配，施工硬规则才能被很好地贯彻和执行。

2.6　施工过程技术与管理缺少有效的协作和配合

在具体施工作业操作过程中，常发生因为技术思路、方法或者工序衔接产生了误差，各工序施工队各自为政、各干各的，相互之间既不沟通和协商，又没有有效的衔接，致使整个工程质量或进度受到极大影响。这种作业方式就是没有把各施工队的作业能力形成有效的合力，而是分散了施工作业操作的整体实力。出现 1+1 没有等于 2 或者大于 2 的结果，而是出现小于 2 的结果。解决这类问题，一是要充分发挥团队协作、互助的作用，二是在工序衔接时应注意技术上的协调与配合，加强施工队之间的有效沟通和协作，只有产生 1+1 大于 2 的结果，才能使生态修复工程项目建设施工整体上出现执行到位的效果。

2.7　培训和技术交底不到位

现在许多施工企业都很重视员工施工技术与管理执行力的培训，从技术操作到工序细节管理，从技能到心态等，可谓培训内容全方位、无所不包。这反映出了企业对提高员工工作能力、增强项目部战斗力的重视，但也反映出了培训中的形式主义。许多施工企业往往是走过场、培而不训，把培训必要的理论详细讲解、操作示范、实地演练和实践巩固的培训过程精简掉了大部分步骤，只保留了课堂讲解这唯一一步骤，仅此而已，具体到现场中的操作示范、实地演练和实践巩固就都省略了。这也是许多企业对员工培训后没有效果的原因。有效的培训不仅仅是讲怎么骑马，还要有动作示范，最后再把你扶上马，让你自己体验，送你一程，看着你掌握了骑马的动作

要领培训才算结束。再就是有时候很好的培训没人愿意在实际工作中实践，为什么？缺少物质刺激。这也就像有个寓言里讲的，有头牛不耕地，怎么打都不走，怎么办？赶牛人想了个主意，把一束青草挂在牛头前面，结果不用打，牛就拼命往前赶。这可以称之为利益刺激法，非常有效。

2.8　没有形成凝聚力的企业文化

没有形成凝聚力的企业文化，是指企业文化没能取得大家的认同。前面所述 7 点讲的都是关于通过外部刺激来改变执行者的行为，来达到施工技术与管理的目标。而企业文化却是力图通过影响执行者的心境意识进而改变他的心态思维，最终让执行者自觉自愿地改变行为的一种做法，这是一种最为有效的做法。大量的企业文化建设实例证明，企业文化的力量体现在两个方面，一是监督力，二是止滑力。文化是一种观念认同。假如一个施工企业已经形成了良好的风气习惯，如果有个别员工的行为与企业文化不符，就会有人主动提醒他，告诉他应该怎样做，这种善意的提醒就是一种融入日常生活中的监督。止滑力就像人的身体健康状况，身体强壮的时候没有任何区别。但如果大家都感冒了，有的人可能三天就好了，有的人可能需要七天才好。特别是当生态工程项目建设施工处于最艰难或企业最困难的时候，有良好企业文化素质的员工，绝对不会在这个时候说：经理，现在你有困难、你不行了，我要离开你了。在海尔公司，员工理解认同了企业"真诚到永远"的企业文化，所以在为消费者提供服务的时候觉得很应该，会很自觉自愿地执行公司的规定。从这个侧面就能反映出了企业文化对人的行为也就是执行力的影响。

要强化生态修复工程项目建设施工企业员工对技术工艺、规章制度、标准、规范、指令等的零缺陷执行力管理，就必须从制度的制定者到制度本身都要进行强化修炼，同时还要充分考虑到环境对执行者的意识和心态的影响，而且最终还要对执行者进行正确的引导、交流和沟通，才能使工程施工技术与管理规章制度、指令得以顺利地被零缺陷贯彻执行。靠硬性的制度约束可以让执行者做到 60 分，你也说不出什么来，但是，如果注重了企业文化对执行力的渗透、理解和同化，同样的人、相类似的施工自然环境条件、相近似的一项生态修复工程项目建设施工，可能会收获 80 分、90 分甚至 99 或 100 分的施工业绩效果。

第四节
建设现场施工财务的零缺陷管理

项目部具体组织实施的生态修复工程项目建设施工技术与管理行为，属于现场露天生产作业的经营活动。为此，就必然会在其经营活动中发生一定的人力、物资、资金、信息等施工资源要素的输入和输出，并按照生态修复工程项目建设施工技术与管理的程序，开展规范的生态修复建设施工作业活动。而施工技术与管理各项活动的实质就是施工经营过程中的资金流动，它就构成项目部的施工财务管理。而对施工技术与管理过程涉及的日常财务活动进行有效的控制与管理，就属于生态修复工程项目建设施工财务零缺陷管理的工作内容。

1　施工经济核算的零缺陷管理

施工经济核算是指以货币形式，通过会计、统计、业务 3 种方式进行经济核算和经济活动分析，并对施工消耗、资金占用和经营成果进行全面、准确的记录、计算和比较分析，以求促进施工经营效果，力争以最少的施工消耗取得最佳经济效益的一种方法。项目部是对所施工生态修复工程项目自主经营、自负盈亏的企业派出型经济组织。因此，对施工工程实行经济核算的零缺陷管理是企业开展施工经营管理的最基本财务活动，是企业对项目部行使的正常经营管理和监督行为。同时，对生态修复工程项目施工全过程实行经济核算的零缺陷管理，也是适应施工经营客观经济规律发展的需求，是对生态修复工程项目施工投入、公司股东和员工负责的行为。

1.1　实行零缺陷经济核算的先决条件

施工企业实行零缺陷经济核算必须具备一定的条件。其内容如下。

（1）从宏观方面要取得国家相关部门赋予企业进行生态修复工程项目合法施工，并与其经济责任相吻合的经营权限。同时要遵循和正确运用价值规律，在市场经济条件下，理顺施工全过程的人工工资、材料与机械计价，使其经济核算的效果与当地社会物价水平相吻合。

（2）在项目部内部必须建立严格的施工经济责任制，建全施工经济核算管理的组织体系，另外要做好施工经济核算的基础工作。施工经济责任制是项目部对自己的施工经营活动负有完全的经济责任。施工企业的经济责任制表现在企业对社会、国家、投资者、建设单位、施工协作单位等的经济责任，以及对项目部内部各部门、各施工队在经济利益上的盈亏责任。

（3）对施工全过程实行经济核算要求项目部责成专人负责，认真做好原始记录及统计、计量、定额管理等一系列基础工作。

1.2　施工全过程零缺陷经济核算的内容

（1）施工成果核算。施工成果是项目部提供施工技术、劳务等，其成果的表现为工程数量、质量、产值以及完成合同情况等。在工程施工的不同时期，施工生产成果的表现形式不同，核算要求也不同。如在工程施工前技术与管理的准备阶段，要反映和核算工程投标与施工人、财、物筹备情况；在施工现场技术与管理阶段，应核算施工进度，已完工工程量及分部、分项的工程质量；在竣工阶段，要全面核算工程完成总项目与总工程量、质量等级和总产值。

（2）施工消耗核算。对施工消耗进行核算，是指对生态修复工程项目施工全过程的劳动与物化劳动的消耗所进行的记录、计算、对比、分析和检查。其目的是掌握费用开支的构成情况、各项费用和消耗的合理程度，以及降低消耗的途径。施工消耗的综合反映是施工成本。因此，成本核算是项目部施工经济核算的核心和基础，其重点是民工的劳务工资和主要原材料消耗的开支。

（3）施工资金占用效果核算。施工活动不仅要发生各种消耗，而且还要占用一定数量的资金。生态修复工程项目施工全过程占用资金多少直接关系到施工经营的经济效果。施工资金占用效果的核算，主要是通过对固定资产产值率、流动资金周转率和流动资金产值率等指标的统计、分析和计算，来综合反映施工活动所占用资金和使用资金的情况。

（4）施工经营成果核算。施工经营成果核算，也称为利润核算，其主要表现为施工经营的利润水平。施工利润综合反映施工活动的经济效果。利润核算与企业、项目部及员工的经济利益有着紧密联系，它直接体现着经济核算的成效。利润核算的主要指标有：利润额、成本利润率、资金利润率等。在利润核算中也应该把利润按规定留成项目、比例及使用情况纳入核算之中加以检查。

1.3　施工全过程零缺陷经济核算的方法

施工企业对生态修复工程项目建设施工全过程进行经济核算的方法，分为会计、统计、业务3种核算方式。它们具有的特点和适用范围各不相同，在实际应用中能够互相补充和配合，组成一个完整的工程施工经济核算体系。其核算方法主要有以下5种。

（1）会计核算。以货币为计量单位，全面、综合、系统、连续地反映和监督施工经济活动的全过程及其结果，它是施工经济管理的重要组成部分。施工经济核算中许多综合性的指标，如成本、资金、利润和亏损等都必须以会计核算来提供。会计核算是编制财务计划、分析和预测施工财务活动的重要依据。会计核算以严格的原始凭证和多道审批手续为依据，监督和促进财务制度及纪律的执行。故此，会计核算是施工全过程经济核算中的主要手段和方法。

（2）统计核算。统计核算是在通过调查统计取得大量资料和原始记录的基础上，进行专业的统计整理、分析，以获取工程施工有关的工程量、质量、产值、设备使用率和劳动生产率等经济指标，来反映工程施工经济现象和经济活动的规律和它们之间的内在联系，为工程施工编制计划、检查计划执行情况和改进施工经营管理提供依据。统计核算可以用货币计量，也可以用实物或劳动量计量。统计指标可以用绝对数、相对数和平均数来表示，分别用来反映生态工程项目建设施工经营活动及成果的水平、比例关系、进展速度和变化趋势等。

（3）业务核算。业务核算又称为业务技术核算。它运用简便的方法，迅速地提供个别工程施工经济活动和经营业务的资料和情况，以此来反映工程施工经营成果。如施工队或分部、分项工程的主要材料、能源或工时消耗定额执行情况等。业务核算根据施工经济或经营业务的性质，使用不同的计量单位，可以是货币计量，也可以是实物计量或劳动力计量，并以此提供所需要的各种施工经营核算指标，它包括各种原始记录和计算登记表等资料。由此可见，业务核算是对会计核算和统计核算的补充。它的应用范围较广，不仅可以对已发生的工程施工经济活动进行核算，还可以对尚未发生的和正在发生的施工经济活动进行核算，预计其经济效果。业务核算一般在项目部总会计师领导下由各施工队负责组织进行。

（4）分级核算。对生态修复工程项目施工实行分级核算，是明确规定与施工经营活动相协调的经济核算工作任务。施工企业作为经济法人，其派出的项目部是承担某项工程施工经营活动的相对独立核算单位，原则上自负盈亏。项目部核算是工程施工经济核算的核心，在项目部经理的领导下，由总会计师负责组织，要对施工各项经济指标进行全面的统计和核算，如施工成本、利润、劳务工资支出、物资材料消耗、能耗等。经营管理室是项目部的内部核算领导单位，其他各部门应给予协助和配合，它主要负责核算并反映施工所有成果的指标。如完成工程总量、施工总成本、施工毛利润与纯利润、建安工程量、流动资金占用率、绿地面积、竣工面积、工程质量、工期、安全事故率等。施工队是工程的基层核算单位，重点核算工程质量和完成施工生产任务情况，如工程量、工作量、工时及原材料与能源消耗等。在施工队长的主持下，由专人负责组织进行各项经济核算，主要采用统计和业务核算2种方法。施工班组核算是施工中最基础的核算。其核算的主要内容是实际施工操作过程中的各种消耗和成果，主要由班组长负责，以完成的施工任务单为依据进行考核和计算。班组核算不仅为各级经济核算提供基础资料，同时，它核算出的完成任务指标直接与工人个人经济收入相关。

（5）归类核算。根据生态修复工程项目建设施工特点，归类核算具体落实项目部各职能部门、各分项与单项工程的经济核算内容和要求，对各施工承包工程实行以单位工程核算为主的归类核算。

单位工程核算，通常指以工程施工承包合同为对象进行的核算。它是项目部进行分级核算和归类核算的基础。单位工程核算是由工程施工特点所决定的，最符合有独立经济核算要求的施工队进行施工作业经济核算，这是与实行施工项目对口管理要求相一致的最有效的核算方式。它有利于促进施工进度、提高工程质量。实行单位工程核算要建立以单位工程为对象的统计和记账制度。可以采用会计、统计和业务核算等方式进行单位工程核算。

项目部各职能部门要根据分管职能和业务分工，采取对口经济核算方式。如财务部门负责施工成本、资金收支、利润等指标的核算，材料供应部门对流动资金占用、材料与能源消耗等指标的核算等。为了对工程施工全过程实行有效的经济核算，项目部各级技术与管理职能部门之间、施工队之间、职能部门与施工队之间都必须紧密配合、相互协作，共同努力。

2　施工财务日常零缺陷管理

要做好生态修复工程项目施工全过程的财务零缺陷管理，实现施工现场财务零缺陷管理的目标，除了要有正确的施工经济核算外，还要熟练掌握财务管理的各项工作内容。施工财务零缺陷管理内容是指在施工财务管理的各个阶段，它也包括施工财务日常管理工作中采用的各种业务手段。施工财务零缺陷管理的项目有财务预测、财务计划、财务控制、财务分析。这些管理项目相互配合，紧密联系，形成周而复始的财务零缺陷管理循环链条，构成施工全过程完整的财务零缺陷管理体系。

2.1　施工财务零缺陷预测

施工财务零缺陷预测是根据生态修复施工财务活动的历史资料，综合考虑施工的现实要求和条件，对工程施工未来的财务活动和财务成果作出科学、合理的预计和测算。现代施工财务管理必须具备这个"望远镜"，以便把握未来，明确施工财务管理的方向。财务预测的作用在于：测算施工各项经营方案的经济效益，为施工技术与管理决策提供可靠依据；预计施工财务收支的发展变化情况，以确定或调整施工经营目标；测定施工各项定额和标准，为编制计划、分解和落实计划指标服务。施工财务预测的环节是在有着丰富的施工财务管理经验基础上进行的，运用已取得规律性的知识来指导未来。

施工财务预测的主要包括以下 4 项工作内容。

（1）明确施工财务预测对象和目的。施工财务预测的对象和目的不同，则对于预测所使用的方法、资料搜集范围和结果的表现形式都有不同的要求。为了达到预期的效果，必须根据施工技术与管理决策的需要，明确其预测的具体对象和目的，规定财务预测的范围，如降低施工成本、提高工效与进度、保证质量、降低安全文明施工事故发生率、安排设备投资等。

（2）收集和整理财务预测的资料。根据预测的对象和目的，应广泛收集与施工财务活动有关的资料，包括内部和外部的工程施工资料、财务和施工技术、计划和统计资料、本年和历年资料等。对收集来的资料要检查其可靠性、完整性和典型性，排除偶然性因素的干扰；还应对各项指标进行归类、汇总、调整等加工处理，使资料符合财务预测的需要。

（3）确定合适的预测方法进行测算。利用预测模型对经过加工整理的资料进行系统的分析研究，找出影响各种财务指标的因素及其相互关系，并选择适当的数学模型表达这种关系；对施工资金、成本、利润的发展趋势和水平做出定量的描述，以取得初步的预测结果。

（4）提出和确定最优值的最佳方案。对已经制定出的多种财务预测方案，应提出科学、合理的技术和经济论证，并据此推断出有理有据的分析结论；继而确定预测的最优值，最后确定最佳的财务预测方案，以便项目部经理作出抉择，尽力提高生态建设项目施工的经济效益。

2.2　施工财务零缺陷计划

施工财务零缺陷计划工作是指运用科学、合理的技术手段和数学方法，对生态工程项目施工目标进行综合平衡，制定主要计划指标，拟定施工增效、节支、降耗的措施，以协调各项施工计划指标。它是落实工程施工奋斗目标的必要环节。财务计划是财务预测所确定的施工经营目标的系统化、具体化，又是控制财务收支活动、分析施工经营成果的依据。施工财务计划主要包括：施工资金筹集计划、固定资产投资和折旧计划、流动资产占用和周转计划、对外投资计划、利润和利润分配计划。同时还应附列施工财务计划说明书。

编制施工财务零缺陷计划要做好以下3项工作。

（1）分析主客观条件，全面安排施工计划指标。根据施工进度、质量指标的要求，以及所需劳动力、机械使用、材料供应等条件，应用数学方法，分析和确定与施工经营目标有关的各种因素；并按照提高施工总体经济效益的原则，制定出科学、合理、适用的计划指标。

（2）协调施工人力、物力和财力三者间的比例关系。为了有效落实施工增效、节支、降耗的管理措施，应合理安排人、财、物三者的数量比例关系，使之与经营目标要求相吻合，在财力平衡方面，要组织流动资金同固定资产的平衡、资金应用同资金来源的平衡、财务支出同财务收入的平衡等。还要努力挖掘潜力，从提高施工经济效益出发，对施工各方面活动提出严格、规范、标准的要求，制定出各施工队的增效、节支、降耗管理措施，制定和合理修订施工定额，以保证施工计划指标的落实。

（3）编制施工计划、协调各项计划指标。应以施工经营目标为核心，以平均先进施工定额为基础，确切计算施工计划期内资金占用、成本、利润等各项计划指标，编制出详实的生态施工财务计划表，并检查核对有关施工计划各项指标是否严密衔接和协调平衡。

2.3　施工财务零缺陷控制

施工财务零缺陷控制是指在生态施工技术与管理全过程中，以施工计划任务和各项定额为依据，对资金的收入、支出、占用、耗费进行日常的计算和审核，以实现施工计划指标，提高施工经济效益。财务控制是落实施工计划任务、保证施工计划实现的有效管理措施，财务控制要适应施工技术与管理定量化的发展需要，在施工实际中切实抓好以下4项工作。

（1）制定生态施工标准、分解施工指标。按照责权利相结合的原则，将生态施工计划任务以标准或指标的形式分解落实到各施工队、部室、班组直至个人。这样，项目部内部每个单位、每个员工或工人都有明确的工作职责、任务指标和具体要求，以便于对号落实责任、检查考核。通过施工计划指标的分解，可以把施工计划任务变成各单位和个人控制得住、实现得了的数量指标要求，在施工全过程形成一个"个人保班组、班组保施工队、施工队保整个项目工程"的施工经济有机指标体系，使计划指标的实现有坚实的群众组织基础。

（2）严格执行生态施工标准。对于施工资金的收付、费用的支出、物资的占用等，要应用如限额领料单、费用控制管理办法、流通卷、内部货币等方式进行预防控制。凡是符合标准的，就予以支持，并给予机动权限；凡是不符合标准的，则加以限制，并及时给予处理或处罚。

（3）确定和消除生态施工差异。按照"干什么，管什么，就算什么"的生态建设施工管理原则，应详细记录施工指标执行情况，将实际施工完成量同计划标准量进行对比，以确定二者间的差异程度和性质。要经常预计施工财务指标的完成情况，考察可能出现的变动趋势，及时发出信号，妥善解决施工经营中发生的矛盾。对在施工过程中出现的差异要冷静，并深入分析差异形成的原因，理智确定造成差异的责任归属，采取稳妥有效的综合管理措施，如调整施工实际过程，或调整施工标准、定额，有效消除差异，以便顺利实现施工计划指标。

（4）严格考核生态施工各项财务指标的执行结果。应该把施工财务指标考核纳入各级岗位责任制，运用激励机制，实行奖优罚劣。施工财务控制的特征在于施工差异管理，在确定标准的前提下，应遵循例外原则，及时发现和分析差异，并采取有效管理措施调节、解决差异。

3　施工零缺陷结算管理

3.1　施工零缺陷结算的目的意义

生态修复工程项目建设施工零缺陷结算是指施工企业在完工1个或多个单项工程、单位工程、分项或分部工程后，工程质量、工艺和进度等方面均符合监理和建设单位的要求，按照工程施工合同的约定，合理向建设单位收取部分工程价款的一项经济活动。结算工程款的目的是生态修复施工企业实现"商品销售"后的"货币回笼"和施工价值体现，它是反映生态修复工程项目建设施工进度的主要指标，也是加速施工企业资金周转，实现企业施工经济效益的重要指标，属于生态施工财务管理中的以项重要工作。

3.2　施工工程价款零缺陷结算的工作内容

3.2.1　施工价款的结算方式

（1）按月结算方式。指建设单位采取旬末或月中向施工企业预支，月终结算，竣工后总清算的方法。跨年度竣工的生态施工工程项目，在年终进行工程盘点后即可办理年度总结算。

（2）分阶段结算方式。当年不能竣工的单项或单位工程，按照施工进度按月预支工程款，按划分的不同阶段结算。分阶段的划分依据和标准，由各地生态工程项目建设管理部门规定。

（3）目标结算方式。在有些生态修复工程项目承包施工合同中，把承包施工工程项目分解成不同的验收单元，当施工企业按工期完成单元工程且经过建设单位组织的质量验收合格后，建设单位方支付构成单元工程造价工程款项的方法。

（4）其他结算方式。是指生态修复工程建设单位与施工方约定并经开户银行同意的其他结算方式。

3.2.2　施工备料预付款的结算

生态修复工程项目建设施工开工前，为确保施工作业的正常、有续运行，建设单位依据合同约定，应拨付给施工企业一定数额的施工预付备料款，用于施工方为工程施工储备主要材料和构件的流动资金。

（1）预付备料款限额。在实际操作过程，预付备料款限额可按预付款占工程合同总造价的比率计付。其计算公式是：预付备料款限额=工程合同总造价×预付备料款比率。

（2）预付备料款扣回。当工程施工进展到一定程度，随着储备的主要材料和构件的逐步减少，建设单位要将预付的备料款以抵充施工进度款的方式陆续扣回，并在竣工结算前全部扣清。但对于施工只包工不包料的建设工程，甲方单位则不会提前预付施工备料款。

3.2.3　施工进度款结算

施工进度款是指施工企业在工程开工作业后，根据合同约定和施工进度状况，以当月（期）完工的工程量为计算依据，在下月初向建设单位办理结算一定数额施工进度款的方式。

（1）开工前期施工进度款结算。从施工开工，到施工进度累计完成的产值小于"起扣点"，这期间称为开工前期。此时，每月结算的施工进度款应等于当月（期）已完成的施工产值。

（2）施工中期进度款结算。当工程施工进度累计完成的产值达到"起扣点"以后，至工程竣工前1个月，这期间称为施工中期。在此期间，施工企业每月结算的进度款，要扣除当月（期）应扣回的工程施工预付备料款。

（3）施工尾期进度款结算。根据国家有关建设工程施工保质的规定，应在工程施工总造价中扣留一定比例的"质保金"。待工程养护保质到期后，视工程质量的保质状况支付。故在结算施工最后1个月的进度款中，除按施工中期的办法结算外，建设单位要扣留"保质金"。

第五节
建设现场施工质量的零缺陷管理

生态修复工程项目建设质量是施工企业的生命线。从目前和长远来看，影响现代生态修复工程项目建设施工企业竞争成败的最重要因素就是施工质量。为此，零缺陷确保工程质量就成为施工企业项目部进行施工技术与管理所有一切工作的出发点和归属点。

1　项目部实施施工质量零缺陷管理的责任

1.1　无权擅自将所承接施工的工程向外转包

项目部是承担生态修复工程项目建设施工企业派出性单位。项目部无权，并且也不得将中标承接的工程项目整体或部分对外违法转包。

1.2 应对生态修复工程项目建设施工质量负全责

项目部在施工全过程中，对实行施工总承包的生态修复工程项目建设质量负全责，为此，必须建立健全施工质量管理责任体系，有效落实工程质量管理的目标责任制。对实行分包施工的工程，分包施工单位应按照分包施工合同约定对其分包施工工程质量向项目部负责，项目部与分包单位对分包工程的质量承担连带责任。

1.3 必须严格按照设计图和施工技术规范、标准组织施工作业

未经建设、设计、监理单位同意，项目部不得擅自修改工程设计、工序流程。在生态修复工程项目施工过程，必须按照设计要求、施工技术规范、标准和合同约定，对施工材料、构配件、设施设备、工艺等认真检验，不得使用不符合设计和强制性技术标准规定要求的产品，不得使用未经检验和试验或检验和试验不合格的产品。

1.4 项目部应对工程保质养护的质量负责

项目部必须采取切实可行的抚育保质技术与管理措施，加强对已完工工程的保质、养护质量管理，为竣工验收和移交打下扎实的基础。

2 项目部控制施工质量的零缺陷原则

2.1 坚持施工质量第一的原则

项目部在施工全过程始终应把"质量第一"，作为零缺陷控制质量的基本管理原则非常重要。施工质量不仅关系到工程的实用性、适用性、使用性、持久耐用性和投资效果，还关系到施工企业的经济效益和信誉；而且更重要的是直接关系到广大游客的生命财产安全，因此，必须要牢固树立质量至上、零缺陷的原则。

2.2 坚持预防为主的施工质量零缺陷控制管理原则

项目部对施工质量的有效控制管理，应该是积极、主动和先期介入。应在施工前就对影响施工质量的各种因素加以控制处理，即把影响施工质量的各种隐患力争消灭在未施工作业操作前的萌芽状态，以保证施工营造出优质的工程。为此，工程质量控制管理的第一重点是在施工前，其次才是施工作业操作过程，应该采取以预防管理的措施为主，检查和补救措施为辅，以确保施工质量达到工程要求的质量标准。

2.3 坚持以施工质量标准为准则的零缺陷原则

施工质量标准是评价施工作业行为零缺陷质量的尺度。施工质量是否符合合同规定的质量标准要求，应该通过质量检验，达到或超过质量标准要求的工程施工工序、构造部位和工作行为等属于合格工程，否则为不合格工程，必须返工处理。

2.4　坚持以人为零缺陷质量控制核心的原则

人是生态修复工程项目建设施工的行为主体，项目部各部门、施工队人员的零缺陷质量意识、质量水平和质量素质的程度，都直接或间接地影响着工程的施工质量。因此，在对工程质量零缺陷控制管理的全过程，必须确立要以人为控制管理核心的原则，重点在提高人的质量意识、控制人的质量行为和质量素质，充分发挥所有施工作业者对质量控制管理的积极性和主动性，以人的零缺陷工作行为与零缺陷质量素质保证工程的施工零缺陷质量。

2.5　坚持施工全过程质量控制管理的零缺陷原则

要对施工全过程的各时期、各工序都实行有效的质量控制管理。并且要做到在施工现场全过程，要求各施工队、各工序相互之间，实现施工质量信息的及时传递和反馈配合，树立努力做好和完善本道工序的质量，就是"为下道工序服务""下道工序就是顾客"的质量思想，确保施工质量的系统性、连续性和有机性。

3　项目建设施工全过程的零缺陷质量管理

3.1　施工前准备时期的零缺陷质量管理

对施工前准备时期开展的人、财、物筹备和技术准备的各项活动进行质量管理，是指是否按计划落实到位，其项目包括施工招募民工、采购材料、机械设备、供水用电、道路交通、临时办公仓库设施以及住宿用餐等。有效加强施工前各项准备工作的质量管理，有利于开工后的施工质量达标，防止和避免计划与实际脱节或在准备不完善的情况下贸然开工作业。

3.1.1　选择施工零缺陷质量控制点

在施工前应根据工程施工过程质量管理的要求，对质量形成全过程的各道工序实行全面的质量技术分析。凡对质量的适用性、安全性、可靠性、经济性有直接影响的关键部位，都应该设为质量控制点。所谓质量控制点是指为了保证施工作业质量而确定的重点控制对象、关键部位或薄弱环节。编制的质量控制点明细表，应详细标明各质量控制点的名称、控制内容、检验标准和方法等。设置质量控制点是为保证达到工程施工质量标准和要求的必要前提，应以制度加以约束和落实。对于质量控制点要事先分析可能造成质量问题的原因，继而针对原因制定对策，采取管理措施进行控制。应当选择那些施工质量保证难度大、对质量影响大和发生质量问题时危害性大的对象作为质量控制点，如以下所列的 5 个质量控制点。

（1）施工过程关键工序或环节，经常容易出现质量不合格的工序和隐蔽工程及工序。

（2）施工全过程的薄弱工序、环节，质量不稳定的工序、部位或其他对象。

（3）对后续施工质量、后续工序作业质量或对施工操作安全有重大影响的工序、部位和其他对象。

（4）施工中采用新技术、新工艺、新材料的工序、部位或环节。

（5）建设、监理单位检查、反馈和过去有过返工记录的质量不良工序，或者施工上无足够把握、施工作业条件困难或施工技术难度大的工序、环节。

3.1.2   对施工作业技术交底的零缺陷质量控制管理

实行施工技术交底是项目部保证工程施工质量的前提。为此，每个分项工程、工序在作业操作前都应该进行技术交底。技术交底是对施工作业实施方案更细致、更明确、更到位的技术操作说明，是对所有分项工程施工、工序作业的工艺和质量管理的具体指导。为此，项目部应组织编制翔实的施工技术交底书。技术交底书内容应包括作业操作的方法、质量要求和验收标准，施工作业应该注意的问题，出现意外要采取的措施及其应急方案。技术交底应该紧密围绕着与质量有关联的操作者、机械设备、材料、构配件、工艺、工序、作业场地环境、具体的技术与管理措施等进行，交底要明确交代清楚做什么、谁来做、如何做、作业标准、作业要求、开始和完成时间等。

3.1.3   施工材料、构配件的进场零缺陷质量控制管理

应对进场施工物资实行以下 5 方面的零缺陷控制管理措施。

（1）凡施工所需、运到施工现场的原材料、半成品和构配件等，没有产品出厂合格证及检验不合格者，或试验报告不能说明产品的质量性能，均不予办理进场验收手续。

（2）应根据施工材料、半成品和构配件等的特点、特性，以及对存放环境条件的防水、防潮、防晒、防锈、防腐蚀、通风、隔热和温度、湿度等的要求，妥善安排适宜的存放场地和库房，以保证其存放期的质量。

（3）应对某些当地材料和现场配制成的制品进行试验，达到产品的质量标准方可用于施工作业。

（4）施工若使用进口材料，应附有国家海关的进出口商检部门记录。

（5）对用于施工的植物材料必须附有育苗所在地植物检疫部门出具的苗木检疫合格证书。

3.1.4   施工作业环境的零缺陷控制管理

对施工作业环境主要采取以下 3 项零缺陷控制管理办法。

（1）施工作业操作环境条件。作业环境条件是指施工用水、用动力电、照明、安全防护设施设备、道路、交通运输和场地空间状况等。这些条件的状况如何将直接影响到施工能否顺利进行和施工质量。

（2）施工质量管理运行环境。是指施工质量管理体系和质量控制自检系统是否处于正常运行状态。即质量控制系统的组织结构、管理制度、监测制度、检测标准、人员配备等方面是否完善和确切，质量目标责任制是否落实等。施工质量管理运行环境也包括质量管理体系、安全施工管理体系和财务与成本管理体系等。若上述各项管理体系能够建立与正常运行，就可保证施工的正常、有序进行，这是搞好施工质量管理的必要条件。

（3）施工现场自然环境条件的控制。当施工现场自然环境条件不能满足施工质量的要求时，应及时组织相关的技术力量，预先调查、勘测和分析自然环境条件对施工质量造成的影响程度，并制定消除环境条件负面影响所采取的对策和有效技术措施方案，要用数据进行分析和论证，列出控制自然环境条件后预计达到的质量效果。若达到质量标准则可行；若未达标则需要制定和实施更加有效的技术措施控制方案，直至质量达标为止。

3.1.5   施工作业机械设备进场技术性能及工作状态的零缺陷控制管理

有效保证施工现场作业机械设备的技术性能和正常工作状态，对施工质量控制管理有着重要

的作用。对其进行采取零缺陷控制管理的4项措施是：①进场时应对施工作业机械设备的技术性能严格检查和记录；②对施工机械设备在施工作业期间的工作状态情况也要定时检查和记录；③对特殊设施设备安全运行状态必须经过当地劳动安全部门的鉴定和年检，合格则用；④对大型临时设备的运行状况应定期检查。

3.1.6　施工现场技术与管理和作业操作人员上岗资格的零缺陷审查管理

对于施工现场技管和作业人员持证上岗资格的零缺陷审查管理，主要有以下3项。

（1）施工技术与管理和操作工等专业工种人员的配置数量必须满足施工作业的需要，做到人、岗吻合。

（2）必须制定切实可行的施工技术与管理和操作工等人员的岗位职责，以及施工作业工序管理、作业操作技术等各专项制度，以确保施工质量，并使每个人的工作行为都有章可循。

（3）从事特殊作业的操作工，如电焊工、电工、起重工、架子工、爆破工等，必须持证方可允许上岗操作。

3.2　施工现场零缺陷质量管理与检验

（1）生态修复建设施工现场零缺陷质量管理。项目部是生态修复工程项目建设质量的实施者和责任者。为此，在施工全过程必须建立完善的质量自检体系并保证其有效运转。现场零缺陷质量管理的措施要求是：①施工操作者在作业结束后必须进行质量自检，并记录。②不同工序交接或相同工序轮换时，必须做交接班的质量检查和记录。③施工队应设专职质管员并实行定期、定量的专检和记录。④项目部应定期组织质管部门对施工现场的作业质量进行抽查和记录。

（2）施工现场零缺陷质量检验。对施工现场原材料、半成品和成品的质量进行零缺陷检验，其方法分为以下3种。

①目测法。又叫观感检验。即凭借人的感官通过看、摸、敲、照等手段，对检查对象进行质量检查。

②量测法。指利用量测工具或计量仪器，量测施工作业实际结果与规定的质量标准和要求指标比对，以判断其质量是否符合要求或达标。量测手法归纳为靠、吊、量、套。

③试验法。指通过现场试验或实验室试验等理化手段，取得数据，分析判断其质量状况。

3.3　施工现场作业操作结果的零缺陷质量管理措施

（1）施工现场作业操作结束后的质量控制零缺陷管理。对于生态修复工程项目建设施工现场作业已经结束、基本完工的工程实体进行零缺陷质量管理，主要有以下6项零缺陷控制管理措施：①隐蔽工程与其工序的验收；②工序交接验收；③分项、分部工程的检验与验收；④单位工程或整个工程的预验收；⑤对质量不合格的分项、分部工程处理；⑥施工成品的现场有效保护。

（2）施工现场作业操作结束后零缺陷质量检验管理的程序。施工现场作业操作结束后零缺陷质量检验的主要管理程序分为以下4项。

①实测。指采用检测手段，对工程施工实体进行测量、测试和抽取样品分析检验，以测定其

质量特性数据。

②分析。对检测所得数据进行整理、对比和找出差距。

③判断。据分析结果，判断施工作业是否达到质量标准。

④确认或纠正。对完全符合质量指标的工程应给予确认；对完工工程出现个别不符合质量标准的部分应及时给出采取纠正、补救或返工的处理结论。

4　项目建设施工现场零缺陷工程质量管理措施

生态修复工程项目建设施工现场零缺陷工程质量控制，是指通过对影响质量因素的人进行零缺陷思想教育，按照零缺陷理念对工程实施的全过程进行监督、检查和测量，并将工程实施结果与制定的零缺陷质量标准进行比较，判断其是否符合质量标准，找出存在的偏差，分析偏差形成原因的一系列活动。

现场质量控制是质量管理的重要组成部分，其目的是使产品、体系或过程的固有特性达到规定的要求，即满足合同、法律、法规及技术规范等方面的质量要求。所以，质量控制是对产品质量产生和形成全过程的所有环节实施监控，及时发现并排除这些环节中有关技术活动偏离规定要求的现象，并尽快使其恢复正常。

生态修复工程项目建设施工现场零缺陷工程质量控制的原则包括：把"质量第一"作为对工程质量控制的基本原则；以人为核心，重点控制人的素质和人的行为，充分发挥人的积极性和创造性，以人的工作质量保证工程质量；预防为主，加强过程和中间产品的质量检查和控制；坚持零缺陷质量标准，以质量标准作为评价产品质量的尺度；恪守职业道德，贯彻科学、公正、守法的职业规范。

4.1　影响项目建设施工现场质量主要因素及其控制方法

生态修复工程项目建设现场质量管理的因素通常包括人、材料、设备、施工技术与管理方法、立地环境条件等，生态建设施工质量零缺陷的实现必须要保证对这些因素的严格控制。

4.1.1　人的因素

人的因素是生态修复工程项目建设现场质量管理中的决定性因素。人是生态修复工程项目建设实施过程中的主体，影响生态修复工程项目建设质量管理的人的因素包括工程项目的决策者、管理者、勘察者、规划者、设计者、施工者等，他们的素质对于实现生态修复工程项目建设质量零缺陷目标尤其重要。其中，人员素质包括人的文化素质、思想素质、技术素质、管理素质以及工作素质与经验等方面的内容。对人的质量控制方法如下：

（1）确保组建高效的零缺陷生态建设施工现场管理团队，建立完善的质量保证组织体系。

（2）在生态修复项目建设施工现场质量管理过程中始终贯彻零缺陷质量管理的理念。

（3）要严格审查各参建单位的资质，包括施工企业整体素质、管理者素质以及施工技术与管理队伍的个人素质，尤其要认真核查项目施工技术负责人的综合素质。

（4）作业操作技术工人要持证上岗，设计、施工技艺等相关技术人员的技术等级和相关证件要真实有效。

（5）制定完善的生态修复建设现场质量管理制度，制定、实施合理的质量管理奖罚措施。

（6）定期召开生态修复建设现场质量分析会，及时掌握现场实际情况，对每个单分项工程、每道工序制定具体的质量检查考核要求，对可能发生的质量问题进行事前预测和事中规避。

4.1.2　材料因素

生态修复建设施工现场使用的原材料、半成品及工程设备等是生态修复工程实体的构成部分，其质量是工程实体质量的基础。对施工材料质量控制方法如下：

（1）成立由各相关部门参加的生态修复建设施工材料评议采购小组，切实完善和严格材料采购关。

（2）规范施工材料招投标管理工作，严格招投标程序，以质量优、价位合理、售后服务信誉度高为中标原则，实行公开、公正的材料采购招投标管理措施。

（3）必须针对生态修复工程项目建设特点，根据材料的性能、质量标准、适用范围和对施工质量的要求等方面进行综合考虑，慎重地选择和使用材料。

（4）严格施工材料的试验和检验。承包单位要对主要原材料复试，并妥善保管复试结果。对于特殊和重大材料的试验和检验单位也要认真考察。

（5）对施工使用新材料、新产品要核查、鉴定其证明文件，并了解其运用案例及效果。

（6）应加强对施工材料进场后的管理。施工现场实行7S管理，材料要合理堆放和库存，要有明显标志，要有专人负责，经常检查、办理及记录入出库单手续等。

4.1.3　设备因素

生态修复工程项目建设施工设备安装质量控制主要包括检查、验收设备的安装、调试和运转质量。要认真审查供货厂家的资质证明、产品合格证、进口材料和设备商检证明，承包施工单位按规定要进行复试；设备的安装要符合设备技术要求和质量标准。调试要按照设计要求和程序进行，要求试车运转正常。

生态修复建设施工机械设备是落实施工方案的重要物质基础，合理选择和正确使用施工机械设备是保证生态修复施工现场质量的重要措施，其质量控制方法如下：

（1）对于主要施工设备应审查其规格、型号是否符合生态施工实施方案的组织设计要求。

（2）承包施工单位要检查施工机械配备表是否综合考虑了施工现场的条件、机械设备性能、施工工艺和方法、施工组织和管理等各种因素，是否使之合理装备、配备使用、有机联系，以充分发挥机械设备在生态建设施工中的高效能。

4.1.4　方法因素

在生态修复工程项目建设现场质量控制系统中，制定和采用技术先进、经济合理、安全适宜的施工工艺方案，是生态修复工程质量控制的重要环节。施工方法指的是在施工过程中现场所使用的施工作业实施方案，主要包括技术方案和组织方案。技术方案包括作业方法以及施工工艺，组织方案包括施工中的空间划分以及劳动力资质和施工顺序。对其质量控制的方法如下。

（1）生态修复工程项目建设施工作业实施方案的设计、编制、审查和批准应符合规定程序。

（2）施工作业实施方案的设计应符合国家的技术政策，充分考虑生态建设施工承发包合同规定的条件、施工现场的条件及法规条件的要求。注意其可操作性，工期和质量目标可行。

（3）对采用新结构、新材料、新工艺、大跨度、高大结构等施工方法时，要稳妥处理与完善其质量问题的预案。

（4）积极推广应用新材料、新工艺，对已经过科学鉴定的研究成果应大胆应用于生态建设生产实践中，采取科学、合理、适地适技的施工方法，以确保工程质量的零缺陷。

4.1.5　环境因素

环境因素指的是在生态修复建设施工作业环境、施工质量管理环境以及自然条件环境。施工环境包括防护设施、施工现场平面布置以及施工作业面大小等；施工质量管理环境包括组织体系、施工质量管理制度等；自然条件环境包括地质地貌条件、水文气候条件等。生态修复建设工程施工过程中有很多环境因素是不可抗拒和不可预见的，其中自然环境的多变性尤其明显。所以在生态修复工程项目建设质量管理工作中，项目施工单位要重点考虑和控制施工场地的环境因素，并积极预防不利因素，从而为生态修复工程质量管理提供良好的环境条件。对环境因素的质量控制方法如下。

（1）施工单位项目管理人员在组织施工中，应结合场地状况、工程特点、气候情况等，因地制宜地组织、管理、指导工程施工作业。

（2）有效控制开工季节，合理选择开工时机，计划好工期，避开雨季和气候恶劣天气，避免不利季节影响生态修复工程项目建设施工质量。

（3）施工单位应督促现场施工人员加强施工现场管理，做好工地现场的噪声、扬尘控制等，营造良好的施工现场作业环境，创建绿色施工安全文明工地。

4.2　项目建设现场零缺陷质量风险控制的途径

生态修复项目建设现场零缺陷质量风险控制是在对质量风险进行识别、评估的基础上，按照风险管理计划对各种质量风险进行监控的活动。

生态修复建设现场实行项目质量风险控制，其零缺陷主要控制工作途径如下。

（1）应明确参与生态建设各方的质量风险控制职责。确定生态修复工程项目建设质量风险控制方针、目标和策略；根据相关法律法规和生态工程项目建设合同的约定，明确项目参与各方的质量风险控制职责。

（2）制定和完善质量风险控制责任体制。对项目实施过程中建设方、施工方、监理方的质量风险进行识别、评估，确定应对策略，制定质量风险控制计划和工作实施办法，明确项目机构各部门质量风险控制职责，落实质量风险控制的具体任务。

（3）实行质量风险控制的动态零缺陷管控措施。在现场实施生态修复工程项目建设期间，对生态修复工程项目质量风险控制实施动态管理，通过合同约束，对参建单位质量风险管理工作进行督导、检查和考核。重点包括以下内容：协调设计单位，通过设计方案的优化、细化，降低生态修复工程项目实施期间的质量风险；在设计文件中，明确高风险项目质量风险控制的措施，并就施工阶段必要的预控措施和注意事项，提出指导性建议；督促施工单位制定质量风险控制计划和工作实施细则，并监督执行，加强对施工过程中人、材、机、法、环等因素的控制，提高风险预警和应急处理的能力；编制质量风险管理监理实施细则，监督监理工作的落实情况，通过指派监理工程师旁站等监理活动，加强对关键部位、关键工序的质量监督。

4.3　项目建设现场的零缺陷质量控制措施

为有效确保生态修复工程项目建设施工质量的零缺陷，在生态修复项目建设施工过程中，对技术要求高、施工作业技艺与工序难度大、对工程质量影响大或者发生质量危害大的对象设置为质量控制点。并以质量控制点为主要监控对象，对影响质量的人、材、机、法、环这五大因素进行零缺陷重点控制管理，具体阐述如下。

4.3.1　对现场"人"的零缺陷控制

（1）生态修复工程项目建设技术高难精项目的施工，必须预先进行作业班组人员的安全教育和零缺陷管理培训，并做好记录，经施工单位考试合格、登记备案后方准上岗作业。

（2）生态修复工程项目建设施工中出现以下情况，必须对施工人员进行安全作业教育，并完善记录。

①因故无法完全执行安全操作规程。

②实施重大和季节性安全技术措施。

③更新仪器设备和工具，推广新工艺、新技术。

④发生人员受伤、机械损坏及其他事故。

⑤执行特殊工艺施工作业任务。

⑥出现其他不安全因素，安全生产环境发生了变化。

（3）明确机械操作、混凝土预构件施工安装作业工人的安全生产责任。

4.3.2　对现场"机"的零缺陷控制

在生态修复工程项目建设基础或大体量材料施工过程中，主要依赖塔吊进行物料的装卸周转，因此以塔吊为例，主要应完善以下5个环节的质量管理工作：①租赁购配件齐全、处于正常运转状态的塔吊设备；②对进场塔吊设备进行检查；③按规程进行塔吊设备的安装、调试及验收；④应对塔吊设备规范操作使用；⑤保持塔吊设备的日常养护和维修，并记录。

4.3.3　对现场"材"的零缺陷控制

生态修复工程项目建设质量与施工材料的质量紧密而直接相关，严格控制材料质量是生态修复工程项目建设施工质量实行有效控制的源头。以水保建设中构筑防水材料为例，应抓好以下8个环节的工作：①在项目建设施工合同中明确建设工程材料质量标准；②货比三家，选择有实力、信誉好的供货单位；③优选工程材料检测单位；④做好材料用料计划，避免停工待料或材料长期堆放现场造成损坏；⑤严格执行材料进场检验制度；⑥做好施工现场材料的妥善保管；⑦严格执行作业现场的挂牌制度；⑧原材料、构配件及设备签认程序按图2-1进行签认控制性管理。

4.3.4　对现场"法"的零缺陷控制

生态修复工程项目建设施工技术与管理各项制度规定，就是建设施工现场人人都必须遵守的"法"，这是为赢得生态修复工程项目建设施工合格与优良质量的硬规矩。为此，建设方应组织各参建单位召开现场专题会议，从安全、造价、工期、质量等多方面因素进行综合分析，采取在保证工期、造价、安全的情况下，制定和实行能够有效确保生态修复工程项目建设质量的多种"法"。

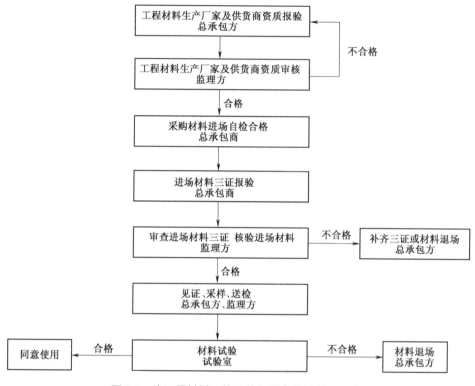

图 **2-1**　施工原材料、构配件与设备签认管理程序

4.3.5　对现场"环"的零缺陷控制

生态修复工程项目建设现场管理中实施 7S 管理，使工程建设全过程保持良好的施工作业环境和施工作业秩序。施工现场 7S 管理是一项综合性管理工作，涉及计划、技术、安全、调度、分包管理，施工总平面布置管理，苗木假植、其他材料仓储管理以及施工便道、防火设施、防盗防灾管理、场容卫生、环境保护等方面。

（1）7S 管理要求员工提高零缺陷质量意识，培养严谨的工作态度，形成良好的工作环境保护意识，一方面要求在施工过程中严格按照技术工艺规程作业操作，并保证设施设备保养良好，仪器、仪表、量具定期校验合格，材料、半成品、成品标识清晰，状态清楚，周转顺畅；另一方面要求施工现场干净整洁、秩序井然，物品定置管理，存放有序，各得其所，各安其位，材料、工具、模具、夹具等井然有序。

（2）现场通过实行目视管理、形迹管理，异常现象一目了然，要把生态修复建设施工现场打造成为"傻瓜现场"，有效减少施工过程中浪费的时间和窝工现象。良好的施工现场工作环境可以极大地促进员工工作效率的提高，使得生态建设项目质量得到更好的控制和保证，确保生态修复工程项目建设质量零缺陷目标的实现。

5　项目建设施工质量问题以及质量事故的处理办法

施工质量的优劣不仅关系到工程的安全使用，还直接影响到公众安全和社会的稳定。质量低劣的工程是造成工程质量事故或为事故发生埋下潜伏隐患的直接原因，其危害后果不堪设想。因此，妥善处理施工质量问题和质量事故，确保施工质量是工程施工技术与管理的头等大事。根据国际标准化组织（ISO）关于质量管理和质量保证标准的定义，凡施工质量没有满足某个规定的要求，就称之为质量不合格。根据建设部 1989 年颁布的第 3 号令《工程建设重大事故报告和调查程序规定》和 1990 年建工字第 55 号文件"关于第 3 号部令有关问题的说明"：凡是工程质量不合格，必须进行返修、加固或报废处理，由此造成直接经济损失低于 5000 元的称为质量问题；直接经济损失在 5000 元（含 5000 元）以上的称为工程质量事故。

5.1　工程质量问题及其处理

（1）常见生态修复建设施工质量问题的成因。由于生态修复工程项目建设施工所用材料的品种繁杂，加之工期较长，易受当地社会环境和自然环境条件的影响，工程施工质量问题的表现形式千差万别，类型多种多样。这使得引起工程质量问题的成因也错综复杂，归纳其最基本的因素有以下 7 方面：①违背施工作业技术程序；②违反工程建设施工法规行为；③施工地形勘察失真；④工程设计差错；⑤施工技术与管理不到位；⑥施工使用不合格材料、制品和机械设备；⑦自然环境条件因素所致。

（2）对生态修复工程项目建设质量问题的处理。项目部在生态修复建设施工过程或完工后，若发现工程存在着质量问题，应根据其性质和程度按以下方式处理：①当施工质量问题处于萌芽状态时，应立即制止，并及时更换不合格的材料、设备或不称职人员，改变错误的施工方法和操作工艺；②当已发生施工质量问题时，应立即对其质量问题进行补救处理，并采取足以保证施工质量的有效技术与管理措施；③如发现已完工的分项工程或工序质量不合格时，项目部必须要求其施工队采取措施立即改正、纠正或返工；④在保质养护期发现质量问题，项目部应责成施工队进行修补、加固或返工处理。

5.2　工程质量事故的特点与分类

5.2.1　工程质量事故的特点

（1）复杂性。生态修复工程项目建设施工同其他建设工程一样，具有的复杂性特点是：生产成品固定、施工作业流动，生产成品多样并结构类型不一；露天作业多，自然条件复杂且多变；施工使用的材料品种多、规格不一且材质性能各异；多专业、多工种交叉施工作业，相互协调性强；工艺项目多，施工作业方法各异，技术质量标准不一等。因此，影响工程质量的因子繁多，造成施工质量事故的原因错综复杂，即使是同一类型的施工质量事故，而造成的原因却可能是多种多样，所以使得对质量事故进行分析、判断和确定其事故性质、原因和发展趋势，以及对其采取管理处理的方案、措施等都增加了一定的难度。

（2）严重性。在生态修复建设施工过程一旦发生质量事故，则造成的影响后果较大。轻者拖延工期、加大施工成本、影响施工顺利运行，严重者则会留下隐患成为危险工程，影响生态防护功能的正常发挥，更严重时其质量事故还会导致生态建筑体失稳倾斜、甚至倒塌。

（3）可变性。当生态修复建设项目出现质量问题时，其质量病态会随着时间不断向更严重的方向发展和蔓延。因此，若对初始时期不严重的质量问题不及时采取措施处理和纠正，可能会发展成为一般质量事故，而一般质量事故有可能继续发展成为严重或重大质量事故。所以，在处理工程质量问题时必须注意质量问题的可变性，要加强对工程质量的观测和试验，及时预测事故的发展趋势，果断采取有效、可靠的控制措施，防止生态修复工程项目建设质量问题的发展与恶化而成为生态修复建设质量事故。

（4）频发性。生态修复施工全过程的质量事故，在一些工程部位或工序具有经常发生的特性。因此，项目部应该不断分析发生质量事故的具体原因，吸取教训，及时总结质量达标的技术、监控管理经验，采取系统、完整的技术与管理措施予以预防，就显得非常重要和必要。

5.2.2   工程质量事故的分类

（1）依据国家对工程质量事故造成损失程度的分类原则，分为以下3类。

①一般质量事故。凡达到以下条件之一者为一般质量事故：

凡造成直接经济损失在5000元（含5000元）以上、不满5万元的工程施工质量事故；

凡影响工程使用功能和工程设计结构的安全，造成永久性质量缺陷的工程施工质量事故。

②严重质量事故。凡达到以下条件之一者为严重工程质量事故：

凡造成直接经济损失在5万元（含5万元）以上、不满10万元的质量事故；

凡严重影响工程使用功能和工程设计结构安全，存在重大质量隐患的工程质量事故；

事故性质恶劣或造成2人以下重伤的工程建设质量事故。

③重大质量事故。凡达到以下条件之一者为工程重大质量事故：

生态土建工程倒塌或报废；

由于质量事故的原因，造成人员死亡或重伤3人以上的质量事故；

造成直接经济损失在10万元以上。

（2）按国家建设部建设工程重大事故划分等级，划分为以下4个等级和特别重大事故：

1级质量事故：凡造成死亡30人以上，或造成直接经济损失300万元以上质量事故。

2级质量事故：凡造成死亡10~29人，或直接经济损失100万元以上、不满300万元的质量事故。

3级质量事故：凡造成死亡3人以上9人以下，或重伤20人以上，或直接经济损失30万元以上、不满100万元的工程质量事故。

4级质量事故：凡造成死亡2人以下，或重伤3人以上、19人以下，或直接经济损失10万元以上、不满30万元的工程质量事故。

特别重大事故：凡具备国务院发布的《特别重大事故调查程序暂行规定》所列，发生1次死亡30人以上，或直接经济损失达500万元以上，或其他性质特别严重的重大事故。

5.3   工程质量事故处理依据

（1）工程质量事故实况资料。建设工程质量事故实况资料是指项目部填报的质量事故调查报告，它应包含内容：

①质量事故发生的时间、地点。

②质量事故状况的描述。是将发生事故类型分为混凝土裂缝、砖砌体裂缝、堤坝等坍塌等；分布状态和范围；严重程度，如长度、宽度、深度等。

③质量事故发展变化的情况。

④质量事故现场状态观察记录、照片和录像等。

（2）工程质量事故有关合同文件。质量事故涉及施工合同、设计委托合同、设备与材料与器械购销合同和监理合同等。

（3）工程质量事故有关技术文件和档案。

①与工程质量事故相关的设计图纸、说明书等。

②与施工有关的技术文件、记录等。

（4）工程质量事故相关的工程建设法律。

①勘测、设计、施工、监理等单位资质管理方面的法规。

②从业者专业技术资格管理方面的法规。

③生态修复工程项目建设市场发包、承包等方面的法规。

④生态修复工程项目建设施工方面的法规。

⑤关于建设工程质量标准化管理方面的法规。

5.4　工程质量事故的处理办法

（1）修补处理。这是最常用的质量事故处理方案。当工程某个分项、分部的质量虽未达到规定的标准要求指标，存在一定缺陷，但通过修补或更换器具、设施设备还可以达到质量标准，且不影响工程功能使用和外观装饰要求，在此情况下可以进行修补处理。属于修补处理的方案很多，如封闭保护、复位纠偏、结构补强、表面处理等。但对影响工程结构安全性和使用功能较严重的质量事故，则必须按对应的技术方案进行加固补强处理。

（2）返工处理。工程施工质量存在着严重质量问题，对工程的结构使用和安全构成重大影响，且又无法通过修补处理，可对其分项、分部或整个工程进行返工处理。

（3）不作处理。当某些工程质量虽不符合标准，已构成质量事故，但是视其严重程度情况，经有关法定权威单位的分析、论证、监测和鉴定，对工程结构使用和安全性影响不大，可不做专门处理。通常不作处理的情况有以下 4 种：①工程不影响结构安全和正常使用；②虽有质量问题，经过后续工序可以弥补；③经过法定监测单位鉴定合格；④对出现的工程质量问题经检测鉴定达不到设计要求，但经原设计单位测量核算仍能满足结构安全和使用功能。

第六节
建设现场施工进度的零缺陷管理

影响生态修复施工进度的因素很多，主要分为：外部因素，如材料供应、机械设备和民工等；内部因素，如项目部的技术与管理经验与水平、企业施工管理决策能力等；自然因素，如地质地貌地形条件限制、自然灾害突然发生和恶劣天气变化等。这三大方面因素决定着施工进度，因此，项目部对施工进度的零缺陷管理也就体现在对这三大因素的有效应对管理上。

1　建设现场施工进度的零缺陷管理内容

对生态修复工程项目建设现场施工进度管理实行科学、规范、严谨的零缺陷手段，是现场阶段进度管理的重点，是在严格执行施工技术与管理规章制度的同时，有效做到施工作业技术工艺的正常发挥、材料物资的接续供应、生活后勤服务的安全保障；切实加强对施工进度的事前部署落实、事中检查控制和事后考核评比的管理，调查与分析影响、制约施工进度的各种因素，制定和提出有效解决制约施工进度的技术与管理方案和措施，确保施工过程每一项工序进度目标的逐步实现，最终在规定期限内完成整个生态修复建设项目的施工任务。

2   建设现场施工进度的零缺陷控制方法

2.1   施工进度管理的行政方法

采用行政方法控制管理工程施工的进度，是指项目部经理等部门领导利用其行政地位和权力，通过发布进度指令督促和加快施工速度的方法。常用指导、协调、考核、激励、批评、处罚等手段和方法进行进度的行政管理。使用行政方法对施工进度的管理控制，其特点是直接、迅速、有效，但必须注意避免武断、片面地瞎指挥。

2.2   施工进度管理的经济方法

使用经济管理手段对施工进度进行影响和控制，其方法如下。

①项目部与各施工队签订施工任务责任书中应明确完成作业操作的期限。

②实行进度管理的奖优罚劣制度。推行和使用经济方法管理工程施工进度的方法，应该在事前要有合理的经济核算作为基础和保证，以使得施工进度管理产生的经济效果大于为此而进行的投入。

2.3   施工进度管理的技术方法

采取施工进度管理的技术方法，是指通过各种施工计划的编制、优化、实施和调整，为实现施工进度目标的管理方法。其技术方法主要有：①流水作业方法；②科学排序方法；③网络计划方法；④滚动计划方法；⑤电子计算机进度管理辅助方法。

3   建设现场施工进度的零缺陷检查统计和分析方法

为了对生态修复工程项目施工进度进行有效的零缺陷控制和管理，项目部进度管理员必须经常、定期地深入施工第一线，要跟踪、核实和掌握施工实际进度情况，对收集到的施工进度数据立即进行数理统计、对比和分析，以确定实际进度与计划进度间的差距关系。

3.1   跟踪检查施工实际进度的方法

跟踪检查施工实际进度，目的是收集实际施工实际进度的有关数据。通常为每月、半月、每旬或每周进行1次，检查和收集施工实际进度数据一般采用进度报表方式或定期召开进度汇报会。为了保证收集到的进度数据准确，进度管理员应到施工现场实际查看各施工队作业操作的确切进度情况。定期跟踪检查施工进度的工作内容为6项：①施工实际完成工程量和累计完成工程量；②施工现场参加作业的实有人工数、机械台数和作业效率；③是否有窝工现象，若有应查清窝工人数、机械台数及原因调查与分析；④施工实际进度偏差状况；⑤施工进度现场管理情况；
⑥影响施工实际进度的原因调查与分析。

3.2 整理、统计施工实际进度数据

整理、统计施工实际进度数据的工作方法是，将收集到的各施工队实际进度数据进行必要的
整理和汇总，形成与计划进度数据具有相同计量和可比的准确数据。

3.3 施工实际进度与计划进度两者间的对比

施工实际进度与计划进度两者之间的对比，可采用的 5 种主要方法：①横道图比较法；②S
型曲线比较法；③"香蕉"形曲线比较法；④前锋线比较法；⑤列表比较法。

经比对会出现施工实际进度与计划施工进度一致、超前和拖后 3 种情况，施工进度管理员应
该根据比对结果编制并形成施工进度报告。

3.4 施工进度检查结果的处理管理

进度管理员应定期向工程主管施工进度领导及时汇报各施工队实际进度情况，以及进度形成
的原因及拟采取的技术与管理措施和方案，经项目部针对上述 3 种进度结果进行决断后，立即作
如下 3 种方式的管理处理措施。

（1）对施工实际进度与计划施工进度一致结果的处理。项目部经理应与施工队共同探讨在
保持现有施工进度的基础上，探讨如何进一步挖掘潜力，对加强、提高施工劳动效率的管理方法
和措施进行有效改进，用物质与精神双重刺激的手段加快施工进度，同时也要对可能影响和制约
施工进度的因素提前采取积极的预防和控制措施。

（2）对施工实际进度与计划施工进度超前结果的处理。项目部经理应该全面肯定施工队的
施工进度成绩及对施工进度的有效管理，鼓励其总结成功经验、继续扩大战果，并给予奖励。

（3）对施工实际进度与计划施工进度拖后结果的处理。项目部经理应共同与施工队深刻分
析造成施工进度滞后的确切原因和应对措施。若是由于施工队负责人现场管理工作能力欠缺或不
胜任，则应立即调整换人；若是由于劳动力数量短缺、材料供应拖延或自然条件所致造成施工进
度滞后的原因，则应该对症采取相应的对策、办法和措施，以积极的心态调整施工技术与管理工
作方式，进一步加快施工作业的步伐，追回、弥补已欠缺的施工工作量。

4 建设现场施工进度的常规零缺陷管理措施

4.1 组织措施

施工进度常规组织管理措施有以下 7 项。

（1）建立由项目部、建设单位、设计单位、监理单位、材料供货方等共同组成的施工进度
管理协调体系，明确各方对施工进度负有的责任和义务。

（2）建立施工实际进度报告制度和进度信息沟通网络。

（3）建立施工进度协调会议制度。

（4）建立施工进度计划审核制度。

（5）建立施工实际进度管理检查制度和调度制度。

（6）建立施工实际进度管理分析制度。

（7）建立施工设计图纸审查、快捷办理工程设计变更等审批手续的制度和机制。

4.2　技术措施

技术措施主要分为以下 5 项内容。

（1）采用多级网络计划技术和其他先进适用的计划技术。

（2）组织流水作业，保证作业的连续、省时、均衡和有节奏。

（3）有效缩短作业时间、减少工序间技术间歇的技术管理措施。

（4）采用电子计算机进行控制管理进度的措施。

（5）采用先进高效的技术和设施设备。

4.3　经济措施

可采取以下 6 项经济措施。

（1）对施工加快进度给予奖励。

（2）对应急赶工、节假日不休息给予优厚的加班工资。

（3）对拖延工期给予处罚并扣收赔偿金。

（4）为施工提供方便、快捷、到位的资金、设备和材料供应等。

（5）及时办理工程预付款和进度款的支付手续。

（6）加强合同索赔的有效管理。

4.4　合同措施

采取以下 3 项合同管理措施。

（1）加强合同管理，强化组织、指挥和协调，以保证合同进度目标的顺利实现。

（2）控制合同变更，对有关设计变更，应通过监理方严格审查后补进合同文件中。

（3）加强合同风险管理，在合同中应充分考虑施工各种风险因素对施工进度的影响和处理对策等。

5　建设现场施工的零缺陷进度管理

生态修复工程项目建设现场施工需要完成乔灌草植物造林措施和相配工程措施，具有明显的多项目特征：工期有限、作业任务重，各措施之间需要紧密协调。为了确保生态修复建设施工项目满足建设进度目标要求，施工企业项目部应将各专业队、各工种班组联合组成项目进度管理团队，依据"第一次将正确的事情做正确"的零缺陷工作理念，对生态修复建设现场施工项目实施全面的进度管理。

5.1 项目建设施工的零缺陷进度计划编制

5.1.1 零缺陷进度实施专人管理

零缺陷进度管理强调对项目进度实施专人管理。为此，建设、设计、监理单位与项目部应共同组建专门的进度管理团队，负责进度管理相关规定的制定，进度计划的编制、审核、实施及控制。除了保证项目进度计划编制的合理性之外，还要在项目实施过程中，保证进度资料统计整理的完整性，以便及时得出工程实际进度与计划进度的偏差，为整个项目管理提供真实信息，并对过程中出现的偏差迅速做出正确响应和决策。在这个进度管理团队中，主要人员及其工作分工见表 2-1。

表 2-1   生态修复建设项目进度管理团队及分工

单位	人员组成	进度管理工作职责
建设单位（业主）	主管 1~2 人、助手 2~3 人	生态项目建设进度管理制度的制定；实施项目总进度管控；向业主法人代表进行进度反馈；项目施工进度计划审核；基于项目工期、成本及资源配置情况，提出进度优化要求；在项目施工过程中，及时下达项目进度调整策略
设计单位	主设计师 1~2 人、工程师 2~3 人	在设计阶段进行施工总进度管控；向项目建设进度管理团队反馈施工进度；编制项目进度计划控制和优化方案；进行项目设计计划控制和优化
监理单位	总监理工程师 1~2 人、监理工程师 2~5 人	审核项目施工进度计划；分析项目施工中可能出现进度滞后的技术与管理问题，并提出预防建议；监督项目施工进度执行情况；当施工项目进度出现偏差时，向建设单位提出进度调整建议
施工单位	项目部经理 1 人、总工程师等 2~3 人	具体实施和完成项目施工阶段的进度计划；向项目进度管理团队反馈施工进度；编制项目施工进度计划；实施项目施工进度计划控制和优化；对项目施工进度实行现场监控，并及时向项目经理汇报；收集、汇总、分析项目施工进度信息后，按周（月）向项目经理汇报

5.1.2 零缺陷进度实施系统、全过程管理

在生态修复建设项目零缺陷进度管理中，坚持系统管理原则，运用并行工程原理，进行施工全过程管理，按管理主体和工程建设阶段的不同分别编制进度计划，形成严密的生态修复建设施工进度计划系统。

5.1.3 实行生态修复工程项目建设目标管理

实行生态修复工程项目建设目标管理，需确定工期目标要采取的 5 项措施如下。

（1）施工工序任务分解。首先，根据"项目建设目标分解实现零缺陷""快速决策造就零缺陷""卓越执行体现零缺陷""无缝沟通产生零缺陷""7S 管理提升零缺陷"和"廉政建设保障零缺陷"等相关内容，利用"生态修复工程项目建设零缺陷管理团队构建理论"中的 WBS 技术，对生态修复建设施工工序任务进行合理分解，分解成可以易于操作的工作包。工序分解结构的层级要视生态修复工程项目建设的具体情况而定，有些项目简单，分解为一层就行，而有些建设结构、技艺均复杂的生态修复建设项目，需要几层甚至十几层才能达到可供实施的层级。如果将施工工序任务分解的过于庞大，虽然每项工序都有明确的工作范围和工作内容，但由于工序所

包括内容过于宽泛，就可能没有达到实施的层级，将其作为一项工作编制出来的进度计划太过笼统，无法制定出可供操作的进度计划和得到项目实施过程中资源需求的细节情况，因此也就没有体现出编制进度计划的科学、适用意义。同样，也不能将工序分解得过于精细，如在水保"混凝土工程"中"模板清理"这一项工序中，同样可以细化为模板运输至清理场地、码放模板、用水冲洗模板、对模板进行细部清洁、模板表层刷保护剂、运输至储存地点等步骤，显然，工序分解到如此精细的程度必然会影响工序分配的效率，同时也会造成进度计划庞大、不利于实施，而且编制计划所花费成本也会增大。

（2）工序持续时间测算。工序内容确定后，需要对各项工序的持续时间进行预测。利用历史经验数据对工序持续时间进行测算是一种较为常见的方法：将历史完成过的工序时间根据其工作量大小折算成单位生产率，对待办事项进行工序持续时间测算。由于不同生态修复建设项目在具体实施过程中会使某些工序完成起来有些困难，利用历史经验数据计算作业持续时间会与实际工作持续时间有一定的偏差，需要根据生态修复工程项目建设施工实际情况对工序持续时间进行一些调整。例如，如果某分部工程项目只适宜在夜间施工，就需要考虑夜间施工降效对单位生产率的影响，在制定工期计划时，就需要对此项工序的持续时间进行合理延长。此外，常见的一些生态修复工程项目建设施工可通过查询定额来确定工序持续时间。

（3）确定工序间的逻辑关系。生态修复建设施工工序之间的先后顺序主要依据以下 3 个因素来确定。

①考虑各项工序之间存在不可替代的技艺和实质性的顺序关系。例如，对大规格带土球乔木实施树木支撑，必须要在放线定点、挖坑、施底肥、栽植、分层回填土和浇水后才能实施；水保混凝土浇筑必须要在钢筋绑扎和支设模板完成之后才可以进行。

②考虑施工组织的管理需要，必须按顺序组织施工的情况。例如，对沙质荒漠化实施固沙造林种草作业，应先行完成沙丘顶部的机械沙障设置、再造林作业，继而按流动沙丘迎风坡中部、下部的顺序完成固沙造林作业。

③小流域水土保持治理中，应按照先坡面、后沟道的施工工序顺序来完成项目建设。

（4）进度计划图绘制。施工各项工作及其逻辑关系和持续时间确定后，便可绘制出该项生态工程项目建设现场施工阶段的进度计划图。

（5）计算时间参数，确定关键路径。在进度双代号网络图中计算各项工序最早开始时间、最早结束时间、最晚开始时间、最晚结束时间、工序总时差以及工序自由时差，并将计算出的时间参数标注在箭线上，如图 2-2。根据图 2-2 可确定施工关键路径，并在双代号网络图中用加粗箭头表示出来，如图 2-3。将双代号网络计划按照关键路径进行重新排列（图 2-4），以便于进行非关键工序工作时间的协调。

5.2   项目建设施工的进度预测

某项生态修复工程项目建设现场施工包括有 18 个工序作业活动，其中活动 1 与活动 18 为项目开始工序和项目结束工序，不需消耗时间和资源，其余工序活动及其消耗工期时间见表 2-2。

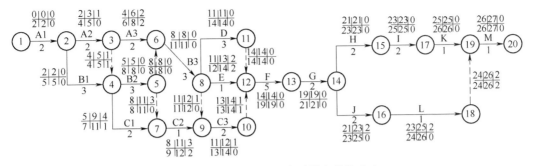

图 2-2　双代号网络图中各计算参数的确定

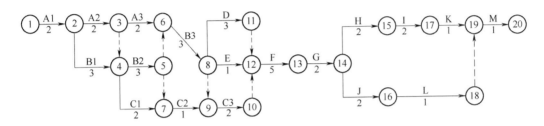

图 2-3　确定网络图中的关键路径

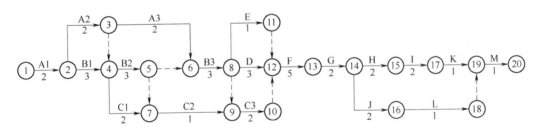

图 2-4　将双代号网络按照关键路径重新排列

表 2-2　生态修复工程建设现场施工项目主体工序活动及其工期

工序活动编号	工序活动名称	工期(d)	工序活动编号	工序活动名称	工期(d)
1	项目开始工序	0	10	工程措施作业结束自检及记录	2
2	定点放线	2	11	造林挖坑、施底肥、换土等栽植前作业	10
3	地下输水管网材料进场及清点	3	12	栽植、回填土及分层踏实、浇水等作业	6
4	输水官网安装	4	13	浇水、设置支撑防护支架作业	3
5	输水管网调试	2	14	栽植作业后自检及记录	1
6	输水管网自检及记录	1	15	设立造林植物抚育管护作业队，定员、定制度	2
7	地上工程措施施工布置	2	16	对造林植物进行浇水、病虫害防治、防毁、防火等管护作业	1095
8	工程措施施工材料进场及清点	2	17	对工程措施进行保修作业	1095
9	工程措施施工作业	5	18	项目结束工序	0

5.3　项目建设施工的进度控制

生态修复工程项目建设现场施工进度实行全过程管理，施工项目部应对项目全过程总进度计划完成情况进行汇总，并对造成进度偏差状况与导致产生偏差的原因分析，编制项目施工进度报告（表2-3），按旬将生态修复工程项目建设施工进度向建设单位（业主）汇报，其工作流程如图2-5。

表 2-3　生态修复工程项目建设施工进度报告

生态修复工程建设项目施工基本信息			
项目名称		报告日期	
项目编号		报告批次	
项目施工负责人		项目施工所处阶段	
生态修复工程建设项目施工进度情况			
本月进度情况			
本月进度与进度计划对比			
工期延误原因			
补救措施			
施工材料进场情况			
劳动力进退场情况			
施工作业方案、材料报送情况			
安全施工作业情况			
施工质量执行情况			
文明施工作业情况			
施工需要协调及解决的问题			
附件	附件1：最新施工进度计划表 附件2：3个月短期工程施工进度计划表 附件3：最新工地状态照片 附件4：监理月报 附件5：施工现场指令变更汇总表 附件6：……		

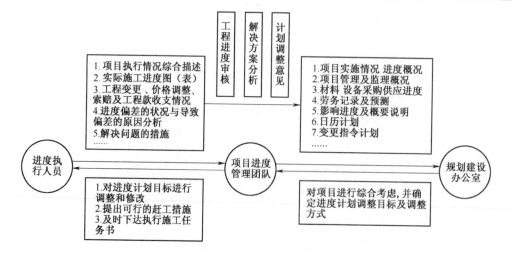

图 2-5　W 项目进度汇报流程

6 项目建设现场施工进度的零缺陷管理总结

项目部应该在实现生态修复工程项目建设施工进度的总目标后，及时对施工进度进行总结和表彰。

6.1 对施工进度管理总结的依据

对生态修复工程项目建设施工进度管理总结的依据主要有 4 项内容。

（1）施工进度计划。

（2）施工进度计划落实与执行实际完成情况记录。

（3）施工进度的检查记录。

（4）对施工进度偏差采取调整的技术与管理措施资料。

6.2 施工进度管理总结的内容

（1）合同工期目标和实际完成工期目标的情况。

（2）施工进度管理经验。

（3）施工进度管理中存在的问题和难点。

（4）施工进度管理方法的改进意见。

第七节
建设现场施工材料接续供应的零缺陷管理

生态修复项目建设施工现场，应根据施工作业实施方案、施工计划和工序进度，对施工需要的材料，分阶段、分批量组织采购、调运和储备待用，并完善对施工材料有效供应管理的零缺陷制度和方法，保证在施工全过程不因为材料供应短缺或不接续而影响施工进度。

1 施工现场领用材料的零缺陷管理

1.1 制定合理的领用材料管理制度

（1）制定合理领用施工材料制度的目的。制定合理领用施工材料制度的目的，是控制施工材料的出库数量，确保发放的材料数量能够满足施工的真正需要，即把施工材料确实使用到工程施工作业之中。

（2）领用材料制度适用的单项工程。建立的领用施工材料制度适用于以下 4 类单项工程：①土建分项工程；②浇灌管网安装工程；③临时供电工程；④造林种草种植工程。

（3）领用施工材料的管理程序。对施工材料领用管理的必要 5 项程序：①施工队列出领用材料清单，须注明领料单位、日期、材料品名、规格、单位、数量和用途等；②管料员核对、签字；③材料部门主管审核和签字；④项目部主管经理签字；⑤管料员照单发放材料。

1.2   按先进先出的供应管理办法发放施工材料

对施工材料要实行先进先出的管理原则。即先入库的材料优先发放；对有保质期限的材料，应登记其有效使用开始和终止日期，做到保质使用。对材料应按进库日期、类别、规格的不同，分门别类地存放，并设置醒目标识加以标示和详细登记。

1.3   施工材料超量领用的零缺陷控制管理办法

（1）施工材料超量领用的控制管理制度。当施工队核定的施工材料已领用完毕，需要追加领用材料时，则由施工队填写超额领用材料的原因、品名、规格和数量，并按上述领用材料管理程序办法办理领用手续。

（2）施工过程出现超额领用材料的原因。施工过程出现超额领用材料的 4 方面主要原因：①材料质量存在缺陷；②作业操作不当或工艺不过关；③增加作业工程量；④其他原因所致。

（3）施工材料超量领用的审批手续。施工材料超量领用的 3 项审批手续：①当超领率<3%时，由项目部施工技术部门审批；②当 3%≤超领率≤5%时，由项目部施工技术部门审核，分管经理审批；③当超领率>5%时，除由技术部门审核、分管经理审批外，还应报经项目部经理签字批准。

1.4   施工现场追加材料的零缺陷供应管理办法

当由于各种原因造成施工需要追加施工材料供应时，应履行以下补供材料的管理程序：①施工队填写追加材料使用申请单，详细说明原因、供领材料品名、规格和数量等内容；②项目部施工技术部门确认、审核；③报项目部经理批准；④材料供应部门紧急联系调运；⑤材料直接运至施工现场，交送施工队办理验收、接受等手续。

1.5   施工材料搬运管理的零缺陷原则和办法

（1）施工材料的搬运管理原则。应遵循和贯彻"及时、准确、安全和经济"的搬运原则。以及实行有计划、有组织、有指挥、有监督、有调节的管理机制，力争以最短运距、最快时间、最低费用和最安全的措施完成搬运，以保证施工作业的需要。

（2）施工材料搬运管理方法。施工材料搬运的 3 种主要管理方法如下。

①确定合适的搬运方式。材料搬运的方式有人工搬运、工具搬运和机械搬运。项目部材料采供管理部门应根据要搬运材料的重量、数量、运距、有无危险性和是否易碎等特性设定搬运方式。

②制定材料搬运指导书。为防止搬运过程不损坏材料或使材料不会变质，可预先确定合适的搬运方式，并编制搬运作业指导书对其过程加以控制和监督。

③对搬运材料管理要求。对易磕碰材料的关键部位应提供适当方式给予保护，如施以保护套、网、罩、箱等；培训搬运人员，使其掌握搬运过程相关作业技巧、规程和要求。

2　施工材料现场使用的零缺陷控制管理

2.1　施工材料现场堆放管理的零缺陷原则

（1）应最大化地利用存储空间，尽量采取立体堆放方式，以提高现场空间的使用率。

（2）尽可能地利用机器装卸施工材料。如使用加高机，以增大材料堆放的空间。

（3）搬运道路应加至适当宽度，以保持材料搬运的顺畅，同时提高装卸效率。

（4）依据材料的不同形状、性质和价值，采用不同的堆放方式。

（5）材料堆放要考虑存储数量的读取方便及快捷、易识别和检查。

2.2　使用施工材料的零缺陷监控措施

（1）施工使用材料现场巡视管理的措施。内容是：材料使用定额是否偏低，使用是否有较多的报废品，使用操作方法是否符合规程等；还须包括巡视时间、路线的详细记录。

（2）建立施工材料领用台账。建立施工材料领用台账主要有以下 3 项内容。

①材料台账的作用。能够清楚地掌握施工材料的使用、损耗情况，为施工材料成本核算提供依据，为项目部制定材料控制决策提供参考。

②材料台账内容。材料损耗项目有材料品名、订货单和使用单位；材料损耗数量：指原材料、辅助材料、包装材料、低值易耗品损耗数量；材料耗用标的：指材料规格、型号、数量、单位和品质级别。

③材料台账类型。分计划材料统计台账、订单材料统计台账、施工队材料统计台账。

3　施工材料损耗的零缺陷管理

3.1　施工材料损耗控制管理办法

（1）制定材料使用消耗定额。材料使用消耗定额是指在一定施工技术与管理条件下，作业完成单位工程量或单位劳动工所必须消耗施工材料数量的标准。

（2）材料使用消耗定额的管理。材料使用消耗定额的管理，是指当出现下列 3 种影响材料正常使用消耗情况时，应及时修改消耗定额。

①施工项目发生设计变更时。

②作业操作工艺改进或变更影响到材料使用消耗定额时。

③当发现定额计算或编制过程有错误和遗漏时。

3.2　施工作业产生呆料的原因及处理措施

呆料是指施工材料存量过多，消耗使用量极少，使库存周转率极低的施工材料。呆料并未丧失材料原有的特性和功能，但若不加以处理，则可能造成不必要的经济损失。

（1）产生呆料原因。产生呆料的原因主要有以下 3 种情形。

①因施工设计变更来不及修正采购计划活动或存量时，就会产生呆料。

②由于作业设计编制失误，造成多余备料而成呆料；对施工队使用材料发放、领取或退料管理不善，造成施工一线的呆料。

③施工材料采购计划不合理或采购不当所致。

（2）呆料处理措施。对待呆料可采取以下5种处理措施。

①调拨或留作其他工程施工时使用。

②对呆料加工或改进后再利用。

③借助施工新技术、新工艺和新产品消化库存呆料。

④对呆料打折出售。

⑤与其他企业或单位实行以物易物的方式相互交换。

3.3 残料、旧料的处理办法

（1）残料。残料是指在施工作业过程中产生的材料零头。残料虽已丧失主要使用价值，但仍可利用。对其有5种处理方法：①若还有利用价值则可利用；②拆解后分部位再利用；③出售；④与其他企业或单位交换；⑤已完全没有利用、出售和交换作用的残料，要作废弃品处理。

（2）旧料。旧料是指材料已过保质期，虽已失去原功能，但仍可适当利用的材料。对旧料的处理应开辟旧料存放专区，以防误用。对旧料可采取以下2种处理方法。

①出售。对旧材料出售由施工技术或材料采购部负责，收回现款一律交送财务部门。

②拆零利用。当旧料数量很大时，可将其集中解体，拆解下的一些有用部件可重新保养使用，另外一些可出售或作废弃品处理。

第八节
施工现场安全文明的零缺陷管理

对生态修复工程项目建设施工现场采取零缺陷安全文明技术与管理，是现代社会对生态修复工程项目建设施工作业的实际要求和需要，也是提高施工质量、加快施工进度的必要条件。其作用，一是展示企业施工技术与管理的素质，二是树立企业的市场形象和品牌，三是起到移动的"活广告"效果和作用，四是营造和谐文明建设的氛围。

1 建立施工现场安全文明的组织管理保证体系

建立施工现场安全文明组织管理的保证体系，就是要明确项目部在生态工程项目建设施工安全文明中的职责、分工、管理权限及范围和保证措施。

1.1 制定和落实项目部各部门各施工队的施工现场安全文明职责

（1）项目部经理履行施工安全文明的管理职责。项目部经理是施工现场安全文明管理的总负责人，副经理是具体分管施工现场安全文明管理负责人。经理的施工安全文明管理职责是：贯彻和执行施工安全文明、劳动保护的有关法律、法规、标准和规范等要求，及时传达和执行国家和地方安全文明监督管理部门有关文件、指示；建全施工安全文明管理组织机构，制定施工安全文明制度并检查和监督其执行情况，妥善安排和规范使用施工安全文明措施经费；定期组织安排施工大检查，有效消除安全隐患和不文明行为；主持重大安全文明事故调查，并及时上报有关部门，分析和作出具体的处理意见；对违反施工安全文明制度、不认真执行施工安全文明规定的人员，可采取公开批评教育、经济罚款甚至开除的方式进行处置。

（2）施工安全文明专职管理部门的职责。主要是对日常施工安全文明进行检查、监督等，具体4项工作内容如下所述。

①及时、连续地开展施工安全文明宣传教育，贯彻、落实和执行施工安全文明的有关法律、法规。

②调查、研究、解决施工过程的不安全因素、不文明行为，负责审查施工作业实施方案中的安全文明措施。

③主持或参加施工安全文明事故调查、分析，并提出处理意见。

④检查、制止施工现场各种不安全违章作业、不文明行为，遇到施工险情和严重不文明行为，有权责令其暂停施工作业、整改或反省。

（3）技术部门、各施工队负有的施工安全文明工作职责。

①严格遵守和执行国家有关施工安全文明法令、法规、制度、规程和标准，编制施工作业实施方案必须含有施工安全文明技术与管理措施。

②对使用新工艺、新设备、新材料等作业操作，必须编制相应的安全文明操作技术规程、组织管理措施。

③负责贯彻和落实施工作业实施方案中的施工安全文明技术措施。

（4）施工材料部门的安全文明工作职责。主要负有以下2项安全文明工作职责。

①保证及时供应施工安全文明所需要的材料与工具设备，并使其材料和工具设备的存放与管理应有序、存放环境干净与卫生。

②保证采购到供施工使用的安全文明用品和劳保用品符合有关技术质量的标准和要求。

（5）机械动力部门的施工安全文明工作职责。主要负有以下3项安全文明工作职责。

①必须经常或定期检查、维修、保养机电设备、锅炉和压力容器等设施设备，使其保持和处于良好的正常技术状态，并保持其环境干净和卫生。

②对机电设备安全防护装置配置要保证齐全、灵敏和可靠，并且安全运转；在机电设备入口处或关键部位必须设置写有安全文明内容的警告牌。

③负责培训、考核机械动力设备操作人员规范、安全文明操作技能的技术要领。

（6）项目部其他部门的施工安全文明工作职责。

①财务部门要负责提供施工安全文明的各项技术措施费用，并监督各部门、施工队合理使用，不得挪作他用。

②办公文秘和技术部门要将全体员工施工安全文明教育、培训工作纳入施工技术与管理工作计划之中。

③后勤服务部门要确保劳务工人的生活基本条件，定期安排员工和劳务工人的健康体检，有效防止和预防发生职业病、传染病和食物中毒等事故。

1.2　全面系统建立施工现场安全文明组织保证体系

施工现场安全文明组织保证体系是以项目部经理为首组成的管理系统。施工现场安全文明管理的核心和要点是：项目部各各部门、施工队施工安全文明责任由其负责人对项目部经理负责，各部门、施工队负责人对其下属员工和工人的施工安全文明行为负责。项目部施工安全文明管理系统成员由安全文明部门、技术部门、办公文秘部门、调度部门、机械设备部门、财务部门、后勤服务部门、各施工队负责人组成；各部门、施工队负责人负责组成各自单位的施工安全文明管理系统，成员由班组长、工长、各岗位员工及各类机械设备操作员、一线工人等组成。至此，工程施工现场安全文明组织管理保证体系就覆盖和控制住整个工程施工项目部，上至项目部经理、下至员工和每一名工人，无一遗漏。

2　施工现场安全文明管理制度的零缺陷制定与执行

项目部在编制生态修复项目施工现场作业实施方案和施工计划时，应依据该项生态修复工程项目施工现场条件和特点，切实制定、落实和执行相关的施工现场零缺陷安全文明制度。

2.1　施工现场安全文明技术措施的零缺陷计划制度

项目部在编制施工现场安全文明技术措施计划中，应明确制定出风季、雨季和冬季施工作业的安全文明技术措施；应用新工艺、新材料、新设备的施工项目，应制定施工安全文明技术培训和相应的操作措施；作业涉及的环境条件、劳动条件、防毒、防尘、防爆等，必须制定施工作业安全文明条件的改善技术措施。

2.2　施工现场安全文明的零缺陷教育制度

实行施工现场安全文明教育是落实"重在预防"的有效管理措施。通过施工安全文明教育，可以提高工人施工作业操作的安全文明意识，使其施工安全文明思想不松懈，并切实把安全文明意识贯穿于整个施工作业过程。施工安全文明零缺陷教育有以下 3 方面的内容。

（1）施工安全文明的思想教育。应该主要从尊重人、爱护人的角度出发，进行施工安全文明的普及性思想教育；以及国家指定的有关施工安全文明方针、政策的教育，认真遵守和执行企业、项目部各项施工安全文明纪律、规定；使每一名员工和工人都应该懂得施工安全文明的重要性和自觉性，并在具体作业操作中严格执行安全文明规程。

（2）施工安全文明技术与知识的教育。项目部应针对生态修复工程项目建设施工安全文明的性质和特点，并紧密联系对施工质量和进度的要求，综合兼顾，加强对工人的施工作业操作安全文明的技术、技能、技巧、注意事项、作业防护和文明操作等知识的讲解教育。

（3）施工安全文明的法规教育。加强对所有员工、工人的施工现场安全文明相关法律、法规条文和规章制度的教育；使员工、工人真正懂法、守法，并针对施工现状和结合事故案例进行宣讲，避免再发生类似事故。施工安全文明的法规教育有以下 3 种方式。

①实行三级教育。对新招聘工人，应先由企业进行施工安全文明基本知识、法律、法规和法制的教育；继而由项目部技术或施工安全文明部门对其进行现场安全文明规章制度的教育；施工

班组最后对其进行岗位施工安全文明操作技术、技巧和纪律等的教育。

②对特殊工种上岗前的培训。对电工、电焊工和各类机械设备操作等工种，应在上岗前进行作业操作技能熟悉、安全文明操作制度等的培训，使其达到安全文明、规范操作的技能程度，方可上岗作业工作。

③经常性培训与教育。项目部应通过开展施工安全文明日、月、季、年和报告会、DVD、VCD 录像、展览及讲座等形式，广泛而深刻地向全体施工人员讲解施工安全文明的知识、标准、制度和规定，使全体施工者在思想上重视施工安全文明，有效预防施工作业过程中的安全文明事故发生。

2.3　施工现场安全文明的零缺陷检查制度

在施工全过程，为及时发现安全文明事故隐患、堵塞事故漏洞，制止违反施工安全文明制度的行为，预防事故发生，项目部应进行现场安全文明零缺陷检查，检查形式和内容如下。

（1）日常性检查。应由班组长、工长、安全管理员，对日常施工作业过程的安全文明行为，以及施工安全文明装置、防护用品、规章制度及各种隐患进行常规性的检查和监督，发现违章要及时给予纠正，从而形成施工现场的安全文明环境氛围。

（2）季节性检查。在施工过程中，应在春季进行防风和防传染病的检查，夏季防暑降温、防洪检查，秋冬季防火、防冻检查等。通常由项目部经理及有关职能部门组织检查。

（3）专业性检查。施工安全文明的专业性检查，是指对焊接工具、起重机械设备、各种作业车辆等进行的安全文明作业专项检查。主要由项目部施工安全文明管理专职部门检查。

（4）定期检查。施工安全文明的定期检查，要按月、季、年度一次的全面施工作业安全文明检查。项目部经理主持，由施工安全文明管理、技术等部门和各施工队共同组成检查组，检查范围包括施工所有部门、施工队和班组，检查内容涉及施工安全文明各个方面，如组织管理与技术实施措施、规章制度落实与执行、原始记录、报表与总结、作业场地规范与材料存放管理等。

2.4　违反施工安全文明规定的事故调查与处理

（1）施工作业违反安全文明规定的事故调查。违反规定的事故调查分为以下 3 项内容。

①调查目的。调查是为掌握安全文明事故发生的情况，查明起因，为今后制定和改进技术与管理措施提供依据，并防止类似事故的再次发生。

②调查内容。主要包括事故发生的时间、具体地点、受伤人数、伤害程度及类别，受伤人姓名、性别、年龄、工种和级别，分析和收集导致事故发生的详细原因、现状实测图、图片，预测事故经济损失。

③调查注意事项。保护、勘测现场；对事故现场人员询问、调查和了解真实情况；索取必要人证和用于技术鉴定的物证等。

（2）施工作业违反安全文明规定的事故处理办法。对于违反规定的事故处理办法，应按照以下 4 种办法进行处置。

①事故分类处理方法。属于轻微事故，由班组负责处理；对严重事故则交由项目部处理；对重大事故必须上报施工企业处理。同时，要如实写出事故调查报告，把事故发生时的经过、原

因、责任及处理意见写成书面报告，并附上有关印证。

②事故审理和结案。按照国家有关法律规定，先由企业提出事故处理意见报告，再报经当地政府安全文明部门审理、审批方可结案；对事故责任者，视情节和损失程度给予相应处分。如若其行为已触犯刑法则应提交司法部门依法处理。

③建立事故档案。是指把调查处理的报告、文件、图纸与图片等资料进行存档保管。

④提出防范措施。利用事故教训对所有施工人员进行警示，并提出改进对策，预防再次发生的技术与管理办法。

第九节
施工现场公共关系的零缺陷管理

在生态修复工程项目建设施工现场全过程，项目部采取和实行的对内对外有效的交流、沟通、协调与协商工作技巧，是施工过程中"内求团结、外求发展"的公共关系处理艺术，在整个施工过程的各个环节上都能够发挥出应有的职能积极作用。而不论是提供优质的施工服务，还是施工技术与管理的创新，无一不是建立在虚心听取建设单位意见，尊重项目部每一个人的尊严和工作创造力基础上进行的。交流、沟通、协调与协商在技术与管理中具有非常重要的地位和作用，它是解决施工难题和摆脱施工困境的施工技术与管理首选方法。

1　施工现场公共关系管理的零缺陷内容

1.1　项目部与业主交流、沟通、协商的工作内容

施工企业走向市场的成熟表现，就是项目部应把业主当"顾客"对待，并始终树立"顾客第一"的理念。因此，扎实抓好施工质量、认真倾听"顾客"的意见就是理所应当的事了。项目部与业主在交流、沟通、协商过程中应该做到以下3项工作内容。

（1）认真反复研读设计说明书、设计图和工程建设可行性报告等资料，并对施工场地详细勘察、多方位调查、了解和收集情况，深刻理解、领会业主的工程建设背景、意图、出发点和目的，主动加强与业主的交谈和询问，明确知道业主建设工程欲达到的总目标。

（2）尊重业主、尊重业主代表，与业主紧密合作，全身心投入到工程建设施工中。对业主提出的批评、指正意见要虚心接受，并立即付诸改正行动；当业主提出某些不恰当的意见或要求时，只要是不属于原则性问题，都可以先答应，事后利用合适的时机或采取适当方式给予说明解释；对于特别重大的原则性问题，可采用书面报告等方式详细说明原委，尽可能地避免发生冲突或误解，以便使施工能够顺利开展。

（3）利用工作之便做好与业主面对面的交流、沟通和协商的工作，进一步增进业业主对施工的理解，增进对施工企业的认识和了解，特别是对施工现场技术与管理项目多、杂、繁的特点给予理解；在施工过程应始终做到为业主着想，把工程做细、做实，以自己施工技术与管理的规范化、标准化、制度化的行为，影响和促进双方合作的愉快和协调，达到双赢或多赢的合作效果。

1.2　项目部与监理公司交流、沟通、协商的工作内容

对生态修复工程项目建设施工全过程进行监理，是监理公司受业主的委托和授权，以"公正第三方"的身份开展监理活动的应尽职责。因此，项目部应该给予充分的理解和在工作上的密切配合，与工程监理公司进行交流、沟通和协商的工作内容有以下3点。

（1）尊重监理工程师的工作，应主动把有关施工作业实施方案、计划安排、材料购置计划和一些施工难点等情况向监理工程师作详细汇报，尤其是对涉及施工质量、技术、进度等方面的内容应多与其交流和沟通，请其提出咨询、纠正或建议意见，以便增加监理工程师对工程施工的信任和给予必要的指导。

（2）对监理工程师指出的重大或关键性施工质量问题必须立即采取措施纠正，不可含糊，更不能故意拖延不办或弄虚作假；而对监理工程师指出的一些属于对工程主体、关键质量影响不大，但由于施工作业操作需多费劳力、增大材料采购成本等原因造成的施工质量现象，应该在事前、事中和事后采取多种恰当的交流、沟通、协商方式，向其详细解释并请其理解。

（3）项目部在与监理工程师进行施工相处过程中，要讲究与其交流、沟通、协商的艺术，不可与其发生任何争执或有其他过急冲突行为。因为在施工过程，监理公司是代表业主对工程施工行使全方位监理的权利和义务，一旦与监理工程师发生矛盾，不但会给今后施工与监理的工作合作关系埋下障碍，而且也会引起业主对施工企业的反感和不信任，最终会使施工处于不利境况中。如不采取措施改善这种尴尬、被动、僵化的关系，将出现3种结果如下：

①轻则是使工程竣工结算受到严重影响，重则使工程无法顺利实现竣工验收，为此首先要尊重和接受监理工程师的监理意见。

②立即采取措施纠正施工问题。

③若对接受和执行监理意见有困难或持有不同的观点、看法，则应以友善的态度与其进行耐心细致的交流和沟通，重点在于使用语言艺术和真诚的感情交流方式，力争取得交流、协商一致的效果。

1.3　项目部与设计单位交流、沟通、协商的工作内容

（1）应充分尊重工程施工设计方案。要热情邀请设计单位向项目部介绍工程概况、设计意图、技术路线、技术与工艺要点和施工难点等。在请设计单位进行技术交底和图纸会审时，要把施工技术标准、工程设计的结构、工艺要求等问题在施工前问清弄懂。

（2）主动向设计单位介绍施工作业实施方案、计划和工序安排，以使他们进一步了解施工技术进程与设计吻合的情况；在施工中若发现与设计有关的技术问题还有不明白之处，应及时、详细地向设计单位请教或再次详细地进行施工现场的技术交底。

（3）在涉及施工设计变更和复杂工艺结构的工程、专业工程验收中，应请设计单位参加并发表意见。

1.4　项目部与当地政府有关部门交流、沟通、协商的工作内容

（1）项目部在开展施工作业过程，应提前主动向当地工商、国税、地税、质量、公安、劳

动、检疫、土地等政府部门办理相关申报、审批或备案手续，以取得各项合法施工的手续，使得施工顺利开展。

（2）项目部应在施工过程，应以适当的交流和沟通方式，争取工程所在地政府部门、社会团体、企业和居民等对工程施工给予关心、支持和帮助。

（3）项目部还应对施工产生的噪声污染进行有效控制，并采取避开午休和夜晚时段作业的方式，须请当地居民给予理解和谅解。

1.5　项目部内部交流、沟通、协调的工作内容

（1）项目部内部关系进行交流、沟通与协调的重要性。项目部管理系统是由技术、办公文秘、财务、材料采购、后勤服务等若干系统组成的综合施工组织体系，每个子系统都有自己的工作目标和任务。如果每个子系统都从施工整体性的大目标出发，相互之间能够采取和谐、有效的方式进行交流、沟通和协商，在认真履行好自己应尽工作职责的基础上关心、理解和帮助他人，整个施工系统就会处于有序的良性状态；否则，整个施工系统便会处于无序的紊乱状态，导致项目部的工作功能失调，效率下降，甚至无法完成施工目标任务。

（2）项目部内部人际关系交流、沟通、协调的方式。项目部是由来自不同方位的人组成的工作组织体系，工程施工的工作效率在很大程度上，取决于其内部人际关系的交流、沟通和协调的程度，项目部经理应该首先抓好内部人际关系的交流、沟通和协调管理。交流仅在于把自己的思想、观点或信息传达给对方，并不一定要达成共识，而沟通则是人与人之间通过一定的方式传递思想、交流观点或信息，并达成共识而配合一致共同行动的协调结果。可见，交流和沟通有如人体血液的循环，是项目部工程施工组织活力的来源，也是成员之间的黏合剂。没有交流与沟通，也就没有协调，项目部组织就会死亡，项目部也就无法使工程施工正常运行下去。要采取会议或个别谈话等多种适宜的方式达到交流、沟通和协调目的，进一步增进项目部内部人与人之间的感情，力争做到严己宽人、互相帮助和共同发展。

2　施工过程公共关系的零缺陷管理方法

2.1　召开工地会议

召开工地会议是项目部在施工过程，对内、对外进行交流、沟通、协调、协商的重要工作方式。项目部通过工地会议，一则可以促进内部广泛、深刻的交流、沟通和协调，以及分析、总结前段施工进程，布置下阶段任务；再则可与工程建设、监理、设计等单位就施工过程各种问题进行交流、沟通和协商。召开工地会议要责成专人记录，会后整理成纪要或备忘录。工地会议一般分第一次工地会议、定期工地会议或经常性工地会议。

2.2　通过交谈进行有效交流、沟通、协调和协商的方法

在施工全过程，项目部要采用有效的交谈方法达到交流、沟通、协调和协商的目的。交谈有面对面交谈、电话交谈和网上 QQ 交谈、发电子邮件等形式。其优点如下所述。

（1）能够及时正确地发布施工指令。

（2）及时寻求给予指导、帮助和协作等信息。

（3）保持项目部对内、对外进行信息交流、沟通、协调和协商通道的畅通。

2.3　书面交流、沟通、协调和协商的方法

当会议和交谈方式不方便或不需要时，为了更精确地表达自己的意见，就需要采用书面交流、沟通、协调和协商的方法，使用书面进行交流、沟通、协调和协商的特点是具有合同或资料存档的效力，它常用于以下 3 方面：

（1）不方便用口头直接交流的文件、报告、报表、指令和通知等。

（2）需要以书面形式提供技术、质量等详细情况的报告、标准和备忘录等。

（3）对会议发言记录、交谈内容和口头指令的书面签字确认。

第十节
建设施工现场后勤服务的零缺陷管理

生态修复工程项目建设施工作业属于一种暂时生活居住在施工现场的工作，施工作业时间长则 1~3 年、短则半年或 8~9 个月，在此期间所有施工人员都是一样的辞别家人、远离家乡，为了自己生存和职业生涯的发展，为了企业经济效益暂时共同生活、工作在一起。对此，项目部就应该为所有员工提供优质的后勤生活服务与管理，为员工营造一个移动的"家"。从施工技术与管理具有的特点来考虑、筹划、购置生活必需物品，为员工和工人的吃、住、行等日常生活所需提供必要的优质服务，并且也应该实行专业化的零缺陷服务管理，认真做到"4 化"式管理。"4 化"是指对后勤生活服务质量实行的制度化、规范化、实惠化和安全化的零缺陷管理。

1　住宿的零缺陷管理

为员工和工人在施工过程安排合适的住宿房屋，是项目部施工技术与管理应尽的工作职责。道理很简单，就是员工休息得好，体力、精力得到有效恢复才能提高工作效率、保证施工质量。为此，项目部应注意以下 3 项零缺陷管理的原则。

（1）靠近原则。指为员工和工人物色和选择住宿房屋离施工场地越近越便捷。

（2）实用原则。指物色居住的房屋不求高档和豪华，但求水电齐全和方便，居住舒适即可。

（3）安全安静原则。指选择具备安全性能强的房屋，且居住环境没有各种噪声干扰。

2　伙食的零缺陷管理

在生态修复工程项目建设施工现场作业全过程，不论是项目部自办食堂，还是租赁或在预定饭馆就餐，都应该遵循的伙食零缺陷管理 2 项基本原则是：

（1）饮食营养搭配须全面。按一周 7 天，分早、午、晚餐分别安排不重复的饭菜品种，且各类米、面、菜、肉、蛋、奶等要一应俱全。

（2）食物卫生且干净。食堂制作和就餐环境必须做到卫生、干净，不给员工制作、供食腐

烂、变质、过期和检疫不合格饭菜，应使员工在工地能吃上既有营养价值又安全、放心的饭菜。

3 员工与工人的医疗、工伤和养老保险的零缺陷管理

为项目部参与工程施工的所有施工人员，不论是企业的固定员工还是临时劳务工，都应一视同仁，为每一名员工都要办理"三险"，即按期足额为其缴纳疾病医疗、工伤意外和养老保险，并把"三险"管理纳入项目部经营管理工作之中，由专人负责管理，定期检查。

第三章
生态修复工程项目建设现场
零缺陷施工技术与管理

第一节
施工成本控制的零缺陷管理

生态修复工程项目建设施工成本是项目部在施工全过程中，实施技术与管理所发生全部费用的总和，也称为工程成本。施工企业一般以1项单独的生态修复工程项目作为成本核算的对象。施工成本控制的零缺陷管理是项目部实施技术与管理的重要工作内容，只有对工程施工全过程的成本进行有效的零缺陷控制与管理，才能保证施工取得良好的经济效益。

1 施工现场成本控制的零缺陷管理概念

生态修复项目施工成本控制的零缺陷管理是指项目部在工程施工全过程中，有效控制人工、机械、材料和资金等的非施工项支出，杜绝一切与施工活动无关的人工、物资材料和资金的使用和浪费行为，最大限度地降低施工成本，确保达到预期的施工成本零缺陷控制目标。

2 施工现场成本控制的零缺陷管理作用

施工成本零缺陷管理的作用取决于施工项目类别的性质和目的。成本是补偿施工各种耗费的尺度，也是确认施工过程资源消耗数量与进行补偿幅度、财务核算和财务分析的依据。

2.1 施工成本是施工技术与管理水平的核心工作内容

当前我国生态修复工程项目施工企业面临着激烈的市场竞争，能否在竞争中取胜、立于不败之地，关键在于企业能否为社会营造出生态防护功能显著与持续、质量优、工期短、造价合理的生态产品；而施工创造这种合格产品的前提是施工企业必须具备高技能的技术与管理水平。因为只有高素质的施工企业，才能在施工全过程做到技术工艺娴熟且先进、组织管理合理与严密、工序衔接适时而有序、工耗和能耗最低、物资材料基本无浪费等正确的现场作业操作行为，才能以最少的施工成本收获最大的施工经济收益。

在实施所中标的生态修复工程项目建设施工任务时，其造价基本上已被确定；施工成本就是决定利润高低的关键因素。项目部为赢得最大利润，其施工技术与管理的全部目的就是为了实现低于施工造价的实际成本。因此，若没有以成本控制管理为核心的一系列切实见效的施工组织管理措施，要实现这一目标是不可能的。施工技术与管理是一项系统工程，它的内容包括施工前的投标与人财物的准备、施工现场和工程竣工验收等各阶段的技术与管理工作，这一切的施工作业活动，无不与成本控制管理息息相关。成本时刻在影响、制约、推动或停止着施工的各项专业管理活动，同时，各项专业管理活动的结果又决定着施工成本的高低。可见，施工成本控制管理是施工技术与管理的一个重要子系统，施工技术与管理里若没有成本预测、成本决策、成本计划、成本控制、成本核算、成本分析和成本考核等一系列的成本控制管理工作，项目部和生态施工企业的任何美好愿望都只能是空中楼阁或水中月。因此，施工成本控制管理的效果优劣，直接反映施工技术与管理的水平，成本控制管理是施工技术与管理的核心内容，又是项目部进行内部施工队经济核算和员工个人工资、奖金分配的重要依据。

2.2　施工成本是制定工程施工造价的重要依据

制定生态修复工程项目的施工造价，必须要考虑很多方面的影响因素，包括当地的综合物价消费水平，这样才能体现等价交换的价值规律。鉴于目前我国生态修复工程项目施工作业实施结束、工程竣工后其产品的价值还难以用货币进行直接的精确计价，只能通过工程施工成本间接地、相对地来体现和反映它的产品货币价值，因此，施工成本也是制定生态修复工程项目建设施工造价的唯一直接依据。

2.3　施工成本是企业进行经营管理决策、推行经济核算的重要手段

施工企业在运营过程中，对经营管理的重大问题进行决策时，必须要全面进行技术经济分析，而施工成本是考察和分析决策方案的一个重要指标。同时，成本控制管理工作贯穿于施工技术与管理的全过程，施工的一切活动实质上也就是成本活动，没有成本的发生和运动，施工技术与管理的生命周期随时可能中断和结束。故此可以说，工程施工成本控制管理既是施工技术与管理的起点，又是施工技术与管理的终点。如果生态修复工程项目建设施工全过程没有系统的成本控制管理工作，不仅称不上是一个真正的、完整的、规范的施工技术与管理，简直就像是一群毫无作战素质、不懂战术章法、屡战屡败的散兵游勇在打仗。

3　施工成本构成的具体内容

3.1　施工直接成本

生态修复工程项目建设施工的直接成本，是指在施工全过程中直接耗费的人工、材料和机械使用等费用，它主要由以下4个成本项目构成。

（1）人工费。人工费专指直接用于工程施工作业操作和民工劳务工人开支的各项费用。包括工资、奖金、加班津贴、工资附加费、福利费、劳保费和个人所得税金等。

（2）材料费。材料费是指施工过程用于建造工程实体消耗用的各种材料费用。包括施工使用的各种原材料、辅助材料、构配件、零件、半成品、周转材料摊销及租赁、简单工具等费用。

（3）机械使用费。机械使用费是指工程施工过程使用的各类机械所发生的费用，包括机械能耗、操作工人工资及机械调运、安装、拆卸、测试、维修、日常养护等费用。

（4）其他直接费。其他直接费是指除上述 3 项费用以外的直接用于施工作业的其他费用。如冬季与雨季施工费、夜间施工费、材料二次搬运费、仪器与仪表使用费、检验试验费、特殊工种培训费、施工定位复测与工序交点费、施工场地清理费、复杂地段施工增加费和临时设施费等。

3.2　施工间接成本

施工间接成本是指项目部在工程施工前、施工现场和竣工验收时期，为实施施工技术与管理工作而支出的各项费用，它不直接用于工程施工项目中，其成本主要有以下 4 项。

（1）项目部技术与管理人员的工资、奖金、加班津贴、工资附加费、福利和劳保费等。

（2）施工现场综合办公费、交通费、差旅费、业务活动费和固定资产使用费等。

（3）施工养护、保质和保修等费用。

（4）应缴纳的员工工会经费、工伤保险金、养老保险金、贷款利息和税金等。

4　施工成本的主要形式

根据生态修复工程项目施工成本控制管理的需要，施工成本可分为预算成本、计划成本和实际成本，这 3 种成本形式所起的作用各不相同，其内容见表 3-1。

表 3-1　生态修复工程项目建设施工成本的 3 种主要形式

项目	预算成本	计划成本	实际成本
内容	按工程施工所在地区社会平均价格水平编制的综合施工成本	项目部编制的该工程施工计划控制管理欲达到的施工成本目标水平	施工全过程实际发生的施工生产费用总和
编制依据	工程设计图：地形图、平面图、立面图与断面图、单项工程施工图和放大图、透视图与鸟瞰图 工程量清单 工程预算定额 工程施工所在地区劳务、材料、机械台班和运输等价格，价差系数 工程施工所在地区取费率	公司要求完成的工程施工利润指标和成本控制目标 工程预算成本 施工作业实施方案和成本管理措施 同类型工程施工成本状况、水平 施工定额	工程施工成本控制管理与成本核算、考核指标
作用	确定工程施工造价基础 编制工程施工计划依据 评价工程施工实际成本的参照指标	用于建立健全项目部工程施工成本控制管理责任制，控制非施工开支，有利于加强施工成本控制和核算	综合反映项目部施工技术与经营管理水平

5　施工成本的零缺陷控制管理办法

5.1　施工成本零缺陷控制管理的基础工作

项目部系统地开展施工成本零缺陷控制管理的基础工作，是进行施工成本控制管理的必要前提条件和有效保证。施工成本零缺陷控制管理应做的基础工作主要包括以下5方面。

（1）强化施工成本零缺陷控制管理的观念。根据我国当前生态修复建设施工市场竞争激烈的形势发展需求，要求项目部经理和全体施工人员必须树立成本与效益的经济观念。而要想完善施工成本控制管理体系，首先必须对项目部全体人员进行施工成本控制教育，使每个人都应具有强烈的成本意识，深刻理解加强成本控制管理对个人收入、对施工经济效益所产生的直接影响作用，真正贯彻和执行成本控制管理各项措施，最终实现成本零缺陷控制管理的预期目标。

（2）建立健全施工成本零缺陷控制管理的原始记录。原始记录是对施工技术与管理的第一次直接记载，它是反映施工技术与管理活动的原始资料，也是编制成本计划、制定各项定额的主要依据，还是成本统计与分析的基础。原始记录是在施工技术与管理活动发生之时，记载施工作业操作业务事项实际情况的书面凭证。在施工成本管理中，与成本统计、分析、核算和控制相关的原始记录是成本信息的载体。要对项目部有关人员进行原始记录管理的培训，以掌握原始记录的填制、统计、分析和计算方法；并制定和实行由专人负责的原始记录填写、签署、报送、传送、保管和建档等制度。项目部的各类原始记录应根据施工技术与管理的特点和要求，要设计简明、简便易行、扼要适用、讲求实效，记录格式、记录内容和计算方法要便于统一组织核算；并根据施工实际情况，随时对原始记录进行补充、修改和完善。施工成本控制管理的5类原始记录如下所述。

①劳动记录。其原始记录要有作业任务单、出工考勤簿、工资领签单等。它确切反映劳动力人数、出勤、工时、工资标准及领签手续等。

②材料消耗记录。其原始记录要有材料消耗定额指标、领料单、材料领用汇总表等。

③机械使用记录。其原始记录应含台班施工任务单、机械使用台账、机械维修登记表等。

④现场综合性开支费用记录。其原始记录凭据是发票、收据和账单等，它反映办公、交通及水电使用等开支情况。

⑤施工成果记录。它详细记录、汇总已完工、未完工的生态修复工程项目施工成本、质量和进度等情况。

（3）建立和完善施工计量的零缺陷验收制度。在施工现场技术与管理全过程，一切人工劳动、材料物资的投入耗费和竣工成果的获得，都必须要进行准确的零缺陷计量，才能保证有准确的原始记录。因此，计量验收是收集成本信息的重要手段。施工计量单位分为货币、实物和劳动3种计量。在成本核算中，各项费用开支采用货币计量，劳动成果采用实物计量，各项财产物资的库存变动采用货币和实物2种计量，并通过二者的核算起到相互核对的目的。验收是对材料物资入库和出库领取时数量和质量的检验与核实。验收时必须如实填写入库、出库等验收单。

（4）加强施工定额和预算管理的作用。为加强对施工全过程的成本控制管理，在完善施工预算的基础上，项目部还应制定适合当地物价水平、适用的施工定额。施工定额既是编制施工预算与成本计划的依据，又是衡量施工队人工、材料、机械消耗的标准，更是比对施工成本节约或超支的分水岭。通过施工定额和预算的"二算对比"，可以明确地说明施工成本控制管理的水平。实践证明，加强施工定额和预算管理，不断完善项目部内部施工定额管理水平，对节约人工、节省材料消耗，提高施工生产率，有效降低施工成本，都有着十分重要的意义。

（5）建立健全施工成本管理责任制度。建立与落实施工成本管理控制责任制度，是有效实施成本控制管理的保证。构成施工成本控制管理目标责任体系的 4 种类制度：①计量、验收制度；②考勤、考核制度；③原始记录、统计制度；④成本核算分析、动态预测与监测制度等。

项目部应该随着施工经营情况的变化，不断提高成本控制管理的能力，持续改进，逐步完善成本控制管理责任目标制度的各项具体工作内容。

5.2 实施施工成本零缺陷全面控制管理的原则

对工程施工进行零缺陷全面成本控制管理的原则，主要体现在以下 3 方面。

（1）项目部全员参与成本控制管理。项目部全员参与成本控制管理的行为，分为以下 2 项具体工作内容。

①把参与施工的全体人员都纳入施工成本控制管理的范围和对象，并建立有效的全员参与的责权利相结合的成本控制管理责任制体系。

②项目部经理、各部门、施工队、作业班组人员都负有施工成本控制的权力、责任和义务，把成本控制的效果与其工资、奖金直接挂钩，形成一个全面有效的成本控制管理责任覆盖网络。

（2）实行施工全过程的成本零缺陷控制管理。应对施工全过程实行全方位的成本零缺陷控制管理手段。使零缺陷成本控制管理贯穿于施工前、施工现场和竣工验收各个阶段。施工技术与管理每一项业务工作、每一个细节都应该纳入成本控制管理的轨道之中。在施工的自始至终过程都要树立杜绝浪费的思想，这是涉及提高施工效率、增加施工利润的大事。任何一家生态修复工程施工企业都应该朝着管理精细化的零缺陷方向发展，严肃杜绝以下 7 种施工浪费现象的发生：①指挥失误造成的返工浪费；②窝工造成的劳力浪费；③搬运上的浪费；④购置过多物资材料的浪费；⑤各种能耗的浪费；⑥作业操作上的浪费；⑦施工作业质量不合格的浪费。

（3）注重施工全部工序、全部细节的标准化管理。现代生态修复工程项目建设施工企业的标准化管理，就是把施工工序、作业操作细节标准化。即对工序施工队和人每个动作都进行精确的测算、分析和比对，在找到最大化地发挥团队或人的效益数值之后，就将这一工序行为或人的动作作为标准确定下来，在员工中推广。这种做法的客观效果是实现了施工效率的最大化。在此，施工作业的每一个工序和细节都是构成提高施工效率的基础和保证，如果在所有的施工工序和细节都提高一点效率，那么对整个施工来讲将能够产生极大的工效效果。

5.3 实施施工成本零缺陷动态控制管理的办法

（1）在施工前进行成本的合理预测，确定目标成本。并编制施工成本计划，制定施工消耗定额和相关费用开支标准。

（2）在施工过程应严格执行成本计划，检查监督和有效落实降低施工成本控制管理的措施，提倡节约、反对浪费，有效控制施工资源的不正当消耗和费用支出，实行施工成本的目标控制管理。

（3）努力提高和持续改进施工技术与管理水平，不断优化施工作业方案，切实提高施工效率，节约人、财、物的非施工行为消耗；并且建立灵敏的施工成本信息反馈系统，使有关人员能够及时获得信息，纠正不利于施工成本控制的活动行为。

（4）应该经常进行施工成本的核算，详细对比、分析实际成本与计划成本和预算成本的差异，为工程施工成本控制管理及时提供有益的信息资料。

（5）严格施工财务的现场管理制度，坚决制止和杜绝一切超计划、无计划的开支现象发生。

5.4   施工现场成本零缺陷控制管理的内容

（1）建立施工成本目标管理责任制，分解、落实工程施工成本计划，执行成本检查、监督、考核与奖罚的控制管理制度。

（2）对全体施工人员、全过程和全部工序与细节实行成本控制管理的动态检查、监督、考核和奖罚。

（3）加强对施工直接成本和间接成本的制度管理和控制使用。

（4）强化按月度、季度和年度实行的施工成本财务核算、财务分析和财务考评管理。

（5）加强施工现场成本控制管理信息的交流、传递和反馈，使人人都树立成本控制意识。

（6）加强施工合同的索赔管理，把施工不必要的经济损失降至最低点。

第二节
施工现场技术资料的零缺陷管理

生态修复项目建设施工技术资料的零缺陷管理，是指在施工全过程中，通过编写、填报、收集、整理、记录等方式，汇集而成的施工法律法规、办法、规定与要求等，以及各种文字说明资料、设计图、合同、工程量清单、变更审批单、表格、施工日志等一系列文件资料。

1   施工现场技术资料零缺陷管理的目的意义

1.1   施工技术资料是施工全过程技术与管理的重要依据

技术资料是指导生态修复建设施工正确进行技术与管理的依据。技术资料既是记述和反映施工作业各项活动的真实记录，同时又是开展施工技术与管理的凭证。项目部依据合同、设计图、施工作业实施方案、施工任务量清单、质量与进度要求指标、施工计划、工序设计步骤等文件资料，通过施工任务单、调度指令等形式的文件，把施工任务下达给施工队和具体作业操作人员去执行；施工队和作业操作工人也必须要依据设计图、施工作业标准、规范和说明等进行实际操作；同时，施工技术资料贯穿于施工全过程，没有这些施工技术资料，施工就失去了正确方向和技术与管理的依据，施工就难以为继和运营下去，施工任务就不可能顺利完成。

1.2　零缺陷管理施工技术资料是工程竣工验收、移交、结算的需要

建设单位（甲方）对生态工程项目建设施工结果进行竣工验收，其验收对象主要是"硬件"和"软件"两个方面的内容。"硬件"是指施工建造的乔灌草绿色防护植被、配套工程措施、浇灌水管网设施等；"软件"则是指施工企业自投标开始至工程竣工验收、移交期间的全部施工技术资料。因此，在生态修复工程项目施工全过程加强对技术资料的填制、积累、整理和建档管理，也是施工技术与管理中的一项重要工作。大量的施工实践证明，项目部在出色完成工程"硬件"施工任务的同时，对其"软件"的管理也必须要跟得上，应"软"与"硬"皆做到合格。否则，一是影响工程竣工验收和移交的进程，直接加大施工成本；二是直接影响到工程款的结算与决算，不利于生态修复工程项目建设施工的按期完工。为此，在施工全过程中，应该、也必须重视"硬件"，但也决不能、不应该忽视对"软件"的重视和有效管理。

1.3　施工技术资料是施工信息传递、经验交流的基础资源

技术资料是项目部实施生态修复工程项目施工技术与管理活动的真实记录，也是施工技术与管理的模式、知识和经验的积累和储备，它是施工企业无形而重要的资源和财富。同时，技术资料也是有效促进、推动项目部进行施工技术与管理的经验交流、进步和发展的信息来源。随着生态修复工程项目建设行业施工技术与管理发展的日趋完善和成熟，施工技术资料正以其鲜明的特点发挥着越来越重要的作用。可以说，系统、完整和合格的施工技术资料既是施工的需要，也是施工企业保证工程质量、加快施工进度和提高经济效益的基础。

2　施工技术资料的零缺陷管理制度与岗位职责

2.1　建立健全施工技术资料的零缺陷管理制度

项目部在建立健全施工技术资料中需要做到以下 4 项零缺陷管理制度。

（1）项目部是行使施工技术资料管理的主体单位，应实行项目经理或主管负责人制，各部门、各施工队也应逐级建立健全施工技术资料的管理责任制。

（2）项目部负责汇总、审核各部门、各施工队编制的技术资料。各部门、各施工队应负责其工作范围内技术资料的记录、收集、登记和整理，并对施工技术资料的真实性、完整性和有效性负责。

（3）项目部在施工全过程必须设专职或兼职技术资料管理员，专门负责对工程施工全部技术资料档案的形成进行收集、整理和建档，以便提交竣工验收和移交管理。

（4）应把技术资料管理的责任目标，列入项目部与各部门、各施工队签订的内部工作责任目标合同书中加以约定，并对其完成效果实行奖罚管理。

2.2　施工技术资料专职或兼职管理员的岗位职责

项目部应把有一定文化程度、能熟练使用计算机，并具有施工技术知识、了解施工全过程技术与管理知识的人员，聘任为专职或兼职技术资料管理员，专门负责工程施工技术资料的管理工

作。其工作岗位的职责如下所述。

（1）资料管理员负责对施工全过程的技术资料，即对施工准备期、施工现场、抚育保质和竣工验收四个时期的技术资料及时进行收集、整理和建档管理。

（2）必须及时对施工技术资料进行收集，认真做到与施工作业的进度同步，当发现资料存在短缺或遗漏，应立即补充和完善。

（3）对已收集到的技术资料必须及时按施工专业、工序或工种进行登记、分类、编号和建档立卷，做好施工技术资料的收发、使用运转和归档管理等工作。

（4）借阅施工技术资料时必须履行相关手续，且不得损坏或遗失。

（5）必须持续地对施工技术资料档案库进行安全和清洁的管理工作，并切实做到"7防"的管理措施，即防火、防水、防盗、防虫、防霉、防尘和防光。

3　施工技术资料的零缺陷管理方法

施工技术资料大体上是由施工文字文件、图纸、表格、日志、记录等组成。因此，对其零缺陷管理的方法也应该是围绕着这几项内容进行。

3.1　施工技术资料组成内容

3.1.1　施工前的技术与管理资料

施工前技术与管理资料的组成内容有：企业营业执照、施工资质证书、企业组织机构代码、国税登记证、地税登记证、安全施工许可证、企业法人代表证书、企业简介、企业近3年同类工程施工业绩；工程设计图、设计说明书和工程量清单，投标书、施工组织设计、施工作业实施方案、中标通知书、施工项目部技术与管理人员组成表、施工质量承诺保证书、施工劳动力来源表、施工机械类型表、施工材料来源组成表、施工合同书、开工报告等；项目部技术与管理人员组成与分工、岗位职责，施工质量、进度、财务开支、安全、规范、文明作业操作规章制度，施工物资材料清单、物资材料采购合同、运输清单、入库验收检验登记手续单，材料产品出厂质量合格证书、出厂日期和对其验证的检验报告，机械类型、安装、台班登记表或手续单，图纸会审记录，安全与技术交底分工、示范记录，日志记录，施工场地自然、经济条件调查记录，施工期间用水、用电、用餐、休息、作业时间规定等；以及国家及地方政府部门制定的质量标准、规定、要求、规范等。

3.1.2　施工现场的技术与管理资料

施工现场的技术资料组成内容是：各单项、分项工程设计图、设计说明书、施工组织设计、施工作业实施方案，施工任务分配单、现场调度记录、各工序作业任务单、定点测量放线记录、定位测量记录、设计变更记录、设计变更报告及审批单、现场签证单、施工质量控制管理文件、质量检查单或记录表、现场质量管理检查记录表、施工质量事故调查记录、施工进度控制管理文件、进度记录、施工材料消耗记录及报验表、工程基槽验线记录、隐蔽工程操作工艺及质量检查记录、土建管网的施工预检记录、绿化工程施工检查记录、工序交接记录、材料进货记录、特殊工艺要求标准及操作记录、机械使用及工作量完成记录、民工出勤及工效记录、进度款支付记录、安全文明行为记录、保质养护人员组织机构表、保质养护制度、保质养护日常记录、日志等等。

3.1.3　工程竣工验收的技术与管理资料

生态修复工程项目建设竣工验收时期的技术资料内容有：工程质量与数量验收清单、竣工图、竣工验收备案表、竣工报告、竣工工程质量说明书、竣工结算审批单、竣工验收质量等级证书，以及包含有工程施工前和施工现场的全部技术与管理资料，竣工工程移交表等在内，最终形成系统、完整的生态修复工程项目建设施工竣工技术档案资料档案。

3.2　施工技术资料的零缺陷管理办法

3.2.1　技术资料的零缺陷管理工作内容

施工技术资料的零缺陷管理程序和工作内容，既要符合档案管理的方法，又要密切结合施工技术与管理的特点进行。为此，施工技术资料的零缺陷管理的工作内容首先是充分收集技术资料。

收集施工技术资料的 3 项具体要求：①及时须准确；②与工程施工技术与管理进展同步；③要保证技术资料的完整性和质量。

3.2.2　技术资料的零缺陷分类与保管

技术资料分类与保管的零缺陷管理内容分为以下 2 项工作内容。

（1）技术资料分类。应按以下 3 条规定对技术资料进行分类：一是按施工的归档对象分类；二是按组成内容分类；三是按施工工程同类技术资料产生的先后顺序分类。

（2）施工技术资料保管。其保管措施：一是设立专门的资料库；二是资料库必须安全和清洁，认真做到"7 防"；三是按有关规定履行借阅使用手续，保证其按期归档和移交。

3.2.3　技术资料的零缺陷登记管理

对技术资料的零缺陷登记管理应满足 3 项管理要求：

（1）必须履行对技术资料的收、发登记。

（2）借阅使用技术资料时必须履行登记。

（3）技术资料传阅时须进行登记。

3.2.4　技术资料的零缺陷组卷

施工技术资料要按照单位工程进行零缺陷组卷。对其 3 项具体要求：

（1）技术资料较多时，应分册装订。

（2）技术资料卷内的排列顺序一般是封面、目录和具体的文字图纸记录等资料内容。

（3）卷封面应标注有工程名称、开竣工日期、编制单位、卷册编号、施工企业法人代表或法人委托人、项目部经理签字并加盖公司公章。

3.2.5　技术资料档案管理的零缺陷质量要求

（1）施工技术资料的归档要求。对归档的施工技术资料编制必须按统一、规范和标准的要求进行，内容要真实、客观，并严禁涂改和伪造，力争做到施工技术资料档案的真实可靠。

（2）竣工技术资料档案的归档要求。其要求主要有 3 项内容。

①内容应精炼：要有代表性和保存价值。

②准确、完整：文字说明材料、文件、图纸和记录必须完整和确切。

③规范、便于使用：档案的组卷封面、目录、内容排列必须做到整齐和规范。

（3）施工技术资料档案的质量要求。对归档的施工技术资料档案主要有以下质量要求：

①归档应为原件。

②其内容与深度必须符合国家有关生态修复工程项目建设勘测调查、设计、施工、监理和竣工验收等方面的标准、规范和规程等。

③技术资料的内容必须与工程实际情况相符。

④技术资料的签署必须使用耐久性强的碳素墨水、蓝黑墨水。

⑤技术资料字迹应清楚、图面清晰、签字盖章手续完备。

⑥技术资料文字材料、文件纸张规格宜为 A_4 幅面，图纸宜采用国家标准图幅。

⑦技术资料的微缩制品的制作必须按国家微缩技术指标（解像力、密度、海波残留量等）进行，以适应长期保管保存的需要。

⑧施工技术资料的照片（含底片）及其声像档案，要求照片、图像清晰，声音清楚，文字说明准确。

3.3　施工日志的零缺陷管理要求

施工日志是生态修复工程项目建设施工现场技术与管理的一项看似平凡实则重要的工作。它是施工现场的备忘录，如实地记录了施工的全过程。通过查阅施工日志，可以清楚地了解当前、过去的施工情况。如施工进度、质量、安全、材料消耗、民工出勤及工效等。因此，加强对施工日志的管理，要求日志达到清晰、完整、全面的标准，是零缺陷施工技术与管理水平的体现。对施工日志的零缺陷管理要求包括以下 9 项内容。

（1）记录当日施工现场作业工序的名称、日期、气象状况，以及项目部、部门、施工队负责人姓名，人员和劳动力分布、变动、调度情况。

（2）记录当日施工进度，是否达到施工作业实施方案和计划、调度部门的目标要求，若未满足应详细记录原因及处理办法等。

（3）记录当日施工材料进入现场情况，应详细记录材料名称、规格、数量、采取的临时保护措施和验收清点手续等。

（4）记录当日施工质量，若发生质量事故应详细记录工序名称、部位、不合格数量（面积或体积）、产生原因、负责人与责任人姓名、处理意见和办法等。

（5）收到的施工技术与管理有关文件的名称、发文编号、发文单位、主要内容、收文时间等。

（6）当日现场召开施工技术与管理有关会议的记录；应仔细记录会议的名称、参会单位、人员姓名、时间、讨论内容及决定等。

（7）记录当日参与隐蔽工程或工序施工作业的施工队和监理单位负责人，以及工人姓名、工程部位、工程量、质量检验与分析具体数据结论或报告等。

（8）记录当日建设、监理、设计等相关单位到现场的人员姓名、职务，发表的对工程施工的质量、进度、安全文明施工的意见或看法等。

（9）记录各级领导到施工现场视察的情况，包括领导人的姓名、职务和单位，以及对施工现场的具体意见或评语等。

第三节
施工现场测量放线的零缺陷技术与管理

施工测量放线是依据生态修复工程项目建设设计图确定的技术尺寸，根据施工需要，把要施工的各工序项目，如造林植物、配套工程措施、浇灌水管网、修建简易道路等的平面位置和高程进行定位，以一定的精度测设、标志在地表面上作为施工作业的依据。施工全过程离不开精确测量放线的零缺陷技术与管理。施工测量放线不但广泛用于工程施工作业前，而且在施工过程还可用于工序交接、衔接和检查、校核、验收施工队的工程数量与质量，在生态修复工程项目完工后还需要使用测量手段绘制确切的工程竣工图。因此，精确、零缺陷的施工测量、放线、放样贯穿于整个施工作业过程。

项目部应该配备或抽调精干、测量技术高超的专业人员承担测量放线工作，人数要根据生态修复工程项目施工的规模、测量工作量确定。施工测量放线常用的器具有经纬仪、水准仪、罗盘仪、全站仪、钢卷尺和电子计算机等。

1　整体施工场地的零缺陷测量

1.1　施工现场零缺陷测量放线的原则

要在工程施工场地中栽植、播种绿色植物和兴建配套工程措施、浇灌水管网等，并且从时间序列和地形序列上讲，拟建项目的分布呈现点多、线长、面广的状况，加之不可能同时开工作业。因此，对工程施工场地的整体测量放线，必须要遵循"从整体到局部，先控制后分布"的原则。即先在工程施工场地建立统一的平面控制网和高程控制网，然后以此为基础，分别测量出各个拟建工程项目的位置。

1.2　施工测量放线前技术与管理的零缺陷准备

施工测量放线前技术与管理的零缺陷准备内容，应确切完善以下3方面的工作。

（1）须建立健全施工测量放线的组织管理机构和管理制度。

（2）详细核对设计图方案、检核设计总尺寸与分尺寸是否一致，总平面图和分项施工图尺寸是否一致，若有不符之处须立即向设计单位提出询问，及时给予修正。

（3）要对施工场地进行实地踏勘，根据踏勘施工场地收集到的实际情况编制测设详图，计算测设数据，并对测量放线所要使用的各种器仪进行检查、检验和校正。

1.3　施工场地设置平面控制方格网的零缺陷技术方法

对生态修复工程项目建设施工场地布置平面控制方格网，应根据工程设计总平面图上各个分项工程的布置情况，参照施工总平面图和建设单位提供的坐标点，选定场地方格网的主轴线，然后再布置方格网。方格网可布置成正方形或矩形；当场地面积较大时，可分为二级布置。首级可采用"十"字形、"口"字形或"田"字形,然后再加密方格网。施工场地方格网的轴线应与场地内主要生态建筑物的基本轴线平行,并使方格网点接近测设的对象,方格网的折角应严格呈90°,正方形方格网的边长一般为 100~200m;矩形方格网的边长视场地中各分项工程项目的大小和分布而定,一般为 5~10m 的整数长度。相邻方格之间应通视,标桩能够长期保存。施工场地控制方格网的主轴线,应尽量位于场地中央,它是控制方格网的扩展基础。2 根主轴线的垂直交叉点,即为主点。施工坐标一般由设计单位给出,也可在总平面图上用图解法求得 1 点的施工坐标,然后推算其他点的施工坐标。在测量之前应把主点的施工坐标换算成测量坐标。主轴线中,纵横轴各个端点应布置在场地的边界上,为便于恢复施工过程中损坏的轴线点,必要时主轴线各个端点可布置在场地外的延长线上。为便于定线、测量距离和保护标桩,轴线点不可落在待建的施工项目地上。

1.4 施工场地设置控制高程点的零缺陷技术方法

在待建生态修复工程项目建设场地上,水准点的密度应尽可能满足安置 1 次仪器即可测量出所需的高程点。在对改造的地形、广场、园路等测量放线时敷设的水准点往往是不够用的,应根据实际情况增设一些水准点。通常情况下,方格网点也可兼作高程控制点。只要在方格网点桩面上中心点旁边设置 1 个突出的半球状标志即可。

由于施工场地待建的项目较多,因此,需要在合适的地点多设置几个控制高程点,特别是在待建的各种生态建筑物上要设置高程点,以便于这些建筑先行施工作业。高程点设置后应进行往返测量,或单程双线观测,其测量误差应小于闭合水准线路允许的闭合差。施工控制测量的最终成果,必须在施工地面上精确地固定下来,为设置高程点点埋设稳定、牢固的标桩。

为控制点设置的标桩分为永久性和临时性 2 种。永久性标桩的埋设,应考虑到在施工过程中能够长期保存,不致发生下沉和位移。标桩的埋深须在 0.5m 以上,冻土地区标桩的埋深应在冻土层以下 0.5m。标桩顶面以高于地面设计高程 0.3m 为宜。临时性标桩一般以木桩为主,也可采用铁桩和其他金属管等。其规格和埋入地下深度依各地条件而定。

2 生态建筑的零缺陷测量

2.1 测量前的零缺陷技术准备工作

测量前应完成以下 4 项零缺陷技术准备工作。

(1)认真熟悉、研读施工设计图,把设计图的设计内涵读懂读透。即在测量前要首先熟悉测量项目的各种设计图,如工程总平面图、建筑平面图、基础立体图、建造断面构造图等。

(2)备齐各种测量器具,使用前须校正。

(3)做好现场踏勘、引测坐标点。

(4)备足设置龙门桩的木桩、木板、麻绳和白灰等测量必需品。

2.2 生态建筑物的零缺陷定位测量

生态建筑物的零缺陷定位测量,是指把生态修复工程项目建设设计图中建筑的外廓轴线测设到地面上，然后再根据外廓轴线测放出生态修复建筑的细部。对生态建筑定位后，所测设的轴线交点桩在开挖基槽时会被破坏，施工时为了恢复各轴线的位置，一般是把轴线延长到安全地点，并做好标记。延长轴线的操作有 2 种方法：①在建筑物的外侧钉龙门桩和龙门板；②在轴线延长线上打轴线控制木桩。

龙门板的设置方法如下：在待建生态建筑场地四角和中间隔墙的两端基槽之外 1.5～2m 处（可根据槽深和土质而定）设置龙门桩，桩要钉得竖直、牢固，且桩的外侧面应与基槽平行。然后，依据场地内的水准点，用水准仪将 ±0 的高程测设在龙门桩上，用红铅笔划一横线（若地形条件不许可，可测设比 ±0 高或低 1 整数的高程线）。根据该红线把龙门板钉在龙门桩上，使龙门板的上边缘高程正好为 ±0，并用水准仪校核龙门板的高程，若发现有差错应立即改正。

2.3　生态建筑基础沟槽的零缺陷施工测量

对生态建筑测量定位后，此时应进行其沟槽开挖深度的测量。根据设计标高和测设的原地面标高及基础、垫层等的厚度来计算沟槽的开挖深度。当沟槽挖到设计底面标高 30～50cm 时，可用水准仪在槽壁上隔 2～3m 打一水平桩，也可以在基槽边的地面上做一个控制桩或龙门板，然后用钢尺或长木尺引测下去。但当深度较深时，一定要用水准仪引测标高，以使测量结果更加准确和精确。

3　全站仪的零缺陷测量

全站仪是综合光、电、机、算和贮等功能，构造精密的自动化测量仪器，近几年在大型生态修复工程项目建设测量中被广泛使用，特别是对防护规模大、防护路线长的测量放线，以及地形高程起伏大、呈极不规则的丘陵山地、流域、河道等的测量，具有简便、快捷精确的优点。全站仪必须由专人使用，按期校验、定期检查主机与附件是否齐全、是否运转正常。在使用全站仪进行测量工作时，仪器和反射棱镜均必须由专人看守，以防仪器被摔坏或砸坏。

使用全站仪进行零缺陷测量的具体 7 项操作步骤内容如下所述。

（1）安置仪器。对全站仪器的具体操作步骤有：对中；定平；测出仪器的视线高 H。

（2）开机自检。开机自检的 2 个步骤：①打开电源，使仪器自动进入自检；②纵转望远镜进行初始化以显示水平度盘读数与竖直度盘读数。

（3）输入参数。输入棱镜常数和温度、气压、湿度等气象参数。

（4）选定模式。选择确定测距单位、小数位数和测距模式，以及选择角度和测角模式。

（5）后视已知方位。输入测站已知坐标 (y, x, H) 和后视边已知方位 (ϕ)。

（6）测前视欲求点位模式。测前视欲求点位，主要有如下 4 种求点位模式：①测角度——同时显示水平角与竖直角；②测距——同时显示斜距、水平距与高差；③测点极坐标——同时显示水平角与水平距；④测点位——同时显示 y、x、H。

（7）测量应用程序。测量应用程序主要有以下 5 项工作内容：①按已知数据进行点位测设；②对边测量——观测 2 个目标点即测得其斜距离、水平距离、高差和方位角；③面积测量——观测几点坐标后即测算出各点连线所围起的面积；④后方交会——在需要的地方安置仪器，观测 2～5 个已知点的距离与夹角，即可以后方交会的原理测定仪器所在的位置；⑤其他如导线等特定的测量。

第四节
施工设计变更的零缺陷技术与管理

在生态修复工程项目建设现场施工过程中，经常会发生设计变更，除在建设承包施工合同中对设计变更有关条款进行明确约定外，项目部必须对施工过程的设计变更动态给予随时关注，并应加强对施工设计变更的零缺陷技术与管理力度。

1   施工现场设计变更的原因及类型

1.1   甲方（工程建设单位）提出施工设计变更的要求

在生态修复工程项目建设施工作业全过程，甲方根据生态修复工程项目建设的需要，可能会提出各种多样的施工设计变更，但归纳起来其6项内容和类型：①追加某个或某几个单、分项或分部工程的工程量；②新追加某个或某几个单、分项工程项目及其对应的工程量；③工程设计施工的项目不变，只改变工程结构或使用的材料性质；④减少某个或某几个单、分项工程量；⑤取消某个或某几个单、分项工程项目及其对应的工程量；⑥既新追加某个或某几个单、分项工程项目及其对应的工程量，又减少或取消另外某个或某几个单、分项工程项目及其对应的工程量；⑦取消原设计方案的全部施工项目及其对应的工程量，重新设计和安排新的工程项目及其对应的工程量。

1.2   项目部提出施工设计变更的请求

项目部在施工全过程一般情况下不应该主动提出施工设计变更内容，但若因客观条件的限制或变化，确实严重影响到生态工程项目施工质量和工期等方面的进程，则应根据具体情况提出施工设计变更的申请。具体请求变更的内容和项目有如下3类。

（1）设计所要求所使用的施工材料或构配件无法采购到，或在规定的工期时间内无法运达工地现场。

（2）设计的工程功能、构造结构或工艺水平已超出了招投标所要求的施工资质范围。

（3）施工所使用的材料、机械价格和人工工资等发生了市场变化，原有的材料、机械使用台班费、运输费和人工工资等，已无法适应新的市场变化所要求的价格水平，已严重影响到工程施工的正常运行。

1.3   其他原因引发的施工设计变更

在生态修复工程项目建设施工全过程，往往会有一些来自当地自然和社会方面的第三方因素对工程正常施工产生干扰和影响，致使引发或造成施工设计变更。

（1）施工场地地质环境条件超出了设计方案预估的状态，或者在施工现场突然发生地质灾害变化。

（2）施工期间当地气候突变，如遇暴雨、大暴雨、大风、强台风、沙尘暴或山洪等因素，造成无法施工或延期工期。

（3）社会上一些不法分子有意干扰和破坏工程的正常施工等行为。

2 办理施工设计变更的零缺陷审批手续

2.1 及时测量与核算施工设计变更引起的工程量增减

不论是由上述哪种原因引发的施工设计变更，经建设、设计和监理三方代表现场确认后，认为确有必要变更设计，则先由设计单位负责测量、核算和出具变更后的施工设计方案和工程量，并绘制变更后的施工设计图。

2.2 即刻办理施工设计变更的审批手续

根据生态修复工程项目建设、设计和监理三方工地代表现场确认的设计变更内容，项目部依据变更后的施工设计图和项目、工程量，应填写《生态修复工程施工设计变更审核审批表》。该表格的形式各地不同，但其主要内容都包括有生态修复工程项目建设名称、建设单位名称、设计单位名称、监理单位名称、施工企业名称、施工设计变更增减工程项目及工程量、变更原因或理由、变更申请和提出日期等。该设计变更审核审批表先由项目部经理签字、加盖施工公司公章后，即分别送交工程建设、设计、监理单位三方工地代表审核签字并加盖所在单位公章。项目部就可据此按设计变更后的施工技术要求继续组织施工。

2.3 施工设计变更引发的施工造价增减手续办理

项目部在办理设计变更手续过程，应如实地核算设计变更给施工带来的造价增减预算，依据建设、设计、监理、施工四方单位共同认可的施工定额标准，分别对因设计变更项目及工程量增减而引发的人工费、材料费、运输费、机械台班费等的增、减额进行详细的计算，并填制《施工设计变更和引发造价增减确认表》，请建设、设计、监理单位工地代表签字并加盖单位公章。项目部应对施工设计变更一系列审核审批手续资料妥善保管，为日后工程总结算或者施工索赔提供财务依据。

第五节
施工现场成品保护的零缺陷技术与管理

1 施工现场成品保护的概念及意义

施工成品保护是指对除绿化工程以外的，包括配套工程措施、浇灌水管网、供电、建筑类等单项工程的所有施工作业已完工的项目，对其采取的临时性保护措施。在施工作业中，有些单、分项工程已经完工，而其他一些工程项目的工序仍处在施工作业过程；或者某些部位已完工，而其他部位正在施工；如果对施工已完成的工程成品不采取妥善措施加以保护，就会给工程造成损伤，影响工程质量，增大施工作业的修补工作量，浪费工料、加大施工成本。因此，实行有效的工程成品保护，是确保工程质量，降低工程施工成本，按期竣工的重要技术与管理手段。

2   施工现场成品保护的零缺陷技术与管理

2.1   施工成品保护的零缺陷管理措施

在施工现场作业过程，项目部应教育和培训全体施工人员树立对工程成品实施零缺陷保护的观念，本着对工程质量负责的主人翁精神，自觉爱护不论是自己或是他人完工的所有成品；并且应合理调度安排各单项工程的施工顺序，按正确的施工流程工序组织施工，这是进行成品保护零缺陷管理的有效途径。为此，在施工现场应认真执行以下4项工序流程规则。

（1）遵循先土建、浇灌水管网安装和供电等配套工程措施施工作业，后乔灌草种植作业的施工顺序，就不会发生破坏生态防护绿地的现象。

（2）遵循"先地下后地上"和"先深后浅""先高后低"的施工顺序，就不会破坏地下管网和地面设施。

（3）地下管道与基础设施相配合进行施工作业，可避免基础完工后再打洞挖槽安装管道，影响工程质量和进度。

（4）先在房心回填土后再做基础防潮层，可保护防潮层不受填土夯实损伤。

2.2   施工现场成品零缺陷保护全面技术与管理措施

对生态配套的各项工程措施、浇灌水管网、供电等工程，采取成品零缺陷保护技术与管理的4项措施如下。

（1）分类保护。按各单项工程的不同成品类型，分别采取对应的技术保护措施。

（2）重要、关键性工程成品保护。应在保护期内对其应实行24h值班养护的技术管理措施。

（3）工程成品保护方法。采取的工程成品保护主要技术管理方法是护、包、盖、封4种措施。

（4）混凝土保护措施。混凝土作为生态修复工程项目建设中的通用施工项目，应采取专业性的5项保护措施。

①应对浇灌后的混凝土暴露面使用苫布、塑料等紧密覆盖。

②为防止在保护期间混凝土开裂，应采取如降低混凝土入模温度、对混凝土构件外部进行早期保温等技术措施，有效缩小混凝土的内外温差，保持混凝土内部温度不超过75℃。

③为防止浇灌后的混凝土因暴晒干燥、气温骤降而引起剧烈收缩，应对混凝土采用蓄水、浇水或覆盖洒水等措施加以保护。

④在混凝土保护期间，应对有代表性的关键性结构进行温度监控，定时测定混凝土芯部、表层及环境温度、相对湿度、风速等参数；并根据混凝土温度和参数的变化情况及时调整保护措施。

⑤应对混凝土保护实行严格的岗位责任制，并对保护过程作详细记录。根据《混凝土结构耐

久性设计规范（GB/T 50476—2008）》要求，混凝土耐久性施工成品保护应符合表3-2混凝土施工成品保护的规定。

表 3-2　混凝土施工成品的保护规定

环境作用等级	混凝土类型	保护要求
I-A	一般混凝土	至少养护 1d
	大掺量矿物外加剂混凝土	浇筑后立即覆盖并加湿养护，至少养护 3d
I-B，I-C，II-C，III-C，IV-C，V-C，II-D，V-D，II-E，V-E	一般混凝土	保护至现场混凝土的强度不低于 28d 标准强度的 50%，且不少于 3d
	大掺量矿物外加剂混凝土	浇筑后立即覆盖并加湿养护，养护至现场混凝土的强度不低于 28d 标准强度的 50%，且不少于 7d
III-D，IV-D，III-E，IV-E，III-F	大掺量矿物外加剂混凝土	浇筑后立即覆盖并加湿养护，养护至现场混凝土的强度不低于 28d 标准强度的 50%，且不少于 7d。加湿养护后应继续用养护喷涂或覆盖保湿、防风一段时间，至现场混凝土的强度不低于 28d 标准强度的 70%

第四章
生态修复工程项目建设
植物措施的零缺陷施工技术与管理

生态修复工程项目建设植物措施，是指在充分满足乔灌草植物生理生态特性的基础上，所进行的生态修复工程项目施工作业活动。生态修复工程项目建设现场零缺陷施工技术与管理，分为定点放线、整地、栽种作业、苗木假植和树木支撑固定等实施内容。

第一节
造林种草项目定点放线的零缺陷技术与管理

生态造林种草绿化施工定点放线，就是把设计方案中设定的林草植物位置、树木株行距等内容，依据设计图的规定要求，具体落实到现场地面上的零缺陷技术与管理做法。根据生态绿化工程项目建设施工规模，其零缺陷定点放线作业技术与管理方法和要求如下。

1　定点放线操作技术的零缺陷方法

1.1　基准线定位法

应选用相对固定且有特征性的点和线，如道路交叉点、中心线、固定物外角、规则型场地和水池等不移动物的边线。利用简单的直线丈量方法和三角形角度交会法，即可将设计图上植物栽植点的中心连线和每株树的栽植点测设到施工作业地面上。

1.2　仪器测放法

（1）使用经纬仪或平板仪定点放线作业的方法，适用于范围较大、测量基点准确的生态绿地。当种植区的内角不是直角时，使用经纬仪进行该种植区边界的放线，在找准标准点的基础上，根据图纸，再用钢尺、皮尺或测绳进行距离丈量，把每株树的栽植位置落实到地面上。

（2）使用平板仪放线，图板方位必须与实地方位相吻合。在测站位置上，首先要完成仪器的对中、整平和定向 3 步作业。然后将图纸固定在小平板上。1 人测绘，2 人量距。在确定方位后量出该标定点到测站点距离，即可钉桩标明。所钉桩面上应写清树种、规格及株数。如此即可标出带有设计意图特征的点和线。但应引以为鉴的是，当完成 30 多个立尺点后应检查图版定向是否有错位变动，若存在方位变动要立即给予纠正。平板仪定点主要用于绿地施工面积大，场地没有或少有明确标志物的工地。或者可先用平板仪来确定若干控制标志物，确定基线、基点后，再使用简单的基准线法进行细部放线，以减少工作量。

1.3　方格网放线法

在设计图上以一定间距（5m、10m、20m 等）画出方格网，借助于经纬仪的定向和钢尺、绳尺的量距，把设计图纸上的方格网放大到施工现场的地面上，以此确定设计图中树木、草场等植物在实际场地中的具体栽植位置。

1.4　标杆放样法

规则式绿化栽植设计采用标杆放样较为简便。对位于同一直线上的栽植植物，先确定有一定间距的任意 2 点位置，立以标杆，然后采用目测标杆和用绳尺量距就可确定各树木的种植点位置。一般需要至少 3 根以上标杆用于放样作业。

1.5　交会法

适用于绿地面积较小，绿地场内固定物标记与设计图相符的放样。通常以固定物的 2 个位置为依据，依据植物在设计图上与该 2 点的距离相交会，就定出栽植位置。

1.6　绳尺放样法

当不便使用仪器或绿地面积较小时，可采取绳尺放样法。放样时先选取图纸上保留的与地面对应的固定体（建筑、大树等）作为参照物，先确定方向后，再在图纸与实地量出设计植物与它们之间的距离，就可定出各植物的栽植位置，继而用石灰标出栽植植物的点或线。石灰标出的点、线也就是挖掘树坑、整地的确切范围标记。

2　设计不同植物配置类型的零缺陷放线作业方法

2.1　孤植乔木栽植的定点放线方法

先选一些已知基点或基线作为定点放线的依据，再用交会法确定孤植树的中心点，即为孤植树的施工作业挖坑栽植点。

2.2　丛植乔木栽植的定点放线方法

依据植物设计配置的疏密程度，先按一定比例对应地在设计图和现场划出方格，作为控制点和标线，在现场按相应的方格使用绳尺（钢尺、皮尺）分别定出丛植树的诸点位置，再用石灰画点或钉标桩加以标记。

2.3 道路栽植树木的定点放线方法

在交通道路两侧的施工现场，依据路基、道牙位置及其与树木的距离，采用绳尺（钢尺、皮尺）确定植树点位置，再用石灰画点或钉标桩加以标记。

2.4 灌丛、地被植物栽植的定点放线方法

先按设计指定位置在施工地面放出种植沟挖掘线。若灌丛、地被植物位于固定物体边，则先在靠近固定物体一侧画出边线，再按设计宽度向外展出，在另一面放出挖掘线。视规模也可采用方格网放线法。

2.5 种草场的定点放线

根据种草设计的几何形状和比例，先分别确定草场的轴心点、轴心线、圆心、半径、弧长、弦长等要素，再使用标杆、钢尺（绳尺、皮尺）等常规量距工具将其测放在施工现场，然后使用石灰圈出范围。

3 定点放线的零缺陷测设技术要求

3.1 定点放线零缺陷要求

应用木桩钉上点或用石灰划上线。对乔木防护林树定点后，应在树坑的中心位置插上木桩，桩上写明树种和树穴的规格。

3.2 测点高程标记的零缺陷要求

需要标高的测点应在木桩上写明具体高程，并按桩号顺序进行编号标志。

3.3 定点放线后的检查核对

应按照设计图认真进行比对，确认符合设计后再施行后续的施工作业。

第二节
造林种草项目整地的零缺陷施工技术与管理

生态修复工程项目建设施工过程，有必要对林业、水土保持、沙质荒漠化防治、盐碱地改造、土地复垦、退耕还林、水源涵养林、天然林保护等项目实施的场地，实行全面、细致、适用、方法方式多样的零缺陷整地技术与管理措施。

1 项目零缺陷整地的特点与作用

1.1 造林种草项目零缺陷整地的特点

造林零缺陷整地主要是指对预造林地土壤进行翻垦处理，同时也会涉及土壤上生长的植被和

土壤中的根系。造林整地与农耕地整地、圃地整地相比较，其不同特点如下。

（1）由于地形、地质、植被、风沙威胁或含石量多等因素的限制，造林整地只有在极特殊情况下才能采用全面整地的方式，而在多数情况下均采用局部整地方式。

（2）我国的造林种草地自然条件复杂，一般以山地居多，因此，整地时必须考虑保持水土的要求。有些低湿地、盐碱地要考虑排水排土的要求，因此造林种草整地时经常要改变原地形地貌，形成有利于蓄水、排水的小地形，使得整地方法表现出多样性。

（3）根据植物生长的需要，整地深度一般都比较大，起码要超出植物苗木的主根长度。单个局部整地范围虽然有限，但在局部范围内对自然环境条件改变比较深刻。

1.2　造林种草项目零缺陷整地的作用

造林种草整地上述 3 个特点要求我们必须因地制宜地采取零缺陷整地技术与管理措施。此外，造林种草零缺陷整地还具有改善造林地生态立地条件，为造林种草措施实施提供便利条件的作用。

（1）改善造林种草立地环境条件主要体现在以下 4 方面。

①造林种草整地可以改善造林种草地的小气候。造林地的采伐剩余物和植被经过全部或部分清理后，光照可以直接到达地面，使地面得到的直射光增加，散射光减少，空气对流增加，因而近地表层和地面的温度发生变化，白天增温和夜间降温明显，日夜温差加大；空气相对湿度下降。

②整地可以有效改善土壤的理化性质。植被清理后，降水可以直达地面，翻垦后的土壤孔隙度增大，渗透性增强，地表径流减少，降水易于渗入深层，并加以有效保存，土壤固、液、气三相的比例趋于协调；在干旱、半干旱地区，或有季节性干旱的湿润、半湿润地区，通过整地把坡地改为水平地，增加土壤的疏松性和表面的粗糙度，切断毛细管，减少深层土壤的水分向上补给，减少地面蒸发，因而增加土壤蓄水保墒的能力；在水分过剩乃至有季节性积水的地区，通过整地可以排除多余的水分。除了局部地区有土壤水分过多的情况外，我国大部分地区处于干旱半干旱或有季节性干旱的状态，因此，整地对于土壤水分的改善一般更注重其蓄水保墒功能。

③有效清除杂树草植被。整地清理杂树草后，减少了杂树草植被对养分的直接消耗，整地后形成的微域环境和特殊的小气候，加快了残留在造林地上部分枝叶的腐烂分解，从而增加了土壤的有机质。

④整地后有利于土壤物理性质的改善。整地极大地促进了土壤微生物的活动，增加了速效养分的供应。

（2）保持水土。在水土流失严重地区，整地既是造林这一生物措施中的一项不可忽视的技术与管理环节，又是一项行之有效的简易工程措施。通过整地形成的微地形，将坡面的雨水、径流和泥沙储存起来，有效地防止水土流失。实际上，在这些地区发展起来的水平沟、水平阶、鱼鳞坑、反坡梯田、撩壕等整地方式都是以保持水土为核心。需要注意的是，有些陡坡地、风沙严重的流动沙丘地等造林地，采取不合理的整地方法可能会导致新的土壤流失，不仅起不到保持水土的作用，反而会加剧水土流失或风蚀。

（3）减少杂草和病虫害。通过整地可以减轻杂草、灌木与幼林的竞争，减少土壤水分和养分的消耗；整地还会破坏病虫赖以滋生的环境，减轻植物病虫的危害。

（4）便于造林施工，提高造林种草质量。整地消除了杂草、灌木以及采伐剩余物，平整了造林种草地，为造林种草后续施工创造了良好的条件，有利于机械栽植和合理地进行种植点的配置。同时，整地后土壤经过深翻达到规格要求，可使人工栽植过程省力省工，不易产生窝根、覆土不足的现象，有利于保证造林种草质量。

（5）提高造林种草成活率，促进幼林生长。整地后，近地表面气温、地温升高，立地条件较差的土壤水热条件得到改善，土壤肥力增加，草根和砾石减少等都有利于播种后种子发芽出苗，或植苗后苗木的生根成活，从而提高造林种草成活率。通过整地，减弱了杂树草与目标林草对营养空间的竞争，有利于所栽植林草幼苗的生长发育，促进幼林草生长。

2　项目整地的零缺陷施工技术与管理方法

生态造林种草零缺陷整地分为先实施造林种草地整理和后整地作业两道技管工序。

2.1　造林种草地整理的零缺陷施工技术与管理

对造林种草地进行零缺陷整理，就是把造林种草地从它的初始状态转变为适于种植林草状态的施工技术与管理过程，主要是指在翻垦土壤前采取清除造林种草地上的杂木、灌木、杂草、竹类等，或清除采伐迹地的枝丫、梢头、伐根、站杆、倒木等剩余物的措施，其目的在于改善造林种草地的生态环境状况，为土壤翻垦和其后的造林种草施工、林草植被抚育作业创造便利条件。典型的造林种草地清理是人工更新前的采伐迹地或火烧迹地清理。这些迹地上通常存在一定数量的站杆、倒木或未采尽的小径木，还有伐前更新幼树、采伐剩余物、伐根以及被废弃的、土壤结构受严重破坏的集材道和装车场等。有时迹地的环境状况很差，树苗无处可栽，机具难以通行，卫生状况不佳，如不经清理就难以满足造林种草施工要求。另一类需要清理的造林地是稠密的杂灌木地，这种植被的存在不仅有碍整地实施，而且会给新栽林草苗造成过度遮阴或根系竞争，影响新植林草幼苗的生长发育。

2.1.1　造林种草地清理方式

清理方式分为全面清理、带状清理和块状清理3种，具体采取哪一种清理方式可根据造林种草地的天然植被状况、采伐剩余物的种类、数量和分布、造林种草方式以及经济条件等情况来决定。

（1）全面清理。是指全部清除天然植被和剩余物的清理方式，适用于杂草茂密、灌木丛生或需要全面翻垦的造林种草地。可以使用割除、火烧以及化学药剂等清理方法。

（2）带状清理。以种植行为中心呈带状地清理其两侧杂树草植被，并将采伐剩余物或被清除杂树草植被堆成条状的清理方式，适用于疏林地、低效林地、沙草地、陡坡地以及不对土壤实施全面翻垦的造林种草地。使用的清理方法主要是割除和化学药剂处理。清理带的方向，通常丘陵山区与等高线平行，平原区南北走向。带间距离及割带宽度取决于原有植被的高度和竞争性能、保留某些阔叶树的需要以及新栽幼树苗的喜光性、生长速度和造林种草密度要求等因素，通常带宽1~3m。

（3）块状清理。指以种植穴为中心呈块状地清理其周围杂树草植被的清理方式，适用于地形破碎不宜进行全面土壤翻垦的造林地。

2.1.2　造林种草地清理方法

清理方法通常包括割除（砍伐）、火烧、化学药剂清理、堆积等。

（1）割除清理。在杂树草植被比较稠密和高大的造林种草地，以及采伐时留下的经济价值低下林木，在造林种草前需要进行割除清理。割除的灌木、草本植物以及采伐剩余物可采取烧除或堆积处理，割除的时间应选择植物营养生长旺盛、尚未结实或种子尚未成熟、根系积累物质少、茎秆较容易干燥的夏末秋初季节实施作业。

（2）烧除清理。我国南方地区和部分北方地区，常有在造林种草前割除或砍倒天然植被（称为劈山），并待其干燥后进行火烧（称为炼山）的传统习惯。这种做法能较为彻底地改善环境状况，消除竞争，还可增加土壤中的速效养分，有利于新植幼苗生长。但炼山有引起水土流失的危险，应用时应对其范围要有严格的限制和控制。炼山既要求烧尽，又要严格防止山火失控，因此在使用时间及防范措施等方面都要根据当地条件适当安排。

（3）化学清理。这种清理方法效果显著，而且具有省时、省工、经济、不造成水土土流失和使用比较方便等优点，但也有不利的方面。如化学药剂的运输不方便、不安全；使用量和用法掌握不当会造成环境污染和对人畜造成毒害；残留药剂会对更新幼苗幼树造成毒害；杀死有益性的动物；因此，在干旱半干旱缺少水源地区使用有时会受到限制。故此，应用化学药剂清理造林种草地，应根据植物生理生态特性、生长发育状况以及气候条件等来确定选用适宜的化学药剂种类、浓度、用量以及喷洒作业时间等。

2.2　造林整地的零缺陷施工技术与管理

2.2.1　造林整地的零缺陷施工方式与方法

造林整地施工方式、方法可分为全面整地（全垦）和局部整地，局部整地又分为带状整地（带垦）和块状整地（块垦）。

（1）全面整地施工方式、方法。是指翻垦造林地全部土壤。这种整地方式有效起到改善土壤理化性质的作用，清除杂草、灌木彻底，便于机械化作业及实行林粮间作，幼林生长较采用局部整地效果显著，但是全面整地的不足之处是：用工较多，投资较大，成本高，且受地形坡度条件、环境中大石块与伐根等存在以及经济条件的限制，主要适用于平原区速生丰产防护林造林地、平原地区荒坡、草原、无风蚀发生的固定沙地、盐碱地及 25°以下的平缓坡地，水平梯田等。在丘陵山区实施全面整地面积不宜过大，以每隔 3m 宽植被保留带，整 1 条宽带为 30m 的地为宜，否则，极容易造成水土流失侵蚀危害。

（2）局部整地施工方式。是指翻垦造林地部分土壤的整地方式，分为带状整地和块状整地 2 种方式。

①带状整地方式：长条状翻垦造林地土壤，并在翻垦部分之间保留一定宽度的原状地面。带状整地改善立地条件的作用明显，预防土壤侵蚀的能力较强，便于机械化作业。带状整地是丘陵山区和北方草原地区重要的整地方法。在丘陵山地实施带状整地时，带方向应沿等高线布设。带宽根据当地的降水量、水土流失强度与植被覆盖状况等因素确定。一般带状整地带宽度是0.6~1.0m 以上，带长视地形确定，但不宜过长，每隔 1m 应保留 1.0~2.0m 的自然植被带。破土带断面可与原坡面平行（如水平带状整地）或者成阶状（水平阶整地）、沟状（水平沟整地），带

长应根据地形状况而定，若地形环境条件允许，带宜长些，但带长过大则不易保持水平，容易汇集水流，造成冲刷侵蚀。在平原地区实施带状整地时，带向多为南北方向，如害风严重，带向应与主风方向垂直。山地实行带状整地，其方法有环山水平带、水平阶、水平沟、反坡梯田、撩壕等，平原实施带状整地时，主要采取带状、犁沟、高垄等。

②块状整地方式：多用于地形较为破碎或坡面较陡的自然环境条件下，是呈块状翻垦造林地的方法。块状整地灵活性大，能适应各种造林立地条件，整地省工，但改善立地条件的作用相对有限。丘陵山区地区应用块状整地的方法有穴状、块状、鱼鳞坑、回字形漏斗坑、反双坡或波浪状等。块状整地面积，应依据坡面产生的水土流失侵蚀量大小、造林地植被、土壤质地条件等确定。如植被稀疏，土壤质地疏松，并采用小苗造林时，整地规格可小些，反之，宜稍大些，一般块状边长不超过 1.5m，穴径不超过 1.0m，营造经济林或群状造林时规格可大些，如大规格鱼鳞坑等。块状地的形状有长方形、圆形、正方形、半圆形。

（3）局部整地施工方法是指翻垦造林地部分土壤的整地方法，分为水平带状、带状、反坡梯田、水平阶、水平沟等以下 10 种方法。

①水平带状整地方法：沿等高线在坡地上开垦成连续带状。带面与坡面基本持平，带宽 0.5~3.0m，保留带可宽于或等于翻垦带宽度。翻垦深度 25~35cm。该方法适用于植被茂密、土壤深厚、气候湿润地区的荒山或迹地的中缓坡造林整地，如图 4-1。

②带状整地方法：是指在平原地区的平缓坡上开垦成连续带状的整地方法。带面与坡面基本持平，带宽 0.6~1.0m 或 3~5m，带间距等于或大于带面宽度。翻耕深度为 25~50cm。适用于无风蚀或风蚀不严重的沙地、荒地和撂荒地，以及平坦的迹地、林中空地等，如图 4-2。

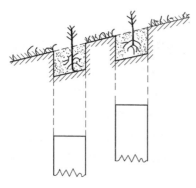

图 4-1 水平带状整地

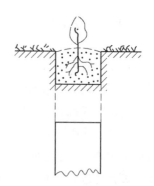

图 4-2 带状整地

③反坡梯田整地方法：又称为三角形水平沟整地方法。在土层深厚，坡面整齐和坡度是 10°~35° 的坡面上可采用这种整地方法。反坡梯田田面宽度随坡度和和树种的不同而异：在坡度 <25° 坡面上，田面宽为 1.5~2.0m；当坡度为 25°~35° 时，田面宽为 1.0m。梯田长度为 5~6m 时，中间应留出 0.5m 宽土埂，梯田应呈"品"字形配置。修筑梯田的方法是首先要根据地形分片划段，而后沿等高线定好开挖线，将表土堆在梯田上方，取心土培埂里切外垫。修筑成 10°~15° 的反坡田面。对挖成田面深翻后，将表土均匀地铺在田面上耙平。树苗要栽在田面靠外缘 1/3 的地方，如图 4-3。反坡梯田蓄水保土，抗旱保墒能力强，改善立地条件作用大，造林苗木生

长良好且成活率较高，这是目前在干旱、水土流失地区广泛采用的一种整地方法，但其缺陷是花费劳力较多。反坡梯田适用于黄土高原地区地形较平整、坡面较为完整的地带。如果坡度较缓，坡面完整，水土流失较轻，也可修筑成梯田状，田面宽度 2~3m，长度视具体地形而定。有些地区称此种整地方法为条田。

④水平阶整地方法：水平阶是沿等高线将坡面修筑成狭窄的台阶状台面。适用于坡面较为完整、土层较厚的缓坡与中等坡。阶面水平或向内呈 3°~5° 的反坡，上下 2 阶的水平距离，以满足设计造林行距和在暴雨中各台水平阶间斜坡径流能全部或大部容纳入渗来综合确定。阶面宽度因地形而定，石质山地较窄，通常是 0.5~0.6m，土石山地与黄土丘陵区较宽，可达 1.5m；阶外缘可修筑土埂高 20cm，或不修土埂；阶长无一定标准，一般为 1~6m，视地形而定，施工时要先从坡下开始，先修最下边第一阶，然后将每 2 阶的表土下填，依次类推，最后一阶可就近取表土盖于阶面，如图 4-4。

水平阶地能够起到一定程度的改善立地条件作用，使用此法比较灵活，可以因地制宜地改变整地规格，如地形破碎，其阶长可短。水平阶整地一般适用于丘陵山地和黄土地区各种植被覆盖和土层厚的缓坡和中等规格的坡。

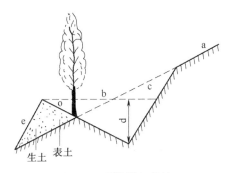

图 4-3　反坡梯田整地

a. 自然坡面；b. 田面宽 1~2m；c. 埂外坡约 60°；
d. 沟深；e. 内侧坡约 60°；o. 反坡梯田面

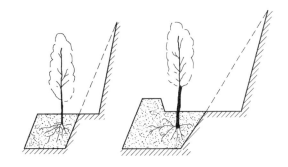

图 4-4　水平阶整地

⑤水平沟整地方法：是指沿等高线断续或连续呈带状挖沟的一种整地方法。适用于严重水土流失的黄土丘陵地区、坡度较陡的坡面。沟面与原地面断面形状多为梯形。根据地形条件可分片划段，沿等高线自上而下地开沟，并呈"品"字形布设。沟长、沟深与沟距视径流规模而定。一般沟深为 0.4~0.6m，上开口宽为 0.6~1.0m，沟底宽为 0.3~0.5m，沟长为 4~6m，2 阶水平沟上下间距为 2~3m，同一等高线左右相邻 2 个水平沟间，要留出 1m 宽的土埂。挖沟时，先将表土堆在沟上方，用心土在沟下方培筑成高 0.3m，顶宽为 0.3m 的土埂，将表土再回填至沟里。沟内每隔一定距离做一横档，以保持沟底水平，防止冲刷，苗木栽植于沟埂内侧坡中部，如图4-5。

水平沟整地由于沟深、蓄水容积大，能够拦蓄较多的地表径流。沟壁还具有一定遮荫作用，可降低沟内温度，减少土壤水分蒸发；但水平沟整地动土量大，比较费工，这种方法多用于水土流失严重的黄土丘陵、较陡山坡地的地区。

⑥撩壕整地方法：也叫倒壕法、抽槽整地。为连续式或断续式带状，撩壕方法是先顺着等高

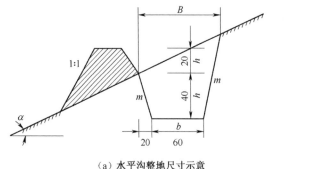

（a）水平沟整地尺寸示意　　　　　　（b）水平沟整地造林位置示意

图4-5　水平沟整地示意

线挖长壕沟，所挖壕沟深、宽度不完全相同，大撩壕沟宽约0.7m、深0.5m，2个壕沟相距2.5~3.0m；小撩壕沟宽约0.5m、深0.3~0.4m，2个壕沟相距2m。壕长不限，整地作业时，先从山坡下部开始挖起，把心土放于壕沟下侧做埂，等壕沟挖到规定深度后，再从坡上部相邻壕沟起出肥沃表土和杂草等，填入下方壕沟中（图4-6）。撩壕整地是南方地区栽培杉木过程中开创出的一种整地方法。适用于南方土层薄、黏重、贫瘠的低山丘陵地的造林整地。但其动土量大、费工且投资大，可视造林地立地条件情况和投资状况而选用。

　　⑦高垄整地方法：呈连续长条状，高于地面的垄为栽植带，其两侧为排水沟，垄宽0.5~1.0m，垄高0.2~0.4m，垄长不限，垄走向以利于排水为宜，如图4-7。高垄整地方法适用于低湿地、盐碱地。该种整地方法也可用于轻度风蚀地区，此时，垄沟改为种植带，垄则可起到防风蚀作用。在山西北部风沙区，樟子松造林采用此法能够整地极大地提高了造林成活率。

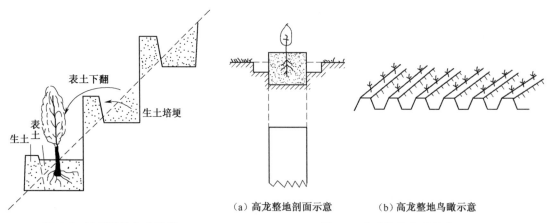

（a）高龙整地剖面示意　　　　　　（b）高龙整地鸟瞰示意

图4-6　撩壕整地方式示意　　　　　　图4-7　高龙整地方式示意

　　⑧鱼鳞坑整地方法：类似半月形坑穴，适用于地形破碎的沟坡、坡度较陡的坡面。坑穴规格分为大小两种，整地时沿高等线自上而下开挖，大鱼鳞坑长0.8~1.55m、坑宽0.6~1.0m；小鱼鳞坑长0.7m、宽0.5m，坑面呈水平或稍向内倾斜。挖坑时先把表土堆于坑上方，然后将心土刨向下方，围筑成弧形土埂，埂高0.2~0.3m，继而将埂土踏实，再将表土放入坑内，坑与坑多排列成"品"字形，以利于保土蓄水，如图4-8。鱼鳞坑整地方法适用于易发生水土流失侵蚀危害的干旱丘陵山地，以及黄土地区较陡坡面和破碎沟坡面上。

⑨块状（方形）或穴状（圆形）整地方法：是把坑筑为方形或圆形的一种块状整地方法。一般沿等高线自上而下，按"品"字形翻挖深 0.3~0.4m 或直径 0.3~0.5m 的块状或穴状坑，然后将土块打碎，即可植树造林。坑间距按造林株行距而定。穴面在山地与坡面平行，在平地与地面平行。该整地法适用于坡度较小，水土流失侵蚀甚微、杂草茂密、土壤水分较多的坡地。此法灵活性大，整地省工，但对改善造林立地环境的作用比其他方法较差。

⑩ "回"字形漏斗坑整地方法：该法适用于干旱地区平坦或坡度很小的地段。可按 3~4m 边长块状扩埂整地，深度视地形和土质确定，最终形成底部为见方 1.0m 的漏斗坑，平面上呈回字形，断面上则为双坡形。使原较为平坦地面上人工筑造形成起伏地形，能够将 9~16m² 的雨水积聚到 1.0m² 坑内，极大提高了造林成活率，如图 4-9。

我国是一个自然地域辽阔、地形复杂多变的国家，各地在生态造林种草生产上创造并应用着不少适用而效果显著的整地方法。因此，在造林种草技术与管理工作中，必须根据造林地具体情况，选择适当、实用的整地方法，既保证幼苗具有较高成活率和生长量，又可起到省工省费的重要作用。一般而言，动土量大的整地方法适用于坡面比较完整，并且土层深厚的地段，而在有些地形破碎，或土层薄厚不均的石质山地，则适用于穴状（鱼鳞坑）整地。此外，还可根据造林种草植物种及营造目的的不同，来选择适地适技的整地方法，如以水土保持护坡、固土、防蚀、水源涵养等为主要生态防护目标的林分，可选用带状整地，亦可选用穴状、鱼鳞坑等块状整地方式方法。若营造用材防护林，为便于抚育管理，以选择带状整地为佳。在参考地形和造林种草防护目标这两个因素中，应以地形条件作为确定整地方法的优选因素。

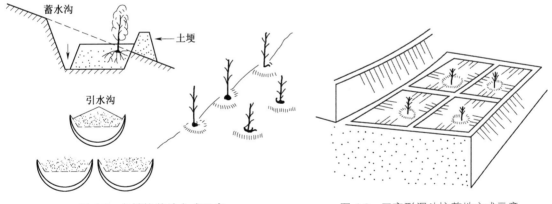

图 4-8 鱼鳞坑整地方式示意   图 4-9 回字形漏斗坑整地方式示意

2.2.2 造林整地施工技术规格

生态修复造林整地施工技术规格是指整地的深度、宽度、长度（局部整地）、断面形式、附属设施及整地质量等。在生态修复建设中广泛应用的整地施工技术规格如下。

（1）整地深度。整地深度是整地施工技术指标中最重要的一个指标，达到一定规格的整地深度对改善造林立地环境条件起着极为重要的作用，因此，适当增加整地深度，加厚疏松肥沃土层，能够为造林苗木生长发育创造出适宜的环境。确定整地深度应考虑的因素如下。

①造林地区气候特点：在干旱半干旱地区，为提高造林地的蓄水能力，增大土壤含水量，整地深度应比湿润地区大得多。如甘肃会宁地区在年降水量不足 250mm 的极端干旱年份，当整地

深度只有 30~40cm 时，造林成活率仅有 20%，而整地深度达到 70cm 时，成活率则提升至 96%。

②造林环境立地条件：在同一造林地区，由于立地条件不同，整地深度也不尽相同。阳坡、低海拔地段，土壤水分含量低，整地深度宜稍大。同时，还考虑土壤质地：土壤厚，深层含水量则较丰富，整地应深一些，以便切断上下层毛管水的联系，减少蒸发损耗水分；在土层较薄，母岩坚硬风化不良地带，整地费工费力，整地深度达到母质即可，而土层虽薄但母岩风化良好的地带就可以适当增大整地深度；在土壤剖面上有间层应根据其质地和埋藏部位确定，间层埋藏浅会限制造林苗木的生长，如草原土壤中的钙积层，植物根系难以向下穿透生长，因此，整地时要尽量使其松软。

③苗木根系生长分布特点：绝大部分造林植物根系都集中分布在土壤 40cm 以上的土层中，故此整地深度可约为 40cm 为宜，速生丰产林可以加大到 60~80cm，再深则耗工量大，大面积造林施工时，整地深度不能小于 25cm，以保证根系充分伸展不窝根。

（2）整地宽度。从改善造林立地环境条件来看整地宽些为宜，但从造成水土流失考虑，整地越宽，破坏自然植被越严重，发生水蚀和风蚀的可能性越大，再者整地越宽大则需投资越大。因此，在山地丘陵和沙质荒漠化地区整地不宜过宽；在陡坡地不宜过宽；土层薄地带也不宜过宽；自然植被覆盖度小，不宜过宽。破土穴与带间的保留距离，要根据当地降水条件、坡度和自然植被状况等确定。在干旱半干旱地区，陡坡、自然植被稀少、水土流失侵蚀严重的地带，带（或穴）间应保留的宽度要大些，应使其坡面上产生的地表径流量被整地带（穴）所拦蓄。在坡度陡、自然植被盖度小、有低矮杂草灌木的地段，破土宽度与保留宽度的比为 1∶1~1∶3，坡度缓、自然植被盖度大、有茂密高大杂草灌木的地段，可为 1∶1~2∶1。

（3）整地长度。是指带状、块状整地的带与块的边长。整地长度随地形破碎程度、裸岩和坡度而不同。一般长度大，有利于种植点均匀配置，有条件情况下应尽量长。但地形破碎、坡度陡，长度则应短些，因为太长使工程量增大，且易造成水土流失危害。

（4）整地断面形式。指破土面与原地面（或坡面）所构成的断面形式。其断面形式一般应与造林地区气候特点和造林立地条件相适应。在干旱半干旱地区，为了更多地积蓄降水量、减少蒸发量，有效增加土壤湿度，破土面应低于原地面（或坡面），与原地面（或坡面）形成一定角度，构成一定量的积水容积。在降水丰沛地区，为排除土壤中多余水分，提高地温、改善通气条件，促进有机质分解，坡土面要高于原地面，在半干旱地区造林地，破土断面应采用中间类型的形式。

确定生态造林整地技术规格，还涉及土埂的有无及其规格等。通常在带（或穴）外缘修筑土埂有利于蓄水拦阻泥沙，在带中筑横埂（宁夏、甘肃等地叫做打节）有利于防止水流汇集。此外，对整地质量的要求是：要严格依据设计规定的整地深度、宽度、长度等技术规格进行施工作业。

2.2.3　造林整地施工季节

选择造林整地适宜的季节，是充分利用外界有利条件，回避不良因素的一项技术与管理措施。在分析本地区自然与经济条件的基础上，选定适宜的整地季节，可以较好地改善造林立地环境条件，提高造林成活率，节省整地用工，降低造林成本。如果整地季节选择不当，不仅起不到蓄水保墒的作用，而且还会导致水分大量蒸发，适得其反。就全国范围而言，一年四季均可整地，但不同地理地带的造林整地时间不同。一般整地分预整地和随整随栽两种形式。预整地是指整地施工作业较造林栽植提前 1~2 个季节，提前时间过短，起不到作用；但提前过久，整地后长久不造林，则使经过改造后的立地环境条件又会向着不利于造林的境况发展，杂草重新滋生，便失去提前整地的意义。盐碱地造林为了晒垡，可提前 1 年；随整随栽则是整地与造林种植同时实施的适宜技术与管理方式。

在干旱半干旱降水量少的北方地区，实施预整地有助于蓄水保墒，提高造林成活率。据黑龙江省调查，在耕种 1 年农作物后的造林地栽植杨树，其成活率达 85%，而随整随栽的成活率仅有 31%，同时，翻耕后为灌木、杂草等茎叶及根系腐烂分解创造条件，并增加土壤有机质，特别是夏季降雨时，湿度大、气温高、杂草幼嫩，翻入土中容易腐烂。预整地也便于安排种植施工、合理调配劳力，保证不误农时。预整地一般要使整地和种植之间有较充分的降雨季节，如准备秋季造林可以在春季整地。雨季整地，除了有效地蓄水灭草外，由于土壤吸足了水分而变得比较松软，使整地省力且工效高，但还应根据劳力经费情况合理安排。

随整随栽适宜于土壤深厚肥沃、杂草不多的熟耕地、退耕地、植被盖度小的新采伐迹地，以及严重风蚀沙地、草原荒地。但一般不要采取此法，否则，整地效果就不能得到充分发挥。

2.3　种草整地的零缺陷施工技术与管理

生态修复建设种草整地与农业耕作有相同之处，包括土壤耕作和施放基肥。

2.3.1　种草施工整地的重要性及其作用

（1）种草整地施工的重要性。种草整地即土壤耕作，是指通过农机具作用于土壤耕作层，调节和改善土壤水、肥、气、热状况，为所种草发芽、出苗、生长发育提供适宜的土壤环境，是栽培草中最重要的基础措施之一。但须注意，在丘陵山区荒地上种草，因为此地不具备土壤耕作条件，必须首先实施整地措施，然后才能翻耕播种。草的种子粒小、发芽后出苗破土能力差，苗期生长缓慢，杂草对其抑制性强，必须实施合理的土壤耕作措施，以改善土壤环境条件，才能保证草在水分、养分充足、松紧状况和孔隙度适宜、理化性状良好的土壤中健壮生长发育，达到成活率高、优质高产的目的。

（2）种草整地施工的作用。通过对种草地实施土壤耕作技术措施，可有效起到以下作用：

①改善土壤耕作层结构。通过耕作将因降水、灌溉、人畜及农机具践踏、碾压，造成地表板结的土壤变得疏松、通气畅顺、孔隙度和毛管孔隙适当，能够促进微生物活动，从而提高土壤有效养分含量，为种草播种、发芽、出苗、生长创造优质条件。

②通过耕翻可将下层生土翻到地表，地表的枯枝落叶、绿肥和基肥翻入下层，并与土壤混拌，可加速土壤熟化，恢复并创造土壤团粒结构，增加土壤有机质，加厚耕作层，并使耕层营养一致，提高土壤肥力。

③通过耕翻地，将已发芽或未发芽杂草种子及病菌虫卵翻入土内或暴露在地表，并切断杂草根系，可直接除灭杂草，并使病菌虫卵失去寄主和传染媒介，改变其生活环境而被消灭。

④通过耕、耙、压措施，能使地表干净、平整、土壤松紧适度，有利于播种、发芽、出苗、蓄水保墒、田间管理与机械化收割。

2.3.2　种草土壤耕作技术与管理措施

种草土壤耕作措施分为基本耕作和辅助耕作 2 项内容。

（1）基本耕作。是指犁地，也叫耕地。熟化土壤，是种草前土壤耕作最基本而又重要的措施。用带犁壁的犁深翻耕作层 18~25cm，使土壤翻转疏松，深浅一致，不漏耕不重耕，掌握在土壤水分适宜时期耕，要适当早耕而不误农时，并保证耕地质量。深耕 1 年 1 次，秋季进行。浅耕在春季播种前或夏播时实施。东北、华北多秋耕，可加速土壤熟化。春播草应在解冻时浅耕，夏播草结合灭茬、施肥浅耕，力争尽早开展。

（2）辅助耕作。辅助耕作是犁地的辅助作业，指在土壤表层实施以下 5 项耕作措施。

①耙地：指破碎大土块、平整地面、混拌肥料、紧实土壤、减少大孔隙、切断表土孔隙和蓄水保墒。播种多年生草地宜在早春耙地，以切断杂草部分根茎，清除地面残茬、枯枝落叶，改善土壤通气，有利草的返青和生长。耙地深 5~10cm，用钉齿耙或圆盘耙、横耙或斜耙，耙地时间在耕翻后，宜在早春、夏季前后进行作业。

②浅耕灭茬：前茬作物收获后用不带犁壁犁或圆盘耙浅耕，灭茬不翻土，可清除残茬与杂草、疏松表土、蓄水保墒。浅耕深度 5~10cm，前茬作物收后宜尽早实施，或随收随灭茬。

③耱地：又称耢地，可进一步破碎土块、紧实土壤、平整地面和保墒，为播种出苗创造良好环境。农具采用柳条或荆条编成的耱，一般耙地后立即进行耱地。

④镇压：指压碎大土块平整地表的耕作措施。在干旱半干旱地区播种后镇压可增加毛管作用，使种粒与湿润土壤充分接触，从而有利于吸水膨胀和发芽。北方干旱半干旱地区种草播种后必须镇压，采用石滚子或圆筒型镇压器作业，小面积可人工踩压，盐碱地、黏重土壤不宜采取镇压措施。

⑤中耕：指锄地，是破除地表板结、疏松土壤、保水和清除杂草的措施之一。在草生长期间采用手工锄草作业或中耕器锄地，深度不宜超过播种深度。降雨、灌溉后应及时中耕。

第三节
造林种草项目的零缺陷施工技术与管理

1　常规造林的零缺陷施工技术与管理

生态常规造林的零缺陷施工技术与管理，是指对林业造林、水土保持、盐碱地改造、土地复垦、退耕还林、水源涵养林保护、天然林资源保护等工程项目建设中，所采取通用的造林施工技术与管理综合性措施。

1.1　植苗造林施工技术与管理的零缺陷要点

1.1.1　植苗造林特点

在生态修复工程项目建设施工中，采取植苗造林具有以下 3 项鲜明的特点。

（1）植苗造林是以苗木为造林材料的造林方法。栽植带有根系的苗木能够直接使乔灌草植株适应造林立地环境，易使苗木成活、生长快且幼林郁闭早、林相整齐、林分稳定。

（2）植苗造林适用造林立地环境广泛。对各种乔灌草植物种和多种造林立地环境来讲，植苗造林都有较强的适用性，尤其在气候干旱、半干旱的荒漠、半荒漠地区实施生态工程项目建设来讲，植苗造林方法更具有实用性。

（3）应规范采取对苗木的保护措施。在植苗造林起苗、包装、装卸、运输、假植、栽植过程，一是必须有效地保护苗木的根系和植株枝叶，不使其受到损害；二是对苗木植株枝叶进行适当修剪和包裹；三是保持苗木根系和植株枝叶始终处于湿润状态，不可造成植株生理缺失水分；四是栽植后及时对苗木枝叶和地下根系进行浇灌水，特别是应对根系部土壤浇透。

1.1.2　植苗造林成活与水分的关系

水分与植苗造林植物成活过程的生理活动存在着以下密切关系。

（1）水是植物生理机能和机体不可或缺的组成部分。成活乔灌草植株体内的水分约占其总重量的 90%，用于造林的苗木体内水分含量为 50%~60%，植物所需的各种营养元素要溶解在水里才能被吸收，植物的生命必须是在有水的条件下才能生长、发育和开花结果。

（2）保证苗木根系的高水势是确保造林成活的关键。根据 SPAC（soil plant atomosphere continuum）理论，在乔灌草植物造林过程中，维持或保持土壤水势>苗木根系水势>苗木枝干水势>叶水势>空气水势的态势，才能满足植物成活生长所需要的水分条件。当土壤水势小于苗木根系水势时，苗木会因生理性缺水而无法成活。因此，当造林立地土壤的自然含水量达到7.5%~15%时，苗木造林成活率随土壤含水量的增加而提高，当土壤含水量超过 15%时苗木成活率可达90%以上。在起苗过程，一般会损失苗木根系的 60%~90%，苗木越大其根系也越长，也越容易被损伤更多的根；苗木被从土壤中起出后，裸露须根和毛细根的水分很快会被大量蒸发而失去活力，相比而言，根系失水量要远比枝叶水分蒸发量要大。

（3）保持苗木体内水分充盈是提高造林成活率关键。一是必须保证苗木体内有足够维持生理活动所需要的水分，二是使造林地土壤有较高的土壤含水量，前者是根本，后者是关键。

1.1.3　造林苗木的种类与规格

生态造林苗木的种类与其规格分为以下种类：

（1）植苗造林的苗木种类。主要有播种苗、营养繁殖苗及其移植苗和容器苗。按苗木根系是否带土球（坨）分为裸根苗和带土球苗。使用裸根苗造林的特点是起苗简便、重量轻、运输与栽植成本低，用带土球苗造林因能够保持根系完整而无需缓苗且成活率高，能够取得良好的造林效果，但因其苗木土球较大、较重，使得在起苗、包装、装卸和栽植过程费工。

使用容器苗造林既能保持育苗原土根系的自然状态，可有效地避免起苗、包装、装卸、栽植等造林过程中对苗木的损害，又减免了缓苗过程、促进了幼林生长。

（2）苗木规格。指根据国家和地方政府部门颁布的苗木标准为依据而划定的规格。苗木地（胸）径是主要分级指标，苗高为次要分级指标。在生态工程项目建设苗木市场中，一般针叶乔木以苗高为分级指标，阔叶乔木以胸径（m）为分级指标，针阔灌木以地径为分级指标。

造林苗木应采用Ⅰ、Ⅱ级苗木。从苗龄来讲，针叶树造林如油松、落叶松、樟子松等，以2~3 年生苗为宜。

1.1.4　造林前对苗木的保护和修剪措施

在生态造林前分为 3 个时期对苗木进行保护与修剪作业管理。

（1）起苗时对苗木的保护和处理。应选择在苗木休眠期的早春、晚秋季节进行起苗作业，此时因气温较低，植株体液浓度高且黏滞性强、流动慢，有利于减少或避免苗木的失水量；起苗时根据具体情况可适当对苗木根系进行修剪，对阔叶乔木可进行截干、修枝、剪叶等处理；裸根苗起苗后和运至造林地应及时采取假植、喷洒水、遮阳等保护措施。

（2）运输过程对苗木的保护与处理。在运输苗木前必须对苗木的根系和枝叶进行包裹。常用于包裹苗木的材料分为 2 类：易腐烂又吸水的草绳、麻袋、木箱等为上等包裹材料，随苗木放置树坑内不必抽出；另一类是不透水的塑料袋等材料，随苗木放入树穴内必须抽出。总之，若长途运输苗木需要在途中对苗木进行洒水和遮盖，并应避免枝、茎、叶、芽的折断和脱落，还须保持苗木的通气透风，防止发霉。

（3）栽植过程对苗木的保护性处理措施。对于针叶苗木可适当修枝、剪叶，对阔叶乔灌裸根苗木在栽植前采取的保护性措施是：截干处理，根据苗木的不同规格用水浸泡根系 1~3 天，或在水中加入生长刺激素、生根粉、根宝、吸水剂等浸泡苗根，也可采用菌根剂或天然带菌土接种根瘤菌的办法促进苗木生根成活；还可使用抑蒸剂、叶面抑蒸保温剂、PVO、石油乳剂、十六醇、橡胶乳液等喷洒苗木枝干叶，或对苗木喷洒苹果酸、柠檬酸、脯氨酸、丙氨酸、反烯丁二酸、磷酸二氢钾、氯化钾等化学药剂。

1.1.5　苗木栽植方法

按树坑穴的形状可分为穴植、沟植与缝植，按苗木根系是否带土分为裸根栽植和带土栽植，按穴内苗木数量分为单植和丛植，按工具分为人工栽植和机械栽植。

（1）穴植栽植。指在造林立地上人工或机械挖坑开穴栽植苗木的造林方法。挖坑开穴规格应视立地条件和苗木种类而确定，并将表土与心土分别堆放，栽植时先填表土后填心土。

（2）窄缝栽植。人工或机械在造林立地上开挖成窄缝，然后把苗木根系放置于缝内再从侧面挤压土壤的栽植方法。特点是功效高、易造成窝根现象，适用于湿润地区针叶树小苗作业。

（3）靠壁栽植。挖树坑时将穴壁一侧垂直，将苗木根系紧贴垂直壁放置，再从对面一侧培土、踏实、再覆土、踏实、浇水的栽植方法。适用于湿润、半湿润地区栽植针叶树小苗。

（4）开沟栽植。采用机械植树机或家畜拉犁开沟，按照设计株行距将苗木摆放至沟底，再覆土、踏实、再覆土、浇水的栽植方法。该法效率高，适用于地势平坦地区造林作业。

（5）多株丛植。是指在一个树穴内放入 2~5 株苗木栽植的方法。特点是造林早期易形成植生组，能够增强苗木的抗性，苗木成活后进行间苗，即保留健壮苗除掉弱小苗。

（6）机械栽植。指在平坦且集中连片的造林立地条件下，利用植树机划线开沟、植苗、培土和镇压等工序完成栽植的造林方法。该方法的特点是造林作业效率高、成本低。

1.1.6　苗木栽植技术

指挖坑与栽植深度、栽植位置、分层回填培土、踏实、提苗扶正、浇水等作业要求。

（1）栽植深度。一般根据造林立地条件、土质及其墒情、树种确定挖坑栽植深度。干旱、半干旱和土壤墒情差的地区应适当深栽，土壤湿润或积水地区造林不应栽植过深。

（2）栽植位置。一般应栽植在坑穴中央位置，以确保根系向四周土壤伸展生长。

（3）栽植作业工序。栽植作业时先把苗木放入树坑内后填土埋压根系，然后分层填土，应先把肥沃土壤填埋于根际四周，待填土至坑深 1/2 时手握住苗干向上略提一下踏实，再填土、分层踏实，并围绕树穴修筑浇水土埝；然后即可浇 3~4 遍水。在干旱半干旱地区，浇水后在树穴面上覆一层黑色地膜，或覆盖 3~5cm 厚的干土或撒一层枯枝叶，以提高植树穴地温、减少树穴内土壤水分蒸发。

（4）带土根系苗栽植。指针阔乔灌带土坨大苗和容器苗的造林。在起苗、包装和装卸这类苗木时，应用绳索捆绑结实并使用吊车装卸、轻拿轻放，以防因损坏土坨或容器杯使根系受伤而影响造林成活率；凡是根系生长不易穿透的土坨包裹材料或容器杯都应去掉后再栽植。

1.2 分殖造林技术与管理的零缺陷要点

分殖造林是指利用植物的枝干、茎叶、根系、地下茎等营养器官进行造林的技术方法。

1.2.1 插木造林

插木造林是采用植物的枝干，作为插穗直接插入造林立地土壤中的方法。其造林成活率取决于插穗能否生根。因此，插穗造林宜选择土壤湿润且疏松的立地环境条件。

1.2.2 插条造林

利用苗木枝条的一段作为插穗，直接插于造林地土壤内的造林方法。插穗年龄因树种不同而异，杨柳插穗一般采用 1~3 年生、长度 15~50cm、枝径 ≥1.5cm 的枝条。在干旱半干旱地区进行插穗造林，若能在造林前把杨、柳、柽柳、紫穗槐等植物种类的插穗浸泡 3~6d 处理，可增加插穗体内的水分含量，大大提高造林成活率。

1.2.3 插干造林

插干造林也叫截干造林，指切取杨、柳苗木的枝干、幼树干直接插于造林地的办法，杨柳插穗采用 2~4 年生、直径 2~12cm、长度 0.5~3m 的枝干，春、秋季均可造林。

1.2.4 埋压条（干）造林

埋压条（干）造林，是指切取苗木枝干并将其横埋于造林立地土壤中，或将生长在母树上的枝条埋压在土壤中促使其生根发芽的造林方法。使用该方法造林成活率虽然高于插条造林，但受压条材料来源限制，不便于大面积造林推广应用。

1.2.5 分根造林

分根造林是指切取萌芽生根力强苗木的根茎作为根插穗，直接插入造林地土壤中的造林方法。从秋季植物落叶后至春季萌芽前均可从健壮母树根部采集根插穗，选取直径 1~3cm 生长旺盛的根，截成长 15~20cm 根插穗，细头向下、粗头向上倾斜或垂直埋入土中造林。萌芽生根力强的苗木品种有泡桐、漆树、楸树、刺槐、香椿、桑树、相思树、樱桃等。

1.2.6 分蘖造林

分蘖造林是指利用植物根蘖条进行造林的方法。根蘖条生长在苗木根基部，人工挖切出这些根蘖条即可作为种条材料进行造林。如杉木、毛白杨、枣树、泡桐、香椿、樱桃、山楂、丁香等都适用于分蘖造林。但因根蘖条数量有限且根茎切口极易感染心腐病，故此不便推广应用。

1.2.7 地下茎造林

采用地下茎造林是竹类的造林方法之一。竹类的地下茎分为单轴型、合轴型、复轴型 3 类。

单轴型竹类是地下横走的竹鞭，其上有节并由节上生根，称为鞭根，这类竹又叫散生竹，它们主要依靠鞭根蔓延来繁殖，分为移母竹、移根竹、移鞭等造林方式。其中以移母竹方式应用最为普遍，就是指从原竹林中挖取母竹进行造林的方法。移鞭造林是指从成年竹林中挖取 2~5 年生鞭芽饱满的竹鞭进行栽植的方法。合轴型竹类没有地下横走的竹鞭，称为丛生竹，这类竹采用竹类篼、节上的芽造林。埋篼是指把挖出的母竹秆自地表以上 20~30cm 处截断，利用余下部分（称作竹兜）栽植，由竹兜的芽发笋成竹。埋节是指把竹秆地上部分竹节截成段，并埋入深 20~30cm 沟内后覆土压实的造林方法。复轴型兼有以上 2 类竹的特点，故称其为混生竹。

1.3　造林施工作业的适宜季节

乔灌草栽植季节，是指最适应于植物种子或苗木发芽生根的土壤水分、地温及气温等环境条件的季节。就全国范围而言，春季、夏季、秋季、冬季都可以实施造林作业，但在全国不同地区、不同植物种苗木和不同造林方法都有各自最适宜的造林作业时机。因此，必须根据造林苗木植物种的生理、生态学特性和造林立地环境因子等因素综合考虑。我国地域辽阔，南、北方自然环境条件相差悬殊，造林立地条件千差万别，必须因地制宜地确定适宜的造林季节，才能确保造林成活率达到或满足生态修复工程项目建设技术与管理的指标要求。

1.3.1　春季造林

从植物生理活动来讲，春季是植物开始萌动、发芽生长的时期，从环境自然条件来看，春季气温陆续回升，土壤解冻、地温逐渐增高且土壤水分充足，此时是我国大部分地区的适宜造林季节。我国北方许多地区在早春便开始造林，即在土壤刚解冻时便开始造林作业，也能够取得良好的造林成活率。春季实施造林时，应根据各植物种苗木萌芽的早晚来制定适宜的栽植时间。当遇上春季气温回升较慢或升降起伏较大、晚霜较严重的地区或年份，应视气候情况确定造林适宜时间。此外，春季气温、地温回升过程，不同立地条件的土壤解冻时间也有先后，造林应先平地、后低山、再高山，先阳坡、后阴坡，先轻质土壤、后重质土壤等。

1.3.2　夏季造林

夏季造林也称雨季造林，此时造林立地土壤的水分充足，空气湿度大，温度较高，非常有利于种子萌发和幼苗生长。夏季造林要视降水情况而择时作业，一般应选择在降中雨之后进行。在华北地区，雨季适宜的造林时间是"头伏"末，"二伏"最佳。夏季造林主要适用于针叶树、乔灌草容器苗栽植和播种造林作业。

1.3.3　秋季造林

秋季气温逐渐下降，造林立地土壤水分较稳定，凡是鸟鼠兔害不严重地区均可进行秋季造林作业。此时，从植物生理上讲，植株基本已进入休眠期，其地上部分的水分蒸腾量已很小，根系尚有一定的生理活动，起苗和栽植后根系创口容易愈合，并且翌年春季能够早发芽、生长快。我国华北、东北地区秋季造林应用较为广泛。

1.3.4　冬季造林

在冬季造林立地土壤不结冻的我国华南和西南地区，此时造林地土壤较为湿润，气温仍适宜造林苗木的萌发和生长，还可进行植苗和播种造林，如对马尾松、黄山松、云南松和麻栎等的播种作业。在我国三北（东北、华北、西北）地区，冬季造林主要采用带土球苗进行移植造林，多为栽植高度 2~5m 的针叶树苗木。

2　播种造林种草的零缺陷施工技术与管理

播种造林种草也叫直播造林种草，是以种子为造林材料，直接把种粒播种到造林地土壤中的造林种草方法。播种造林种草零缺陷施工技术与方法适用于林业、水土保持、沙质荒漠化防治、盐碱地改造、土地复垦、退耕还林、水源涵养林保护、天然林资源保护工程项目建设中的种草施工作业。直播造林种草分为人工播种造林种草和飞机播种造林种草 2 种技术方法。

2.1　人工播种造林的零缺陷技术与管理

人工播种造林种草，包括人工播种造林的特点、适宜条件、播种量等 7 项技术内容。

2.1.1　人工播种造林的特点

在自然生态环境中，大多数植物的繁殖都是由种子生根发芽萌发而长成植株，因此，人工播种造林是模拟植物自然繁殖成苗、成林的过程，从种子发芽到幼苗生长都处于同一个固定的气候与土壤环境条件，无需育苗、缓苗环节，易于成林，并且操作技术简便易行，能够极大地节省造林投资和加快成林速度。

2.1.2　人工播种造林的适宜条件

人工播种造林主要有以下 2 项适宜条件。

（1）用于播种造林的植物种子必须具备发芽快、幼苗生长迅速、根系生长快且发达、耐高温日灼；

（2）用于人工播种造林的立地条件，要求地表土壤疏松、湿润且杂草极少或无的裸露土地。

2.1.3　人工播种造林的方式

常用的人工播种造林方式有撒播、穴播、块播、条播等。

（1）撒播。适用于面积广阔的裸露造林立地，人工撒播前不整地、不覆土的作业方式。

（2）穴播。是指在造林立地人工挖的穴内均匀撒下种粒，然后覆土镇压的简易造林方式。

（3）块播。指在面积较大的沙质造林立地上，人工密集或分散撒播种粒的造林方式。

（4）条播。在对造林立地全面整地后，按一定行间距实行单行带状播种、覆土的作业方式。

2.1.4　人工播种造林播种量

设定适宜的播种量是保证播种造林所长成的幼树在数量上、质量上能够达到设计要求的成林标准。确定适宜播种量的依据是造林所用树种种粒的发芽率与纯度、设计单位面积成苗数、造林立地条件、树种生理生态学特性等因素。选用种粒大、发芽率高、萌发力强的树种播种造林，播种量可小一些；在相反的情况下，适当加大播种量。播种油桐、油茶、橡栎等大粒种子造林可 3~5 粒/穴，播种华山松、红松等中粒种子造林可 4~6 粒/穴，播种油松、马尾松、云南松、柠条、沙棘等小粒种子造林可 10~15 粒/穴。

2.1.5　人工播种造林覆土厚度

覆土厚度直接影响到播种造林的出苗率。覆土太厚则易造成幼苗出土困难，过薄易使埋压种粒的土壤因水分被蒸发变得干燥而影响发芽。一般穴播、条播时覆土厚度为籽种直径的 3~5 倍。沙性土质可适当厚些，黏性土质可适当薄些；秋季播种宜厚、春季播种宜薄。覆土后应略加镇压。

2.1.6 人工播种造林种粒处理

播种前，一是应对籽种进行严格检验和筛选，必须使用高纯度和发芽率高的新鲜籽种作为人工播种造林种源；二是须对种子进行浸种消毒、催芽处理。

（1）浸种消毒。通常使用热水对种子进行浸种，热水温度应根据不同的植物种子而调节，水与种子的容积比为3∶1。种子向盛水容器内倾倒时，要边倒边搅拌使种子受热均匀。待自然冷却后再浸泡一定时间即可捞出进行催芽处理。如对刺槐种子采取分段升温的浸种处理办法是：初次浸种时，可用70℃热水浸泡，待水冷却后再浸泡24h，此时应把膨胀种子筛出，然后再用80℃热水浸泡24h，再把膨胀种子筛出，最后将未膨胀硬种粒用90℃热水继续浸泡。在浸种过程，可有针对性地加入消毒药剂对种子进行消毒处理。

（2）催芽处理。对种子催芽处理是为了提高播种发芽率。针对造成种子休眠的种皮机械障碍、生理休眠（指种内含有抑制发芽物质、生理后熟）等原因采取的技术方法。对造林植物种子催芽采取的主要4种方法是低温层积催芽（也叫沙藏或露天埋藏）、混雪埋藏处理催芽、变温层积催芽和高温催芽。

2.1.7 人工播种造林播种季节

在春季土壤水分充足，温度适宜的地区，可在早春播种造林，南方多雨地区宜在秋季播种作业，北方干旱、半干旱地区宜在雨季6~7月播种造林作业。

2.2 飞机播种造林种草的零缺陷技术与管理

2.2.1 飞机播种造林的特点

飞机播种造林简称为飞播造林，指用飞机把树木植物的种粒（种子丸）撒在造林土地上，是一种模拟天然落种造林的现代化快速造林手段。多用于人烟稀少、交通不便、劳力缺乏的大面积荒山、沙漠（地）及采伐迹地等。飞播造林具有的3大特点如下所述。

（1）速度快、省劳力。一架运-5型或伊尔-14型飞机，一般每个飞行日可分别播种造林$600~1400hm^2$、$1100~3600hm^2$，分别相当于4000~5000个和100万~200万个劳力1天完成的播种作业工作量。飞播造林所用劳力不到人工撒播造林的5%，约占点播造林的0.4%。飞播造林还有效地加快了国土绿化速度，如四川西昌地区，从1959年开始飞播造林，8年共造林$6533hm^2$，如若采用人工造林方式则需60年时间才能完成。

（2）成本低、投资少。飞播造林避免了人工造林的挖坑、栽植、覆土等工序，同时也无需修筑运送造林材料所需的简易路，可节省造林成本40%~60%。

（3）适宜在全国南北地区推广。我国亟待造林的未绿化国土面积大，而南北方地区适宜飞播造林地又分布极为广阔，这为在全国推广飞播造林提供了有利的条件。

2.2.2 适宜飞播区选择

选择适宜飞播造林区是飞播造林成功的基础条件。具体的5项条件如下所述。

（1）适宜飞播区的形状走向。适宜飞机播种的面积要达到一定规模，播区呈长方形最佳，应使其长边与飞机航向一致，航向与主要山脊走向、主风向平行则更为理想，有利于飞机播种作业。

（2）适宜飞机播种造林区的面积视机型而定。运-5型飞机最小播种面积为333hm²以上，伊尔-14型飞机在667hm²以上。

（3）选择适宜飞播作业区。应选择地形高差不大、地势开阔的未造林地作为飞播区，表4-1是运-5型和伊尔-14型飞机适宜飞播造林的播区地形条件要求。

表4-1 飞播造林适宜的地形条件

机型	飞行作业航高（m）	播区内10km范围内海拔高度（m）	净空条件	
			航线两端（km）	航线两侧（km）
运-5型	80~150	<300	>3	>2
伊尔-14型	300~500	<500	8~10	>5

（4）修建临时机场。在20万亩以上飞播造林区，若无现成飞机场可选用时，可选择净空条件良好、地形平坦或坡度适当、距离播种作业中心距离较近的位置修建临时机场，播种区距离机场的适宜距离应是：运-5型为90~120km，伊尔-14型不超过200km。

（5）选择适宜飞播区。我国飞播造林的实践表明，选择适宜的飞播地是飞播造林成败的关键之一。由于我国地域辽阔，自然条件复杂多变，因此，在选择播区时要从实际出发，顺天时、借地力，对立地条件进行全面分析，并按照树草植物种的生态生物学特性来选择播区。一是应根据拟播种植物的自然垂直地带性和水平地带性的分布规律，以及播种造林物种在当地的适生海拔范围和人工造林经验来慎重选择播区。二是应选择以草本植物为主，其覆盖度在0.3~0.7的立地条件作为飞播区为宜。三是在干燥少雨地区，播区内阳坡、半阳坡的比例一般不应少于70%；而在湿润多雨地区，阳坡是非常适合飞播造林的立地条件，缓坡也能够获得良好的飞播造林效果；在沙区，高度3~5m的平缓沙丘地和沙丘迎风坡2/3以下部位是适合飞播造林种草的最佳部位。四是播区土层深厚肥沃、疏松湿润的土壤条件，飞播种子发芽快、幼苗生长整齐且成苗效果显著，反之，则发芽差、成苗率低且幼苗长势弱。

2.2.3 飞播区原地被植被处理方法

一般是指在南方湿润多雨地区，由于自然植物盖度>0.7时，会使飞播种子接触不到土壤而不能够发芽和成苗，因此，应在飞播前一年对其实施夏砍秋烧的方法进行处理，为飞播目的树草植物种的造林成苗创造有利条件。

2.2.4 适宜飞播的乔灌草种选择

选择乔灌树种的条件：优先选用天然更新能力强的乡土植物种，籽种需具有耐干旱贫瘠、吸水能力强、发芽快、幼苗适应性较强；植株具有生长快、且固土防护作用较强。选择草本植物中的条件：应选择抗风蚀、耐沙埋、自然繁殖能力强、根系发达的草本植物，要求籽种易自然覆沙、遇水发芽扎根快、生长迅速，具有耐旱、耐寒的抗逆性等生物学生态学特性，具有一定经济价值且能够生产和提供饲料、肥料和燃料。

2.2.5 适宜播种量确定

确定适宜播种量的依据是应根据预期设计的成苗密度、籽种品质（净度、千粒重、发芽率）、出苗损失率、飞机播撒均匀度等因素。其计算式（4-1）如下。

$$S = \frac{N \cdot W \cdot D \cdot 1000}{R \cdot E \cdot C} \tag{4-1}$$

式中：S——单位面积播种量（g）；

N——单位面积预计成苗数（株）；

W——种子千粒重（g）；

D——根据播种均匀度修正数值（表4-2）；

R——种子净度（%）；

E——种子室内发芽率（%）；

C——播区植物成苗率，一般依据试验测定或经验确定（%）。

适宜播种量的最终确定还应综合考虑当地气候、地质地貌、土壤、及鸟兔鼠害等情况。

表 4-2　飞播造林种草播种量修正系数 D

每平方米播种子粒数		播种	D 值
边缘	中部	均匀度	
10	10	1：1	1.0
5	25	1：5	1.5
5	35	1：7	2.0
6	45	1：9	2.5

2.2.6　飞播籽种检验与处理

籽种检验是指对运至机场种子进行品质检验和数量清点，并填写"飞播种子品质检验单"，内容包括种名、产地、采种日期、纯度、发芽率、发芽势、含水率千粒重及检验日期。采用抽查发芽试验、染色体法或刨切法检验其优良度和生活力，并将检验结果与原种子检验单数据进行比较，若纯度下降5%以上，发芽率下降10%~15%，则应按下降比率相应增加播种量。种子处理是指对种子进行筛选和特殊处理。筛选方法是全面清除混杂在种子中的碎石、泥土、木棍、绳索、空粒等杂质，然后用15mg或25mg种子专用袋分装，存放于阴凉、干燥通风处待播种之用；种子特殊处理方法是：一是对种子脱蜡处理，其方法是先用石碾碾压种粒使其脱去种皮外壳，再处理掉种子表面的蜡质；二是对种子进行大粒化处理，即裹上其种粒重量1~2倍的黄土粉；三是对种子进行接种根瘤菌丸衣化处理。

2.2.7　航高与播幅的设置

航高是飞机作业时距离地面的真高，通常指飞机与应播播带山脊之间的高度，由飞机上高度仪显示；播幅是指所播种子撒落在地面上的宽度。航高与播幅关系极为密切，在一定高度范围内，作业航高与播幅宽度成正相关。

设计合理的播带宽度，是指某一种机型，在适宜的作业航高下的有效落种宽度，通常根据机型、树草植物种的种粒大小等因素来确定。从表4-1可得知我国南北方地区运-五型和伊尔-14型飞机播乔灌草种适宜的作业航高和播幅。

2.2.8　适宜飞播作业期

确定适时期限进行飞播造林种草作业，直接关系到种子发芽率、幼苗成苗率及抗寒抗旱能力。因此，应根据当地当年的气候预报确定适宜的播种作业期是飞播造林种草取得良好成效的技术保证。表4-3列出我国主要飞播乔灌草种的适宜播种期。

表 4-3　我国主要飞播造林种草植物种适宜播种期

植物种	飞播造林种草地区	适宜播期
马尾松	广东、广西南部地区	1~2 月
	福建、广西南部地区	2~3 月
	浙江、湖北、四川内地、广西西部地区	3~4 月
	贵州东南地区、陕西南部	4~5 月
	四川东部	9 月上旬
油松	陕西秦巴山区、四川东北地区、湖北西部山地	4 月
	陕西北部黄土区、河北	6 月下旬~7 月上旬
云南松	云南东南地区	4 月
	云南西北地区、四川西南地区	5 月中旬~6 月上旬
华山松	湖北恩施地区、四川东部地区	3~4 月
	云南西北地区、四川西南地区	5 月下旬~6 月上旬
柠条、沙棘	山西西北黄土丘陵地区	5 月下旬~6 月上旬
	陕西北部黄土丘陵地区	5 月下旬~6 月上旬
杨柴、花棒、柠条、沙打旺、沙蒿、草苜蓿、沙米	陕西北部、内蒙古南部毛乌素沙地地区	6 月上旬~7 月上旬
	甘肃、宁夏、内蒙古西部沙漠地区	6 月中旬~7 月上旬

2.2.9　飞播导航信号设置

导航信号是引导飞机按照预定的航向和播带进行作业的标志。目前我国飞播造林主要采用人工信号导航，其导航工作内容：一是在飞机到达播种作业区前 2~3min，信号员就需面对飞机左右摆动信号旗或点燃烟火，给飞机发出信号，以便飞行员按航标信号压标飞行播种作业；二是信号队员应由参加过测量播区航标线的人员组成。

3　坡地造林种草的零缺陷施工技术与管理

3.1　实施坡地造林种草的目的意义

近年来随着我国社会经济的飞速发展，基本建设速度加快，城市建设与生态保护的矛盾日益加剧。交通、水利、矿山、电力、石油、天然气等建设项目破坏了大面积植被并新增水土流失，形成大量的裸露坡地，已经严重影响了生态景观和造成地质灾害隐患，影响到了主体建设工程项目的安全性和稳定性，加剧了人类生存环境的恶化和生态系统的退化。传统工程护坡技法过分追求强度、稳定，忽视了坡面与周边生态环境的和谐，且随着时间的推移，易出现老化、风化，甚至造成破坏，其防护效果不断削弱。而尊重科学、遵循自然和经济规律，采取工程与植物措施相结合的生态造林种草护坡技术与管理措施，会随着植物的不断生长，其防护强度持续增强，对减轻坡面不稳定和水土侵蚀破坏力的作用会越来越大，并且能够在一定程度上恢复和改善项目区生态环境，提高主体设施与周边生态环境的融合性，实现可持续绿色和谐发展的目标。

按照自然规律，根据坡地面的立地条件类型，因地制宜、适地适技地选择和采取坡地生态绿化防护建设施工技术与管理模式，在对坡面有效防护的同时，有效营造出生态植被环境建设，实现坡地的自然生态式防护，只有这样才能取得理想的坡地面生态绿化的成果。

3.2　坡地造林绿化的施工特点

各种类型坡地是生态修复建设工程项目建设施工活动的产物，它是由扰动土、建筑垃圾填筑形成和对原地形切割后产生。其6项特点如下所述。

（1）原地表土壤与原生长植被之间的营养生存平衡关系失调，植被荡然无存，极易发生水土流失侵蚀危害。

（2）坡地小气候复杂，自然限制因素颇多、风力侵蚀严重，不利于实施水土保持防护。

（3）坡度大、相对高差大，土壤渗透性差、截留降水量较小。

（4）坡地土壤养分贫瘠，特别是阳坡的立地条件更加严酷，植物成活率极低、生长量极其微小。

（5）我国建设工程项目所形成坡地的边坡坡度一般是 30°～65°，各地各生态修复建设工程项目的坡地坡度有所不同。大于 45°边坡极易引发水土流失和光、水的再分配，坡度越大其立地条件越差，坡位不同部位差异性越显著。

（6）坡地造林种草生态建设作业操作难度大、施工技艺精度与管理要求标准高、后期抚育保质成本大。

3.3　坡地栽种灌草的零缺陷施工技术与管理

对坡地混合栽种灌木、草本植物可以有效地起到拦蓄斜面地表径流、减免水土流失侵蚀的作用。灌木生长初期较草本植物生长缓慢，覆盖地表能力较差，若只种草不栽保土灌木，长期护坡效益则不显著，持久护坡能力差，不能彻底控制坡面水土流失。因此，只有把二者配植在一起，上下结合，互利互助，取长补短，才能持久地保护坡地生态环境。可供灌草混栽配植的保土植物种类很多，如紫穗槐与野牛草混栽可发挥出明显的生态护坡效果作用。可采用 1 行紫穗槐、4 行野牛草，行距 20cm，开挖横向水平沟栽植。应压实土壤，使保土植物根系与土壤紧密结合，以确保所栽植物成活率高。野牛草生长迅速、覆盖地面茂密，杂草不易侵入，且能降低蒸腾强度、改善其生长环境，对紫穗槐生长非常有利；紫穗槐根系有根瘤，可利用空气中的游离氮，增大土壤氮元素含量，有利于野牛草的生长与蔓延。紫穗槐根系发达，遇干旱时可深入土层吸收水分；野牛草有 7% 的根系分布在地表 20cm 土层内，具有极强的耐埋能力，能经受住持久干旱。紫穗槐和野牛草都耐盐碱，对保护在盐碱地上所建设铁路、公路、水库等基础工程项目的斜坡均能够起到卓有成效的生态护坡效果作用。

此外，小叶锦鸡儿、多花胡枝子和达呼里胡枝子等灌木或亚灌木都可与野牛草混合栽植护坡。我国三北地区主要护坡保土植物见表4-4，坡地灌草混合栽种配植如图 4-10。

表 4-4　三北地区护坡保土主要植物种

地区	植物种名录
华北	白草、百脉根、膜类黄芪、沙枣、山黧豆、沙蒿、紫花苜蓿、荻、蒙古岩黄蓍、沙棘、紫穗槐、黄花草木犀、柽柳、红豆草、华北岩黄芪、葛藤、小冠花、达呼里胡枝子、苦参、老芒麦、小叶锦鸡儿、羊草、芨芨草、长茅、毛野豌豆、冰草、披碱草、多花胡枝子、芦苇、歪头菜、无芒雀麦、獐茅、直立黄蓍、三齿萼野豌豆等

（续）

地区	植物种名录
东北	黄芪、山黧豆、长茅、野豌豆、沙枣、歪头菜、羊草、三齿萼野豌豆、沙蒿、老芒麦、小叶锦鸡儿、柽柳、披碱草、紫花苜蓿、多花胡枝子、冰草、芦苇、蒙古岩黄蓍、荻、白草、无芒雀麦、葛藤、黄花草木犀、紫穗槐、沙棘、胡枝子等
西北	小冠花、紫花苜蓿、沙枣、草木犀、沙棘、长茅、毛野豌豆、山黧豆、三齿萼野豌豆、柽柳、线豆草、华北岩黄蓍、梭梭、歪头菜、小叶锦鸡儿、沙蒿、紫穗槐、蒙古岩黄蓍、花棒、沙拐枣、黄花草木犀、羊草、沙打旺、无芒雀麦、冰草、芨芨草、披碱草、白草、老芒麦、葛藤、獐茅、芦苇、沙鞭、柠条、火棘、酸枣、红沙柳、枸杞、铺地柏等

3.4 石质边坡绿化护坡的零缺陷施工技术与管理

总结对石质边坡采用工程措施形成的灰色景观与绿色环境极不协调和谐的经验教训，为了有效固定石质边坡，防止陡坡造成的水力侵蚀，并起到绿化美化石质坡地环境，现采用植物防护措施与工程措施相结合的施工技术与管理方法。

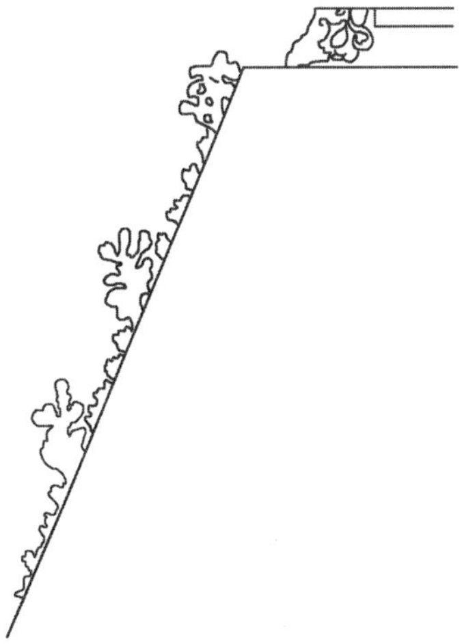

（1）爬藤覆被式施工技术与管理方法。选用爬山虎、地瓜榕、凌霄、常春藤等吸附型攀缘植物为栽植材料，在护坡构筑物下挖种植坑或砌设种植槽，坑槽内换填腐殖质土并施基肥。按株距 30cm 栽植攀缘植物苗，种植后 15d 内浇水保湿。这种栽植攀缘方式，当年藤蔓覆盖高度可达 2~3m，适宜在岩石边坡和护陶筑物下部采用。

图 4-10 边坡上种植灌草
混合配置方式

（2）悬垂枝覆盖式施工技术与管理方法。选用迎春花、蟛蜞菊、金樱子、蔓性月季等匍匐型藤蔓植物的幼苗，在坡面上部砌花槽或挖种植穴，换土和施基肥后，按株距 30cm 植苗。所栽植这类植物既匍匐于地面，也可向岩石边坡上呈悬垂状生长，其下垂的枝叶覆盖坡面，每年下延生长可达 2m。适用于岩石边坡和护坡构筑物上部采用。若遇陡峭高大坡面，可同时在其下部栽植吸附型藤本植物，形成下垂式与上爬式相结合的立体垂直绿化美化环境景观，起到加快坡面绿化覆盖速度。

（3）石质边坡绿化面临的施工技术与管理难题。目前，我国公路、铁路交通线上的边坡绿化工程基本上以营造草本植被为主，其施工技术主要是草种撒播、条播、穴播、植生带、喷播和草皮铺植等，其中喷播技术是当前较为先进的一项技术，已在高速公路、高速铁路生态保土护坡工程项目建设上全面应用，并取得了显著的生态修复防护效果。总而言之，应在采取植物与工程措施相结合的生态修复护坡施工技术与管理实践中，由于项目建设施工范围狭窄，尤其是在地形变化复杂、地质条件恶劣和大量的石质边坡及陡坡地段，面临的施工技术与管理难度极大或会导致施工失败。因此，各区域应根据项目当地的土壤气候、土质和施工时期等条件，细致调查勘测，研究并制定出适宜的施工方法。

3.5　边坡草被建植的零缺陷施工技术与管理

边坡建植的草被植物是一种特殊类型的草地，它与一般平坦草地相比，无论是立地环境条件、植物材料的配置还是施工作业技术与管理方法，均不相同，而且施工作业技艺难度大、技术工艺要求程度高。建植边坡草被分为装饰型草被和自然型草被 2 种形式。

装饰型草被：采用地被植物与工程措施相结合的技艺，对边坡实施防护和绿化美化；对于硬质材料护坡和裸露山岩峭壁，可种植攀缘植物进行垂直绿化或建造花斗（图 4-11）。

图 **4-11**　边坡植物种植配置模式 1
（对于硬质材料护坡和裸露山岩，可采用攀缘植物进行垂直绿化，或制作花斗）

自然型草被：先对建设工程项目边坡进行修整，要尽量不破坏自然地形、地貌和植被，使其边坡与自然地形衔接；继而采用乡土植物种进行自然栽植，以形成与周边生态环境和谐的生态植被护坡修复景观，如图 4-12。

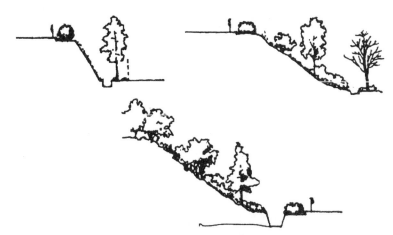

图 **4-12**　边坡植物种植配置模式 2

（采取自然式挖方护坡处理，全部种植乡土植物，达到修复自然地貌的目的；通过修复改造地形，与原地貌自然衔接）

3.5.1　边坡种草护坡零缺陷施工技术与管理

边坡播种草籽的零缺陷施工技术与管理方法，是指将草种子直接播种在边坡上，生长成为草被达到护坡固土、绿化边坡的目的。其零缺陷施工技术与管理方式、方法分为以下 7 种。

（1）撒播。适宜坡度在 1∶1 以下，土质较软，土层厚度在 25mm 以下砂性土、23mm 以下黏性土坡地施工作业。撒播施工技术与管理方法是：将草种、肥料、木质纤维、防止侵蚀剂等加水搅拌后，操作种子撒播机向坡面撒播作业，要使草籽入土深度在 5mm 以上；撒播后应适时灌溉和施肥。采取撒播绿化边坡的特点是施工成本较低，可达到对坡地边坡的全面绿化效果。

（2）条播。适用于 1∶1.5~2.0 的坡地边坡防护；条播施工技术与管理方法是：在坡面上间隔 10cm 挖 5~10cm 深的沟，沟内放入肥料、填土、播种，然后覆土镇压；其特点是成本较低，可大面积施工作业，但覆盖坡面速度较慢。

（3）穴播。适用于对不良土质挖掘后的坡面立体绿化；穴播施工技术与管理方法是：先在坡面上挖穴，再在穴内放入固体肥料，继而填土、播入籽种、覆土，最后喷洒保墒剂；穴播坡面的施工技术与管理特点是覆盖坡面速度较慢。

（4）喷播。坡地边坡喷播防护绿化零缺陷施工技术与管理方法有以下4种。

①借土种子喷播：适用于沙质土、厚度在25mm以下的沙质土，以及厚度在23mm以下的黏性土、亚黏土土坡地。其施工技术与管理方法是：先将种子、肥料、土壤、水等混合物用喷枪以压缩空气向边坡喷射，喷播厚度达1~3cm为宜；继而洒布沥青浮液等防止侵蚀剂进行养生；为抵抗雨水、冻胀、冻结等不利影响，一般多与金属网张拉工程组合施工作业；最后对喷播层覆盖无纺布保护，并适当进行洒水。

②液压喷播：适用于各种复杂、人力不可及的坡地生态护坡施工。其施工技术与管理方法是：先清除边坡废渣并平整，回填肥土；继而将草种、化肥、土壤改良剂、种子黏结剂（浆）、水按一定比例充分混合后，采用喷枪均匀地喷射到边坡上；最后覆盖无纺布，适当洒水，促使种子发芽、生长。保护措施：当幼苗长高到5~6cm或2~3个叶片时，揭掉无纺布。采用该技艺施工技术与管理注意事项：草籽需经纯度检验和发芽试验，并作催芽处理；喷播作业一次不宜太厚，不足可重复喷播2~3次；尽量保持坡面平整，扎紧无纺布边口，轻柔操作，保持布面良好；播种后根据土壤肥力、湿度、天气状况酌情追肥并灌溉。

③挂网客土喷播：适用于岩石边坡的生态防护。其施工技术与管理方法是：先将泥炭、腐殖质、肥料、种子、保水剂、黏合剂、稳定剂、土壤、纤维等按一定比例融合在一起，拌和均匀进行喷注，喷注厚度视坡面坡度和岩石硬度而定，一般4~6cm为宜；继而挂网作业：用锚杆将金属网固定在坡面上；最后采用客土喷播机作业：通过液压喷压喷射在固定有铁丝网的岩石坡面上。挂网客土喷播原理简单，但操作工艺较为复杂和操作标准要求高。采用该技艺施工技术与管理注意事项：整理坡面时，应将坡面上松动的碎石彻底清理干净，以保证挂网的安全性；喷播后养护管理同液压喷播法。

④三维植被网喷播：适用于边坡坡比降缓于1∶1的路堑边坡和坡坡比降缓于1∶1.5的路堤边坡。其零缺陷施工技术与管理的5道工序是：第1道工序是坡面处理（要求坡面平整，并清除杂草、石块、草根等杂物）；第2道工序是开沟（在坡顶和坡脚开挖沟槽，沟深30cm、宽20cm）；第3道工序是挂网（三维植被网选用多层立体土工网垫。按坡顶到坡脚的顺序进行铺设，上下沟槽内应使网垫有足够的反压量。相邻网垫搭接宽度>5cm，若需上下搭接，应坡上部分压住坡下部分10cm以上）；第4道工序是网垫固定（网垫在坡顶和坡角各延长约50cm，挖沟埋入土中，四周以竹钉固定，竹钉间距50cm；竖向搭接处竹钉间距100cm，要求钉与网紧贴坡面。若是坡面中间的接头应上幅压下幅，重叠10cm，并加两排竹钉呈品字形排列，间距50cm）。第5道工序是回填（将掺有肥料、少量种子、适量保水剂、黏结剂的混合肥土填入三维植被网内，以稍盖住三维植被网为宜。采用该技艺施工技术与管理注意事项：保持网垫端正，且与坡面紧贴，不允许有悬空、外斜或有褶皱；要求填土后，坡面无网包外露，无悬空、空包现象；播后养护管理同液压喷播法）。

（5）土工网垫。其施工技术与管理方法是：首先对坡面进行修整、施足基肥；继而播种；最后铺上土工网并覆土。采用土工网垫施工作业的特点是：适宜在陡坡上实施生态护坡施工作业，且防护效果显著、能够达到对陡坡的全面绿化；缺陷是建设施工造价较高。

（6）植生带。采取植生带施工技术与管理的方法是：使用无纺布构成，在其中间夹带草籽，作业时将无纺布平铺在边坡上，并在上面覆盖一层沙壤土。无纺布规格为：带长 5m、宽 50cm，沿等高线铺设。采取植生带施工作业的特点是：施工技术与管理便捷；适用于对坡比降为1：1.5~2.0 的边坡实施生态防护作业，并可以达到全面绿化的效果。

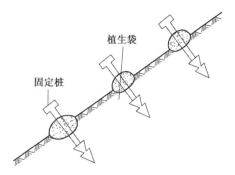

图 4-13 斜坡上采用植生袋绿化修复示意图

（7）植生袋。采取植生袋施工技术与管理的方法是：选用降解薄膜做成直径 10cm、有网痕的植生袋，袋底放置腐熟有机基肥，将种子拌入砂质营养土中，每袋 15~17 粒。装袋后按 30cm×30cm 株行距埋植生袋，把袋 1/2 露出坡面，1/2 埋入土中，然后用木桩钉固定。该技艺施工作业的特点是：适用于边坡上部几何骨架内和岩石露头多的坡面作业，如图4-13。

3.5.2 播种草籽护坡的作用及草籽植物应具备的适宜条件

边坡种草的主要作用是防止坡面产生水土流失侵蚀危害。根据生态护坡建设目标及其用途，所播植草籽必须具备的 3 个条件：

（1）具有耐干旱、耐潮湿、耐寒冷、耐土壤瘠薄的生理生态特性。

（2）具备低矮型、深根系、分蘖能力强、具匍匐茎或根状茎的多年生生态生物学习性。

（3）具有发芽率高、生长迅速、覆盖力强、适于粗放管理的生长与管理特性。

我国各地适宜用作边坡播种草籽的植物种有：北方可选用野牛草、老麦芒、无芒雀麦、紫羊茅、结缕草、羊茅、匍匐剪股颖、狗牙根、多年生黑麦草和红豆草、小冠花等；南方宜选择香根草、狗牙根、假俭草、百喜草、画眉草、弯叶画眉草、黑麦草和白三叶草等作为生产材料。南北各地区对边坡混播草种可单播或混播，应以 2~3 种为宜，不宜过多。

3.5.3 边坡栽草零缺陷施工技术与管理方法

使用香根草的分蘖芽建植公路、高速公路、铁路、高速铁路等交通线两侧的边坡草地，是我国有效利用植物营养繁殖力进行护坡的创举。该生态护坡技艺我国广东、福建、江西、云南、广西等 10 多个省区，于 1995 年先后由试验逐步走向推广应用，其发展趋势方兴未艾，并在美国、澳大利亚与东南亚等 150 多个国家发展。

（1）栽植香根草护坡优势。香根草属禾本科岩蓝草属，是多年生草本植物。其抗逆性强、适应性广，具有根系发达、固土力强、速生快长、易种易管等栽植施工技术与管理特性，广泛应用于交通运输线、建设工程项目边坡防护设施中，具有建设成本低廉、施工技术与管理简单易行、不污染环境等特点，且拦截水土流失径流、固土护坡效果显著。

（2）选用香根草苗标准。选用 1~2 年生壮苗；刈割后宜留苗枝长度 20~25cm；根系发达苗，留枝长度 10cm；每穴栽植 2~4 株。一般在种植坡面按 1m 垂直高距，沿等高线绕坡水平开沟深约 15cm，沟内施少量复合肥或钙镁磷肥，按丛距约 15cm "斜插浅栽"，浅覆土（茎基节埋深3~4cm），植株与地面呈 45°~60°倾斜栽植。宜在雨季期阴雨或湿度大的天气栽种，栽前采取将种苗根系浸水或用生根粉、磷肥泥浆沾根等措施，以便催根、促根生长。

（3）香根草栽植要点。栽植香根草的 3 项技术与管理要点如下。

①保证种苗质量。须采用 1 年生并剪割过未开花的种苗，以保证较强的再生分蘖能力。

②在靠近边坡面的上部山坡面上要修筑截水沟、排水沟，或在高深路堤、路堑的长大边坡中部修筑水平台面。水平台面便于施肥和栽种操作，同时拦截坡面径流，截短坡长，有利于蓄水。截水沟和排水沟的作用是防止坡面冲蚀，防止香根草种苗随同坡面冲蚀而被冲掉。

③栽植时要严格按照沿等高线施工作业的要求。在水平台面上栽植，可以提高成活率，并充分发挥香根草的护坡作用。

（4）香根草栽后抚育养护措施。栽植香根草后应及时采取抚育养护技术与管理措施，如查苗补植，适时刈割留枝高度 20~30cm，抑其抽穗开花。

3.5.4　边坡铺草皮零缺陷施工技术与管理方法

边坡铺草皮是指将生长正常的草皮挖取后，铺设在边坡上进行护坡防蚀。该技艺适用于需要快速防护绿化的边坡项目。其零缺陷 3 种施工技术与管理方法如下。

（1）密铺法。又称满铺法，指用草皮直接将坡面全部铺满。其零缺陷施工技术与管理方法是：先在人工草坪或野生草地上，挖取长宽规格 25cm×25cm、厚度 3~3.5cm 的草皮块作为铺植材料；继而将坡面平整后喷水，然后铺植草块，铺植作业时应块块靠拢，不允许留有空隙，根部要紧贴坡面，铺完压紧后再喷水 1 次，15d 内每天喷 1 次水以保湿。对于陡于 1:1.5 的边坡都应加木钉固定。密铺草块法的施工技术与管理特点是：耗人工劳力较多、造价高，但绿化坡面见效快，适宜坡地下边坡面和坡面矮的上边坡面进行生态护坡。

（2）叠铺法。指将草皮平放叠铺，用于加固坡地的坡脚、填补冲沟、防护冲刷。其他施工技术与管理方法同密铺法。

（3）格栅法。指用三维土工格栅铺在平地上，然后再铺上肥土和草籽，待发芽长草后卷起，再将其铺钉于边坡上。因有格栅保护，故此，草根系发达，空气流通，肥土不至外流，草皮生长茂盛。该法适用于陡坡、硬土或风化软岩上。此法施工技术与管理特点是：种植方便，可采用工厂化生产的吊机铺设，省时省力。铺设施工技术与管理要求同密铺法。

4　沙质荒漠化土地固沙造林的零缺陷施工技术与管理

4.1　固沙造林整地的零缺陷施工技术与管理

（1）固沙造林整地做法及作用。在流动、半流动沙地造林，事前均不必整地。但在土质丘间低地、草滩地以及杂草丛生的固定沙地造林，事前均需要进行整地。据在甘肃民勤沙区和内蒙古乌兰布和沙漠所作土质丘间低地翻耕起垄，利用风力掺沙的试验，整地后可以自然掺沙，掺沙比例按耕作层计算：土沙比为 1:1 时效果为佳，可以使耕作层土质地结构松软、通气畅顺，降低了土壤盐分含量，改善了土壤理化性质，使毛管水上升作用减弱，土壤水分蒸量减少，提高了植物吸收利用水分，还能起到提高土温、促进植物生长发育的有效作用。

（2）固沙造林整地时间。固沙造林的整地时间，视其土质而定。黏质土光板地应该在造林 1 年前犁翻，促使犁沟及土块间积沙，改良土壤理化性质；草滩及固定沙地，以雨季来临前的伏耕效果最为适宜，第 1 次在芒种至立夏期间翻耕作业，耕深 15~20cm，第 2 次在小暑节前后作业，深耕 20~30cm。经伏耕后杂草死亡率达 95.5%。

（3）固沙造林整地方式。固沙造林整地的方式，宜采用垂直于主风方的带状犁耕进行作业，以防止风蚀。

（4）整地造林成活率。通过采取带状犁耕整地后造林，小叶杨成活率达 92.6%，未整地小叶杨造林仅成活 42%。

4.2　固沙造林施工现场的零缺陷技术与管理

4.2.1　造林固沙施工技术与管理原则

（1）必须坚持深栽实踏与多埋少露。沙质荒漠化地区沙丘迎风坡沙层 30~50cm 以下为含水率 2%~4% 的湿沙层。粉沙壤质或黏质土丘间低地，旱季水分含量稳定的湿土层，大多在 20~40cm 以下的深土层内，由于地表覆盖着厚达 40cm 多的干燥沙土，因此，在我国沙质荒漠化地区造林施工实践中有"深栽过了腰，强似拿水浇"的说法。因此，在干旱半干旱沙质荒漠化地区造林，一般要求栽植深度大于 45~50cm。特别是插条、压条造林，除常年潜水浅的地段外，必须使苗木"多埋少露"，通常要求埋土深达 60~70cm，更有在水分稀少沙地内把造林枝干 1m 以上斜埋或深插在土层内，以扩大发根和吸收水分范围，"少露"，可以有效减少植苗成活发芽阶段的耗水蒸腾量。故此，我国沙质荒漠化地区造林固沙就有"神仙栽不活留头树"的形象比喻，强调截干造林的重要性。"实踏"是要求务使苗木根系密切接触土壤，使上下层填土与坑内自然土壤紧密结合，一是避免漏风使根系干燥，二是有利于土壤毛管水源的持续上升，为苗木根系吸收利用，这是固沙抗旱造林施工技术与管理中的关键之处。

（2）掌握造林栽植适宜密度。在流动、半流动沙丘地区或地下水位深的丘间低地造林，主要目的在于固定、阻挡流沙，防止风沙流侵蚀危害，为此，必须根据降雨和土壤毛管水补给状况，从保证营林后林木的水分收支平衡角度出发，重点是造林树种选用和造林栽植密度问题。以抗旱应的灌木、半灌木为主，采用单行、双行的条带状密植，行带间距离要大，这样挡沙、固沙作用力强。株距 1~1.5m、行带距 3~6m，每亩栽植密度 70~200 株较为合适；对干草原沙质荒漠化土地开展固沙造林，采用所栽植的活灌木代替机械沙障，其双行式株距 6~10cm、行距 2~3m，单行式株距 3~5cm、带间距约为 8m，中间栽植 1 行乔木（丘间地）。

（3）完善造林补墒保墒。对固沙造林地实施开沟灌溉，在流动沙丘栽植梭梭等固沙林时，每株浇水 2.5~3kg，浇水后立即覆干沙土进行保墒，这种做法叫做补墒保墒造林。

（4）营造以灌木为主的混交林。在干旱半干旱沙质荒漠化沙区造林常因水分不足而导致林木生长衰退或枯梢死亡，这是树种选用和林木配置不当所致。从水分平衡观点分析，植物所吸收的水分绝大部分都消耗于蒸腾作用，蒸腾耗水与不同植物种的蒸腾强度相关，在很大程度上取决于植物蒸腾器官的重量和表面积。乔木树种的生长势远比灌木强大。据甘肃民勤治沙站观测，以耐干旱耗水量较少的沙枣林为例，沙枣林的耗水量约为梭梭、沙拐枣、花棒、柠条、白刺等旱生灌木的 5~10 倍。由此可见在干旱缺水的沙质荒漠化区造林，应以灌木为主，或加大灌木造林比重，实行不同灌木与乔木混交配置造林，才能改善生态条件，保证固沙林分的稳定生长。从防治沙质荒漠化作用来看，风蚀沙埋侵蚀危害是以风沙流形式进行的，因此，设计与选用防沙固沙造林树种，株高 1~1.5m 的灌木就能起到防护作用。提倡混交林可以减轻植物病虫害的蔓延，改善固沙林的通风透光状况，调剂固沙植物根系对土壤水分及养分的充分吸收利用，使固沙林地土壤起到有效的保墒作用。

4.2.2　造林固沙施工技术与管理措施

沙质荒漠化地区气候干旱、土壤干燥，在其区域实施造林固沙分为植苗造林、插压条干、直播造林3种施工技术与管理措施。

（1）植苗造林。苗木质量是决定植苗造林成败的内在因素。为此，应选用1年生的壮苗造林，其优点是造林成活率高、抗旱、抗病虫害能力强、生长旺盛。而使用实生苗造林又较无性繁殖苗的生活力强。杨、柳、白榆及实生柽柳苗，要选用2年生苗木造林，樟子松、油松等针叶树，宜使用2~4年生苗造林。沙质荒漠化地造林选用优质苗木的标准是：茎秆粗壮、根系发达、皮色正常、木质化程度高，有较多侧根和纤细吸收根的壮苗，常绿松树苗还需有健全的顶芽。沙区大面积植树造林，通常采用裸根苗造林，裸根苗的起苗、运输都较方便，但也会使苗木丧失一些水分而影响造林成活率。为此，裸根苗从起苗到栽植期间，应加强对苗根的保湿管理，做到细致起苗、妥善地包装运输、及时假植处理。

植苗固沙造林施工栽植技术与管理方法分为大深坑栽植、窄缝栽植和截干栽植3种。

①坑植方法："大坑、深栽、实踏"是这种栽植工序中的主要环节。植坑规格与深度，要根据苗木规格而定，一般苗木，栽植坑要以能伸进双脚周转踏土为原则，深度至少要在50cm以上，如杨、柳树等阔叶乔木大苗。栽植苗木深度，应把苗木根茎栽植至离地面10cm以下为宜，埋土时必须摆顺根系，不应窝根，苗木要置于坑中心，填土将至坑深1/2时，把苗木向上稍提动一下，然后用脚踏实，再回填土、再踏实。

坑植方法依据立地条件、树种及其规格又分为倒坑、旋坑和靠壁栽植3种方法。

倒坑栽植：是指将后坑内挖出的土，填入前一坑内进行植苗造林的方式。在具体作业时要把表土埋压根、底土盖顶，有利于造林苗木的成活生长。

旋坑栽植：是指将坑内土挖出后，先置于坑边，再旋切植树坑四周的土埋苗，踏实后再把旁边的土埋踩坑顶，起到加大局部整地的范围。

靠壁栽植：也叫小坑垂直壁栽植法，指挖小坑，并使小坑垂直一壁与挖坑人相对，坑深40~50cm，上口宽30~50cm，底宽15~20cm，栽植时将苗木靠于垂直壁中间，分2次覆土踩实，实行靠壁栽植。其优点是挖坑取土较小，工效比普通坑植法提高20%~40%。

②窄缝栽植：适于在沙层水分较多的疏松沙地上实施，较比挖坑栽植省力省工。带有中等根系以下的苗木均可用此法进行沙地造林。植苗时需先拨去栽植坑表层干沙，再用直铣深插沙土层内，推挤成深约50cm以上、开口宽15cm以上的裂缝，如图4-14，然后把苗木顺缝深插，并稍加提抖，使苗木栽至所需深度后，再在离缝隙约10cm处插进铣，先拉后推，挤合土壤，最后用脚踩实。

采用窄缝栽植要点是"插缝要深，拨铣要稳，苗根顺展，先拉后推，挤苗要紧"。在流动、半流动沙丘上使用窄缝栽植栽造林时，应预先设置机械沙障，防止风蚀危害造林苗木。

③截干栽植：是指将苗木截去地上枝干大部分后栽植的方法，这样做既可以减少地上枝叶在成活发芽过程中的水分蒸腾，又使水分养分集中供给近地面2~3个芽上，起到调节植苗成活初期根系萌发吸收土壤水分养分有限，有效减少地上部分水分的蒸腾消耗量，达到水分收支平衡，

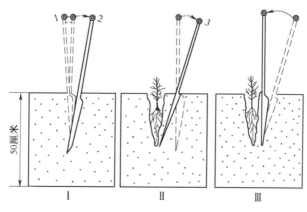

图 4-14　窄缝植苗造林法示意图

从而有利于沙地造林苗木的成活生长的作用。据在乌兰布和沙漠进行截干栽植试验，对把外地运来而伤根较重、冠根比率过大的小叶杨、箭杆杨实施截干造林，其成活率达 70%~80%，失水严重的新疆杨苗，采取截干与不截干栽植对比，截干栽植成活率在 90% 以上，未截干成活率仅38%。截干高度：截去地上枝干 1/3~2/3，具体截干高度应视苗木与立地条件而定，通常留干长度为距根茎 20~25cm，栽植时适宜留干高度为距地表面 10~15cm。截干过低时，造林苗木的萌发芽容易被风沙打死。据观测，留干高度离地面 10cm 时，成活率是 85%，而与地面持平时，成活率仅为 16%，相差 5 倍之多。

（2）扦插压条、干造林。是指采用发育健壮枝条或枝干，扦插或埋压于造林地土壤内，使其萌发不定根和不定芽，以培育成新植株的沙地造林方法。该种方法适宜在土壤水分条件优越、地下水位浅或有灌溉条件的沙质荒漠化地区，常用以营造杨、柳类防沙固沙林。

①插条栽植造林通常采用坑植法，也可采取锥引法、钉条法栽植作业。

坑植法宜使用"倒坑"栽植、分层踏实的栽植作业方法造林。春季栽植，插穗应与地面持平而不露头，秋季可略深于地面以下 3~5cm。

锥引法是指在栽植点上，用引锥引洞，将穗插于洞内，然后用力踏实。引锥栽植作业工效高，但插穗下端往往较难与土壤密接，容易形成"悬空"现象影响成活率，栽后如能配合浇水，则会使造林成活率较高。

钉条法是指把插穗直接打入沙土中的插条方法。此法必须在疏松深厚的沙地上或湿润渠边方能采用。否则不易插入土中，且易于擦伤插穗基部表皮，并使擦伤口难于愈合。

选条是提高插穗造林成活率的关键。插穗长度需根据沙地水分状况确定，在丘间湿润低地，取穗长 40~50cm；在水分条件较差的流动、半流动沙地上，取穗长为 60~70cm 为宜；插穗粗度为 1~2cm。杨柳树、沙枣、柽柳、沙柳、黄柳等进行扦插造林前，应从生长健壮无病虫害优质母树上截取皮色光滑的下部枝条，可分段截取，分别扦插造林。剪切插穗条时，应上端齐平、下端成斜形。造林扦插前要将插穗条浸水 3~5d，使穗条充分湿透以利于其成活。

②压条栽植造林：指采用"弓形压条"法造林，黄柳、沙柳、柽柳等树种，在墒情较优越的沙地、渠坡、护岸等地造林时，多用压条栽植。在植树点上挖成长 50~70cm、宽 20~30cm 的倒梯形或长方形植树坑，将长约为 1m 的带梢头枝 4~6 条，放入坑内，再将左右两侧的交叉分

开，分别紧贴于坑两壁，基部形成"弓"形的互相重叠，枝梢上部外露土面，在水分条件较好的沙区，地面露头可较多，栽后就能起到防止风沙作用。在河西走廊一带，露梢约为 22cm，可减少地上部分水分消耗，扩大地下部分的发根范围和吸水作用，以保证每穴至少能保留一株成活健壮树，可免去补植的工序和减少造林成本。

③高杆造林：是指在陕北与内蒙古鄂尔多斯地区经常使用的一种造林方法，它具有牲畜危害轻、耐沙埋、耐干旱高温、成材快、可尽早起到防风固沙生态防护效益的优点。

我国西北沙质荒漠化地区多为畜牧业区，适宜采用高杆造林方法，这是有效提高造林成活和保存的关键施工技术。高杆造林采用萌发力强的旱柳、杨树。高杆宜使用 3~4 年生的粗壮枝杆，杆长 2.5~4m，小头粗 3~4cm，大头粗 4~6cm，为了提高抗旱和造林成活率，在清明前 10~15d 砍下高杆，将大头浸入水中，至清明前后，天气转暖，再将枝干散开平放在水里全浸，浸水 25~35d，达到充分吸水状态，即树皮出现白色或浅黄色凸起后，取出栽植。在流动、半流动沙区造林通常选择有适度积沙又不至埋压过度的缓起伏沙地，或高度 3m 以下的流动沙丘、沙丘背风坡脚和丘间低地，以及地下水位深不到 2m 的流动、半流动沙地，高杆栽植深度 80~100cm，地下水位深大于 2m 的沙地，深栽 1~1.2m，随挖坑随栽，用湿土分 2~3 层埋土，再用锹把捣实，为防止沙埋后再出现风蚀，要每隔 10m 多再栽 2 行沙柳灌木林带，组成乔灌防风固沙生态林带，提高固沙作用。

④卧杆栽植：指采用犁沟卧杆栽植造林的方法。施工作业所用材料为平茬 2~3 年生的萌发枝干，杆粗 3~4cm、长 2~3m，犁沟深约 25cm，将杨树枝干顺卧沟内，再用犁覆土，覆土厚约 10cm，随后踩实，水土条件较为优越的沙地，其枝干成活萌发及生长均较为良好。

（3）容器苗造林。造林前 1~3d 应停止对容器苗浇灌水，否则在运苗过程中易使容器杯破碎。应提前在流动、半流动沙丘地上设置机械沙障，待沙面稳定后栽植，夏季干旱时期栽植，要随栽随浇水 2.5~5kg/株，雨季造林可不浇水。据试验调查：6 月 1 日栽植容器苗，当年 10 月 13 日测定，梭梭成活率为 50%，平均苗高为 38cm，根系生长深度是 72cm；花棒成活率为 70%，平均苗高是 60cm，根系生长深度为 82cm。根深达 82cm。采用容器苗进行沙地造林，造林后没有缓苗过程，因此其生长量要大于一般植苗造林苗木的生长量。

4.3　固沙造林的零缺陷技术与管理模式

我国对沙质荒漠化土地实施固沙造林 60 多年的历程中，在防治沙质荒漠化科研、生产实践中，根据流动与半流动沙丘密度、规格、丘间低地可利用面积与沙地立地条件等特点，探索出固、撵、拉、挡等固沙造林技术与管理模式，现择 7 种主要模式介绍如下。

4.3.1　沙湾造林（前挡后拉、撵沙腾地）模式

（1）沙湾造林。采取沙湾造林是毛乌素沙地蒙陕接壤地区在流动沙丘丘间低地实施造林固沙施工技术与管理的适宜模式。流动沙丘丘间低地的水土条件较沙丘优越，风蚀轻，可不必设置机械沙障直接进行造林。第 1 年在丘间低地造后，可促进风力消低流动沙丘高度，导致流沙前移侵入林地；之后在沙丘新形成丘间退沙畔，并连续不断地追击造林地，至第 3 年使流动沙丘逐渐在林地内消失，如图 4-15。实施沙湾造林时应在靠近流动沙丘背风坡角的丘间低地预测留出一定宽度空地，以保证林木在 2~3 年内不被流沙埋没。根据我国春季西北风力强盛的气候特点，秋

季造林要比春季造林留出更宽的空地。内蒙古鄂尔多斯毛乌素沙地在流动沙丘高度 3m 以下的丘间低地造林，春季造林留出空地宽 6~7m，秋季造林留出空地 10~11m；在沙丘高度 3~7m 高的中型流动沙丘丘间低地造林，春季造林留出空地 3~4m，秋季造林留出空地 7~8m。

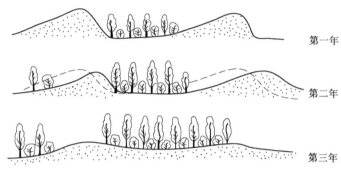

图 4-15　沙湾造林绿化示意图

（2）前挡后拉。该法与沙湾造林模式相似，是内蒙古鄂尔多斯市鄂托克旗羊城村采取的固沙造林施工技术模式。前挡是指在流动沙丘背风坡的丘间低地栽植乔灌木混交防护林，以阻挡沙丘前移；后拉是指在沙丘迎风坡下部栽植灌木，以固定该部位流沙，并在灌木作用下削平沙丘顶部。前挡后拉的典型模式是前高：栽植乔木，并在林下播种苜蓿以阻挡流沙入侵；后低：栽植灌木林以拖拉住流沙前移的速度。

（3）撵沙腾地。是指遵循固阻与输导流沙相结合的原则，欲固先撵，撵固结合。其施工作业技术是，首先在流动沙丘迎风坡基部实施犁耕，促其发生风蚀；然后在丘间低地造林并开展引水灌溉、封沙育草，以加大丘间低地的地表粗糙度，引沙入林并使沙粒在林内均匀堆积，起到保墒压碱作用。撵沙腾地造林固沙方法，就是引沙入林，以林固沙的方法，实际上是对沙湾造林固沙技术模式的改进。

4.3.2　迎风坡造林固沙模式

对沙丘迎风坡造林固沙，目的是逐步推进、拉平流动沙丘，其施工技术与管理方法是：

（1）密集式造林。利用流动沙丘迎风坡下部水分条件优越的特点，不设机械沙障，采用条带状密植灌木进行造林。如在毛乌素沙地陕西榆林沙区，从流动沙丘迎风坡脚开始，每隔一定距离沿等高线在迎风坡开沟栽植固沙灌木林。以下为沙柳扦插、紫穗槐植苗造林施工技术：

①采取沙柳扦插造林施工技术方式：开挖沟宽 20cm、沟深 70cm，株距 5~10cm，沟间距（行距）2~3m。

②采取紫穗槐植苗造林施工技术方式：开挖沟宽 50cm、沟深 30cm，株距 6~15cm，沟间距（行距）2~3m。

（2）平铺沙障与宽行密植造林相结合。指干旱半干旱沙质荒漠化区，首先在流动沙丘迎风坡基部铺设机械沙障后再栽植灌木，待沙丘高度降缓后则再设机械沙障、造林，分期、逐步推进，使得流动沙丘被分期固定。根据内蒙古鄂尔多斯市达拉特旗库布其沙漠展旦召治沙站试验，在沙丘迎风坡 1m 处，沿等高线栽植 2 行为 1 带的沙柳林，采取深栽和设置平铺沙障的施工技术与管理模式。沙柳条长 1m，深栽 90cm，外露 10cm，沙柳扦插造林株行距均为 20cm，使用裁断沙柳扦插条剪下的枝梢作为材料设置沙障。当年沙柳苗高生长可达 1m，翌年春即可在沙柳林带下风向（沙丘中部）形成约 8m 宽的浅凹平缓风蚀带，这时仍按上述施工技法栽植沙柳林带与设置沙障，逐年类推，最终拉缓并有效地固定住了流动沙丘。

（3）固身削顶、截腰分段、逐年推进、分期造林技法。据甘肃民勤治沙综合试验站研究，治理高度 6~7m 以下流动沙丘时，要先在沙丘迎风坡 2/3~3/4 以下坡面上设置黏土沙障，之后在障内营造梭梭等固沙林树种，使得造林部位流沙被固定，而沙丘顶部被削平变缓；对于 8~9m 高度以上的流动沙丘，采用在沙丘下部截腰分段，即采取分期植树造林技法，把流动沙丘化大为小、化高为低，如此经过 3~4 年的造林施工作业，即可完全绿化和固定住流动沙丘。

4.3.3　既固又放模式

（1）既固又放模式含义。是指在防治沙质荒漠化土地过程中，有目的地固定一部分流动沙丘，而让另外一部分沙丘继续流动。

（2）既固又放模式技法。按垂直于主风方向的横向，对流动沙丘按奇数或偶数间隔进行固定，固定办法是设置沙障与植树造林结合。对于未固定流动沙丘，则要清除其上面的天然植被，当遇大风时辅以人工扬沙，促进沙丘尽快移动。数年后，前移沙丘移动到被固定沙丘的位置上，增大了固定沙丘的高度和体积，扩大了丘间低地的面积范围。该技法适宜于湖盆滩地边缘地带，流动沙丘较小、移速较快的新月形沙丘和沙丘链。

4.3.4　环沙丘造林模式

在年降水量低于 100mm，流动沙丘上几乎没有湿沙层的地区，适合采用此技法。据甘肃金塔县试验，其主要技术要点如下。

（1）先采用土埋沙丘的办法固定流动沙丘，后在沙丘周围密植沙拐枣、骆驼刺等灌木林，外围再栽植沙枣、杨树等，或栽植沙枣、杨树、柳树、沙柳、花棒、柠条等乔灌混交林，即可将流动沙丘包围于林中，即使流沙上的沙障失效，也只能使流沙散布于林内，而不会外移。

（2）对于不适宜固沙和造林的小片分散起伏沙地，应采取"聚而歼之"技法。即在沙地下风向的适当位置，插设高立式挡沙沙障，使上方前移来的流沙逐渐积聚成大沙丘，再采用土埋沙丘使之固定，然后环丘造林使沙地被固定和绿化。

4.3.5　章古台流沙综合治理模式

辽宁省章古台在防治科尔沁沙地流动沙丘过程中，试验和总结出一整套综合治理流沙的技术与管理。其程序是：顺风推进、前拉后挡、消坡缓顶、灌木固沙、沙障辅助、人工造林固沙地。其特点是：以林木为主体，灌木与沙障密切相结合，固沙与造林相结合，将高大流动沙丘借风力予以拉平。在 8~10 年内，使沙地植被从沙生灌林阶段，"演替"到乔木阶段，从而达到改造沙荒土地、有效利用沙荒土地的目的，如图 4-16。

4.3.6　新疆固沙造林技术与管理经验与模式

我国新疆沙质荒漠化土地面积博大，北疆自然条件稍好；南疆大部分地区降水很少，地下水位低，无灌溉条件，采取植物措施造林固沙难以成功。为此，只有采取适地适技的固沙造林 3 种方式。

（1）不灌溉造林技法，指北疆地区不灌溉就实施营造梭梭林技法。

（2）半灌溉造林，指南疆地区采用沙拐枣固沙，在造林前先进行引水灌溉，苗木成活后不

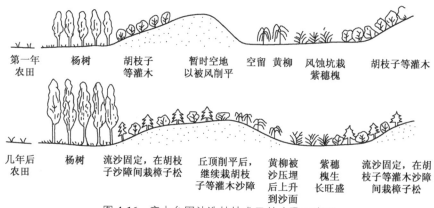

图 4-16　章古台固沙造林技术及其步骤示意图

再灌溉或 1~2 年灌溉 1 次。

（3）灌溉造林，指新疆乔木固沙造林，其地域主要集中在农业绿洲外围的沙漠边缘地带，建立灌草固沙带、防风阻沙林带和绿洲内部农田林网相结合的生态修复防护林工程体系。此外，对在沙漠中临近水源地的胡杨林、柽柳林及荒漠中的梭梭林加强封育保护管理力度。

4.3.7　铁路沿线防沙固沙造林技术与管理模式

我国铁路沿线防沙固沙造林技术模式在国际上处于领先水平，以宁夏中卫县沙坡头铁路固沙防护为例：全长 16km，区内年降水量不到 200mm，1971 年引入黄河水加快了铁路沿线沙质荒漠化土地的绿化进程，建设构筑成的"五带一体"最为典型。该生态修复建设体系是以固为主、阻固结合、林草与工程措施相结合的一项生态修复建设技术与管理创举，包括由卵石、炉渣或黏土铺覆 10~15cm 构筑的防火平台，二白杨、刺槐等乔木造林，栽植沙枣、柠条、沙柳、黄柳、紫穗槐、沙拐枣等灌木林，建设了草障植物带：在设置 1m×1m 方格沙障内栽种旱生灌木沙拐枣、油蒿、花棒、柠条等，建立了由高立式沙障组成的前沿阻沙带，实行严格的封育草带、禁止放牧的生态防护林管护管理制度。从而极大地促进了铁路防护体系内天然沙生植物的自然繁衍，如图 4-17。

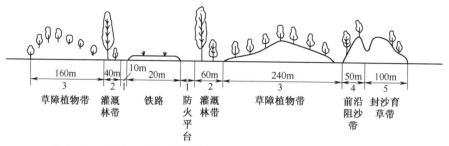

图 4-17　"五带一体"铁路沿线固沙生态修复防护林建设体系示意图

5　盐碱地造林的零缺陷施工技术与管理

5.1　改良盐碱地的零缺陷施工技术与管理措施

对盐碱地实行生态造林改造技术与管理，首要措施是确保造林苗木的成活，只有造林成活后的树木植物才能够生长和发挥出应有的改造盐碱地生态效益。因此，必须首先对盐碱地采取以下

5 项改良技术与管理措施措施来改善造林立地条件,确保提高盐碱地造林成活率。

5.1.1　深沟排水,修筑沟洫条田

该项措施适宜于内陆低洼盐碱地中排水不畅、地下水位浅、矿化度高、土壤含盐量重、受盐涝双重威胁的地块。改治办法是开挖干、支、斗、毛深沟排水系统,修筑成沟洫条田。使得在雨季能够迅速排除洪涝,以借雨水淋洗,起到排盐排碱作用,待土壤盐分达到造林要求时,再实施造林施工作业。在有淡水灌溉条件时,应同时修筑浇灌水系统,以便采用人工灌水洗盐,加速对重盐碱地的改造。如果对于地下水位过高、土质黏重的封闭重盐碱地,修建田间排水沟仍不能保证雨季排涝和旱季不返盐时,就需再挖沟以抬高地面,修建沟洫条田,以相应降低条田以下水位。

在滨海盐渍区,应设立防潮堤,防止海水入侵。同时,修建干、支、毛沟等排水系统。将挖沟取出的土壤撒在沟间条田上,使条田地表面抬高,条田周围要有埂,以便雨季蓄积淡水,在淡水入渗过程中,根据盐随水去的道理,将盐分压入条田沟中。条田宽 50m、长约 100m,条田外围的条田沟要挖深 1.5m 以上,支沟深达 3m 以上,并有干沟、排水河道相匹配套。

5.1.2　灌水洗盐,改造重盐碱地

采用灌水洗盐可加速重盐碱地的改造,特别是在具备排水系统的情况下,引用淡水来溶解土壤中的盐分,再通过排水沟将盐分排走,能收到立竿见影的排盐效果。在新疆地区,实行沙枣造林改造盐碱地试验,对于以硫酸盐为主的重盐土,经过 3 次洗盐,每次相隔 7d,土壤含盐量显著下降,沙枣造林成活率达 94%;未经洗盐的地块,沙枣造林失败。

(1) 洗盐季节。应在水源丰富、地下水位低、蒸发量小,温度较高的季节实施,这是由于当地下水位低,灌水洗盐时,表层盐分会向下淋洗得深;蒸发量小,可使洗盐后不致剧烈再返盐;温度高时则易使盐分溶解。只有同时具备了这些条件,洗盐才能取得效果。

①秋洗:对新垦盐碱地,或计划翌春造林的重盐碱地,均可在秋末冬初灌水洗盐,这时水源充足、地下水位低,冲洗后地将封冻且土壤蒸发量小,土壤脱盐效果较为显著,但秋洗必须要设置排水渠,否则会因洗盐提高地下水位,引起早春返盐。

②春洗:适宜对经过秋耕晒垡的盐碱土地实施春洗。可在土壤解冻后立即灌水洗盐,再浅耕耙地造林。亦可在造林后,结合灌溉进行洗盐。春季洗盐后蒸发日渐强烈,应抓紧松土。

③伏洗:对新开垦的重盐碱地可在雨季前整地,在伏雨淋盐基础上,抓住水源丰富、水温高的有利条件,进行伏季洗盐,以加速土壤脱盐。

(2) 洗盐适宜用水量。一般情况下,洗盐用水量大比用水量小的洗盐效果强。但如果用水量过大,则不仅浪费水,还会抬高地下水位、流失大量土壤养分等副作用。一般对以含硫酸盐为主的土壤可用水量大些,对含氯化物为主的土壤可相对小些;土壤含盐量重或透水性差可大些,土壤含盐量轻或透水性强可小些。通常洗盐 2~3 次,用水量为 80~100m³/次,总用水量控制在 200~300 m³ 即可。

5.1.3　平地围埝

平整土地是改良盐碱土壤的基础性施工技术与管理工作,地表平坦能够减少地面径流,提高伏雨淋盐和灌水洗盐效果,并能防止洼地受淹、高处返盐,也是消灭盐斑的有效技术与管理措施。如果地面高差过大,会对整平土地带来施工影响,则可改成小畦整平,实行畦灌。围埝,是在整平盐碱土地的基础上,对盐碱土地四周修筑埝埂。其作用是易使灌溉水均匀布满地面,提高

洗盐效果。修筑埝埂须要夯实，严防跑水。如在台田四周筑建蓄水埝，并辅以人工引灌淡水进行洗盐排盐，则效果更佳。

5.1.4 增施有机肥，种植绿肥

盐碱地的土壤养分特点是有机质普遍缺乏、含氧量较低。因此，对症增施有机肥料或种植绿肥，一是可增加土壤养分，二是可改善土壤结构而有利于脱盐。据江苏省实施改良盐碱地的施工技术与管理经验，在盐碱土种 3 年苕子后，土壤含盐量由 0.18% 下降到 0.038%，有机质由 0.9% 上升到 1.23%，成功改造成为脱盐土壤的优质农耕地。对土壤含盐量为 0.3%～0.5% 的盐碱土，先种 2 年田菁以改良土壤，再种紫穗槐 3～5 年，则土壤含盐量约可降至 0.25%，继而就可实施耐盐树种造林绿化。对沿海地区含盐量高达 0.2% 的重盐土，应先于夏季引入淡水灌溉洗盐，然后种植咸水草、大米草、细绿萍等植物，并结合养鱼，2 年后使得土壤含盐量有效降至 0.02%。

5.1.5 碱性土壤的化学改良

对由于土壤胶粒上交换性钠离子、土壤溶液中碳酸钠和重碳酸钠的大量存在，使土壤产生不良物理性状而引起土壤碱化的农耕地（其 pH≥9）实施化学改良，就是针对碱性土的这种化学特性，采用化学方法加以改良。化学改良施工技术与管理途径：第一是在土壤中增加钙离子，以置换出土壤胶粒上的钠离子；第二是施以酸性化学物质，以氢离子置换交换性钠离子和中和土壤碱性。施工作业常用的改良剂有可溶性钙盐类、酸类和成酸类化学物质。可溶性钙盐有 $CaCl_2 \cdot 2H_2O$、$CaSO_4 \cdot 2H_2O$ 和低溶性石灰石；酸类和成酸类化学物质有 S（硫黄）、H_2SO_4、$FeSO_4 \cdot 7H_2O$、$Al_2(SO_4)_3 \cdot 18H_2O$、$CaS_5$（石灰硫黄）等。以及一些工业副产品，如磷肥料制造业的副产品磷石膏、煤炭矿区的煤矸石等。

5.2 盐碱地造林的零缺陷施工技术与管理措施

实施盐碱地造林施工技术与管理措施，在上述对盐碱土地进行平整、深翻土地、灌水洗盐，实行平畦栽植的基础上，还应根据土壤盐碱含量、性质、地下水位深浅及其矿化度情况，采取以下 4 种不同的造林施工技术与管理方法。

5.2.1 开沟造林

开沟造林的目的是造成局部脱盐的宜林立地条件环境。其规格分为 2 种方式。

（1）深沟造林。对于盐碱较重、地下水位较深的地段，适宜采取开沟深 60cm、沟宽 50cm，然后即可在沟内实施造林作业。

（2）浅沟造林。对于盐碱较轻，地下水位较浅的地段，宜开深宽各 40cm 的浅沟后造林。在开沟造林中，其深沟、浅沟的沟距均为 3～4m，每沟于沟底植树 1 行，株距 1.5～2m。也可开沟底宽 1m、沟口宽 1.5m 的宽沟，沟底植树 2 行。开沟造林经过灌溉管理能使沟内土壤脱盐，盐分积于沟背，含盐量由 1.432% 降低至 0.457%，极大地减轻了盐分对树木植物的危害，有利于造林幼树的成活生长。开沟规格和脱盐效果如图 4-18。

5.2.2 筑台田与堆土

在地下水 50cm 以上的高地下水位地段，宜采用台田与堆土的施工技术与管理措施，以降低地下水位，防止水渍，提高造林质量。其规格是每隔 3～4m，开 1 条深 40cm、宽 60cm 的沟，并将挖出的土壤平铺于 2 条沟之间，或堆成 40～50cm 土堆，将树苗栽植于沟间平台或土堆上。在

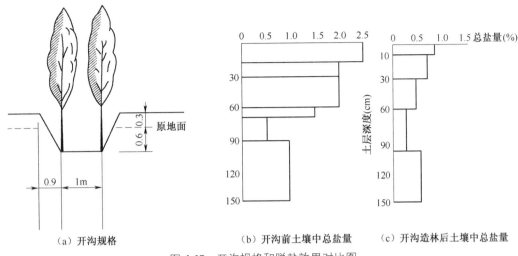

图 4-18　开沟规格和脱盐效果对比图

河北地区土壤含盐量 1.2%的盐碱地上，采用台田整地施工技术与管理措施，经过 1 个雨季淋洗，土壤含盐量降低 66.5%，造林取得显著效果。

5.2.3　沟坡造林

对于地下水位高、重度盐碱的农耕田，采用排水渠边坡造林的施工技术与管理技艺，把生物排水与工程排水相结合，以充分有效地降低地下水位、改良盐碱土，同时兼起固定排水渠边坡，增加林木覆被率的效果。其造林施工技术与管理方法是：干排每边植树 2 行，支排每边植树 1 行，均植于边坡 1/2 处，株距 1.0~1.5m、行距 5m，宜乔灌混交，造林后进行适当灌溉，至树木成活后，可不必灌溉，树木生长 3~5 年后排水渠内几乎无水可排，幼林管理也较简便。

5.2.4　客土造林

在重盐碱地上造林，苗木很难成活。宜采用沟状或穴状整地换客土造林施工技术与管理措施，即将沟、穴内盐碱土挖出，回填进沙壤土或沙子与农厩肥，会取得较好的造林效果。经新疆林科所试验，在原土壤含盐量为 1.27%的盐碱地上，可开挖宽 50cm、深 50cm 的沟，回填进含盐量为 0.3%的农田土壤，所栽植箭杆杨、白榆成活率分别为 63%、83%，但客土造林改造盐碱地工程量大，不宜大面积实施，只适用于庭园绿化和果树定植。

5.3　滨海盐碱地造林的零缺陷施工技术与管理

5.3.1　滨海盐碱地土壤改良零缺陷技术与管理措施

（1）物理改良。平整地表面，留一定坡度，挖排水沟，以便灌水洗盐；深耕晒垡，凡质地黏重、透水性差、结构不良的土地，在雨季来临之前进行翻耕，能够起到疏松表土、增强透水性的作用，阻止水盐上升；及时松土，保持良好墒性，控制土壤盐分上升；采取封底式客土与地上花盆式客土均可抬高地面，并实施微区改土、大穴整地。植树时先将塑料薄膜隔离袋置树穴中添以客土，有时在树穴内铺隔盐层，通过铺粗砂、炉灰渣、锯屑、碎树皮和麦糠等然后填以客土。

（2）水利改良。灌水压盐，采用淡水灌溉，淋溶土壤盐分，冲淡土壤溶液浓度，使树苗根系容易吸收水分，防止由盐分积累引起的生理干旱与盐害；大穴客土，下部设隔离层和渗管排盐，一是使用水泥渗漏管或塑料渗漏管，埋入地下适宜深度以排走溶盐；二是挖暗沟排盐，沟内先铺鹅卵石，然后盖粗砂与石砾或铺未烧透的稻糠壳灰，然后填土。

（3）化学改良。增施有机肥、提高土壤肥力，采用坑施，每株施厩肥或堆肥 15~20kg；施用尿素、过磷酸钙、硫酸钾肥或 N、P、K 三元复合肥，每株先施用尿素 0.25kg、过磷酸钙 2kg、硫酸钾 0.25kg 或复合肥 3~4kg（最后与细土或有机肥混合施用），要使肥料与根系隔开、不直接接触根系，以防止肥害；移栽时采用活性剂蘸根，促进幼苗新根生长，提高成活率；在含盐量高、pH 值高的土壤地上可施用硫酸亚铁、柠檬酸和适量微肥，以矫正土壤 pH 值、减轻盐害，提高土壤有机质。

5.3.2　滨海盐碱地造林零缺陷施工技术与管理措施

（1）种草改良措施。种植田菁、草木犀、紫花苜蓿等盐生植物、抗盐生植物和耐盐碱绿肥植物，以破坏土壤的积盐和返盐机理。还可种植适应本地生长的地被植物覆盖地表面，或使用土壤活化微生物菌肥，也能达到有效改良盐碱土质的目的。

（2）滨海盐碱地造林适宜树种。滨海盐碱地造林因不同自然区域的气候条件和不同立地特点，特别是依据浙江沿海南北气温分异规律、土壤盐分含量和地下水位状况，结合抗风、固土、改土等生态防护功能、景观经济特性和生物学特性，科学地选择滨海造林树种。

极耐盐碱造林树种：指能在含盐量超过 0.6%的土质立地条件下，正常成活生长的秋茄、柽柳、海滨木槿等树种。

耐盐碱造林树种：指能在含盐量超过 0.3%的立地环境条件下，正常成活生长的木麻黄、苦槛蓝、加拿利海枣、桉树、夹竹桃、绒毛白蜡、美国紫树、厚叶石斑木、柳叶栎、东方杉、中山杉、落羽杉、桤木、紫穗槐、美丽胡枝子、白哺鸡竹等树种。

微耐盐碱造林树种：指能在含盐量超过 0.1%的立地环境条件下，正常成活生长的银杏、水松、湿地松、日本女贞、大叶榉、白蜡、皂荚、龙柏、圆柏、杨树、垂柳、珊瑚树、珊瑚朴、红楠、臭椿、香椿、海桐、黄连木、普陀樟、红楠、舟山新木姜子、火棘、椤木石楠、桃叶石楠、红叶石楠、香樟、杨梅、石榴、合欢、无花果、宁波木犀、黄山栾树、冬青、全缘冬青、乌桕等树种。

不耐盐碱造林树种：指在含盐量超过 1%的立地环境条件下，不能正常成活生长甚至死亡的柳杉、枫香、苦槠、甜槠、石栎、青冈、桤木、光皮桦、杨桐、栲木、木荷、野柿、紫薇、桂花等树种。

（3）滨海盐碱地造林模式。分为景观防护林带、标准海塘护岸护堤林等造林模式。

①滨海盐碱地景观防护林带模式：在滨海地区沿堤与河流之间的地段，根据立地条件和生态防护、景观景象等设计要求，适宜栽植：女贞、香樟、日本珊瑚树等常绿乔木，杨树、无患子、重阳木、珊瑚朴、金丝垂柳、紫薇等落叶乔木，蚊母树、椤木石楠、夹竹桃、水蜡、火棘、海桐、蜀桧、黄馨、苏带草等灌木与草本植物。

②标准海塘护岸护堤林模式：应选择栽植具有生长快、根系发达、耐盐碱、抗风能力强等特性的杨树、臭椿、朴树、柏木、苦楝、女贞、刺槐、乌桕、棕榈等乔木树种；竹类适宜栽植哺鸡竹、青皮竹等；灌木适宜栽植黄槿、枸杞、柽柳等植物。护岸护堤林基本宽度为 15~20m，其组合类型可以是双带型：草本+乔木+经济果树多林带，草本+灌木+乔木多林带防护型。多林带型护堤林的生态防护效益显著：在 5 倍树高距离内可有效降低风速 50%，25 倍距离内降低风速

25%，林网防护范围内平均降低风速 30%~60%；降低气温 0.1~1.0℃；提高湿度 3%~5%；降低 40%~60% 的海浪冲刷力危害。

③常绿与落叶带状混栽模式：该模式带状混栽植阔叶落叶乔木杨树、水杉、金枝垂柳，常绿乔木女贞，常绿灌木珊瑚树、夹竹桃。该模式特点是杨树、水杉生长迅速，能够快速郁闭成林起到防护作用；女贞生长速度相对较慢，带状混栽能够减少水杉、杨树对女贞生长的抑制性作用。高大乔木杨树构成防护林上层，女贞位居亚层，可有效增大防护效能。在营造生态景观上，珊瑚树、夹竹桃、女贞能够弥补杨树、水杉冬季落叶的景观缺陷，可增添冬日里的绿色。常绿与落叶带状混栽模式树种配置如图 4-19。

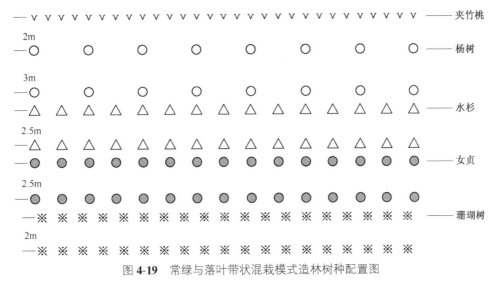

图 4-19　常绿与落叶带状混栽模式造林树种配置图

④常绿与落叶树株间混交模式：该模式栽植树种有水杉、女贞、香樟、珊瑚树、夹竹桃。该模式特点是水杉树冠较窄，与女贞、香樟株间混栽相得益彰，使得林带景观十分自然，并能弥补水杉冬季落叶的景观不足，下层为高度 3~4m 的密植型珊瑚树，起到隔离遮挡作用。

⑤针阔混栽模式：该模式混栽针阔树木分为以下 3 种栽植配置组合。

银杏+侧柏+舟山新木姜子+红楠+杨梅+马褂木+厚朴+枫香；

香樟+红楠+枇杷+枫香+红叶乌桕+香榧+落羽杉；

广玉兰+乐东拟单性木兰+普陀樟+无患子+珊瑚朴+红叶乌桕+薄壳山核桃+湿地松+池杉。

⑥常绿落叶混栽模式：该模式混栽常绿落叶树木分为以下 3 种栽植配置组合。

舟山新木姜子+红楠+枇杷+马褂木+厚朴+枫香+银杏+青钱柳；

香樟+红楠+杨梅+红叶乌桕+江南桤木+重阳木+薄壳山核桃；

广玉兰+乐东拟单性木兰+普陀樟+紫玉兰+无患子+珊瑚朴+红叶乌桕。

6　土地复垦造林种草的零缺陷施工技术与管理

6.1　土地复垦造林种草的零缺陷选择栽种林草植物种原则

(1) 植株具有较强的抗逆性能力。复垦植物对干旱、潮湿、瘠薄、盐碱、酸害、毒害、病虫害等不良危害因子有较强的忍耐和抵抗能力；且对粉尘污染、烧灼、冻害、风害等不良气候因子也具有一定的抵抗能力。

（2）根系具有固氮能力。复垦植物根系具有根瘤固氮能力，能够有效提高复垦区土壤肥力，可自养缓解土层内养分的不足。

（3）根系生长速度较快且发达。根蘖性强、根系发达，能逐步网络固持住复垦土地的松散土壤颗粒；枝叶生长迅速、繁茂，能够提早有效覆盖裸露地表，防止风蚀和水蚀。同时，落叶丰富，易于分解，以便形成松软的枯枝落叶层，增大土壤的保水保肥能力，若能兼顾一定的经济产出价值则效果更佳。

（4）播种栽培草被植物较容易且成活率高。复垦区栽种植物应种源丰富，育苗方法简单易行，播种发芽力强，繁殖量大，苗期抗逆性强、易成活。

6.2　土地复垦造林种草的植物零缺陷配置

在土地复垦区重建植被应遵循生态结构稳定性与功能协调性原理，目的是使整个生态系统向着有利方向发展，所建立的复垦植被生态系统结构具有较强的稳定性。为此，土地复垦造林种草绿化重建植被配置应遵循以下 2 个原则：

（1）植物与环境相互促进原则。植物的正常生长发育离不开对环境的依赖，而植物的生长又反作用于环境，使其得到改善与发展。为了改善复垦区土壤结构、提高土壤肥力，将一些豆科类植物作为复垦区植被重建的先锋植物，以达到种地养地、改良土壤的目的。改良后的复垦区土壤环境又能为植物的生长提供有机质、氮、磷、钾等养分，最终促使整个土地复垦场地的生态系统形成良性循环。

（2）植物种之间相互促进原则。在土地复垦区实施造林种草的绿色生态建设中，任何一种植物都是其生态系统中的一个组成部分，因此，在只有将它与其他植物种有机地联系起来，才能建立起稳定的复垦植被再建生态系统结构。反映在实践中就是要通过适宜的植被配置模式将不同立体层次的乔木、灌木、草本植物有机地结合起来，达到互相促进生长，共同起到防止水土流失，协同改良复垦区土壤结构的目的，并在此基础上形成共同拥有的小气候或相互依存的生存环境，这种植物之间按照一定的比例关系而建立的复垦生态结构将使生态系统的整体功能得到逐步恢复和发挥。

因此，土地复垦栽植植物应是草、灌、乔按一定比例配置的模式。

6.3　土地复垦造林种草的零缺陷施工实例

（1）露采坑边坡土地复垦植物栽种技术模式。这里以地处半干旱的内蒙古草原区某露天煤矿为例，露采坑待复垦土地表土层下部为沙质土壤，对露采坑待复垦土地边坡实行植物筛选与配置，在其中上部配植以灌木和豆科类牧草混播，构成灌草植物复垦结构；中下部配植成乔木和灌木为主的乔灌草结构。露采坑边坡由上而下复垦植物配植顺序是：混播牧草、大白柠条、榆树 3 个植物种层次相间搭配，如图 4-20；其中混播牧草比例是：草木犀 25%、冰草 25%、沙打旺 25%、无芒雀麦 25%。

（2）露采坑回填土地平台复垦植物栽种技术模式。露采坑回填土地平台也易产生较大水土

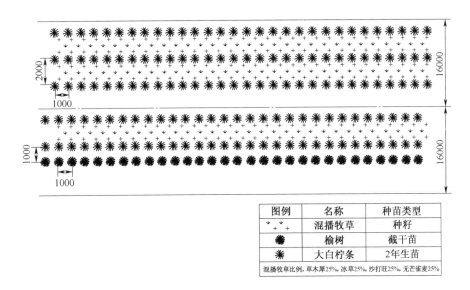

图例	名称	种苗类型
↓ ↓ +	混播牧草	种籽
✳	榆树	截干苗
✳	大白柠条	2年生苗

混播牧草比例, 草木犀25%, 冰草25%, 沙打旺25%, 无芒雀麦25%

图 **4-20**　排土场边坡造林植物配置示意图（mm）

流失径流，会造成严重的水土流失侵蚀危害，并且在平台边缘更易形成切沟、冲沟，因此，对平台实施造林绿化的土地复垦措施应配植灌木、乔木，以保证在植被重建过程中不会形成大量的水土流失。平台造林植物配置的 2 种模式如下。

①在道路两侧栽植榆树 1 年生苗。

②对平台实行灌木造林和种草相结合的植物栽植措施，灌木种是柠条、小叶锦鸡儿等，草本植物亦是混播牧草，其比例为：草木犀 25%、苜蓿 25%、沙打旺 25%、冷蒿 25%，如图 4-21。

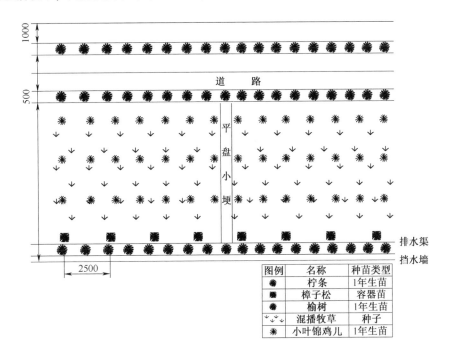

图例	名称	种苗类型
✳	柠条	1年生苗
■	樟子松	容器苗
✳	榆树	1年生苗
↓ ↓ ↓	混播牧草	种子
✳	小叶锦鸡儿	1年生苗

图 **4-21**　排土场平台造林植物配置示意图（mm）

7 水源涵养林、天然林资源保护工程项目的零缺陷施工技术与管理

对于水源涵养林保护工程项目、天然林资源保护工程项目建设零缺陷施工技术与管理的基本手段是封山育林育草措施，实行封山、封坡、封禁、抚育与管理结合，是有效促进水源涵养林、天然林范围内森林和草地形成的林草培育措施，其目的是恢复林草植被、防治水土流失、提高林草效益。主要适用于我国各地水源涵养林、天然林区域范围内发生水土流失现象的荒地、残林、疏林地和退化的天然草地。封山封坡育林育草应与人工造林种草进行统一规划和实施，对通过封育措施不能恢复的林草植被和必须造林种草满足生态经济建设需要的基地，必须采取人工造林种草施工技术与管理措施。

封山育林育草具有投资成本低、成林成草效果突出、生态效益明显的优点。在我国江河与水库水源地的上游区域，大多分布着天然林、天然残次林、疏林、灌木林及天然草地等涵养水源植被，这些地区普遍交通不便，人口相对较少，人工造林种草的投资和劳力都显不足，因此，封山育林育草是江河与水库上游地区建设水源涵养林的一项尤为重要的措施，其本身就是一项极为重要的生态建设工程。

7.1 封山育林育草作用及其适宜立地条件

封山育林育草是对已经被破坏了的森林、草地的植被，经过人为的封禁培育，利用林草植物天然落种及其萌蘖更新力，促进新林草植被形成的一项有效技术与管理措施。

封山育林育草在我国有悠久的历史和传统习惯，如以往各地封禁的"风水山""龙山"，村后封禁的"靠山"，村前封禁的"照山"，坟地封禁的"坟山"，以及寺庙周围封禁的山场等。由于乡规民约的约束，各地村民群众在封禁范围内，不樵采、放牧，不随意用火，不开垦耕种，不砍伐树木、损毁草场，不采石取土。采用封育技术与管理措施培育的森林、草地，对水源涵养林、天然林当地社会经济发展创造出了多种效益。新中国成立以来，党和人民政府对封山育林育草工作非常重视，封山育林育草成为扩大水源涵养林、天然林资源的重要手段之一。其间虽有波折，但取得了很大的成效，封山育林育草面积逐年扩大。

7.1.1 封山育林育草的独特作用

封山育林育草在生态工程项目建设中具有独特的生态作用，主要体现在以下 3 个方面。

（1）封育新林草见效快。一般而言，具备封育条件的区域，经过封禁培育林草，南方各地少则 3~5 年，多则 8~10 年；北方和西南高山地区 10~15 年，就可以郁闭成林、形成草场，不少封育起来的林分、草地，单位面积的木材年平均生长量与总蓄积量、鲜草产量，都可以达到一般人工林和中等茂盛草场的生产水平。特别是在保留物种资源，以及发展商未掌握繁殖技术的珍稀树种、草种方面，更是通过人工造林种草手段难于实现的。

（2）能形成混交林发挥出多种生态效益。通过封禁培育起来的森林、草地，多为乔灌草结合的混交复合层林分，有大量的枯枝落叶，能改善立地条件，形成永续发展的森林环境，给林草植被的生长发育打下良好的基础。在保持水土、涵养水源、改善气候环境、促进农牧业生产发展、增加农民经济收入等方面，都具有更为明显的作用。另外，由于林草结构配置合理，适于鸟类、昆虫和多种生物的栖息、繁衍，使得在林草植被群落中各种生物之间的食物链处于相对平衡

状态，森林与草场害虫和天敌之间形成了相对的制约力，从而不会发生毁灭性的森林、草场虫害。

（3）封山育林草投入少收益大。一般封育成林 1hm² 树木、草地，分别用工 45~75 个、12~25 个；而人工造林、种草则每公顷需用工量是 20~50 个、3~8 个，加上种苗等其他开支，每公顷造林、种草成本则要比封山育林超出几倍甚至十几倍。而且封育形成的混交林、草场，能生产多种林草产品，有利于开展多种经营，增加农民收益。总之，对水源涵养林、天然林实施封山育林育草的技术与管理，是一种投入少、有效扩大森林资源的措施，因此，要不断总结经验，长期坚持下去，必将在生态建设上发挥出更大的生态防护作用。

7.1.2　适宜封山育林育草地条件

选择水源涵养林、天然林区域内适宜封山育林育草的场地，是封山育林育草能否成功的关键一步。封山育林育草地选择的条件主要有以下 3 点。

（1）有乔灌草植物天然下种和萌芽根蘖的条件。指残次林地、疏林地、灌木林地、疏林草地、草地，以及森林、草原的边缘和中间空地，采伐迹地和被破坏的林地，通过植株萌芽或天然落种恢复林草植被。

（2）水源涵养林、天然林地的水热条件能满足自然恢复植被的需要。是指通过配合封禁和采取其他相应的生物或工程措施，能够为迅速恢复林草发展创造条件。

（3）水源涵养林、天然林有封禁条件。指封禁后不会影响当地人们的正常经济、生活。

7.2　封山育林育草的零缺陷组织管理措施

7.2.1　建立封山育林育草零缺陷管理制度

建立封山育林育草制度是关系封山培育林草成效的重要内容之一，但是，由于我国南北各地的地理位置、海拔、气候、地貌、土壤、地质水文等自然条件存在着极大的差异，加之各地社会经济的原因，目前还没有统一的形式和制度。现采取的 5 项主要管理措施是：

（1）确定封育范围，完善宣传动员工作。按封育设计方案落实和确定封育区域范围、面积、技术和管理设施，宣传、发动当地民众，使封育林草措施家喻户晓，成为民众的自觉行动。

（2）建立健全组织，切实加强管理。在水源涵养林、天然林封育地区，从县、乡、村都应有专人负责，重点乡、村要成立以乡长、村长为主的乡村封育委员会，或成立封育领导小组。要在各村配备专职或兼职护林护草人员，认真落实林牧业建设有关政策，实行多种形式的责任制，把封山育林育草的管护成效与护林员（户、组）的经济利益直接挂钩。

（3）建立封育建设资金的筹集使用管理制度。应把国家重点补助、地方自筹和集体、个人分摊的封育培育林草建设资金集中起来，再按封育建设承包合同要求，经检查验收后，按封育建设管理预付款的相关规定或办法，按期、足额发给护林护草员工。按照封育水源涵养林、天然林培育林草的管理制度，严格对护林护草人员的奖惩管理。

（4）订立封育护林护草公约。各地在认真贯彻《中华人民共和国森林法》《中华人民共和国水土保持法》《中华人民共和国草原法》等有关法令的基础上，制订和执行封山育林育草公约，一般要以村或村民小组为单位开会，集体讨论通过封育公约。公约内容一般包括：水源涵养林、天然林封禁地区不准用火，不准砍柴割草，不准放牧，不准砍伐树木，不准铲草积肥，不准陡坡开荒耕种等违规行为；对违反封禁规定的具体处罚制度及办法；对检举揭发他人违反封禁规定的奖励办法。

（5）建立封禁联防制度。地处村、乡、县交界地区的水源涵养林、天然林，由于相互联系、沟通不畅且管理办法不一，存在着不少漏洞，使林草植被常遭破坏，对封山育林育草成效构成威胁和不利影响。为此，各地应相继制订跨村、乡、县、地区（市）、省（直辖市、自治区）联防管理的组织和制度，加强联防管理活动，及时处理毁林草违规案件，堵住封育漏洞。

7.2.2　封山育林育草管护设施零缺陷建设管理

水源涵养林、天然林封禁范围内的管护设施，是确保封山育林育草不可缺少的基本建设项目。因此，要按照先重点，后一般，先边界，后内地的管理原则，分期分批地建设。

（1）树立封禁标牌和边界标志。在封禁区道路、边界的主要路口树立标牌和封育的边界标志，注明封禁区的四周范围、面积、封育类型、封育时间、封山公约的主要内容，以及管护人、监管人的姓名、联系电话等，使来往行人一目了然，自觉遵守。对于国家级、省级自然保护区或风景区等重要封禁区，应根据条件，用木桩铅丝等进行围栏；条件不具备的地区，也可垒石涂白灰作为标志，还可用防火线作为标志。

（2）开设防火线。封禁区防火线除有阻止火灾蔓延作用外，还是山地林草权属和经营管理区划的标志界线，一般均沿山脊、河流、道路开设，使之构成纵横交错的防火封闭网，防火线宽度应不小于10m，县、区界际的防火线宽度应不小于15m。防火线分为生土防火线和阔叶树防火林带2种，大部分地区都采用铲净杂草、灌木。适当松土的生土防火线，防火线的密度应视地形和人为活动的不同程度而定，一般至少应达到15~23km/1000hm²。建设防火林带，各地可选用枝叶繁茂、萌蘖力强、耐干旱瘠薄的常绿阔叶树种，南方为木荷、火力楠、杨梅等，北方为栎类、杨、桦等。防火林带要沿防火线位置布设，多行密植，一般宽度为10~30m，林带6~15行，株距1~1.5m，呈"品"字形配置。种植后结合维修防火线加强抚育松土，有条件时增施肥料。一般3~4年后林带郁闭，即可发挥防火效能。

（3）设立护林护草哨所。应在水源涵养林、天然林封禁区进出路口设立护林护草哨所，配备护林护草员，检查出入的车辆、行人，监督用火和樵采、放牧等活动，制止破坏山林草坡的现象，以及负责组织发动村民做好护林防火工作。

（4）建立护林护草瞭望台。为了全面观察水源涵养林、天然林封禁区情况，便于发现火情，及时组织扑救，应选在封育区中心制高点建设瞭望台。一般建造1座瞭望台可以控制林草面积2000~3000hm²，瞭望台高10~15m，要配备电话、地形图、望远镜等工具，火险季节必须固定专人执瞭望。执勤人员要经过训练，熟悉地形地物，识别各种山火的情况，应及时报告火情，瞭望台也可兼顾结合护林哨所设立。

（5）修建封禁区道路。为便于开展封禁区的林草培育管护、防火作业等工作，必须要完善对封禁区的道路建设。除主要干线需要修建简易公路或手推车路外，一般地区要修建宽约为1m的人行道。高山按环绕山顶、山腰、山脚修筑上、中、下3条道路；中等高度山修建上、下2条道路；低山、低丘修建1条道路即可。林道应依山道走向，入山偏低，出山偏高，基本水平，微有倾斜；林道密度，以每千公顷修建30~45km为宜。另外，封禁区修筑公路、拖拉机路和手推车路，可以结合利用现有道路，有的可待开展森林抚育间伐时逐步修建。

（6）建立通讯网络。为使封禁区管理者及时与上级及其外界的信息联系，应架设电话通讯网。通讯线路要本着距离短、易施工、检修方便等原则进行设计和施工。一般要求每千公顷封育面积内，设置有线通讯线路网密度约 7.5km。

7.3　封山（坡）育林育草的零缺陷技术与管理措施

封山育林育草零缺陷技术与管理措施包括封禁、培育 2 项。所谓封禁，就是指建立行政管理与经营管理相结合的封禁管理制度，其内容分为采用全封、半封和轮封，为林木、草被的生长繁殖创造休养生息条件。所谓培育，其内容：一是有效利用林草资源本身具有的自然繁殖能力，通过人为管理改善生态环境，促其生长发育；二是通过人为的必要措施，封育初期在林草间空地实施补种、补植，封育中期实施抚育、修枝、间伐、伐除非目的树草种的改造工作等，不断提高水源涵养林、天然林的林分质量和草地质量。

7.3.1　封坡育草区划分

应依据坡地立地条件和饲养牲畜的需草量划分为以下 2 种育草区。

（1）封育割草区。对于立地环境条件较为优越，草被植物生长较快，距村庄较近的草坡地，可作为封育割草区，只许定期割草，不允许放牧牲畜。

（2）轮封轮牧区。对于立地环境条件较差，草被植物生长较慢、距村舍较远的草坡地，可作为轮封轮牧区。应根据封育面积、牲畜数量、草被的再生能力与恢复情况，将轮封轮放区分为几个小区。草被再生能力强的小区，可实行封半年放半年，或 1 年封 1 年放；草被再生能力差的小区应每封禁 2~3 年开放 1 年，并规定放牧载畜强度，以不破坏草被植物再生能力为原则，纠正过牧、滥牧现象，使其持续利用。

7.3.2　封禁方式及适用条件

根据水源涵养林、天然林封禁区不同的立地条件，封禁方式可分为以下 3 种。

（1）全封。也叫死封，就是在封育初期禁止一切不利于林木、草被生长繁育的人为活动，如禁止烧山、开垦、放牧、砍柴、割草等。封禁期限可根据成林年限、成熟草地年限加以确定，一般为 3~5 年，有些可达 8~10 年。为了不影响林内幼树、幼草生长和群众获取"四料"，可隔 3~4 年割 1 次灌草（或割灌不割草）。全封方式适用于以下 7 种立地条件。

①裸岩：指裸露岩石及其母质外露部分占 30% 以上的山地。这类山坡土层瘠薄，水土流失严重，造林整地较难，生物量很小，目前适宜实行全封禁养草、种草技术与管理措施。

②坡度≥35°以上坡地：由于≥35°以上的坡地坡陡，造林整地困难，若封禁不严，植被只要遭到破坏就难恢复；为此，应严格加强对这类坡地植被的封禁管理力度。

③土层厚度在 30cm 以下的瘠薄山地：这类山地急需死封死禁，以使其迅速恢复植被，以达到减轻或制止水土流失的目的。

④新近采伐迹地：因迹地残留母树，可以飞籽繁殖；或有萌蘖力强的乔灌草根株；或有一定数量的幼树。这类地区只要密封死禁，大部分都能迅速成林和形成草地。

⑤生长珍稀缺植物的山坡地：指生长种源缺少、经济价值高的树种或药用植物的山地。

⑥邻近河道、水库周围的山坡：为了有效减少泥沙流入河道、水库，应实行全封。

⑦划入封禁保护范围区域：指国家和地方政府划定封禁防护林、保护区和风景林等。

（2）半封。又叫活封，指按季节封禁和按树种封禁 2 种措施。按季节封禁就是指禁封期内，在不影响森林植被恢复的基础上，可在植物停止生长的休眠期季节开山，组织村民有组织、有计划地上山放牧、割草、打柴和开展多种经营；按树种封禁，就是"砍柴""割灌割草留树法"，指把有发展前途的树草种都留下来，常年都允许人们进山打柴、割草。这种方式适用于以下 2 类地区。

①现已经形成封山育林育草习惯、封禁培育用材林或薪炭林的地区。

②缺乏封山育林育草习惯的地区。

除上述应全封的地区，均可以实行半封。但要防止仅留针叶树、消灭阔叶树，导致树草种单一化、针叶化的做法。在确定全封和半封管理方式时，为了封禁后续的管理方便，应把整条沟或大沟的一面坡，甚至连片集中几条沟划为一种封禁类型。如片内地段多数属于全封类型，则整片沟坡要按全封禁对待管理。

（3）轮封。是指将整个水源涵养林、天然林封育区划片分段，实行轮流封育。在不影响培育林草植被和保持水土的基础上，划出一定范围暂时作为村民樵采、放牧的场所，其余地区实行封禁。轮封间隔期限有 3~5 年和 8~10 年不等。通过轮封，使整个封育区都达到林草植被恢复的目的。这种封禁管理办法能够较好地照顾和解决村民群众目前生产和生活上的实际需要，特别适宜于封育薪炭林。

7.3.3　封禁区林草培育技术与管理措施

实行封山育林育草同人工造林一样，都需要加强封禁后对林草植物的培育，大体可以分为林木郁闭前和郁闭后 2 个阶段进行。

（1）郁闭前技术与管理措施。主要是指为天然落种和萌芽、萌条创造适宜的土壤、光照条件，具体施工方法有间苗、定株、整地松土、补播、补植等作业工序。

（2）郁闭后技术与管理措施。主要是指为促进林木育草被的速生丰产，具体施工方法有平茬、修枝、间伐等有关工序内容。

此外，水源涵养林、天然林封山育林育草培育起来的林草植被，绝大部分是混交立体复层林分，有利于减免森林病虫的危害，但是，由于有些植物病虫的发生发展比较隐蔽，不易被人发觉，一旦成灾，造成的损失会很大。如落叶松早期落叶病，被害林木一般年生长量要比健康树木减少约 30%。因此，还须采取有效技术与管理措施，加强封禁区域内植物病虫害的防治，要认真贯彻"预防为主"方针，因地制宜、适地适技地推广和采用先进科学技术，把水源涵养林、天然林的森林病虫害降到最低程度。

7.3.4　封坡（山、沟、场）育草技术与管理措施

封坡（山）育草是针对由于过度放牧导致草场退化、载畜量下降、水土流失侵蚀和风蚀加剧，而采取的一种行之有效的技术与管理措施。它包括 2 种措施：一是对植被稀疏的草坡（山）定期进行轮流封禁，依靠其自身繁殖能力，并采取适当人工补植补种以发展形成草场。要求地表面有草类残留根茬与种子，且当地水热条件能够满足草被植物自然恢复的需要。二是对天然草场，以地形为界，划定季节牧场和放牧区，按照合理次序实行轮封轮牧，有效利用和改良天然坡地草场。封坡（山）育草应与建设人工草场相结合，合理划分封育区，轮封轮牧，远近结合，割草与放牧相结合。

封坡（山、沟、场）育草措施是指通过封禁管理，依靠草被植物的再生能力，恢复和建设

草场（坡）。封育面积应根据牲畜数量、当年用草量、草坡（山、沟、场）规模及产草能力确定。在封禁期间严禁放牧、割草和开垦，并开展补种补播、育后抚育、追肥、防治病虫鼠害的技术与管理工作。对严重退化、产草量低、品质差的天然草坡（场），应在封禁基础上，采取以下3项改良技术与管理措施：

（1）对坡度约为5°的大面积缓坡天然草场，使用拖拉机带缺口圆盘耙将草地普遍耙松1次，撒播营养丰富、适口性较好的牧草种子，以更新草种。有条件地区可引水灌溉，促进生长。在草场四周，密植灌木护牧林，防止破坏。

（2）对≥15°的陡坡，应沿等高线分成带宽约为10m的条带，继而用牲畜带耙隔带耙松地表，撒播更新草种。每次更新时应隔带作业，不要对整个坡面同时耙松，以免加剧水土流失危害。同时，在每条带下部，用牲畜带犁，做成水平犁沟，以蓄水保土。待第1批条带草被高生长至10~20cm覆盖地表面时，再隔带对第2批条带实施更新作业。

（3）对陡坡草场更新，可在实施上述技术与管理措施的基础上，每隔2~3条带，增设1条灌木饲料林带，以此提高陡坡草场的载畜量和保土保水能力。

7.4　封山育林育草的零缺陷技术管理措施

7.4.1　检查验收

为了达到封育一片、成林一片、收效一片的预期效果，每年秋末冬初，当地林业部门应组织力量，按照封山育林育草建设计划和项目承包合同，对当年计划完成情况和按封育期限达到封育成效的面积进行检查验收，并将验收报告逐级上报和备查。

（1）封山育林育草计划完成情况检查。检查内容包括：封山育林育草的封禁范围面积、四周边界、类型、林种；树种、林草生长状况、组织机构、承包合同；护林队伍、乡规民约；林草保护和管护设施等方面的完成情况。对检查中发现的问题，要责成有关单位或个人及时予以纠正或解决。

（2）封山育林育草成效面积检查。按封山育林育草计划完成年限，对封山育林育草成效面积进行验收。就是对已郁闭成林、已形成草地符合标准的，按有关规定，计算为成林、草地面积，列入森林、草场资源档案。

（3）封山育林育草成效标准。由于各地封育区立地条件、林种、树种、草种和封育类型不同，加之经验总结不够完整，目前还提不出一个全国性的标准。现将国家林业局三北防护林建设局1983年拟订的封山育林育草成效标准列下，以供参考：①针叶树平均1800株/hm²以上，且分布均匀；②阔叶树和针阔混交林平均1650株/hm²以上，且分布均匀；③乔灌混交林平均2250株（丛）/hm²以上，且分布均匀；④灌木混交林平均2250株（丛）/hm²以上，且分布均匀。

7.4.2　建立固定标地观测记录

为了积累水源涵养林、天然林封山育林育草技术与管理资料，检验成效，应在封禁区内探索规律设置固定标地，观测植被演变及其生长情况，观测内容有：树草植物种及植被类型、树草种平均高、地径或胸径，林草密度、郁闭度以及其他环境因子变化数据，标地设置数量应根据封禁区及其不同类型的面积规模确定。

第五章
生态修复工程项目建设
工程措施的零缺陷施工技术与管理

第一节
土石方工程措施的零缺陷施工技术与管理

在生态修复工程项目建设施工中，土石方工程的应用非常广泛，有些水工建筑物如土石坝、堤防、渠道等建设施工，均会涉及土石方工程施工，其基本的施工技术与管理种类是挖方和填方；施工技术与管理过程是开挖、运输与填筑等作业方式。

1 土石分级及其工程性质

1.1 土壤的分级及其工程性质

1.1.1 土壤分级

在生态修复工程项目建设零缺陷施工作业过程，根据开挖土方的难易程度，将土壤分为 I～IV级，见表 5-1。对不同级别的土壤应采用对应的开挖技术与管理方法，且施工挖掘作业时所消耗劳动量和单价也不同。

表 5-1 土壤分级

土壤级别	土壤名称	自然湿密度（kg/m³）	可松性系数		外形特征	开挖方式
			K_1	K_2		
I	沙土 种植土	1650~1750	1.08~1.17	1.01~1.03	疏松，黏结力差或容易透水，略有黏性	用锹（有时略加脚踩）开挖
II	壤土 淤泥 含根种植土	1750~1850	1.14~1.28	1.02~1.05	开挖能成块并易打碎	用锹并用脚踩开挖

（续）

土壤级别	土壤名称	自然湿密度（kg/m³）	可松性系数		外形特征	开挖方式
			K_1	K_2		
Ⅲ	黏土 干燥黄土 干淤泥 含砾质黏土	1800~1950	1.24~1.30	1.04~1.07	黏手，干硬，看不见砂砾	用镐、三齿耙或铁锹并用力加脚踩开挖
Ⅳ	坚硬黏土 砾质黏土 含卵石黏土	1900~2100	1.26~1.32	1.06~1.09	土壤结构坚硬，将土分裂后成块状或含黏粒、砾石较多	用镐、三齿耙等工具开挖

1.1.2 土壤的工程性质

土壤的工程特性主要有表观密度、含水量、可松性、自然倾斜角等，它们对土方施工技术与管理方法及其工程进度影响较大。

（1）土壤表现密度。指土壤单位体积的质量，是体现黏性土密实程度的指标，常用它来控制黏性土的压实质量。土壤保持其天然组织、结构和含水量时的表观密度称为自然表现密度；单位体积湿土的质量称为湿表观密度；单位体积干土的质量称为干表观密。

（2）土壤含水量。含水量是土壤中水的质量与干土质量的百分比。它表示了土壤空隙中含水量的程度，含水量的大小直接影响黏性土的压实质量。含水量过大会对施工作业带来困难，回填夯实时，若土料呈饱和状态，会产生橡皮土的现象。在工程实施中回填土料应使土壤的含水量处于最佳含水量范围之内。计算土壤含水量式（5-1）如下。

$$W = \frac{G_1 - G_2}{G_2} \times 100\% \qquad (5-1)$$

式中：W——土壤含水量（%）；

$\quad G_1$——土壤含水状态时的质量（kg/m³）；

$\quad G_2$——土壤烘干后的质量（kg/m³）。

（3）土壤可松性。指在自然状态下的土壤经过开挖，体积会因土体松散而增大，以后虽经回填夯压仍不能恢复原状的性质。土壤的可松性以可松性系数表示。

$$K_p = \frac{V_2}{V_1}; \qquad K_p' = \frac{V_3}{V_1} \qquad (5-2)$$

式中：V_1——开挖前土壤自然体积（m³）；

$\quad V_2$——开挖后土壤松散体积（m³）；

$\quad V_3$——经填夯压实后的体积（m³）；

$\quad K_p$——最初可松性系数；

$\quad K_p'$——最终可松性系数。

土壤可松性相关系数见表5-2。

表5-2　各种土壤的可松性参考数值

土壤类别	体积增加百分比		可松性系数	
	最初	最终	K_p	K_p'
一类（松软土，不包括种植土）	8~17	1~2.5	1.08~1.17	1.01~1.03
一类（种植性土、泥炭）	20~30	3~4	1.20~1.30	1.03~1.04
二类（普通土）	14~28	1.5~5	1.14~1.28	1.02~1.05
三类（坚土）	24~30	4~7	1.24~1.30	1.04~1.07
四类（砂砾坚土，泥灰岩、蛋白石除外）	26~32	6~9	1.26~1.32	1.06~1.09
四类（泥灰岩、蛋白石）	33~37	11~15	1.33~1.37	1.11~1.15
五至七类（软石、次坚石、坚石）	30~45	10~20	1.30~1.45	1.10~1.20
八类（特坚石）	45~50	20~30	1.45~1.50	1.20~1.30

注：最初体积增加百分比 $= (V_2 - V_1)/V_1 \times 100\%$；最后体积增加百分比 $= (V_3 - V_1)/V_1 \times 100\%$。

（4）土壤压缩性。移挖作填或借土回填，一般的土经挖运、填压以后，均有压缩，在核实土方量时，通常可按填方断面增加 $10\% \sim 20\%$ 的方数考虑，其土壤压缩率见表5-3。

表5-3　土壤压缩系数 K 的参考数值

土壤类别		土壤压缩率	每立方米松散土壤压实后的体积（m³）
一、二类土壤	种植土	20%	0.80
	一般土	10%	0.90
	沙土	5%	0.95
三类土壤	天然湿度黄土	12%~17%	0.85
	一般土	5%	0.95
	干燥坚实黄土	5%~7%	0.94

注：①深层埋藏的潮湿胶土，开挖暴露后水分散失，碎裂成 2~5cm 小块，不易压碎，填筑压实后，有5%的涨余。
②胶黏密实砂砾土及含有石量接近20%的坚实粉质黏土或粉质砂土有3%~5%涨余。

采用原状土和压缩后干土质量密度计算压缩率式（5-3）为：

$$土压缩率 = \frac{p - p_d}{p_d} \times 100\%$$ (5-3)

式中：p——压实后的干土质量密度（g/cm³）；

p_d——原状土的干土质量密度（g/cm³）；

或者采用最大密实度时的干土质量密度 p_{max}（g/cm³）与压实系数 K 值计算压实率式（5-4）如下：

$$土壤压缩率 = \frac{K_{p max} - p_d}{p_d} \times 100\%$$ (5-4)

（5）土壤渗透性。是指土体被水透过的性能，它与土的密实度有关。一般取决于土壤的形成条件、颗粒级配、胶体颗粒含量和土壤结构等因素。渗透水流在碎石土、砂土和粉土中多呈层流状态，其运动速度服从达西定律。达西定律表达式（5-5）为：

$$V = KI \tag{5-5}$$

式中：V——渗透水流的速度（m/d）；

K——渗透系数（m/d）；

I——水力坡度（°）。

（6）动水压力与流砂。动水压力表达式（5-6）为：

$$G_D = I\gamma_w \tag{5-6}$$

式中：G_D——动水压力（渗透力）（kN/m³）；

I——水力坡度（°）；

γ_w——水的密度（kN/m³）。

动水压力的大小与水力坡度成正比，其作用方向与水流方向相同。当动水压力等于或大于土壤的浸水重度时，土颗粒失去自重，处于悬浮状态，随渗流的水一起流动，此现象即流砂。在一定动水压力作用下，松散而饱和的细砂和粉沙易产生流砂。

（7）土壤自然倾斜角。自然堆积土壤的表面与水平面间所形成的角度，称为土壤的自然倾斜角。挖方与填方边坡的大小与土壤的自然倾斜角有关。土方边坡开挖应采取自上而下、分区、分段、分层的方法依次作业实施，不允许先下后上切脚开挖；开挖坡面时，应报据土质情况，间隔一定高度设置永久性戗台，戗台宽度视用途而定。

1.2　岩石分级

在水土保持工程项目建设施工中，可根据岩石坚固系数的大小将其分为 12 级，具体内容见表 5-4。

表 5-4　岩石分级

岩石级别	岩石名称	天然湿度下平均密度（kg/m³）	凿岩机钻孔（min/m）	极限抗压强度 R（MPa）	坚固系数 f
Ⅴ	①硅藻土及软白垩岩；	1550		20 以下	1.5～2.0
	②硬石炭纪的黏土；	1950			
	③胶结不紧的砾岩；	900～2200			
	④各种不坚实的页岩	2000			
Ⅵ	①软状有孔隙的节理多的石灰岩及贝壳石灰岩；	1200		20～40	2.0～4.0
	②密实的白垩岩；	2600			
	③中等坚实的页岩；	2700			
	④中等坚实的泥灰岩	2300			
Ⅶ	①水成岩、卵石经石灰质胶结而成的砾岩；	2200		40～60	4.0～6.0
	②风化的节理多的黏土质砂岩；	2200			
	③坚硬的泥质页岩；	2800			
	④坚实的泥灰岩	2500			

（续）

岩石级别	岩石名称	天然湿度下平均密度（kg/m³）	凿岩机钻孔（min/m）	极限抗压强度 R（MPa）	坚固系数 f
Ⅷ	①角砾状花岗岩；	2300	6.8（5.7~7.7）	60~80	6.0~8.0
	②泥灰质石灰岩；	2300			
	③黏土质砂岩；	2200			
	④云母页岩及砂质页岩；	2300			
	⑤硬石膏	2900			
Ⅸ	①强风化花岗岩、片麻岩及正长岩；	2500	8.5（7.8~9.2）	80~100	8.0~10.0
	②滑石质的蛇纹岩；	2400			
	③密实的石灰岩；	2500			
	④水成岩、卵石经硅质胶结的砾岩；	2500			
	⑤砂岩；	2500			
	⑥砂质石灰质的页岩	2500			
Ⅹ	①白云岩；	2700	10（9.3~10.8）	100~120	10~12
	②坚实的石灰岩；	2700			
	③大理石；	2700			
	④石灰质胶结的致密砂岩；	2600			
	⑤坚硬的砂质页岩	2600			
Ⅺ	①粗粒花岗岩；	2800	11.2（10.9~11.5）	120~140	12~14
	②特别坚实的白云岩；	2900			
	③蛇纹岩；	2600			
	④水成岩、卵石经石灰质胶结的砾岩；	2800			
	⑤石灰质胶结的坚实砂岩；	2700			
	⑥粗粒正长岩	2700			
Ⅻ	①有风化痕迹的安山岩及玄武岩；	2700	12.2（11.6~13.3）	140~160	14~16
	②片麻岩、粗面岩；	2600			
	③特别坚硬的石灰岩；	2900			
	④火成岩、卵石经硅质胶结的砾岩	2900			
ⅩⅢ	①中粗花岗岩；	3100	14.1（13.4~14.8）	160~180	16~18
	②坚实的片麻岩；	2800			
	③辉绿岩；	2700			
	④玢岩；	2500			
	⑤坚实的粗面岩；	2800			
	⑥中粒正长岩	2800			

（续）

岩石级别	岩石名称	天然湿度下平均密度（kg/m³）	凿岩机钻孔（min/m）	极限抗压强度 R（MPa）	坚固系数 f
XIV	①特别坚实的细粒花岗岩；	3300	15.6（14.9~18.2）	180~200	18~20
	②花岗片麻岩；	2900			
	③闪长岩；	2900			
	④最坚实的石灰岩；	3100			
	⑤坚实的玢岩	2700			
XV	①安山岩、玄武岩、坚实的角闪岩；	3100	20（18.3~24）	200~250	20~25
	②最坚实的辉绿岩及闪长岩；	2900			
	③坚实的辉长岩及石英岩；	2800			
XVI	①钙钠长石玄武岩的橄榄石质玄武岩；	3300	24以上	250以上	25以上
	②特别坚实的辉长岩、辉绿岩、石英岩及玢岩	3000			

2 土石方零缺陷平衡调配的原则与方法

生态修复建设中的水土保持工程项目施工，通常会有土石方开挖料、土石方填筑料以及其用料。土石方零缺陷平衡调配就是对土石方开挖料、填筑料和其他用料这三者之间的关系进行综合协调处理。在对土石方平衡调配时，必须根据项目建设现场具体情况、有关技术资料、工期要求、土石方施工作业方法与运输方式综合考虑，经计算比较后选择经济合理的调配方案。对于开挖土石料的利用和弃置，不仅要有数量空间位置上的平衡要求，还有时间上的平衡要求，同时还要考虑质量和经济效益等因素。

2.1 平衡调配的零缺陷原则

（1）平衡调配基本原则。土石方平衡调配的基本原则，是指在实施土石方调配时要做到料尽其用、时间匹配和容量适度。在开挖土石料过程，一般有废料、剩余料等，因此要设置堆料场和弃料场。堆料场与弃渣场的设置应容量适度，尽量少占地。

（2）开挖区与弃渣场的合理匹配。开挖区与弃渣场的土石方合理匹配，是指以使运距最短、运费最少。土石方开挖应与用料在时间上尽可能相匹配，以保证施工作业高峰的用料。

（3）开挖出土石料的用途。应尽量用其作为坝与堰体的填料、混凝土骨料和平整场地的填料；前2种利用质量要求较高，场地平整填料一般没有过多要求。

（4）土石方平衡调配。在实施土石方的平衡调配过程，还应保证工程质量，便于施工管理；应充分考虑挖填进度要求，物料储存条件，且留有余地，妥善安排弃料，做到保护环境。

2.2 平衡调配的零缺陷方法

在实际的生态修复水保工程项目建设施工中，为了充分利用开挖料，减少二次转运工程量，土石方调配需考虑多种因素，如围堰填筑时间、土石坝填筑时间和高程、管道施工工序、运输条件（是否过河、架桥时间）等。土石调配可按线性规划进行；对于基坑和弃料场不太多时，采用简便的"西北角分配法"求解最优调配数值。

2.3　填挖料的零缺陷平衡计算

指按照建筑物设计填筑工程量统计计算出的各料种填筑方量。根据建筑物设计开挖工程量、地质资料、建筑物开挖料可用不可用分选标准，并进行经济比较，确定并计算可用料和不可用料数量；根据施工进度计划和渣料存储规划，确定可用料的直接上坝方数量和需要存储的数量；根据折方系数、损耗系数，计算各建筑物开挖料的设计使用数量（含直接上坝方数量和堆存方数量）、舍弃数量和由料场开采料的数量，以此来确保达到挖、填、堆、弃作业的零缺陷综合平衡施工目标。

2.4　土石方的零缺陷调度优化

对土石方实施零缺陷调度优化的目的，是找出总运输量最小的调度方案，从而达到运输费用最低，以降低工程施工成本。土石方调度属于物资调动的问题，可用线性规划等方法进行优化处理。对于大型土石坝，可进行土石方平衡及坝体填筑施工动态仿真，优化土石方调配，论证调度方案的经济性、合理性和可行性。

3　土方开挖与运输的零缺陷技术与管理

3.1　挖掘开挖土方零缺陷施工技术与管理

水土保持工程项目施工中，土方挖掘开挖工程从开挖手段上分为机械开挖与人工开挖两种，通常多采用机械开挖法施工作业。所用开挖土方机械主要有挖掘机械和铲运机械。挖掘机械主要是完成挖掘作业，并将所挖土料卸在机身附近或装入运输工具。铲运机械同时具有运输与摊铺作业功能。

3.1.1　单斗挖掘机开挖土方施工技术与管理

（1）正铲挖掘机施工作业技法。分为正向开挖、侧向与后方装土和分层开挖等5种技法。

①正向开挖、侧向装土作业：指正铲向前进方向挖土，汽车位于正铲侧向装车，如图5-1（a）（b）。该法铲臂卸土回转角度最小（<90°）。特点是装车方便，循环时间短，开挖效率高；适用于开挖作业面较大，深度不大的边坡、基坑（槽）、沟渠和路堑等，是常用开挖方法。

②正向开挖、后方装土作业：正铲向前进方向挖土，汽车停在正铲，如图5-1（c）。本法开挖作业面较大，但铲臂卸土回转角度较大（约为180°），且汽车要侧向行车，增大工作循环时间，作业效率降低（回转角度180°，效率降低约23%，回转角度130°，约降低13%）。适用于开挖作业面较小且较深的基坑（槽）、管沟和路堑等。正铲经济合理的挖土高度见表5-5。

挖土机挖土装车时，回转角度对施工作业生产率的影响数值见表5-6。

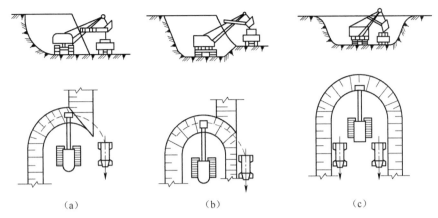

图 5-1 正铲挖掘机开挖方式

（a）（b）正向开挖，侧向装土；（c）正向开挖，后方装土

表 5-5 正铲开挖土高度参考数值（m）

土类别	铲斗容量（m³）			
	0.5	1.0	1.5	2.0
一、二	1.5	2.0	2.5	3.0
三	2.0	2.5	3.0	3.5
四	2.5	3.0	3.5	4.0

表 5-6 影响挖土施工生产效率参考数值

土类别	铲斗容量（m³）		
	90°	130°	180°
一至四	2.5	3.5	4.0

③分层开挖法：将开挖面按机械的合理高度分为多层开挖 [图 5-2（a）]；当开挖面高度不能成为一次挖掘深度的整数倍时，则可在挖方边缘或中部先开挖一条浅槽作为第一次挖土运输线路 [图 5-2（b）]，然后再逐次开挖直至坑底部。该技法使用于开挖大型基坑或沟渠，工作面高度大于机械挖掘的合理高度时采用。

④多层挖土法：将开挖面按机械的合理开挖高度，分为多层同时开挖，以加快开挖速度，土方可分层运出，亦可分层递送，至最小层（或下层）使用汽车运出（图 5-3）。但 2 台挖土机沿前进方向，应先开挖上层，并与下层保持 30~50m 距离，适用于开挖高边坡或大型基坑。

⑤中心开挖法：正铲先在挖土区中心开挖，当向前挖至回转角度>90°时，则转向两侧开挖，运土汽车按"八"字形停放装土（图 5-4）。采用该技法开挖移位方便，回转角度小（<90°）。挖土区宽度宜在 40m 以上地段作业，以便汽车靠近正铲装车。适用于开挖较宽的山坡地段、基坑、沟渠等。

（2）反铲挖掘机施工作业技法。分为多层接力开挖法、沟端开挖法等 4 种技法。

①多层接力开挖法：指用 2 台或多台挖土机设在不同作业高度上同时挖土，边挖土边将土传递到上层，由地表挖土机挖土带装土（图 5-5）；上部用大型反铲，中、下层采用大型或小型反

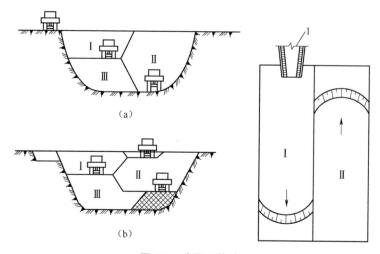

图 5-2 分层开挖法

（a）分层挖土方法；（b）设先锋槽分层挖土方法

1—下坑通道；Ⅰ、Ⅱ、Ⅲ—指一、二、三层

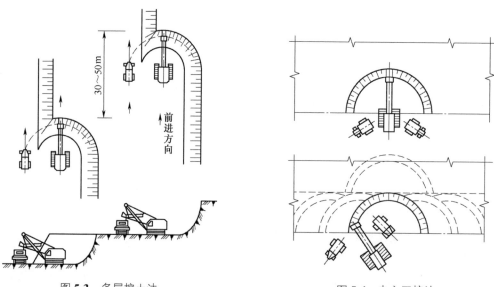

图 5-3 多层挖土法

图 5-4 中心开挖法

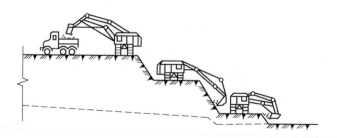

图 5-5 反铲多层接力开挖法

铲进行挖土与装土，均衡连续作业。通常2层挖土深至10m，3层可挖深约15m。使用本法开挖较深基坑，可一次性开挖到设计标高，能避免汽车在坑下装运作业，提高挖土施工效率，且不必设专用垫道。适用于开挖土质较为疏松、深10m以上的大型基坑、沟槽和渠道。

②沟端开挖法：指反铲停于沟端，后退挖土，同时往沟一侧弃土或装汽车运走〔图5-6（a）〕。挖掘宽度不受机械最大挖掘半径限制，臂杆回转半径仅45°～90°，同时可挖至最大深度。对较宽基坑可采用图5-6（b）的方法，其最大一次挖掘宽度为反铲有效挖掘半径的两倍，但汽车须停在机身后面装土，使得作业效率降低。或者采用多次沟端开挖法完成作业。适用于一次成沟后退挖土，挖出土方随即运走时采用，或就地取土填筑路基或修筑堤坝等。

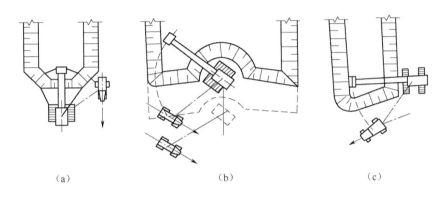

图5-6　反铲沟端与沟侧开挖法
（a）（b）沟端开挖方法；（c）沟侧开挖方法

③沟侧开挖法：反铲停于沟侧沿沟边开挖，汽车停在机旁装土或往沟一侧卸土〔图5-6（c）〕。本法铲臂回转角度小，能将土弃于距沟边较远地段，但挖土宽度比挖掘半径小，边坡不好控制，同时机身靠沟边停放，稳定性较差。适用于横挖土体和需将土方甩到离沟边较远距离时使用。

④沟角开挖法：反铲位于沟前端的边角上，随着沟槽的掘进，机身沿着沟边往后作"之"字形移动（图5-7）。臂杆回转角度平均约在45°，机身稳定性强，可挖掘较硬土体，并能挖出一定坡度。适用于开挖土质较硬，宽度较小的沟槽（坑）。

（3）抓铲挖掘机施工作业技法。对小型基坑，抓铲可立于一侧抓土作业；对于较宽基坑，则在两侧或四侧抓土。抓铲应离基坑边一定距离，土方可直接装入自卸汽车运走（图5-8），或堆弃在基坑旁或用推土机推到远处堆放。挖淤泥时，抓斗易被淤泥吸住，应避免用力过猛，以防翻车。抓铲施工一般均需加配重作业。

（4）拉铲挖掘机施工作业技法。拉铲挖掘机主要用于开挖停机面以下的土料，适用于坑槽挖掘，尤其适合于深基坑水下作业，在大型渠道、基坑及水下砂卵石开挖中应用较为广泛。

由于拉铲挖掘机是靠铲斗的自重切入土中，铲土力较小，不能开挖硬质土；但是拉铲的臂杆较长，且可利用回转通过钢索将铲斗抛至较远距离，因此其挖掘半径、卸土半径和卸载高度均较大，最适用于直接向弃土区弃土。

根据挖方宽度，拉铲挖掘机可分为正向开行和侧向开行2种。正向开行的挖掘宽度较小，挖掘机可沿挖掘轴线方向移动开挖，并将土卸在挖方体两侧；侧向开行的挖掘宽度较大，挖掘机分

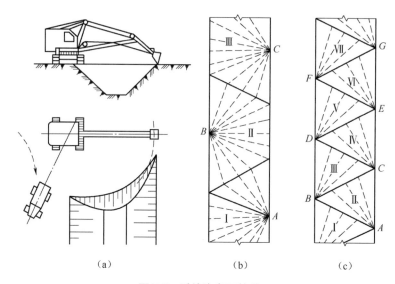

图 5-7 反铲沟角开挖法

（a）沟角开挖平剖面图；（b）扇形开挖平面图；（c）三角开挖平面图

别沿挖方两侧开行，将挖出的土直接卸在堆放的位置，不再转运，根据挖方不同宽度，可再调分为侧向一次开行、侧向二次开行及侧向开行转运等方法。

3.1.2 多斗挖掘机开挖土方施工技术与管理

多斗挖掘机是指有多个铲土斗的挖掘机械，它能够连续挖土作业，是一种连续工作的挖掘机械，按其工作方式不同，分为链斗式和斗轮式2种。

链斗式挖掘机最常用的形式是采砂船，采砂船的工作性能见表 5-7。采砂船是一种构造简单、

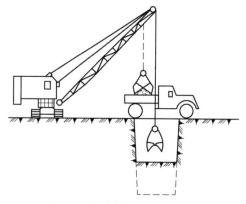

图 5-8 抓铲挖土机挖土作业

作业效率高、适用于规模较大的工程、挖河滩及水下砂砾料的多斗挖掘机（图 5-9）。

表 5-7 采砂船工作性能

项目	链斗容量（L）			
	160	200	400	500
理论生产率（m³/h）	120	150	250	750
最大挖掘深度（m）	6.5	7.0	12.0	20.0
船身外廊尺寸（长×宽×高）（m）	28.05×8×2.4	31.9×8×2.3	52.2×12.4×3.5	69.9×14×5.1
吃水深度（m）	1.0	1.1	2.0	3.1

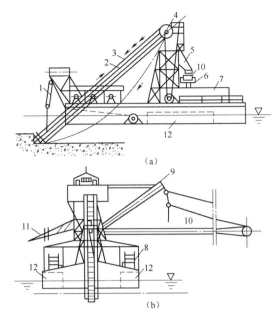

图 5-9　链斗式采砂船

（a）侧视图示意；（b）正视图示意

1—斗架提升索；2—斗架；3—链条与链斗；4—主动链轮；5—泄料漏斗；6—回转盘；

7—主机房；8—卷扬机；9—吊杆；10—皮带机；11—泄水槽；12—平衡水箱

3.2　铲运土方的零缺陷施工技术与管理

铲运机械是水土保持工程项目施工铲土、运土功能的机械。

（1）铲运机用途及其种类。铲运机是一种能综合完成全部土方施工挖土、装土、运土、卸土、平土、压土工序作业的机械。按其行走方式分为拖式铲运机和自行式铲运机（图5-10）2

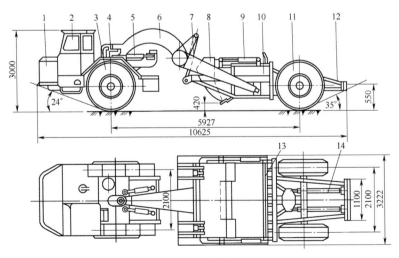

图 5-10　自行式铲运机（mm）

1—发动机；2—单轴牵引车；3—前轮；4—转向支架；5—转向液压缸；6—辕架；

7—提升油缸；8—斗门；9—斗门油缸；10—铲斗；11—后轮；12—尾架；13—卸土板；14—斜土油缸

种。常用铲运机斗容量为 2.5m³、6m³、7m³ 等多种，按铲斗操纵形式又分为钢丝绳操纵和液压操纵 2 种。

（2）铲运机施工作业特点。铲运机操纵简单灵活，行驶速度快，作业效率高，且运转费用低，在土方工程施工中常用于坡度为 20°以内的大面积场地平整，大型基坑开挖和堤坝、路基填筑等作业。它适用于开挖含水量不超过 27%的一至三类土。

（3）铲运机施工作业机理。铲运机的基本作业方式是铲土、运土、卸土 3 个工作行程（图5-11）和一个空载回驶行程。在作业过程，由于挖填区的分布情况不同，为了提高作业效率，应根据不同施工条件，选择合理的开行路线和施工方法。

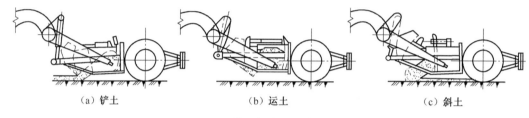

（a）铲土　　　　　　　　（b）运土　　　　　　　　（c）卸土

图 **5-11**　铲运机作业工作过程

3.3　挖掘、运输土方的零缺陷施工技术与管理

3.3.1　挖掘、运输土方施工作业能力的零缺陷计算

（1）挖掘土方施工作业能力计算。用循环式单斗挖掘机、多斗挖掘机，它的实际作业率 P可按式（5-7）计算确定：

$$P = 60qnK_HK'_pK_BK_t \tag{5-7}$$

式中：P——挖掘机实际作业率（m³/h）；

　　　q——挖掘机斗的几何容积（m³）；

　　　n——单斗挖掘机每分钟循环工作次数、多斗挖掘机每分钟倾倒的土斗数量；

　　　K_H——挖掘机斗的充盈系数，表示实际装料容积与土斗几何容积的比值，正向铲取 1，索铲可取 0.9；

　　　K'_p——土方的松散影响系数，指挖土前实土与挖后松土体积的比值，其值与土料等级相关，Ⅰ级土为 0.913~0.83，Ⅱ级土为 0.88~0.78，Ⅲ级土为 0.81~0.71，Ⅳ级土为0.79~0.73；

　　　K_B——时间利用系数，指挖掘机工作时间利用程度，可取 0.8~0.9；

　　　K_t——联合作业延误系数，考虑运输工具影响挖掘的工作时间，有运输工具配合时，可取0.9，无运输工具配合时，可取 1。

由此可见，若要提高挖掘机械的实际作业效率，必须提高循环式挖掘机的循环次数，即缩短每 1 次循环工作时间，如加长土斗的中间斗齿以减少切土阻力和切土时间，减少挖卸之间转角等造成的时间浪费。此外，当挖掘松散土料时，可更换较大的土斗以增大土斗容积；加强土石方施工机械的现场维修、保养管理，合理布置掌子面，协调并改善回车和错车场地，改善挖运设备的协调配合等管理力度，都将有利于提高挖掘土石料机械的实际作业效率。

（2）土石料运输施工作业能力计算。运输机械分为循环式运输机械和连续式运输机械。

①循环式运输机械施工能力计算：应对循环式运输机械、常用汽车及拖拉机的数量，以及每昼夜或每班运输循环次数 m 值进行计算确定。

循环式运输机械数量 n 的确定：其计算式（5-8）如下：

$$n = \frac{Q_T T}{q(T_1 - T_2)} \tag{5-8}$$

式中：Q_T——运输强度（1 昼夜或 1 班运载的总土石方量）（m^3）；

　　　q——运输工具装载的有效土石方量（m^3）；

　　　T_1——昼夜或 1 班时间（min）；

　　　T_2——昼夜或 1 班内运输工具的非工作时间（min）；

　　　T——运输工具周转 1 次的循环时间（min）。

工地使用汽车、拖拉机数量 t 值确定：其计算式（5-9）如下：

$$t = t_1 + t_2 + \frac{2L}{v} \times 60 \tag{5-9}$$

式中：t_1——装车时间（min）；

　　　t_2——卸车时间（min）；

　　　L——运距（km）；

　　　V——平均行驶速度（km/h），拖拉机取 3.5~5km/h；在一般工地道路上行驶汽车取 15~20km/h，在经改善路面后的道路上行驶汽车可取 25~35km/h。

每昼夜或每班运输循环次数 m 值确定，其计算式（5-10）为：

$$m = \frac{T_1 - T_2}{t} \tag{5-10}$$

运输能力 P_T 值确定：其计算式（5-11）如下：

$$P_T = \frac{q(T_1 - T_2)}{t} \tag{5-11}$$

②连续式运输机械施工能力计算：带式运输机作业效率取决于带宽、带速及带上物料的装满程度。而带的装满程度与带的形状、所装物料性质和运输机布置的倾角相关。

带式运输机实际小时生产率 P_T（单位：m^3/h）可按式（5-12）计算：

$$P_T = KB^2 v K_B K_H K'_p K_d K_a \tag{5-12}$$

式中：K——带形系数，对于平面带，$K = 200$；对于槽形带，$K = 400$；

　　　B——带宽（m）；

　　　V——带运行速度（m/s），通常取 1~2m/s；

　　　K_B——时间利用系数，取 0.75~0.8；

　　　K_H——充盈系数，与装料特性和运载情况相关，砂土取 0.85，岩石取 0.70；

　　　K'_p——土料的松散影响系数；

　　　K_d——土石粒径系数，粒径为 0.1~0.3 倍带宽者，$K_d = 0.75$；粒径为 0.05~0.9 倍带宽者，

$K_d = 0.9$；对细粒径材料，$K_d = 1$；

K_a——倾角影响系数，当 $\alpha = 11° \sim 15°$ 时，$K_a = 0.95$；当 $\alpha = 16° \sim 18°$ 时，$K_a = 0.90$；当 $\alpha = 19° \sim 22°$ 时，$K_a = 0.85$。

3.3.2　制定土石料开挖运输零缺陷方案

开挖运输零缺陷方案的制订，主要是根据坝体结构布置特点、坝料性质、填筑强度、料场特性、运距远近、可供选择的机械设备型号等多种因素，综合分析比较后确定。

（1）土石料挖运强度计算。土石坝施工技术与管理中的挖运强度取决于土石坝的上坝强度。在施工组织设计中，通常根据施工进度计划各个阶段要求完成的坝体方量来确定上坝和挖运强度。合理施工组织管理应有利于实现均衡施工，避免作业大起大落造成的不必要浪费。

①上坝土石料强度计算：上坝强度是指单位时间填筑到坝面上的土方量，应按实方计算，其计算式（5-13）如下：

$$Q_d = \frac{Vk_a k}{Tk_1} \tag{5-13}$$

式中：Q_d——压实方（m^3/d）；

V——某时段内填筑到坝面上的土方量（m^3）；

k_a——坝体沉陷影响系数，通常取 $1.03 \sim 1.05$；

k——施工不均衡系数，取 $1.2 \sim 1.3$；

k_1——坝面作业土料损失系数，取 $0.90 \sim 0.95$；

T——施工分期时段的有效工作日数，等于该时段的总日数扣除法定节假日和因雨停工日数（d）。

上坝强度主要取决于施工过程的气候水文条件、施工导流方式、施工分期、工作面大小、劳动力、机械设备、燃料动力供应情况等因素。对于大中型工程，平均日上坝强度通常为 1 万 ~ 3 万 m^3，高者达到约 10 万 m^3。

②土石料运输强度计算：指为满足上坝强度要求，单位时间内应运输到坝面上的土方量，可按松方计算，其计算式（5-14）、式（5-15）如下：

$$Q_T = \frac{Q_d k_c}{k_2} \tag{5-14}$$

$$k_c = \frac{\gamma_d}{\gamma_y} \tag{5-15}$$

式中：Q_T——疏松土方（m^3/d）；

k_c——压实影响系数；

k_2——运输损失系数，取 $0.95 \sim 0.99$；

γ_d——坝体设计干密度；

γ_y——土料运输松散密度。

③土石料开挖强度计算：开挖强度是指为了满足填筑坝面土方的设计要求，料场土料开挖应达到的强度，其计算式（5-16）、式（5-17）如下：

$$Q_c = \frac{Q_d k'_c}{k_2 \cdot k_3} \tag{5-16}$$

$$k'_c = \frac{\gamma_d}{\gamma_n} \tag{5-17}$$

式中：Q_c——自然方（m³/d）；

　　　γ_n——料场土料自然干密度；

　　　k_3——土料开挖损失系数，随土料特性和开挖方式而异，取 0.92~0.97。

（2）挖运土石料机械数量计算。

①挖掘机数量计算：在土石坝工程施工中，采用正向铲与自卸汽车配合是最常用的挖运方案。挖掘机需要量可按式（5-18）计算：

$$N_c = \frac{Q_c}{P_c} \tag{5-18}$$

式中：N_c——挖掘机需要量；

　　　P_c——每台挖掘机作业效率（m³/h）。

②自卸汽车数量计算：每台挖掘机配套自卸汽车的数量，应满足当第 1 辆汽车装满离开挖掘机到再次回到挖掘地点所消耗的时间，等于下辆汽车在装车点所消耗的时间。通常，每台挖掘机需要的汽车数量所对应的生产能力要略大于此挖掘机的生产率，以便充分发挥挖掘机的生产潜力。按工艺要求，挖掘机装 1 车所需斗数要适当，一般为 3~5 斗。

（3）土石方开挖运输方案制定。在土石坝施工中，开挖运输土石方方案很多，经常采用的开挖运输方案主要有以下 4 种。

①正向铲开挖，自卸汽车运输上坝：采用该开挖运输方案时，应用正向铲开挖、装载，自卸汽车直接运输上坝。使用自卸汽车运输各种坝料的特点是：运输能力高，机动灵活，转弯半径小，爬坡能力较强，在国内外高土石坝施工中已经获得了广泛应用。

在土石方开挖施工布置上，正向铲一般均采用立面开挖，汽车运输道路可布置成循环路线，装料时停在挖掘机一侧的同一平面上，让汽车鱼贯式地装料与行驶。这种布置形式可有效地避免或减少汽车的倒车时间，正向铲采用 60°~90° 的转角侧向卸料，回转角度小，作业效率高，能充分发挥正向铲与汽车的协同开挖效率。

②正铲开挖，带式运输机运输上坝：带式运输机爬坡能力大，架设简易，运输费用较低，比自卸汽车可降低运输费用 1/3~1/2，且运输能力较高。带式运输机合理运距小于 10km，能直接从料场运输上；也可与自卸汽车配合，作长途运输。在坝前经漏斗由汽车转运上坝，也可与有轨机车配合，用带式运输机转运上坝作短途运输。

③斗轮式挖掘机开挖，带式运输机运输，转自卸汽车上坝：对于土石料填筑方量大、上坝强度高的土石坝，若料场储量大而集中，可采用斗轮式挖掘机开挖。斗轮式挖掘机可连续挖掘与装料，作业效率较高。挖掘机可直接将坝料转入移动式带式运输机。其后接长距离的固定式带式运输机至坝面附近经自卸汽车运至填筑面。这种施工作业方案，可使挖、装、运连续运作，简化了作业工序，极大地提高了机械化施工水平和作业生产率。

④采砂船开挖，有轨机车运输：在一些大型水保水利水电工程施工中，有时采用采砂船开采

水下砂石料，配合有轨机车运输。在大型载重汽车尚不能满足要求的情况下，可采用有轨机车进行运输。它具有机械结构简单、修配容易的优点。当料场集中、运输量大、运距较远（>10km）时，也可采用有轨机车进行水平运输。但是，有轨机车运输的临建工程量大，设备投资较高，对线路坡度、转弯半径等要求也较高，况且有轨机车不能直接上坝，可在坝脚经卸料装置卸至带式运输机或自卸汽车转运上坝。

不论采用上述哪种方案，都应当结合所施工工程项目的具体条件，组织好挖、装、卸的机械化联合作业，提高机械利用率，减少坝料的转运次数；各种坝料铺筑技法与设备应尽量一致，减少辅助设施；充分利用地形环境条件，进行施工技术与管理统筹规划和布置。

4 土料压实零缺陷施工技术与管理

土料压实是保证土石坝零缺陷施工质量的关键。由于土料是松散颗粒的集合体，其自然稳定性主要取决于土粒的内摩擦力和凝聚力；而土料的内摩擦力、凝聚力和抗渗性都与土的密实性相关，密实性越大，其物理力学性能就越强。

4.1 土料压实原理

土体是三相体，也就是说土体是由固相土粒、液相水和气相空气所组成。通常土粒和水是不会被压缩的，土料压实的实质是将水包裹的土粒挤压填充到土粒间的空隙里，排出空气占有的空间，使土料的空隙率减少、密实度提高。因此，土料压实的过程实际上就是在外力作用下土料的三相重新组合的过程。

（1）土料压实效果与土料本身性质、颗粒组成情况、级配特点、含水量以及压实功能等相关。黏性土料的黏结力较大，摩擦力较小，具有较大的压缩性，但由于其透水性小，排水困难，压缩过程慢，因此很难达到固结压实。而非黏性土料黏结力小，摩擦力大，具有较小的压缩性，但由于透水性大，排水容易，压缩过程快，能很快达到密实状态。

（2）土料颗粒大小与组成也影响压实效果。颗粒愈细，孔隙比就愈大，所含矿物分散度愈高，愈不容易压实。所以黏性土的压实干表观密度低于非黏性土的压实干表观密度。颗粒不均匀的砂砾料比颗粒均匀的砂砾料达到的干表观密度要大一些。

（3）土料含水量也是影响压实效果的重要因素之一。当压实功能一定时，黏性土的干表观密度随含水量的增加而增大，当含水量增大到某一临界值时，干表观密度达到最大，此时如果进一步增加土体含水量，干密度反而减小，此临界含水量值称为土体的最优含水量，即相同压实功能时压实效果最大的含水量。对于每一种土料，在一定压实功能下，只有在最优含水量范围内，才能获得最大的干表观密度，且压实也较经济。非黏性土料的透水性大，排水容易，不存在最优含水量，故此对含水量不作专门控制。

（4）压实功能的高低也影响着土料干表观密度的大小。压实功能增大，干表观密度也随之增大，而最优含水量随之减小。说明同一种土料的最优含水量和最大干表观密度，会随压实功能的改变而变化，一般说来，增加压实功能可增加干表观密度，这种特性对于含水量过低或过高的土料更为突出。

4.2　土料压实的零缺陷技术与管理方法

4.2.1　土料压实施工技术原理

不同土料的物理力学性质也不同，因而使之密实的作用外力也不相同。对于黏性土质而言，其黏结力是主要的，这就要求压实作用外力能够克服其黏结力；对于砂性土料、石渣料、砾石料等非黏性土料，其内摩擦力是主要的，要求压实作用外力能克服颗料间的内摩擦力。

不同压实机械产生的压实作用外力不同，按照其作用原理，大体上分为碾压、夯击、振动 3 种基本类型。碾压作用力属于静压力，其大小不随作用时间变化，如图 5-12（a）；夯击作用力为瞬时动力，具有瞬时脉冲作用，其大小随时间和落高而变化，如图 5-12（b）；振动作用力是周期性的重复动力，其大小随时间呈周期性变化，振动周期长短会随振动频率的大小而变化，如图 5-12（c）。

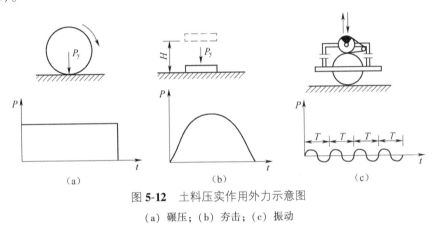

图 5-12　土料压实作用外力示意图

（a）碾压；（b）夯击；（c）振动

4.2.2　压实土料机械施工技术与管理

生态修复工程项目建设施工作业实践中通常使用的土料压实机械有羊脚碾、气胎碾、振动碾和夯实机械 4 类。

（1）羊脚碾作业方法。羊脚碾在碾压滚筒表面设有交错排列的截头圆锥体，状如羊脚，该机械适用于黏性土压实。碾压作业时，羊脚插入土料内部，使羊脚底部土料受到正压力，羊脚四周侧面土料受到挤压力，如图 5-13；碾筒转动时，土料受到羊脚的揉搓力，从而使土料层均匀受压。对于非黏性土料，由于土颗粒易产生竖向及侧向移动，故而碾压效果较差。

①羊脚碾压实土料的 2 种作业方法：进退错距法、回转套压法。

进退错距法：指沿直线前进后退压实，反复行驶，达到要求后错距，重复进行。采用该种方式压实质量达标，碾压遍数易控制，但后退操作不便，适于狭窄工作面，如图 5-14（a）。

回转套压法：先沿填土一侧开始，逐圈错距以螺旋形开行，逐渐移动进行压实，机械始终前进开行，作业效率高，适用于宽阔工作面，并可多台羊角碾同时进工作。但拐角处及错距交叉处易产生重压和漏压。当转弯半径小时，容易引起土层扭曲，产生剪力破坏，在转弯的四角容易漏压，质量难以保证，其开行方式如图 5-14（b）。

②羊脚碾压实遍数：羊脚碾压实遍数 N 按式（5-19）进行计算：

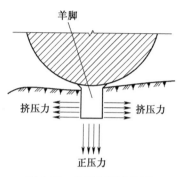

图 5-13 羊脚碾压实原理

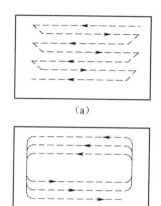

图 5-14 碾压机械开行方式
（a）进退错距方法；（b）回转套压方法

$$N = \frac{KS}{MF} \tag{5-19}$$

式中：S——碾筒表面面积（m^2）；

F——羊脚端面积（cm^2）；

M——羊脚数量；

K——碾压时羊脚在土料表面分布不均匀修正系数，一般取值1.3。

（2）气胎碾作业方法。气胎碾是由拖拉机牵引，以充气轮胎作为压实构件，利用碾的重量来压实土料的一种碾压机械。其碾子为柔性碾，碾压时碾与土料共同变形，其原理如图 5-15。胎面与土层表面的接触压力与碾重关系不大，可通过改变轮胎气压的方法来调节接触压力的大小，增大碾重。一般气胎碾的重量为8~30t，重型可达 50~200t。与刚性碾子相比，气胎碾压实效果较好；缺点是需加刨毛等工序，以加强碾压上下层的结合。

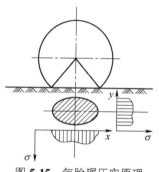

图 5-15 气胎碾压实原理

气胎碾作业适应范围广，对黏性土和非黏性土均能压实，在多雨地区或含水量较高的土料更能突出它的优点。它与羊脚碾联合作业则施工效果更佳。

（3）振动碾作业方法。振动碾是具有静压和振动双重功能的复合型压实机械，它是由起振柴油机带动碾滚内的偏心轴旋转，通过连接碾面的隔板，将振动力传至碾滚表面，然后以压力波的形式传到土体内部。适用于非黏性土料和黏粒含量、含水量不高的黏性土料的压实。

振动碾可以有效地压实堆石体、砂砾料和砾质土，是土坝砂壳、堆石坝碾压不可或缺的工具，其构造如图 5-16。在振动力作用下，土中应力可有效提高 4~5 倍，压实层厚达 1~2m。

（4）夯实作业方法。利用夯实机械的机具冲击力来压实土料，既能够夯实砂砾土料，也可用来夯实黏性土料，常用夯实机械分为挖掘机夯板和强夯机 2 种。

①挖掘机夯板：它是一种用起重机械或正向铲挖掘机改装而成的夯实机械。夯板多为圆形或

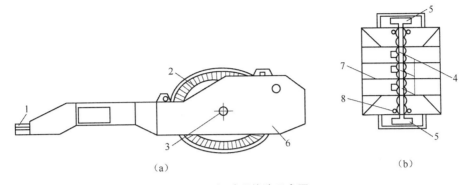

图 5-16　振动碾构造示意图

（a）外形图；（b）滚碾构造图

1—牵引挂钩；2—碾滚；3—轴；4—偏心块；5—轮；6—车架侧壁；7—隔板；8—弹簧悬架

方形，面积约 $1m^2$，重量为 $1 \sim 2t$，提高高度为 $3 \sim 4m$，利用冲击作用对土体进行压实。其主要优点是压实功效大，作业率高，有利于雨期、冬期施工。当石块直径 $\geqslant 500mm$ 时，极大地降低工效，压实黏性土料时，表层容易发生剪切破坏现象。

②强夯机：它是由高架起重机和铸铁块或钢筋混凝土块做成的夯砣组成。重量一般为 $10 \sim 40t$，由起重机提升 $10 \sim 40m$ 高后自由下落冲击土层，影响深度达 $4 \sim 5m$。压实效果显著，作业效率高，适用于杂土填方、软基及水下地层的夯实施工作业。

4.2.3　压实土料施工技术与管理标准

土石料压实得越结实其物理力学性能指标就越高，坝体填筑质量就越有保证。但若对土石料压实过分，不仅造成压实施工费用的浪费，而且会产生剪切破坏，反而达不到应有的设计技术经济效果。因此，应确定和实行合理的压实标准。

（1）黏性土料压实施工标准。指用压实干表观密度 γ_d 和施工含水量这 2 个指标进行控制。

①压实干表观密度：压实黏性土料的干表观密度常用击实试验来确定。我国采用击实仪 25 击（$89.75t \cdot m/m^3$）作为标准压实功能，得出一般不少于 $25 \sim 30$ 组最大干密度平均值 γ_{dmax}（t/m^3）作为依据，从而确定设计干密度 γ_d（t/m^3），其计算式（5-20）如下：

$$\gamma_d = m\gamma_{dmax} \tag{5-20}$$

式中：m——施工条件系数，一般 I、II 级坝及高坝取值 $0.97 \sim 0.99$，中低坝取值 $0.95 \sim 0.97$。

采取该方法适用于多数黏性土料。然而，因为土料的塑限含水量、黏粒含量不同，对压实度都会有一定的影响作用。

②施工含水量：是指由标准击实条件时的最大干表观密度确定，但最大干表观密度对应的最优含水量是一个点值。而实际天然含水量总是在某一范围内变化，为适应施工作业要求，必须围绕最优含水量规定一个含水量的上下限范围。

（2）非黏性土料压实施工标准。砂土与砂砾石非黏性土料是以相对密度 D_r 为压实控制指标；而石渣或堆石体则可用孔隙率作为压实指标。非黏性土料压实程度与颗粒级配及压实功能关系密切，一般采用相对密度 D_r 来表示，其计算式（5-21）如下：

$$D_r = \frac{e_{max} - e}{e_{max} - e_{min}} \tag{5-21}$$

式中：e_{max}——非黏性土料的最大孔隙比；

e_{min}——非黏性土料的最小孔隙比；

e——设计孔隙比。

（3）相对密度与干表观密度换算。在建设施工现场采用相对密度来控制施工质量不太方便，通常将相对密度转换成对应的干表观密度 γ_d 进行控制，其大小按非黏性土料不同的砾石含量分别确定不同标准。其换算式（5-22）如下：

$$\gamma_d = \frac{\gamma_1 \gamma_2}{\gamma_2 (1 - D_r) + \gamma_1 D_r}$$ (5-22)

式中：γ_1、γ_2——分别为土料极松散和极紧密时的干表观密度（t/m³）。

在填方工程施工中，一级建筑物可取 $D_r = 0.7 \sim 0.75$，二级建筑物可取 $D_r = 0.65 \sim 0.7$。

4.2.4 压实土料施工技术与管理参数确定

在确定土料压实参数前必须对土料场进行充分调查，全面掌握各土料场土料的物理力学指标，在此基础上选择具有代表性的料场进行现场试验，作为施工技术与管理过程的控制参数。当所选料场土性差异较大时，应分别进行碾压试验。如试验不能完全与施工现场条件吻合，在确定压实标准的合格率时，应略高于设计标准。

（1）压实参数。土料填筑压实参数主要包括碾压机具的重量、含水量、碾压遍数及铺土厚度等，对于振动碾压还应包括振动频率及行走速率等。

（2）压实试验方法。在实施压实试验前，应选择具有代表性的料场，通过理论计算并参照已建类似工程经验，初选几种碾压机械和拟定几组碾压参数，采用逐步收敛法进行试验。先以室内试验确定的最优含水量进行现场试验。

逐步收敛法是指固定其他参数，变动 1 个参数，通过试验得到该参数的最优数值。再将优选的此参数和其他参数固定，再变动另 1 个参数，用试验确定其最优值。以此类推，得到每个参数的最优值。待各项参数选定后，用选定参数进行复核试验。若试验结果满足设计、施工技术要求，便可作为现场使用的施工碾压参数。

①黏性土料含水量：黏性土料压实含水量可取 $w_1 = w_p$（1+2%）、$w_2 = w_p$、$w_3 = w_p$（1-2%）3 种进行试验。W_p 为土料的塑限。

②铺土厚度和碾压遍数：试的铺土厚度和碾压遍数应根据所选用碾压设备型号确定。试验测定相应的含水量和干表观密度，作出对应关系曲线，如图 5-17。根据上述关系，再作出铺土厚度、压实遍数与最大干表观密度、最优含水量关系曲线（图 5-18）。

从图 5-18 曲线中，依据设计干表观密度 γ_d，可以分别查出不同铺土厚度所需的碾压遍数 a、b、c 及其相对应的最优含水量 d、e、f。然后再以单位压实遍数的压实厚度进行比较，即比较 h_1/a、h_2/b、h_3/c，其中单位压实遍数的压实厚度最大者为最经济合理耐碾压遍数。

③非黏性土料试验：非黏性土料含水量的影响不如黏性土显著，只需作铺土厚度、相对密度（或干表观密度）与压实遍数的关系曲线，如图 5-19。

根据设计要求的相对密度 D_r，求出不同铺土厚度的压实遍数 a、b、c，然后比较 h_1/a、h_2/b、h_3/c，其最大值即为经济的铺土厚度和压实遍数。最后再结合施工情况，综合分析选定铺土厚度和压实遍数。

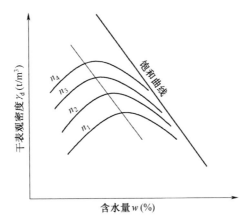

图 **5-17** 不同铺土厚度、不同压实遍数土料含水量和干表观密度的关系曲线

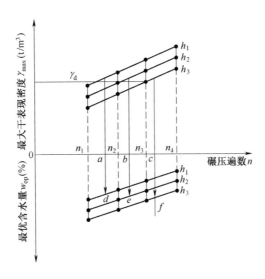

图 **5-18** 铺土厚度、压实遍数、最优含水量和最大干表观密度的关系曲线

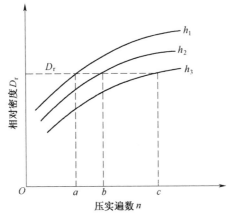

图 **5-19** 非黏性土的不同铺土厚度、相对密度与压实遍数关系曲线

5   土方工程冬雨季零缺陷施工技术与管理

土方工程冬雨季施工,特别是黏性土料的冬雨季施工,常常会对施工作业造成很多困难。它不但极大地减少有效工作日,还延缓施工进度。若施工作业措施不当,也易造成施工质量隐患。因此,采取经济、合理、有效的技术与管理措施零缺陷实施冬、雨季作业很有必要。

5.1   土方工程冬季零缺陷施工技术与管理

冬季土方工程施工的主要问题在于:土的冻结使其强度增高,不易压实;冻土的融化将会降低土体强度与土坡的稳定性;处理不妥将使土体产生渗漏与塑流滑动。当日平均气温低于0℃时,黏性土料应按低温季节施工标准作业;当日平均气温低于-10℃时,一般不宜填筑土料,否则应进行技术经济论证。

在低温季节实施土方工程施工,采取零缺陷施工技术与管理措施有防冻、保温等。

5.1.1   防冻

防冻是指在负温下施工时使土料不冻结。实践表明,含水量低于塑限的黏性土料及含水量低于4%~5%的砂砾料,可在负温不太低时,较长时间不冻结。因此,当负温不太低时,用具有正温的土料在露天填筑,只要控制住含水量,加快施工作业速度,就有可能在土料冻结之前填筑作业完毕。其具体施工技术与管理的3项措施如下所述。

(1)降低土料的含水量。对砂砾料,在入冬前应挖排水沟和截水沟以降低地下水位,使砂砾料含水量降到最低限度;对黏性土,将含水量降到塑限的90%。土料中不得夹有冰雪;在未冻结的黏土中,允许含有少量直径小于5cm的冻块,但不能在填土中集中,其允许含量与土温、土料性质、压实机具和压实标准相关,需通过试验确定。

(2)降低土料的冻结温度。在土料中掺入防冻材料,可有效降低土料的冻结温度。加拿大肯尼坝在斜墙填筑时,土料中掺入1%的食盐,在-12℃低温下,填筑施工仍能继续作业。

(3)保证施工连续作业和快速施工。应采用严密的施工组织管理,严格控制施工速度,保证土料在运输、填筑过程中热量损失最小,并及时清除冻土,在下层土未冻结前迅速覆盖上一层,在土料未冻结之前填筑完毕。高度机械化施工作业,特别是压实过程采用重碾与夯击机械,保证快速施工,是土料冬季压实作业的有效技术与管理手段。

5.1.2   保温

保温也是为了防冻,但保温的特点在于隔热。以下是对土料实施保温的3种方法。

(1)覆盖保温材料。对采集面积不大的料场可覆盖树枝、树叶、干草、锯末等保温隔热。

(2)覆盖积雪保温。积雪是天然隔热保温材料,在土层上覆盖一定积雪起一定保温效果。

(3)松土保温。在寒潮来临前将料场表层翻松、击碎并平整至25~35cm厚度,利用松土内的空气来隔热保温。

总之,只要土料温度不低于5~10℃,碾压温度不低于2℃,均能保证土料的压实效果。

5.2   土方工程雨季零缺陷施工技术与管理

雨季黏土含水量太高,直接影响压实质量和施工进度,通常情况下应调整施工进度计划,尽量避免在雨季实施黏土施工作业。雨季土方工程零缺陷施工技术与管理措施如下。

（1）改造土料特性，使之适应雨季施工。改造土料特性是指通过在黏性土料中掺入砂砾石料，使黏土特性得到改变，以降低黏土对含水量的敏感性。土料中掺和砂石料是在料场中进行的，土料和砂砾石料相间平层铺填，可用自卸汽车分层进占或后退法铺土，铺成土堆。经过一定时间"闷土"后，使用正向铲挖掘机立面开采或推土机斜面开采，使土料混合均匀。砂砾料与黏土的掺和重量比一般为1∶1。

（2）改进施工方法。改造土料的改进措施，可采取以下3种方法进行改进施工作业。

①采用合理取土方式。对含水量偏高土料，用推土机平层松土取料，有利于降低含水量。

②采用合理堆存方式。晴天多采土料，加以翻晒后堆成土堆，以备雨天之用。土堆表面应压实抹光，以防止雨水渗入。

③增设防雨设施。对施工面积不大的作业场地，可以搭建防雨棚，保证雨天施工。搭建防雨棚要增加费用，还会给施工带来一定干扰。当雨量不大，历时不长时，可在降雨前迅速撤离施工机械，然后使用平碾或震动碾将铺土压成光面并留有排水坡度，以利排水。对来不及压实的松土面可用塑料薄膜等加以覆盖。

第二节
坡面水保工程措施的零缺陷施工技术与管理

坡面水土保持防护固定工程措施是控制坡面产生侵蚀的重要工程实体。坡面水保防护固定工程主要分为坡面排水工程、沟头防护工程与护坡工程。坡面排水工程用以排除雨季坡面产生的地表径流，防止顺坡冲刷，其施工防护措施主要是以建造截水沟、排水沟、沉沙池与蓄水池为主的地表排水工程。沟头防护工程分为蓄水型与排水型2类。护坡工程施工项目内容包括重力式挡土墙、水泥土墙、浆砌片护墙、锚固护坡工程以及采用抹（捶）面和勾、灌缝防护坡面的施工方法。土工网垫护坡、喷混植草护坡和液压喷播植草护坡是近年来出现的护坡方法，有较为实用的应用前景。

1　坡面排水工程零缺陷施工技术与管理

坡面水土保持工程排水措施是指对坡面地表实施的排水设施建设。在山地、丘陵区，坡面上地表排水工程分为截水沟、排水沟及其配套工程沉沙池与蓄水池，用以排除雨季坡面产生的地表径流，防止顺坡冲刷。通常结合山区道路、灌渠以及坡面蓄水工程布设。

排水型截水沟通常布设在梯田或林草地上方与荒坡的交界处，与等高线垂直布置，取1%～2%比降，排水型截水沟排水一端与坡面排水沟相接。

排水沟通常布设于坡面截水沟两端或较低一端，用以排除截水沟不能容纳的地表径流，排水沟终端与蓄水池或天然排水道相连。排水沟比降，应根据其排水去向位置而定，当排水出水口位置在坡脚时，排水沟大致与坡面等高线正交布设；当排水出口位置在坡面时，排水沟可基本沿等高线或与等高线斜交布设，各种布设均应铺筑草皮、石方衬砌措施，以防冲刷。

对位于梯田区两端的排水沟，要与坡面等高线正交布设，大致与梯田两端道路同向，土质排水沟应分段设置排水。排水沟纵断面可采取与梯田区大断面一致，以每台田面宽为一水平段，以每台田坎高为一跌水，在跌水处构筑防冲设施。

蓄水池布设在坡脚或坡面局部低凹处，与排水沟或排水型截水沟终端相连，以容蓄坡面排水。根据地形有利、岩性无裂缝暗穴及砂砾层等特点、蓄水容量大、工程量小、施工作业方便等条件确定。蓄水池的分布与容量，根据坡面径流总量、蓄排关系和建造省工、使用方便等原则确定。一个坡面的蓄排工程可集中布设一个蓄水池，也可分散布设若干个蓄水池，单池容水量数百方至数万方不等。

沉沙池布设于蓄水池进水口上游附近，排水沟或排水型截水沟排除的水量，先进入沉沙池，待泥沙沉淀后，清水排入池中。沉沙池位置，根据地形与工程建设条件确定，可以紧靠蓄水池，也可与蓄水池保持一定距离。

1.1　截水沟与排水沟的零缺陷施工技术与管理措施

（1）施工放样。根据规划设计截水沟与排水沟的布置路线，严格施工放样，定准施工线。

（2）沟道施工。根据截水沟与排水沟的设计断面尺寸，沿施工线实施挖沟与筑埂。筑埂填方时应将地面清理耙毛后均匀铺土，每层厚约20cm，夯实后约15cm，对沟底、沟埂薄弱之处应采取加固处理措施。

（3）沟道出水口处理。在截水沟与排水沟的出水口衔接处，要铺设草皮或做石料衬砌防冲设施。在每道跌水处，应按设计要求进行专项施工。石料衬砌式跌水，其施工要求料石、较平整块石的厚度不小于30cm，接缝宽度不大于2.5cm。同时应做到：砌石顶部要平，每层铺砌要稳，相邻石料要靠得紧，缝间砂浆要灌饱满，上层石块必须压住下层石块的接缝等。

1.2　蓄水池与沉沙池的零缺陷施工技术与管理要点

（1）应根据规划位置与设计尺寸实施开挖作业。对于需做石料衬砌的部位，开挖尺寸应预留石方衬砌位置。

（2）池底缺陷处理。若池底有裂缝或其他漏水隐患等问题，应及时处理，并完善清基夯实作业，然后再实施石方衬砌。石方衬砌要求同砌石施工技术与管理要求。

2　沟头防护工程零缺陷施工技术与管理

构筑沟头防护工程是为了保护沟头，制止沟头溯源侵蚀、下切侵蚀与横向侵蚀而建设的工程措施。其主要作用是制止坡面暴雨径流由沟头进入沟道或使之有控制地进入沟道，从而制止沟头前进，保护地面不被沟壑切割造成破坏。

建设沟头防护工程的重点位置是：沟头以上有坡面集流槽，暴雨中坡面径流由此集中泄入沟头，引起沟头剧烈前进的地块。沟头防护工程大体上分为蓄水型与排水型2大类。

2.1　蓄水型沟头防护工程的零缺陷施工技术与管理

当沟头以上坡面来水量较小，沟头防护工程可以全部拦蓄时，可采用蓄水型沟头防护工程。

蓄水型又分为 2 种：一种为围埝式沟头防护工程，指在沟头以上 3～5m 处，围绕沟头修筑土埝，以拦蓄上方来水，阻止径流进入沟道；另一种为围埝蓄水池式沟头防护工程，是指当沟头以上来水量仅靠围埝不能全部拦蓄时，在围埝以上的邻近低洼处，修建蓄水池，以拦蓄坡面部分来水，配合围埝，共同防止径流进入沟道。

（1）围埝式沟头防护工程施工技术与管理措施。采取下述 3 种措施进行沟头防护施工。

①依据设计要求，确定一道或几道围埝位置、走向，并放线。

②清基作业，沿埝线上下两侧各宽约 0.8m，清除其地面范围内的杂草、树根、石砾等杂物。

③开沟取土筑埝，分层夯实，埝体干容重达 1.4～1.5t/m³。沟中每 5～10m 修筑一小土挡，以防止水流集中造成冲刷。

（2）围埝蓄水池式沟头防护工程施工技术与管理措施。依据围埝蓄水池式沟头防护工程设计要求，确定蓄水池位置、形式与尺寸，放线后即可开挖实施作业。

2.2　排水型沟头防护工程的零缺陷施工技术与管理

当沟头以上坡面来水量较大，蓄水型防护工程不能全部拦蓄，或由于地形、土质限制，不能采用蓄水型时，应设计采用排水型沟头防护。排水型分为以下 2 种。

第一种为跌水式沟头防护工程，指当沟头陡崖、陡坡高差较小时，用浆砌块石修筑成跌水，下设消能设备，使水流通过跌水安全进入沟道。

第二种为悬臂式沟头防护工程，是指当沟头陡崖较大时，木制水槽、陶瓷管、混凝土管悬臂置于土质沟头陡坎之上，把来水挑泄下沟，沟底设置消能设施。

（1）跌水式沟头防护工程施工技术与管理措施。跌水式沟头防护工程施工技术与管理的措施，可参照"溢洪道施工技术与管理方法"。

（2）悬臂式沟头防护工程施工技术与管理措施。悬臂式沟头防护工程施工包括挑流槽施工与支架施工，其技术与管理的 5 个要点如下。

①使用木制料做挑流槽与支架时，应对木料作防腐处理。

②挑流槽置于沟头上地面处，应先挖开地面深 0.3～0.4m，长宽各约 1.0m，埋 1 块木板或水泥板，将挑流槽固定在板上，再用土压实，并用树根木桩铆固在土中，以保证其牢固。

③木料支架下部扎根处，应浆砌石料，石上开孔，将木料下部插于孔中后固定；扎根处必须保证不因雨水冲蚀而动摇。

④浆砌块石支架，应彻底清基。座底 0.8m×0.8m 至 1.0m×1.0m，逐层向上缩小。

⑤在设置筐内装石的消能设备时，应先向下挖深 0.8～1.0m，然后放进筐石。

3　护坡工程的零缺陷施工技术与管理

对暴露于大气中受雨水、温度、风等自然因子反复作用的石质与土质边坡面、天然沟堑、土石壁等，为了避免出现剥落、碎落、冲刷和表层土溜坍等破坏，必须采取一定措施对坡面加以防护。对于坡度陡峭、有滑坡危险的土质、岩石坡面，可修筑挡土墙、坡面护墙进行防护；对于岩石风化、裂隙发育的坡面，可采用抹面、捶面、锚固喷浆、勾灌缝等工程防护措施。此外，近年来开始应用工程与植物相结合的喷混植草护坡和液压喷播植草护坡技术。

3.1   挡土墙零缺陷施工技术与管理

3.1.1   挡土墙型施工种类

常用挡土墙结构形式分为重力式、悬臂式、扶臂式、锚杆及加筋挡土墙等种类。应根据工程建设需要、土质状况、材料供应、施工技术与管理以及造价等因素进行合理选择。

（1）重力式挡土墙。是指由块石或混凝土材料砌筑而成，墙身截面积较大的建筑物。根据墙背倾斜程度可分为倾斜、直立与俯斜 3 种，如图 5-20（a）、（b）、（c）。墙高通常小于 8m；当墙高 $h=8\sim12m$ 时，宜采用衡重式，如图 5-20（d）。重力式挡土墙依靠自重抵抗土体压力引起的倾覆弯矩，其结构简单、施工方便，可就地取材，在水土保持坡面防护工程中最为常用。

（2）悬臂式挡土墙。其由钢筋混凝土构造，墙的稳定主要依靠墙踵悬臂以上的土体重量维持。墙体内设置钢筋承受拉应力，故此墙身截面积较小，如图 5-21。适用于墙壁高于 5m，地基土质差，建设工地及周边地区缺乏石料等情况。

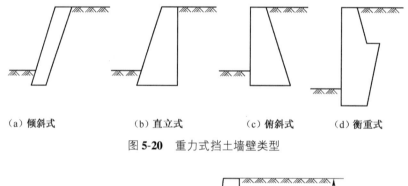

|（a）倾斜式|（b）直立式|（c）俯斜式|（d）衡重式|

图 5-20   重力式挡土墙壁类型

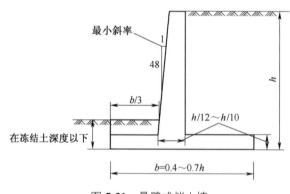

图 5-21   悬臂式挡土墙

3.1.2   重力式挡土墙施工技术与管理要点

（1）应根据现场环境条件综合因素确定挡土墙型。合理选择挡土墙型对所建设挡土墙的安全、经济性有着重大影响作用。应根据使用要求、地形与施工现场等条件综合考虑确定。通常挖坡建墙宜采用倾斜式，其土体压力小，且墙背可与边坡紧密贴合；填方地区则可选用直立或俯斜式，以便于施工作业时使填土夯实；而在山坡上建墙，则适宜使用直立式。墙背仰斜时其坡度不宜缓于 1∶0.25（高宽比），且墙面应尽量与墙背平行。

（2）挡土墙墙顶宽度与墙基埋深尺寸施工要求。挡土墙墙顶宽度，对于一般石挡土墙不应小于 0.5m，对于混凝土挡土墙最小可为 0.2~0.4m。当挡土墙抗滑稳定性指标难以满足时，可将基底做成逆坡，通常坡度为 0.1~0.2：1.0，如图 5-22（a）；当地基承载力难以满足时，墙趾宜设台阶，如图 5-22（b）。挡土墙基底埋深不应小于 1.0m（如基底倾斜，基础埋深从最浅处计算）；冻胀类土不小于冻结深度以下 0.25m，当冻结深度超过 1.0m 时，基础深不少于 1.25m，但基底必须填筑一定厚度的砂石垫层；岩石地基应将基底埋入未风化的岩层内，嵌入深度随基岩石质的硬度增加而降低。重力式挡墙基底宽与墙高之比为 1：2~3。

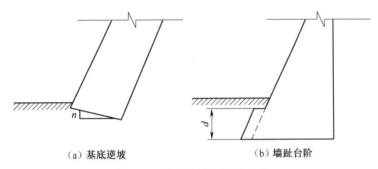

（a）基底逆坡　　　　　　　　（b）墙趾台阶

图 5-22　基底逆坡与墙趾台阶

（3）挡土墙设置泄水孔施工要求。挡土墙应设置泄水孔，其间距宜取 2.0~3.0m，其上下左右交错成梅花状布置；外斜坡度为 5%，孔眼直径尺寸不宜小于 100mm 的圆孔或边长为 100~200mm 的方孔。墙后要设置反滤层与必要的排水暗沟，在墙顶地面宜铺设防水层。当墙后有山坡时，还应在坡脚下设置截水沟，将可能流过的地表水引离。

（4）墙后填土宜选择透水性较强的填料。当采用黏性土作填料时，宜掺入适量碎石。在季节性冻土地区，墙后填土应选用炉渣、碎石、粗砂等非冻胀性填料。挡墙每隔 10~20m 设置 1 道伸缩缝。当地基有变化时宜加设沉降缝。在拐角处应适当采取加强的构造措施。对于重要且高度较大的挡土墙，不宜采用黏性填土。墙后填土应分层夯实，注意填土质量。

3.1.3　浆砌片石护墙施工技术与管理

浆砌片石护墙是天然坡面、边坡与路基边坡防护中采用最多的一种防护措施，它能防止比较严重的坡面变形，适用于各种土质边坡、易风化剥落与较破碎的岩石边坡。坡面护墙形式分为实体式、窗孔式与拱式 3 种。

（1）实体护墙。指多用于墙厚为 0.5m 等截面形式，墙高较大时可采用底厚顶薄的变截面，顶宽 0.4~0.6m，底宽为顶宽加 $H/20~H/10$（H 指墙高）。

（2）窗孔式护墙。常采用半圆拱形，高 2.5~3.5m，宽 2~3m，圆拱半径 1~1.5m；窗孔内可采取干砌片石、植草或捶面防护，如图 5-23（a）。

（3）拱式护墙。适用于边坡下部岩层较完整而上部需防护的状况，拱跨约采用 5m，如图 5-23（b）。其护墙施工技术与管理要点是：①坡面平整、密实，线形顺适，局部若有凹陷处，应挖成台阶并用与墙身相同的圬找平。②墙基坚实可靠，并埋至冰冻线以下 0.25m，当地基软弱时，应采用加深、加强措施。③墙面及两端面砌筑平顺，墙背与坡面密贴结合，墙顶与边坡间隙应封严；局部墙面镶砌时，应切入坡面，表面与周边平顺衔接。④砌体石质坚硬，浆砌砌体砂浆与干砌咬扣均必须紧密、错缝，严禁近缝、叠砌、贴砌与浮塞，砌体勾缝牢固美观。⑤每隔 10~

15m宜设1道伸缩缝，伸缩缝要用沥青麻丝填缝；泄水孔后需设反滤层。

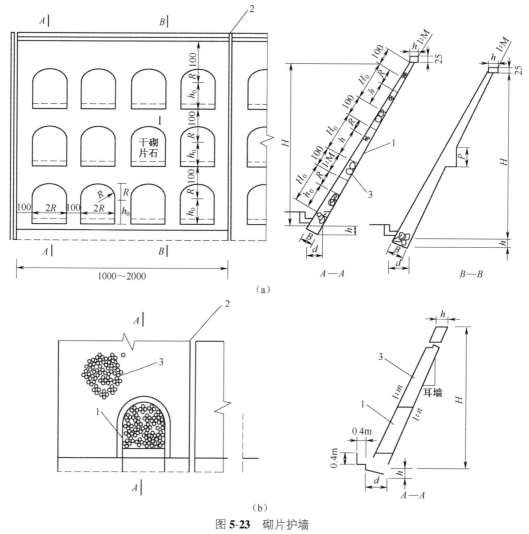

图5-23　砌片护墙

（a）窗孔式墙；（b）拱式护墙

1—干砌片石；2—伸缩缝；3—浆砌片石

3.2　锚固护坡工程零缺陷施工技术与管理

（1）土钉支护概念及其施工技术。水土保持工程项目建设施工采取的锚固护坡工艺也称为土钉支护，是以土钉（加固或同时锚固原位土体的细长杆件）作为主要受力构件的边坡支护技术。它由密集土钉群、被加固原位土体、喷射混凝土面层和必要的防水系统组成，又称为土钉墙。通常采取土层中钻孔，置入钢筋并沿孔全长注浆的方法，土钉依靠与土体之间界面黏结力或摩擦力，在土体发生变形的条件下被动受力，主要是受拉力作用。

（2）土钉支护特点。土钉支护具有的5项特点：①施工材料用量与工程量少，施工速度快；②施工作业设备与操作方法简单；③施工操作场地较小，对环境特别是对景观干扰小，适合在城市地区施工；④土钉与土体形成复合主体，提高了边坡整体稳定性和承受坡顶荷载能力，增强了土体破坏的延性；⑤土钉支护适用于位居地下水位以上的砂土、粉土、黏土等土体。

（3）土钉支护作用机理。土钉墙是由土钉锚体与坡面或边坡侧壁土体形成的复合体，土钉锚体由于本身具有较大的刚度与强度，并在其分布空间内与土体组成了复合体的骨架，起到约束土体变形的作用，弥补了土体抗拉强度低的缺点，与土体共同作用，可显著提高坡面侧壁的承载能力与稳定性。土钉与坡面或边坡侧壁土体共同承受外荷载和自重应力，土钉起着分担作用。土钉具有较高的抗拉、抗剪强度和抗弯刚度。当土体进入塑性状态后，应力逐渐向土钉转移；当土体开裂时，土钉内出现弯剪、拉剪等复合应力，最后导致土钉锚体碎裂，钢筋屈服。由于土钉的应力分担，应力传递与扩散作用，极大地增强了土体变形的延性，降低了应力集中程度，从而改善了土钉墙复合体塑性变形和破坏状态。喷射混凝土面层对坡面变形起到约束作用，约束力取决于土钉表面与土体的摩擦阻力，摩擦阻力主要来自复合土体开裂区后面的稳定复合土体。总而言之，土钉墙体是通过土钉与土体的相互作用实现其对基坑侧墙的支护作用。

（4）土钉支护施工工艺。土钉支护施工的工艺是：定位→钻机就位→成孔→插钢筋→注浆→喷射混凝土。

①土钉采用直径16~32mm的螺纹钢筋，与水平面夹角通常为5°~20°；长度在非饱和土体中宜为坡面深度0.6~1.2倍，软塑黏性土体中宜为坡面深度1.0倍；水平间距与垂直间距相等且乘积应不大于6m²，非饱和土体中为1.2~1.5m，坚硬黏土或风化岩中可为2m，软土体中为1m；土钉孔径为70~120mm；注浆强度不低于10MPa。

②成孔钻机可采用螺旋钻机、冲击钻机、地质钻机，按规定实行钻孔施工作业。螺纹钢筋应除锈并保持平直。注浆可采用重力、低压（0.4~0.6MPa）或高压（1~2MPa）方式，水平孔应采用低压或高压注浆方法。注浆用水泥砂浆，其配合比为1∶3或1∶2，用水泥浆则水灰比为0.45~0.5。

③面层采用喷射混凝土，强度等级不低于C20，水灰比为0.4~0.45，砂率为45%~55%，水泥与砂石质量比为1∶4~4.5，粗骨料最大粒径不得大于12mm，配置钢筋网采用直径6~10mm钢筋，间距150~300mm，厚度80~200mm。喷射混凝土顺序应自下而上，喷射分2次作业实施。第1次喷射后铺设钢筋网，并使钢筋网与土钉牢固连接；喷射第2层混凝土要求表面湿润、平整，无干斑或滑移流淌现象，待混凝土终凝后2h，浇水养护7d。土钉与混凝土面层必须有效地连接成整体，混凝土面层应深入基坑底部不少于0.2m。

3.3　抹捶面护坡零缺陷施工技术与管理

抹面与捶面适用于易风化但表面比较完整、尚未剥落的页岩、泥岩、泥灰岩、千枚岩等软质岩石层边坡。抹捶面材料常用石灰炉渣混合灰浆、石灰炉渣三合或四合土及水泥石灰砂浆。其中三合与四合土需用人工捶夯，故称为捶面。抹捶面材料配合比应经试抹、试捶确定，以保证能够稳定地密贴于坡面。抹捶面作业之前，应对坡面上的杂质、浮土、松动石块及表面风化破碎岩体等清除干净，当有潜水露出时，应作引水或截流处理，岩体表面要冲洗干净，表面要平整、密实、湿润。抹面宜分2次实施作业，底层抹全厚的2/3，面层1/3。捶面应经拍捶打使其与坡面紧贴，并做到厚度均匀、表面光滑。对较大面积抹捶面作业时，应设置伸缩缝，其间距不宜超

10m，缝宽1~2cm，缝内使用沥青麻筋或油毛毡填塞紧密。抹面表面可涂沥青保护层，以防止抹面开裂和提高抗冲蚀能力。对抹捶面周边必须严格封闭；如在其边坡顶部作截水沟，沟底及沟边也应采取抹捶面作业防护措施。

3.4 勾、灌缝护坡零缺陷施工技术与管理

勾缝、灌缝防护措施适用于岩体节理虽较为发育，但岩体本身较坚硬且不易风化的路堑边坡。岩体节理多而细者，可用勾缝；缝宽较大者宜用混凝土灌缝。在勾、灌缝前，要对岩体表面冲洗干净，勾缝水泥砂浆应嵌入缝中，较宽缝可用体积比为1：3：6或1：4：6小石子砂浆振捣密实，灌满至缝口抹平。缝较深时，采用压浆机灌注。

3.5 土工合成材料护坡的零缺陷施工技术与管理

（1）土工网垫护坡零缺陷施工技术与管理。土工网垫又称三维植被网，是指采用聚乙烯、尼龙或聚丙烯线以一定的方式绕成的柔性垫，具有敞式结构，孔隙率大于90%，厚度为10~30mm。施工时将土工网垫铺设于需要保护土坡上，一般沿最大坡度线铺放，在坡顶距坡肩300mm处设锚沟，埋深300mm，并沿坡面用竹钉或木钉固定。在铺设后的垫上撒播种植土、草籽与肥料，以填充垫空隙。采用这种护坡措施可以有效降低雨滴能量，防止降雨引发冲沟造成危害，并有利于植物生长，如图5-24。由于土工网垫对植物根系的加筋作用，其允许径流流速是普通草皮护坡的2倍，对暴雨形成的顺坡冲刷起到有效的防冲抗蚀作用。

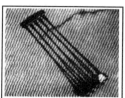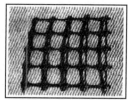

（a）高强塑料点接土木格栅　　（b）单向塑料土工格栅　　（c）塑料(PP)双向拉伸格栅　　（d）经编复合格栅

图5-24 不同类型的土工护坡材料

（2）土工绳网护坡零缺陷施工技术与管理。土工绳网由聚丙烯绳或黄麻绳制成，其产品绳径为5mm，开口为15mm×15mm，其开口面积比约为60%，即40%坡面被网直接保护。施工时将土工绳网铺设在坡面上，因地制宜地实行适当固定。土工绳网对土坡起到加筋固定作用，同时对坡面径流产生较大阻力，减缓了流速，增加了土壤入渗，以控制坡面侵蚀。可在绳网网格内栽种植被，网格下土壤水分条件的改善还可以促进植被生长，如图5-25。

3.6 植被防护工程零缺陷施工施工技术与管理

植被防护是指在边坡上种植草丛、树木，以减缓边坡水流速度，利用植物根系固结边坡表层土壤以减轻冲刷，从而达到保护边坡目的。植被防护工程措施的主要防护功能及其优点，是对于浅层土壤流失或轻度侵蚀之地，采用生物工程措施整治，不但可以解决斜坡稳定性问题，而且节省投资。边坡植物防护技术分为植草、植草皮、植树，喷播生态混凝土，栽藤和在框架内植草护

图 **5-25** 不同类型的土工网绳

坡等多种。在此仅介绍 3 种植被防护工程零缺陷施工技术与管理的方法。

3.6.1 铺草皮

（1）坡面铺设草皮作业技术与管理要点。铺草皮的生态作用与种草防护相同，但它收效快，适用于边坡较陡与冲刷较重（容许流水速度 <1.8m/s）的坡面。草皮应挖成块、带状，块状草皮尺寸为 20cm×25cm、25cm×40cm、30cm×50cm 3 种；带状草皮宽为 25cm，长 2~3m；草皮厚度一般为 6~10cm，干旱、炎热地区可增加至 15cm。铺草方式有如图 5-26 的平铺、平铺叠置、方格式与卵（片）石方格式 4 种。

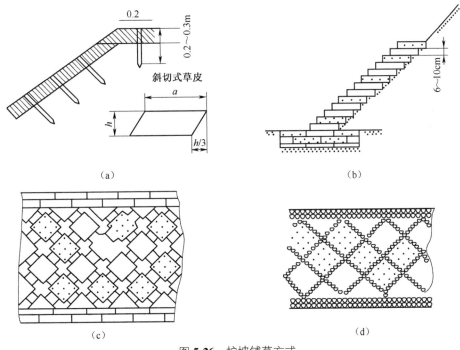

图 **5-26** 护坡铺草方式

（a）平铺草皮；（b）平铺叠置草皮；（c）方格式草皮；（d）卵（片）石方格草皮

（2）在坡度大于 1∶1.5 的坡面上铺设草皮作业时，每块草皮钉 2~4 根竹尖或木尖桩，以防止其下滑。卵石方格草皮中作为骨架的卵（片）石应竖栽，埋深 15~20cm，外露 5~10cm，条带宽约为 20cm。在铺设草皮之前，将坡面挖松整平，如有地下水露头，应设置排水设施。

3.6.2 喷混植草护坡

喷混植草是指将含有草种有机质混凝土喷在岩石坡面上，以此来达到既防护边坡又恢复植被的施工作业技艺。该方法首先在岩石坡面上打锚杆并挂上镀锌机编网以防护边坡，然后在网上依序喷上总厚度为 6~10cm 的 2 层有机植生土，第 1 层侧重于防护作用，第 2 层侧重于植生作用，使坡面形成一个有机整体。此后经过一段时间的养护后，从有机质混凝土中生长出的草被植物将会覆盖整个坡面，很快就能够达到生态防护目的。

喷混植草护坡施工技术与管理要点是：

（1）清理整平坡面。按设计坡度、坡高、平整度实施修整坡面作业，人工清理坡面浮石、浮土等，并且做到经处理后的坡面斜率一致、平整，无大的突出石块与其他杂物存在。

（2）安装锚杆作业。应先放样，长短锚杆交错排列，横向间距 1m，纵向间距 2m。然后使用风钻或电钻钻孔，钻孔深度与锚杆长度相同；将锚杆插入孔内，杆头伸出坡面 6~8cm，以便于挂网，然后用水泥砂浆将锚杆孔内灌满填实。

（3）安装植生带。植生带是使用 PE 网包裹植物纤维与固态长效性肥料的长条袋子。将已灌制完毕的植生带固定在岩石上，然后将镀锌机编网披覆在植生带与基岩上，利用主锚钉钉固使网伏贴在岩石坡面上。

（4）喷射有机基材与草籽。分为 2 层进行喷射作业。

第 1 层喷混：以抗冲击强度 C2.5~C5 为控制指标。将植生混合料拌匀后，采用喷浆机将植生混合料喷布在敷设有镀锌机编网植生带的岩石坡面上，使植生混合料全面包覆在整个岩石坡面和植生带外表面。

第 2 层喷混：以强制植生绿化为目标。将拌匀后的植生混合料输入喷浆机，通过喷浆机将植生混合料喷布在第 1 层喷混上，并形成无数个小平台，使其有利于植物的快速生长。

（5）覆盖无纺布。采取以稻草席或单层无纺布覆盖在喷播作业后的坡面上，以保护其免受强风暴雨冲刷，同时还减少边坡表面水分的蒸发，从而进一步改善种子发芽、生长的环境。

（6）养护。应随时观察植物生长与天气状况，并实施洒水湿润、追施肥料等抚育作业。

3.6.3　液压喷播植草护坡

液压喷播植草护坡是国外近十多年新开发的一项边坡植物防护技术措施，是指将草籽、肥料、黏着剂、纸浆、土壤改良剂等按一定比例在混合箱内配水搅匀，通过机械加压喷射到坡面而形成植被护坡。其特点是：施工简单、速度快，工程造价低，适用性广。

第三节
治沟工程措施的零缺陷施工技术与管理

在水土流失侵蚀危害严重的山地、丘陵区，对沟道采取水土保持工程治理措施分为谷坊、淤地坝、拦沙坝等。它们的功能作用是抬高侵蚀基准，控制沟床下切、沟岸扩张与沟头前进，调节洪峰流量，蓄水拦沙，减轻洪灾，为沟道利用奠定基础。以下是土谷坊、碾压式土坝等治沟工程措施的零缺陷施工技术与管理方法。

1　土谷坊零缺陷施工技术与管理

1.1　谷坊种类

（1）谷坊具有的生态防护功能作用。谷坊适宜修建在沟底比降>5%、沟底下切剧烈发展的沟段，它是固定沟床的坝体建筑物。谷坊具有抬高侵蚀基准、防止沟底下切、抬高沟床、稳定坡脚、防止沟岸扩张、减缓沟道纵坡、降低山洪流速、减轻山洪与泥石流危害、拦蓄泥沙、使沟底逐渐台阶化等诸多作用。

（2）谷坊建设施工种类。谷坊分为多种类，按建筑材料分为土谷坊、石谷坊、植物谷坊、混凝土谷坊等。选择谷坊种类取决于地形、地质、材料、劳力、经济、防护目标和对沟道利用的远景规划等因素。在黄土丘陵区宜修筑土谷坊与植物谷坊；若当地有充足石料，可修筑石谷坊；对于为保护铁路、居民点等有特殊防护要求的山洪、泥石流沟道，则需设计、建造坚固永久性谷坊，如混凝土谷坊等。

（3）谷坊布设要求与施工季节。谷坊工程谷坊高度通常为2~5m，根据"顶底相照"的原则在沟道布设谷坊群。谷坊施工季节常选在枯水季末和早春农闲时节。

1.2　土谷坊施工技术与管理措施

实施土谷坊的施工作业工序是定线、清基、开挖结合槽、填土夯实、开挖溢洪口等。

（1）定线。根据规划测定的谷坊位置（坝轴线），按谷坊设计尺寸，在地面确定坝基轮廓线。

（2）清基。清基是指将轮廓线以内浮土、草皮、树根、乱石等全部清除，应清除深至10~15cm生土层，如基岩出露，可不进行清基。

（3）开挖结合槽。开挖结合槽的施工方法是，清基后，沿坝轴线中心，从沟底至两岸沟坡开挖结合槽，宽深各0.5~1.0m。要求槽底平整，谷坊两端各嵌入沟岸0.5m，若沟岸为光岩石，应对岩石凿毛使谷坊与沟岸紧密结合。

（4）填土夯实。挖好结合槽后，按谷坊设计规格填土，但填土前要先将坚实土层挖松3~5cm以利结合；再将土分层填入结合槽并分层夯实，每层填土厚度0.25~0.30m，夯实至0.20~0.25cm，使土谷坊稳固地坐落在结合槽内；每层填筑时，将夯实土表面刨松3~5cm，再填新土夯实，要求干容重1.4~1.5t/m³；边填筑，边收坡，内、外侧坡要随时拍实。对用于修筑谷坊的土料，干湿度要适合，即抓一把土用手可捏成团，轻轻从手心里掉到地上又能撒开。

（5）开挖溢洪口。在谷坊一端，选择土质坚硬或有岩石的地方开挖出水口与谷坊坝脚的距离，以洪水不冲淘谷坊坝脚为原则。若地基为土质，应用砖、石或草皮砌护，防治洪水冲刷。

（6）土谷坊建成后的养护措施。为保护土谷坊安全，延长其使用年限，应与植物措施结合，在土谷坊外侧植树种草；要经常检查土谷坊，在其淤满后要加高谷坊。

2　碾压式土坝零缺陷施工技术与管理

碾压式土坝坝体的施工作业工序是施工导流、坝基开挖与处理、土料开采与运输、坝面土料铺填与压实、坝体排水棱体修筑、护坡与坝顶工程等。施工导流是指在河床上实施工程施工时，为了创造有利施工条件，需要在施工场地周围修筑临时性挡水坝，即围堰，继而把河水引向预先修建的泄水建筑物泄向下游。坝基开挖从广义而言，它也是坝基处理的一部分作业内容，但需要注意坝体与基础，坝体与两岸的接合；土坝基础防渗处理主要是指采用混凝土防渗墙。土料开采与运输的组织直接影响坝体的上坝土方量，与坝体能否按期填筑到设计高程关系密切，因此，采取适地适技的挖运机械，并实行科学的配套组合，对坝体建设施工意义重大。坝面土料铺填与压实关系到坝体的施工质量，在填筑土料同时，还应注意接坡、接缝等施工技术与管理问题，以保证土坝填筑的整体质量。

2.1　土坝坝体零缺陷施工技术与管理

碾压式土坝坝体施工工序分为准备作业、基本作业、辅助作业与附加作业。

①准备作业。指平整场地、修筑道路、架设电力、通讯线路、敷设用水管路，以及修建临时用房及基坑排水、清基等工作。

②基本作业。料场土料开采、挖、装、上坝过程的运输，坝面土料卸铺，平土与逐层压实等。

③辅助作业。清除料场的覆盖层、杂物，降低地下水、控制土料含水量的加水与翻晒，坝面刨毛与松土等，为基本作业创造良好的施工条件。

④附加作业。修整坝坡、铺石护面与铺植草皮等，以保证坝体长期安全运行。

2.1.1　筑坝料场规划与料场取料施工技术与管理

（1）筑坝料场规划。料场规划是指在对料场进行全面调查的基础上，从空间、时间、质与量等方面合理计划与安排，以确保施工进度与施工质量。

空间规划：是指对料场的位置、高程进行合理布置，高料高用，低料低用，使土料的上坝运距尽可能缩短，尽量重车下坡，以减少垂直运输。但料场若布置在坝体轮廓线 300m 以内，则会影响主体工程的防渗和安全，且与上坝运输相干扰，故应避免。坝体工程的上下游、左右岸最好都要选有料场，以便在高峰作业时，扩大上料工作面，减少施工干扰。料场的位置还应利于排除地表水和地下水。

时间规划：指安排土料使用的时间顺序，宜本着就近料场和上游易淹的料场先用，远处料场和下游不易淹的料场后用；含水量高的料场旱季用，含水量低的料场雨季用的原则。

料场质与量规划：它是料场规划最基本的内容，也是决定料场取舍的重要前提。在选择和规划使用料场时，应对料场的地质成因、产状、埋深、储量及各种物理力学指标（如容重、含水量、料的成分、颗粒级配、凝聚力及内摩擦角等）进行全面勘探和实验，以便安排施工过程中各个阶段不同部位所需的适宜料场。因此，除料场的总储量应满足建造坝体的要求外，而且还应满足各施工阶段最大上坝强度的需要。一般应设有主要料场和备用料场。主要料场要质量好、储量大，开采集中，距坝址较近，同时有利于常年开采。备用料场一般设在淹没区范围以外，以便当主要料场被淹、土料过湿或其他原因造成主要料场不能使用时而使用备用料场，以保证开采、填筑作业工序的正常进行。主要料场总储量应比设计总方量多 50% ~ 100%，备用料场的储量应为主要料场总储量的 20% ~ 30%。

根据以上原则可制定工程料场规划，见表 5-8。表 5-8 可与坝体不同填筑部位所用料场示意图（图 5-27）结合使用。

表 5-8　×××工程料场规划

料场编号	料场名称	地点	距坝距离（km）	埋深（m）	面积（m²）	储量（m³）	使用时间
①							
②							
③							
④							
⑤							
…							

（2）筑坝取料施工技术与管理。其措施是清理、排水、开挖方法与土料含水量控制等。

料场清理是指采取伐木、除草、剥弃表层腐殖土等作业。料场排水的原则是"截水与排水相结合，以截水为主"。对于地表水，应在采料高程以上修筑截水沟加以拦截，并采用明渠排水方式迅速排除。这些排水沟应随开挖高程的降低而降低，保持开挖期间排水不中断。

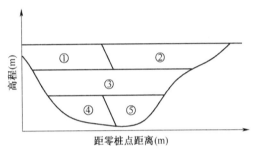

图 5-27　坝体不同填筑部位所用料场示意图

当地下水位较高时，需设井点实行人工降低地下水位。

土料场的开采分为立面开挖与平面开挖 2 种方法。立面开挖是指在很厚土层上分几个比较高的台阶进行开挖，此方法可使土料含水量蒸发损失小。平面开挖是指在大面积上实行的薄层开挖方式，这种方法有利于土料中水分的蒸发，适用于平坦开阔的料场。

土料含水量应与坝体压实要求的施工最优含水量一致，以保证压实质量。低含水量土料需要进行加水处理。土料加水要符合 2 个要求：一是使土料含水量达到施工含水量控制范围；二是使加水后的土料含水量保持均匀。常用的加水方法有分块筑畦埂灌水法、喷灌机灌水法与表面喷水法。

分块筑畦埂灌水法：是指将待加水的土料场分块筑畦埂，再向畦块内注水，停置 1 周后使用。该法适于加水量较多、料场较为平坦的情况。加水量可根据需要加水的土层厚度而定，通常 1cm 水深可湿润 6cm 土层。水在土中入渗速度随土质不同而异，一般约为 1m/d。

喷灌机灌水法：指采用农田灌溉的喷灌机进行喷灌水，适宜地形高差大的料场。为了保证喷灌效果，要保持天然地面不受扰动，以免破坏其渗透性。清理草皮等作业要待加水完毕后再实施。但灌水、养护需较长时间，才能保证加水均匀。

表面喷水法：采用水管在土场表面喷水，轮流对已加水土场实行开采。适用于土料稍干且面积较大的土场，以便对 1 个或几个土场大量喷水，并有足够的停置时间。施工作业时可随喷水辅以齿耙耕耘，使其混合均匀。当土料含水量超过施工控制含水量指标范围，需要采取降低含水量措施。

若土料稍湿，可采用分层开采、逐层晾晒、轮流开挖的办法；但若土料过湿，则采用翻晒方法，即利用气候条件，翻晒土料以降低含水量。实施土料翻晒施工时，应选择适宜场地，以满足翻晒、就地堆存、装运等作业要求。具体操作分为挖碎、翻晒、运堆 3 道施工工序。翻晒法分为人工翻晒法与机械翻晒法。

人工翻晒法：是指使用齿耙将土耙碎，坚硬黏土用铁锹切成厚 1~2cm 薄片，每层深度 10~20cm，挖后使其相互架空晾晒；待表层稍干即打碎成小于 2~3cm 土块，继续翻晒，表层稍干再用铁锹翻动 1 次；如此反复，直至含水量降低到施工控制含水量的指标范围为止。

机械翻晒法：指使用农用耕作机械，拖拉机牵引多铧犁，每层犁入深度 3~7cm，然后采用圆盘耙或钉齿耙将土块适当耙碎，并按时翻动，其台班产量可达 600m³。采用就地翻晒作业时，需分层取土、分层晾晒。

储备土料的土牛堆置方法：在翻晒时，宜当天翻晒当天收土，以免夜间吸水回潮。当土料含水量已降低到施工控制含水量指标范围后，除一部分运到坝上填筑外，对暂时不用土料，应在料区堆成土牛，并加以防护。土牛堆置方法是：土牛应堆置在易于排水的场地，周围开挖排水沟并便于堆土取土。其堆置形式与规格为高 3~5m、宽约 30m、长 60m，顶部排水坡度为 5%，下部边坡度以 1∶1 为宜。在堆土牛前，其底层应铺垫厚约 30cm 废料土块，以减少或防止毛细管上升的作用。土牛两侧边坡应及时平整，外铺含水量较高的天然土料，厚约 30cm，拍打密实。若拟作较长时间储备，可在其表面涂抹 3~6cm 厚的草筋泥浆，并使用麦草或稻草实行防护覆盖。

2.1.2 坝基清理施工技术与管理

坝基清理施工技术与管理内容是指筑坝范围内的基础清理、土坝防渗部分坝体与基础结合面的清理，前者关系土坝的稳定安全，后者关系土坝的防渗效果。其清理施工要点如下。

（1）表层较浅范围内自然容重小于 1.48kg/cm³ 的细砂与极细砂应予以清除；对于湿陷性黄土地基、细砂层地基、岸坡冲沟等某些特殊基础与岸坡，应按专门设计要求进行清理作业。

（2）表层所有树草、坟墓、乱石、地道、水井、淤泥及杂物等，均应彻底清除和填塞。

（3）对于坝基与岸坡开挖用于勘探的试坑，应把坑内积水与杂物全部给予清除，并用筑坝土料分层回填夯实。

（4）岸坡与塑性心墙、斜墙或均质坝体连接部位，均应清理至不透水层。对于岩石岸坡，其清理坡度不应陡于 1∶0.75；并挖成坡面，不得削成台阶形或反坡，也不可有突出变坡点；在回填前应涂 3~5mm 厚黏土浆（土水质量比为 1∶2.5~3）以利结合。如有局部反坡而削坡方量又较大时，可采用混凝土补坡处理。对于黏土或非湿陷性黄土岸坡，要求挖成不陡于 1∶1.5 的坡度。山坡与非黏性土连接部分，其清理坡度不得陡于岸坡土在饱和状态下的稳定坡度，并不得有反坡。

（5）坝壳范围内的岩石岸坡风化清理深度，应根据其抗剪强度决定，以保证保证坝体稳定。对于岩石坝基，只要其抗剪强度不低于坝壳区的抗剪强度或不会产生较大压缩变形，且地形上无特殊缺陷（如对不均匀变形不利），均可作为坝壳基础，不必开挖。对于心墙、斜墙与岩石基础、岸坡相连接处，必须清除强风化层。

（6）对于易风化敏感性土类，当清理后不能及时回填时，应根据土类性质预留保护层。

2.1.3　土坝填筑与碾压施工技术与管理

土坝坝体填筑要通过对土料的开采、运输、上坝压实等工序来完成。坝面修整施工由卸料铺土、平土、洒水、压实、质检等工序完成。对坝体碾压是修筑坝的关键工序。只有通过压实，才能使上坝松散土料达到设计干容重的要求，成为密实坝体，使土料力学与渗透性指标等达到设计要求，保证坝体建筑质量。

影响土料压实因素、压实机具的选择与压实参数试验确定，详见本章"第一节　土石方工程措施的零缺陷施工技术与管理"中的"4 土料压实零缺陷施工技术与管理"所述内容。坝体填筑应在清基后从最低洼处开始作业，应快速填出一个平整坝面，再将坝面划分成多个区段进行流水作业施工。由于分层填筑坝体的缘故，当土料运到坝面以后，要经过铺土、平土、压实等工序，才是完成 1 个填筑层施工。所以坝面上各施工段可按工序组织流水作业。

（1）坝面流水作业组织管理。坝面作业包括铺土、平土、洒水或晾晒、土料压实、刨毛、边坡修整、反滤层修筑、排水体与护坡修筑、质量检查等工序。由于坝面作业工作面狭窄、工种多、工序多、机具多，如果施工现场组织管理不当，工序间极易发生相互干扰而影响施工质量，造成窝工浪费人力的现象，所以一般多采用平行流水作业法组织实施坝面施工。平行是指同一时间内每一区段均由专业施工队施工，流水是指每一工作区段按施工工序依次进行施工。其结果是各专业队作业专业化，避免了施工中的相互干扰，保证了人、地与机具合理配置，最终提高了坝面作业效率。平行流水作业的基本做法是：根据某一时段坝面面积与坝体填筑强度，将坝面划分成若干工程量大致相等的工作区段（或称流水段）；按流水段将整个施工分解成若干个施工工序，每一工序由相应的专业队承担；各专业队按施工工序，依先后次序有序进入同一工作区段，分别完成各自的施工任务；每一专业队连续地从前一个工作区段转移到后一个工作区段，重复实施同样的施工作业内容。

对于某控制高程坝面，其流水工作段数 m 可按式（5-23）计算：

$$m = \frac{F_{hi}}{F_B} \tag{5-23}$$

式中：F_{hi}——某施工时段的坝面工作面积（m^2），可按设计图由施工高程确定；

F_B——每班（或半班）的铺土面积（m^2），等于每班（或半班）上坝填筑强度（运输土方量）与铺土厚度的比值。

当流水工序数＝划分的工作区段数时，表明流水作业是在人、机、地均不闲置的状态下正常施工；当流水工序数＞工作区段数时，表明流水作业是在地闲，机、人不闲置的状态下施工。反之，表明流水作业不能正常进行，这时可通过缩短流水作业单位时间或合并某些工序来进行解决。

（2）坝面填筑施工技术与管理基本要求。坝面填筑施工依次为铺土、压实等工序。

铺土：应沿坝轴线向上、下游方向一致延伸，自卸汽车进入防渗体填筑区铺土，宜采用进占法倒退方式铺土，如图 5-28，以防止土料超过压实功而发生剪切破坏。在坝面上每隔 40~60m 设置专用道口，避免汽车因穿越反滤层将反滤料带入防渗体内，造成反滤料边线混淆而影响坝体质量。

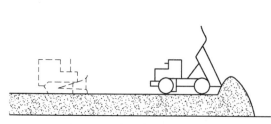

图 5-28   汽车进占法卸料示意图

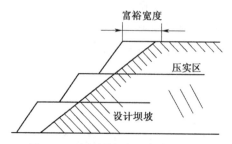

图 5-29   边坡预留富裕宽度示意图

压实土料：压实作业时，碾压机具的开行方向必须平行坝轴线，碾压方法多采用进退错距法。由于碾压时上下游边坡处于无侧限状况，难以对边坡附近的坝体压实。为保证达到设计坝的断面要求，在上下游边坡铺土时，应预留一定富裕宽度，如图 5-29；富裕宽度与碾压机具相关，一般是 0.5~1.2m。分段碾压时，顺碾压方向搭接长度应不小于 0.3~0.5m。对于坝面边缘地带、与岸坡接合部位、与混凝土结合区域，均应采用夯实机具仔细夯实。

碾压机具选择压实参数确定，详见本章"第一节   土石方工程措施的零缺陷施工技术与管理"中的"4   土料压实零缺陷施工技术与管理"所述。

（3）心墙、斜墙反滤料施工技术与管理措施。在对塑性心墙坝、斜墙坝建设施工过程，如何保证土料与反滤料平起，是相当重要的技术与管理问题。小型工程常采用最简单的反滤料与心墙完全平起方式进行施工作业，反滤料允许少量伸入心墙、斜墙内，如图 5-30。

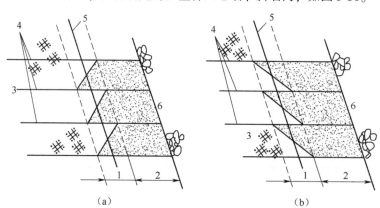

图 5-30   反滤料与心墙完全平起施工法示意图

（a）先铺反滤后铺土；（b）先铺土后铺反滤

1—交错带；2—反滤料设计厚度；3—心墙；4—心墙填筑分层；5—心墙设计边坡；6—坝壳

（4）接缝处理技术与管理措施。当坝体分段分期施工作业时，坝体内将出现横向与纵向施工接缝。必须认真对接缝面采取处理措施，保证结合良好，防止形成渗水通道和因坝体不均匀沉降导致开裂。对于心墙、斜墙，为了保证防渗要求的整体性，一般不设纵向接缝（即平行于坝轴线接缝）。对于横向接缝，当两边坝面高差在 1m 以上时，其结合坡度不应陡于 1:3，并在坡面上加设结合槽，以增强防渗效果。结合槽通常深 0.25m，底宽 0.5m，两侧边坡 1:1，间距约 5m。对于均质坝体，可允许有纵向接缝。当接缝两边坝面高差较小时，要求其结合坡度不陡于 1:2,坡面可采用斜坡与平台相间的形式，不论何种黏性土料接缝，在填筑新土时，均应将老土面刨毛，适当洒水湿润使新老土料紧密结合。对于非黏性土料的纵向接缝，其结合坡度也应不陡于其稳定坡度。

2.2　溢洪道零缺陷施工技术与管理

对溢洪道施工时，应针对所处不同地质条件，采用不相同的零缺陷施工技术与管理方法。

（1）土质山坡开挖溢洪道。在土质山坡开挖溢洪道时，过水断面边坡不小于 1：1.5，过水断面以上山坡的边坡不小于 1：1.0；在断面变坡处留宽 1.0m 的平台；溢洪道上部山坡应开挖排水沟，以保证安全。溢洪道开挖出的土方可作为土料用于填筑坝体。

（2）石质山坡开挖溢洪道。石质山坡开挖溢洪道，应沿溢洪道轴线开槽，再逐步扩大至设计断面，不同风化程度岩石的稳定边坡不同，一般弱风化岩石为 1：0.5~0.8，微风化岩石为1：0.2~0.5。

（3）浆砌石衬砌溢洪道。其施工主要工序分为溢洪道开挖、基础处理、浆砌石砌筑等工序，请参阅本章"第一节　土石方工程措施的零缺陷施工技术与管理"与"第四节　土石坝混凝土坝工程措施的施工技术与管理"相关内容。

2.3　泄水洞零缺陷施工技术与管理

泄水洞包括卧管、消力池、涵洞等。卧管与消力池的施工参照溢洪道施工技术与管理方式实施；涵洞工程应按涵洞、涵管等不同类型与其在坝体内外不同位置，采用不同技艺施工。

2.4　其他治沟工程的零缺陷施工技术与管理措施

2.4.1　格栅坝零缺陷施工技术与管理

（1）格栅坝特点。指具有横向或纵向格栏网格和整体格架结构的拦挡泥石流的新型坝体，适用于拦蓄由巨石、大漂砾组成的水石流，也可布置于黏性泥石流与洪水相间出现的沟道。

格栅坝具有良好的透水性，可有选择性地拦截泥沙，同时还具有坝下冲刷小、坝后易于清淤等优点。格栅坝主体可以在现场快速进行拼装。其缺点是坝体强度与刚度较重力坝小，格栅易被高速流动的泥石流龙头与大砾石冲击破坏，需要钢材较多；要求有较为优越的施工场地条件与熟练的作业操作技工。

（2）格栅坝类型。

①按其结构受力形式不同分类：分为平面型格栅坝与立体型格栅坝 2 类。

平面型格栅坝：其结构简单，整体抗弯能力较差，抗泥石流冲击力较低，拦蓄量有限，坝高多在 8m 以下，有时有中支墩，有时无中支墩，通常适用于泥石流规模较小的沟道。

立体型格栅坝：采用立体框架，受力整体性强，承载力较大，且框架内可拦截大量石块，现场自然坝体，稳定性较强，该类坝型对于大小泥石流沟道均适用，坝高与净跨较平面型大。国内设计净跨可达 20m，坝高达 22m。

②按材料不同分类：格栅坝分为钢筋混凝土格栅坝、金属格栅坝与混合型格栅坝 3 类。

钢筋混凝土格栅坝：当沟道中泥石流挟带大石块较多时，常采用钢筋混凝土格栅坝，它具有坚固稳定性强的优越特点。

金属格栅坝：在基岩峡谷段，可修筑金属格栅坝，如图 5-31，它具有结构简单、经济和施工快捷的特点。该类坝体构造与格栅孔径的确定与钢筋混凝土格栅坝相同，构筑格栅所用材料可利用废旧钢轨或钢管。在沟谷大于 8m 较宽的地段，应在沟中增设混凝土或钢筋混凝土支墩。

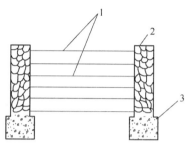

图 5-31 金属格栅坝示意图
1—钢轨或钢丝轨；2—块石混凝土支墩；
3—混凝土

混合型格栅坝：是指钢筋混凝土格栅坝与金属格栅坝 2 种坝型混合而成的坝体，其坝肩和支墩为砌石或混凝土实体，格栅由金属或钢筋混凝土制作，支墩连接着两侧坝肩。该类格栅坝具有更强的透水性和对拦截泥沙的选择性，有些坝体还具有一定柔性，可适应坝肩和地基的变形。格栅坝主体由杆件组合而成，这些杆件是钢构件或钢筋混凝土构件，通常为工厂集约化生产而成，在筑坝现场仅拼装作业即可，因此，格栅坝施工较为简单，施工作业速度快，坝体造价也较低。

2.4.2 木料谷坊零缺陷施工技术与管理

在盛产木材地区，可构建木料谷坊。木料谷坊坝身由木框架填石构成。为防止上游坝面与坝顶被冲毁，常加砌石防护。木框架采用圆木组成，圆木直径≥10cm，横木两侧嵌固在砌石体之中，横木与纵木的连接采用扒钉或螺钉紧固。

2.4.3 铁丝笼谷坊零缺陷施工技术与管理

（1）铁丝笼谷坊构造组成与特点。多用于石质山区流速≥5m/s、沟坡较陡的沟段。铁丝笼由铁丝、钢筋等钢料做成网格笼状物，内装块石、砾石或卵石构成。石料大小以能经受住水流冲击、不被冲走为原则。该种坝型适用于小型荒溪，在我国西南山区较为多见。其建造优点是修建简易、施工迅速且造价低，不足之处是使用期短，坝的整体性也较差。

（2）铁丝石笼坝建造施工技术与管理要点。铁丝石笼坝身由铁丝石笼堆砌而成。铁丝石笼为箱形，规格尺寸为 0.5m×1.0m×3.0m，棱角边采用直径 12～14mm 钢筋焊制而成。编制网孔的铁丝常用 10 号铁丝。建造铁丝石笼坝施工作业时，先用铁丝编制石笼，石笼网眼要根据填入的石料尺寸而定，应比石料块规格稍小，以所填石料不被水流冲走为原则；然后填入石料并运至筑坝工地；再依据谷坊设计尺寸，将铁丝石笼堆砌筑坝；为了增强石笼的整体性，应在石笼之间再使用铁丝紧固。

2.4.4 生物谷坊零缺陷施工技术与管理

（1）生物谷坊概念及防护作用。生物谷坊是指采用有生活力的杨柳枝条或杨柳杆与土石料结合而修筑的坝体工程。生物谷坊分为多排密植型与柳桩编篱型。这种谷坊的特点在于使工程措施与生物措施紧密结合起来，当洪水来临时，谷坊与沟头间形成的立体空间发挥着消力池作用，水流以较小的速度回旋漫流而过，尤其是在柳枝发芽成活茂密生长以后，将发挥稳定长效的缓流挂淤生态作用。最终使沟头基部冲淘逐渐减少，沟头的溯源侵蚀将迅速停止。

（2）多排密植型谷坊施工。是指在沟中已定修建谷坊的位置，垂直于水流方向，挖沟密植杨柳杆，沟深 0.5～1.0m，杆长 1.5～2.0m，埋深 0.5～1.0m，路出地表 1.0～1.5m；每处谷坊栽植杨柳杆 5 排以上，行距 1.0m，株距 0.3～0.5m，埋杆直径 5～7cm。

（3）柳桩编篱型谷坊施工。指在沟中已定修建谷坊的位置，打 2～3 排柳桩，桩长 1.5～

2.0m，打入地表下深度0.5~1.0m，排距1.0m，桩距0.3m；用柳梢将柳桩编织成篱，在每2排篱中填入卵石或块石，继而使用捆扎柳梢盖顶；用铅丝将前后2~3排柳桩联系绑牢，使之成为整体，以加强抗冲刷能力。

（4）生物谷坊施工技术与管理措施。其施工作业步骤与方法为如下3项内容。

桩料选择：按设计要求的桩料长度和桩径，在上涨能力强的活立木上截取。

埋桩：按设计深度将柳桩打入土内，并注意桩身与地面垂直。打桩时勿伤柳桩外皮，保持芽眼向上，各排桩位呈"品"字形错开。

编篱与填石：以柳桩为经，从地表以下0.2m开始，安排横向编篱；当柳篱编至与地面齐平时，在背水面最后一排桩间铺柳枝厚0.1~0.2m，桩外露枝梢约1.5m作为海漫；然后，在各排编篱中填入卵石（或块石），靠近柳篱处填大块，中间填小块，编篱（及其中填石）顶部做成下凹弧形溢水口；编篱与填石完成后，在迎水面填土，高度与厚度各约0.5m。

2.4.5　沙棘植物"柔性坝"零缺陷施工技术与管理

（1）沙棘植物"柔性坝"的提出及其生态修复防护效果作用。1995年，毕慈芬等人提出使用沙棘建设植物"柔性坝"治理砒砂岩地区的水土流失，并获得较为满意的试验研究效果。试验证明，沙棘植物"柔性坝"能够将70%~80%粒径大于0.05mm的泥沙有效拦截，有效改变沟道输水输沙特性，结合坝下谷坊的拦蓄作用，可以基本上把泥沙拦截在支毛沟内，对于减轻粗沙对黄河中下游河道及干支流水库的危害，有着重要的生态修复防护作用。

（2）沙棘植物"柔性坝"施工技术与管理措施。在流域支毛沟道内，选用2~3年生沙棘健壮实生苗木，按株距0.3~0.5m、行距1.0~1.5m栽植，种植点呈"品"字形排列，能够有效地阻流拦沙；植株根系埋深不少于0.3m并踏实，防治洪水冲刷；植株出露地面不低于沟道平均洪水位，支毛沟约为0.5m；根据沟道地形地质状况，可种植5~8排苗木增强缓洪拦淤效果，形成沙棘"柔性坝"。注意同一沟道内多个坝段所形成的坝系，应自上而下施工种植，且一次性同时布设施工。

（3）建设沙棘"柔性坝"应与谷坊工程相协调。在建设沙棘"柔性坝"过程中，若沟道内规划有谷坊工程，应尽可能使谷坊与"柔性坝"同时施工，以增强沟道拦阻泥沙效果。

（4）建设后期应对沙棘"柔性坝"采取加固与维修措施。为了使沙棘"柔性坝"有效拦沙，需要在建设后期持续对其加固与维修。一般在汇流面积较大的坝段，要增设加固措施，需要加固的坝段通常有支流汇入，属于流量增大的沟段。

第四节
土石坝混凝土坝工程措施的零缺陷施工技术与管理

1　土石坝零缺陷施工技术与管理

土石坝包括各种碾压式土坝、堆石坝和土石混合坝，具有就地取材，对坝基地质条件要求不高，结构简单，节约材料和易于施工作业等特点。按施工技术与管理方法可以分为干坝碾压、水中填土、水力冲填以及定向爆破筑坝等类型，但是，目前国内外仍以机械压实土石料的施工技艺方法为多。

1.1　土石坝建造施工材料

1.1.1　土石坝体建造施工防渗材料选择

（1）防渗材料选择标准。细粒土是我国采用最多的建坝防渗材料，其最大粒径不超过5mm。只要所建坝址附近有数量足够、天然含水量适中的细粒土，即可作为施工防渗料选用。

（2）防渗材料选择要求。作为建坝供选择防渗材料的土料，不仅要具有防渗性，还要具备一定的抗剪强度，有较强的渗透稳定性，有适应坝体变形的塑性，有良好的施工性和低压缩性，不存在影响坝体稳定的膨胀性与收缩性等。通常，当土料的渗透系数不大于$1×10^{-5}$cm/s时，即满足建造坝体的设计施工抗渗要求。渗流稳定性则是指防渗料的抗管涌能力与抗冲蚀能力，通常认为塑性大的细粒土抗管涌能力强；砾类土抗冲蚀能力强，可以使心墙裂缝自愈。在建坝施工技术与管理上，一般要求土料天然含水量数值在最优含水量附近，无影响压实的超径材料，压实后的坝面有较高承载力，以便于施工机械正常作业。只要渗透系数满足要求，完善反滤保护措施，无塑性的粉质砂土也可以作为高坝防渗材料。

（3）防渗材料种类。可选用黏土与砂砾石掺和料作为建坝防渗材料。砾质土具有较强承载力，可采用中型机械进行碾压，在良好级配情况下，亦可作为防渗材料。高土石坝有时采用风化料作为防渗材料。我国在20世纪80年代初曾用风化料作100m高度以上土石坝防渗体。

1.1.2　土石坝壳建造施工材料

在水土保持工程项目建设实践中，堆石、砂砾石与风化料等均可作为坝壳填筑材料。

（1）堆石坝。堆石按施工方式分为抛填、分层碾压、手工干砌石、机械干砌石等；按其材料及来源分为采石场玄武岩、变质安山岩、砂岩、砾岩、采石场花岗岩、片麻岩、石灰岩、冲积漂卵石、石渣料等。堆石是建造坝壳的最佳构筑材料，现广泛用作高土石坝的坝壳料。

（2）砂砾石坝。我国已建的土石坝坝壳多采用砂砾石；混凝土面板堆石坝中，不少也以砂砾石为筑坝材料。碾压砂砾石压缩性低，抗剪强度高，但其细粒含量大，易冲蚀，易管涌，因此需要加强渗流控制管理措施。

（3）风化料。属于抗压强度小于30MPa的软岩类，但存在着湿陷问题，用作坝壳材料时，其填筑含水量必须大于湿陷含水量，压实到最大密度，以改善其工程性质。

1.1.3　土石坝建造施工所需反滤材料

反滤料要满足建造坝的坚固度要求，要求级配严格，通常采用混握土砂石料生产系统生产，但不要求冲洗。也可采用天然冲积层砂砾石经筛分生产。

1.2　土石料场施工取料规划布置

土石坝用料量很大，在选坝阶段需对土石料场做全面调查，施工前配合施工组织设计，对料场作深入勘测，并从空间、时间、质量和数量等方面进行全面规划布置。

1.2.1　时间上的规划布置

土石料场施工取料的时间规划，就是要考虑施工强度和坝体填筑部位的变化。随着季节与坝前蓄水情况的变化，料场的工作条件也在变化。在用料规划上应力求做到上坝强度高时用近料场，上坝强度低时用较远的料场，使运料任务比较均衡。对近料和上游易淹的料场应先用，远料和下游不易淹的料场后用；含水量高的料场旱季用，含水量低的料场雨季用。在料场使用规划中，还应保留一部分近料场供合龙段填筑和拦洪度汛高峰强度时使用。此外，还应对时间和空间进行统筹规划，否则会产生事与愿违的后果。

1.2.2　空间上的规划布置

土石料场施工取料的空间规划，系指对料场位置、高程的恰当选择与合理布置。土石料的上坝运距尽可能短些，高程上有利于重车下坡，减少运输机械功率的消耗。近料场不应因取料影响坝的防渗稳定和上坝运输；也不应使道路坡度过陡引发运输安全事故。在坝的上下游、左右岸均应设有料场，这样就有利于上下游与左右岸同时供料，以利于减少供料对建造坝的施工干扰，保证所建造坝体均衡上升。用料时原则上应低料低用，高料高用，当高料场储量有富裕时，亦可高料低用。同时料场的位置应有利于布置开采设备、交通及排水通畅。对石料场尚应考虑与重要建筑物、构筑物、机械设备等保持足够的防爆、防震安全距离。

1.2.3　质与量上的规划布置

（1）料场规划内容与要求。对取料场质量与数量进行规划，是料场规划最基本的内容要求，也是决定料场取舍的重要因素。在选择和和规划使用料场时，应对料场地质成因、产状、埋深、储量以及各种物理力学指标进行全面勘探和试验。勘探精度应随设计深度加深而提高。在施工组织设计中，进行用料规划，不仅应使料场的总储量满足建造坝体总方量的要求，而且应满足施工各个阶段最大上坝强度的要求。

（2）开挖碴料规划要求。料尽其用，充分利用永久和临时建筑物基础开挖碴料是土石坝料场规划的又一重要原则。为此应增加必要的施工技术组织措施，确保碴料的充分利用。若导流建筑物和永久建筑物的基础开挖时间与上坝时间不一致时，则可以调整开挖和填筑进度，或增设堆料场储备料渣，供填筑施工作业时使用。

（3）应对主要料场和备用料场分别规划。对主要料场要求质优、量大、运距近，且有利于常年开采；备用料场通常在淹没区外，当主要料场被淹没或因库区水位抬高，土料过湿或其他原因中断使用时，则用备用料场来保证坝体填筑施工作业不致中断。

（4）应对料场开采进行总体规划。在规划料场实际可开采总量时，应考虑料场查勘的精度、料场天然容重与坝体压实容重的差异，以及开挖运输、坝面清理、返工削坡等损失。实际可开采总量与坝体填筑量之比一般为：土料 $2\sim2.5$；砂砾料 $1.5\sim2$；水下砂砾料 $2\sim3$；石料 $1.5\sim2$；反滤料应根据筛后有效方量确定，一般不宜小于 3。另外，料场选择还应与施工总体布置相结合，应根据运输方式、强度来研究运输线路的规划和装料面的布置。料场内装料面应保持合理间距，间距太小会使道路频繁搬迁，影响工效；间距太大影响开采强度，通常装料面间距取 100m 为宜。整个场地规划还应排水通畅，全面考虑出料、堆料、充料的位置，力求避免干扰以加快采运速度。

根据对土石料场取料时间、空间和质与量的要求内容，可制定工程料场规划方案。此外，应尽量利用挖方作为填筑材料，以降低施工作业成本、提高施工经济效益。如开挖时间与上坝时间不相吻合时，应计划安排堆料场用以储备和后期使用。

1.3　土石坝填筑零缺陷施工技术与管理

1.3.1　土石坝施工技术与管理措施

对于碾压式土石坝而言，坝顶一般不允许过水，必须在一个枯水期内填筑到拦洪高程，施工强度较高，故而必须制定相应的施工技术与管理措施，研究料场的合理规划和土石料的挖运组织方案，以保证抢修作业拦洪高程时的施工强度要求。通常。土石坝施工技术与管理措施主要包括准备作业、基本作业、辅助作业和附加作业4项内容。

（1）准备作业。主要指场地平整、通电、通水、通车的"一平三通"作业工作内容；同时，还需修建施工临时设施，施工生活福利设施及施工排水与清基等准备工作。

（2）基本作业。包括料场土石料开采、挖装运输，以及坝面铺平、碾压、质监等项作业。

（3）辅助作业。指保证准备及基本作业顺利进行，创造良好工作环境条件的作业，包括清除施工场地及料场覆盖，从上坝土料中剔除超径石块、杂物，坝面排水、层间刨毛和加水等。

（4）附加作业。包括坝坡修整、护坡砌石和铺植草皮等为保证坝体长期安全运行的防护和修整等作业工作。

1.3.2　坝基与岸坡处理施工技术与管理

坝基与岸坡处理属于隐蔽工程施工，因此，必须按设计要求并遵循有关规定认真作业。

（1）坝基与岸坡处理工作内容。坝壳与岸坡、地基接触部分的清基，主要是把坝基范围内的所有草皮、树根、坟墓、乱石以及各种建筑物等全部清除，并认真对水井、泉眼地道、洞穴等进行处理；对地表和岸坡的粉土、细砂、淤泥、腐殖土、泥炭等按设计要求给予清除。对于风化岩石、坡积物、残积物、滑坡体等按设计要求和有关规定处理；对勘察使用的试坑，应把坑内积水与杂物全部清除。并用筑坝土料回填夯实。

（2）岸坡与坝基处理施工作业要求。防渗体或均质坝与岸坡结合部，岸坡应削成斜坡，不得有台阶、急剧变坡和反坡，岩石开挖清理坡度不陡于1：0.75，土坡不陡于1：1.15。凡坝基和岸坡易风化、易崩解的岩石和土层，开挖后不能及时回填者，应留保护层，或喷水泥砂浆或喷混凝土保护。对于局部凹坑、反坡以及不平顺岩面，可用混凝土填平补成正坡。

（3）防渗体、坝基与岸坡岩面的处理措施。防渗体和反滤过渡区部位坝基和岸坡岩面的处理，包括断层、破碎带以及裂隙等处理．尤其是顺河流方向的断层、破碎带必须按设计要求规范作业处理。对于高坝的防渗体与坝基及岸坡结合面，设置有混凝土盖板时宜在填土前自下而上一次性浇筑完成。坝基范围内的软黏土、湿陷性黄土、软弱夹层、中细砂层、膨胀土、岩溶构造等，应按设计要求进行认真处理。

1.3.3　坝体施工技术与管理

当筑坝基础开挖和基础处理基本完成后，就可实施坝体的铺筑、压实施工作业工序。

（1）编制施工组织规划。包括流水作业法的制定、使用和实施措施。

制定适宜的分段流水施工作业方法：根据施工技术与管理要求、施工条件以及土石料的不同性质，土石坝坝面施工作业工序主要包括卸料、铺料、整平、压实和质量检查等。坝面作业时，由于工作面狭窄，工种多，工序多，作业机械设备多，故此，在施工时需要有妥善的施工组织规划。为避免各工序在坝面施工中的相互干扰，以免延误施工进度，土石坝坝面作业宜采用分段流水施工作业方法。

使用流水施工作业法的要求：流水施工作业组织应先按施工工序数目对坝面分段，然后组织相应专业施工队依次进入各工段施工。一般可将填筑坝面划分为若干工作段或工作面。划分工作面时，应尽可能平行坝轴线方向，以减少垂直坝轴线方向的交接。同时还应考虑平面尺寸适应于压实机械作业工作环境条件的需要。

实施流水施工作业法的具体措施：对同一工段而言，各专业队应按工序依次连续施工；对各专业施工队而言，应依次连续在各工段完成固定的专业工序作业。同时，各工段都应有专业队固定的施工机具，从而保证施工过程中的人、机、地三不闲置，避免相互间的施工作业干扰，有利于坝面作业多、快、好、省、安全地进行。其结果是有效地提高了施工劳动效率、实现了施工专业化，有利于提高和保证工程施工质量。

（2）铺料与卸料。卸料和铺料有进占法、后退法和综合法 3 种方法。通常采用进占法，厚层填筑也可采用用混合法铺料，以减小铺料工作量。进占法铺料层厚易控制，表面容易平整，压实设备工作条件较为优越。一般采用推土机实行铺料作业，铺料应保证随卸随铺，确保设计的铺料厚度铺料宜沿平行坝轴线的方向进行，铺土厚度要均匀，应将超径不合格的料块打碎，杂物应剔除，进入防渗体内铺料，自卸汽车卸料宜用进占法倒退铺土，使汽车始终在松土上行驶，避免在压实土层上行驶造成超压，引起剪力破坏。

铺料：汽车穿越反滤层进入防渗体，容易将反滤料带入防渗体内，造成防渗土料与反滤料混杂，影响坝体质量。因此，应在坝面设专用"路口"，既可防止不同土料混杂，又能防止超压产生剪切破坏，倘万一在"路口"出现质量事故，也便于集中处理，不影响整个坝面施工作业。

卸料：按设计厚度铺料平料是保证压实质量的关键作业工序，常采用带式运输机或自卸汽车上坝集中卸料。为保证铺料均匀，需用推土机或平土机散料平料。国内不少工地采用"算方上料、定点卸料、随卸随平、定机定人、铺平把关，插杆检查"的现场管理措施，使平料作业取得良好的工效。铺填中不应使坝面起伏不平，以避免降雨积水。

（3）洒水。当黏性土料含水量偏低，就应在料场加水，若需在坝面加水，应力求"少、勤、匀"，以保证压实效果。对非黏性土料，为防止运输过程脱水过量，加水作业应在坝面进行。石碴料和砂砾料压实前应充分加水，以确保压实质量。

（4）压实。坝面压实作业时，应按施工作业工序进行，以免发生漏压或过分重压。只有压实合格后，才能实施铺填新料的作业。

压实机械：坝体压实是填筑的最关键工序，压实设备应根据砂石土料性质选择。不同压实机械设备产生的压实作用外力不同，因此，对压实机械进行选择时，应遵循如下原则：可适宜施工作业使用的设备类型；能够满足设计压实标准；与压实土料的物理力学性质相适应；满足施工强度要求；设备类型、规格与工作面积规模、压实部位相适应；施工队伍现有装备和施工操作熟练程度等。

压实方法：碾压方法应方便作业，便于施工技术与管理质量控制，避免或减少欠碾和超碾，通常可采用进退错距法和圈转套压法。碾压遍数和碾压速度应根据碾压试验确定。

目前，国内外多采用进退错距法。采用这种开行方式，为避免漏压，可在碾压带两侧先往复压够遍数后，再进行错距碾压。错距宽度 b（m）按式（5-24）计算：

$$b = \frac{B}{n} \qquad\qquad (5\text{-}24)$$

式中：B——碾滚净宽（m）；

   n——为设计碾压遍数。

在错距时，为便于施工操作人员控制，也可前进后退仅错距 1 次，则错距宽度可增加 1 倍。对于碾压起始和结束的部位，按正常错距法无法压到要求的遍数，可采用前进后退不错距的作业方法，压至要求的碾压遍数，或铺以其他方法达到设计密度要求。

（5）特殊部位处理。指对碾压接缝、岸坡部位、压实土层采取的处理技术与管理方法。

①接缝处理：对坝体分期分块填筑时，会形成横向或纵向接缝。因为接缝处坡面临空，压实机械有一定安全距离，坡面上有一定厚度不密实层，另外铺料不可避免的溜滑，也增加了不密实层厚度，这部分在相邻块段填筑时必须采用留台法或削坡法进行处理。

②岸坡部位处理：对坝壳靠近岸坡部位的施工作业，采用汽车卸料与推土机平料时，大粒径料容易集中，碾压机械压实时，碾滚不能靠近岸坡，因此，需采取一定措施保证施工质量。对坝壳与岸坡接合填筑带采取的施工质量保证措施一般有限制铺料层厚、限制粒径、充填细料、采用夯击式机械夯实。

③压实土层处理：对于汽车上坝和光面压实机具压实的土层，应刨毛处理，以利层间结合。通常刨毛深度 30~50mm，可用推土机改装的刨毛机刨毛，工效高、质量优。

1.3.4 坝体结合部位施工技术与管理

对坝体结合部位的施工作业，必须采取扎实的技术措施，加强质量控制和管理，确保坝体的填筑质量满足设计方案要求。

（1）坝基结合部位施工技术与管理。对于基础部位实施填土，通常采取薄层、轻碾的作业方法，不允许使用重型碾、重型夯作业，以免破坏基础，造成渗漏。当填筑厚度达到 2m 以后，方可使用重型压实机械作业。施工作业时，对黏性土、砾质土坝基，应将其表层含水量调节至施工含水量上限范围，用与防渗体土料相同的碾压参数压实，然后刨毛深 30~50mm，再铺土压实。非黏性土地基应先压实，再铺第 1 层土料，含水量为施工含水量的上限，采用轻型机械压实，压实干表观密度可略低于设计要求。

对与岩基接触面的施工作业，应首先把局部凹凸不平的岩石修理平整，再封闭岩基表面节理、裂隙，防止渗水冲蚀防渗体。若岩基干燥可适当洒水，并使用含水量略高的土料，以便容易与岩基或混凝土紧密结合，碾压前，要对岩基凹陷处进行人工填土夯实。

（2）接坡及接缝施工技术与管理。在土石坝施工作业中，几乎在任何部位都可以适当设置纵横向接坡。由于坝体接坡具有的高差较大，停歇时间长，要求坡身稳定等特点，故而对于接合坡度的大小和高差多有争论。一般情况下，填筑面应力争平起，斜墙及窄心墙不应留有纵向接缝，若临时度汛需要设置时，应先进行技术证论后再实施。

在坝体填筑中，层与层之间分段接头应错开一定距离，同时分段条带应与坝轴线平行布置，各分段之间不应形成过大的高差。接坡坡比一般缓于 1：3。均质坝的纵向接缝，宜采用不同高度的斜坡和平台相间形式，坡度及平台宽度根据设计要求确定，并满足稳定要求，平台高差不大于 15m。坝体施工临时设置的接缝相对接坡来讲，其高差较小，通常以不超过铺土厚度 1~2 倍为宜，分缝在高程上应适当错开。坝体接坡面可用推土机自上而下削坡，并适当留有保护层，配合填筑上升，逐层清至合格层。接合面削坡合格后，要控制其含水量为施工含水量范围的上限。

（3）与岸坡或混凝土建筑物结合部位施工技术与管理。在对其结合部位实施填筑施工技术与管理时，应对岸坡、混凝土建筑物与砾质土、掺和土结合处，应填筑 1~2m 宽塑性较强而透水性低的土料，以避免直接与粗料接触。在混凝土齿墙或坝下埋管两侧与顶部 0.5m 范围内填土时，其两侧填土应保持均衡上升，并且必须用小型机具压实。填土前，先将结合面的污物冲洗干净，清除松动岩石，在结合面上洒水湿润，涂刷一层厚约 5mm 的浓黏土浆或浓水泥黏土浆或水泥砂浆。为了提高浆体凝固后的强度，防止产生危险的接触冲刷和渗透，涂刷浆体时，应边涂刷、边铺土、边碾压，涂刷高度与铺土厚度一致，要注意涂刷层之间的搭接，避免漏涂。另外还要严格防止泥浆干固（或凝固）后再铺土。

防渗体与岸坡结合处，宽度 1.5~2.0m 范围内或边角处，不得使用羊脚碾、夯板等重型机具，应以轻型机具压实，并保证与坝体碾压搭接宽度 1m 以上。

1.3.5 筑坝防渗体施工技术与管理

（1）填筑方法。坝体施工技术与管理过程中，常用填筑方法分为削坡法、挡板法及土、砂松坡接触平起法 3 种。土、砂松坡接触平起法适应机械化施工作业，填筑强度高，可以做到防渗体、反滤层与坝壳料平起填筑，均衡施工，是被广泛应用的施工技术与管理方法。根据防渗体土料和反滤层填筑的次序、搭接形式的不同，又可分成先砂后土法、先土后砂法、土砂平起法 3 种。

（2）塑性心墙坝或斜墙坝填筑。坝体填筑施工中，为了保护黏土心墙或黏土斜墙不致长时间暴露在大气中遭受不良影响，一般均采用土、砂平起的施工作业方法。

土、砂平起填筑常采用先土后砂法和先砂后土法这 2 种施工技术与管理方式。

先土后砂法：是指先填压 3 层土料再铺 1 层反滤料，并将反滤料与土料整平，然后对土砂边沿部分进行压实，如图 5-32（a）。由于土料表面高于反滤料，为此土料的卸、散、平、压都是在无侧限情况下作业操作，很容易形成超坡。在采用羊角碾压实时，要预留 300~500mm 的松土边，应避免因土料伸入反滤层而加大清理工作。采取该种施工技术与管理方法，在遇连续晴天时，土料上升较快，反滤料经常是供不应求，必须加强、并加大管理力度。

先砂后土法：是指先在反滤料的控制边线内用反滤料堆筑一小堤，如图 5-32（b）。为便于土料收坡，保证反滤料的宽度，每填 1 层土料，随即用反滤料补齐土料收坡留下的三角体，并采取人工捣实，以利于对土砂边线的控制。由于土料在有侧限的情况下压实，松土边很少，仅 200~300mm，故此使用该法较多。

不论是采取先砂后土法还是先土后砂法进行施工，土料边沿仍有一定宽度未压实合格，因此需要每填筑 3 层土料后用夯实机具夯实 1 次土砂的结合部位，夯实时宜先夯土边一侧，合格后再夯反滤料一侧，切忌交替夯实，以免影响筑坝质量。

（3）反滤料压实。反滤料压实施工应包括接触带土料与反滤料这 2 部分的压实作业。当防渗体土料采用气胎碾碾压时，反滤料铺土厚度可与黏土铺土厚度相同，同时用气胎碾碾压，这是压实接触带最佳的施工技术与管理方法。若防渗体土料采用羊角碾碾压时，对于土压砂的情况，两者应同时平起，羊脚碾压到距土砂结合边 0.3~0.5m 为止，以免羊脚碾将土下之砂翻出。然后

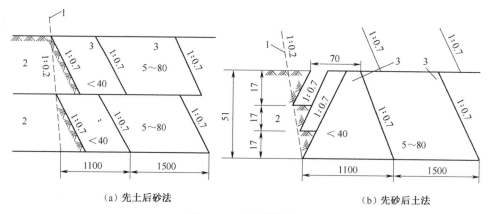

（a）先土后砂法　　　　　　　（b）先砂后土法

图 5-32　土砂平起施工示意图

用气胎碾碾压反滤层，其碾迹与羊脚碾碾迹至少应重叠 0.5m 以上，如图 5-33（a）。若砂压土时，土、砂亦同时平起，同样先用羊脚碾碾压土料，且羊脚碾压到反滤料上至少 0.5m 宽，以便把反滤料之下的土料压实，然后使用气胎碾碾压反滤料，并压实到土料上的宽度至少为 0.5m，如图 5-33（b）。

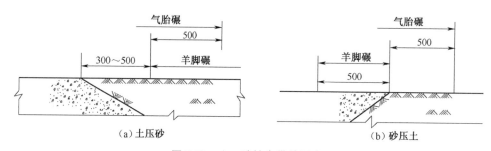

（a）土压砂　　　　　　　　　（b）砂压土

图 5-33　土、砂结合带的压实

不论采用先土后砂法还是先砂后土法，土砂之间必然出现犬牙复合交错现象。反滤料的设计厚度，不应将犬牙厚度计算在内，不允许过多削弱防渗体的有效断面，反滤料通常不应伸入心墙内，犬牙大小由各种材料的休止角决定，且犬牙交错带不得大于其每层铺土厚度的 1.5~2.0 倍。

1.4　土石坝填筑施工技术与管理零缺陷质量控制

土石坝填筑施工质量的零缺陷检查与控制是建造土石坝安全的重要保证，它贯穿于土石坝填筑施工技术与管理的各工序和全过程。

1.4.1　土石料场质量零缺陷检查与控制

对土料场应零缺陷检查所取土料的土质状况、土块尺寸规格、杂质含量与含水量是否符合规范规定的要求。其中对含水量的检查于控制尤为重要。若土料含水量偏高，一是应改善料场排水条件和采取防雨措施，二是要将含水量偏高的土料采取翻晒处理，或采取轮换掌子面的办法，使土料含水量降低到规定范围再开挖取料。若以上方法仍未达到设计要求，可以采用机械烘干法烘干。当土料含水量不均匀时，应考虑堆筑"土牛"（大土堆），使含水量均匀后再外运。当含水量偏低时，对黏性土料应采取在料场加水的办法。料场加水量 Q_0 可按式（5-25）计算：

$$Q_0 = \frac{Q_\text{D}}{K_\text{P}} \gamma_\text{e} (\omega_0 + \omega - \omega_\text{e}) \tag{5-25}$$

式中：Q_D——土料上坝强度；

　　　K_P——土料的可松性系数；

　　　γ_e——料场的土料表观密度；

ω_0、ω、ω_e——坝面碾压要求的含水量、装车和运输过程中含水量的蒸发损失、料场土料的天然含水量。ω 值通常取 $0.02 \sim 0.03$，最宜在现场测定。

料场加水的有效方法是采用分块筑畦埂，灌水浸渍，轮换取土。地形高差大时也可采用喷灌机喷洒，此法易于掌握且节约用水。无论采用哪种加水方式，均应进行现场试验。对非黏性土料可用洒水车在坝面喷洒加水，避免运输时从料场到坝上的水量损失。

此外，对石料场应加强检查石质、风化程度、爆落块料大小、形状及级配等是否满足上坝要求。若发现不符合要求的石料，应迅速查明原因，及时处理。

1.4.2　坝面质量零缺陷检查与控制

（1）土料检控。在对坝面进行施工作业过程，应对铺土厚度、填土块度、含水量大小、压实后的干表观密度等进行检查，并提出质量控制的技术与管理措施。

黏性土含水量的检测：可采用"手检法"。所谓"手检"，即手握住土料能成团，手指撮可成碎块，则含水量合适。手试法是靠经验估计，不十分可靠。工地多采用取样烘干法，如酒精灯燃烧法、红外线烘干法、高频电炉烘干法、微波含水量测定仪等。对于Ⅰ、Ⅱ级坝的心、斜墙部位，测定土料干表观密度的合格率应不小于90%；Ⅲ、Ⅳ级坝的心、斜墙或Ⅰ、Ⅱ级均质坝应达到80%~90%。不合格干表观密度不得低于设计干表观密度的98%，且不合格样不得集中。

压实表观密度的测定：黏性土一般可用体积为 $200 \sim 500\text{m}^3$ 的环刀测定；砂可用体积为 500m^3 的环刀测定；砾质土、砂砾料、反滤料采用灌水法或灌砂法测定。堆石因其空隙大，一般用灌水法测定。当砂砾料因缺乏细料而架空时，也宜用灌水法测定。

（2）施工特征部位检控。根据地形、地质、坝料特性等因素，在施工特征部位和防渗体中，要选定一些固定取样断面，沿坝高 $5 \sim 10\text{m}$，取代表性试样（总数不宜少于 30 个）进行室内物理力学性能试验，并以此作为核对设计与工程管理之根据。此外，还须对坝面、坝基、削坡、坝肩接合部、与刚性建筑物连接处以及各种土料的过渡带进行检查。对土层层间结合处是否出现光面和剪力破坏应引起足够重视，认真检查。对施工过程发现的可疑问题，如上坝土料的土质、含水量不符合要求，漏压或碾压遍数不够，超压或碾压遍数过多，铺土厚度不均匀与坑凹部位等，应进行重点抽查，不合格者必须返工。

（3）填筑质量检控。对于反滤层、过渡层、坝壳等非黏性土填筑，应重点控制压实参数，若不符合要求，施工技术与管理人员应及时给予纠正。在填筑排水反滤层过程中，每层在 $25\text{m} \times 25\text{m}$ 的面积内取样 $1 \sim 2$ 个；对条形反滤层，每隔 50m 设 1 取样断面，每个取样断面每层取样不得少于 4 个，均匀分布在断面的不同部位，且层间取样位置应彼此对应。对于反滤层铺填的厚度、是否混有杂物、填料质量及颗粒级配等应全面检查。通过颗粒分析，查明反滤层的层间系数（D_{50}/d_{50}）和每层的颗粒不均匀系数（d_{60}/d_{10}）是否符合设计要求。如不符合要求，应重新筛选，重新铺填。

（4）堆石体质量检查。对土坝的堆石棱体与堆石体的质量检查大体相同，主要应检查土坝石料的质量、风化程度、石块重量、尺寸、形状、堆筑过程有无离析、架空现象发生等。对于堆石的级配、孔隙率大小，应分层分段取样，检查是否符合规范要求。随坝体的填筑应分层埋设沉降管，对施工过程中坝体的沉陷进行定期观测，并作出沉陷随时间的变化过程线。

（5）质量检查记录整理。对于填筑土料、反滤料、堆石等的质量检查记录，应及时整理，分别编号存档，编制数据库，既作为施工技术与管理过程全面质量管理的依据，也作为坝体运行后进行长期观测和事故分析的佐证。

2　面板堆石坝零缺陷施工技术与管理

面板堆石坝具有建设施工工程量小、工期短、投资少、施工简便、运行安全等优点。近年来，由于设计理论和施工机械、施工技艺的创新与发展，就更加显现出面板堆石坝在各类坝型中的竞争优势。

2.1　坝体建造分区

面板堆石坝上游面有薄层防渗面板，面板可以是刚性钢筋混凝土，也可以为柔性沥青混凝土。坝身主要是堆石结构，构筑质量上乘的堆石材料，可以有效减少堆石体的变形，为面板正常工作创造条件，这是坝体安全运行的基础。

坝体部位不同，受力状况不同，对填筑材料的要求也不同，根据面板堆石坝不同部位的受力情况，可将坝体分为4个区9个部分，如图5-34。

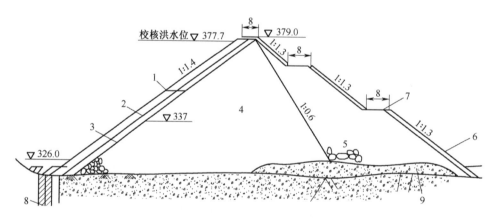

图5-34　面板堆石坝标准剖面图（高程单位：m）

1—混凝土面板；2—垫层区；3—过渡区；4—主堆石区；5—下游堆石区；

6—干砌石护坡；7—上坝公路；8—灌浆帷幕；9—砂砾石

（1）垫层区。其主要作用是为面板提供平整、密实的基础，将面板承受的水压力均匀地传递给主堆石体。要求使用石质新鲜、级配良好的碎石料填筑。

（2）过渡区。其主要作用是保护垫层区在高水头作用下不产生破坏。其粒径、级配要求符合垫层料与主堆石料间的反滤要求。通常最大粒径不超过350~400mm。

（3）主堆石区。其主要作用是维持坝体稳定。要求石质坚硬，级配良好，允许存在少量分散的风化料。该区粒径一般为 600~800mm。

（4）次堆石区。其主要作用是保护主堆石体和下游边坡的稳定。要求采用较大石料填筑，允许有少量分散的风化石料，粒径一般为 1000~1200mm。由于该区发生沉陷对面板的影响很小，故对填筑石料的要求可放宽一些。

2.2　坝体填筑零缺陷施工技艺

2.2.1　进料

堆石坝填筑可采用自卸汽车后退法与进占法卸料，推土机摊平。

（1）后退法。汽车在压实的坝面上行驶，可减轻轮胎磨损，但推土机摊平作业量很大，会影响施工进度。垫层料的摊铺一般采用后退法，以减少物料的分离。

（2）进占法。自卸汽车在未碾压的石料上行驶，轮胎磨损较严重，卸料时会造成一定分离，但不影响施工质量，推土机摊平作业工作量大为减少，施工作业进度快。

2.2.2　压实

主堆石体、次堆石体和过渡料一般采用自行式或拖式振动碾压实。据统计，不同部位堆石料压实干密度均在 2.10~2.30g/cm³ 之间。压实参数应根据设计压实效果，在施工现场进行压实试验后确定。

（1）填料压实。堆石体填料粒径一般在 600~1200mm 之间，铺填厚度根据粒径的不同而不同，一般为 600~1200mm，少数可至 1500mm 以上。振动碾压实，压实遍数随碾重不同而不同，一般为 4~6 遍，个别可达 8 遍。

（2）垫层料压实。垫层料的摊铺大多采用后退法，以减轻物料分离。当压实层厚度大时，可采用混合法卸料，即先用后退法卸料呈分散堆状，再用进占法卸料铺平，以减轻物料的分离。垫层料最大粒径为 150~300mm，铺填厚度一般为 250~450mm，振动碾压实，压实遍数通常为 4 遍，个别 6~8 遍。垫层料由于粒径较小，且位于斜坡面，可采用斜坡振动碾压实或用夯击机械夯实，局部边角地带人工夯实。为改善垫层料的碾压效果，可在垫层料表面铺填一薄层砂浆，既可以达到固坡目的，同时还可利用碾压砂浆进行临时度汛，以争取工期。

（3）坝壳石料压实。堆石坝坝壳石料粒径较大，一般为 1000~1500mm，铺填厚度在 1m 以上，压实遍数为 2~4 遍。

2.3　坝体零缺陷施工技术与管理

堆石坝填筑的施工设备、工艺和压实参数确定，与常规土石坝非黏性料施工技艺与管理没有本质区别。堆石坝填筑质量控制关键是要对填筑工艺和压实参数进行有效控制。

2.3.1　坝体施工技术与管理程序

通常面板坝的施工技术与管理程序是：①岸坡坝基开挖清理；②趾板基础及坝基开挖；③趾板混凝土浇筑；④基础灌浆；⑤分期分块填筑主堆石料。

面板坝施工技术与管理的要求是：垫层料必须与部分主堆石料平起上升，填至分期高度时采用滑模浇筑面板，同时填筑下期坝体，再浇混凝土面板，直至坝顶。

2.3.2 坝体垫层施工技术与管理

（1）坝体垫层施工技术与管理要求。坝体垫层是堆石体坡面上最上游部分，可使用人工碎石料或级配良好的砂砾料填筑。垫层顶与其他堆石体平起施工，要求垫层坡面必须平整密实，坡面偏离设计坡面线最大不应超过130mm，以避免面板厚薄不均，有利于面板应力分布。

垫层宜采用水平铺筑水平碾压的方式作业，由于振动碾不能在上游坡边缘上行走，故此在上游边缘约1m范围内通常不能被压实到设计要求，需要在上游坡面上再沿坡面进行碾压与整平，此后，必须防止人与机械的踏、碾造成坡面遭受破坏。

（2）坝体垫层坡面压实施工技术与管理要求。为减少面板混凝土超浇量，改善面板应力条件，对上游垫层坡面必须修整与压实。一般水平填筑时向外超填150~300mm，斜坡长度达到10~15m时修整、压实1次。可采用人工或激光制导反铲方式进行修整。坡面修整后要立即对斜坡碾压。一般可利用为填筑坝顶布置的索吊牵引振动碾上下往返运行。也可使用平板式振动压实器对斜坡进行压实作业。对于未浇筑面板之前的上游坡面，尽管经斜坡碾压后具有较高的密实度，但其抗冲蚀与抗人为因素破坏的性能很差，一般须进行垫层坡面的防护处理。一般采取喷洒乳化沥青进行保护，喷射混凝土或摊铺和碾压水泥砂浆防护。混凝土面板或面板浇筑前的垫层料，施工期不允许承受反向水压力。

2.3.3 坝体趾板施工技术与管理

对于河床段趾板，应在基岩开挖完毕后立即进行浇筑，在大坝填筑之前浇浇筑完毕；岸坡部位的趾板必须在填筑之前1个月期限内完成。通常，趾板施工的步骤是清理工作面、测量与放线、锚杆施工、立模安止水片、架设钢筋、预埋件埋设、冲洗仓面、开仓检查、浇筑混凝土、养护。可采用滑板或常规模板实施混凝土浇筑施工作业。为减少工序干扰和加快施工进度，可随趾板基岩开挖出一段作业面后，立即由顶部自上而下分段施工作业。若工期与工序不受约束，也可在趾板基岩全部开挖完工后，再实施趾板施工。

2.3.4 坝体面板施工技术与管理

混凝土防渗面板包括主面板与混凝土底座，是刚性面板堆石坝的主要防渗结构，特点是厚度薄、面积大，在满足抗渗性和耐久性条件下，要求具有一定的柔性，以适应堆石体变形。

（1）面板分缝止水施工作业要求。混凝土面板的功能作用是防渗，因其面积大、厚度薄，为使其适应堆石体的变形、温度、应力变化以及施工技术与管理要求，一般用垂直于坝轴线方向的纵缝将面板分为若干块，中间为宽块，两侧为窄块，如图5-35。其中，垂直缝、周边缝与底座伸缩缝为永久伸缩缝；而水平施工缝为临时缝。

垂直缝要从面板顶部到底部布置。垂直缝在面板中部受压区的分缝间距一般是12~18m；在两岸受拉区分缝间距则减半布置。受拉区设有上下两道止水设施，以增加止水效果；受压区仅在接缝底部设有一道止水。同一块面板若分期施工，在水平施工缝中，一般均不设止水，面板中的纵向钢筋应穿过施工缝连成整体。

（2）混凝土面板施工对于中低坝，混凝土面板一般是在堆石体填筑全部结束后实施，这是考虑到施工期产生沉陷的影响，避免面板产生较大的沉陷与位移，以减少面板开裂的可能性；对于高度80~100m以上的高坝或出于拦洪度汛等需求，面板也可分期施工作业。

混凝土面板钢筋技术与管理措施：对其可采用钢筋网分片绑扎，由运输台车运至现场安装，

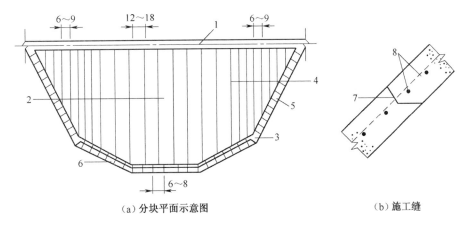

图 5-35　面板的分缝分块（m）

1—坝轴线；2—面板；3—底座；4—垂直缝；5—周边缝；
6—底座伸缩缝；7—水平施工缝；8—面板钢筋

也可在现场直接绑扎或焊接。

金属止水片施工技术与管理措施：金属止水片的成型工艺主要分为冷挤压成型、热加工成型与手工成型。通常成型后应立即采取退火处理。现场拼接方式分为搭接、咬接、对接；对接一般用在止水接头异型处，应在加工厂内施焊，以确保施焊作业质量。

混凝土浇筑施工技术与管理：面板浇筑一般在堆石坝体填筑完成或至某一高度后，适宜气温季节内集中作业，由于汛期紧迫，施工工期很短。面板由起始板及主面板组成。起始板可以采用固定模板或翻转模板浇筑，也可用滑模浇筑. 当坝高不大时，可在坝脚及坝顶设置起重机运输混凝土；若坝高较大时，可用溜槽、混凝土泵输送混凝土，也可设置喂料车，由侧卸汽车运至坝顶，喂料车装混凝土后沿斜面下放至浇筑面。分为溜槽法、滑模法作业。

溜槽法：采用溜槽输送混凝土时，溜槽搁置在面板钢筋网上，上端与坡顶前沿的骨料斗相连，中间可设"Y"形叉槽分支，分支下端为摆动溜槽进入混凝土浇筑仓面。溜槽内安置缓冲挡板，控制混凝土离析。溜槽之间用挂钩搭接，搭接长度为 50mm，并用尼龙绳固定在钢筋上，随着混凝土不断上升，溜槽由下向上逐节拆除。为防止骨料飞逸或天气炎热散失混凝土中水分，要对溜槽铺盖麻袋。

滑模法：钢筋混凝土面板通常采用滑模法施工，滑模分有轨滑模和无轨滑模 2 种。无轨滑模是在面板坝施工实践中总结出来的，它克服了有轨滑模的缺点，减轻了滑动模板自身重量，提高了工效，节约了投资，在国内广泛使用。滑模上升速度通常为 1~2.5m/h，最高可达 6m/h。

混凝土养护技术与管理措施：面板混凝土坍落度一般为 80~100mm；低流态混凝土坍落度一般为 50~70mm，浇筑完成后，可采用电动软轴振捣棒振捣。混凝土出模后应采取人工抹面处理，并及时用塑料薄膜或草袋覆盖，以防止雨水冲淋，坝顶采用花管长流水养护至蓄水前。

2.4　堆石坝施工质量零缺陷检验管理措施

检验堆石体的压实效果可根据其压实后干密度的大小在现场实施控制。对堆石体干密度的检测一般采用挖坑注水试验法，垫层料干密度检测采用挖坑灌砂试验法。

（1）石料质量要求。石料具有抗风化能力，其软化系数水上不低于 0.8，水下不低于 0.85。石料的天然密度不应低于 2.2g/cm³，硬度不应低于莫氏硬度表中的第三级。对于石料抗压强度，其主要部位的石料抗压强度不应低于 78MPa，次要部位石料抗压强度应在 50~60MPa。下游堆石的情况与主堆石相似，但对密度的要求相对较低。

（2）施工数量检查要求。应分别对趾板与面板浇筑施工进行详细的数量检查。

趾板浇筑施工作业检查内容：每浇 1 块或每 50~100m³ 至少有 1 组抗压强度试件；每 200m³ 成型 1 组作为抗冻、抗渗检验试件。

面板浇筑施工作业检查内容：每班取 1 组抗压强度试件，抗渗检验试件每 500~1000m³ 成型 1 组；抗冻检验试件每 1000~3000m³ 成型 1 组。不足以上数量者，也应取 1 组试件。

（3）堆石体施工质量控制管理内容。通常衡量堆石压实的质量指标，采用压实容重换算的孔隙率 n 来表示，现场堆石密实度的检测主要采取试坑法。

垫层料施工质量控制管理要点：垫层料（包括周边反滤料）需作颗分、密度、渗透性与内部渗透稳定性检查，检查稳定性的颗分取样部位为界面处。过渡料作颗分、密度、渗透性与过渡性检查，检查过渡性的取样部位也为界面处。主、副堆石作颗分、密度、渗透性检查等。垫层料、反滤料级配控制的重点是控制加工产品的级配。

过渡料施工质量控制管理要点：对过渡料主要是通过在施工时清除界面上的超径石来保证对垫层料的过渡性。在填筑垫层料前，对过渡料区的界面作肉眼检查。过渡料的密度亦比较高，其渗透系数较大，一般只作简易测定。颗分检查主要是供记录使用。

主堆石施工质量控制管理要点：主堆石渗透性很大，亦只作简易检查，级配检查是供档案记录使用的。对密度值要作出定时统计，如达不到设计规定的数值，要制定解决办法，采取相应措施保证达到规定要求。实施质量控制管理，要及时计算由水管式沉降仪测定的沉降值换算的堆石压缩模量值，以便直接了解和准确掌握堆石的质量。

（4）面板混凝土浇筑质量控制管理内容。对面板混凝土浇筑质量管理检测的项目和技术要求见表 5-9。

表 5-9 面板混凝土浇筑质量检测项目与技术要求

项目	质量要求	检测方法
混凝土表面	表面基本平整，局部不超过设计线 30mm，无麻面、蜂窝孔洞、露筋	观测测量
表面裂缝	无，或有小裂缝已处理	观测测量
深层及贯穿裂缝	无，或有但已按要求处理	观测测量
抗压强度	保证率不小于 80%	试验
均匀性	离差系数 $C_V < 0.18$	统计分析
抗冻性	符合设计要求	试验
抗渗性	符合设计要求	试验

3　混凝土坝、碾压混凝土坝的零缺陷施工技术与管理

3.1　砖石砌筑零缺陷施工技术与管理

在水保砌筑中，使用砖石取材方便、施工简单、成本低廉，因烧制黏土砖需掏挖黏土而毁损大量农田，为此，应多实用新型砌体材。

3.1.1　砌砖零缺陷全面施工技术与管理内容

（1）砌砖施工技术与管理。应按砌筑砖墙工艺、砖柱与砖基础砌筑工艺等工艺施工作业。

①砌筑砖墙工艺：砌砖施工作业内容是超平、放线、摆砖样、立皮数杆、挂准线、铺灰、砌砖等工序。如砌清水墙，则还需选砖与勾缝；所选砖应边角整齐、色泽均匀。砌筑应按以下作业工序进行：当基底标高不同时，应从低处砌起，并由高处向低处搭接。当设计无要求时，搭接长度不应小于基础扩大部分的高度；墙体砌筑时，内外墙应同时砌筑，不能同时砌筑时，应留槎并做好接槎处理。砖应在砌筑前1~2d提前浇水湿润，烧结普通砖含水率宜为10%~15%。下面以房屋建筑砖墙砌筑为例，说明其施工作业各工序的具体做法。

超平、放线：砌筑完基础或每一楼层后，应校核砌体的轴线与标高。先在基础面或楼面上按标准水准点定出各层标高，并用水泥砂浆或细石混凝土找平。建筑物底层轴线可按龙门板上定位钉为准拉线，沿拉线挂下线锤，将墙身中心轴线放到基础上面，以墙身中心轴线为准弹出纵横墙身边线，定出门洞口位置。各楼层轴线则可利用预先引测在外墙面上的墙身中心轴线，借助于经纬仪把墙身中心轴线引测到各楼层上；或用线锤挂下，对准外墙面上的墙身中心轴线向上引测。轴线引测是放线的关键，必须按设计图要求尺寸用钢皮尺进行校核。然后按楼层墙身中心线，弹出各墙边线，划出门窗口位置。

摆砖样：按选定的组砌方法，在墙基顶面放线位置试摆砖样（不铺灰），在缝宽允许范围内调整竖缝宽度，尽量使门窗垛符合砖的模数，以减少斩砖数量，提高砌砖效率，同时要保证砖与砖缝排列整齐、均匀。摆砖样在清水墙砌筑中尤为重要。

立皮数杆：皮数杆为木制标杆，在杆上根据设计要求、砖规格、灰缝厚度等绘出每皮砖与砖缝厚度以及门窗洞口、过梁、楼板、梁底、预埋件等标高位置，如图5-36。皮数杆可以在砌筑时控制每皮砖的竖向尺寸，并使铺灰厚度均匀、砖皮水平。皮数杆通常立于墙转角处，其基准标高用水准仪校正。若墙的长度很大，可每隔10~20m再立1根。皮数杆用锚钉或斜撑加以固定，以保证其牢固、垂直。在每次开始砌筑前应检查一遍皮数杆的牢固程度和垂直度。

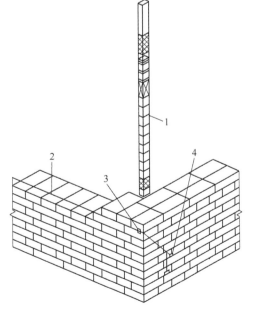

图 **5-36**　皮数杆示意图

1—皮数杆；2—准线；3—竹片；4—圆铁钉

铺灰砌砖：铺灰砌砖作业方法很多，各地操作习惯、方法和使用工具不同。通常砌筑宜采用"三一"砌筑法，即一铲灰、一块砖、一揉压的砌筑方法。当采用铺浆法砌筑时，铺浆长度不得超过 750mm，施工期间气温超过 30℃时，铺浆长度不得超过 500mm。实心砖砌体一般采用一顺一丁、三顺一丁、梅花丁等组砌方法，如图 5-37 所示。每层承重墙的最上一皮砖、梁或梁垫下面、砖砌体台阶水平面上及挑出部分均应采用丁砌层砌筑。

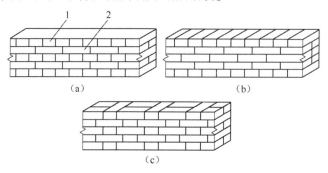

图 5-37　组砌砖的方法

(a) 一顺一丁；(b) 三顺一丁；(c) 梅花丁

1—丁砌砖；2—顺砌砖

砌砖通常先在墙角按照皮数杆进行盘角（砌筑墙角部），然后将准线挂在墙侧，作为墙身砌筑依据，每砌 1 皮或 2 皮，准线向上移动 1 次。对墙厚等于或大于 370mm 砌体，宜采用双面挂线砌筑，以保证墙面的垂直度与平整度。有些地区对 240mm 厚墙体也采用双面挂线的施工方法，会使墙体的砌筑质量更佳。

②砖柱与砖垛砌筑工艺：砖柱组砌形式如图 5-38，不得采用包心砌法。砌筑砖柱时全部灰缝均应填满砂浆，砖柱不允许留有脚手架眼。砖垛组砌形式如图 5-39，其墙与砖垛必须同时砌筑，并应使垛与墙身逐皮搭接至少半砖长。

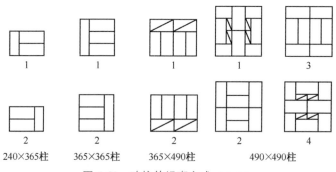

240×365柱　　365×365柱　　365×490柱　　490×490柱

图 5-38　砖柱的组砌方式 (mm)

③砖基础砌筑工艺：砖基础下部为大放脚，上部为基础墙。大放脚分为等高式与间隔式。等高式大放脚是每砌 2 皮砖，两边各收进 1/4 砖长（60mm）；间隔式大放脚是两皮砖与一皮砖交替砌筑，每砌两皮砖及一皮砖，两边各收进 1/4 砖长（60mm），最下面应为两皮砖，如图 5-40。砖基础大放脚一般采用一顺一丁砌筑形式，即 1 皮砖与 1 皮丁砖相间，上下皮垂直灰缝相互错开 60mm。

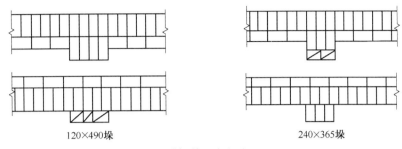

120×490垛　　　　　　240×365垛

图 5-39　砖垛的组砌方式（mm）

（2）砌筑砖施工质量管理要求。应按以下 3 项要求进行砌砖施工质量管理。

①砌筑砖工程应着重控制灰缝质量，要求做到横平竖直、厚薄均匀、砂浆饱满、上下错缝、内外搭砌、接槎牢固。

要求每 1 皮砖的灰缝横平竖直、厚薄均匀。即要求每 1 皮砖必须在同一水平上，每块砖必须摆平；砌体表面轮廓垂直平整，竖向灰缝垂直对齐。

砌筑灰缝的砂浆应饱满。灰缝砂浆不规范带来的危害及其检查方法如下。

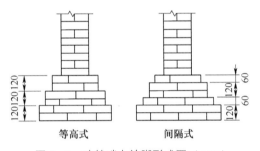

等高式　　　　　间隔式

图 5-40　砖基础大放脚形式图（mm）

灰缝砂浆不规范的危害：水平灰缝砂浆不饱满会造成砖块的局部受弯而断裂，故实心砖砌体水平灰缝的砂浆饱满度不得低于 80%；竖向灰缝的饱满程度对一般以承压为主的砌体影响不大，但影响砌体抗透风与抗渗水的性能，故宜采用挤压或加浆方法砌筑，不得出现透明缝，严禁用水冲浆灌缝。水平灰缝厚度和竖向灰缝宽度规定为 10mm±2mm，过厚水平灰缝容易使砖块浮滑，墙身侧倾；过薄水平灰缝会影响砖块之间的黏结力和砖块的均匀受压。

②检查砂浆饱满程度的方法是：掀起砖，将百格网放于砖底砂浆面上，以百分率计算粘有砂浆部分占有的格数，如图 5-41。

上下错缝、内外搭砌：是指要求各种砌体均应按一定的组砌形式砌筑。砌体上下两皮砖的竖向灰缝应当错开，错缝长度一般不应小于 60mm，避免上下通缝；砌体同皮内外砖应通过相邻上下皮的砖块相互搭砌，以确保砌体的整体性与牢固性。

③接槎牢固：是指先砌筑的砌体与后砌筑的砌体之间的接合牢固程度。接槎方式是否合理对砌体

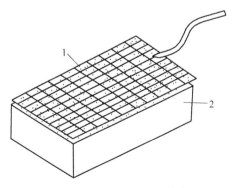

图 5-41　砂浆饱满程度检查
1—百格网；2—砖

的整体性影响很大，特别在地震区，接槎质量将直接影响到砌体的抗震能力，应在砌筑施工作业中给予足够的重视。

砌体的转角处及交接处应同时砌筑，严禁没有可靠措施的内外墙分砌施工。当不能同时砌筑而必须设置的临时间断处，应砌成斜槎，它可使先、后砌筑的砌体之间砂浆饱满、接合牢固。普通砖砌体斜槎的长度不应小于高度2/3，如图5-42（a）。当留斜槎确有困难时，除转角处外，也可留直槎，但必须做成凸槎，并加设拉结筋。凸槎就是留有直槎的墙体从墙面砌出，砌出长度不小于120mm；拉结钢筋数量为每120mm墙厚设置1根φ6钢筋（240mm墙厚设置2根φ6拉结钢筋），间距沿墙高不大于500mm，拉结筋埋入墙的长度从墙留槎处算起，每边均不小于500mm，末端应设有900弯钩，如图5-42（b）。抗震设防地区建筑物的砌体接合处不得留设直槎。在砌体接槎后续施工时，必须将接槎处的表面清理干净，浇水湿润，填实砂浆，并保持灰缝平整。

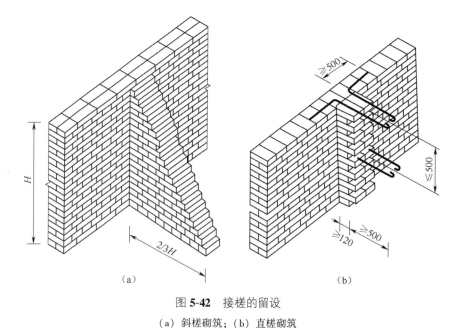

图 **5-42** 接槎的留设

（a）斜槎砌筑；（b）直槎砌筑

3.1.2 砌石零缺陷全面施工技术与管理内容

（1）毛石砌体施工技术与管理。应按以下4项技术与管理措施砌筑毛石砌体。

毛石砌体应采用铺浆法砌筑：砌体砂浆必须饱满，叠砌面砂浆饱满度应大于80%。毛石砌体的灰缝厚度宜为20~30mm，石块间不得有相互接触现象；石块间较大空隙应先采填塞砂浆后再用碎石块嵌实，不得采用先摆碎石块后填塞砂浆或干填碎石块的作业方法。

毛石砌体宜分皮砌筑：各皮石块间应利用毛石自然形状经敲打修整使能与先砌毛石基本吻合、搭砌紧密；毛石应上下错缝、内外搭砌，不得采用外面侧立毛石中间填心的砌筑方法；中间不得有铲口石（尖石倾斜向外的石块）、斧刃石（尖石向下的石块）和过桥石（仅在两端搭砌的石块），如图5-43。砌筑毛石基础的第1皮石块应坐浆，并将大面向下。毛石砌体的第1皮及转角处、交接处、洞口处，心选用较大的平毛石砌筑。最上一皮（包括每个楼层及基础顶面）宜选用较大的毛石砌筑。

毛石砌体转角处与交接处应同时砌筑；当不能同时砌筑时，接槎应留设成踏步槎。因为毛石

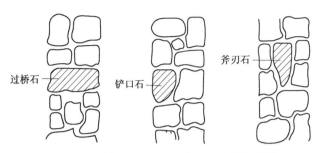

过桥石　铲口石　斧刃石

图 5-43　过桥石、铲口石、斧刃石砌筑示意图

形状不规则，留设立槎后不便接槎，会影响砌体整体性，故毛石砌体不能留设直槎。

毛石砌体必须设置拉结石：拉结石应均匀分布，相互错开，毛石基础同皮内每隔约 2m 设置 1 块；毛石墙每 0.7m² 墙面至少应设置 1 块，且同批内拉结石的中距不应大于 2m。如墙面 ≤400mm，拉结石应与墙厚相等；若墙厚>400mm，可用两块拉结石内外搭接，搭接长度不应小于 150mm，且其中 1 块拉结石长度不应小于墙厚的 2/3。

（2）料石砌体施工技术与管理。应按照以下 6 项砌筑料石施工技术与管理措施实施。

料石砌筑方法规定：料石砌体应采用铺浆法砌筑，料石应放置平稳。砌体砂浆必须饱满，水平灰缝与垂直灰缝的砂浆饱满度均应大于 80%。

料石砌体灰缝厚度应根据料石种类确定：细料石砌体不宜大于 5mm；半细料石砌体不宜大于 10mm；粗料石与毛料石砌体不宜大于 20mm。在砌筑施工作业时，砂浆铺设厚度应略高于规定的灰缝厚度，细料石和半细料石宜高出 3~5mm；粗料石与毛料石宜高出 6~8mm。

料石砌体上下皮料石的竖向灰缝应相互错开：其错开长度应不小于料石宽度的 1/2。

料石基础砌筑要求：料石基础的第 1 皮料石应坐浆丁砌，以上各层料石可按一顺一丁方式进行错缝搭砌。阶梯形料石基础，上级阶梯的料石至少应压砌下级阶梯料石的 1/3。

砌体厚度要求：当砌体厚度等于一块料石宽度时，可采用取全顺砌筑形式。砌体厚度大于或等于 2 块料石宽度时，如同皮内全部采用顺砌，每砌 2 皮后，应砌 1 皮丁砌层；如同皮内采用丁顺组砌，丁砌石应交错设置，中距不应大于 2m。

料石砌体转角处与交接处也应同时砌筑：当不能同时砌筑时，接槎也应留设成踏步槎。

3.2　混凝土钢筋配制零缺陷施工技术与管理

在钢筋混凝土结构中，钢筋及其加工质量对结构质量起着决定性的影响作用。钢筋工程施工作业属于隐蔽建设工程项目，对混凝土浇筑后，钢筋质量就难以检查与复核，故对钢筋从进厂验收到最后的绑扎安装都必须实行严格的质量管理控制，以保证结构质量。

3.2.1　钢筋配料零缺陷技术与管理

钢筋配料是指根据构件配筋图，先绘制出各种形状与规格的单根钢筋简图并加以编号，然后分别计算钢筋的下料长度与根数，填写在配料单中，以便于准确无误地实际加工。

（1）钢筋编号。在对钢筋配料时，为防止漏配和多配，钢筋编号一般按结构顺序进行，要逐一对各种构件的每一根钢筋编号。同时，还要考虑施工需要的附加钢筋。例如，后张预应力构件预留孔道定位所用的钢筋井字架；基础双层钢筋网中，保证上层钢筋网位置用的钢筋撑脚；墙体双层钢筋网中固定钢筋间距用的钢筋撑铁；柱钢筋骨架中增加的四面斜筋撑等。

（2）钢筋下料长度计算。其计算是配料计算中的关键。由于结构受力上的要求，大多数成型钢筋需要在中间弯曲和在两端弯成弯钩，弯曲与弯钩均会改变下料长度。

①影响钢筋下料长度计算的因素：主要有如下 4 项因素影响钢筋下料长度的计算。

钢筋在弯曲处虽然内壁会缩短，外壁会伸长，但中心线长度不会变化，因此，钢筋弯折后的中心线尺寸与下料长度相等。而钢筋图纸上标注的尺寸一般是钢筋直线或折线的外包尺寸，从图 5-44 得知，外包尺寸明显要大于钢筋中心线尺寸。如果按照外包尺寸下料、弯折，就会造成钢筋浪费，也会导致保护层厚度不够，甚至不能放进模板。因此，在配料中不能直接根据图纸中的尺寸下料，而应按钢筋弯折后的中心线尺寸下料。钢筋弯曲处图纸上标注的外包尺寸与钢筋中心线长度之间存在一个差值，这个差值称为"弯曲调整值"。钢筋外包尺寸扣除弯曲调整值后即是钢筋中心线长度。图 5-45 所示为钢筋弯曲 90° 后的长度变化。

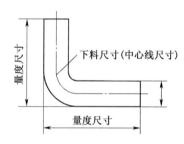

图 5-44　对钢筋转弯处的度量方法

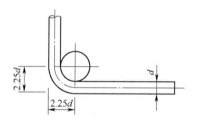

图 5-45　钢筋弯曲 **90°** 长度的变化示意图

钢筋两端弯钩需要增加下料长度。

不同部位混凝土保护层厚度有变化；设计图上有不同的钢筋尺寸标注方法；钢筋的直径、级别、形状、弯心半径大小；端部弯钩形状不同等因素均会影响钢筋的下料长度。

如钢筋需要搭接，则要考虑搭接增加的长度。

②钢筋下料长度的计算方法：各种钢筋下料长度可按下式计算。

$$直钢筋下料长度 = 构件长度 - 保护层厚度 + 弯钩增加长度$$

$$弯起钢筋下料长度 = 直段长度 + 斜段长度 - 弯曲调整值 + 弯钩增加长度$$

$$箍筋下料长度 = 箍筋周长 + 箍筋调整值$$

③钢筋弯曲调整值的计算方法：钢筋弯曲调整值的大小与钢筋直径、弯曲角度、弯心直径、设计图尺寸标注方法等因素相关。钢筋弯曲调整值可直接按表 5-10 所列取值。

表 5-10　钢筋弯曲调整值

钢筋弯曲角度（°）	30	45	60	90	135
钢筋弯曲调整值	$0.35d$	$0.5d$	$0.85d$	$2d$	$2.5d$

注：d 为钢筋直径。

④钢筋弯钩增加长度的计算方法：为增强钢筋与混凝土的连接，钢筋末端一般需加工成弯钩形式。其弯钩形式分为半圆弯钩、直弯钩与斜弯钩 3 种，如图 5-46。Ⅰ级钢筋末端需要做半圆弯钩，其圆弧段弯曲直径 D 不应小于钢筋直径 d 的 2.5 倍，平直部分长度不宜小于钢筋直径 d 的 3 倍；当用于轻骨料混凝土结构时，其弯曲直径 D 不宜小于钢筋直径 d 的 3.5 倍，平直部分长度

不宜小于钢筋直径 d 的 3 倍；Ⅱ、Ⅲ级钢筋末端需要做直弯钩、斜弯钩时，Ⅱ级钢筋弯曲直径 D 不宜小于钢筋直径 d 的 4 倍，Ⅲ级钢筋不宜小于钢筋直径 d 的 5 倍，平直部分长度应按设计要求确定。

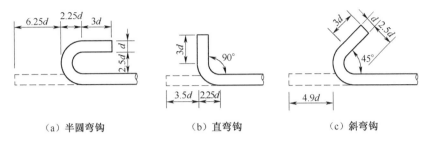

（a）半圆弯钩　　　　（b）直弯钩　　　　（c）斜弯钩

图 5-46　钢筋弯钩计算简图

当弯心直径 D 为 $2.5d$、平直部分为 $3d$ 时，如图 5-46（a），半圆弯钩增加的长度取 $6.25d$；当弯心直径为 $2.5d$、平直部分为 $3d$ 时，直弯钩为 $3.5d$，如图 5-46（b）；斜弯钩为 $4.9d$，如图 5-46（c）。

⑤箍筋调整值的计算方法：箍筋调整值有弯钩增加长度与弯曲调整值 2 项，可直接在表 5-11 中查用。

表 5-11　箍筋调整值

箍筋度量方法	箍筋直径（mm）			
	4~5	6	8	10~12
量外包（外口）尺寸	40	50	60	70
量内保（内扣）尺寸	80	100	120	150~170

注：箍筋弯钩大小与主筋的粗细相关，本表适用于主筋直径为 10~25mm 钢筋。

在分别计算出各编号钢筋的下料长度后，填写见表 5-12 的钢筋配料单，以便加工。为了加工方便，根据配料单上的钢筋编号，分别填写钢筋料牌，如图 5-47，作为钢筋加工依据。加工完成后，应将料牌捆绑在加工完毕的钢筋上，作为识别钢筋的标志，以便在钢筋绑扎成型和安装过程中识别。

⑥钢筋配料计算示例：某钢筋混凝土简支梁编号为 L1，梁长 6m，断面 $b×h = 250mm×550mm$，弯起钢筋弯曲角度为 45°，钢筋的混凝土保护层厚度为 30mm，钢筋配筋如图 5-47。计算 L1 梁的钢筋下料长度。

解： 1 号钢筋下料长度计算：

直钢筋下料长度 = 构件长度 − 保护层厚度 + 弯钩增加长度

$$= 6000 − 2×30 + 2×6.25×20 = 6190（mm）$$

2 号钢筋下料长度计算：

弯起钢筋下料长度 = 直段长度 + 斜段长度 − 弯曲调整值 + 弯钩增加长度

$$= 4000 + 2×480 + 2×690 − 4×0.5×20 + 2×6.25×20$$

$$= 6550（mm）$$

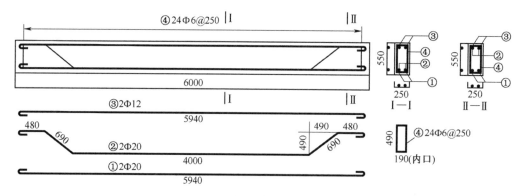

图 5-47 L1 梁钢筋配筋图 （mm）

3 号钢筋下料长度计算：

直钢筋下料长度＝构件长度－保护层厚度＋弯钩增加长度

$$= 6000 - 2 \times 30 + 2 \times 6.25 \times 12 = 6090 \text{ （mm）}$$

4 号钢筋下料长度计算：

箍筋下料长度＝箍筋周长＋箍筋调整值＝$2 \times 190 + 2 \times 490 + 100 = 1460$ （mm）

填写钢筋配料单见表 5-12。填写钢筋料牌如图 5-48。

表 5-12 钢筋配料单

构件名称	钢筋编号	钢筋简图	钢号	直径 （mm）	下料长度 （mm）	数量	质量 （kg）
L1 梁（共 10 段）	①	5940	Φ	20	6190	2	
	②	480 690 690 480 4000	Φ	20	6550	2	
	③	5940	Φ	12	6090	2	
	④	190 490 内口	Φ	6	1460	24	

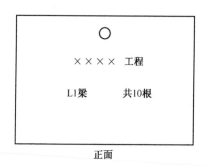

正面

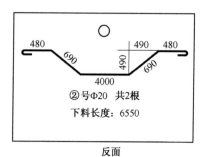

反面

图 5-48 钢筋配料牌

3.2.2 钢筋加工零缺陷技术与管理

钢筋加工作业内容是除锈、调直、下料剪切、接长、弯曲等工序。

（1）钢筋除锈。钢筋表面应洁净，铁锈、油渍、漆污和用锤敲击时能剥落的浮皮等都应在使用前清除干净。在对其焊接前，焊点处的水锈也应清除干净。在除锈过程中如发现钢筋表面的氧化铁皮鳞落现象严重并已损伤钢筋截面，或在除锈后钢筋表面有严重的麻坑、斑点伤蚀截面时，应降级使用或剔除不用。对钢筋除锈的 3 种方法：一是在钢筋冷拉或钢丝调直过程中除锈，此法对大批量钢筋的除锈较为方便。二是采用电动除锈机的机械方法除锈，该方法对钢筋局部除锈较为方便；还可用喷砂除锈、手工用钢丝刷与砂盘除锈等。三是使用化学方法除锈，如用酸洗除锈。

（2）钢筋调直。对于直径不大于 12mm 的钢筋，可采用钢筋调直机调直，也可采用卷扬机拉直设备拉直。对于直径大于 12mm 的钢筋，可采用手工调直。

应当注意的是，冷拔钢丝和冷扎带肋钢筋经调直机调直后，其抗拉强度一般要降低 10%～15%，使用前应加强检验，按调直后的抗拉强度选用；当采用冷拉方法调直钢筋时，应控制钢筋的冷拉率在允许范围以内。

（3）钢筋切断。可采用钢筋切断机，也可采用电动砂轮切断机切断。对于较细钢筋，可使用手动液压切断器或钢筋剪断钳切断。钢筋切断时应注意以下 3 类事项。

同规格钢筋，应根据不同下料长度统筹排料，一般应先断长料，后断短料，以减少损耗。钢筋排料的优劣，对节约钢筋料管理非常重要。

切断钢筋料时应避免使用短尺量长料，以防止产生累积误差。一般宜在工作台上标出尺寸刻度线并设置控制断料尺寸用的挡板。

在实施钢筋切断作业时，若发现钢筋有劈裂和严重的弯头等缺陷，必须给予切除；钢筋的断口，不得有马蹄形或起弯等现象。

（4）钢筋接长。钢筋的接长分为现场绑扎、焊接、机械连接等作业方法。

①钢筋焊接：采用焊接代替绑扎，可节约钢材，改善结构受力性能，提高工效。钢筋的焊接效果一是与钢材的可焊性有关，二是与焊接工艺有关。因此，应了解不同钢材的焊接性能，采取适宜的焊接工艺，以保证焊接质量。目前，钢筋焊接常用的方法有对焊、电弧焊和电渣压力焊等。

对焊：对焊具有成本低、质量优、功效高、对各种钢筋均能适用的特点，因而得到普遍应用。对焊是在对焊机上固定 2 根钢筋，操作对焊机使 2 根钢筋端头接触，钢筋的接触点通过低压强电流产生电阻热；当钢筋端头加热到一定温度后，操作对焊机施加轴向压力顶锻，就使 2 根钢筋焊合在一起。

电弧焊：是利用弧焊机在焊条与焊件之间产生高温电弧（电弧是空气在高温作用下电离产生的导电现象），在高温电弧作用下，使焊条与金属焊件很快熔化从而形成焊接接头。

焊条是由碳钢或低合金钢制成钢丝，并在钢丝表面上包裹一层焊药制成。焊药起着隔离氧气、防止熔融金属氧化和使金属内的杂质漂浮在熔融金属表面的作用。因此，应根据所焊钢筋品种选择适合的焊条型号，以保证焊接质量。电弧焊使用的弧焊机分为交流弧焊机与直流弧焊机 2种。直流弧焊机适用于小电流焊接小件，焊接钢筋作业常用交流弧焊机。

电渣压力焊：是指采用交流弧焊机焊接，主要用于现浇钢筋混凝土结构中竖向、斜向钢筋的现场接长，适用于直径 14~40mm 的 Ⅰ、Ⅱ 级钢筋。

②钢筋机械连接：锥螺纹套筒连接是将 2 根待接钢筋端头采用套丝机做出锥形外丝，然后用带锥形内丝的套筒将钢筋两端拧紧的钢筋连接方法，如图 5-49。

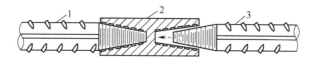

图 5-49 钢筋锥螺纹套筒连接

1—已连接的钢筋；2—锥螺纹套筒；3—待连接的钢筋

连接套筒是工厂加工的定型产品，钢筋连接端的锥螺纹需在钢筋套丝机上加工，通常在施工现场作业实施。另外，套筒挤压连接、套筒灌浆连接等也为常用的方法。钢筋机械连接具有操作简便、施工速度快、不受气候条件影响、无污染、无火灾隐患、施工安全等优点，因此，在粗钢筋连接中被广泛地采用。

（5）钢筋弯曲成型。对钢筋弯曲成型分为划线、弯曲成型 2 大作业步骤。

①对钢筋划线：钢筋弯曲前，对形状复杂的钢筋，应根据钢筋料牌上标明尺寸，用石笔将各弯曲点位置画出，以保证弯曲尺寸准确。划线方法如下：

划线宜从钢筋中线开始向两边进行。对于两边不对称的钢筋，也可从钢筋一端开始划线；如划到另一端有出入时，应重新调整。

根据不同弯曲角度扣除弯曲调整值，扣除方法是从相邻两段长度中各扣一半。

钢筋端部有半圆弯钩时，该段长度划线时增加 $0.5d$（d 为钢筋直径）。

例如，有一根直径为 20mm 的弯起钢筋如图 5-50，其划线方法如下：

第一步：划出钢筋中线；

第二步：取钢筋中段 $\dfrac{4000}{2}-\dfrac{0.5d}{2}=\dfrac{4000}{2}-\dfrac{0.5\times20}{2}=1995\text{mm}$，划第二条线；

第三步：取斜段 $690-2\times\dfrac{0.5d}{2}=690-2\times\dfrac{0.5\times20}{2}=680\text{mm}$，划第三条线；

第四步：取直段 $480-\dfrac{0.5d}{2}+0.5d=480-\dfrac{0.5\times20}{2}+0.5\times20=485\text{mm}$，划第四条线；

图 5-50 钢筋的划线

上述划线方法仅供参考。第 1 根钢筋成型后应与设计尺寸进行校对，完全符合要求后再成批生产。

②钢筋弯曲成型：钢筋弯曲成型方法分为 2 种，一种是采用钢筋弯曲机成型，另一种是采用手弯曲工具成型。钢筋弯曲机可使多根钢筋一次性同时弯曲，提高了作业效率。钢筋加工形状与尺寸应符合设计要求，其加工偏差应符合表 5-13 的规定。

表 5-13　钢筋加工允许偏差值

项　　目	允许偏差值（mm）
受力钢筋顺长度方向全长净尺寸	±10
弯起钢筋的弯折位置	±20
箍筋内尺寸	±5

3.2.3　钢筋绑扎零缺陷施工技术与管理

（1）绑扎现场准备工作。应按照以下 4 项技术与管理要求开展准备工作。

核对钢筋的钢号、直径、形状、尺寸和数量等是否与料单、料牌相符。

准备绑扎工具与绑扎所用铁丝，钢筋绑扎一般采用 20~22 号铁丝，因铁丝为成盘供应，习惯上是按每盘铁丝周长的几分之一来切断。如铁丝过硬，可采用退火处理。

准备控制混凝土保护层厚度使用的水泥砂浆垫块或塑料卡。水泥砂浆垫块厚度应等于保护层厚度；当在垂直方向使用垫块时，可在垫块中埋入 20 号铁丝，以便固定在竖向钢筋上。

划出钢筋位置线。平板、墙板的钢筋，在模板上划线；柱的箍筋，在两对角线主筋上划线；梁的箍筋，在架立筋上划线；基础的钢筋，在两向各取 1 根钢筋划线或在垫层上划线；钢筋接头的位置，应按照规定要求相互错开，在模板上划线。

（2）钢筋的绑扎安装。绑扎钢筋时，其交叉点应使用铁丝扎牢；板与墙的钢筋网，除靠近外围两排钢筋的交叉点全部扎牢外，中间部分交叉点可间隔交错扎牢，但必须保证钢筋不发生位置偏移；双向受力的钢筋，其交叉点应全部扎牢；梁柱箍筋，除设计有特殊要求外，应与受力钢筋垂直设置，箍筋的弯钩，应沿受力主筋方向错开设置；柱中竖向钢筋搭接时，角部钢筋的弯钩平面与模板的夹角，应为模板内角的平分角；中间钢筋的弯钩面应与模板垂直。

钢筋安装绑扎应与模板安装相互协调配合，柱钢筋的安装一般在柱模板安装前进行；梁钢筋的安装，一般是先安装好梁底模板后安装梁筋，在钢筋绑扎完毕后，再支设侧模板。

控制混凝土保护层厚度用的水泥砂浆垫块或塑料卡，应布置成梅花形，间距不大于 1m。当构件中有双层钢筋时，上层钢筋可通过绑扎短筋或设置垫块来固定。对于基础和楼板的双层筋，一般采用钢筋撑脚来保证钢筋位置。对于悬臂板，应严格控制负筋位置，以防止断裂。

钢筋网与钢筋骨架安装时，为防止在运输、安装中发生歪斜变形，应采取临时加固措施。

3.3　模板装拆零缺陷施工技术与管理

模板装拆作业是混凝土工程施工技术与管理的重要辅助作业内容。由于模板装拆作业机械化程度较低，需要使用大量人工，同时在混凝土工程施工费用上也占有相当大的比例，因此，模板选材与构造的合理性，制作与安装的质量，模板作业的合理组织，都直接影响混凝土结构和构件的质量、成本与进度。

模板装拆系统包括模板和支承结构 2 部分。架设模板的主要作用是对新浇塑混凝土起成型和支撑作用，同时还具有保护和改善混凝土表面质量的作用。因为模板要承受混凝土结构施工过程中的混凝土侧压力水平荷载和模板自重、结构材料的重量、作业荷载等竖向荷载。为了保证所施工混凝土结构的质量，对模板及其支撑结构有如下 4 项要求：①保证工程结构和构件各部分形状、尺寸与相互位置的正确性，满足设计与质量要求；②具有足够的强度、刚度与稳定性，能够可靠地承受新浇混凝土重量与侧压力以及在施工作业过程中所产生的荷载；③构造简单、装拆方便，便于钢筋绑扎作业，符合混凝土浇筑及其养护等工艺要求；④模板接缝应严密，不得漏浆。

3.3.1　模板荷载与侧压力零缺陷计算

模板及其支承结构应具有足够的强度、刚度与稳定性，必须能够承受施工过程中可能出现的各种荷载，在最不利组合荷载的作用下，模板及其支承结构应不断裂、不倾覆、不滑移，其结构变形在允许范围以内。因此，应首先确定模板及其支承结构上可能出现的各种荷载，并找出最不利组合，方能进行强度、刚度和稳定性的验算。

（1）模板设计荷载及其组合。模板及其支承结构承受的荷载分为基本荷载、特殊荷载 2 类。

①基本荷载：基本荷载分为模板及其支架的自重标准值、新浇混凝土质量标准值、钢筋质量标准值、施工作业人与设备等荷载标准值、振捣混凝土产生的荷载标准值等 7 项。

模板及其支架自重标准值：常规情况下应根据模板设计图确定。对一些常规结构，也可按常规经验取值。

新浇混凝土质量标准值：通常可按 24~25kN/m³ 计算，对其他混凝土，可根据所浇筑混凝土的实际密度确定。

钢筋质量标准值：按结构设计图纸计算确定，一般可根据不同的结构，按每立方米混凝土含量计算，框架梁是 1.5kN/m³，楼板为 1.1kN/m³。

施工人员及浇筑设备、工具等荷载标准值：计算模板及直接支承模板的小楞木时，可按均布活荷载 2.5kN/m² 及集中荷载 2.5kN/m² 分别验算，比较二者所得的弯矩值，采用其中较大者；计算支承楞木构件时，可按均布荷载 1.5kN/m² 验算；计算支架立柱及其他支承结构构件时，可按均布荷载 1.0kN/m² 验算。

振捣混凝土产生的荷载标准值：对大体积混凝土可按 1kN/m² 计算（作用范围在新浇筑混凝土侧压力的有效压头高度以内）；对一般混凝土，水平面模板可按 2.0kN/m² 计，对垂直面模板可采用 4.0kN/m² 计（作用范围在新浇筑混凝土侧压力的有效压头高度以内）。

新浇混凝土对模板侧压力标准值：影响新浇筑混凝土侧压力大小的因素很多，计算确定其数值较为复杂，其计算方法在后续详述。

倾倒混凝土产生水平荷载标准值：对垂直面模板产生的水平荷载按表 5-14 采用。

表 5-14　倾倒混凝土时产生的水平荷载

向模板内供料方法	水平荷载（kN/m³）
溜槽、串筒或导管	2
容积小于 0.2m³ 的运输器具	2

（续）

向模板内供料方法	水平荷载（kN/m³）
容积 0.2~0.8m³ 的运输器具	4
容积大于 0.8m³ 的运输器具	6

注：作用范围在有效压头高度范围以内

计算模板及其支架时的荷载设计值，应采用荷载标准值乘以相对应的荷载分项系数求得，荷载分项系数见表 5-15。

表 5-15　模板及支架荷载分项系数

项次	荷载类别	荷载分项系数
1	模板及其支架自重	1.2
2	新浇筑混凝土质量	1.2
3	钢筋质量	1.2
4	施工作业人员及其浇筑设备、工具等荷载	1.4
5	振捣混凝土产生的荷载	1.4
6	新浇筑混凝土对模板产生的侧压力	1.2
7	倾倒混凝土时产生的水平荷载	1.4

②特殊荷载：分为风荷载、基本荷载与风荷载以外的其他荷载。

风荷载：根据施工地区和立模部位离地表高度，按 GB 50009—2012《建筑结荷载规范》确定。

上述荷载以外的其他荷载。

在计算模板与支架强度、刚度时，应根据模板种类，按可能出现的最不利情况进行荷载组合。通常可按表 5-16 所列的基本荷载组合选择荷载进行计算。特殊荷载可按实际情况计算，如非模板工程的脚手架、工作平台、混凝土浇筑过程不对称产生的水平推力及重心偏移、超过规定堆放的材料等。

当承重模板跨度>4m 时，应起拱来减小挠度，其设计起拱值通常取跨度的 0.2%~0.3%。

表 5-16　各种模板结构的基本荷载组合

项次	项　　目	荷载组合	
		计算强度用	验算刚度用
1	板、薄壳的底模板与支架	1+2+3+4	1+2+3
2	梁、其他混凝土结构（厚度>400mm）的底模板与支架	1+2+3+5	1+2+3
3	梁、拱、柱（边长≤300mm）、墙（厚度≤100mm）的侧面模板	5+6	6
4	大体积混凝土结构、柱（边长>300mm）、墙（厚度>100mm）的侧面模板	6+7	6

（2）模板侧压力计算。影响新浇筑混凝土对模板侧压力的因素很多，其中混凝土的重力密度、混凝土浇筑时温度、浇筑速度、坍落度、外加剂与振捣方法等是影响新浇筑混凝土对模板侧压力的主要因素，它们是计算新浇筑混凝土对模板侧面压力的控制因素。对于常规混凝土，混凝

土对模板的侧压力可按图 5-51 的分布图计算。

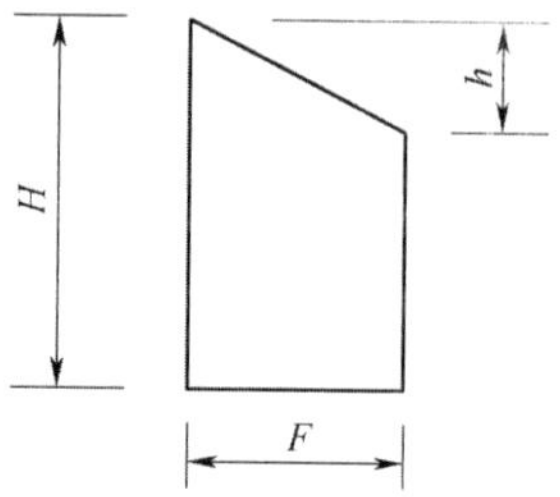

　　图中：h——有效压头高度，$h = F/r_c$，r_c 为混凝土的重力密度（kN/m³）；

　　　　　H——混凝土侧压力计算位置处至新浇混凝土顶面的总高度（m）；

　　　　　F——新浇筑混凝土对模板的最大侧压力（kN/m²）。

图 5-51　混凝土侧压力的计算分布图形

新浇筑混凝土对模板最大侧压力 F，可按式（5-26）、式（5-27）计算，并取其中较小者作为侧压力的最大值。

$$F = 0.22 r_c t_0 \beta_1 \beta_2 V^{1/2} \quad\quad (5\text{-}26)$$

$$F = r_c H \quad\quad (5\text{-}27)$$

式中：F——新浇筑混凝土对模板的最大侧压力（kN/m²）；

　　　　r_c——混凝土重力密度（kN/m³）；

　　　　V——混凝土的浇筑速度（m/h）；

　　　　H——混凝土测压力计算位置处至新浇筑混凝土顶面的总高度（m）；

　　　　β_1——外加剂影响修正参数，不掺加外加剂时取 1.0，掺加具有缓凝作用的外加剂时取 1.2；

　　　　β_2——混凝土坍落度影响修正系数，当坍落度小于 30mm 时，取 0.85；50~90mm 时，取 1.0；110~150mm 时，取 1.15。

　　　　t_0——新浇筑混凝土初凝时间，h 可按实测确定；当缺乏试验资料时，可用下式计算：

$$t_0 = \frac{200}{T + 15} \quad\quad (5\text{-}28)$$

式中：T——混凝土温度（℃）。

　　对于大体积混凝土，在振动影响范围内，混凝土因振动而液化，可按流体压力计算其侧压力。当计入温度与浇筑速度的影响，混凝土不加缓凝剂，且坍落度在 110mm 以内时，新浇筑大体积混凝土的最大侧压力值及压力分布可按表 5-17 选用。

表 5-17　大体积混凝土的最大侧压力 F 值（kN/m²）

温度（℃）	平均浇筑速度（m/h）						混凝土侧压力分布图
	0.1	0.2	0.3	0.4	0.5	0.6	
5	23.0	26.0	28.0	30.0	32.0	33.0	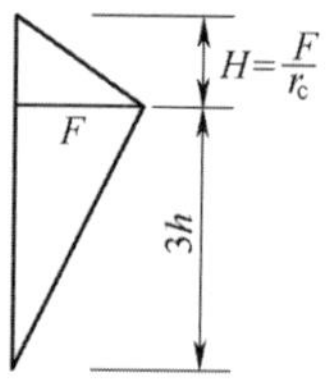
10	20.0	23.0	25.0	27.0	29.0	30.0	
15	18.0	21.0	23.0	25.0	27.0	28.0	
20	15.0	18.0	20.0	22.0	24.0	25.0	
25	13.0	16.0	18.0	20.0	22.0	23.0	

3.3.2　常用模板种类

　　浇筑混凝土常用模板分为木模板、钢木模板和土模 3 大类。

（1）木模板。木模板加工容易，质量较轻，保温性好，单次使用造价低，多用于基础部位与特殊异型结构。在大体积混凝土结构施工中，如混凝土坝施工作业，也常做成定型的标准模板，重复使用。在一般混凝土结构施工中，木模板通常由工厂加工成拼板或定型板形式的基本构件，再把它们拼装形成所需要的模板系统。拼板用宽度小于200mm的木板，再用25mm×35mm拼条钉成。由于使用位置不同，荷载差异较大，拼板厚度也不一致。作梁侧模板使用时，一般采用25mm厚木板制作；作承受较大荷载的梁底模使用时，拼板厚度加大到40~50mm。拼板尺寸应与混凝土构件尺寸相适应，同时考虑拼接时相互搭接的情况，应对部分拼板增加长度或宽度。对于木模板，设法增加其周转次数非常重要。以下是木模板的构造及其应用。

基础模板：在安装基础模板前，应先行对地基垫层标高与基础小心线核对，弹出基础边线及中心线，确定模板安装位置；校正模板上口标高，使之符合设计要求。经检查无误后将模板钉（卡、栓）牢撑稳。在安装柱基础模板时，应与钢筋安装配合进行。模板安装应牢固可靠，保证混凝土浇筑后不变形和发生位移。如图5-52为基础模板常用形式。

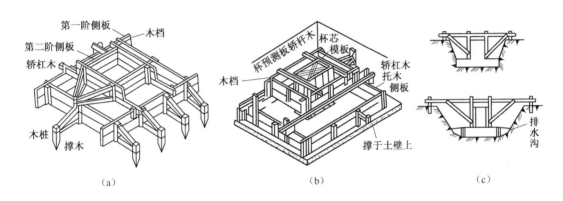

图 **5-52**　基础模板

（a）阶梯基础；（b）杯形基础；（c）条形基础

柱模板：柱模板主要解决垂直度、施工时的侧向稳定与抵抗混凝土侧压力等问题；同时也考虑方便浇筑混凝土，清理垃圾与钢筋绑扎等问题。柱模板底部应留清理孔，以便于清理安装作业时掉下的木屑垃圾，待垃圾清理干净，混凝土浇筑前再次钉牢。柱身较高时，为使浇筑混凝土时振捣方便，保证振捣质量，沿柱高每约2m设1个浇筑孔，待混凝土浇筑到孔部位时，再钉牢盖板继续浇筑。矩形柱模板如图5-53。

梁模板：浇筑的混凝土对梁模板既有横向侧压力，又有垂自压力。这就要求梁模板与其支承系统具备较强的稳定性，要有足够的强度和刚度。不致发生超过规范允许的变形。如图5-54为梁模板。

在对混凝土坝施工作业过程，木模板常做成拆移式定型标准模板。其标准尺寸，大型为1000mm×3250~5250mm，小型为750~1000mm×1500mm。前者适用于3~5m高浇筑块，需小型机具吊装；后者用于薄层浇筑，可人力搬运，如图5-55。

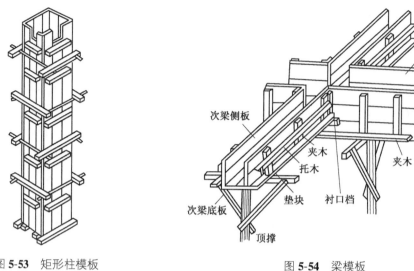

图 5-53　矩形柱模板　　　　　　　　　　图 5-54　梁模板

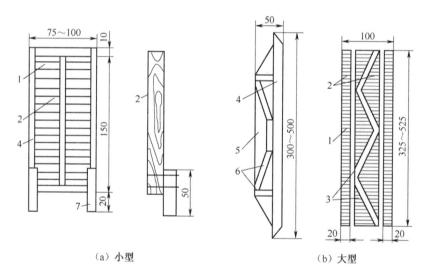

（a）小型　　　　　　　　（b）大型

图 5-55　平面标准模板（mm）

1—面板；2—肋木；3—加劲肋；4—方木；5—拉条；6—桁架木；7—支撑木

对于架设模板的支架，常用围图与横桁架梁。桁架梁多使用方木、钢筋制作。立模时，将桁架梁下端插入预埋在下层混凝土块内 U 形埋件中。当浇筑块薄时，上端用钢拉条对拉；当浇筑块较大时，则采用斜拉条固定，以防模板变形，如图 5-56。

（2）钢木模板。指以型钢为框架，以木材为面板组合而成的一种组合式模板。它具有自重较轻、单块模板面积大，可减少模板拼装工作量，有利于提高装拆模板工作效率、维修方便、周转次数多、保温性能良等优点。在混凝土坝施工中，钢木模板一般做成大尺寸模板，在对其安装、拆除作业中需吊装机械配合。

（3）土模。在小批量预制混凝土构件制作中，常采用土模与砖模，以降低模板费用。土模

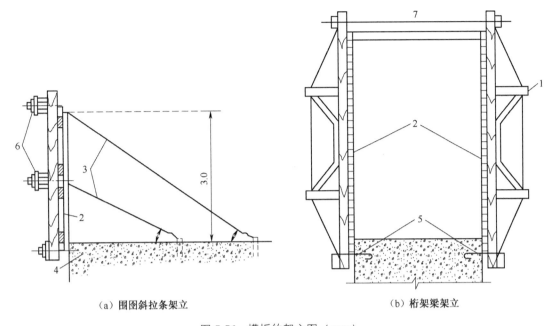

（a）围图斜拉条架立　　　　　　　　（b）桁架梁架立

图 **5-56**　模板的架立图（mm）

1—钢木桁架；2—木面板；3—斜拉条；4—预埋锚筋；5—U 形埋件；6—横向围图；7—对拉条

分为地下式、半地下式和地上式 3 种。地下式土模适用于结构外形简单的预制构件，对土质有一定要求，如图 5-57（a）；半地下式土模，适用于构件较为复杂，地下开挖较困难的情况，地面以上可用木模、砖模，如图 5-57（b）。地上式土模的构件，全部在地坪以上，主要用于外形较为复杂的构件，如图 5-57（c）。

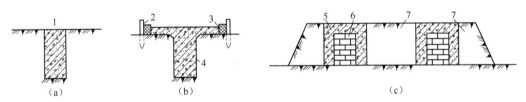

（a）　　　　　　　　　（b）　　　　　　　　　　　　（c）

图 **5-57**　土模的形式

（a）地下式；（b）半地下式；（c）地上式

1—矩形梁；2—木桩；3—方木；4—T 形梁；5—日形梁；6—砖心；7—培土夯实

3.4　制作混凝土零缺陷施工技术与管理

3.4.1　骨料制备零缺陷施工技术与管理

骨料来源分为天然骨料、人工骨料与混合骨料 3 种。天然骨料是用天然砂石料经筛分加工而成，生产成本低；人工骨料是用块石经破碎、筛分加工而成，生产成本较高；混合骨料是在天然骨料基础上，使用人工骨料来补充搭配天然骨料的短缺粒径，以提高天然骨料的利用率。选用什么骨料，应在满足制作混凝土质量要求的前提下，根据工地具体条件，以成本最低原则来确定。如天然骨料质量达标、量大、运距短，则优先选用天然骨料；如天然骨料缺乏某些粒径，弃料太多时，则可考虑采用混合骨料；当天然骨料运距过长，成本太高时，可考虑采用人工骨料。人工骨料通过机械加工，级配比较容易调整以满足设计要求。随着大型、高效、耐用的骨料加工机械发展，以及管理水平的持续改进与提高，已使人工骨料的级配成本接近甚至低于天然骨料。此外，人工骨料还具有以下优点：级配可按需调整，质量稳定，管理相对集中，受自然因素影响小，有利于均衡生产，能够减少设备用量，减少堆料场地，可有效利用开挖料，减少弃料堆放。

（1）骨料生产过程。指对骨料实施的开采、运输、加工、成品料堆存等作业。当采用天然骨料时，骨料需要经过筛分分级加工；当采用人工骨料时，骨料需要经过破碎、筛分加工。

（2）骨料开采。分为天然骨料与人工骨料2种开采方式。

天然骨料开采：在浅水或河漫滩多采用拉铲或液压反铲采挖。拉铲较反铲开采难以准确定位，且装车不便，一般先卸料至岸边，集成料堆后再由反铲或正铲装车。

人工骨料开采：对人工骨料开采宜采用深孔微差挤压爆破，以控制其块度大小，方便装载运输，以降低破碎费用。

（3）骨料破碎。对于人工骨料，需要对开采块石先破碎加工，以得到满足要求的粒径，再实行筛分加工处理。对于混合骨料，一般是对超径骨料实施破碎处理，以补充搭配天然骨料的短缺粒径。骨料破碎使用破碎机械碎石，常用碎石机械分为颚板式、反击式、锥式3种。

（4）骨料筛分。筛分骨料的目的是对天然毛料或破碎后的石料进行粒径分级。筛分方法有机械筛分、水力筛分2种。机械筛分是利用机械力作用，使骨料通过不同孔眼尺寸的筛网，对骨料进行分级，适用于粗骨料；水力筛分是利用骨料颗粒大小不同、水力粗度各异的特点进行分级，适用于细骨料。

对于大规模骨料的筛分多使用机械振动筛，分为偏心振动筛与惯性振动筛2种。

在筛分作业的同时，要对骨料进行清洗。清洗是指在筛网面上方正对骨料下滑方向安装具有孔眼的管道，对骨料实行喷水冲洗。整个筛分过程也是骨料清洗去污的过程。

筛分作业过程易产生的质量问题是超径与逊径。大一级骨料漏入到小一级骨料堆中称为超径。超径产生的原因主要是筛网孔眼变形偏大或破损。应当过筛的小一级骨料没有被筛过，而留在大一级骨料堆中称为逊径。逊径产生的原因主要是筛网面倾角过大而使骨料受筛时间太短，一次喂料过多，筛网网孔偏小或堵塞。筛分质量作业规范要求超径不大于5%，逊径不大于10%。细骨料多采用螺旋式洗砂机进行水力分级，这时分级与冲洗同时进行作业。

（5）骨料堆。骨料储量的多少，主要取决于生产强度与管理水平。通常可按高峰时段月平均值的50%~80%考虑。汛期、冰冻期停采时，需按停产期骨料需用量外加20%裕度考虑。

骨料堆料料仓通常应用隔墙划分，隔墙高度可按土料动摩擦角34°~37°加超高值0.5m确定。骨料堆存应注意以下4个技术与管理问题。

防止骨料跌碎匀分离：这是骨料堆存质量控制管理的首要工作任务。为此应控制卸料的跌落高度，避免转运次数过多以及过高堆料。

砂料含水量应控制在5%以内，但也需保持一定湿度：为此，应保持砂料堆场的排水渠道畅通，砂料应有6d以上的堆存脱水时间。一般要布置3个料仓：一仓进料，一仓脱水，一仓出料，依次轮流进料、出料，以保证砂料的脱水时间。

设置堆场内的排水系统：应对堆场设计、构筑排水系统，防止骨料受到污染。

3.4.2　混凝土拌制零缺陷施工技术与管理

混凝土拌制是将水泥、水、粗细骨料、掺和料与外加剂等原材料混合在一起均匀拌和的作业过程。搅拌后的混凝土要求均质，且达到设计要求的和易性与强度指标，混凝土拌制是保证混凝土工程质量的关键工序，而拌和设备又是保证混凝土拌制质量的主要设施与手段。

（1）拌和机械种类。分为自落式拌和机、强制式拌和机2大类。前者应用较为广泛，多用来拌制具有一定坍落度的混凝土；后者多用来拌制干硬性混凝土与高流动性混凝土。

①自落式拌和机：是指利用拌与筒的旋转，将混凝土料由筒内叶片带至筒顶自由跌落进行拌制。由于受混凝土材料黏形力与摩擦力影响，自落式拌和机只适用于拌和具有一定坍落度的低流动性混凝土。自落式拌和机又分为鼓筒式与双锥式2种。

鼓筒式拌和机：为圆柱形鼓筒，两端开口，一端进料，另一端出料。这种拌和机生产作业效率不高，容量一般为400~800L，多用于分散、工程量不大的混凝土工程。

双锥式拌和机：其鼓筒为双锥形，出料方式有2种，小容量式采用正转拌和，反转出料工作方式；大容量式采用由气缸活塞推动拌和筒倾斜的方式出料。双锥式拌和机铭牌容量分为400L、800L、1000L、1600L、3000L等多种，铭牌容量1000L以上者，由气动倾斜料筒出料，进出料快、技术间歇时间短，生产效率高，常用于固定的自动化拌和系统。

②强制式拌和机：是指利用拌和筒内运动着的叶片强迫物料朝着各个方向运动，适用于搅拌坍落度在30mm以下普通混凝土与轻骨料混凝土，也可拌制流动性较大的泵送混凝土。

（2）搅拌作业技术与管理制度。为了获得均匀优质的混凝土拌和物，除合理选择拌和机的型号外，还必须合理制定搅拌作业技术与管理制度。其具体内容有拌和机的装料容量、装料顺序、搅拌时间与转速等。

①装料容量：是指搅拌一罐混凝土所需各种原材料的松散体积之和。搅拌完毕后的混凝土体积称为出料容量。我国一般以出料容量标明拌和机的容量。一般装料容量为出料容量的1.3~1.8倍。

②装料顺序：目前采用的装料顺序分为一次投料法、两次投料法等。

一次投料法：是指将各种材料依次放入料斗，进入搅拌筒后再和水一起搅拌。当采用自落式拌和机时常用的加料顺序是先倒石子，再加水泥，最后加砂。这种加料顺序的优点就是水泥位于砂石之间，进入拌筒时可减少水泥飞扬；同时，砂与水泥先进入拌筒形成砂浆可缩短包裹石子的时间，也避免了水向石子表面聚集产生的不良影响，可提高搅拌质量。

两次投料法：该法又分为预拌水泥砂浆法和预拌水泥净浆法。预拌水泥砂浆法是指先将水泥、砂与水投入拌筒搅拌1~1.5min后加入石子再搅拌1~1.5min。预拌水泥净浆法是先将水与水泥投入拌筒搅拌1/2搅拌时间，再加入砂石搅拌到规定时间。试验表明，由于预拌水泥砂浆或水泥净浆对水泥有活化作用，因而搅拌质量明显高于一次加料法。若水泥用量不变，混凝土强度可提高约15%，或在混凝土强度相同情况下，可减少水泥用量15%~20%。

搅拌时间：是指从全部原材料装入拌筒时起，到开始卸料时为止的时间。通常，随着延长搅拌时间，混凝土的均匀性有所增加，混凝土强度也随之有所提高。但超过一定限度后，将导致混凝土出现离析现象，将会多耗费电能、增加机械磨损、降低生产效率。对于一般建筑用混凝土，混凝土搅拌的最短时间见表5-18。

表 5-18 混凝土搅拌最短时间（s）

混凝土坍落度 （mm）	拌和机械机型	拌合机出料量（L）		
		<250	250~500	>500
≤30	强制式	60	90	120
	自落式	90	120	150
>30	强制式	60	60	90
	自落式	90	90	120

注：①当掺有外加剂时，搅拌时间应适当延长。

②全轻混凝土宜采用强制式拌和机搅拌，砂轻混凝土可采用自落式拌和机搅拌，但搅拌时间应延长 60~90s。

③当采用其他形式搅拌设备时，搅拌最短时间应按设备说明书的规定或经试验确定。

3.4.3 混凝土运输零缺陷管理

对混凝土搅拌完毕后，应及时将其运输到浇筑地点，运输方式包括水平与垂直运输，其设备应协调配合；运输方案的制订，应根据施工对象特点、混凝土工程量、运输条件等现有设备综合策划与管理。

（1）混凝土运输的基本要求。在运输混凝土过程应严格满足以下 4 项基本要求。

①混凝土应在初凝前浇筑振捣完毕：为此，混凝土应以最少转运次数和最短时间，从搅拌地点运至浇筑现场，以保证有充足的时间进行浇筑与振捣。混凝土从拌和机中卸出到浇筑完毕的延续时间不宜超过表 5-19 所列规定。另外，缩短运输时间也有利于混凝土在运输过程中的温度变化。

表 5-19 混凝土从搅拌机中卸出到浇筑完毕的延续时间（min）

混凝土强度等级	气 温	
	不高于 25℃	高于 25℃
不高于 C30	120	90
高于 C30	90	60

注：①对掺有外加剂或采用快硬水泥拌制的混凝土，其延续时间应按试验确定；

②对轻骨料混凝土，其延续时间应适当缩短。

②应在混凝土运输过程中保持其均质性，不分层、不离析、无严重泌水：故此，水平运输道路要平顺，尽量减少水平运输途中的颠簸振动。当混凝土从运输工具中自由倾倒时，由于骨料重力克服了物料间的黏聚力，大颗粒骨料明显集中于一侧或底部四周，从而与砂浆分离，即出现离析现象。当自由倾落高度超过 2m 时，这种现象尤为明显，混凝土将会严重离析。因此，混凝土自高处自由倾落的高度不应超过 2m，否则应使用串筒、溜槽与震动溜管等工具协助下落，并应保证混凝土出口的下落方向垂直。串筒及溜管外形如图 5-58。在运输过程中，应尽量减少转运次数，因为每转运 1 次，就增加 1 次分离的机会。

③混凝土在运输过程中应不漏浆，运到浇筑地点后仍具有规定的坍落度：在运输过程中混凝土的坍落度会有不同程度地减少，减少的原因主要是运输工具失水漏浆、骨料吸水、夏季高温天气等。因此，为保证混凝土运至施工现场后能顺利浇筑，应选用不漏浆、不吸水的容器运输混凝土，运输前用水湿润容器，夏季应采取措施防止水分大量蒸发，雨天则应采取防水措施。

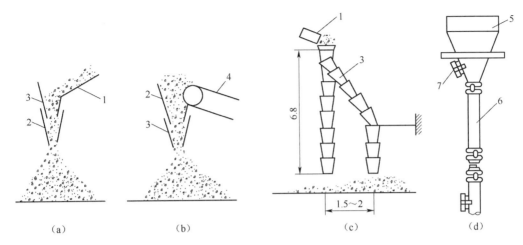

图 5-58 防止混凝土离析的措施（m）

（a）溜槽运输；（b）皮带运输；（c）串筒；（d）振动串筒

1—溜槽；2—挡板；3—串筒；4—皮带运输机；5—漏斗；6—节管；7—振动器

④混凝土在运输过程中应无过大的温度变化：混凝土在冬季运输时，应加以保温，以保证浇筑温度满足要求；在夏季，当最高气温超过 40℃ 时，应有隔热措施。对于一般建筑用混凝土，混凝土拌和物运至浇筑地点时的温度，最高不宜超过 35℃，最低不宜低于 5℃。对于筑坝所用大体积混凝土，因有温控要求，夏季运输更应加强隔热措施，以控制混凝土温度回升，保证要求的入仓温度。

（2）混凝土运输设备。运输混凝土设备很多，应根据工程情况和现有设备配置情况选用。

手推车：主要用于混凝土浇筑量不大时的短距离水平运输，具有轻巧、方便特点；手推车容量是 0.07~0.1m³。

机动翻斗车：机动翻斗车具有轻便灵活、速度快、效率高、能自动卸料、操作简便等特点；容量为 0.4m³，一般与出料容积为 400L 的拌和机配套使用。适用于短距离混凝土的水平运输或砂石等散装材料的倒运。

混凝土搅拌运输车：是指将运输混凝土的搅拌筒安装在汽车底盘上，把在混凝土搅拌站生产的混凝土成品装入搅拌筒内。在整个运输过程中，混凝土搅拌筒始终在作慢速转动，从而使混凝土在长途运输后不会出现离析现象，以保证混凝土质量。

混凝土立罐：其适用于筑坝等大量浇筑混凝土工地，立罐容积分 1m³、3m³、9m³ 等多种，其容量应与拌和机与起重机能力相匹配。立罐由上部装料口装料后，一般由轨道平台车运至浇筑仓前，再由塔式起重机或门式起重机吊运至浇筑工地，开启立罐下部斗门入仓浇筑。

泵送混凝土：是指利用混凝土泵将混凝土挤压进管路并输送到浇筑地点，同时完成水平与垂直运输。泵送混凝土施工速度快、劳动强度低、生产率高，已在施工中得到了广泛应用。但是泵送混凝土因流动性要求而需要较大的水泥用量，而大体积混凝土因温控要求需要控制和减少水泥用量。因此，泵送混凝土还难以在筑坝等大体积混凝土施工中推广应用。

3.4.4 混凝土浇筑与养护零缺陷施工技术与管理

（1）混凝土浇筑施工技术与管理措施。混凝土浇筑就是指将混凝土拌和物浇筑在符合设计要求的模板内，并加以振捣密实，使其达到设计质量要求。

①浇筑前的准备管理工作：在浇筑前，应细致、全面地完成以下 2 项准备管理工作。

完善基础面与施工缝处理：对于砂砾地层，应清除杂物，整平基面，再浇筑 100~200mm 低标号混凝土作垫层，以防漏浆；对于土基面应先铺碎石，盖上湿砂，压实后，再浇筑混凝土垫层；对于岩基，在爆破后采用人工清除表面松软岩石、棱角与反坡，并用高压水枪冲洗干净，再用压风吹至岩面无积水，经检验合格后，方能浇筑。施工缝是新老混凝土接合面，在新浇筑混凝土作业前，应对老混凝土进行凿毛处理并冲洗干净，使老混凝土表层石子外露，形成有利于层间结合的麻面。

检查模板标高、尺寸、位置、强度与刚度等内容是否满足要求：严格检查模板接缝是否严密；钢筋与预埋件的数量、型号、规格、摆放位置、保护层厚度等是否符合要求，并完善对隐蔽工程的检查、验收；对模板中的垃圾应清理干净；木模板应浇水湿润，但不允许留有积水。

②混凝土浇筑的一般要求：应严格按照以下 6 项混凝土浇筑施工技术与管理要求作业。

混凝土应在初凝前完成浇筑作业：如有离析现象，必须重新拌和后方能浇筑作业。

混凝土倾落自由高度规定：为防止混凝土浇筑时产生分层离析现象，混凝土自高处倾落时的自由高度一般不宜超过 2m。

浇筑竖向结构混凝土前的作业规定：应先在其底部填以 50~100cm 厚且与混凝土成分相同的水泥砂浆，以避免构件下部由于砂浆含量减少而出现蜂窝、麻面、露石等质量缺陷。

为确保浇筑混凝土密实，混凝土施工必须实行分层浇筑、分层捣实作业：在采用插入式振捣作业时，浇筑层厚度应为振捣器作用部分长度的 1.25 倍；当采用表面振动时，混凝土浇筑层厚度应达到 200mm。

为保证混凝土整体性，混凝土浇筑应连续作业：当由于施工技与管理的原因必须间歇时，间歇时间应尽量缩短，并应在前层混凝土初凝前完成次层混凝土浇筑作业。

浇筑施工缝规定：若因技术与管理原因不能连续浇筑作业，且中间停歇时间可能超过混凝土初凝时间时，则应在混凝土浇筑前确定在适当位置留设施工缝。施工缝是先浇筑混凝土已凝结硬化，再继续浇筑混凝土而形成的新旧混凝土结合面，它是结构的薄弱部位，因而宜留在结构受剪力较小且便于施工的部位。对于一般结构，留设缝的位置应符合规定；对于坝、拱、薄壳、蓄水池、多层钢架等结构复杂的混凝土工程，施工缝位置应严格按设计要求进行留设。只有在已浇筑混凝土抗压强度达到 1.2N/mm² 时，方可从施工缝处继续浇筑混凝土。在继续浇筑混凝土前，应先清除施工缝处的水泥薄膜、松动石子以及软弱混凝土层，并加以充分湿润，冲洗干净，且不得留有积水；混凝土浇筑前应先在施工缝处铺设一层水泥浆或与混凝土成分相同的水泥砂浆；浇筑混凝土时，需仔细振捣密实，使新旧混凝土结合紧密。

③大体积混凝土浇筑施工技术与管理措施：大体积混凝土是指厚度 ≥1.5m，且长、宽较大的混凝土。一般多为建筑物、构筑物的基础与混凝土坝等。大体积混凝土多采用平浇法浇筑，平浇法是指沿仓面（用模板围成的浇筑范围称为浇筑仓）某一边逐条逐层有序而连续的填筑，如图 5-59。

如果层间间歇超过混凝土初凝时间，会出现冷缝，使层间抗渗、抗剪、抗拉能力明显降低。因此，应在下一层混凝土初凝前将上一层混凝土浇筑完毕。在确定浇筑方案时，首先应计算在满足以上条件下必须达到的最小运浇能力，并以此确定拌和机、运输机具与振动器的数量。在不出现冷缝时，最小运浇能力 P 可按式（5-29）计算确定：

$$P \geq \frac{BLh}{K(t-t_1)} \qquad (5-29)$$

式中：P——要求的混凝土运浇能力（m^3/h）；

　　　B——浇筑块的宽度（m）；

　　　L——浇筑块的长度（m）；

　　　H——铺料层厚度（m）；

　　　K——混凝土运输延误系数，取 0.8～0.85；

　　　t——混凝土初凝时间（h）；

　　　t_1——混凝土运输时间（h）。

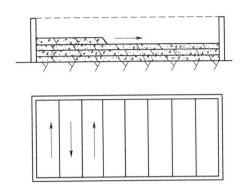

图 5-59　平浇法示意图

　　显而易见，分块尺寸和铺层厚度受混凝土运浇能力的限制。若分块尺寸和铺层厚度已经确定，要使层间不出现冷缝，应采取措施增大运浇能力。倘若增加设备的能力难以实现，则应考虑改变浇筑方式，将平浇法改为斜层浇筑或阶梯浇筑，如图 5-60，以避免出现冷缝。

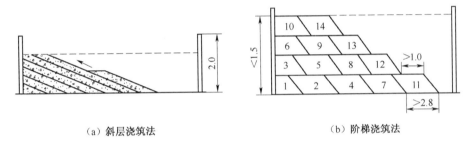

（a）斜层浇筑法　　　　　　　　　　　　（b）阶梯浇筑法

图 5-60　斜层浇筑法与阶梯浇筑法（m）

1、2、3、…分别为阶梯浇筑顺序

　　阶梯浇筑法的前提是薄层浇筑，根据吊运混凝土设备能力与散热需要，浇筑块高度宜在1.5m 以内，阶梯宽不小于 1.0m，斜面坡度不小于 1:2；当采用 $3m^3$ 吊罐卸料时，在浇筑前进方向卸料宽度不小于 2.8m。对斜层浇筑，层面坡度不宜大于 10°。为避免砂浆流失，骨料分离，在以上 2 种浇筑方法中，宜采用低坍落度混凝土。大体积混凝土由于体积大，内部水化热不易散出，极易产生温度裂缝，对混凝土强度与整体性造成严重危害。故应采取减少混凝土发热量、降低混凝土入仓温度、加速混凝土散热等温控措施，避免产生温度裂缝。

　　④混凝土振捣施工技术与管理措施：混凝土浇筑入模后，内部还存在着很多空隙。为了使混凝土充满模板内的每一部分，并且具有足够的密实度，必须对混凝土实行捣实，使混凝土构件外形正确、表面平整、强度与其他性能符合设计及使用要求。

　　混凝土振捣振动频率确定：对混凝土捣实的机械为振动器，混凝土能否被振实与振动器的振幅和频率相关，振幅过大过小均不能达到良好的振实效果，一般把振动器振幅控制在0.3～2.5mm。当振动器频率与物料自振频率相同或接近时会出现共振现象，从而增强振动效果。一般而言，高频率振动对较细颗粒效果较好，而低频率对较粗颗粒较为有效，故一般根据物料颗粒大小来选择振动频率。

　　混凝土振动器种类及其应用：混凝土振动器按其工作方式不同，分为内部振动器、表面振动器、外部振动器和振动台等。它们各有自己的工作特点与适用范围，应根据工程实际情况选定。在施工中常用内部振动器，又称插入式振动器，其适用范围最为广泛，可用于大体积混凝土、基础、柱、梁、墙、厚度较大板与预制构件等捣实作业。

　　插入式振动器振捣作业方法分为 2 种：一种是垂直振捣，指将振捣器垂直插入混凝土中，其特点是容易掌握插点距离、控制插入深度（不得超过振动棒长度 1.25 倍）、不易产生漏振、不易触及钢筋与模板；第二种是斜向振捣，其特点为操作省力、效率高、出浆快、易于排除空气、不会发生严重离析现象、振动棒拔出时不会形成孔洞。

　　振捣时插点排列要均匀，可采用图 5-61 所示的行列式与交错式次序移动，且 2 种次序不得混用，以免漏振。每次移动间距应不大于振动器作用半径 1.5 倍，振动器与模板距离不应大于振动器作用半径 0.5 倍，并应避免碰撞模板、钢筋、预埋件等。

　　分层振捣混凝土厚度与插入要求：分层振捣混凝土时，每层厚度不应超过振动棒长 1.25 倍；在振捣上一层混凝土时，应插入下层约 50mm，以消除 2 层间接缝。

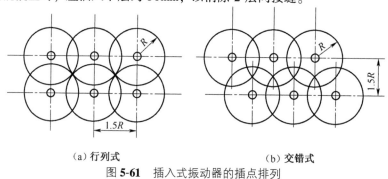

(a) 行列式　　　　　　　　　　　(b) 交错式

图 5-61　插入式振动器的插点排列

　　混凝土振捣适宜时间确定：振动时间要掌握恰当，过短混凝土不易被捣实，过长又可能使混凝土出现离析，一般以混凝土表面呈现浮浆，不再出现气泡，表面不再沉落为准。

　　（2）混凝土养护施工技术与管理措施。混凝土成型后，为保证混凝土在一定时间内达到设计要求强度，并防止产生收缩裂缝，应及时完善混凝土养护施工技术与管理各项工作。对混凝土养护就是指为混凝土硬化提供必要的温度、湿度条件。现浇混凝土除在冬季施工时需要采用蓄热养护和加热养护外，在大多数情况下均采用自然养护方法。自然养护是指在自然平均气温高于 5℃ 条件下，采用适当材料对混凝土表面进行覆盖、浇水、挡风、保温等养护措施，使混凝土的水泥水化作用在所需温度、湿度条件下顺利进行。自然养护分为覆盖浇水养护、塑料薄膜养护 2 种方法。

　　覆盖浇水养护措施：是指在混凝土浇筑完毕后 3~12h 内，使用草帘、麻袋、锯末、湿土等适宜材料对混凝土表面进行覆盖，并经常浇水使混凝土表面处于湿润状态的养护方法。混凝土养护时间与气温和水泥品种相关，一般不得少于 7d。每天浇水次数以能保持混凝土具有足够的湿润状态为宜。当气温 15℃ 以上时，在混凝土浇筑后最初 3 昼夜中，白天至少每 3h 浇水 1 次，夜间也应浇水 2 次；在随后养护中，每昼夜应浇水约为 3 次；在干燥气候条件下，应适当增加浇水次数。对于贮水池一类工程，可在混凝土达到一定强度后注水养护。大面积结构，如地坪、楼板、屋面等，可采用蓄水养护方法。

塑料薄膜养护措施：是指以塑料薄膜为覆盖物，使混凝土表面与空气隔绝，以防止混凝土水分蒸发，水泥依靠混凝土中的水分完成水化作用而凝结硬化，从而达到养护的目的；采用塑料薄膜养护法通常用于浇水养护困难的墙、柱等垂直表面的混凝土。

塑料薄膜养护又分为 2 种方法。

一种方法是用塑料薄膜把混凝土表面敞露部分全部严密地覆盖起来，使混凝土在不失水情况下得以充分养护。其优点是不必浇水、操作方便且能重复使用，能够提高混凝土早期强度，加速模板的周转使用，还具有一定的保温作用。

另一种方法是将塑料溶液喷涂在混凝土表面，溶液挥发后在混凝土表面结成一层塑料薄膜，其作用与第一种方法相同，只是不具有保温作用；这种方法费用较低，适用于表面积大且浇水养护困难的情况。

3.4.5　混凝土坝建筑零缺陷施工技术与管理

水土保持工程项目建设大中型混凝土坝占有很大比重，特别是重力坝、拱坝应用更为普遍。其特点是工程量大、质量要求高、与施工导流关系密切、施工季节性强、浇筑强度大、温度控制严格、施工条件复杂等。

（1）混凝土坝建筑施工工艺。在混凝土坝建筑施工过程中，采集、加工大量砂石骨料，对水泥和各种掺和料、外加剂的供应是基础，混凝土制备、运输和浇筑是施工技术与管理的主体，模板、钢筋作业是必要的辅助技术与管理措施。混凝土坝工程项目及其坝体的施工工艺流程如图5-62。

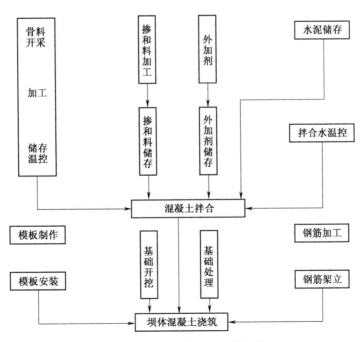

图 5-62　混凝土坝的施工工艺流程图

（2）坝体施工分缝分块。在坝体施工过程中，由于现场条件限制，不可能将整个坝体连续不断地一次性浇筑完毕；需要采用便于作业处理的规则缝，将坝体划分成许多浇筑块分别实施混凝土浇筑，以防止发生影响坝体整体性且难于处理的不规则裂缝。坝体浇筑块的划分称为坝体施工的分缝分块。

①分缝分块形式。混凝土坝施工作业的分缝分块主要有 4 种类型，如图 5-63。

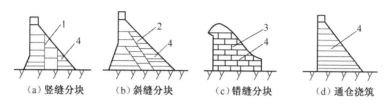

图 5-63　分缝分块形式

（a）竖缝分块　（b）斜缝分块　（c）错缝分块　（d）通仓浇筑

1—竖缝；2—斜缝；3—错缝；4—水平施工缝

沿坝轴线方向分缝分块：指将坝的全长划分为 15～20m 若干段。坝段之间的缝称为横缝。重力坝的横缝一般与伸缩沉陷缝结合而不需要接缝灌浆，故称为永久缝。拱坝横缝由于有传递应力的要求，需要进行接缝灌浆，故而称其为临时缝。其次，每个坝段又用纵缝划分成若干坝块，或者整个坝段不再设缝而进行通仓浇筑。

沿垂直方向分缝分块：指常因不能一次性从基础浇筑到坝顶，需分块上升，上下块之间就会形成水平施工缝。非结构性的横缝、坝段纵缝、浇筑块之间的垂直缝和水平缝均属于临时缝，也称其为施工缝，均需进行处理。

②竖缝分块形式。是指采用平行于坝轴线的铅直缝把坝段分成为若干柱状体，所以又称为柱状分块。在施工中习惯于将一个坝段的几个柱状体从上游到下游依次编号为：1 仓、2 仓……。这种分缝分块形式始于 20 世纪 30 年代末美国胡佛坝的建设施工，因而被称为传统的分缝分块形式，也是我国使用最广泛的一种分缝分块形式。

键槽设置：为了恢复因竖缝而破坏的坝体整体性，竖缝须设置键槽，并进行接缝灌浆处理。键槽的 2 个斜面应尽可能分别与坝体的 2 组主应力相垂直，从而使 2 个斜面上的剪应力接近于零，如图 5-64。键槽分为不等边直角三角形与不等边梯形 2 种形式。不等边梯形是三角形键槽的直角顶用铅直线切除一部分而成的，在我国很少采用。为了方便施工技术与管理，各条竖缝的键槽通常做成统一形式。

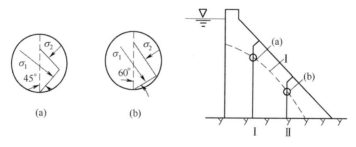

图 5-64　坝体主应力与竖缝键槽

1—第 1 主应力轨迹；σ_1、σ_2—第 1 与第 2 主应力；Ⅰ、Ⅱ—竖缝编号

为了便于键槽模板安装，并使先浇块拆模后不形成易受损的突出尖角，三角形键槽模板总是

安装在先浇块铅直模板的内侧面上，直角的对边为铅直的。为了使键槽面与主应力垂直，若上游块先浇，则应使键槽直角的短边在上、长边在下；反之，下游块先浇，则应长边在上、短边在下（图5-65）。施工作业中应注意这种键槽长短边随浇筑顺序而变的关系。

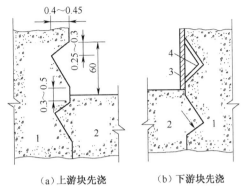

（a）上游块先浇　　（b）下游块先浇

图 5-65　键槽模板（m）

1—先浇块；2—后浇块；3—模板；4—键槽模板

相邻块高差：混凝土浇筑后会发生冷却收缩和压缩沉降导致的变形，如果相邻块高差过大，当后浇块浇筑后，因为先浇块的变形已大部分完成而后浇块的变形才刚刚开始发生，于是在相邻块之间出现了较大的变形差，使得键槽的突缘及上斜边拉开，下斜边挤压，如图5-66。挤压可引起2种恶果：一是接缝灌浆时浆路不通，导致影响灌浆质量；二是键槽被剪断，因此相邻块高差要作适当控制。

相邻坝块的高差控制，除了与坝块温度及分缝间距等有关联以外，还与先浇块键槽下斜边的坡度密切相关。当长边在下，坡度较陡，对避免挤压有利；当短边在下，坡度较缓，容易形成挤压。所以，有些筑坝工程项目在施工时，把相邻块高差区分为正高差和

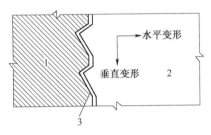

图 5-66　键槽面的挤压

1—先浇块；2—后浇块；3—键槽挤压面

反高差2种。上游块先浇（键槽长边在下）形成的高差称为正高差，一般按10~12m控制；当下游块先浇（键槽短边在下）形成的高差称为反高差，从严控制为5~6m。我国《重力坝设计规范》《水工混凝土施工规范》都规定，相邻坝块高差一般不超过10~12m。

分缝间距：采用竖缝分块时，分缝间距越大，块体水平断面越大，竖缝数目和缝的总面积越小，接缝灌浆及模板作业工作量越小；但温度控制要求越严。如何处理它们之间的关系，要视具体条件而定，应尽可能减少竖缝数量，以提高坝体建设施工的质量。

浇筑块高度：有关浇筑块高度，我国曾采用过高块浇筑，浇筑块高度达到10m甚至20m以上，其优点是可以减少水平施工缝及其处理工作量；但立模困难，对温控不利，所以没有得到推广应用。目前浇筑块高度多控制在3m以下。

（3）斜缝分块。是指大致沿2组主应力之一的轨迹面设置斜缝，缝是向上、下游倾斜。其优点是缝面上的剪应力很小，使坝体能保持较强的整体性；其主要缺点是坝块浇筑的先后顺序受到限制，如倾向上游的斜缝就必须是上游块先浇、下游块后浇，不如竖缝分块那样灵活。

斜缝分块的缝面上出现的剪应力很小，为使坝体保持较强整体性，斜缝可以不进行接缝灌浆，如柘溪大头坝倾向上游的斜缝只作了键槽，加插筋与凿毛处理；但也可灌浆，如桓仁大头坝的斜缝。通常，斜缝不能直通到坝的上游面，以避免库水渗入缝内。在斜缝终止处应采取并缝措施，如布置骑缝钢筋或设置并缝廊道，以免因应力集中导致斜缝沿缝端向上发展。

施工作业过程，斜缝分块同样要注意均匀上升和控制相邻块高差，高差过大则两块温差过大，

容易在后浇块上出现温度裂缝；遇特殊情况，如作临时断面挡水，下游块进度赶不上而出现过大高差时，则应在下游块采取较严的温控措施，以减少两块温差，避免裂缝，保持坝体整体性。

（4）错缝分块。在早期建坝时，根据砌砖方法沿高度错开的竖缝进行分块，又叫砌砖法，目前已很少采用。通常，浇筑块不大，长约 20m，块高 1.5~4m，对浇筑设备与温控的要求相应较低。因竖缝不贯通，也不需接缝灌浆，然而在施工作业时各块相互干扰，影响施工进度；浇筑块之间相互约束，容易产生温度裂缝，尤其容易使原来错开的竖缝变为相互贯通的裂缝。

（5）通仓浇筑。是指整个坝段不设纵缝，1 个坝段只有 1 个仓，以 1 个坝段进行浇筑。由于不设纵缝，纵缝模板、纵缝灌浆系统以及为达到灌浆温度而设置的坝体冷却设施都可以取消，因而是一个先进的分缝分块方式。

通仓浇筑时，由于浇筑块尺寸大，对于浇筑设备的性能，尤其对于温控水平提出了更高的要求。一般，混凝土浇筑温度限制在 4.4~7.2℃，为此采用以预冷骨料为主的混凝土降温措施。基础混凝土最高温度不超过 24℃，从最高温度下降到稳定温度不允许超过 16.7℃。不同高程应有不同的设计强度，从基础部位的 90d 龄期 19.9MPa 变化到顶部 10.3MPa，严格控制水泥用量，掺粉煤灰 54~41kg/m³。浇筑块厚度 1.5m，最大间歇期短于 14d。同时，要严格限制相邻坝段高差：3 月 1 日至 11 月 30 日，不超过 6m；其余各月不超过 4.5m。基础部位埋水管须进行初基通水冷却，并注意对坝体表面进行保护。

3.4.6　混凝土浇筑零缺陷技术与管理

混凝土浇筑是保证混凝土坝建设工程项目质量的最重要环节。混凝土浇筑工序包括浇筑前的准备工作、混凝土浇筑与养护等。

（1）浇筑前施工准备。浇筑前的准备作业包括基础面的处理、施工缝处理、立模、钢筋与预埋件安设和全面检查与验收等。

①基础面处理：对于土基，应将预留保护层挖除，并清除杂物；然后铺碎石，再覆盖湿沙，进行压实。对于砂砾石地基，应先清除有机质杂物与泥土，平整后浇筑一层 100~200mm 厚的 C15 混凝土，以防漏浆。对于岩基，必须首先对基础面的松动、软弱、尖角和反坡部分作彻底清除，然后采用高压水冲洗岩面上的油污、泥土和杂物；岩面不得有积水，且保持岩面呈湿润状态；浇筑前一般先铺浇一层厚 10~30mm 的砂浆，以保证基础与混凝土的良好结合。如遇地下水时，应设建排水沟、集水井，将水排走。

②施工缝处理：施工缝是指浇筑块之间临时的水平和垂直结合缝，即新老混凝土之间的结合面。对需要接缝处理的纵缝面，只需冲洗干净可不凿毛，但须进行接缝灌浆。对水平缝处理，必须将老混凝土面的软弱乳皮清除干净，形成石子半露面而不松动的清洁表面，以利于新老混凝土接合。施工缝处理常用方法有如下 4 种。

高压水冲毛：高压水冲毛技术是一项高效、经济而又能保证质量的缝面处理技术，其冲毛压力为 20~50MPa，冲毛时间以收仓后 24~36h 为宜，冲毛延时以每平方米 0.75~1.25min 效果最佳。掌握开始冲毛的时间是施工作业管理的关键，过早会浪费混凝土，并造成石子松动；过迟却难以达到清除乳皮的目的，可根据水泥品种、混凝土强度等级与外界气温等因素进行选择。

风砂枪喷毛：使用粗砂、水装入密封的砂箱，再通过压缩空气（0.4~0.6 MPa）将水、砂混合后，经喷射枪喷向混凝土面，使之形成麻面，最后再用水清洗冲出的污物。通常在混凝土浇筑后 24~48h 内实施作业。

钢刷机刷毛：是指一种专业的机械刷毛方式，类似于街道清扫机，其旋转的扫帚是钢丝刷，其刷毛质量与工效高。

人工或风镐凿毛：对坚硬混凝土面可采取人工或风镐凿除乳皮，其特点是可有效保证施工作业质量，但工效较低。风镐是利用空气压缩机提供的风压力驱动震冲钻头，震动力作用于混凝土面层，凿除乳皮；人工则是使用铁锤和钢钎敲击。

③仓面检查：混凝土开仓浇筑前，必须按照设计和规范要求，对仓面进行全面的质量检查与验收，重点是模板、钢筋和预埋件，应特别注意模板体形，钢筋的规格、尺寸和接头，预埋件不得漏顶，预留孔洞位置正确等，风、水、电与照明布置妥当，经质检部门全面检查合格，发给准浇证后，方可开仓浇筑。一经开仓则应连续浇筑，避免因中断而出现冷缝。

（2）入仓铺料。浇筑混凝土时为避免发生离析现象，混凝土自高处倾落的自由高度不宜过大。混凝土多采取分层铺料、分层振捣的方式进行浇筑。

混凝土入仓铺料多用平浇法，是指沿仓面某一边逐条逐层有序连续铺填，每层都是从仓面的同一端一直铺到另一端，周而复始，水平上升，如图 5-67。铺料层厚与振动设备性能、混凝土稠度、来料强度与气温高低相关。为保证浇筑层间不发生冷缝，且有利于迅速振捣密实，铺料层厚一般是 300~600mm，当采用振捣器组振捣时，其厚度可达 700~800mm。

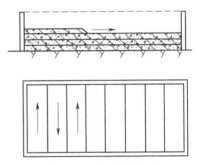

图 5-67　平浇法示意图

①层间间歇：层间间歇超过混凝土初凝时间，会出现冷缝，使层间的抗渗、抗剪和抗拉能力明显降低；如气温一定，仓面尺寸和浇筑铺层厚度应与混凝土运输浇筑能力相适应。

当允许层间间隔时间 t（h）已定后，为不出现冷缝，应满足以下条件：

$$KP(t - t_1) \geqslant BLh \tag{5-30}$$

或

$$P \geqslant \frac{BLh}{K(t - t_1)} \tag{5-31}$$

式中：K——混凝土运输延误系数，取 0.8~0.85；

$\quad\quad P$——浇筑仓要求的混凝土运浇能力；

$\quad\quad t_1$——混凝土从出机到入仓的时间（h）；

$\quad\quad B$、L——浇筑块的宽度与长度（m）；

$\quad\quad h$——铺料层厚度（m）。

②分块尺寸与铺层厚度：分块尺寸与铺层厚度受混凝土运浇能力限制。若分块尺寸与铺层厚度已定，要使层间不出现冷缝，应采取措施增大运浇能力；若设备能力难以增加，则应考虑改变浇筑方法，将平浇法改变为斜层浇筑或阶梯浇筑，如图 5-68，以避免出现冷缝。为避免砂浆流失、骨料分离，宜采用低坍落度混凝土。

采用阶梯浇筑法的前提是薄层浇筑；根据吊运混凝土设备能力与散热需要，浇筑块高宜在

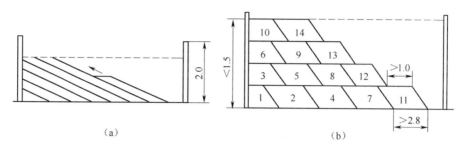

图 **5-68**　斜层浇筑法与阶梯浇筑法（m）

（a）斜层浇筑法；（b）阶梯浇筑法

1、2、3、…分别为阶梯浇筑顺序

1.5m 以内，阶梯宽度不小于 1.0m，斜面坡度不小于 1∶2；当采用 3m³ 吊罐卸料时，在浇筑前进方向卸料宽度不小于 2.8m。对斜层浇筑，层面坡度不宜大于 10°。

（3）平仓与振捣。分为平仓、振捣 2 项施工技术与管理内容。

①平仓：是指将卸入浇筑仓内的混凝土拌合物按一定厚度用平仓机或推土机进行均匀摊铺的工序。平仓是大体积混凝土施工的一个重要环节，平仓不达标将会造成混凝土的骨料架空、分离和漏振等质量事故。

对于入仓混凝土应及时平仓，不得堆积，当仓内有粗骨料堆叠时，应均匀分散至砂浆较多处，但不得以水泥砂浆覆盖以免造成蜂窝。对于坍落度小的混凝土、仓面较大且无模板拉条干扰时，可吊入小型履带式推土机平仓。如在平仓机上挂振捣器组，要先平仓，后振捣，则可一机多用，当用移动带式输送机直接向仓内卸料时，如能布料均匀，可代替平仓机，简化平仓工作。

②振捣：是指对卸入浇筑仓内的混凝土拌合物进行振动捣实的工序。振捣按其工作方式分为插入振捣、表面振捣、外部振捣 3 种，常用插入式振捣。插入式振捣器工作部分长度与铺料厚度比为 1∶0.8~1，应按一定顺序和间距振捣。间距为振动影响半径的 1.5 倍，插入下层混凝土 5cm，每点振捣时间 15~25s。以振捣器周围见水泥浆为准，振捣时间过短，得不到密实；振捣时间过长，粗骨料下沉将影响质量的均匀性。

（4）混凝土养护。是指混凝土浇筑完毕后，为使其具有良好的硬化条件，在一定时间内，对外露面保持适当温度与足够湿度所采取的相应措施。养护时间一般从浇筑完毕后 12~18h 开始，在炎热干燥天气情况下还应提前实施。持续养护 14~28d，具体要求根据当地气候条件、水泥品种和结构部位的重要性而定。在常温下，混凝土养护方法通常是在垂直面定时洒水或自动喷水，水平用水或潮湿的麻袋、草袋、木屑及湿沙等物覆盖。还可在混凝土表面喷涂一层高分子化学溶液养护剂，以阻止混凝土表面水分蒸发，该层养护剂在相邻层浇筑以前用水冲洗掉，有时也可能自行老化脱落。在寒冷地区的严寒季节，为防止混凝土表层冻害，应在温度不低于 5℃ 下养护 5~7d，采取的保温措施为暖棚法、表面喷涂一定厚度的水泥珍珠岩、表面覆盖聚乙烯气垫膜和延缓拆模时间等措施。

3.4.7　大体积混凝土温度控制零缺陷技术与管措施

（1）温度控制标准。混凝土块体的温度应力、抗裂能力、约束条件，是影响混凝土发生裂缝的主要原因。而温度应力大小与各类温差的大小和约束条件相关，因此温度控制就是要根据混凝土的抗裂能力与约束条件，确定一般不致发生温度裂缝的各类允许温差，允许温差即为相应条件下的温度控制标准。

①基础温差：是指在基础约束范围内，混凝土最高温度与设计最终温度之差。温度控制的首要任务是防止由于基础约束产生的贯穿裂缝，贯穿裂缝危害最大，可根据现行设计标准，并结合工程项目建设施工的实际情况确定。

②上下层温差：是指在龄期超过 28d 的老混凝土面上下各 1/4 浇筑块长边 L 范围内，上层新混凝土最高平均温度与新混凝土开始浇筑时下层实际平均温度之差。控制上下层温差是防止在老混凝土上浇筑的混凝土发生内部温度裂缝。当上层混凝土短间歇均匀上升的浇筑高度 h 大于 $0.5L$ 时，控制温差为 $15\sim20$℃，浇筑块侧面长期暴露时，宜采用较小值。

③内外温差：是指混凝土浇筑块内部中心温度与外界日平均气温之差，控制内外温差是为了防止混凝土表面裂缝。我国 20 世纪 80 年代后制定的规范中未提出控制允许内外温差标准，但却规定了混凝土浇筑初期当日平均气温在 $2\sim4$d 内连续下降 $6\sim9$℃ 时，混凝土表面应有保护措施。

④通水温差：是指在混凝土坝块初期通水冷却时，混凝土块体温度与通水水温之差，其控制标准为 $20\sim22$℃，以防止冷却水管周围混凝土产生温度裂缝。在混凝土坝施工中，对气温、骨料温度、出机口温度、浇筑温度、浇筑块内部温度、坝体冷却水温度、混凝土及其表面保护后的热交换系数等，应定时进行观测和专门记录。

（2）温度控制措施。控制温度具体措施通常从混凝土的减热与散热 2 方面入手。

减热就是指减少混凝土内部的发热量，如通过降低混凝土的拌合出机温度来降低入仓浇筑温度；或者通过减少混凝土的水化热温升来降低混凝土可能到达的最高温度。所谓散热是指采取各种散热措施，如增加混凝土的散热面积，在混凝土温升期采取人工冷却降低其最高温升。当到达最高温度后，采取人工冷却措施，缩短降温冷却期，将混凝土块内的温度尽快地降到灌浆温度，以便实施接缝灌浆。

①减少混凝土发热量：指采取减少混凝土的水泥用量和选用低发热量的水泥 2 项措施。

减少每立方米混凝土的水泥用量：其主要措施有 5 种：根据坝体的应力场对坝体进行分区，对于不同分区采用不同强度等级混凝土；采用低流态或无坍落度干硬性贫混凝土；改善骨科级配，增大骨料粒径，对少筋混凝土可埋放大块石，以减少每立方米混凝土的水泥用量；大量掺粉煤灰，掺和料的用量可达水泥用量的 $25\%\sim40\%$；采用高效外加减水剂不仅能节约水泥用量约 20%，使 28d 龄期混凝土发热量减少 $25\%\sim30\%$，且提高混凝土早期强度和极限拉伸值。常用减水剂有酪木素、糖蜜、MF 复合剂等。

采用低发热量的水泥：当前多用中热水泥。近年已开始生产低热微膨胀水泥，它不仅水化热低，且具有微膨胀作用，对降温收缩还可起到补偿作用，减少收缩引起的拉应力，有利于有效防止裂缝发生。

②降低混凝土的入仓温度：指采取合理安排浇筑时间、加冰或加冰水拌合和对骨料实施预冷等多项技术与管理措施。

合理安排浇筑时间：在施工组织管理上应计划安排春、秋季多浇筑，夏季早晚浇筑，正午不实施浇筑作业，这是最经济而有效降低入仓温度的技术与管理措施。

采用加冰或加冰水拌合：当混凝土拌合时，将部分拌合水改为冰屑，利用冰的低温与冰融解时吸收潜热的作用，这样，最大限度可将混凝土温度降低约 20℃。规范规定加冰量不大于拌合用水量的 80%。加冰拌合，冰与拌合材料直接作用，冷量利用率高，降温效果显著；但加冰量越多，拌合时间越长，尽可能采用冰水拌合或地下低温水拌合。

对骨料实施预冷：当加冰拌合不能满足要求时，通常采取骨料预冷的措施，常用方法有水冷、风冷和真空气化冷却法等方法。

水冷：使粗骨料浸入循环冷却水中 30~45min，或在通入拌合楼料仓的皮带机廊道、地弄或隧洞中装设喷洒冷却水水管。喷洒冷却水皮带段长度，由降温要求和皮带机运行速度而定。

风冷：可在拌合楼料仓下部通入冷气，冷风经粗骨料空隙，由风管返回制冷厂再冷。细骨料砂难以采用冰冷，若采用风冷，由于砂粒空隙小，效果不显著，故只有采用专门的风冷装置进行吹冷。

真空气化冷却：利用真空气化吸热原理，将放入密闭容器的骨料，利用真空装置抽气并保持真空状态约 30min，使骨料气化降温冷却。

此外，也可采取在浇筑仓面上搭凉棚，料堆顶上搭凉棚，要限制堆料高度，由底层经地垄取低温料，采用地下水拌合等技术与管理措施。

③加速混凝土散热。采用自然散热冷却降温：采用低块薄层浇筑可增加散热面积，并适当延长散热时间，即适当增长间歇时间。当在高温季节已经采用预冷措施时，则应采用厚块厚块浇筑，以缩短间歇时间，防止因气温过高而使热量倒流，以保持预冷效果。

在混凝土内预埋水管通水冷却指采取水管布置、通水冷却 2 项技术与管理措施。

水管布置：水管通常采用直径 20~25mm 的薄钢管或薄铝管，每盘管长约 200mm。为了节约金属材料，可用塑料软管。其布置在平面上呈蛇形，断面上呈梅花形，如图 5-69。也可布置成棋盘形。蛇形管弯头由硬质材料制作，当塑料软管放气拔出后，弯头仍留于混凝土内。

通水冷却：在混凝土内预埋蛇形冷却水管后，可通过两期循环冷水进行降温冷却，一期通水冷却通常在混凝土浇筑后几小时便开始，持续 10~15d，其目的在于消减温升高峰，减小最大温差，防止贯穿裂缝发生。二期通水冷却可以充分利用一期冷却系统，冷却时间一方面取决于实际最大温差，受到降温速率不应大于 1.5℃/d 的影响，同时与通水流量大小、冷却水温高低密切相关。通常两期冷却应保证至少有 10~15℃ 的温降，使接缝张开度为 0.5mm，以满足接缝灌浆对灌缝宽度的要求。

3.4.8　混凝土坝施工质量零缺陷控制技术与管理措施

混凝土施工质量检测与控制的零缺陷技术与管理措施是，对原材料的质量检测与控制、新拌混凝土控制、浇筑过程中混凝土的检测与控制、硬化混凝土试样及芯样的检测。

（1）原材料质量的检测和控制。混凝土原材料的质量应满足国家或有关行政部门颁发的水泥、混合材料、砂石骨料与外加剂的质量标准。对原材料进行检测，其目的是检查原材料的质量是否符合标准，并根据检测结果调整混凝土配合比和改善生产工艺，评定原材料的生产控制水平。根据有关规范并参考施工现场技术与管理经验，原材料的检测项目和抽样频数见表 5-20。

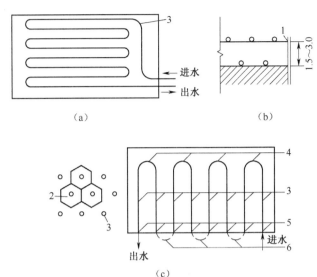

图 5-69 冷却水管平面布置示意图（m）

（a）蛇形水管平面布置；（b）冷却水管分层排列；（c）塑料拔管平面布置

1—模板；2—每 1 根冷却水管冷却的范围；3—冷却水管；4—钢弯管；5—钢管（200~300mm）；6—胶皮管

表 5-20 混凝土各组分称量的允许偏差

材料	允许偏差（%）
混凝土表面	观测测量
水泥、混合料	±1
砂、石	±2
水、外加剂溶液	±1

（2）新拌混凝土的检测和控制。混凝土质量检测与控制的重点是出拌合机后未凝固新拌混凝土的质量，目的是及时发现施工作业中的失控因素，加以调整，避免造成质量事故。同时也成型一定数量的强度检测试件，用以评定混凝土质量是否满足设计要求和评定混凝土施工质量控制水平。水泥、砂、石与混合材料应按重量计，水与外加剂可按重量折成体积计，称量误差不应该超过表 5-21 的规定。

表 5-21 混凝土各组分称量的允许偏差

材料名称	检测项目	取样地点	抽样频数	检测目的	控制目标
水泥	强度等级，凝结时间，安定性，稠度，细度	水泥库	1/（200~400）t	检定出厂水泥质量是否符合国家标准	
	快速检定强度等级	拌合厂	1/浇筑块，或 1/400t	验证水泥活性	

（续）

材料名称	检测项目	取样地点	抽样频数	检测目的	控制目标
混合材料	细度，需水量比，烧失量，密度，强度比	仓库	1/（200~400）t，1/d	检定活性，评定均匀性	
砂	表面含水率	拌合厂	1/2h	调整混凝土加水量筛分厂生产控制，调整配合比	±0.5%
砂	细度模数	拌合厂、筛分厂	1/班		
砂	含泥量	拌合厂、筛分厂	必要时		±0.2%
石	超逊径	拌合厂、筛分厂	1/班	筛分厂生产控制，调整配合比	
石	含泥量	拌合厂、筛分厂	必要时	筛分厂生产控制	
石	表面含水率	拌合厂	1/2h	调整混凝土加水量	
外加剂	有效物含量（或密度）	拌合厂	1/班	调整加入量	

混凝土检测项目与抽样次数见表 5-22。

表 5-22　混凝土检测项目与抽样次数

检测对象	检测项目	取样地点	抽样频数	检测目的
新拌混凝土	坍落度	拌合机口	1 次/2h	检测与易性
新拌混凝土	水灰比	拌合机口	1 次/2h	控制强度
新拌混凝土	含气量	拌合机口	1 次/2h	调整剂量
新拌混凝土	湿度	拌合机口	根据需要	冬夏季施工及温度控制
硬化混凝土	抗压强度（以 28d 龄期为主，适量 7d、90d 强度）	拌合机口	1 次/4h 或 1 次/（150~300m³）	验收混凝土强度，评定混凝土生产控制水平

（3）浇筑过程中混凝土的检测和控制。采取以下 2 项技术与管理措施进行检测与控制。

①坍落度检测与控制：混凝土出拌合机以后，需经运输才能到达仓内，不同环境条件和不同运输工具对于混凝土的和易性产生不同影响。由于水泥水化作用的进行，水分蒸发以及砂浆损失等原因，会使混凝土坍落度降低。如果坍落度降低过多，超出了所用振捣器性能范围，则不可能获得振捣密实的混凝土。因此，仓面应进行混凝土坍落度检测，每班至少 2 次，并根据检测结果，调整出机口坍落度，为坍落度损失预留余地。

②混凝土初凝质量检控：对混凝土实施振捣后，上层混凝土覆盖前，混凝土性能也在不断发生变化。如果混凝土已经初凝，则会影响与上层混凝土的结合。因此，检查已浇筑混凝土状况，判断其是否初凝，从而决定上层混凝土是否允许继续浇筑，是仓面质量控制的重要内容。此外，对混凝土温度进行检测也是仓面质量控制管理的项目，在温控要求严格的部位则尤为重要。

（4）混凝土强度检验。混凝土养护后，应对其抗压强度通过留置试块做强度试验判定。强度检验以抗压强度为主，当混凝土试块强度不符合有关规范规定时，可以从结构中直接钻取混凝土试样或采用非破损检验方法等其他检验方法作为辅助手段进行强度检验。

混凝土强度检验常用检查与监测的 4 种方法如下。

使用超声波、γ 射线、红外线等物理方法检测裂缝、孔隙和弹模等。

实施钻孔压水，并对芯样进行抗压、抗拉、抗渗等各种试验。

大钻孔取样，1m 以上直径钻孔可把芯样加工后进行各种试验，并且人可进入孔内检查。

采取由坝内埋设的温度计、测缝计、渗压计、应力应变计、钢筋计等仪器，观测建筑物运行时表现出的各种性状变化。

在整个建筑物施工完毕交付使用前，还须进行竣工测量，所得数据资料作为与设计对比、运行期备查的重要竣工文件。

（5）混凝土坝质量缺陷与修补。混凝土拆模后，若发现存在质量缺陷，应及时分析原因，采取适当技术与管理措施加以修补。水保工程项目建设施工中浇筑混凝土常见缺陷有以下 4 种。

麻面：造成混凝土麻面的主要原因是模板吸水、模板没有刷"脱模剂"、振捣不够（尤其是邻近模板的混凝土）。对其修补方法是先用钢丝刷或压力水清除麻面松软的表面，继而再用高强度水泥砂浆或环氧树脂砂浆填满抹平，并加强养护。

蜂窝：蜂窝主要是指由于材料配比不当、混凝土混合物均匀性差（搅拌不均或分层离析）、模板漏浆或振捣不密实而造成。处理方法是首先去掉附近不密实混凝土及其突出、松动的骨料颗粒，并冲洗干净，然后抹高强度等级水泥砂浆结合层，再用比原强度等级高一级的细石混凝土填塞，然后用钢筋人工捣实，并加强养护管理。

孔洞：孔洞通常是因为钢筋非常密集架空混凝土或漏振造成。处理方法是首先清除孔洞表面不密实混凝土及突出、松动的骨料颗粒，并冲洗干净，架设模板（必要时加设钢筋）浇筑同强度等级或高一级强度等级的混凝土，并振捣密实，加强养护。当孔洞较隐蔽时可用压力灌浆方法进行修补。

裂缝：混凝土发生裂缝的原因较为复杂，裂缝的类别主要有表面干缩裂缝与温度裂缝。应根据裂缝种类深入分析原因。当裂缝较细、较浅且所在部位不重要时，可将裂缝加以冲洗并用水泥砂浆或环氧树脂砂浆抹补。当裂缝较宽、较深且所发生位重要（如过高速水流部位）时，应沿裂缝凿去薄弱部分然后采用水泥和化学灌浆的技术与管理措施。

3.5　碾压混凝土坝零缺陷施工技术与管理

近年来，碾压混凝土施工技术在水保、水电工程项目建设施工中已经得到了非常快的应用和发展。我国对碾压混凝土的研究始于 1979 年，1986 年坑口水电站采用碾压混凝土修筑的重力坝是我国第一座碾压混凝土重力坝。碾压混凝土施工技术是指采用建造土石坝施工技术与管理方法，实施分层铺填、碾压施工作业生产出一种特殊的混凝土——碳压混凝土，即干贫混凝土。普通混凝土与之相对应称为常态混凝土。

3.5.1　碾压混凝土使用拌合料技术参数

碾压混凝土单位水泥用量（30~150kg）和用水量较少，水胶（灰）比宜小于 0.70，但掺和粉煤灰、火山灰质等材料的量较大（掺和料的掺量宜取 30%~65%）。碾压混凝土粗骨料的粒径不宜大于 80mm，一般不采用间断级配；碾压混凝土的坍落度等于零。

　　该混凝土由于其坍落度为零，混凝土浆量又小，对振动碾压机械具有足够的承载力，不至于像普通塑性混凝土那样受振液化而失去支持力；同时，由于水泥用量少，水化热总量较小，多采用 250~700mm 薄层浇筑，有利于混凝土散热，可有效地降低大体积混凝土的水化热温升，温控措施简单，可节省大量投资。采用碾压施工技术与管理方式，可以极大地提高施工进度，所以碾压混凝土最适用于大体积结构特别是重力坝的建设施工。为确保重力坝的坝面质量，国内普遍采用一种"金包银"式碾压混凝土重力坝。所谓"金包银"，是指在重力坝的上下游一定范围内和孔洞及其他重要结构的周围采用常态混凝土（称为"金"），重力坝的内部采用碾压混凝土（称为"银"），如图 5-70。

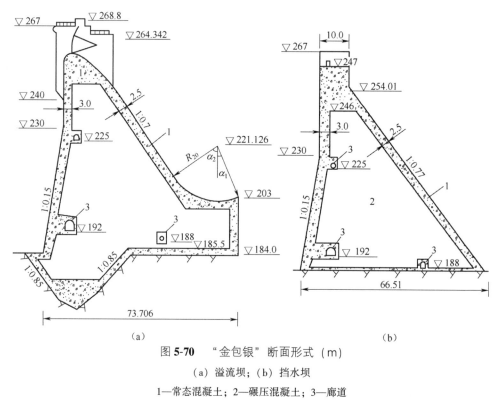

图 5-70 "金包银" 断面形式（m）

（a）溢流坝；（b）挡水坝

1—常态混凝土；2—碾压混凝土；3—廊道

3.5.2 碾压混凝土坝零缺陷施工技术与管理程序

　　碾压混凝土坝通常施工程序是先在下层块铺砂浆，汽车运输入仓，平仓机平仓，振动压实机压实，在拟切缝位置拉线，机械对位，在振动切缝机的切片上装铁皮并切缝至设计深度，拔出刀片，铁皮则留在混凝土中，切完缝再沿缝无振碾压 2 遍。这种施工工艺在国内具有普遍性，其工艺流程如图 5-71。

3.5.3 碾压混凝土零缺陷施工技艺

　　（1）碾压混凝土运输工艺与管理。与常态混凝土相似，碾压混凝土入仓也分为水平、垂直运输 2 种方式。但碾压混凝土运输特点是具有连续性，要求速度快，所以常采用自卸汽车和胶带机，也可用负压溜管转运混凝土入仓。

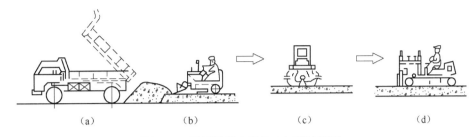

图 5-71　碾压混凝土坝施工工艺流程图

(a) 自卸汽车供料；(b) 平仓机平仓；(c) 振动碾压实；(d) 切缝机切缝

卸汽车运输：利用自卸汽车运输碾压混凝土直接入仓是最简便的办法，但需随坝面上升不断改建道路，同时为了防止仓面污染，要求冲洗轮胎，仓面进口处还需注意排水。自卸汽车入仓后要注意碾压混凝土卸料方式，以防止骨料分离。

胶带机运输：使用胶带机输送碾压混凝土较为方便，可省去道路工程，但必须要有足够的塔架随仓面上升；另外，必须与拌合机配套才能够连续运料。由于碾压混凝土具有干硬性，沿程损失砂浆较少；同时，碾压混凝土在胶带上骨料不易分离，在料斗转向或下落时也可基本保持拌合后的良好状态。但在采用胶带机转向料斗时，需注意防止料斗出口被堵塞。

负压溜管转料：当拌合楼位置较高，并有道路通过坝肩时，碾压混凝土垂直运可采用负压溜管转料。采用该方法设备简单且投资节省。在施工作业过程，通常是先用自卸汽车将碾压混凝土运到坝肩处，倒入开放性料箱，下连溜管至仓面，自卸汽车在仓面上接料，再运至坝面摊铺。

(2) 碾压混凝土铺摊技术与管理。应按照以下 4 项技术与管理措施施工作业。

铺摊常态混凝土垫层：在摊铺碾压混凝土前，通常先在建基面上铺一层常态垫层混凝土找平，其厚度应根据坝高、坝址地质及建基面起伏状态而定，一般厚 1.0~2.0m，在常态混凝土中可布置灌浆廊道与排水廊道。但由于垫层混凝土受岩基约束过大，极易开裂，宜尽可能减薄。如大朝山工程，建基面上仅用 0.5m 厚常态混凝土找平，即开始碾压混凝土铺筑。

混凝土铺摊：碾压混凝土经自卸汽车、皮带输送机等运输仓内后，可在仓面采用薄层连续铺筑或间歇铺筑，铺筑方法宜采用平层通仓法。采用吊罐入仓时，卸料高度不宜大于 1.5m。平仓机或推土机应平行坝轴线平仓；也可用铲运机运输、铺料和平仓，平仓厚度应控制在 170~340mm。我国建设施工中常采用的碾压层厚度是 300mm，最大骨料粒径为 80mm 的三级配碾压混凝土。卸料时若发现大骨料滚落集中，需用人工及时将其铲开，铺在砂浆较多处，以免碾压后大骨料集于层面，形成漏水通道。摊料时应注意防止骨料分离。

仓面找平：常用推土机实施仓面摊铺找平，宜平行坝轴线方向摊铺，其宽度与自卸汽车相近。为保证推平后没有凹凸不平现象，普定碾压混凝土拱坝对 D85 推土机履带板进行了削齿处理，台班产量达 600m³。较小仓面曾用 D35 平仓推土机，其作业效果良好。

布置其他设施：在对碾压混凝土坝施工过程中，常需布置廊道与泄水设施，若廊道设置在底部常态混凝土中，则与一般施工方法无大区别。若廊道设置于碾压混凝土中，则以采用预制混凝土廊道模板为佳，吊装就位后，在廊道模板周边小心摊铺碾压混凝土，用手扶振动碾压实。在设置泄水钢管时要特别注意管壁与碾压混凝土的结合，通常在管壁周围浇筑常态混凝土，以保证结合紧密。

（3）碾压混凝土碾压。碾压混凝土最重要的施工技术与管理环节是碾压。可根据碾压层厚度、仓面尺寸、碾压混凝土和易性、骨料最大粒径及性质，振动碾的机动性、压力、碾的尺寸、频率、振幅、速度等，以及其他方面因素选择碾压设备。采用人工骨料，由于骨料间阻力较大，宜选择较重的振动碾。

我国碾压混凝土多采用 BW 系列振动碾压实。这种碾有多种不同重量，重型碾用于坝体内部，在靠近模板特别是上游面二级配碾压混凝土防渗区，常用轻型或其他手扶小型振动碾。碾压方式可采用"无振—有振—无振"的方式，振动碾的行进速度控制在 1.0~1.5km/h。在推土机平仓后，先无振碾压 2 遍，然后再有振碾压 6~8 遍，达到设计密度后，再无振碾压 2 遍。靠近模板处用轻碾（重 1.5t）有振碾压 10~20 遍。在碾压过程中，均是顺坝轴线方向纵向碾压，每次压边 150mm，以防漏压，保证碾压后碾压混凝土的密度都能达到标准。

（4）碾压混凝土层面处理。碾压混凝土坝通常分为 2 种层面：第 1 种是正常间歇面，层面处理采用刷毛或冲毛清除乳皮，露出无浆膜的骨料，再铺设厚度 10~15mm 砂浆或灰浆，可继续铺料碾压；第 2 种是连续碾压的临时施工层面，一般不进行处理，但在全断面碾压混凝土坝上游面防渗区，必须铺砂浆或水泥浆，以防止层面漏水。

为了保证层面胶结处于最佳状态，务必在下层碾压混凝土初凝前完成上层铺料碾压，以便上层骨料有可能嵌入到下层，形成犬牙交错，提高层间抗剪强度。在高温季节，碾压混凝土初凝时间缩短，需要在碾压混凝土中掺缓凝外加剂，以延长初凝时间，特别是仓面面积较大，上层碾压混凝土拌合物铺满一层需较长时间，若气温较高，还需要采用特殊的高温缓凝外加剂。

（5）碾压混凝土养护。与常态混凝土相同，碾压混凝土浇筑后必须进行养护，并采取恰当的防护措施，保证混凝土强度迅速增长，达到设计强度。碾压混凝土受气候条件限制较常态混凝土更加严格，从施工管理计划安排上应尽量避免在夏季、高温时段施工作业。

3.5.4　碾压混凝土施工质量零缺陷控制

碾压混凝土施工时，其施工技术与管理措施主要分为原材料、新拌碾压混凝土、现场质量检测与控制等内容。铺筑时，振动压实指标是碾压混凝土的一个重要指标。碾压时拌合物合适的 VC 值是碾压密实的先决条件。为了掌握仓内拌合物的 VC 值，可以在仓面设置 VC 值测试仪，也可采用核子水分密度仪测定拌合物的含水率。碾压混凝土 VC 值波动范围，以控制在±5s 为宜，当超出控制界限时，应调整碾压混凝土的用水量，并保持水胶比不变。对碾压混凝土压实质量的现场检测采用表面核子水分密度仪或压实密度计。每铺筑 100~200m² 碾压混凝土至少应设测 1 个检测点，每层应设测 3 个以上检测点。应在压实后 1h 内测试。

3.6　特殊季节混凝土坝零缺陷施工技术与管理

3.6.1　冬季混凝土零缺陷施工技术与管理

混凝土是一种应用极其广泛的建设工程项目材料，根据混凝土自身特点，环境温度对混凝土的工程质量影响极大。根据建设项目当地多年气温资料，室外日平均气温连续 5d 稳定低于 5℃ 时，混凝土结构工程应按冬季施工技术与管理要求组织实施。

冬季施工时，水泥与水的化学反应在低温条件下进行缓慢，在 4~5℃ 时尤其如此。因此，寒冷冬季气候对混凝土工程影响很大。新浇筑混凝土对温度非常敏感，在低温条件下，混凝土强度的增长要比常温下慢得多。如果温度降至 4℃ 以下，尤其当温度降至 -0.5~2℃ 时，混凝土中的水即开始膨胀，这对于新形成的混凝土结构会产生永久性损害。如果混凝土温度降至水的冰点（-2.5℃）以下，因为结冰水不能与水泥化合，在混凝土内，水化反应停止，所产生的新复合物就大为减少。一旦冻结时，不只是水化作用不能进行，其后即使给以适宜温度养护，也会对强度、耐久性、抗渗性等性能带采不利影响。因此，在混凝土凝结硬化初期，当预计到日平均气温在 4℃ 以下时，必须采取适当方法保护混凝土，使其不受到冻害。

（1）冬季混凝土施工技术与管理措施。混凝土在低温时，水化作用明显减缓；当气温在 0℃ 时，强度停止增长；在 -3℃ 以下时，混凝土内部水分开始冻结成冰，使混凝土疏松，强度与抗渗性能降低，甚至会丧失承载能力。另外，从保证混凝土施工质量、经济效果考虑，当日平均气温低于 -20℃ 或日最低气温低于 -30℃ 时，一般应停止混凝土浇筑作业。

①混凝土允许受冻标准：试验证明，混凝土遭受冻结所带来的危害与受冻时间早晚、水灰比相关。受冻时间越早，水灰比越大，则后期混凝土强度损失越多。当混凝土达到一定强度后，再遭受冻结，由于此时混凝土已经具有的强度足以抵抗冰胀应力，其最终强度将不会受到损失。

一般建筑用混凝土允许受冻标准：以临界强度作为判别混凝土允许受冻标准。规定冬季施工生产出的混凝土，受冻前必须达到的临界强度值为：硅酸盐水泥或普通硅酸盐水泥配制的混凝土，为设计混凝土强度标准值的 30%；矿渣硅酸盐水泥配制混凝土，为设计混凝土强度标准值的 40%；不大于 C10 的混凝土，不得小于 5.0N/mm^2。

水工用混凝土允许受冻标准：以成熟度作为判别混凝土允许受冻的标准。成熟度是指混凝土养护温度与养护时间的乘积。现行建设工程规范将混凝土允许受冻的成熟度暂定为1800℃·h。对于水工用大体积混凝土，成熟度可按式（5-32）和式（5-33）计算：

普通硅酸盐水泥：

$$R = \sum (T + 10)\Delta t \tag{5-32}$$

矿渣大坝水泥：

$$R = \sum (T + 5)\Delta t \tag{5-33}$$

式中：R——成熟度（℃·h）；

　　T——混凝土在养护期内的温度（℃）；

　　Δt——养护期的时间（h）。

②冬季混凝土施工技术与管理要求：冬季应采取以下混凝土施工技术与管理要求。

混凝土受到冻害影响之前，应给予加热或进行保温养护，或掺加防冻外加剂。特别是从养护结束到开春之前，混凝土必须具有充分的抗冻融性能。

在施工各阶段，对预设想的各种荷载，应具有足够的强度。

竣工结构物，应满足使用时所要求的强度、耐久性与抗渗性。

混凝土的冬期施工是积极寻求一种混凝土特殊的施工作业工艺方法，使之在室外气温低于冰点的气候条件下，也能达到所需要的混凝土强度与耐久性。

按当地多年气温资料，当室外平均气温连续5d稳定低于 5℃ 时，必须遵守和执行冬季混凝土施工技术与管理的相关规定。

尚未硬结混凝土在 $-0.5℃$ 时就冻结，混凝土强度将因冻结而明显受到损害。故冬季施工混凝土在受冻前的抗压强度（临界强度）不得低于 2 条规定：硅酸盐水泥与普通硅酸盐水泥配制的混凝土为设计强度等级的 30%，但 C15 以下的混凝土，其强度不得低于 3.5MPa。矿渣硅酸盐水泥、火山灰质硅酸盐水泥与粉煤灰硅酸盐水泥配制的混凝土为设计强度等级的 40%，但 C15 以下的混凝土不得低于 5.0MPa。通常而言，当抗压强度达到 3.5~5.0MPa 时，有 1~3 次冻结，混凝土不会受到很大冻害。在寒冷地区的露天结构物，从保温养护结束到开春之前，有 1~3 次以上的冰冻是常事，故此上述强度是不够的。

（2）冬季混凝土施工材料要求。其施工材料水泥、骨料与水灰比等应满足以下要求。

①水泥：应满足冬季施工对水泥品种、强度各项指标的要求。

水泥品种选择：对于不同养护方式、不同构筑物，应分别选用不同的水泥。

冬季混凝土施工过程，如掺早强防冻剂法、蓄热法、暖棚法等，除厚大结构物外，应选用活性高而水化热大的水泥品种，因此，应优先选用硅酸盐水泥与普通硅酸盐水泥。

对于水坝、反应堆、高层建筑物大体积基础等厚大体积结构物，则应选用水化热较小的水泥，以避免温差应力对结构产生不利影响。

水泥强度等级与用量选择：冬季混凝土施工通常采用强度等级不低于 32.5 级的水泥；水泥用量最低不少于 $300kg/m^3$。

②骨料：混凝土骨科分细骨料、粗骨料。细骨料宜选用中砂，含泥量小于 3%；粗骨料必须选用经 15 次冻融值试验合格（总质量损失小于 5%）的坚实级配花岗岩或石英岩碎石，不应含有风化的颗粒，含泥量须小于 1%。骨料多处于露天堆场，因此，要提前清洗和储备，做到骨料清洁。要使用冰雪完全融化了的骨料，不宜使用冻结或是掺有冰雪的骨料，否则，会降低混凝土的温度。此外在混凝土结构中，冰雪融化会留下孔隙。为了有利于骨科加热，特别应注意在运输和贮存过程中，不得混入冰雪，以免冰融化时吸热降温。

冬季施工混凝土所用骨料的堆场，应选择在地势较高、不积水的场所。

③水灰比：混凝土冻结主要是因为其中的水分结冰所致。在混凝土中，孔隙率与孔结构的大小、形状、间隔距离等特征，对抵抗冻害起着明显作用，而水灰比又直接影响着混凝土的孔结构，故冬季施工混凝土的水灰比应不大于 0.60。

④早强防冻剂：掺加早强防冻剂的混凝土，可以在负温下硬化而不需保温或加热，最终达到与常温养护的混凝土相同的质量水平。目前，比较理想的防冻剂应同时具备下列特点。

具有良好的早强作用：可使混凝土在较短时间内达到临界强度，从而增强其抗冻能力。

具有高效减水作用：可有效地减少每立方米混凝土的用水量，起到细化毛细孔径的作用，亦即减少了冰胀的内因。

具有显著降低混凝土冰点的作用：可使混凝土在较低环境温度条件下保持一定数量的液态水存在，为水泥的持续水化提供条件，保证混凝土强度的持续发展。

对钢筋无锈蚀作用：许多资料认为，防冻剂应具有一定的引气作用，以缓和因游离水冻结而产生的冰晶应力。但实践证明，含气量对混凝土的早期抗冻能力并无益处，从冬季施工技术与管理的要求出发，防冻剂无须包含引气组分。如果设计方面对混凝土的抗冻融性能有特殊要求，可再掺入引气剂。

（3）冬季混凝土蓄热施工技术与管理要点。采取蓄热技艺的基本特点是：对拌合水与骨料适当加热，使用热拌合物浇筑，浇筑完成的构件要采用保温材料覆盖围护。利用在原材料中预加热量和水泥放出的水化热，使混凝土缓慢冷却，在温度降至 0℃ 前获得早期抗冻能力或达到预定强度指标。采取蓄热法施工作业较简单，在混凝土周围，不需要特殊的外加热设备和外表加热设施，因此，各期施工费用比较低廉，故混凝土工程在冬季施工时，应首先考虑用蓄热法。只有确定蓄热法不能满足施工技术与管理要求时，才考虑选择其他技艺方法。蓄热法适用于气温不太寒冷的地区或是初冬与冬末季节，室外气温在 -10℃ 以上时，或是厚大结构建筑物其表面系数为 6~8 的构件。经验表明，对大型深基础和地下建筑，如地下室、挡土墙、地基梁以及室内地坪等，均能获得显著效果。因为它易于保温，热量损失较少，并能利用地下土壤热量。对于表面系数大于 6.0 的结构和在 -10℃ 以下气候较寒冷地区也可以应用。但对于浇注混凝土保温，则特别要注意，若增加保温材料厚度或使用早强剂，则较为有利。这样，就可以有效防止混凝土早期冻结，但需要经过热工计算。

使用蓄热法除与上述各项因素相关外，还与 3 项条件有关：混凝土拆模时，所需达到的强度越小，越宜采用此法；室外气温越高，风力越小时，也越宜用此法；当所使用水泥强度等级越高，发热量越大或用量越多时，越宜采用采用此法施工，同时，也应考虑施工经济效果。

（4）冬季混凝土施工材料加热技术与管理方法。指对水与砂、石骨料采用的加热方法。

①水的加热方法。对施工所用水的加热方法分为以下 4 种：使用锅炉或锅直接烧水；直接向水箱内导入蒸汽；在水箱内装置螺形管传导蒸汽热量；水箱内插入电极进行加热。

②砂、石骨料的加热方法。可对砂、石骨料采取 3 种加热方法。

直接加热法：指直接将蒸汽管通到需要加热的骨料中。其优点是加热迅速，并能充分利用蒸汽中的热量，有效系数高；缺点是增大骨料中的含水量，不易控制搅拌时的用水量。

间接加热法：在骨料堆、贮料斗或运输骨料工具中，安装气盘管间接地对砂、石送汽加热。这种方法加热速度较慢，但易控制搅拌时的用水量。

使用大锅或大坑进行加热：此法设备简单，但热量损失较大，有效系数低，加热不均匀，一般适用于小型工程。

不论采用何种方法加热原材料，均应在设计加热设备时，必须先计算出每天的最大用料量和要求达到的温度。并根据原材料初温与比热，求算出需要的总热量，考虑到加热过程中的热量损失，继而推算出总需热量。得知总需热量，即可决定采用热源的种类、规模与数量。

（5）冬季混凝土施工中外加剂的应用。在混凝土中加入适量抗冻剂、早强剂、减水剂及加气剂（又称冷混凝土），使混凝土在负温下能继续水化，增长强度，这样就能使混凝土冬季施工工序简化，节约能源，降低冬季施工费用，这是有发展前途的冬季施工技术与管理方法。

混凝土冬季施工中外加剂的使用，应满足抗冻、早强的需要，对结构钢筋无锈蚀作用，对混凝土后期强度和其他物理力学性能无不良影响，同时应适应结构工作环境的需要。单一外加剂通常不能完全满足混凝土冬季施工技术与管理的要求，一般宜采用复合配方。混凝土允许在外界气温 -15℃ 以内浇筑，同时要求浇筑后在 15d 内混凝土内部温度不低于 -15℃。在施工技术与管理时，尤其应注意 3 点。

①采用冷混凝土时，混凝土强度等级不得低于 C10，每立方米混凝土水泥用量不小于 250kg，

水灰比要求小于 0.65。当抗冻等级≥F50 时，水灰比要<0.50。

②冷混凝土宜采用机械搅拌、机械振捣。混凝土入模温度应当控制在 5℃ 以上。混凝土运到浇筑地点应立即浇筑，尽量减少热损失。浇筑与振捣要密切衔接，间隙时间不得超过 15min。为了避免冷混凝土在浇筑后迅速冷却和失去水分，应立即覆盖养护材料，并防止水与雪直接落到混凝土上，直至混凝土获得规定强度后，方可拆除覆盖材料。

③若混凝土在浇筑后 15d 内，温度低于计算温度，且强度尚未达到设计强度等级的 30%，则必须通过热工计算采取保温措施处理。

（6）冬季混凝土养护施工技术与管理。应采取蓄热法养护等 4 项技术与管理措施养护。

①蓄热法养护：浇筑混凝土后，利用原材料加热及水泥水化热的热量，通过适当保温延缓混凝土冷却，使混凝土冷却到 0℃ 以前达到预期要求强度的养护方法，称为蓄热法养护。蓄热法施工养护作业比较简单，混凝土养护不需要外加热源，冬施费用比较低廉，故在冬季施工时应优先考虑采用。当日平均气温在-10℃，最低温度不低于-15℃ 的期间，混凝土表面系数不大于 5 或地面以下结构都适宜采取蓄热法养护。

②掺外加剂混凝土的冬季养护：分为氯盐冷混凝土、低温早强混凝土和负温混凝土 3 种进行冬季养护施工作业。

氯盐冷混凝土：是指采用氯盐溶液配制的混凝土。在性能上它具有防冻早强的效果，在工艺上除水之外其他材料不进行加热，浇筑后只采取适当保温覆盖措施，可在严寒条件下施工，由于它有使钢筋锈蚀的危险性，故只能在浇筑无筋混凝土时使用。

低温早强混凝土：指由无氯盐的低温早强剂配制的混凝土。在性能上它既具有低温早强效果，又避免了钢筋锈蚀的缺点；在工艺上它主要采用低温早强剂、原材料加热与保温覆盖等综合技术与管理措施，使混凝土在低温养护期间达到受冻临界强度或受荷强度。

负温混凝土：指由亚硝酸盐、硝酸盐、碳酸盐、氯盐或以这些盐类为防冻组分，与早强、减水、引气、阻锈等组分复合配制的混凝土。在工艺上它主要采用复合防冻剂，并采用原材料加热与浇筑后对混凝土表面做防护性的简单覆盖，使混凝土在负温养护期间硬化，并在规定时间内达到一定强度。

③冬季混凝土蒸汽养护：对于表面系数较大，养护时间要求很短的混凝土工程，当自然气温降低，在施工技术上有困难时，可以采用蒸汽法养护新浇筑混凝土。其特点是既能加热，使混凝土在较高温度下硬化，又供给一定水分，使混凝土不致因蒸发过量而干燥脱水。在施工工艺上它比短时加热复杂，在混凝土强度增长上它可根据要求达到拆模或受荷强度，这是一种快速湿热养护方法。尽管如此，要通过蒸汽加热获得质地优良的混凝土仍然是一个很复杂的施工技术与管理问题，其中最关键之处是要选择和执行一套合理的蒸养制度，见表 5-23，并执行严格的现场控制管理，否则很容易发生质量问题。蒸汽养护法的分类见表 5-24。

表 5-23 蒸汽加热养护混凝土升、降温速度

结构表面系数（m⁻¹）	升温速度（℃/h）	降温速度（℃/h）
≥6	15	10
<6	10	5

表 5-24　混凝土蒸汽养护法适用范围

方法	施工简述	特点	适用范围
棚罩法	用帆布或其他罩子扣罩，内部通蒸汽养护混凝土	设施灵活，施工简便，费用较小，但耗汽量大，温度不易均匀	预制梁、板、地下基础、沟道等
蒸汽套法	制作密封保温外套，分段送汽养护混凝土	温度能适当控制，加热效果取决于保温构造，设施复杂	现浇梁、板、框架结构、墙、柱等
热模法	模板外侧配置蒸汽管，加热模板养护	加热均匀，温度易控制，养护时间短，设备费用大	墙、柱及框架结构
内部通汽法	结构内部留孔道，通蒸汽加热养护	节省蒸汽，费用较低，入汽端易过热，需处理冷凝水	预制梁、柱、桁架、现浇梁、框架单梁

④暖棚法养护：是指将被养护的构件或结构置于棚中，内部安设散热器、热风机或火炉等，作为热源加热空气，使混凝土获得正温养护条件。暖棚法适用于 4 类混凝土工程：地下结构工程；混凝土量较为集中的结构；有抗渗要求的钢筋混凝土；混凝土表面装修工程。

（7）冬季混凝土施工质量检查管理措施。冬季混凝土施工作业时，对其质量检查管理除应遵守常规施工质量的技术与管理检查规定外，尚应符合冬季以下施工技术与管理规定。

①混凝土温度测量：为了保证冬季所施工浇凝土的质量，必须对施工全过程温度进行测量监控。对施工作业现场环境温度应在每天的 2：00、8：00、14：00、20：00 定时测量 4 次；对水、外加剂、骨料的加热温度和加入搅拌机时的温度，混凝土自搅拌机卸出时和浇筑时的温度每一工作班至少应测量 4 次；如果发现测试温度与热工计算要求温度不符合时，应立即采取加强保温措施或其他措施。在混凝土养护时期除按上述规定监测环境温度外，同时还应对掺用防冻剂的混凝土养护温度进行定点定时测量。采用蓄热法养护时，在养护期间至少每 6h 1 次；对掺用防冻剂的混凝土，在强度未达到 3.5N/mm² 以前每 2h 测定 1 次，以后每 6h 测定 1 次；采用蒸汽法时，在升温、降温期间每 1h 1 次，在恒温期间每 2h 1 次。常用测温仪有温度计、各种温度传感器、热电偶等。

②混凝土质量检查：冬季施工，对混凝土质量检查除应遵守常规施工质量检查规定外，尚应满足冬季施工的各项规定。要严格检查外加剂的质量与浓度；混凝土浇筑后应增加 2 组与结构同条件养护的试块，第 1 组用以检验混凝土受冻前强度，第 2 组用以检验转入常温养护 28d 的强度。混凝土试块不得在受冻状态下试压，当混凝土试块受冻时，对边长为 150mm 的立方体试块，应在 15~20℃ 室温下解冻 5~6h，或浸入 10℃ 水中解冻 6h，将试块表面擦干后再试压。

3.6.2　夏季与雨季混凝土零缺陷施工技术与管理

（1）夏季混凝土施工技术与管理。我国长江以南地区夏季气温较高，月平均气温超过 25℃ 的时间约为 3 个月，日最高气温有时高达 40℃ 以上。因此，应加强夏季混凝土的施工技术与管理力度。高温环境对混凝土拌合物及刚成型混凝土的影响见表 5-25；混凝土在高温环境下的施工技术与管理措施，见表 5-26。

表 5-25　高温环境对混凝土拌合物及刚成型混凝土的影响

序号	影响因素	影响特征
1	骨料与水的温度过高	①拌制时，水泥容易出现假凝现象；②运输时，工作性损失大，振捣或泵送困难

（续）

序号	影响因素	影响特征
2	成型后直接暴晒或干热风影响	表面水分蒸发快，内部水分上升量低于蒸发量，面层急剧干燥，外硬内软，出现塑性裂缝
3	成型后白昼温差大	出现温差裂缝

表 5-26 高温环境下混凝土施工技术与管理措施

序号	项目	施工技术与管理措施
1	材料	①掺用缓凝剂，以减少水化热影响； ②使用水化热低的水泥； ③对贮水池加盖，将供水管埋入土中，避免太阳直接暴晒； ④对当天要用的砂、石采用防晒棚遮盖； ⑤采用深井冷水或在水中加碎冰，但不能让冰屑直接加入搅拌机内
2	搅拌设备	①送料装置及搅拌机不宜直接暴晒，应有荫棚遮挡； ②搅拌系统尽量靠近浇筑现场工地； ③运送混凝土的搅拌运输车，宜加设外部洒水装置，或涂刷反光涂料
3	模板	①应及时填塞因干缩而出现的模板裂缝； ②浇筑前应充分将模板淋湿
4	浇筑	①适当减少浇筑层厚度，从而减少温差； ②浇筑后应立即覆盖薄膜，不使混凝土水分外逸； ③露天预制场宜设置可移动荫棚，以避免制品直接暴晒
5	养护	①自然养护的混凝土，应确保其表面的湿润； ②对于表面平整的混凝土，可对其表面采用涂刷塑料薄膜进行养护
6	质量要求	主控项目、一般项目与允许偏差必须符合施工技术与管理规范规定

（2）雨季混凝土施工技术与管理措施。在混凝土运输和浇捣作业过程中，雨水会增大混凝土的含水量，改变水灰比，导致降低混凝土强度；刚浇筑好尚处于凝结或硬化阶段的混凝土，其强度很低，在雨水冲刷与冲击作用下，表面的水泥浆极易流失，会产生露石现象，若遇暴雨，还会使砂粒与石子松动，造成混凝土表面破损，导致构件受压截面积的削弱，或受拉区钢筋保护层的破坏，从而影响构件的承载能力。雨期实施混凝土施工，无论是在浇捣、运输过程中的混凝土拌合物，还是刚浇筑完毕的混凝土，均不允许受雨淋。雨季混凝土施工作业应充分完善下列技术与管理措施。

①模板隔离层在涂刷前要及时掌握天气状况，以防隔离层被雨水冲刷掉。

②遇到大雨应停止浇筑混凝土，对已浇筑部位应加以覆盖；浇筑混凝土时应根据结构情况和可能，多考虑留设几道施工缝位置。

③雨季作业时，应加强对混凝土粗细骨料含水量的测定，及时调整混凝土的施工配合比。

④大面积混凝土浇筑前，要了解 2~3d 的天气预报，尽量避开大雨；混凝土浇筑现场要预备大量防雨材料，以备浇筑时突然遇雨进行覆盖。

⑤模板支撑下部回填土要夯实，并加好垫板，降雨后应及时检查有无下沉。

第五节
机械沙障工程措施的零缺陷施工技术与管理

1 机械沙障工程措施零缺陷施工技术与管理

1.1 机械沙障工程措施类型与固沙原理

1.1.1 机械沙障工程措施在固沙中的地位及作用

机械沙障是指采用柴、草、树枝、黏土、卵石、板条等材料，在沙面上设置各种形式障碍物，以此来控制风沙流动方向、速度、结构，改变沙面蚀积状况，达到防风阻沙、改变风蚀作用力及地貌状况等目的，统称为机械沙障工程措施，简称为机械沙障。机械沙障工程措施在固沙中的地位和作用是极其重要的，是植物措施无法替代、不可或缺的工程措施。在沙质荒漠化自然条件恶劣地区，机械沙障是固沙的主要技术措施；在自然生态环境条件较为优越地区，机械沙障也是植物固沙的前提和必要条件。通过多年来我国防治沙质荒漠化土地固沙生产实践表明，机械沙障与植物固沙相辅相成、缺一不可，处于对等地位，发挥着同等重要的生态修复与防护作用。

1.1.2 机械沙障工程措施类型

机械沙障按防固沙原理与设置方式方法的不同划分为 2 大类：平铺式沙障与直立式沙障。平铺式沙障按设置方法不同又分为带状铺设式和全面铺设式。直立式沙障按高矮不同又分为：高出沙面 50~100cm 的高立式沙障；高出沙面 20~50cm 的低立式沙障（也称半隐蔽式沙障）；隐蔽式沙障，沙障材料几乎全部入沙地与沙面平，或稍露障顶。直立式沙障按其结构透风度的不同又分为透风式、紧密式、不透风式 3 种类型。机械沙障设置类型详见表 5-27。

表 5-27 机械沙障工程措施设置类型

设置形式		沙障名称	沙障防护性能
设置类型	设置方式及结构		
Ⅰ 平铺型	1. 全面铺设式	土埋流动沙丘 泥墁流动沙丘 卵石铺压流沙 全面铺草覆盖流沙 各种化学固沙	固沙型
	2. 带状铺设式	带状铺草覆盖流沙 带状化学固沙	

（续）

设置形式		沙障名称	沙障防护性能
设置类型	设置方式及结构		
Ⅱ直立型	1. 不透风结构	黏土沙障固沙 月牙埂沙障	固沙型
		防沙土墙	积沙型
	2. 紧密结构	隐蔽式柴草沙障 低立式柴草沙障	固沙型
		立杆串草把沙障 立杆编枝条沙障	固沙型
	3. 透风结构	高立式柴草沙障 防沙栅栏	积沙型
		立埋草把沙障	局部固沙

1.1.3　机械沙障固阻流沙的作用原理

机械沙障分为平铺式、直立式、透风、不透风与隐蔽式5种机械沙障类型，下面分别阐述其固阻流沙的作用原理。

（1）平铺式沙障固阻流沙作用原理。是指利用柴、草、卵石、黏土或沥青乳剂材料固阻流沙型的沙障。使用聚丙烯酰胺等高分子聚合物等物质铺盖或喷洒在流沙面上，以此隔绝风与松散沙层的接触，使风沙流经过沙面时，不产生风蚀作用，不增加风沙流中的含沙量，达到风虽过而沙不起，就地固定流沙的生态防护作用。但对过境风沙流中的沙粒截阻作用不大。

（2）直立式沙障固阻流沙作用原理。直立式沙障大多是积沙型沙障，在风沙流所通过路线上，无论碰到任何障碍物的阻挡，风速都会因受到阻挡影响而降低，挟带的一部分沙粒就会沉积在障碍物周围，以此来减少风沙流的输沙量，从而发挥防治风沙危害的生态防护作用。

（3）透风结构沙障固阻积沙作用原理。当风沙流经过该类沙障时，一部分分散为许多紊流穿过沙障间隙，造成摩擦阻力加大，产生许多涡漩，互相碰撞，消耗了动能，使得风速减弱，风沙流的载沙能力降低，在沙障前后就形成积沙现象。在沙障前积沙量小，沙障不易被沙埋；而在沙障后的积沙现象不断加重，沙堆平缓地自纵向伸展，积沙范围延伸得较远，因而拦蓄沙粒时间长、积沙量大。

（4）不透风或紧密结构沙障固阻流沙作用原理。当风沙流经过该种类沙障时，在障前被迫抬升，而越过沙障后又急剧下降，在沙障前后产生强烈的涡动，由于相互阻碰和受涡动的影响，从而消耗了风速动能，减弱了气流载沙能力，于是在沙障前后形成沙粒的堆积。

（5）隐蔽式沙障固阻流沙作用原理。该沙障是埋设在沙层中的立式沙障，障顶与流沙面持平或稍露出沙面，因此对地上部分风沙径流影响不大，而它的主要作用是阻止地表沙粒以沙纹式向前移动。隐蔽式沙障起到一个控制风蚀基准面的防护作用，设置隐蔽式沙障后沙粒仍在运动，但流沙地形并不发生巨大变化。因为设置了隐蔽式沙障，流沙地表虽有风蚀，但风蚀到一定程度后即不再向下发展，保持着一定的动态平衡，故而不会使地形发生变化。

1.2　机械沙障零缺陷设计技术指标

机械沙障设计技术主要是解决设置沙障时，应该严格运用几项技术指标，并了解每项技术指标在沙障固阻流沙中所起的防护作用，只有这样设计出的各种沙障才能符合当地自然条件的客观规律，发挥沙障在防治沙质荒漠化工程项目建设施工技术与管理中的最大效能。

1.2.1　沙障孔隙度

沙障的孔隙度是指机械沙障孔隙面积与沙障总面积之比。通常用它作为衡量机械沙障的透风性能指标。一般孔隙度在 25% 时，障前积沙范围约为障高 2 倍，障后积沙范围为障高 7~8 倍。而孔隙度达到 50% 时，障前基本没有积沙，障后积沙范围约为障高 12~13 倍。孔隙度越小，沙障越紧密，积沙范围越窄，沙障很快被积沙所埋没，就失去继续拦阻流沙的作用。反之，孔隙度越大，积沙范围延伸得越远，积沙作用也大，防护时间也长。为了发挥沙障较大的防护效能，在障间距离与沙障高度一定的状态下，沙障孔隙度大小，应根据各地区风力与沙源的具体情况确定。一般多采用 25%~50% 的透风孔隙度。风力较大地区，而沙源又小的情况下孔隙度应小；当沙源充足时，孔隙度应大。

1.2.2　沙障高度

沙障的高度通常在沙地部位和机械沙障孔隙度相同状况下，积沙量与沙障高度的平方成正比。机械沙障高度一般设 30~40cm，最高可设为 1m。

1.2.3　沙障方向

机械沙障设置应与主风方向垂直，通常在流动沙丘迎风坡设置。设置时先顺主风方向在沙丘中部划一道纵轴线作为基准线，由于沙丘中部风力较两侧强盛，因此沙障与轴线夹角要稍大于 90° 而不超过 100°，这样就可使沙丘中部的风稍向两侧顺出去。若沙障与主风方向夹角小于 90°，气流易趋中部而使沙障被掏蚀或沙埋，如图 5-72。

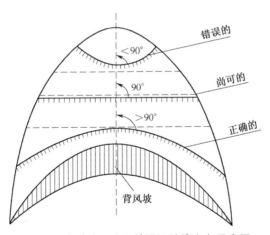

图 5-72　流动沙丘迎风坡设置沙障方向示意图

1.2.4　沙障配置形式

机械沙障配置形式分为行列式、格状、"人"字形、雁翅形、鱼刺形等。这里主要介绍行列式与格状式 2 种。

（1）行列式配置。指多用于单向起沙风为主的地区，在新月形流动沙丘迎风坡设置时，丘顶要留空一段，并先在沙丘上部按新月形划出一道设置沙障的最上范围线，然后在迎风坡正面中部，自最上设置范围线起，按所需间距向两翼划出设置沙障的线道，并使该沙障线微呈弧形。对在新月形沙丘链设障时，可参照新月形沙丘进行。但在两丘衔接链口处，因两侧沙丘坡面隆起，形成集风区，风吹蚀力强，输沙量多，沙障间距应小。在链身上有起伏弯曲的转折面出现处，标志着气流在此转向，风向很不稳定，可在此处根据坡面转折情况，加设横档，以防侧向风掏蚀危害。

（2）格状式配置。当风向不稳定，除主风外尚有侧向风力较强的流动沙区采用。应根据多向风的大小差异情况，分别采用正方形格、长方形格设置。

1.2.5 沙障间距

沙障间距指相邻 2 条机械沙障之间的直线距离。该距离过大，沙障容易被风掏蚀损坏，距离过小则浪费材料，因此，在设置沙障前必须确定沙障的适宜行间距离。

（1）确定沙障间距的相关因素。沙障间距与沙障高度及沙面坡度相关，同时还要考虑风力强弱。沙障高度大，障间距应大，反之亦然。沙面坡度大，障间距应小；反之，沙面坡度小，障间距应大。风力弱处间距可大，风力强时间距就要缩小。通常在坡度<4°的平缓沙地上，障间距应为障高的 15~20 倍。在地势不平坦的沙丘坡面上障间距的确定要根据障高和坡度进行计算。其式（5-34）如下：

$$D = H \times ctg\alpha \tag{5-34}$$

式中：D——障间距离（m）；

H——障高（m）；

α——沙面坡度（°）。

（2）黏土沙障间距确定。黏土沙障间距为 2~4m，埂高为 15~20cm。在风沙危害严重地区适宜设置成 1m×1m 或 1m×2m 的黏土方格沙障。其用土量 Q 要依据沙障间距与障埂规格进行计算，并根据取土运距核算用工量，其计算式（5-35）是：

$$Q = \frac{1}{2}ahs\left(\frac{1}{c_1} + \frac{1}{c_2}\right) \tag{5-35}$$

式中：a——障埂底宽度（m）；

h——障埂高度（m）；

c_1——与主风垂直的障埂间距（m）；

c_2——与主风平行的障埂间距（m）；

s——所设沙障总面积（m²）；

Q——设障需土量（m³）。

1.2.6 沙障类型与设障材料选用

不同类型机械沙障有不同的防、固、阻流沙作用，因此，在选用沙障类型时就应根据防护目标因地制宜地灵活确定。若以防治风蚀为主，则应选用半隐蔽式沙障；以截持风沙流为主，则应选用透风结构的高立式沙障为宜。选用沙障材料时，则主要考虑取材容易，价钱低廉，固沙效果良好，副作用小。通常多采用麦草、板条、砾石和黏土等较易取得的材料为主。

1.3　机械沙障设置零缺陷施工技术与管理

1.3.1　高立式沙障设置零缺陷施工技术与管理措施

高立式沙障设置施工技术与管理的措施，主要有设障材料和设置方法，如下所述。

（1）设障材料。采用芨芨草、芦苇、板条与高秆作物等。

（2）设置方法。材料截成 70～130cm 长度，然后在沙丘上划线，沿线开挖沟深度 20～30cm。将材料基部插入沟底，下部加一些比较短的梢头，两侧培沙土并扶正踏实，所培沙要高出沙面 10cm。适宜在降雨后设置施工作业。

1.3.2　活动式高立式沙障设置零缺陷施工技术与管理措施

活动式高立式沙障设置施工技术与管理的措施，主要为设障材料和设置方法 2 项。

（1）设障材料。木板、铁钉。

（2）设置方法。使用木板做成不透风沙障，以行列式沙障为主，高度与高立式沙障近似；可以随风向变化而随时移动位置。

1.3.3　草方格（半隐蔽式）沙障设置零缺陷施工技术与管理措施

草方格沙障的设置施工技术与管理措施是，将麦秆、稻草等材料均匀横铺在线道上，或将设置材料直接插入沙层内，使沙障直立于沙地表上，然后从两侧培沙踩实，形成呈方格状的半隐蔽式沙障。

（1）设置原理。通过计算得知，流动沙丘上设置 1m×1m 芦苇沙障后，地面粗糙度增加了约 500 倍。按阻力公式计算，沙障对风的阻力较流沙增大几倍，使近地面风速极大降低，因而也就减少了沙粒被风吹扬起的数量，削弱了风沙运动强度，有效地制止了流动沙丘的前移。从表 5-28 还得知，以 1m×1m 规格的沙障控制风蚀效果最为显著。在主风口不稳定，除有主风外尚有侧风较强的沙区，多采用格状沙障。在沙丘迎风坡上设置沙障的间距，通常要使下一列沙障的顶端与上一列的基部等高。因此，在地势不平坦的流动沙丘坡面上确定沙障间距时，要根据障高和坡度进行确定，计算沙障设置距离公式（5-36）如下：

$$D = H \mathrm{ctg}\alpha \tag{5-36}$$

式中：D——沙障带间距离（m）；

　　　H——沙障高度（m）；

　　　α——沙面坡度（°）。

表 5-28　沙坡头不同规格草方格沙障风蚀深度状况

沙障规格	风蚀深度（cm）
1m×1m	0
2m×2m	13.5
3m×3m	25.3

（2）设障材料。采用麦秆、稻草、软秆杂草与芦苇等软材料。

（3）截留降水和减少沙面水分蒸发的作用。根据腾格里沙漠沙坡头地区观测，在流动沙丘上设置草方格沙障后，2m 厚沙层湿度由原 1% 增加至 3%~4%。由此可见，草方格沙障不仅起到固沙保护初期栽植固沙植物免受风蚀与沙埋的防护作用，同时还改善沙地水分状况，有效促进固沙植物的成活和生长。

（4）设置方法。其设置方法为以下 2 个步骤。

①在沙丘迎风坡横对主风方向划线，沿线平铺麦秸或稻草，用铁锹在草中部压入沙内约 15cm 深，地上露出 20~30cm，草方格沙障厚度 5~6cm。

②使用铁锹或刮沙板向草带壅沙，以加固草带。横对主风方向的草带称主带，主带完成后，再与主带垂直划竖线，竖带厚度可稍薄，但一定要与主带紧密衔接，若需要固定落沙坡时，要先从顶部做成一道道方格，依次向下作业，并先做竖带，后做主带。

这种沙障的固沙效果与其规格大小有着密切关系，沙障高度是由气流中的沙粒分布高程所决定，测试表明，由于风沙流中 90% 以上沙量是在离地表 30cm 高度内通过，因此采用高出沙面 20~30cm 的草方格沙障，就可以有效地控制流动沙丘表面的风沙流运动了。

1.3.4　低立式黏土沙障设置零缺陷施工技术与管理措施

低立式黏土沙障设置施工技术与管理措施主要有 2 项：①设障材料。②设置方法。根据风沙流状况设计沙障规格，现场划线，然后沿线按程序设计堆放黏土，筑成高 15~20cm 土埂，断面呈三角形。切忌出现缺口现象，以防风力掏蚀。

1.3.5　平铺式沙障设置零缺陷施工技术与管理措施

平铺式沙障设置施工技术与管理措施为以下设障材料及其设置方法。

（1）设障材料。黏土、砾石、砖头、瓦片、胶体物质、原油等质地较坚硬物体或有黏结性的块状体。

（2）设置方法。将黏土或砾石块均匀地覆盖在沙丘表面，其厚度据具体情况而定，一般 5~10cm，黏土不需打碎；砾石平铺沙障各块间要紧密地排匀，不可留出较大空洞，以免风掏蚀。设带状平铺时要按要求留出空带。

1.4　机械沙障工程措施防护效果的零缺陷评价

（1）高立式沙障固阻挡流沙防护效果零缺陷评价。高立式沙障防沙效果较为显著，适合设于沙源距被保护区较远，沙丘高大、沙量较多的流动沙丘区使用。但易造成流沙堆积，使被保护对象仍有受沙害威胁的可能，因此在被保护对象附近不宜采用此类沙障，而且设置后需要经常维修。消耗材料多、费工且投资大。

（2）半隐蔽式沙障（低立式沙障）固阻挡流沙防护效果零缺陷评价。半隐蔽式沙障分为格状草、黏土沙障进行具体的评价。

①格状草沙障。其特点是取材方便，施工方法简便易行，成本相对较低，能够显著增大地表粗糙度，削减沙表面风速，固阻挡流沙防护效果较为显著。

②黏土沙障。其特点为成本低，可以就地取材，有较强的保水能力，对植物造林固阻流沙有利，但受黏土来源及运距等因素的限制较大。

2　化学固沙工程措施零缺陷施工技术与管理

2.1　化学固沙工程措施概念

化学固沙是指利用高分子化学材料防治沙质荒漠化土地技术，其防护效力均超过黏土和普通化学材料，且具有极强的稳定性，只是因成本较高而未能广泛应用，但未来化学固沙技术具有发展潜力。化学固沙属于工程措施之一，其作用与机械沙障类型都属于治标措施，即是植物固沙防护的辅助、过渡和补充措施。

2.2　化学固沙原理

高分子聚合物是分子量很大，相对分子质量通常可高达上千到几百万的物质。与低分子物质截然不同的基本性质是在常温或高温下具有一定弹性、可塑性、透气透水性和机械强度，有些能形成胶体，使得黏度比同浓度的单体溶液大几十倍到几百倍。正是由于它们具有这种特殊性质，因此用来治理流沙，使分散无结构沙粒聚合而成更大、富有一定刚性或弹性、不易破碎的稳定体，从而达到稳定流动沙丘的目的。利用稀释了的高分子聚合物喷洒于松散流沙地表，水分可迅速渗入到沙层以下，而那些化学胶结物质则滞留于 1～5mm 厚度的沙层间隙中，将单粒沙子胶结成一层保护壳，以此来隔开气流与松散沙面的直接接触，从而起到防止风蚀作用。这种防护作用属于固沙型，只能将沙地就地固定不再移动，而对过境风沙流中所携带的沙粒没有任何固、阻、挡的防治效能。

2.3　沥青乳液喷洒零缺陷施工技术与管理

（1）用量。各地不一，以每平方米几克至几百克，主要取决于项目当地的水文条件、风速，若水文条件较为优越，风速较小，用量可小，否则应增大。

（2）高度。喷洒喷头不可距地表过低或过高，通常约为 1m 为宜，否则会影响喷洒质量。

（3）方向。风向对喷洒作业质量影响很大，不宜迎风和顺风喷洒。迎风喷洒不易控制并易溅得操作者满身沥青，顺风喷洒易使背风坡出现小蜂窝，影响质量，以侧向略迎风喷洒为宜。

（4）喷洒方式。喷洒分为全面喷洒法、带状喷洒法。若喷洒沥青与栽植植物同时作业，应在栽种植株后立即喷洒。在降水或喷水后喷洒沥青作业效果更佳。

2.4　沥青乳液固沙效果及对植物生长的影响

（1）喷洒沥青乳液产生的生态防护效果作用。喷洒沥青乳液所形成的平均厚度 20～30mm 固结沙层，有一定抗风蚀能力。根据铁道科学研究院西北研究所试验，沥青用量为 $0.5～1.0 kg/m^2$ 时，能抵抗 30m/s 风速。同时，会形成一层保护壳，首先起到固定沙粒的作用，为植物创造出稳定发芽生根和生长的生境条件，免除遭受风蚀沙埋、沙打、沙割幼苗的危害；此外还具有一定透水性，并能促使水分的扩散与凝结，减少了沙地水分蒸发，使沙地水分状况得到改善，有利于促进植物生长，见表 5-29。在喷洒沥青乳液的沙丘上所栽植和直播柠条、沙蒿、沙拐枣等植物，从生长状况来看，一年后基本上可以使流动沙丘被固定住。另外由于沥青层的存在，春秋两季沥青层下土温增加，能使种子及植物提早萌动，延长了植物生长期，夏季沥青层下沙层均比对照区地温低，又可使植物免遭日灼危害。

表 5-29　喷洒沥青乳液后沙地上固沙植物生长状况

植物种	平均值（cm）			最大值（cm）		
（2 年生）	高度	冠幅	地径	高度	冠幅	地径
柠条	80	40	0.7	170	40	1.3
梭梭柴	55	50	0.8	100	80	1.5

注：测试数据来源于内蒙古海勃湾地区。

（2）乳化沥青固沙地养护管理。乳化沥青固沙的缺点是：其固结沙层维持年限较短，尤其是不耐人畜践踏破坏，一般能维持 3~5 年。因此，采用乳化沥青固沙，必须与栽植固沙植物相结合，才能达到最佳的防治沙质荒漠化效果。

第六节
浇灌水管网工程措施的零缺陷施工技术与管理

1　生态修复工程项目建设施工浇灌用水概述

浇灌是保证生态植物正常生长发育的抚育养护措施之一。传统的灌溉方式有地面漫灌、水车喷水等，费工费水，弊端较多。近年来，随着科技发展，喷灌等先进的节水灌溉技术在生态建设绿地养护中得以迅速应用。节水灌溉机械化技术是指依靠生态修复工程项目建设技术，按照生态绿地植物生长发育需水生理进行的适时适量灌溉技术，旨在提高生态建设绿地植物用水的有效利用率，改善生态环境，从而获得高效的生态修复建设绿地抚育养护成效。

1.1　生态修复项目施工浇灌用水种类

生态修复工程项目建设绿地构筑浇灌水管网是有效解决抚育养护植物用水，以及预防、扑灭林草火灾消防用水的需要。对生态绿地所用水水质的要求是，可根据项目区具体情况，使用无害于植物、不污染生态环境的水，均可用于生态浇灌用水的补给。

生态修复工程项目由于其所在区域的水文地质情况不同，其用水水源、取水方式也各不相同，但大体上可分为取自地表水与地下水 2 类。

（1）地表水。地表水是指江、河、湖、塘与浅井中的水，这些水长期暴露于地表上，极易受到污染。有些甚至受到各种污染源污染，呈现出水质较差的状况，若需取用，必须先取水样进行化验，在获得详细水质报告，再经过净化和严格消毒处理后，方可作为生态修复工程项目建设施工浇灌植物用水使用。

（2）地下水。包括泉水以及从深井中抽取出来的水，由于其水源不易受到污染，水质状况较为良好，一般情况下除作必要的消毒外，不必再净化就可用作生态绿地的浇灌用水。

1.2　生态施工浇灌用水管网布置

　　生态修复工程项目施工浇灌用水管网建设施工布置除了要了解建设绿地内用水特点外，项目区四周的用水情况也很重要，它通常会影响管网的布置方式。一般小型生态用水可由一点引入。但对于较大型生态绿地，特别是地形较复杂的生态建设绿地，为了节约管网铺设施工工程量，减少水头损失，有条件时应采取多点引水形式布设管网。

1.2.1　浇灌用水管网布置形式

　　（1）树枝式管网布置形式。该种布置方式较为简单，既省管材也省安装作业工作量。其管线布线形式就像树干分枝，它适合于用水点较为分散的项目区，对分期建设施工的生态绿地有利。但树枝式管网供水保证率较差，一旦管网出现故障或需维修时，影响用水范围较大。

　　（2）环状管网布置形式。是指把供水管网闭合成环，使管网供水能够互相调剂。当管网中某一管段出现故障，也不致影响供水，从而提高了供水可靠性。但这种管网布置形式较费管材，建设投资额较大。

1.2.2　浇灌用水管网布置与埋深

　　（1）浇灌用水管网干管应靠近主要供水区域。干管应靠近高位水池、水塔等调节设施。

　　（2）干管布置线路要求。在保证不受冻情况下，干管宜随地形起伏敷设，避开复杂地形与难以施工作业地段，以减少土石方施工作业工程量。

　　（3）浇灌用水干管埋设要求。干管应尽量埋设于绿地下，避免穿越或设于道路下；干管与其他管道按规定应保持一定距离。

　　（4）供水管道埋深要求尺寸。在冰冻地区，管道应埋设于冰冻线以下 40cm 处。不冻或轻冻地区，覆土深度也不应小于 70cm。干管管道不宜埋得过深，埋得过深工程造价高；但也不宜过浅，否则管道易遭破坏。

1.2.3　阀门及消防栓布置

　　（1）浇灌用水管网节点布置要求。浇灌用水管网的交点叫做节点，在节点上设有阀门等附件。为了方便检查管理，节点处应设筑阀门井。阀门除安装在支管与平管的连接处外，为便于检修养护，要求每 500m 直线距离设筑 1 个阀门井。

　　（2）消防栓布置要求。用水管网配水管上必须安装消防栓，按规定其间距通常为 120m，且其位置距离建筑物不得大于 5m，为了便于消防车补给水，消防栓离车行道不得大于 2m。

1.3　生态绿地浇灌水系统设置

1.3.1　生态浇灌水系统分类

　　生态浇灌水系统供水可以取自附近给水系统，也可以单独打井、设置水泵解决。生态浇灌水系统按其形式、方法、自动化主要分为以下 3 大类。

　　（1）按浇灌水形式分类。按生态绿地浇灌水形式分为固定式、移动式、半固定式 3 种，其各自的优缺点见表 5-30。

表 5-30　喷灌系统不同形式的优缺点比较

形式		优点	缺点
固定式		使用方便，作业生产率高，省劳力，运行成本低（高压除外），占地少，喷管质量高	需用管材多，投资较大
移动式	带管道	投资少，用管道少，运行成本低，动力便于综合利用，喷管质量高，占地较少	操作不便，移管作业时易损坏植物
	不带管道	投资最少，不需管道，移动方便，动力便于综合利用	喷灌作业质量差
半固定式		投资和用管量介于固定式与移动式之间，占地较少，喷灌作业质量高，运行成本低	操作不便，移管作业时易损坏植物

①固定式：指有固定的泵站，若距离城区较近可使用自来水。其干管和支管均埋设于地下，喷头可固定在管道上也可临时安装。有一种较为实用的固定喷头，不用时藏在窑井中，使用时只需将阀门打开，喷头就会借助于水压而上升至一定高度。喷水工作完毕，关上阀门喷头便自动缩回窑井中，这种喷头操作方便，且不妨碍地上活动，但投资较大。

固定式系统需要大量的管材与喷头，但操作方便、节约劳力、便于实现自动化和遥控，适用于需要经常灌溉和灌溉期长的各种草地、苗圃、花圃、大型灌丛林地、生态绿化场地等。

②移动式：要求有天然水源，其发电机动力水泵与干管支管可移动。其使用特点是浇水方便灵活，能节约用水；但喷水作业时劳动强度稍大。

③半固定式：其泵站和干管固定，但支管与喷头可以移动。其使用上的优缺点介于上述 2 种喷灌系统之间，主要适用于规模较大的育苗圃使用。

（2）按浇灌水方法分类。按生态绿地浇灌水方法分为喷灌法、地面灌水法、滴灌法 3 种。

①喷灌法：喷灌浇灌水方法按固定与移动又分为 2 种。

机械喷灌：指使用固定或拆卸式的管道输送和喷灌水系统，通常由水源、动力、水泵、输水管道和喷头等部分组成，是一种比较先进的灌水技术，目前已广泛应用于生态建设绿地系统。其主要优点是工作效率高，节约用水，对土壤结构破坏程度小，还可以提高植物生境的空气湿度而缓解局部生态环境温度的剧变，为生态植物成活生长营造良好的条件。但其缺点是有可能会加重某些生态植物感染真菌病害，设施投资费用较高。

移动式喷灌：主要适用于交通道路两侧绿地防护植物的灌水，移动灵活。

②地面灌水法：又分畦灌、盘灌、沟灌等方法。畦灌是指对几株树采取连片开大堰灌水的方法，适用于地势平坦、株行距较密的生态绿地。盘灌是以干茎为圆心，在树冠投影以内的地面筑埂围堰，形似圆盘，在盘内灌水，盘深 15~30cm，以树冠滴水线为准；灌水前先将盘内土壤疏松，灌水后铲平围埂，松土保墒。盘灌适用于株行距较大、地势不平的树木绿地等。沟灌又称侧方灌溉，对成片栽植的植物每隔 1~1.5m 开 1 条深 20~25cm 长沟，在沟内灌水，灌后将沟填平。

③滴灌法：滴灌是一种新兴发展起来的灌溉技术，采用以水滴或小水流缓慢施于植物根区土壤的灌溉方法。滴灌系统主要由首部枢纽、管路、滴头 3 部分组成。首部枢纽是关键部位，主要由水泵、化肥罐、过滤器、控制阀门、测量仪表等构成，作用是供应肥、水并使之进入绿地管道、监测处理等。管路主要包括干、支、毛管及连接部件，作用是将肥、水送入绿地的各级管

道。滴头可分为管式滴头、孔口滴头、内镶式滴头、脉冲式滴头、滴灌带等，作用是通过其微孔将肥、水均匀滴入土壤部位，还有调节、减小水压的作用。

滴灌法的 3 项优点：节水，比地面灌溉节水 1/3～1/2，比喷灌节水 1/7～1/4，并且灌水均匀；其次是适用于各种绿地地形，对土壤结构破坏较小，土壤水气状况良好；第三是可以结合施肥，而且肥效快，肥料利用率可提高 10%～15%。

滴灌法缺点：投资较大；管道及喷头易堵塞，要求严格的过滤设备；在自然含盐量高的土壤中不宜使用，否则易引起滴头附近土壤盐渍化，使植物根系受到伤害。

（3）自动化灌溉系统。灌溉系统实现自动控制可以精确地控制绿地灌水周期，适时适量供水；提高生态绿地浇灌水利用率，减轻劳动强度和运行费用；可以方便灵活地调整灌溉水计划和制度。因此，随着经济发展和水资源的日趋匮乏，灌溉系统的自动控制已成必然趋势。

灌溉自动化控制系统分为全自动化和半自动化 2 种。

①全自动化灌溉系统：当全自动化灌溉系统运行时，不需要人直接参与控制，而是通过预先编制好的程序和根据植物需水参数自动启、闭水泵和阀门，按要求进行轮灌。自动控制部分设备包括中央控制器、自动阀门、传感器等。

②半自动化灌溉系统：指其不是按照植物和土壤水分状况及气象状况来控制水量，而是根据设计的灌溉水周期、定额、水量和灌溉水时间等要求，预先编制好程序输入控制器中，在绿地不设传感器。

1.3.2 水泵种类及其使用

生态修复建设绿地排灌机械中最主要的是水泵，每一种灌溉方式所需机械设备都离不开水泵，它把动力机械的机械能转变为所抽送水的水力能，将水扬至高处或远处。生态修复建设灌溉用的水泵机组包括水泵、动力机（内燃机、电动机或拖拉机等）、输水管路及管路附件等。

（1）水泵类型。生态养护所用水泵有离心泵、轴流泵和潜水泵等类型（图 5-73）。

离心泵　　　　　　　　轴流泵　　　　　　　　潜水泵

图 **5-73** 各类型水泵示意

①离心泵：是指利用叶轮旋转的离心力扬水的水泵。其流量小，扬程高，类型规格多，是生态修复建设植被抚育养护作业中，尤其是喷、滴灌系统里应用较广泛的主要泵型。离心泵按叶轮数量分为单级泵和多级泵，按吸水方式分为单吸泵和双吸泵，按轴的安装形式分为立式泵和卧式泵。生态植被养护作业中应用的离心泵型有以下 4 种。

单级单吸离心泵（IB、IS 型泵）：单个叶轮，单侧吸水，悬臂安装的卧式离心泵。

单级双吸离心泵（S 型泵）：单个叶轮双侧吸水的卧式离心泵。

喷灌离心泵和喷灌自吸离心泵（BP、BPZ 型泵）：指专用于喷灌系统的离心泵。

井泵：又分为浅井泵（J 型泵）、深井泵（JD 型泵）2 种。浅井泵是单级单吸立式短轴离心泵，深井泵是多级单吸立式长轴离心泵。

②轴流泵：指利用叶轮旋转时叶片对水的轴向推力引水的水泵。其流量大，扬程低，适用于低扬程平原和坪区。轴流泵按叶片安装形式分为固定叶片式、半调节式和全调节叶片式；按泵轴安装型式分为立式泵（ZL 型）、卧式泵（ZW 型）和斜式泵（ZX 型），其中立式泵应用较多。

③潜水泵：是由立式电动机与离心泵（或轴流泵、混流泵）组成一体的提水机械。整个机组潜入水中，有作业面（浅水）潜水泵和深井潜水泵。有体积小、重量轻、移动和安装方便等特点。因水泵和电机潜入水中，没有吸水管和底阀等部件，故水力损失少，启动前不用灌水，操作简便。

④混流泵：既利用叶轮离心力又利用叶轮的轴向推力扬水。其流量和扬程介于离心泵和轴流泵之间，适用于平原和丘陵地区。混流泵按其外形和结构又分为以下 2 种。

蜗壳式混流泵：其结构与外形类似于 B 型离心泵。

导叶式混流泵：其结构与外形类似轴流泵。

（2）水泵使用。水泵吸水时其叶轮进口处形成真空。理论上当真空达到最大值（绝对压力等于零）时，水泵吸上高度应为 10m。但实际上由于水泵制造工艺和吸水管路内水流阻力以及泵内的水力损失等影响，都不可能达到这一高度。一般离心泵最大允许吸上真空高度 $H_s = 6 \sim 8m$。若超过这一真空值，将导致水泵汽蚀现象发生。所谓汽蚀现象，就是指水泵叶轮进口处的真空度达到某一值时，即等于或低于在同一温度下水的汽化压力时，水便汽化，形成许多气泡。它随水进入高压区，气泡受压破灭，周围的水以极高速度和极大频率向气泡中心冲击，会产生很大的局部冲击力，打击、腐蚀叶片表面，使金属表面疲劳剥落，形成蜂窝状的缺陷。水泵运行出现汽蚀现象时，机组产生噪声与振动，水泵性能遭到破坏，严重时甚至扬水中断而不能正常工作。

在使用水泵时应特别注意以下 4 事项。

①水泵要尽可能安装在靠近水源处。管路铺设应短且直，尽量少用弯头以减少管路阻力。对进水管要求具有良好的密封性能，不能漏气漏水。

②在水泵工作前关闭离心泵出水管上的闸阀，以减轻启动负荷。有吸程的水泵要对进水管和泵壳充水或抽真空，以排净空气。具有可调式叶片的轴流泵，要根据扬程变化情况，调节好叶片角度。轴流泵、深井泵的橡胶轴承需注水润滑。

③在水泵运转过程要调节好填料压盖的松紧度，检查轴承的温升和润滑情况。经常观察真空表和压力表，并注意机组声响和振动，发现问题及时处理。

④水泵工作后检查各部件有无松脱，基础、支座有无歪斜、下沉等情况。离心泵和混流泵在冬季使用完后，应放净水管和泵壳内的积水，以免积水结冻，胀裂泵壳和水管。

1.3.3 生态喷灌系统

（1）喷灌系统组成。由水源、水泵动力机组、管道系统和喷头等 4 部分组成。有些还配有行走、量测和控制等辅助设备。现代先进的喷灌系统还可以设置自动化控制系统。

①水源：生态修复建设绿地通常采用自来水为喷灌水源，近郊或农村选用未被污染的河湖水

或塘水为水源，偏僻、边远地区可采用井水或自建水塔。

②水泵动力机组：水泵是对水加压的设备，水泵压力和流量取决于喷灌系统对喷洒压力和水量的要求；生态修复建设绿地一般由电网供电，可选用电动机为动力，无电源处可选用汽油机、柴油机作为动力。

③管道系统：是指输送压力水至喷洒装置处的管道及其构件。管道系统应能够承受系统的压力和通过需要的水流量。管路系统除管道外，还包括一定数量的弯头、三通、旁通、闸阀、逆止阀、接头、堵头等附件。

④喷头：把具有压力的集中水流分散成细小水滴，并均匀地喷洒到地面或植物枝叶上的一种喷灌专用设备。

⑤控制系统：指在自动化喷灌系统中，按预先编制的控制程序和植物需水量要求的参数，自动控制水泵启、闭和自动按一定的轮灌顺序进行喷灌所设置的一套控制装置。

（2）喷灌系统类型。按管道可移动的程度，分为固定式、半固定式和移动式3类。

①固定式喷灌系统：指除喷头外，其他设备均作固定安装。水泵动力机组安装在固定泵房内，干管和支管埋入地下，竖管安装在支管上并高出地面，喷头固定或轮流安装在支管上作定点喷洒。该系统操作简便，生产效率高，可实现自控，便于结合施肥和喷药，占地少。但设备投资大，适用于经常喷灌的生态林草景观区。

②移动式喷灌系统：组成该系统的全部设备均可移动，仅需在绿地设置水源。喷灌设备能在不同地点轮流使用，这种机组结构简单，设备利用率高，单位面积投资少，机动性能强。缺点是移动费力、路渠占地多。按喷头的数目分为如下2种形式。

单喷头移动喷灌系统：指由水泵动力机组、1根输水软管和1个喷头组成的移动式机组，在绿地按一定间距布设塘、井或明渠等水源。机组依靠水源移动作定点单喷头喷洒。按机组移动方式分为手抬式、推车式、拖拉机牵引式和悬挂式等。

多喷头管道式移动喷灌系统：指由水泵动力机组、1根或多根管道和装在管道上的多个喷头组成的移动式机组。需在绿地设置水渠、水塘等水源。机组移动并作定点多喷头喷洒。与单喷头系统相比，其突出优点是可采用低压小喷头、耗能低、雾化程度佳、受风影响小和喷灌质量高。

③半固定式喷灌系统：该系统综合了固定式和移动式喷灌系统的优点而克服了两者的部分缺点，将水泵动力机组和干管固定安装，只移动装有若干喷头的支管，干管上每隔一定距离设有给水栓、给支管供水。支管和喷头反复使用，减少了管材与喷头的用量，节省了投资，但要在喷灌后的泥泞中移动支管，劳动强度仍很大，为此可采取以下3项措施：选用轻便管材和附件；每个系统多配备几组支管，等地面稍干后依次移动；使支管能自走，支管能自走的半固定式喷灌有时钟式喷灌机、平移式喷灌机、软管式喷灌机和绞盘式喷灌机多种形式，它们一般在大面积绿地喷灌中普遍得到应用。

（3）喷灌系统类型的选择。喷灌系统的选型应根据地形、植物、经济和设备条件等具体情况，考虑各种形式喷灌系统的特点，综合分析比较，以做出最佳选择。一般可按如下选型：

①在喷灌次数频繁、地形坡度陡以及劳动力成本高的生态建设绿地地区，可采用固定式喷灌系统。

②在地形平坦、灌溉次数少的生态绿地地区宜采用移动式或半固定式喷灌系统，以便提高设

备利用率。

③在相对高程 10m 以上且有自然水源的地方应尽量选用自压喷灌系统，可降低动力设备的投资和运行成本。

（4）喷头。喷头又称洒水器，是喷灌系统的主要组成部分。它将具有一定压力的水流喷射到空中，散成细小的水滴并均匀地散布在所控制的灌溉面积上。喷头性能直接影响喷灌的质量。喷头种类很多，按其工作压力和控制范围的大小可分为低压近射程喷头、中压中射程喷头和高压高射程喷头，目前使用最多的是中射程喷头，其工作压力为 300~500kPa，射程为 20~40m。按结构和喷洒工作特性分为固定散水式喷头、旋转射流式喷头。

①固定散水式喷头：又称漫射式喷头。其特点是在喷灌过程中，所有部件相对于竖管固定不动，水流在全圆周或部分圆周（扇形）同时散开，其结构简单，没有旋转部分；水流分散，水滴细，射程仅 5~10m，喷灌强度低（15~20mm/h），多数喷头的水量分布不均匀，近处喷灌强度比平均喷灌强度大，因此其使用范围受到一定的限制。但其结构简单，没有旋转部件，所以工作可靠，而且要求的工作压力低，常用于公共绿地、草地、苗圃和温室等；另外还适用于时针式和平移式等喷灌系统上，以节约能源。固定散水式喷头按结构形式分为折射式、缝隙式、离心式和孔管式。

②旋转射流式喷头：这是目前国内外使用最为普遍的一种喷头形式。主要由喷嘴、喷管、粉碎机构、转动机构、扇形机构、弯头、空心轴及轴套等部分组成。它是使压力水流通过喷管及喷嘴形成 1 股（或 2~3 股）集水水舌射出，水舌在空气阻力及粉碎机构作用下形成细小的水滴，又因为转动机构使喷管和喷嘴围绕竖轴缓慢旋转，这样水滴就会均匀地喷洒在喷头四周，形成一个半径等于喷头射程的圆形或扇形湿润面积。转动机构和扇形机构是旋转式喷头的重要组成部分，因此常根据转动机构特点将其分成摇臂式、叶轮式和反作用式 3 种。

1.3.4 喷灌系统的使用

（1）喷头选择。根据绿地灌溉面积大小、土质、地形、植物种类、不同生长期的需水量等因素合理选择。播种和幼嫩植物选用细小水滴的低压喷头；一般植物可选用水滴较粗的中、高压喷头。黏性土和山坡地，选用喷灌强度低的喷头；沙质地和平坦地，选用喷灌强度高的喷头。此外，根据喷洒方式的要求不同，可选用扇形或圆形喷洒的喷头。

（2）喷头的布设。喷灌系统多采用定点喷灌，可以是全园喷洒，也可以扇形喷洒。喷头配置的原则是：保证喷洒不留空白，并有较好的均匀度。常用配置方式有正方形、正三角形、矩形和等腰三角形 4 种。

（3）管网布置。布设管网，应综合考虑水源、地形地势、主要风向、植物布局和灌溉方式等因素，进行技术经济比较后，才能得出最优方案。布置的管网应使管道总用量最少。一般干管直径 75~100mm，支管直径 38~75mm，支管应与干管垂直或按等高线方向安装。在支管上各喷头的工作压力应接近一致。竖管垂直安装在支管上，一般高出地面约 1.2m 为宜。管道在纵横方向布置时应力求平顺，尽量减少转弯、折点或逆坡布置。在平坦地区的支管应尽量与植物种植和作业方向一致，以减少竖管对机耕作业的影响。为便于半固定管道式和移动管道式喷灌系统的喷洒支管在绿地田间移动，一般应设置 2 套支管轮流使用，避免刚喷完后就在泥泞土地上拆移支管。移动管道式喷灌系统的干管应尽量安放在地块的边界上避免移动时损伤植物。另外，应根据轮灌要求设置适当的控制设备，一般 1 条支管装置 1 套闸阀；在管道起伏的高处应设置排气装置，低处设置泄水装置。

（4）管材选择。应根据管网要承受的水压力、外力等因素，结合各种管材的优缺点、性能规格和适用条件来选择，还应考虑单价、使用寿命和市场供应等情况。目前生态修复工程项目建设施工中使用较多的管材种类有石棉水泥管（JG22—64）、PVC 管（SG78—75）、PE 管（GB6674—86）、铸铁管和水煤气钢管（YB234—65）等。

管材选择与管径确定通常应遵循如下技术要求：应能承受设计所要求的工作压力；应有足够大的内径，内壁尽量光滑，以减少压力损失；便于运输，易于安装施工；移动管道应轻便、耐撞击、耐磨损和能经受风吹日晒。确定管径时，可凭经验或简单估算确定。

2 浇灌水管网工程施工现场零缺陷技术与管理

2.1 浇灌水管道定线与放线作业的零缺陷技术与管理

对给水管道定线与放线的目的，是准确确定给水管道在安装范围内的实际位置。定线是使用测量器具，按照设计图样测量出给水管道在园林景观工程区域的实际平面位置、尺寸；继而放线，即依据该平面尺寸再用线桩或拉线和白灰等，把给水管道的中心线及待开挖的沟槽边线划标出来。应遵守以下 5 项原则进行给水管道的定线与放线：①严格按管道设计图进行定线与放线；②先定出管线走向中心线，后定出待开挖的沟槽 2 边线；③先定出管线直线走向中心线，再定出管道变向中心线；④线桩可使用铁桩或木桩，线桩应埋入土内一定深度并牢靠固定；⑤放线的线绳和白灰线应准确且不影响沟槽开挖。

2.2 浇灌水管道的零缺陷施工技术与管理

2.2.1 浇灌水管道沟槽开挖工艺与管理

浇灌水管道的沟槽开挖分为以下 3 种方法。

（1）人工开挖。指人力用锹、镐、锄头等工具开挖沟槽的方式；人工法适用于土质松软、地下水位低和开挖时地下有需要保护设施的地段沟槽开挖。

（2）机械开挖。指使用挖土机等机械开挖沟槽的作业方式。适用于土质松软地段，具有开挖效率高、安全等特点；但在作业前必须查清需开挖地段有无地下其他管线或设施；开挖沟槽的机械分为单斗挖土机、拉铲挖土机、抓铲挖土机和多斗挖土机等。

（3）爆破开挖。当管道地质由岩石、坚硬土层和其他固硬结构物构成时，可采取爆破开挖方式；爆破前应进行精确的爆破量计算，爆破时必须设置安全警戒线并安排专人看管。

2.2.2 浇灌水管道的沟槽处理

（1）沟槽开挖断面确定。沟槽断面有直槽、梯形槽、混合槽和联合槽等形式，如图 5-74。选择沟槽断面应根据土质、地下水位、施工方法，以及设计规定的基础、管道断面尺寸、长度和埋置深度等。确定合适的沟槽开挖断面，可以为后续施工创造多方面的良好条件。

直槽适合于深度小、土质坚硬的地段；梯形槽适用于深度较大、土质较松软的地段；混合槽是直槽和梯形槽的结合，即上梯下直，适用于深度大且土质松软地段；联合槽适用于 2 条或多条管道共同敷设且各自埋设深度不同、深度均不大、土质较坚硬的地段。

（2）沟槽开挖底宽与深度。沟槽底部宽度如图5-75，且参照式（5-37）计算：

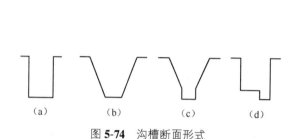

图 5-74 沟槽断面形式

（a）直槽；（b）梯形槽；（c）混合槽；（d）联合槽

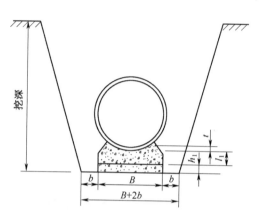

图 5-75 沟槽底宽和挖深

B—管基础宽度；b—槽底工作宽度；
t—管壁厚度；l_1—管座厚度；h_1—基础厚度

$$W = B + 2b \tag{5-37}$$

式中：W——沟槽宽度（m）；

　　　　B——管道基础宽度（m）；

　　　　b——工作宽度（m），根据管径大小确定，一般不应大于 0.8m。

沟槽开挖深度应按管道设计纵断面图确定。采用梯形槽时，要以土质类别并符合表 5-31 的规定。不设支撑的直槽边坡一般采取 1：0.05 坡度。

2.2.3 沟槽冬雨季施工技术与管理要点

应在冬雨季着重关注以下 5 项技术与管理要点。

（1）冬季施工要点。冬季施工应强化的 5 项技术与管理要点如下。

表 5-31　梯形槽边坡

土质类别	密实度或状态	坡度允许值（高宽比）	
		深度在 5m 以内	深度 5~10m
碎石土	密实	1：0.50~1：0.35	1：0.75~1：0.50
	中密	1：0.75~1：0.50	1：1.00~1：0.75
	稍密	1：1.00~1：0.75	1：1.25~1：1.00
粉土	$S_t \leqslant 0.5$	1：1.25~1：1.00	1：1.50~1：1.25
黏性土	坚硬	1：1.00~1：0.75	1：1.25~1：1.00
	硬塑	1：1.25~1：1.00	1：1.50~1：1.25

注：S_t 为土质的饱和度。

①沟槽当天未挖够深度者，应预留厚 30cm 松土，并覆盖草袋等物防冻。

②沟槽挖到设计深度时也应用草袋等物覆盖防冻。

③砌砖不必洒水，遇下雪要把雪扫干净，使用的水泥砂浆中应掺和盐水。

④抹箍的水泥砂浆应用热水拌合，水温不许超过 60℃，必要时对砂子加热，砂温不应超过 40℃，抹箍后应立即覆盖草袋保温。

⑤回填不得填回冻土块。

（2）雨季施工要点。雨季施工应强化的 5 项技术与管理要点如下。

①挖槽时应在槽帮堆叠土埂，以防雨水泡槽。

②在浇筑管基混凝土时如遇雨，应立即用草袋覆盖已全部浇筑完的混凝土。

③雨天不宜进行接口摸箍，如为赶工期而作业，则须采取防雨措施。

④已和好的砂浆受雨水浸泡，雨停后对未初凝砂浆可增加水泥量，再拌合后使用。

⑤在对沟槽回填前应将槽内积水抽干，方可回填并分层夯实。

2.3　浇灌水管的下管与稳管零缺陷施工技术与管理

（1）下管。分为人工、机械下管 2 种方法。人工是指利用人力、桩、绳、棒等工具往沟槽里下管；机械下管则采用吊车吊大口径管往沟槽里下管。

（2）稳管。稳管是指水管按设计高程与平面位置稳定在沟槽基础上。若分节下管，则稳管与下管作业可同时进行，即第 1 节管下到沟槽后，随即将该节管稳定，继而下第 2 节管并与第 1 节管对口，对口合格及稳定后，再下第 3 节管……依此类推。稳管规范操作 3 种方法如下。

①中线控制。保持管中心与设计位置吻合，采用中心线法和边线法控制。

②高程控制。使用水准仪测量管顶或管底标高，使其符合设计高程。控制中心线与高程必须同步进行，使两者同时符合设计要求。

③对口控制。对给水钢管常采用电焊接方法，焊接口隙应达到焊接标准。

2.4　浇灌水管道接口零缺陷施工技术与管理

钢管、铸铁管等金属给水管在敷设前应对其进行内外防腐处理，对铸铁管内外壁涂刷热沥青，钢管内外壁涂刷油漆、水泥砂浆、沥青等加厚防腐层。以下为 3 种管材的接口方法。

（1）给水铸铁管接口。分为承插式和法兰式。承插式又分为刚性接口和柔性接口。铸铁管在插口和承口对接前，应用乙炔焊枪烧掉插口和承口处的防腐沥青，并用钢刷清除沥青渣。

（2）给水钢管接口。给水钢管主要采用焊接口、法兰接口和各种柔性接口。

（3）给水塑料管接口。硬聚氯乙烯塑料管接口方式及做法见表 5-32；聚丙烯塑料管接口方式与做法见表 5-33。聚氯乙烯塑料管接口方式有螺纹连接法、焊接法、承插粘接法、热熔压紧法、承插胶圈法及钢管插入搭接法。

表 5-32　硬聚氯乙烯塑料管接口方式与做法

接口方式	安装程序	焊接操作注意要点
焊接	焊枪喷出热空气达到 200～240℃，使焊条与管材同时受热，成为韧性流动状态，达塑料软化温度时，使焊条与管件相互粘接而焊牢	焊接温度超过塑料软化点，塑料会产生分化，燃烧而无法焊接

（续）

接口方式	安装程序	焊接操作注意要点
法兰连接	一般采用可拆卸法兰接口，法兰为塑料材质。法兰与管口间连接采用焊接、凸缘接和翻边接	法兰面应垂直于接口焊接而成，垫圈采用橡胶皮垫
承插粘接	先进行承口扩口作业。将工业甘油加热至140℃，管子插入油中深度为承口长度加15mm，约1min将管取出，并在定型规格钢模上撑口，而后置于冷水冷却之后，拔出冲子，承口即制成。承插口环向间隙为0.15～0.30mm。 粘接前，用丙酮将承插口接触面擦洗干净，涂1层"601"黏结剂，再将承接口连接	"601"黏结剂配合比为：过氯乙烯树脂：二氯乙烷＝0.2：0.8。 涂刷黏结剂应均匀适量，不得漏刷，切勿在承插口间与接口缝隙处填充异物
胶圈连接	将胶圈弹进承口槽内，使胶圈贴紧于凹槽内壁，在胶圈与插口斜面涂1层润滑油，再将插口推入承口内，这是采用手插拉入器插入的	橡胶圈不得有裂纹、扭曲及其他损伤。插入时阻力很大应立即退出，检查胶圈密封圈是否正常，防止硬插时扭曲或损坏密封圈

表 5-33   聚丙烯塑料管接口方式与做法

接口方式	安装程序	适用条件
焊接	将待连接管两端制成坡口，用焊枪喷出约240℃的热空气，使两端管材及聚丙烯焊条同时熔化，再将焊枪沿加热部位后退即成	压力较低条件时
加热插粘接	将工业甘油加热到约170℃，再将待安管管端插入甘油内加热；然后在已安管管端涂上黏结剂，将其油中加热管端变软的待安管从油中取出，再将已安管插入待安管管端，冷却后接口即完成	压力较低条件时
热熔压紧法	将2条待接管管端对接，用约50℃恒温电热板夹置于2管端之间，当管端熔化后，即把电热板抽出，再用力压紧熔化的管端面，冷却后接口即接成	中、低压力条件时
钢管插入搭接法	将待接管管端插入约170℃甘油中，再将钢管短节的一端插入到熔化的管端，经冷却后将接头部位用钢丝绑扎；再将钢管短节的另一头插入熔化的另一管端，经冷却后用钢丝绑扎。如此，2条待安管由钢管短节插接而成	压力较低条件时

2.5   浇灌水管道沟槽回填作业零缺陷技术与管理

浇灌水管道经接口后，应进行水压试验和管道消毒与冲洗，若3项都合格，要对沟槽及早回填。回填时分为以下2步进行操作。

（1）第一步是初回填，即在给水管道下管、稳管、接口完成后，在除接口处以外的管段管边及管上回填一部分土，其作用是保护管段并使管在沟槽内稳定。

（2）第二步是终回填，即给水管道经水压试验合格后，对接口处及敷设的管段部位进行回填处理。

参 考 文 献

1　王瑞祥．现代企业班组建设与管理［M］．北京：科学出版社，2007.

2　刘邦治．管理学原理［M］．上海：立信会计出版社，2008.

3　毕结礼．企业班组长培训教材基础篇［M］．北京：海洋出版社，2005.

4　李敏，周琳洁．园林绿化建设施工组织与质量安全管理［M］．北京：中国建筑工业出版社，2008.

5　吴立威．园林工程施工组织与管理［M］．北京：机械工业出版社，2008.

6　施工现场管理标准制度编委会．施工现场管理标准制度［M］．北京：地震出版社，2007.

7　康世勇．园林工程施工技术与管理手册［M］．北京：化学工业出版社，2011.

8　邓铁军．工程建设项目管理（第3版）［M］．武汉：武汉理工大学出版社，2013.

9　王新哲．零缺陷工程管理［M］．北京：电子工业出版社，2014.

10　王治国，张云龙，刘徐师，等．林业生态工程学［M］．北京：中国林业出版社，2009.

11　孙时轩．林木育苗技术［M］．北京：金盾出版社，2009.

12　高尚武．治沙造林学［M］．北京：中国林业出版社，1984.

13　张建国，李吉跃，彭祚登．人工造林技术概论［M］．北京：科学出版社，2007.

14　廖正环．道路施工组织与管理［M］．北京：人民交通出版社，1990.

15　姚庆渭．实用林业词典［M］．北京：中国林业出版社，1990.

16　孙保平．荒漠化防治工程学［M］．北京：中国林业出版社，2000.

17　水利部建设与管理司中国水利工程协会．施工员［M］．北京：中国水利水电出版社，2009.

18　张建锋．盐碱地生态修复原理与技术［M］．北京：中国林业出版社，2008.

19　国土资源部土地整理中心．土地复垦方案编制实务［M］．北京：中国大地出版社，2011.

20　张国良．矿区环境与土地复垦［M］．徐州：中国矿业大学出版社，2003.

21　冯道．防沙治沙与生态环境建设实务全书［M］．长春：吉林科学技术出版社，2008.

22　治沙造林学编委会．治沙造林学［M］．北京：中国林业出版社，1984.

23　单炜，罗光裕，范永德，等．高速公路绿化工程［M］．哈尔滨：东北林业大学出版社，2005.

24　孙高磊．水利水电工程施工员一本通［M］．北京：中国建材工业出版社，2008.

25　许文年，夏振尧，周明涛，等．植被混凝土生态防护技术理论与实践［M］．北京：中国水利水电出版社，2012.

26　丁世民．园林绿地养护技术［M］．北京：中国农业大学出版社，2009.

27　刘静，胡雨村．水土保持工程材料与施工［M］．北京：中国林业出版社，2014.

28　王礼先．水土保持工程学［M］．北京：中国林业出版社，2005.

29　贺训珍．园林工程施工员一本通［M］．北京：中国建材工业出版社，2008.

30　孙启忠，韩建国，卫智军，等．沙地植被恢复与利用技术［M］．北京：化学工业出版社，2006.

第四篇

生态修复工程
施工零缺陷监理

第一章

生态修复工程项目建设开工和施工质量的零缺陷监理

第一节
项目建设开工的零缺陷监理

1 召开首次项目监理零缺陷工地会议

第1次工地会议由生态修复工程项目建设施工监理机构组织召开，由总监理工程师主持，项目建设各方主要负责人和技术人员参加。会议应主要明确以下5个方面的零缺陷事项。

(1) 生态修复工程项目建设有关各方的组织机构、人员分工、职责与联络方式。

(2) 生态修复工程项目建设计划开工时间。

(3) 生态修复工程项目建设施工进度计划。

(4) 生态修复工程项目建设施工监理工作的要求以及建设单位对项目施工、管理的要求。

(5) 生态修复工程项目建设施工其他与开工有关需要讨论的事项。

2 开工令的零缺陷签发

2.1 合同工程开工令

合同工程开工令，是指开工条件经监理机构审查通过，并征得建设单位同意，由总监理工程师签发的生态修复工程项目建设施工开工令。

2.2 分部工程开工令

分部工程开工令由监理工程师审查项目分部施工准备情况，若符合则签发开工令。

3 施工开工零缺陷报审与审批

3.1 施工单位开工零缺陷报审

施工承包单位完成生态修复工程项目建设合同所要求的开工准备后，应向监理单位提交开工申请。经监理单位检查确认施工单位的施工准备及建设单位给予的满足开工条件后，应由总监理工程师签发开工令。

3.2　监理单位零缺陷审批签发开工令

生态修复工程项目或合同项目中的单项工程开工前，应由监理单位零缺陷审核施工单位报送的开工申请、施工作业实施方案，检查开工条件是否已全部落实到位，征得建设单位同意后由监理工程师零缺陷签发工程开工通知。涉及重要生态修复工程建设的项目和生产建设项目中对主体工程及周边设施安全、质量、进度、投资等其中一方面或同时具有重大影响的单位工程，应由总监理工程师签发开工通知。

4　由于施工单位原因造成开工延误的零缺陷处置办法

对于由施工单位原因使工程未能按施工合同约定时间开工，监理单位应通知施工单位在约定时间内提交赶工措施报告并说明延误开工原因。由此所增加费用和工期延误造成的损失，应由施工单位承担或按合同约定处理。

5　由于建设单位原因造成开工延误的零缺陷处置办法

由于建设单位原因使工程未能按施工合同约定时间开工，监理单位在收到施工单位提出顺延工期的要求后，应立即与建设单位和施工单位共同协商补救办法。由此增加的费用和工期延误造成的损失，应由建设单位承担或按合同约定处理。

第二节
项目建设施工质量的零缺陷控制监理

生态修复工程项目建设施工质量的优劣，不仅关系到项目区域生态防护条件的修复与改善，而且关系到国家生态环境治理与国家经济的可持续发展，同时也直接影响到项目所在区域广大人民群众的切身利益。生态修复工程项目施工作业阶段是形成工程实体的重要阶段，也是生态修复工程项目建设施工监理单位实施目标控制的重点。生态修复工程项目施工质量的优劣，对生态修复工程项目能否安全、可靠、经济、适用地在规定的技术经济防护寿命内正常运行，发挥出设计生态防护功能，达到预期修复建设目标、目的的关系重大。

1　项目建设施工质量零缺陷控制监理的依据

监理工程师开展的生态修复工程项目建设施工质量零缺陷控制工作，应按照以下技术文件、有关标准、规定等进行由始至终的零缺陷控制管理。

1.1　国家颁布的有关工程建设质量法律、法规

国家颁布的有关工程建设质量法律法规有《中华人民共和国建筑法》《建设工程质量管理条

例》《水利工程质量管理条例》等。

1.2　国家和行业标准、技术规范、技术操作规程及验收规范

应依据执行的有《水土保持综合治理技术规范（GB/T16453.1～16453.6—2008）》《水土保持治沟骨干工程技术规范（SL 289—2003）》《水土保持综合治理验收规范（GB/T 15773—2008）》《开发建设项目水土保持技术规范（GB 50433—2008）》《开发建设项目水土保持设施验收技术规程（GB/T 22490—2008）》，以及相关水利、林业、农业等行业的有关技术规范等。这些都是生态修复工程项目建设的统一行动准则，包含着各地多年的生态建设技术与管理经验，与工程质量密切相关，必须严格遵守。

1.3　已批准的设计文件、施工图纸、设计变更与修改文件

已批准的生态修复工程项目建设设计及其相关附表、附图是监理工程师实行质量控制的依据。监理工程师采取质量控制时，应首先对设计报告及其附表、附图进行审查，及时发现存在问题或矛盾之处，并提请设计单位修改，及时作出设计变更。监理单位和施工单位要注意研究设计报告及其图表的合理性与正确性，以保证设计方案的完善性和实施的正确性。

1.4　已批准的施工作业实施方案、施工技术工艺措施

施工作业实施方案是施工单位进行施工准备和指导现场施工的规划性文件，它比较详细地规定了施工的组织形式、生态绿化树种、草种和其他工程材料的来源和质量，施工工艺及技术保证措施等。施工单位在开工前，必须对其所承担的工程项目提出施工作业实施方案，并报请监理工程师审查。获得批准的施工作业实施方案，是监理控制质量的主要依据之一。

1.5　施工承包合同中引用的有关原材料及构配件方面的质量标准

涉及以下相关原材料及构配件方面的质量标准。
（1）水泥、水泥制品、钢材、石材、石灰、砂、防水材料等材料的产品标准及检验标准。
（2）种子、苗木的质量标准及其检验、取样的方法与标准。

1.6　施工承包合同中有关质量的条款

监理合同中建设单位与监理单位就有关质量控制的权利和义务条款，施工合同中建设单位与施工单位有关质量控制的权利和义务条款，各方都必须履行合同中的承诺，尤其是监理单位，既要履行监理合同条款，又要监督承建单位履行质量控制条款。

1.7　制造厂提供的设备安装说明书和有关技术标准

由制造厂提供的设备安装说明书和有关技术标准，是施工安装承包人实行设备安装必须遵循的重要技术文件，同样是监理人对承包人的设备安装质量进行检查和控制的依据。

2   项目建设施工质量零缺陷控制的内容与方法

2.1   施工作业过程质量零缺陷控制核心内容

（1）审查各单项工程的开工申请，签发开工令。

（2）检查各种进场材料（包括苗木、水泥、钢材等材料）、构件、制品、设备的质量。

（3）行使施工质量监督，在施工现场对各项工程的施工过程进行监督检查。

（4）严格验收，审查各单项工程施工单位自检报告，现场检查隐蔽工程并认可。

2.2   施工作业过程质量零缺陷控制工作内容

2.2.1   材料控制

对施工材料控制是建设施工现场监理过程中监理工程师控制质量的第一道关。因此，对于施工所用的水泥、砂、石料、钢筋以及苗木、种子、肥料、药剂、预制件等进场材料，应严格按照合同约定和设计文件的质量要求进行检查验收。监理工程师对进场材料检查验收应着重把握以下3个方面。

（1）对材料外观、数量的检查。主要应检查其外观形状、结构尺寸、数量规格等是否符合或满足合同规定标准。

（2）检查材料的质量证明文件。应查看是否有出厂合格证、性能试验报告、检验检测证明、苗木与种子的检疫检验证等。对于个别要求较高的材料，在施工企业进行检验检测的同时，监理机构应进行平行检测，所发生费用由施工企业承担。

（3）严格检查材料是否符合设计要求。当设计方案中对材料的质量有明确规定时，应对照设计要求进行材料检查验收。

2.2.2   工序控制

监理工程师应按照设计文件和有关技术规范要求，对施工工序、工艺与方法进行检查监督，对不符合要求的违规作业行为应及时给予纠正或返工。

2.2.3   隐蔽工程控制

施工企业完成隐蔽工程并自验合格后，应填写《隐蔽工程报验表》，报送监理机构。监理机构应组织监理工程师进行检查复测，检验合格，监理工程师签认《隐蔽工程报验表》后，施工企业方可进行下道工序施工。隐蔽工程验收时，监理工程师必须详细记录，必要时应画出简图或拍摄声像资料。

2.2.4   工程质量检验

（1）质量检验点。质量检验点是指反映施工质量的见证点和待检点。监理工程师在工程实施过程中，要依据有关技术规范和设计文件的质量要求，结合工程实际情况，科学合理地设置质量见证点和待检点，并对其进行严格控制和监督检查。

（2）工序或单元工程。工序或单元工程完成后首先由施工企业自检，合格后填报工序或单元工程报验单，报监理工程师复查。监理工程师在收到施工企业报验单后，采用目测、量测、感观以及仪器、设备检测等手段进行抽检或全检，并详细记录，并对工程质量进行确认。对于未经监理工程师检查确认或检查不合格的工序或单元工程，不允许进入下道工序作业。

（3）分部工程。分部工程完工后，监理工程师应根据施工企业提交的分部工程验收单以及本分部所有单元工程质量评定结果，进行分部工程审查，由总监理工程师确认，核定分部工程质量等级，签发《分部工程质量评定表》，该表是分部工程验收的重要依据。

（4）单位工程。单位工程是指由施工企业负责人组织自验，监理机构组织现场监理工程师进行逐项检查复核，复核人和总监理工程师均应签字，并加盖公章，由施工企业报送工程质量监督站进行等级核定。《单位工程质量评定表》是单位工程验收的重要依据。

2.2.5　施工质量事故处理和缺陷质量控制

（1）施工质量事故处理。由于生态修复工程项目建设通常是规模不等、线长且分散，工程覆盖面大，施工过程受自然、人为、环境等影响较大，因此产生质量事故的原因也较多。一般而言施工中可能产生由于材料产品不合格、不按图纸和设计文件施工、不按规范和规定施工、施工技术措施不当和施工人员素质不高、质量意识不强等极易造成质量事故。所以，监理工程师应针对这些方面加强现场监督检查，尽量减少和避免质量事故的发生，一旦发生了质量事故，监理机构应按照下达停工令—事故调查—事故原因分析—事故处理和检查验收—下达复工令的程序，负责组织或参与质量事故的处理，并采取如下方法进行质量事故补救。

①修补。对于通过修补可以不影响工程外观和正常运行的质量事故，监理工程师应及时通知施工企业采取修补措施，并对修补处理结果进行检查验收。

②返工。对施工质量未达到规范或标准要求，影响到工程使用与安全，且又无法通过修补方式予以纠正的质量事故，必须采取返工的措施。

（2）保修期质量控制。保修期质量控制的主要任务有 3 项：对工程质量进行检查分析；对工程质量问题责任进行鉴定；对修补的工程质量缺陷项目进行检查。

2.2.6　工程施工质量评定

参照《水土保持工程质量评定规程（SL 336—2006）》的规定，将生态修复工程项目划分为单位、分部、单元工程 3 种。为此，监理工程师在生态修复工程项目建设质量评定中 4 项的工作任务如下所述。

（1）根据建设单位授权，参与或主持完成生态修复工程建设项目划分，并由建设单位审批后执行，同时应报工程质量监督机构备案。

（2）负责单元工程质量评定工作。单元工程质量评定应由施工企业质检部门组织自评，监理工程师应对其进行核定。

（3）参与分部工程质量评定工作。单元工程质量评定应由施工企业质检部门组织自评，监理工程师应对其进行复核，建设单位最后核定。

（4）参与单位工程质量评定工作。单元工程质量评定应由施工企业质检部门组织自评，建设单位、监理工程师应对其进行复核，质量监督机构最后核定。

2.3　施工作业过程质量零缺陷控制方法

监理工程师在生态修复工程项目建设施工阶段开展的质量零缺陷控制工作方法如下。

2.3.1　现场记录

监理人员应认真、完整地记录每天施工现场的人员、设备、材料、天气、施工环境以及施工中出现的各种情况作为处理施工过程中合同问题的依据之一。并通过发布通知、指示、批复、签认等文件形式进行施工全过程的控制和管理。

2.3.2　旁站监理

监理人按照监理合同约定，在施工现场对生态修复工程项目建设施工的重要部位、隐蔽工程和关键工序的施工作业，实施连续性的全过程检查、监督与管理。旁站是监理人员的一种主要现场检查形式。对生态修复工程项目建设来讲，旁站主要是对隐蔽工程和关键部位的施工作业进行现场监督。如治沟骨干坝的清基、结合槽、基础处理、输水涵洞、卧管、消力池施工等。

2.3.3　巡视检查、检验与抽样检查

对生态修复建设项目中的植物与工程措施采取的巡视检查、检验工作，是监理工程师对所监理生态修复工程项目进行的定期或不定期检查、监督和管理。通过这种检验方式，监理人可以掌握现场施工情况，控制施工现场，这是监理工程师所采取的一种经常性、最为普遍的方法。在巡视检查、检验的同时，并对各单项工程按照有关要求选择一定比例进行重点抽样检查、复查和核查。

2.3.4　测量（度量）

测量主要是指包括对各项工程建筑物的几何尺寸和数量（面积）进行控制的重要手段。如对治沟骨干坝，开工前施工单位要施工放样，监理工程师对施工放样和控制高程核查，不符合设计要求不准开工。对模板工程已完成工程的几何尺寸、高程等质量指标，按规范进行测量验收。对林草、小型蓄水保土、固沙造林、盐碱地造林、土地复垦工程等的尺寸与数量也要进行测量（度量）。对所有不合格工程要求施工单位进行修整或返工，造林种草成活率低的要进行补值。施工单位的测量记录要经监理工程师审核签字后才能使用。

2.3.5　试验

试验是监理工程师确认各种材料、隐蔽工程和工程部位内在品质的主要依据，生态工程项目建设施工材料试验包括水泥、粗骨料、砂石料等，外购材料（包括苗木、种子）和成品应有出厂说明书或检验合格单，混凝土工程要进行强度检验，土方工程要进行土壤含水量和干容重的测定。

2.3.6　指令文件的应用

指令文件也是监理的一种工作手段，其所包含的 3 项主要内容：质量问题通知单；备忘录；现场情况纪要等。

在监理过程中，双方信息交流的来往都以文字为准。监理工程师以书面指令对施工单位进行质量控制，对施工中发现的或潜在发生的质量问题以《监理工程师通知单》的形式通知施工单位加以注意和修正。

2.3.7　有关技术文件、报告、报表的审核

监理工程师应按照施工工序、施工进度和监理计划及时审核和签署有关质量文件及其报表，以最快速度判明工程质量状况，发现质量问题，并将其质量信息反馈给施工单位。

3　项目建设施工质量控制点的零缺陷设置

3.1　项目建设施工质量控制点的零缺陷设置原则

在生态修复工程项目建设中，特别是工程措施，如治沟骨干坝、拦渣坝、坡面水系工程、固沙沙障等措施，在建设时必须设置施工质量控制点，设置施工质量控制点的原则如下。

（1）关系到生态修复工程项目建设结构安全性、可靠性、耐久性和使用性的关键质量特性、关键部位或重要影响因素。

（2）有严格技术工艺要求，对下道工序有严重影响的关键质量特性、部位。

（3）对质量不稳定、极易出现不合格品的施工作业工序项目。

3.2　质量控制点的设置步骤

3.2.1　质量控制点界定

结合质量管理体系文件和工程实际情况，在质量计划中对特殊过程、关键工序和需要特殊控制的主导因素充分界定。

3.2.2　将质量控制点纳入质量管理体系文件中

由生态修复工程项目建设施工技术、质量管理等部门分别确定本部门所负责的质量控制点，然后编制质量控制点明细表，并经批准后纳入质量管理体系文件中。

3.2.3　编制质量控制点流程图

在明确关键环节和质量控制点基础上，要把不同质量控制点根据不同的流程阶段分别编制质量控制点流程图，并以此为依据在生产现场设置质量控制点和质量控制点流程站。

3.2.4　编制质量控制点作业指导书

根据不同质量控制点的特殊质量控制要求，编制出工艺操作程序或作业指导书，以确保质量控制工作的有效性。质量控制点设置不是永久固定不变的，某环节的质量不稳定因素得到了有效控制处于稳定状态，该控制点就可以撤销；而当其他环节、因素上升为主要矛盾时，还需要增设新的质量控制点。

3.3　按质量检验对象设置质量控制点

从理论上讲，要求监理工程师对施工全过程的所有施工工序和环节，都能实施检验，以确保施工质量。如水保工程项目建设施工中淤地坝、拦渣坝工程的主要作业技术工艺流程为：施工准备→清基削坡→放水建筑物基础开挖→放水建筑物施工→坝体施工→收尾工程→验收移交。然而在工程建设施工实践中，有时难以做到这一点。为此，监理单位应在工程开工前，根据质量检验对象的重要程度，将质量检验对象区分为质量检验见证点和质量检验待检点，并分别实施不同的操作程序。

3.3.1　质量检验见证点

所谓见证点，是指施工企业在施工过程中达到这一类质量检验点时，应事先以书面通知监理单位到现场见证，观察和检查施工企业的作业实施过程。然而在监理单位接到通知后未能在约定时间到场的情况下，施工企业有权继续施工作业。质量检验见证点的实施步骤如下。

（1）监理单位应注明收到见证通知的日期并签字。

（2）监理工程师若在约定见证时间内未能到场见证，施工企业有权进行该项工程的作业。

（3）监理工程师如在此之前根据现场检查并写明他的意见，则施工企业应在监理工程师意见旁边写明已经根据上述意见采取的改正行动或者具体意见。

（4）监理工程师到场见证时，应仔细观察、检查质量检验点的实施过程，并在见证表上详细记录，说明见证的名称、部位、工作内容、工时等情况，并签字。该见证表还可以作为施工企业办理进度款支付申请的凭证之一。

3.3.2 质量检验待检点

（1）质量待检点的概念。对于某些更为重要的质量检验点，必须要在监理工程师到场监督、检查时施工企业才能进行检验。这种质量检验点称为待检点。作为待检点，施工企业必须事先书面通知监理工程师，并在监理工程师到场进行检查监督的情况下，才能进行检测。

（2）待检点确定时间。待检点与见证点执行程序的不同，就在于其步骤。如果在到达待检点时，监理工程师未能到场，施工企业不得进行该项工作。事后监理工程师应说明未到现场的原因，然后双方重新约定新的检查时间。

（3）选定待检点。监理工程师应针对工程项目质量控制的具体情况及施工企业的施工技术力量，选定哪些检验对象是见证点，哪些应作为待检点，并将确定结果明确通知施工企业。

3.4 项目建设施工质量控制点管理

全力完善工程质量控制点的设置及管理，将确保工程质量取得直接经济效益和赢得良好信誉。同时，通过质量控制点还可以收集大量有用数据、信息为质量改进提供依据。

（1）要认真抓好质量教育工作，不断提高施工企业员工的工作质量意识，使员工在每个环节都能高标准、严要求，不折不扣地完成自己的工作。

（2）质量控制点虽然单独存在，但又有很强的相关性，必须制定管理办法解决衔接问题。

（3）要扎实提高质量计划和作业指导书的现场管理约束力。

（4）在特殊过程实施还应对施工过程、使用设备及操作人员进行鉴定认可，并保存经鉴定合格的过程、设备和人员记录。需变更原技术工艺参数的，必须经有关部门充分论证或试验，其结果经过授权人员批准后，形成文字记录，方可实施。

（5）当上下工序人员交接时，必须交代清楚各环节实施状况，并作记录。检验人员应对过程参数和产品特性进行连续跟踪检查，严格执行"三检制"，其受控率应是100%。

（6）要及时衡量质量控制点的控制成效，发现偏差，要及时采取纠正措施或预防措施并验证其有效性。

4 项目建设施工过程防护措施质量的零缺陷控制

4.1 植物措施施工质量的零缺陷控制

植物措施类型多，涉及面大，因此，监理单位应严格依据有关技术规范和设计文件，通过监理工程师技术培训、巡回检查以及抽样检查、测量、测定，对其施工质量进行全面控制。

4.1.1 技术培训

考虑到实施植物措施的特殊性，为了确保施工质量，监理工程师应督促施工企业安排技术人员对作业人员现场进行技术培训，监理工程师亦可应邀进行技术指导。

4.1.2 巡回检查

监理工程师应检查和督促施工企业建立质量管理保证体系，按照施工季节顺序落实各单项措施的质量自检，并进行必要记录。监理工程师采取不定期巡回检查方式，进行施工质量检查，对存在问题，以书面或口头形式向施工企业指出。

4.1.3 抽样检查

在施工过程中监理工程师应适时对施工质量与数量（面积）按照图斑进行抽差、测定、测量，对抽查结果要进行详细记录，必要时可以拍照、录像。检查结果应以书面形式反馈给施工企业。

4.1.4 验收确认

在一个施工季节结束或某一单项工程完工后，施工企业应及时组织自检，对存在问题及时进行处理，并现场勾绘图斑，填写自检表，对自检合格工程，填写《工程质量报验单》，并附自检资料，报请监理工程师进行检查确认。监理工程师应采取全面检查或抽样检查的方法，对质量合格的植物措施数量进行确认，签发《工程质量合格证》，并作为计量支付依据；对质量检查不合格的植物措施不予确认，并签发《不合格工程通知单》，及时通知施工企业进行整改。另外，对生态工程项目植物措施在每年施工结束后，监理单位应组织建设、施工单位对实施的植物措施质量与数量进行全面检查确认。对检查中存在的问题以书面形式通知施工企业，以便施工企业在来年安排中予以考虑。必须说明的是，对已确认的植物治理成果，施工企业仍然具有管护职责，以保证竣工验收能够达到项目设计要求的目标。

4.2 工程措施施工质量的零缺陷控制

工程措施是生态修复工程项目建设的重要措施，按照其施工特点、施工工序，严格施工过程中的质量控制。其具体质量零缺陷控制过程如下。

4.2.1 审核施工企业的开工申请

施工企业在落实施工前的准备工作后，填写《工程开工报审表》，并附上施工作业实施方案、施工技术措施设计、劳力的数量、机械设备和材料的到场情况等上报监理单位。监理单位在收到《工程开工报审表》后在规定时间内，会同有关部门核实施工准备工作情况，认为满足合同要求和具备施工条件时，可签发《工程开工报审表》，施工企业在接到签发的《工程开工报审表》后即可开工作业。

4.2.2 现场检查

在施工作业过程中，监理工程师应检查、督促施工企业履行好工程质量的检验制度。在每道工序完成后，由施工班组先进行初验，施工质量检查员与施工技术人员共同实施复验，施工企业组织进行终检，每次检验都应进行记录，并填写检验意见。在终检合格后，由施工企业填写《工程质量报验单》并附上自检材料，报请监理工程师进行检查认证，监理工程师应在商定时间内到场对每道工序用目测、手测或仪器测量等方法逐项进行检查，必要时进行取样试验抽检，所有检查结果均要进行详细记录。对重要隐蔽工程应进行旁站检查、中间检查和技术复核，以防发生质量隐患. 对重要部位的施工状况或发现质量问题，除作出详细记录外，还应采用拍照、录像等手段存档。

4.2.3　填写《工程报验申请表》

通过现场检查和取样试验，所有项目合格后，施工企业可进行下道工序施工作业。在完成的单项工程每道工序都须经过监理单位的检查认可后，施工企业可填写《工程报验申请表》，上报监理单位，监理单位汇总每道工序检查检验资料，如果监理单位认为有必要，可对施工企业所完工的工程质量进行抽检，施工企业必须提供抽检条件。如抽检不合格，应按工程质量事故处理，经返工再验收合格后方可继续施工。

4.2.4　联合检查

监理单位在收到施工企业的《工程报验申请表》，并进行有关资料汇总后，应配合建设单位、质量监督机构、施工单位再次对工程进行现场全面检查，以确定是否具备中间验收条件，必要时，可进行抽样核查试验。

4.2.5　签发《工程质量合格证》

经过现场检查，若发现工程质量不合格，监理单位可签发《不合格工程通知单》，要求施工企业拆除不合格工程、修补或返工。如果检查合格，则对该单项工程予以中间验收，并签发《工程质量合格证》，作为单项工程计算支付的基本条件。

5　项目建设施工质量事故的零缺陷处理

生态修复工程项目建设由许多单位工程组成，在工程建设实施过程中，受自然、环境及人为因素的影响很大，尽管原则上不允许出现质量事故，但一般很难完全避免。通过施工企业质量保证体系和监理工程师的质量控制，可对质量事故起到防范作用，将其危害降低到最低限度。对于生态修复工程项目建设过程中出现的质量事故，除非是由于监理工程师失职引起，否则，监理工程师不承担责任。但是，监理工程师应负责组织质量事故的分析处理。生态修复工程项目建设质量事故的发生，经常是由人、材料、机械、工艺和环境多种因素构成。因此，分析质量事故原因时，必须对这些基本因素以及它们之间的关系进行具体分析探讨。

5.1　项目建设质量事故原因的零缺陷分析

5.1.1　识别质量事故原因要素

生态修复工程项目建设质量事故的发生经常是由多种因素构成，其中最基本的因素有：人、材料、机械、工艺和环境。人的最基本问题是知识、技能、经验和行为特点等；材料和机械的因素更为复杂和繁多，例如建筑材料、施工机械等存在千差万别；事故的发生也总和施工技艺与环境紧密相关，如自然环境、施工技艺、施工条件、各级管理机构状况等。由于生态工程项目建设涉及设计、施工、监理和后期使用管理等多单位或部门。因此在分析质量事故时，必须对这些基本因素以及它们之间的关系进行具体分析探讨，找出引起事故的一个或几个具体原因。

5.1.2　引起质量事故的直接与间接原因

引发质量事故的原因，常可分为直接原因和间接原因2类。

（1）直接原因。直接原因主要指有人的行为不规范和材料、机械不符合规定状态。其内容如下所述。

①设计人员不遵守国家规范设计，施工人员违反规程作业等，都属于人的行为不规范。

②使用材料的一些指标不符合标准、规格要求等，均属于材料不符合规定状态。

（2）间接原因。间接原因是指质量事故发生场所外的环境因素，如施工作业现场管理混乱、质量检查监督工作失责、规章制度缺乏或执行力差等。事故的间接原因，将会诱发直接原因的发生。

5.1.3　质量事故链及其分析

生态修复工程质量事故，特别是重大质量事故，造成原因是多方面的，由单纯一种原因造成的事故很少。若把各种原因与结果连起来，就形成一条链条，通常称之为事故链。在质量事故调查与分析中，均涉及人（设计者、操作者等）和物（建筑物、材料、机械具等），开始接触到的大多数是直接原因，如果不深入分析和进一步调查，就很难发现间接和更深层原因，不能找出事故发生的本质原因，就难以避免同类事故的再次发生。因此对一些重大质量事故，应采用逻辑推理法，通过深入对事故链分析，追寻事故的本质原因。

由于质量事故的原因与结果、原因与原因之间逻辑关系不同，则形成事故链的形状也不同，主要有下列3种。

（1）多因致果集中型。多因致果集中型是指各自独立的几个原因，共同导致事故发生，称为"集中型"。

（2）因果连锁型。因果连锁型是指某一原因促成下一要素发生改变，这一要素又引发另一要素出现，这些因果连锁发生而造成的事故，称为"连锁型"事故。

（3）复合型。从对质量事故调查中发现，单纯集中型或单纯连锁型均较少，常见的主要是某些因果连锁，又有一些原因集中，最终导致事故发生，故称其为"复合型"。

5.2　造成质量事故的一般原因

造成生态修复工程项目建设质量事故的原因多种多样，但从整体上考虑，一般原因大致可以归纳为下列7个方面。

5.2.1　违反基本建设程序与管理制度

违反基本建设程序与管理制度，是指缺少生态修复工程项目建设可行性研究或工程规划、设计就开工建设施工，使用不具备资质的设计、施工单位承接工程项目，隐蔽工程未经验收就进入下道工序施工，导致工程质量管理失控。

5.2.2　外业调查勘测失误或基础处理失误

对生态灾害综合治理措施，外业调查调绘精度不足或不准确，会导致相应配置的治理措施不合理，造林成活率、保存率低，达不到设计目标。对治沟堤坝等骨干工程，外业勘测精度不够或不进行勘测，会直接导致设计不准确，甚至错误，不能反映实际地形地貌及其地质情况，因而导致出现工程建设质量事故。

5.2.3　设计方案和设计计算失误

在设计过程中，忽略了该考虑的影响因素或设计计算失误，会导致质量大事故。如在水保治沟堤坝骨干工程的设计过程中，忽略了岸坡的削坡处理，会使倒坡或直立陡崖存在，导致坝肩出现裂缝的质量事故。

5.2.4　使用材料以及构件不合格

使用材料以及构件不合格，是指造林用苗木脱水干枯或根系受到破坏，会使造林成活率降低；土坝填筑用土料含水量不符合规定，会导致碾压坝体土壤干容重达不到设计要求；水坠筑坝用土料黏粒含量过高，在筑坝过程中难以脱水，甚至造成坝体"鼓肚"或滑坡等。

5.2.5　施工技术与管理方法失控

施工技术与管理方法失控，是指不按图施工作业、不遵守施工规范规定、施工方案和技术措施不当、施工技术管理不完善等。施工技术与管理制度不完善，造成 4 种直接不良表现：没有建立完善的施工现场各级技术责任制；主要施工技术工作、工艺、工序等没有明确的管理制度；技术交底不认真，又不作书面记录或交底不清；施工过程各工序没有有效衔接。

5.2.6　人为原因

人为原因造成的质量事故，施工作业人员的问题主要表现在以下方面。

（1）施工技术人员数量不足、技术业务素质不高或使用不当。

（2）施工操作人员培训不够，操作不娴熟、素质不高，对持证上岗控制不严，违章操作。

5.2.7　环境因素影响

环境因素影响主要有施工项目周期长、露天作业多、受自然条件影响大、地质灾害、台风、暴雨、沙尘暴等都能造成重大质量事故，施工中应特别重视，采取有效措施予以积极预防。

5.3　项目建设质量事故的分类

目前，生态修复工程项目建设尚无专门的质量事故分类标准，这里仅以水利工程项目建设质量事故分类标准为借鉴，作一介绍，以供参考。

水利工程质量事故根据《水利工程质量事故处理暂行规定》，是指在水利工程项目建设过程中，由于建设管理、监理、勘测、设计、咨询、施工、材料及设备等原因造成工程质量不符合规程规范和合同规定的质量标准，影响工程使用寿命和对工程安全运行造成隐患和危害的事件。

水利建设工程一旦发生质量事故，就会造成停工、返工，甚至影响正常使用，有些质量事故会不断发展恶化，导致建筑物倒塌，并造成重大人身伤亡事故。这些都会给国家和人民造成不应有的损失。由于工程项目建设不同于一般的工业生产活动，其实施过程的一次性，生产组织特有的流动性、综合性，劳动的密集性及协作关系的复杂性，均会造成工程质量事故更具有复杂性、严重性、可变性及多发性的特点。

水利工程按照工程质量事故直接经济损失的大小，检查、处理事故对工期影响时间长短和对工程正常使用的影响，分为一般质量事故、较大质量事故、重大质量事故、特大质量事故，见表1-1 。

5.3.1　一般质量事故

一般质量事故是指对生态修复工程造成一定经济损失，经处理后不影响正常使用且不影响使用寿命的事故。

5.3.2　较大质量事故

较大质量事故是指对工程造成较大经济损失或延误较短时间工期，经处理后不影响正常使用但对工程寿命有较大影响的事故。

表 1-1　水利工程质量事故分类标准

损失情况		事故类别			
		一般质量事故	较大质量事故	重大质量事故	特大质量事故
事故处理所需的物质、器材和设备、人工等直接经济损失费用（万元）	大体积混凝土、金属结构制作和机电安装工程	>20≤100	>100≤500	>500≤3000	>3000
	土石方工程混凝土等工程	>10≤30	>30≤100	>100≤1000	>1000
事故处理所需合理工期（月）		≤1	>1≤3	>3≤6	>6
事故处理后对工程功能和寿命影响		不影响正常使用和工程寿命	不影响正常使用，但对工程寿命有一定影响	不影响正常使用，但对工程寿命有较大影响	影响工程正常使用，需限制运行

注：1. 直接经济损失费用为必需条件，其余 2 项主要适用于大中型工程。

　　2. 低于一般质量事故的质量问题称为质量缺陷。

5.3.3　重大质量事故

重大质量事故是指对工程造成重大经济损失或较长时间延误工期，经处理后不影响正常使用但对工程寿命有较大影响的事故。

5.3.4　特大质量事故

特大质量事故是指对工程造成特大经济损失或较长时间延误工期，经处理后仍对正常使用和工程寿命造成较大影响的事故。

5.4　项目建设质量事故的零缺陷分析处理程序与方法

对生态修复工程项目建设质量事故实行零缺陷分析与处理的主要目的，一是正确分析和妥善处理所发生的事故原因，营造正常的施工条件；二是保证建筑物、构筑物的安全使用，减少事故损失；三是总结经验教训，有效预防事故发生，区分事故责任；四是了解其结构的实际工作状态，为正确选择结构计算简图、构造设计、修订规范、规程和有关技术措施提供依据。

5.4.1　工程质量事故分析的重要性

工程质量事故分析的重要性表现在：防止事故恶化；营造正常施工环境条件；总结经验教训，预防事故再次发生；有效降低损失。

5.4.2　工程质量事故分析处理程序

依据 1999 年水利部颁发的《水利工程质量事故处理暂行规定》，工程质量事故分析处理程序如下。

（1）下达停工指示。事故发生（发现）后，总监理工程师首先向施工企业下达《停工通知》。发生（发现）较大、重大和特大质量事故，事故单位要在48h内向有关单位写出书面报告；突发性事故，事故单位要在4h内电话向有关单位报告。发生质量事故后，项目法人必须将事故的简要情况向项目主管部门报告。项目主管部门接到事故报告后，按照管理权限向上级水行政主管部门报告。根据所发生（发现）质量事故类别应报告的4项程序或办法是：一般质量事故向项目主管部门报告；较大质量事故逐级向省级水行政主管部门或流域机构报告；重大质量事故逐级向省级水行政主管部门或流域机构报告并抄报水利部；特大质量事故逐级向水利部和有关部门报告。

有关单位接到事故报告后，必须采取有效措施，防止事故扩大，并立即按照管理权限向上级部门报告或组织事故调查。

（2）事故调查。发生质量事故，要按照规定管理权限组织调查组进行调查，查明事故原因，提出处理意见，提交事故调查报告。一般事故由项目法人组织设计、施工、监理等单位进行调查，调查结果报项目主管部门核备。较大质量事故由项目主管部门组织调查组进行调查，调查结果报上级主管部门批准并报省级水行政主管部门核备。重大质量事故由省级以上水行政主管部门组织调查组进行调查，调查结果报水利部核备。特大质量事故由水利部组织调查。

质量事故调查组承担的主要调查工作任务：查明事故发生原因、过程、财产损失情况和对后续工程影响程度；组织专家进行技术鉴定；查明事故责任单位和主要责任者应负的责任；提出工程处理和采取措施建议；提出对责任单位和责任者的处理建议；提交事故调查报告。

事故调查组提交的调查报告经主持单位审批同意后，调查工作即告结束。

（3）事故处理。发生质量事故，必须针对事故原因提出工程处理方案，并经有关单位审定后实施。

①一般质量事故，由项目法人负责组织有关单位制定处理方案并实施，报上级主管部门备案。

②较大质量事故，由项目法人负责组织有关单位制定处理方案，经上级主管部门审定后实施，报省级水行政主管部门或流域机构备案。

③重大质量事故，由项目法人负责组织有关单位提出处理方案，征得事故调查组意见后，报省级水行政主管部门或流域机构审定后实施。

④特大质量事故，由项目法人负责组织有关单位提出处理方案，征得事故调查组意见后，报省级水行政主管部门或流域机构审定后实施，并报水利部备案。

质量事故处理需要进行设计变更时，需原设计单位或有资质的单位提出设计变更方案。需要进行重大设计变更的，必须报经原设计审批部门审定后实施。

（4）检查验收。事故部位处理完成后，必须按照管理权限经过质量评定与验收后，方可投入使用或进入下一阶段施工。

（5）下达《复工通知》。事故处理经过评定和验收后，总监理工程师下达《复工通知》。

5.4.3　工程质量事故零缺陷处理的依据与原则

（1）工程质量事故处理依据。实行生态修复工程质量事故零缺陷处理的主要依据有4个方面：

①质量事故发生的实况资料；

②具有法律效力，并得到有关当事务方认可的工程承包合同、设计委托合同、材料或设备购销合同以及监理合同或分包合同等文件；

③有关技术文件、档案；

④相关建设法规。

在上述 4 方面依据中，前 3 种是与特定生态修复工程项目密切相关且具有特定性质的依据。第 4 种法规性依据，是具有很高权威性、约束性、通用性和普遍性的依据，因而它在质量事故处理事务中具有极其重要的作用。

（2）工程质量事故零缺陷处理的原则。因为质量事故造成人身伤亡，还应遵从国家和水利部伤亡事故处理的有关规定。对工程质量事故进行零缺陷处理的 3 项基本原则如下所述。

①发生质量事故，必须坚持"事故原因不查清楚不放过、主要事故责任者和职工未受到教育不放过、补救和防范措施不落实不放过"的原则，认真调查事故原因，研究处理措施，查明事故责任，完善事故处理工作。

②由质量事故造成的损失费用，坚持谁该承担事故责任，由谁负责的原则。施工质量事故若是施工承包人的责任，则事故分析和处理中发生的费用完全由施工承包人自己负责；施工质量事故责任者若非施工承包人，则质量事故分析和处理中发生的费用不能由施工承包人承担，而施工承包人可向委托人提出索赔。若是设计、监理单位的责任，应按照设计、监理委托合同的有关条款，对责任者按情况给予必要的处理。

③事故调查费用暂由项目法人垫付，待查清责任后，由责任方偿还。

5.5 项目建设质量事故处理方案的零缺陷确定及鉴定验收

生态修复工程项目建设质量事故处理方案是指技术处理方案，其目的是消除质量隐患，以达到项目建筑物的安全可靠和正常使用各项功能及寿命要求，并确保施工作业正常进行。其一般处理原则是：正确确定事故性质，是表面性还是实质性、是结构性还是一般性、是迫切性还是可缓性；正确确定处理范围，除直接发生部位，还应检查处理事故相邻影响作用范围的结构部位或构件。事故处理要建立在原因分析的基础上，对有些事故一时认识不清时，只要事故不致产生严重恶化，可以继续观察一段时间做进一步调查分析，不要急于求成，以免造成同一事故多次处理的不良后果。对处理事故的基本要求是安全可靠、不留隐患、满足建设功能和使用要求、技术可行、经济合理、施工方便。在事故处理中，还必须加强质量检查和验收。对每次质量事故，无论是否需要处理都要经过分析，并作出明确结论。

5.5.1 工程质量事故处理方案的零缺陷确定

尽管对造成质量事故的技术处理方案有多种多样，但根据质量事故的情况可归纳为 3 种类型的处理方案，监理人应掌握从中选择最适用处理方案的方法，才能对相关单位上报的事故技术处理方案作出正确审核结论。

（1）修补处理。修补处理是最为常用的处理方式。通常当工程的某个检验批、分项或分部质量虽未达到规定的规范、标准或设计要求，存在一定缺陷，但通过修补或更换器具、设备后还可以达到要求标准，又不影响使用功能和外观要求，在此情况下，可采取修补处理方案。对较为严重的质量问题，可能影响结构安全性和使用功能，必须按一定技术方案进行加固补强处理。这样通常会造成一些永久性缺陷，如改变结构外形尺寸，影响一些次要使用功能等。

（2）返工处理。当生态修复工程质量未达到规定标准和要求，存在严重质量问题，对结构使用和安全构成重大影响，且又无法通过修补处理的情况下，可对检验批、分项、分部甚至整个工程返工处理；比如，某防洪堤坝填筑压实后，其压实土干密度未达到规定值，经核算将影响土体稳定且不满足抗渗能力要求，可挖除不合格土，重新填筑，进行返工处理。对某些存在严重质量缺陷，且无法采用加固补强等修补处理或修补处理费用比原工程造价还要高的工程，应进行整体拆除，作全面返工处理。

（3）不做处理。施工项目出现的质量问题，并非都要处理，即使有些质量缺陷，虽已超出了国家标准及规范要求，但也可以针对工程具体情况，经过分析、论证，作出无须处理的结论。总之，对质量问题进行处理，也要实事求是，既不掩饰也不扩大，以免造成不必要的经济损失和延误工期。无须做处理的质量问题常有以下 4 种情况。

①不影响结构安全、生产工艺要求和防护功能发挥。

②检验中发生质量问题，经论证后可不做处理。

③某些轻微质量缺陷，通过后续工序可以弥补其缺陷，可不处理。

④对施工出现的质量问题，经复核验算，仍能满足设计要求者，可不做处理。

5.5.2　工程质量问题处理的零缺陷鉴定

生态修复建设质量问题处理是否达到预期目的，是否留有隐患，需要通过检查验收来作出结论，事故处理质量检查验收，必须严格按照施工验收规范中有关规定进行；必要时，还要通过实测、实量、荷载试验、取样试压、仪表检测等方法来获取可靠数据。这样，才可能对事故作出明确的处理结论。质量事故处理结论的零缺陷内容有以下 7 种。

①质量事故已经排除，可以继续施工作业。

②隐患已经消除，结构安全可靠、满足建设质量目标要求。

③经过修补处理后，完全满足使用功能要求。

④基本满足使用功能要求，但附有限制条件，如限制使用荷载、限制使用条件等。

⑤对耐久性影响的结论。

⑥对建筑外观影响的结论。

⑦对事故责任的结论等。

此外，对一时难以作出结论的质量事故，还应进一步提出观测检查要求。对质量事故处理后，还必须提交完整的事故处理报告，包括 6 项内容：质量事故调查原始资料、测试数据；质量事故原因分析、论证；质量事故处理依据；质量事故处理方案、方法及其技术措施；质量事故检查验收记录；质量事故无须处理的论证，以及事故处理结论等资料。

第二章
生态修复工程项目建设投资的 — 零缺陷控制监理

第一节
项目建设施工投资的零缺陷控制监理内容

在生态修复工程项目施工现场阶段，监理人零缺陷控制投资的主要工作内容是通过施工过程中对工程建设施工费用的实际监测，确定生态修复工程项目建设的实际投资额，使工程项目实际投资额不超过计划投资额，并在建设实施过程中进行零缺陷动态管理与控制。

1 项目建设投资监理的零缺陷控制管理内容

（1）根据生态修复工程项目建设实际进展状况，对合同付款情况进行分析，提出建设资金流调整意见。

（2）审核生态修复工程项目建设施工付款申请，签发付款证书。

（3）根据生态修复工程项目建设施工合同约定进行价格调整。

（4）根据授权处理生态修复工程项目建设施工现场设计变更所引起的工程费用变化事宜。

（5）根据授权处理合同索赔中的费用问题。

（6）审核完工付款申请，签发完工付款证书。

（7）审核最终付款申请，签发最终付款证书。

2 项目建设投资监理的零缺陷控制程序

监理单位对生态修复工程项目建设施工投资的控制程序是先经项目现场监理工程师审核，然后再报监理工程师审定、审批。

3 项目建设施工的监理计量

监理人对生态修复工程项目建设施工工程量进行测量和计算，应满足下列 4 项要求。

（1）计量项目应是生态修复工程项目建设施工合同中明确规定的施工项目。

（2）可支付进度款的工程量，应同时符合下列 3 个条件。

①经监理工程师现场签认，并符合施工合同约定或建设单位同意的工程变更项目的工程量及计日工。

②经建设现场质量检验合格的工程量。

③施工企业实际完成并按项目建设施工合同有关计量规定计量的工程量。

（3）在监理单位签发的施工图纸、设计变更通知中所确定范围和施工合同文件约定应扣除或增加计量的范围内，应按有关规定及施工合同文件约定的计量方法和计量单位进行计量。

（4）工程计量应符合下列 4 项程序。

①施工企业在提交监理单位计量前应对所完成的所有工程进行自查自验登记，对所实施治理项目将治理技术措施勾绘在万分之一地形图上。

②监理工程师对造林小区或小班、淤地坝、拦渣坝（墙、堤）、渠系、道路、泥石流防治及坡面水系、机械沙障、盐碱造林改造等工程措施的现场计量应使用相应的测量工具，逐一进行测量，并作详细记录。

③监理工程师对于造林、种草等各项生态修复工程建设施工技术措施工程量的计量，应按照 GB/T 15773 中阶段验收的抽样比例进行抽样检查。对于抽查到的图斑采取万分之一地形图应现场勾绘，室内量算面积，对于项目建设施工面积小于 $1hm^2$ 的地块应逐块丈量面积。然后应将抽查结果与施工企业自验结果所形成的比例对施工企业所申报的工程量进行折算，形成最终工程量计量结果。

④监理单位对施工企业提交的工程量进行复核时应通知施工企业人员在场参加，并对计量结果签字确认。

4　项目建设施工付款申请和监理的零缺陷审查

在生态修复工程项目建设施工企业申请支付施工款和监理单位审查时，应符合下列 3 项具体的规定。

（1）工程计量结果认可后，监理单位方可受理施工企业提交的支付款申请。

（2）施工企业应在施工合同约定期限内填报付款申请报表，监理单位在接到施工企业付款申请后，应在施工合同约定时间内完成审核。付款申请应符合下列 5 项要求：付款申请表填写符合规定，证明审查审核手续资料齐全；申请付款项目、范围、内容、方式符合项目建设施工合同约定；质量检验签证手续齐全；工程计量有效、准确；付款单价及合价无误。

（3）施工企业申请资料不全或不符合要求，造成付款凭证签证延误，应由施工企业承担责任；未经监理单位监理工程师或总监理工程师签字、盖章，建设单位不应支付任何工程款项。

5　项目建设施工开工预付款的零缺陷审批程序

生态修复工程项目建设施工具备开工条件时，施工企业应填报预付款申请单，经监理单位审批。预付款支付应符合下列 2 项规定。

（1）监理单位在收到施工企业提交的工程预付款申请后，应审核施工企业获得工程预付款已具备的条件。当预付款条件具备、额度准确时，可签发工程预付款证书。预付款比例应以项目建设施工合同约定为准。监理单位应在审核工程价款按月（季）支付申请的同时审核工程预付款应扣回的额度，并汇总已扣回的工程预付款总额数。

（2）监理机构在收到施工企业的工程施工材料预付款申请后，应审核施工企业提供的单据和有关证明资料，并按合同约定随工程价款月（季）度付款一并支付。

6　项目建设施工工程价款付款的零缺陷审批程序

生态修复工程项目建设施工价款支付按施工合同约定执行，宜每月（季）度支付1次。在施工过程中，监理单位应审核施工企业提出的月（季）度付款申请，同意后签发工程价款月（季）度付款证书。

（1）工程价款月（季）度支付申请内容。主要有8项内容：本月（季）度已完成并经监理单位签字确认的工程项目应付款金额；经监理单位签字确认的当月计日工应付金额；工程材料预付款金额；价格调整金额；施工企业应有权得到的其他金额；工程施工预付款与工程材料的预付款扣回金额；保留金扣留金额；合同双方争议解决后的相关支付金额。

（2）工程价款支付审批程序。生态修复工程项目建设价款月（季）度支付属于施工合同的中间支付，监理单位可按照施工合同约定，对其支付金额进行修正和调整，并签发付款证书。

7　项目建设施工其他工程价款付款的零缺陷审批内容

（1）监理单位应依照施工合同约定或工程变更指示所确定的工程施工款支付程序、办法及工程变更项目施工进展情况，在工程价款月（季）度支付支付的同时进行工程变更支付。

（2）监理单位在征得建设单位同意后，可指示施工企业以计日工方式完成一些未包括在施工合同中的特殊、零星、漏项与紧急的工作内容。在指示下达施工企业后，监理单位应检查和督促施工企业按指示的要求实施，完成后确认其计日工工作量，并签发相关付款证明。

（3）监理单位应按施工合同约定程序和调整方法，审核施工作业单价及合价的调整。当建设单位与施工企业因价格调整协商不一致时，监理单位可暂定调整价格。价格调整金额应随工程价款月（季）度支付一并支付。

第二节
项目建设施工投资的零缺陷控制管理措施

1　项目建设施工合同解除后工程价款付款的零缺陷审批

发生生态修复工程项目建设施工合同解除后的情况时，要付给施工企业的工程价款支付，应符合下列3项零缺陷管理规定。

（1）因施工企业或建设单位违约以及由于不可抗力，造成项目建设施工合同解除的工程价款支付，监理单位应就合同解除前施工企业应得到但未支付的下列5项工程价款和费用签发付款证书，但应扣除根据施工合同约定应由施工企业承担的违约费用。

①已实施的永久性工程合同金额。

②工程量清单中列有、已实施的临时工程合同金额和计日工金额。

③为合同项目施工合理采购、制备的材料、构配件和工程设备的费用。

④因建设单位违约解除施工合同给施工企业造成的直接损失与退场各项费用。

⑤施工企业依据有关规定、约定应得到的其他费用。

（2）上述付款证书均应报建设单位审核批准。

（3）监理单位应按施工合同约定，协助建设单位及时办理合同解除后的工程接收工作。

2　项目建设施工索赔事件的零缺陷管理

监理单位在接到生态修复工程项目建设施工索赔报告时，应依据合同文件并依据有关索赔的法规，客观、公正地实行零缺陷审核与协调管理。

（1）监理单位应受理施工企业和建设单位提起的合同索赔事件，但不应接受未按施工合同约定的索赔程序和时限提出的索赔要求。

（2）监理单位在收到施工企业的索赔意向通知后，应核查施工企业的当时记录，指示施工企业做好延续记录；并要求施工企业提供更加有说服力的支持性证据资料。

（3）监理单位在收到施工企业中期索赔申请报告或最终索赔申请报告后，应立即着手开展下列 5 项工作。

①依据施工合同约定，对索赔事件的有效性、合理性进行分析与评价。

②对索赔支持性资料的真实性逐一进行分析和审核。

③对索赔的计算依据、方法、过程、结果及其合理性逐项进行审查。

④对于由建设施工合同双方共同责任造成的经济损失或工期延误，应通过协商一致，公平合理地确定双方分担的责任比例。

⑤必要时应要求施工企业再提供更具效力的支持性证据资料。

（4）监理单位应在施工合同约定时间内做出对索赔申请报告的处理意见决定，报送建设单位并抄送施工企业。若合同双方或其中一方不接受监理单位的处理决定，则应按争议解决的有关约定或诉讼程序进行解决。

（5）监理单位在施工企业提交了完工付款申请后，不应再接受施工企业提出的在工程移交证书颁发前所发生的任何索赔事件；在施工企业提交了最终工程施工付款申请后，不应再接受施工企业提出的任何索赔事项。

第三节
项目建设施工设计变更的零缺陷控制

1　项目建设施工设计变更的零缺陷审核批准程序

（1）监理单位应对生态修复工程项目建设施工各方依据有关规定和工程项目现场实际情况，

对所提出的工程设计变更建议进行审查，同意后上报建设单位批准。

（2）建设单位批准的生态修复工程项目建设施工设计变更，应由建设单位委托原设计单位负责完成具体的工程项目变更设计内容。

（3）监理单位应参加或受建设单位委托组织对变更设计内容的审查；对于一般性质的设计变更项目，应由建设单位审批；对于较大程度的设计变更项目，应由建设单位报原批准单位审批。

2　项目建设施工设计变更批准后的零缺陷履行

监理单位现场监理工程师在接到设计变更批复文件后，应及时向施工企业下达工程项目施工设计变更指示，并作为施工企业组织实施生态修复工程项目建设施工设计变更的依据。

3　项目建设施工设计变更批准手续的零缺陷补办

当遭遇生态修复工程项目建设施工过程出现危及人身、设施设备、工程安全或财产严重损失的紧急特殊情况下，工程项目建设设计变更可不受项目建设管理正规程序限制，但事后监理单位仍应督促施工设计变更单位及时零缺陷补办相关批准手续。

第三章
生态修复工程项目建设施工进度的零缺陷控制管理

第一节
项目施工的零缺陷进度计划

施工阶段是生态修复工程项目建设实施的重要阶段，也是监理单位的重点工作内容之一。监理单位应以合同管理为中心，建立健全零缺陷进度控制管理体系和规章制度，确定进度控制目标系统，严格审核施工单位递交的进度计划，协调建设相关各方关系，加强信息管理，随时对进度计划的执行进行跟踪检查、分析和调整，妥善处理工程变更、工期索赔、施工暂停、工程验收等影响施工进度的重大合同问题，监督施工企业按期或提前实现合同工期目标。施工阶段监理单位零缺陷进度控制的 4 项主要工作任务如下。

（1）审查和批准施工企业在开工之前提交的总施工进度计划，现金流通量计划和总说明，以及在施工阶段提交的各种详细计划和变更计划。

（2）审批施工企业根据批准的总进度计划编制的年度施工计划。

（3）在施工作业过程中，检查和督促计划的实施。当工程未能按计划进行时，可以要求施工企业调整或修改计划，并通知施工企业采取必要的措施加快施工进度，以便施工进度符合施工承包合同对工期的要求。

（4）定期向建设单位报告工程进度情况，当施工工期严重延误可能导致施工合同执行终止时，有责任提出中止执行施工合同的详细报告，供建设单位采取措施或作出相应的决定。

1   施工企业提交零缺陷进度计划的内容

施工企业应按合同约定内容和期限以及监理机构的指示，编制施工总进度零缺陷计划报送监理单位审批。监理单位应在合同规定期限内批复施工企业。经监理单位批准的施工总进度计划称合同进度计划，作为控制合同工程进度的依据，并据此编制年、季和月进度计划报送监理单位审批。在施工总进度零缺陷计划批准前，施工企业应按签订施工合同书时商定的进度计划和监理单位的指示实施工程施工进程。

1.1　施工企业应按合同规定期限向监理单位提交施工总进度零缺陷计划

施工总进度零缺陷计划主要包括以下 3 项书面文件内容。

（1）总进度计划内容、细节和格式要求。指应符合合同要求的工程总体进度计划及各项特殊工程、重点工程的单位（单项）工程进度计划。

（2）进度计划要求。指有关支付全部现金估算和流通量计划的详细内容。

（3）有关施工方案和施工方法的总说明。在生态修复工程建设项目将要开工之前或在开工以后合理时间内，监理单位应要求施工企业提交如下 3 项计划内容：年度进度计划及现金流量估算；季度进度计划及现金流量估算；分部工程进度计划。

1.2　施工零缺陷进度计划的主要内容

（1）施工总工期，指项目建设施工合同工期或指令工期。

（2）施工各阶段工期，指完成各单位工程及各施工阶段（施工准备、施工、竣工及缺陷责任期等）所需要工期、最早开始和最迟结束时间。

（3）各单位工程及各施工阶段需要完成的工程量及现金流量估计。

（4）各单位工程及施工阶段或年（季）度需要配备的人力、材料、设备、临时设施的数量等。

（5）各单位工程或分部工程的主要施工方案和施工技艺方法。

1.3　年度施工零缺陷进度计划的内容

（1）本年度施工进度计划完成的单位工程与工程项目的内容、工程数量及投资额。

（2）施工队伍和主要施工设备转移顺序，上年度工、料、机使用统计，本年度计划投入工、料、机数量及进退场时间。

（3）不同季节及汛期（或非汛期）各项工程施工作业时间安排与达到的指标。

（4）上年度施工完成的工程数量、工作量，累计完成的工程数量及工作量，完成各项工程数量和工作量的百分率，实际完成值与计划进度的比较情况。

（5）在施工总体进度计划下对各单位工程进行局部调整或修改的详细说明。

（6）本年度拟采取何种措施确保进度计划按期完成等。

1.4　季度进度计划的零缺陷内容

（1）本季度施工计划完成的分项工程内容及顺序安排。

（2）本季度施工计划完成的各分项工程的工程数量与投资额。

（3）完成各分项工程的施工队伍及劳力、主要设备数量、拟进场主要材料数量。

（4）上季度完成工程数量、工作量，累计完成工程数量、工作量，实际与计划值比较，完成的百分率。

（5）为确保年度施工计划目标完成，对各单位工程或分部、分项工程进行局部调整或修改的详细说明，以及拟采取技术与管理措施。

2　施工进度计划的零缺陷审批

在施工企业按合同约定提交了总进度计划后，监理单位应在合同约定时间内，组织力量对施工企业提交的进度计划进行全面、深入审核，并提出审批意见。对进度计划审核，不能只局限于对进度计划本身的审核，还应十分重视进度计划与施工技术方案、施工总体布置、资源供应计划等有关方面的关系；应考虑不利自然条件可能对计划实施产生的影响。

2.1　施工进度计划的零缺陷审批程序

（1）施工企业应在施工合同约定时间内向监理单位提交施工进度计划。

（2）监理单位应在收到施工企业提交的施工进度计划后及时进行审查，提出明确审批意见；必要时召集建设、设计单位共同参加的施工进度计划审查专题会议，听取施工企业汇报，分析研究有关问题。

（3）若施工进度计划中存在问题，监理单位应提出审查意见，要求施工企业进行修改调整。

（4）监理单位审批施工总进度计划。

2.2　监理单位零缺陷审核施工进度计划的内容

2.2.1　审核施工进度计划零缺陷的响应性与符合性

施工零缺陷进度计划应满足合同工期和施工阶段性建设目标的要求。

（1）合同规定的工程完工（含中间完工）日期是施工企业编制进度计划的基本要求和约束条件，不得有任何拖延，否则会对工程按期投产运行造成不良影响。

（2）为了有效控制施工进度，在工程工期较长情况下，应将总工期目标分解成为若干个里程碑目标。这样，既便于在进度控制中明确当前具体目标与任务，又能及时采取有效措施实施主动控制，分解工期延误风险。因此，在计划审查过程，不仅要分析各项工作任务对总工期的影响，还要分析它对进度里程碑实现的影响。

（3）进度里程碑的设置应考虑其目标重要性和影响力。如应选择主要单位工程的开工、完工或在工程建设过程中的重要阶段，这些里程碑目标既是进度控制重点，对工程总体进程和防护效益影响极大，又有利于对有关参建单位和人员产生巨大影响力，从思想上、组织上和工作上给予足够重视。

2.2.2　审核施工进度计划的正确性与可行性

施工进度零缺陷计划中应无项目内容漏项或重复情况，工作项目的持续时间、资源需求等基本数据准确，各项目之间逻辑关系正确，施工方案有可行性。编制出这样的进度计划才切合实际，才能指导工作。一项合同项目包括的工作数目很多，漏项、逻辑关系错误或数据错误会经常发生，这就要求监理单位在审查进度计划时，既要有严肃认真的工作作风，又要有科学严谨的工作方法。同时，工作人员还应具有一定工程经验和发现问题的直观判断能力。

施工方案是施工进度顺利实行的技术保证。因此，在进度计划审查时，应重视施工方案的分析、论证。虽然施工成本控制是施工企业应尽的义务，但是，不合理的施工方案会影响施工企业资金的有效使用，激化资金供需矛盾。不可行的施工方案，将直接影响工程按计划完成，关键施工方案的不可行甚至会导致承包人无能力补救的局面而影响到工程投资效益。在进度计划审批中，常见的施工方案不可行情形有如下 8 类，监理人应明确要求施工企业调整施工方案或进度计划。

（1）承包人采用的施工方案不能保证进度要求。

（2）实际施工强度达不到计划强度。

（3）作业交叉与工艺间歇要求而影响施工工效。

（4）现场干扰较大而影响施工工效。

（5）自然条件不利而影响施工工效。

（6）存在安全或质量隐患而可能影响工程进度。

（7）实际成本过高导致承包人在正常情况下不可能按计划投入。

（8）施工方案不适用于本工程的作业条件或不能够满足本工程的技术标准要求。

2.2.3　审核关键路线选择的正确性

关键路线的施工作业进度决定了整个计划零缺陷实施的工期。关键路线进度的任何延误，都可能引起工程工期的延误。因此，关键路线的确定，决定了管理工作重点以及有限资源配置。关键路线的错误选择，经常会影响工程总体进度。在以往生态修复工程项目建设实践中，关键路线选择不正确的情况时有发生。造成这种错误选择的原因除了工程本身复杂外，在进度计划编制和审批中的还有 2 项主要原因：①只关注工程量的大小与施工工效计算，而未对干扰因素进行全面深入分析；②只重视现场施工任务量大小，而忽视了外部工作的必要时间。

为此，在确定关键路线时，监理单位应深入了解当地作业条件和发包人的工作计划；应在发包人主持下与为发包人提供服务的规划、设计、材料与设备供应单位以及工程建设有关的相关政府行业管理部门充分沟通与协商；应与施工企业就作业条件、地质条件、气候条件、施工方案、资源投入、作业效率、不可抗力及其他影响因素等进行仔细分析，在全面、系统分析论证基础上确定关键路线。当影响因素复杂且不确定性较大时，应在充分听取、综合有经验专家意见基础上，通过计划评审技术、图示评审技术、风险评审技术或系统仿真技术等数学手段，进行更为深入、科学的分析论证。

2.2.4　审核施工进度零缺陷计划与资源计划的协调性

在施工过程中，只有人力、材料和施工设备等资源配置计划和施工进度计划相协调，工程设备供应计划与施工进度计划相协调，进度计划与发包人提供施工条件相协调，才能为顺利实现零缺陷施工进度计划创造有利条件。

（1）资源的零缺陷供应是施工进度零缺陷实施的基本保证，要使进度计划顺利实施，必须有与之相匹配的零缺陷资源供应计划，如施工设备计划、工程设备计划、材料计划、劳动力计划、场地使用计划、道路使用计划、图纸供应计划和资金计划等。因此，在施工进度计划审批中，应仔细分析进度计划与资源计划的协调性，并应分析影响资源供应的因素，尤其是对于工程线路长、施工场地分散、施工操作技艺要求严格、施工强度高、资金需求大、图纸提供与场地提供要求集中的生态修复工程建设项目。

（2）对于合同规定应由发包人提供，对工程施工进度影响大且供应中干扰因素多的资金、图纸、场地、工程设备等资源，监理单位应提请建设单位加以重视并落实到工作计划中。当这些资源计划需要与为建设单位提供服务的规划、咨询、设计等单位进行协商时，应在建设单位主持下或在建设单位授权委托下召开有关方面的协商会，在充分听取各方意见和沟通、协商的基础上，确定满足合同规定的、有关各方均能够接受的、相互协调的进度计划和资源供应计划。

（3）对于合同规定应由施工企业提供，对工程施工进度影响大且供应中干扰因素多的材料、设备、器具、劳动力与中间产品等资源，监理单位应在审批意见中要求施工企业采取相应措施。对于工程施工中需要委托加工的特殊大型施工设备或需要自行生产的主要中间产品，监理单位应要求施工企业随同进度计划提交相应的实施方案与计划，并进行深入、细致的分析、考察和论证，以保证其满足施工进度要求。

2.2.5　审核各标段施工进度计划之间的零缺陷协调性

当生态修复工程项目建设施工规模大，涉及专业技术跨度大时，经常进行分标发包。多家施工企业在一个工程上施工，经常会因为场地交叉、交通道交叉、作业交叉或干扰发生冲突。因此，监理单位在审批进度计划时，应仔细分析各标段承包人提交的进度计划中相关作业工作条件及其关系，通过沟通、协商等，使进度计划在时间上、空间上衔接有序。

2.2.6　审核施工强度的合理性和施工环境的适应性

生态修复工程项目建设施工进度计划中的施工强度应尽量均衡，既有利于施工质量与安全，又有利于资源调配和降低成本。生态修复工程项目建设施工常会受到社会、自然因素影响，如在施工作业期间极易受到供水、供电、雨季、度汛、冬季施工等影响制约。因此监理单位应仔细分析进度计划与自然影响因素之间的相关性，要求施工企业合理调整施工进度计划，尽量避开不利施工期。同时，监理单位还可要求施工企业随同进度计划提交特殊施工期的施工方案与措施，并在进度计划审批中仔细分析、深入考察，系统论证方案的可行性。

第二节
项目施工进度的零缺陷控制措施

在施工现场对生态修复工程项目建设施工进度进行检查、监督中，监理单位若发现实际进度较计划进度拖延，一方面应分析这种偏差对工程后续进度及工程工期的影响，另一方面应分析造成进度拖延的原因。若工期拖延属于建设单位责任或风险造成，则应在保留施工企业工期索赔权力情况下，经建设单位同意，做出以下正确处理措施：批准工程延期或发出加速施工指令，同时商定由此给施工企业进行费用补偿。若工期拖延属于施工企业责任或风险造成，则监理单位可视拖延程度及其影响，发出相应的赶工指令，要求施工企业加快施工作业进度，必要时应调整其施工进度计划，直到监理单位满意为止。

1　对施工进度零缺陷监督、检查、记录的工作内容

进度控制属于一个动态过程，在施工过程中影响进度的因素很多。因此，监理单位应对施工进度实施全过程零缺陷跟踪监督、检查。

1.1　对施工进度实施日常零缺陷监督、检查的监理工作

1.1.1　现场日常监理工作内容

现场监理人员每天应对承包人的施工活动安排，人员、材料、施工设备等进行监督、检查，促使施工企业按照批准的施工作业实施方案组织施工，检查实际完成进度情况，并填写施工进度现场记录。

1.1.2　分析进度偏差

对比分析实际进度与计划进度偏差，分析工作效率现状及其潜力，预测后期施工进程。特别是对关键路线，应重点完善对进度的监督、检查、分析和预控。

1.1.3　完善进度记录并对工期延误提出对策

要求施工企业完善现场施工记录，并按周、月提交相应进度报告，特别是对于工期延误或可能的工期延误，应分析原因，提出解决对策。

1.1.4　督促施工企业按章稳妥施工

督促施工企业按照合同规定总工期目标和进度计划，合理安排施工强度，加强施工资源供应管理，做到按章作业、均衡施工、安全文明施工，尽量避免出现突击抢工、赶工局面。

1.1.5　督促施工企业安全作业

督促施工企业建立施工进度管理体系，完善施工调度、进度安排与调整等各项工作，并加强质量、安全管理，切实做到"以质量促进度、以安全促进度"。

1.1.6　分析和预见性地解决各种施工干扰因素

通过对施工进度跟踪检查，及早预见、发现并协调解决影响施工进度的干扰因素，尽量避免因施工企业之间作业干扰、图纸供应延误、施工场地提供延误和设备供应延误等对施工进度的干扰与影响。

1.2　施工进度例会零缺陷监督检查

结合现场监理周、月例会，监理人员要求施工企业对上次例会以来的施工进度计划完成情况进行汇报，对进度延误说明原因。依据施工企业汇报和监理单位掌握的现场情况，对存在问题进行分析，并要求施工企业提出合理、可行的赶工措施方案，经监理单位同意后落实到后续阶段的施工进度计划之中。

2　关键施工路线的零缺陷控制

在施工进度计划实施过程，控制关键路线的进度，是零缺陷保证工程按期完成的关键。因此，监理单位应从施工方案、施工工序、资源投入、外部条件、作业效率等全方位督促施工企业加强关键路线的进度控制。

2.1　加强监督、检查与预控管理

对每一标段的关键路线施工作业，监理单位应逐日、逐周、逐月检查施工准备、施工条件和工程进度计划的实施情况，及时发现问题，研究赶工措施，抓住有利赶工时机，及时纠正施工进度偏差。

2.2　研究、建议采用新技术

当项目建设工期延误较严重时，采用新技术、新工艺是加快施工进度的有效措施。对此类问题，监理单位应抓住时机，深入开展调查研究，仔细分析问题的严重性与对策。对于施工企业原因造成的延误，应督促施工企业及时提出相应措施方案。对于建设单位原因造成的进度延误，监理单位应协助建设单位研究、比较相应的措施方案，对由于采用新技术引起的增大施工企业成本，应尽快与建设、施工单位协商解决，避免这一类问题长期悬而不决，影响施工企业施工积极性，从而造成工程进度的进一步延误。

3　逐月逐季施工进度计划零缺陷审批及其资源核查

根据项目建设合同规定，施工企业应按照监理单位要求的格式、详细程度、方式和时间，向监理单位逐月、逐季递交施工进度计划，以得到监理单位同意。监理单位审批月、季度施工进度计划的目的，是看其是否满足合同工期和总进度计划要求。如果施工企业计划完成的工程量或工程面貌满足不了合同工期和总进度计划要求，则应要求施工企业采取增加计划完成工程量、加大施工强度、加强现场管理、改善施工技艺和增加设备等措施。同时，监理单位还应审批施工进度计划对施工质量和施工安全文明作业的保证程度。

一般而言，监理单位在审批月、季度进度计划中应注意关注以下10个方面。

（1）首先应了解施工企业上个计划期完成工程量和形象面貌情况。

（2）分析施工企业提供的季、月度施工进度计划，查看是否能满足合同工期和施工总进度计划要求。

（3）为完成计划采取措施是否得当，施工设备、劳力能否满足要求，施工管理上有无问题。

（4）核实施工企业材料供应计划与库存材料数量，分析是否满足施工进度计划要求。

（5）施工进度计划中所需施工场地、通道是否能够保证。

（6）施工图供应计划是否与进度计划协调。

（7）工程设备供应计划是否与进度计划协调。

（8）该施工企业施工进度计划与其他施工企业施工进度计划有无相互干扰。

（9）为完成施工进度计划采取方案对施工质量、施工安全文明作业和环保有无影响。

（10）细心、全面查看计划内容、计划中采用的数据有无错漏之处。

4　零缺陷防范重大自然灾害对工期造成的不良影响

在生态修复工程项目建设施工中，经常会遇到超标准洪水、异常暴雨、台风、沙尘暴等恶劣自然灾害影响。因此，监理单位应根据当地自然灾害情况，指示施工企业提前做好零缺陷防范预案，力争做到早预测、早准备、早部署。一方面，应抓住有利时机加快施工进度；同时，为防范、规避各种自然灾害可能对工期造成的重大影响做好充分准备。

5　施工进度计划零缺陷动态调整

施工进度呈现动态之势，原计划关键路线可能转化为非关键路线，而某些原来非关键路线又有可能上升为关键路线。因此，必须随时进行实际进度与计划进度的对比、分析，及时发现新情况，适时调整进度计划。经过施工实际进度与计划进度对比和分析，若进度延误对后续工序或工程工期影响较大时，监理单位不容忽视，应及时采取相应措施。如果进度拖延不是由于施工企业原因或风险造成，应在相应计划分析基础上，着手研究发布加速施工指令、批准工期延期与部分工程工期延期的组合方案等相应措施，并征得建设单位同意后实施，同时应主动与建设、施工单位协调，决定由此应给予施工企业相应的费用补偿，随着月支付一并办理；如果工程施工进度拖延是由于施工企业原因或风险造成，监理单位可发出赶工指令，要求施工企业采取有效措施，修正进度计划，以使监理单位满意。监理单位在审批施工企业报送的修正进度计划时，可根据相应计划分析结果考虑采取以下 3 项调整措施。

5.1　在原计划范围内采取赶工措施

生态修复工程项目建设施工进度延误后，对其进度计划调整的 6 项原则如下。

（1）计划调整应从工程建设全局出发，对后续工程施工影响小，即日进度延误尽量在周计划之内调整，周进度延误尽量在下周计划内调整，月计划延误尽量在下月计划内调整；1 个项目或标段的进度延误尽量在本项目（标段）计划时间内或其时差内赶工完成，尽量减少对后续项目尤其是其他标段项目的影响。

（2）进度里程碑目标不得随意突破。

（3）合同规定总工期和中间完工日期不得随意调整。

（4）计划调整必须首先保证关键工序按期完成。

（5）计划调整应首先保证受洪水、降水、沙尘暴等自然灾害影响和公路交叉、穿越市镇、影响市政供水供电等项目按期完成。

（6）计划调整应选择合理施工方案和适度增加资源投入，使费用增加较少。

5.2　超过合同工期的进度调整

当进度拖延造成的不良影响在合同规定控制工期内调整计划已无法补救时，只有调整控制工期。这种情况只有在万不得已时才允许。调整时应特别注意以下 2 个方面。

（1）先调整投产日期以外的其他控制日期。在水保工程项目施工进度调整中，截流日期拖延可考虑以加快基坑施工进度来弥补，土建工期拖延可考虑以加快机电安装进度来弥补，土方开挖时间拖延可考虑以加快浇筑进度来弥补，以不影响第 1 台机组发电时间为原则。

（2）经过各方认真研究讨论，采取各种有效措施仍无法保证合同规定总工期时，可考虑将工期后延；但应在充分论证基础上报上级主管部门审批。进度调整应使完工日期推迟最短。

5.3　工期提前调整

在项目建设实践中，经常由于技术方案合理、管理得当、工程建设环境有利，促使施工进度总体提前，只有个别项目的进度制约工程提前投产，而这些制约工程提前投产的项目其提前完工的赶工费用又不大，这是调整计划提前完工投产的极好时机。此时，监理单位应协助建设单位全面分析工程提前完工可能性、费用增加以及提前投产产生的效益。若通过赶工作业，提前完工有利，应协助建设单位拟定合理方案，并就赶工引起的合同问题与施工企业沟通、协商，通过补充协议落实施工企业按照要求提前完工的措施计划、建设单位应提供条件，以及应补偿施工企业费用与激励办法。

在项目建设通常情况下，只要能达到预期目标，其进度调整应越少为佳。在进行项目进度调整时，应充分考虑如下 8 方面因素制约：①后续施工项目合同工期限制；②进度调整后，给后续施工项目或工序会不会造成赶工或窝工而导致其工期和经济上遭受损失；③材料物资供应需求制约；④劳动力供应需求制约；⑤工程投资分配计划制约；⑥外界自然因素制约；⑦施工项目之间的相互冲突制约；⑧进度调整引起的支付费率调整。

6　进度协调的零缺陷管理

6.1　施工企业之间的进度零缺陷协调

当一项生态修复建设项目分为多个标段进行招标施工时，各标段同在一个工地现场施工，相互之间难免会发生相互干扰，极易出现分歧与矛盾，这就需要有人从中进行协调。为了便于协调工作的顺利进行，通常项目建设施工承包合同文件都有规定：施工企业应为发包人及其聘用的第三方实施工程项目的施工、安装或其他工作，提供必要的工作条件和生活条件。如施工工序衔接，施工场地使用，风、水、电提供等。由于施工企业与其他施工企业之间无合同关系，他们之间的协调工作应由监理单位履行。因此，合同文件中一般也规定，施工企业应按照监理单位现场协调指示改变作业顺序和作业时间。协调工作既复杂又涉及经济问题，因此，在项目划分标段时就应当尽量避免分标过小，以免导致各标段之间干扰加大。如何组织各标段之间衔接，使工程施工能顺利交接并协调有序地进行，是监理单位履行的一项现场零缺陷重要管理工作任务。现场零缺陷协调工作大致分为以下 2 个方面。

（1）工程总进度的零缺陷协调。项目建设施工总进度协调工作任务，是指把每家施工企业的施工作业实施方案，单位工程施工措施和年度、季度、月度等施工进度计划纳入总进度计划协调中，以保证总目标实现。

（2）施工干扰的零缺陷协调。施工企业之间产生施工干扰，经常会表现在下列 6 个方面：①多家施工企业共用一条交通道路的协调；②多家施工企业共同交叉使用一个场地的协调；③施工企业之间交叉使用对方施工设备和临时设施的协调；④某一家施工企业损坏了另一承包人临时设施的协调；⑤两标段紧邻部位的施工干扰协调；⑥两标段施工场地和工作面移交的协调。

6.2　施工企业与建设单位之间的零缺陷协调

项目建设施工合同文件在规定施工企业应完成工程量任务的同时，也规定了建设单位应该提供的施工条件。如施工企业的进场条件、水、电、路、通信、场地、工程设备、图纸与资金等。有时建设单位与施工企业之间在上述方面由于某种原因发生冲突，监理单位应进行有效且零缺陷的协调。

7　施工进度零缺陷报告

根据生态修复工程项目建设特点，施工进度零缺陷报告按季度进行编报，包括施工企业向监理单位提交的季进度报告和监理单位向建设单位编报的季进度报告。

7.1　施工企业向监理单位提交的零缺陷进度报告

施工企业在每季度初将本季度施工进度报告递交监理单位，零缺陷报告包括以下内容：①生态修复工程项目施工进度概述；②本季度现场施工人员报表；③现场施工机械清单及机械使用情况清单；④现场工程设备清单；⑤本季度完成工程量和累计完成工程量；⑥本季度材料入库清单、消耗量、库存量、累计消耗量资料；⑦工程形象进度描述；⑧水文、气象记录资料；⑨施工中不利影响因素陈述；⑩要求解释或解决的问题。

监理单位对施工企业进度报告的审查，一方面可以掌握现场情况，了解施工企业要求解释的疑问和需要解决的问题，以便更好地进行进度控制；另一方面，监理单位对报告中工程量统计表和材料统计表的审核，也是向施工企业开具支付凭证的依据。

7.2　监理单位编制的零缺陷进度报告

在生态修复工程项目建设施工阶段，零缺陷完善现场记录、资料整编、文档管理也是监理单位的重要工作任务之一，监理单位应组织有关人员做好现场监理日志，定期归纳、总结，在每季度开具支付凭证报建设单位审核签字的同时，应向建设单位编报季度零缺陷进度报告，使建设单位了解、掌握工程施工进展情况及监理单位实施的合同管理状况。零缺陷季度进度报告一般包括以下 7 项内容：①生态修复工程项目建设施工进度概述；②生态修复工程项目建设施工形象进度和实际进度描述；③本季度完成工程量及累计完成工程量统计；④本季度支付额及累计支付额；⑤发生设计变更、索赔事件及其处理过程；⑥发生质量事故事件及其处理过程；⑦下阶段施工要求建设单位解决的问题。

第三节
项目施工暂停的零缺陷管理

1　施工暂停原因

1.1　建设单位造成的暂停施工原因

（1）建设单位要求暂停施工。

（2）整个工程或部分工程的设计有重大改变，近期内提不出设计施工图。

（3）建设单位在工程款支付方面遇到严重困难，或者按合同规定由建设单位承担的工程设备供应、材料供应、场地提供等遇到严重困难。

1.2　施工企业造成的暂停施工原因

（1）施工企业自身原因造成的暂停施工。

（2）施工企业未经许可即进行主体工程施工。

（3）施工企业未按照批准的施工作业实施方案或工艺方法施工，并且可能会出现工程质量问题或造成安全事故隐患。

（4）施工企业拒绝服从监理单位管理，不执行监理工程师指示，从而将对工程质量、进度和投资控制产生严重不良影响。

1.3　现场其他事件造成的暂停施工原因

（1）工程继续施工将会对第三者或社会公共利益造成损害。

（2）为了保证工程质量、安全所必要的暂停施工。

（3）发生了须暂时停止施工的塌方、垮坝、地基沉陷等紧急事件。

（4）施工现场气候条件限制，如严寒季节要停止浇筑混凝土，连绵多雨时不宜修筑土坝黏土心墙。这里说的施工现场气候条件限制不同于恶劣气候条件，属于施工企业的施工承包风险，所发生的额外费用由施工企业自行承担。

（5）出现强烈地震、毁灭性水灾等特大自然灾害，严重流行性传染病蔓延，威胁现场施工人员的生命安全等不可抗力事件的发生。

2　施工暂停的责任

2.1　施工企业责任

下述事件引发的暂停施工，施工企业不能提出增加费用和延长工期要求，属于施工企业自身责任。

（1）由于施工单位违约引起的暂停施工。

（2）由于现场非异常恶劣气候条件引发的正常停工。

（3）为了合理施工和保证安全所必需的暂停施工。

（4）未得到监理单位许可的施工企业擅自停工。

（5）其他由于施工企业原因引发的暂停施工事件。

2.2　建设单位责任

发生下列暂停施工事件，属于建设单位的责任，施工企业有权提出工期索赔要求。

（1）由于建设单位违约引起的暂停施工。

（2）由于不可抗力的自然或社会因素引起暂停施工。

（3）其他由于建设单位原因引起的暂停施工。

3　施工暂停的零缺陷处理程序

3.1　施工暂停指示

（1）监理单位认为有必要并征得建设单位同意后，紧急事件可在签发指示后及时通知发包人，可向施工企业发布暂停工程或部分工程施工的指示，施工企业应按指示要求立即停止施工。不论由于何种原因引起的暂停施工，施工企业应在暂停施工期间负责妥善保护工程现场和提供安全保障。

（2）由于建设单位的责任发生暂停施工情况时，若监理单位未及时下达暂停施工指示，施工企业可向其提出暂停施工的书面请求，监理单位应在接到请求后的 48h 内予以答复，若不按期答复，可视为施工企业请求已获同意。

3.2　复工通知

工程暂停施工后，监理单位应与建设单位和施工企业协商采取有效措施积极消除停工因素影响。当工程具备复工条件时，监理单位应立即向施工企业发出复土通知，施工企业接到复工通知后，应在监理单位指定期限内复工。若施工企业无故拖延和拒绝复工，由此增加的费用和工期延误责任由施工企业承担。

3.3　施工暂停持续 56d 以上的零缺陷处理办法

（1）若监理单位在下达暂停施工指示后 56d 内仍未给予施工企业复工通知，除了该项停工属于施工企业责任情况外，施工企业可向监理单位提交书面通知，要求监理单位在收到书面通知后 28d 内准许已暂停施工的工程或其中一部分工程继续施工。若监理单位逾期不予批准，则施工企业有权作出以下选择：当暂时停工仅影响合同中部分工程时，按合同有关变更条款规定将此项停工工程视作可取消工程，并通知监理单位；当暂时停工影响整个工程时，可视为建设单位违约，应按合同有关建设单位违约的规定办理。

（2）若发生由施工企业责任引发暂停施工时，施工企业在收到监理单位暂停施工指示后 56d 内不积极采取措施复工造成工期延误，则应视为施工企业违约，可按合同有关施工企业违约的规定办理。

▍第四节
项目建设工期索赔的零缺陷管理

1　工期延误分类

造成生态修复工程项目建设施工延误的原因各式各样，有时甚至十分复杂，如工程量改变、设计变更、新增工程项目、外部干扰延误、建设单位干扰、施工企业现场管理不善、不利的自然因素或其他意外事件等。

生态修复工程项目建设施工承包实践中，一般将工期拖延分为可原谅和不可原谅 2 大类型。对可原谅类造成的工期拖延，根据是否应补偿施工企业因延误事件引起的派生费用，进一步将可原谅类又分成 2 种：可原谅并应补偿拖延期，以及可原谅但不应补偿拖延期。

1.1　可原谅的拖延期

凡不是由于施工企业一方原因而引发的工程拖期，都属于可原谅的拖延期。因此，建设单位及监理人应该给予施工企业延长施工作业时间，即满足其工期索赔要求。

造成可原谅的拖延期原因很多。在施工过程中，发生下列情况之一使关键项目施工进度计划拖延后而造成工期延误时，施工企业可要求建设单位延长合同规定的工期期限。

（1）增加合同中任何一项目的施工作业内容。

（2）增加合同中关键项目的工程量超过专用合同规定的百分比。

（3）增加额外工程项目。

（4）改变合同中任何一项目的施工作业标准或特性。

（5）本合同中涉及的由建设单位责任引发的工期延误。

（6）异常恶劣气候条件所致。

（7）非施工企业原因造成的任何干扰或阻碍。

（8）其他可能发生的延误情况所致。

确定某项拖延期是否属于可原谅类型，还有一个条件，就是该项工作是否在施工进度关键路线上。因为只有处于关键路线上的关键施工项目拖延期，才能直接导致原定竣工日期拖延滞后。如果拖延滞后的工作项目不在关键路线上，则不会影响完工日期，即不给予工期索赔。但是，经常出现这样的情况，某项工作开始时不在关键路线上，但由于它的一再拖延滞后，会影响到其他工作项目的进度，而使这项工作就变成关键性部位了。因此，在生态修复工程项目建设施工管理中，对处于关键路线上的施工项目应给予特殊关注，及时解决出现的困难，以保证整个工程的竣工日期能够按合同规定的竣工日期顺利实现。

1.2　可原谅并应给予补偿的拖延期

造成这种拖延期原因，纯属由于建设单位原因所致。如建设单位没有按时提供进场道路、场地、测量网点，或应由建设单位提供的设备和材料到货拖延等。在这些情况下，建设单位不仅应满足施工企业索赔工期的要求，并应支付施工企业合理的经济索赔要求。

1.3　可原谅但不给予补偿拖延期

形成这种拖延期的原因，责任不在施工合同的任何一方，而纯属自然灾难，如不可抗拒天灾、流行性传染病等。一般规定，出现这种拖延期，建设单位只给施工企业延长工期，不予经济赔偿。但在一些合同中，将这类拖延期原因命名为"特别风险"，并规定这种风险造成的损失，其费用由建设单位和施工企业双方分别承担。

1.4　不可原谅的拖延期

这是指由于施工企业原因而引发的工期延误，如：施工现场组织管理不力、劳力不足、设备进场晚、施工生产率低、工程质量不符合施工规程要求而造成返工等。如果由于施工企业原因未能按合同进度计划完成预定工作，施工企业应按合同规定采取赶工措施赶上进度。若采取赶工措施后仍未能按合同规定的完工日期完工，施工企业除自行承担采取赶工措施所增加费用外，还应支付逾期完工违约金。

2 工期延误影响的零缺陷分析

对于一个合同项目的施工进度延误，无论造成合同工期延误还是阶段性目标延误，建设单位、施工企业一般都会遭受一定程度的经济损失。

2.1 工期延误对建设单位的工程效益影响

对建设单位而言，一旦工期延误，合同项目甚至整个工程不能按期完工，会使工程项目建设费用增加和工程运行收益减少，主要体现在下列 4 个方面。

（1）一旦工程项目不能按期投产使用，对经营性水利、生态水保工程项目来说，会使投资效益损失巨大；对防洪、防凌、人畜饮水等公益性水利工程项目来说，由于工程不能按期发挥作用，可能会对人民生活安全与水平提高以及国民经济和社会发展造成相应的损失。

（2）即使只是某个合同项目的工期延误或里程碑目标延误，也会影响到其他合同项目的正常开工或施工，可能使工程建设总体计划发生重大调整而增加工程费用，同时直接威胁到工程项目是否能够按计划投产。

（3）工期延长会引起建设单位管理费用增加，资金积压而引起利息支出增加，临时占用与使用场地、通道等的期限延长而引起使用或租用费用增加，会使监理、设计等委托服务性单位的服务期延长而引起服务费增加。

（4）工期延长会带来市场风险，如人工、材料、设备等物价上涨因素，投产延误极易造成产品市场机会损失等。有时，工期延误引起的建设单位损失情况可能更多，如政策性原因造成资金或其他损失、遭遇不利的自然、社会、经济等情况。显然，工期延误对建设单位的影响很大：一方面，如果工期延误是由于建设单位原因引发，损失则由建设单位承担；另一方面，如果工期延误是由于施工企业原因引起，建设单位有权要求施工单位合理赔偿损失。

从理论上讲，应按照实际损失法计算出工期延误对建设单位造成的损失，作为建设单位要求施工企业赔偿的基础。但是，在工程实践中，合理地准确界定应予赔偿建设单位损失的范围，证明损失的客观性与合理性，鉴别基础数据的真实性，确定损失计算方法的公平性，是一项十分繁琐和复杂的工作，有时甚至十分困难，容易引起合同承发包双方的分歧或争议。因此，在施工承包合同中，可采用约定工期延误赔偿金的方法。

2.2 工期延误对施工企业的工程费用影响

工期延误对施工企业工程费用影响因其影响事件不同而有所差别，一般表现如下所述。

（1）现场管理费用和总部管理费用增加。

（2）现场施工费用增加，包括人员费、材料费、施工机械费等。

（3）生产功效降低。

如果工期延误是由于施工企业自身原因引起，施工企业不仅遭受上述方面的损失，还应按合同约定向建设单位支付工期延误赔偿金；如果工期延误是由非施工企业原因所致，施工企业不仅有权顺延完工期限，而且，对于建设单位原因造成的工期延误，还有权向建设单位提出工期延误费用补偿。

《水利水电土建工程施工合同条件（GF—2000—0208）》20.3 款的专用条款中给出的逾期完工违约金格式见表 3-1。

表 3-1 逾期完工违约金表（参考格式）

序号	项目及其说明	要求完工日期	逾期完工违约金（元/d）
1			
2			
3			
4			

注：表中各项逾期完工违约金将单独予以确定，但其最终的累计总金额不应超过合同价格的_%。

3 工期索赔的零缺陷计算

工期延长对合同双方都会造成损失。建设单位因工程不能及时交付使用，不能按计划实现投资目的。施工企业因工期延长增加支付工人工资、机械停置费用、工地管理费，以及其他附加费用支出，最终还可能支付合同规定的工期延长罚款。所以施工企业进行工期索赔的目的通常是：①免去或推卸自己对已经产生工期延长的合同责任，使自己不支付或尽可能少支付工期延长罚款；②进行因工期延长而造成的费用损失索赔，或称为派生费用。

3.1 工期索赔计算的零缺陷依据

工期索赔的零缺陷计算依据主要有以下 5 项内容：①合同规定的完工时间；②施工企业呈报的施工进度计划；③合同双方共同认可的对工期修改文件，如认可信、会谈纪要、来往信函等；④受干扰后实际工程进度记录，如施工日志、进度报告等；⑤施工现场情况资料等。

3.2 干扰事件对工程工期影响的零缺陷计算方法

干扰事件对工程工期影响的大小，直接影响着施工企业在工期索赔中所能得到利益补偿的多少。无论建设单位同意工期顺延还是采取加速施工措施来弥补已经损失的工期，是以干扰事件对工程工期影响程度的大小为基础确定的。在此基础上，应划分建设单位、施工企业各承担比例。建设单位同意施工企业工期可延长时间与施工企业、建设单位应承担责任成反比，在实际工作中，计算工期延长的方法有平衡点法、比例法、网络计划分析法等。网络计划分析法概念清晰，计算准确，应尽量采用。

3.3 工程拖延期派生出的经济索赔

由于建设单位方面原因，导致工期拖延，从而增大了工程成本时，施工企业有权在获得工期延长补偿以外，还可申办经济索赔。工程拖延期而引起的费用开支，可以单独计算，其计算内容主要包括以下 7 项。

3.3.1 人工费

为了论证由于工期延长所增加的人工费，不能简单地仅靠工资单向建设单位索赔。施工企业必须提出实际支出工资额凭证以及如果没有拖延期时的工资额计算值2项人工费资料。

将上述2项人工费资料报监理工程师和建设单位，以供评定、审核。如果在拖延期内人工工资增长，这个增长额可以列入索赔金额之内。

3.3.2 施工效率降低

施工效率降低即指工效降低。在工程拖延期间，由于施工顺序改变致使经常停工，气候恶劣导致由一班改为两班施工等多种原因，造成工效降低，从而增加了人工费，这项人工费变化幅度甚大，一般达到实际人工费的5%~50%。因此，施工企业应根据实际情况仔细收集造成工效降低的相关资料，作出充分论证。

3.3.3 材料费

在工程拖延期时段内，如果材料涨价，或由于采取赶工措施，提高施工强度，而增加了周转材料损耗，如模板和脚手架等。对这些增加的费用，也应列入索赔金额，同样，如果这期间运输费有了增长，施工企业亦有权要求予以索赔。

3.3.4 设备费

由于施工设备所有权形式的不同，工程拖延期间的设备费计算方法也有区别。如果设备是由施工企业租用，则工期拖延造成窝工期间的出租费收据即是有效力的证明凭据，可列入设备费赔款金额中。假如设备出租公司原计划在合同规定竣工日以后要以高价出租给另一承包工程，而拖延期工程要继续占用这些设备时，所增加的租费亦应由建设单位偿付。如果施工设备属于建设单位自有，则经济索赔的计算就比较复杂，容易产生分歧。有时，建设单位坚持只按当时低标准给施工企业补偿，或只付给施工企业实际开支，而不考虑待工折旧费。而在施工企业方面，则坚持索赔包括从未使用过的在场一切设备的实际开支和折旧费。在此情况下，一般认为，对于按合同条文及施工规程要求已在现场的设备，建设单位应偿付其看管维修费和待工折旧费。

3.3.5 保险费和保函费

一旦确定了索赔应支付的人工费、设备费，与其相关的保险费也相应确定，如人身保险费、防水与火灾保险费以及资产保险费等。由于是属于经济索赔范畴，施工企业的施工收入款总额增加时，相应的担保费亦将增多。这项所增加的担保费，亦将进入索赔款额范围。

3.3.6 利息费

施工企业由于建设单位方面原因造成的拖延期而引起的附加支出，以及这些附加支出的利息，均应作为合理经济索赔款向建设单位提出。利息率一般均低于金融市场利息率。但是，如果施工企业支付这项附加开支是靠银行贷款，那么可依据银行出具的利息率证明向建设单位索赔实际贷款利率的利息。

3.3.7 工地及公司管理费

工地及公司管理费主要包括以下2项内容的管理费用开支。

（1）工地管理费。指主要包括现场管理人员的工资支出、工地补助、交通费、劳保费、工器具费、现场临时设施费、现场日常管理费支出等。

（2）公司管理费。一般指按上述各项费用之和乘以公司管理费率所得出的金额。

4　工期延误的零缺陷分析方法

4.1　工期延误的零缺陷计算依据

一般而言，施工企业有权得到工期延误赔偿，必须提供足以说明下列理由的支持性资料。

（1）发生了非施工企业原因所造成的工期延误影响事件，且这项或这些事件促成了工期延误的事实客观存在。

（2）所造成的工期延误损失是在施工企业采取了合理防范措施后所不可避免的。

（3）计算工期延误的依据，其依据主要有以下 5 方面的具体内容：合同规定的完工时间；施工企业呈报的经监理人同意的施工进度计划；合同双方共同认可的对工期修改性如通知、指示等文件；受干扰实际工程进度如施工日记、监理日记等真实记录；现场实际情况。

4.2　工期延误的零缺陷计算方法

干扰事件对工程工期影响力的大小，直接影响着施工企业在工期索赔中所能得到的利益补偿多少。无论建设单位同意工期顺延，还是采取加速施工措施来弥补已经损失的工期，都是以干扰事件对工程工期影响力大小为基础确定的。在此基础上，应区分施工企业、发包人各应承担的比例。建设单位同意施工企业工期可延长时间与施工企业、建设单位应承担的责任成反比。在实际工作中，零缺陷计算工期延误的方法很多，大体上可分为以下 2 类。

（1）指基于 CPM 计划具有明确工作逻辑关系与时间安排的计算方法，如动态更新分析法、影响事件插入法、若非实录进度分析法。

（2）是指非 CPM 计划或无进度计划情况下的计算方法，如平衡点法、比例法、同期实录进度分析法、时间—费用关系法等。

基于 CPM 计划工期延误计算法，概念清晰、计算准确，应尽量采用。其中，影响事件插入法是最简单、最基本的方法，其基本思路是：在执行原网络计划施工过程中，发生了一个或一些干扰事件，使网络中的某个或某些工作受到干扰而延长持续时间。将这些工作受干扰后的持续时间插入网络中，重新进行网络分析，得到一个新计划工期。则新计划工期与原计划工期之差即为总工期的影响。通常来说，如果受干扰的工作在关键路线上，则该项工作持续时间延长即为总工期延长值；如果该项工作在非关键路线上，其作业时间延长对工程工期影响决定于这一延长超过其总时差的幅度。

4.3　影响事件插入法计算方法案例

在某生态修复工程项目建设施工合同实施过程，由施工企业提供经监理单位同意的施工进度计划如图 3-1。经分析得知计划的关键路线为 A—B—E—K—J—L 和 A—B—G—F—J—L，计划工期为 23 周。

在计划实施中受到外界干扰，产生如下变化：

工作 E 进度拖延 2 周，即实际上耗用 6 周时间完成；

工作 H 进度拖延 3 周，即实际上耗用 8 周时间完成。

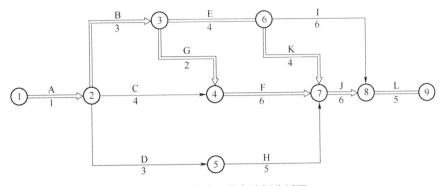

图 3-1 初始施工进度计划分析图

经分析得知，上述干扰事件的影响都不属于施工企业责任和风险，就有理由向建设单位提出工期索赔要求。将这些变化纳入施工进度计划中重新得到一新计划，如图 3-2。经分析关键路线为 A—B—E—K—J—L，总工期为 25 周。即受到外界干扰，总工期延长 2 周。这是施工企业在索赔报告中有理由提出的工期延长依据。

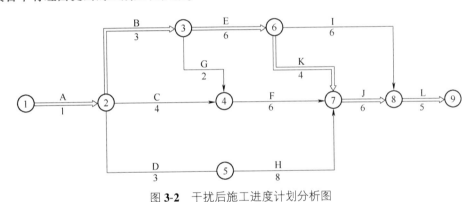

图 3-2 干扰后施工进度计划分析图

在使用网络分析法计算干扰事件对生态修复工程项目建设工期影响的计算时，应注意下列 2 个方面。

（1）单项作业延误的索赔计算较为简单，若工作作业时间延误没有超过其工作总时差，将不会引起工程工期延长；若工作作业时间延误超过其总时差，则工程工期延长应等于该工作作业时间的延误时间减去其工作总时差。但是，在一揽子索赔中，由于干扰事件比较多，许多因素综合在一起，影响较为复杂。为了避免计算错误，可按对比影响前后网络进度计划的方法确定工期延长时间。

（2）在工期索赔分析中，除了应用网络分析方法确定工期延长外，还应实行干扰事件影响前后计划资源需求及分配的对比分析，作为确定派生费用的依据。如在进行单项作业引起的索赔分析中，若该项工作的作业时间延长在其自由时差范围之内，则不会引起工程工期延长；同时，引起资源调整的可能性或程度也不会太大；若该项工作的作业时间超过其自由时差，但在其总时差范围之内，虽不会引起工程工期延长，但一般会引起资源配置的变化；若该项工作的作业时间超过其总时差，则既引起工程工期延长，也会引起资源配置的变化。

第四章

生态修复工程项目建设施工现场 植物种植与工程措施的零缺陷监理

第一节 项目建设施工现场植物种植的零缺陷监理

植物种植工程措施是生态修复工程项目建设施工的重要工程措施之一，具体内容包括造林、种草，封禁和绿化美化等一系列零缺陷技术与管理措施。

1 植物种植工程措施施工监理的零缺陷要求

监理机构应按设计及有关监理规范、规程，对生态造林种草施工进度进行零缺陷控制。

1.1 确定工程质量监理待检点和见证点

根据生态修复工程项目建设特点及其实际情况，及时确定工程质量控制的待检点和见证点，并以书面文件通知各施工企业和现场监理工程师执行。

通常植物种植工程措施施工质量控制见证点、待检点主要有以下 2 项。

（1）造林工程待检点与见证点。

①造林工程待检点。指整地、苗木、种子。

②造林工程见证点。指植苗、播种、管理（合同期抚育保质、补植）、成活率、保存率。

（2）种草工程待检点与见证点。

①种草工程待检点。指整地、种子。

②种草工程见证点。指整地、播种、管理（合同期的抚育保质、补植）、成活率、保存率。

1.2 督促施工企业按合同约定及有关技术规范要求

督促施工企业应对生态修复工程项目每一道工序以及待检点、见证点的质量进行自检，并按规定向监理机构提交相关资料，报请监理机构检验。未经监理机构检验或检验不合格，施工企业不得进行下一单元工程（或工序）的施工作业。

1.3　监理现场零缺陷控制和发布监理指令等管理措施

通过审核、巡视监督检查、跟踪检测、量测试验、感观检查（观察、目测、手摸）、分析和报告等方式对施工质量进行全过程、全方位的控制。采取发布监理指令、拒绝签认、向建设单位建议停止支付工程进度款、撤换有关管理人员和下令停工等手段，及时杜绝施工企业的违章作业以及施工质量问题的发生。

1.4　监理对不合格处置处理的零缺陷管理措施

对由于施工企业使用了未经检验或经检验不合格的苗木、种子，或未按照设计文件施工，或其他原因导致工程质量不合格，或造成质量事故的行为，应及时要求施工企业立即纠正，必要时责令其停工整改。对施工过程中出现的质量问题、处理措施、遗留问题，要进行详细记录，并妥善保存所录制的影像资料。

1.5　监理抚育保质处置管理的零缺陷措施

监理应对项目合同期内造林种草的抚育保质养护作业进行零缺陷检查，并及时督促施工企业按设计文件要求进行补植、防治病虫害、浇水、除草、施肥，并采取防火、防毁、防涝日常巡查管理，适时进行林草成活率、保存率的调查工作。

1.6　监理督促施工企业实施工程质量的零缺陷评定

监理机构应按照有关质量评定标准，及时督促施工企业进行单元、分部（分项）工程质量的零缺陷评定，并填写《单元工程评定表格》，报请监理机构抽检和核定。

1.7　工程计量支付及竣工结算的零缺陷程序要求

应按照以下零缺陷管理程序和办法开展工程计量及支付工作。

（1）工程计量与支付。施工企业统计经监理工程师验收合格的工程量，填报工程量清单和工程支付申请表，报监理工程师审核；监理工程师审核签署意见后，报总监理工程师审定；总监理工程师审查并签署工程款支付证书报建设单位。对于不合格的工程不予计量。

（2）竣工结算。施工企业应按合同填报竣工结算报表，并报监理工程师审核；监理工程师审核签署意见后，报总监理工程师审定；总监理工程师审查后签发竣工结算文件和最终的工程款支付证书，并报建设单位终审和备案。

1.8　进度控制管理的零缺陷要求

施工中应严格把握好零缺陷造林种草的季节要求，适时造林种草，以保证进度。

1.9　参与工程验收并零缺陷提交监理报告

生态修复工程项目施工验收后应按合同约定，及时向建设单位移交监理零缺陷资料。

1.10　封禁封育的零缺陷管理

封禁封育的零缺陷管理措施可参照上述造林种草工程的施工监理零缺陷控制办法执行。

2　项目建设造林零缺陷施工监理

生态修复工程项目建设造林零缺陷施工监理，分为防护林、经济林建设以及绿化美化造林的施工监理方法。

2.1　生态防护造林零缺陷监理

生态防护造林指生态修复工程项目建设和开发建设项目营造的乔木、灌木、经济林。

2.1.1　施工质量的零缺陷监理要求

（1）苗木质量。指苗木质量等级达到设计要求，无机械损伤，无病虫害，苗木根系完整。

（2）造林整地。监理工程师对造林整地质量进行监理的 4 项要点是：①作业方式与规格应符合设计要求；②整地工程的填方土埂，应分层夯实或踩实；③整地开挖应将表土堆置一旁，底土作埂，挖成后表土回填；④施工前应根据设计与地形地貌测量定线，带状整地保持水平，穴状整地要呈"品"字形布设。

（3）栽植。监理工程师对造林栽植作业质量进行监理的 3 项要点是：①造林密度应符合设计要求；②定植穴规格和栽植技术应符合设计要求，做到栽正扶直，深浅适宜，根系舒展，先填表土，后填生土，分层覆土踩实，表层覆虚土；③造林成活率应达到设计要求，一般情况下不得低于 70%。

2.1.2　造林施工质量的零缺陷监理控制

2.1.2.1　施工过程零缺陷质量监理控制措施

指对造林整地、苗木、不同造林方式和抚育管护实行现场零缺陷监理的工作行为。

（1）造林整地质量控制：在造林整地工程施工中，监理工程师主要应控制以下方面。

①严格要求施工企业按照设计施工，不得任意改变。若因地形条件等与设计不符或无法按设计施工，应通过变更程序进行解决。

②要求施工企业对整地边埂分层夯实（或踩实），夯实度必须达到设计要求。

③检查整地规格是否符合设计要求，带状整地保持水平，穴状整地有利于蓄水保土。

（2）造林苗木质量控制：应对造林苗木采取以下 4 项质量监理控制措施。

①对于自备苗圃培育或当地采购苗木，应按设计要求规格起苗，做到随起随运随栽。

②外地远距离调运来的苗木，进场前应对苗木质量合格证、检疫证进行检查，并按设计要求对苗木规格进行现场抽检。对不符合要求的弱苗、劣苗、病虫苗以及经受风吹日晒和冻害的苗木，必须要求施工企业及时处理，并外运出施工场地。

③对因故不能及时栽植苗木，应督促施工企业采取假植措施，做到疏排、深埋、踏实，适量浇水；对于假植时间较长，或大苗及长途运送来的苗木，栽植前应要求施工企业采取根系短期浸水复壮措施。

④栽植前应要求施工企业对树苗进行复选。选择发育良好、根系完整、基茎粗壮、顶芽饱

满、无病虫害、无机械损伤的壮苗进行栽植。

（3）不同造林方式的监理要点：生态造林分为植苗、直播、扦插3种方式，监理工程师应根据不同的造林方式，按照设计和规范要求实施对应的监理。

①植苗造林监理要点应着重对植苗造林以下3个要点进行现场监理。

检查苗木品种和栽植密度：应严格要求施工企业按照设计文件要求的苗木品种实施造林作业，并对其密度（株行距）进行抽查。对于丛植的树种，还应检查其丛植株数是否符合设计。对于不符合设计要求的造林地块，必须责令施工企业进行整改或返工。

检查苗木栽植：现场观察施工企业栽植方法，对不符合要求的方法及时予以纠正。要求施工企业在栽植时应做到树苗扶直、栽正、根系舒展、深浅适宜。

检查栽植程序及工艺：现场要求施工企业在填土时应先填表土、湿土，后填生土、干土，分层踩实，做到"三埋两踩一提苗"。当土壤墒情差时，要及时督促施工企业在浇灌透水后，覆层虚土保墒；对于所栽植的经济林、珍贵树种和速生丰产林，需将坑底挖松约0.2m，并施入基肥，与底土拌匀，上覆一层虚土。

②直播造林监理要点应着重对直播造林以下3个要点进行现场监理。

检查造林种子：督促施工企业对种子进行精选，测定纯度，并进行发芽率试验，采取平行检测和检验试验的手段，对其进行复查。并要求施工企业按设计确定的单位面积播种量进行播种。

穴播造林：督促施工企业根据设计播种量进行均匀播种，并根据种子大小确定覆土厚度和踏实。墒情较差时，应督促施工企业逐穴浇水。

条播造林：督促施工企业按照设计要求对造林地按松土、播种、耙糖工序作业。

③扦插造林监理要点：要求施工企业按设计插条规格、密度及施工方法进行施工。

（4）抚育管护监理要点：监理单位应根据合同完善对合同期内造林抚育养护的监理工作。

①松土除草：对于设计有要求的树种、林种，要督促施工管护单位及时进行松土除草，做到除早、除小、除了，合同期内每年进行1~3次。采用化学除草应选择适宜的除草剂，严禁乱用，伤及苗木。

②补植补播：应督促施工企业对成活率、出苗率调查，当成活率、出苗率达不到设计要求时，应要求施工企业及时进行补植、补播，并检查执行情况；对于施工企业不采取补植补播措施，或经过补植补播后仍达不到设计指标，应及时报告建设单位处理，不计造林面积。

③幼树苗管理：应着重对幼树苗养护管理以下3个要点进行现场监理。

间苗：播种造林，在幼树生长稳定后，应要求施工企业进行1~2次间苗定株，使单位面积株数达到设计造林密度要求。

抚育：根据林种和树种需要，督促施工企业适时除蘖、修枝、整形等抚育工作。

平茬复壮：对具有萌蘖力的树种，达到平茬期时，应督促施工管护企业平茬复壮。

2.1.2.2　生态项目造林质量的零缺陷检测

应按照以下5项内容开展零缺陷监理检查、测定。

（1）造林总体布局检查：对照生态修复工程项目造林设计图与完成情况验收图，检查林种、林型、树种与布设是否符合设计要求，并逐片进行详细记录。

（2）整地工程测定：在规定抽样范围内，取一定面积的中轴线，在其上部、中部、下部各选一条整地工程，对水平沟、水平阶、反坡梯田、鱼鳞坑、条带状、穴状等整地工程的断面尺寸进行测定，取其平均值，检查其是否符合造林整地设计要求。

（3）树苗质量测定：测量树苗的高度、地径，检查是否符合设计苗龄要求，并检查根系是否完整、树梢是否新鲜、针叶树顶芽是否完整。

（4）株行距与造林密度测定：生态修复工程项目建设造林通常取 10m×10m 样方，经济林取 30m×30m 样方，测量其株行距，同时清点样方内的造林株数，推算造林密度。坡地造林株行距应取其水平距离。

（5）造林成活率和保存率测定：于造林 1 年后和 3 年后，分别测定其成活率、保存率。一般取 30m×30m 样方，检查造林株数、成活株数，并计算成活率、保存率。

造林成活率测定一般采用下述 3 种方法。

①采用样地或样行方法检查造林成活率。成片造林面积在 10hm² 以下、10～50hm²、50hm² 以上的地块，样地面积应分别占造林面积的 3%～5%、2%～3%、1%～2%；防护林带应抽取总长度 20%的林带，样地、样行的选择应实行随机抽样。山坡丘陵地的幼林调查，应包括不同部位和坡度。

植苗造林和播种造林，每穴中有 1 株或多株幼苗成活均作为成活 1 株（穴）计数。

②造林平均成活率：按式（4-1）至式（4-3）进行计算，并保留 1 位小数。

$$平均成活率（\%）= \frac{\sum（小班面积×小班成活率）}{\sum 小班面积} \qquad (4-1)$$

$$小班成活率（\%）= \frac{\sum 样地（行）成活率}{样地块数} \qquad (4-2)$$

$$样地（行）成活率（\%）= \frac{样地（行）成活株（穴）数}{样地（行）栽植总株（穴）数}×100\% \qquad (4-3)$$

③造林保存率检查：人工造林后 3～5 年，监理机构根据造林设计文件和检查验收合格证，对造林保存率、林木生长及抚育养护情况进行检查，并详细进行记录。

2.1.2.3　生态修复项目建设造林质量的零缺陷评定

造林质量的零缺陷评定按《造林技术规程（GB/T 15776—2006）》《水土保持工程质量评定规程（SL 336—2006）》《黄河水土保持生态工程施工质量评定规程（试行）》（黄河中上游管理局，2005）和《防沙治沙技术规程（GB/T 21141—2007）》等执行。

2.1.3　零缺陷验收与计量

（1）生态修复工程项目建设造林零缺陷验收。监理现场机构人员在施工企业造林施工实施期间，应对各项作业工序随时检查，发现问题，及时纠正；造林结束后施工企业应首先进行自验，并按造林图斑在设计图纸上标注。然后，由监理机构组织抽查验收，达标则发给合格证。未达标不合格者，施工企业要及时补植，待其达标合格后再核发检查验收合格证。

（2）生态修复工程项目建设造林零缺陷计量。应采取以下 3 种方法进行零缺陷计量。

①监理工程师对造林措施工程量的计量应在施工企业自检基础上抽查核实。抽样比例可按照《造林技术规程（GB/T 15776—2006）》《水土保持工程质量评定规程（SL 336—2006）》《黄河水土保持生态工程施工质量评定规程（试行）》（黄河中上游管理局，2005）和《防沙治沙技术规

程（GB/T 21141—2007）》等规定的比例抽取。对于抽查到的图斑，其地块面积小于 0.067hm² 时要逐块丈量，面积大于 0.067hm² 的地块采取万分之一地形图现场勾绘，室内量算面积。然后用抽查结果与施工企业自验结果所形成的比例对施工企业所申报的工程量进行折算，形成最终工程量计量结果。

②造林面积统计规则：应按照不同的林种、树种分别进行统计。

③造林整地统计规定：对实施工程整地的面积与无工程整地的面积分别统计。

2.2　生态经济林建设零缺陷监理

在生态经济林工程项目建设施工中，监理工程师应依据设计文件，对工程施工的各个关键环节进行有效控制，以确保生态经济林工程项目建设的零缺陷质量。

2.2.1　监理主要内容与要求

（1）苗木、整地和栽植。对生态经济林工程项目建设施工中的苗木、整地和栽植质量要求与生态造林相同。但由于经济林整地一般要求规格与标准高，为此，监理人员应严格检查。

（2）排灌设施与施肥。对排灌设施与施肥进行现场监理的 3 项要点是：①应检查排灌设施的布设、规格是否符合设计要求；②检查排灌设施是否坚固耐用，无破损、跑水、漏水现象，接头应连接牢固，下埋管道深应达到冻土层以下；③检查施工企业是否按照设计施足底肥，并适时追肥。

（3）田间道路。对生态修复建设区田间道路进行现场监理的 2 项要点是：①检查道路布设、规格是否符合设计要求；②检查道路是否平整坚实，满足经济林果园建设施工作业需求。

2.2.2　经济林营造质量的零缺陷控制与计量

监理工程师应主要通过巡视监理的方式，对果树经济林苗木质量、整地规格尺寸、苗木栽植方式与工艺、配套灌溉设施、田间道路等进行检查检测。其检测、计量方法同生态造林。

2.3　绿化美化造林零缺陷监理

2.3.1　监理总体要求

绿化美化造林是开发建设项目生态植被建设的一项重要内容，按《开发建设项目水土保持技术规范（GB 50433—2008）》的规定，开发建设项目区及周边，应结合生态水土保持工程项目建设进行绿化美化。根据不同条件，分别提出不同的绿化技术与管理要求。

（1）项目区的永久道路，应采取道路绿化工程措施；对于项目区四周，要进行周边绿化；有些厂矿企业区内应布设防火林带与卫生林带；有条件的，结合绿化建立园林景观小区。

（2）开发建设项目的居住区、办公区应进行园林绿化。种植各类观赏树种、风景林、绿篱等；种植各种花卉，布设花坛、花台、花墙；种植观赏草种，铺设各类草坪。要将这三者紧密结合，适地适技美化环境。

（3）有条件的可利用原地形地貌和排弃的土、石、渣，修筑风景观赏点、游览区、停车场等设施，开发生态旅游业。

2.3.2　监理要点

开发建设项目的绿化美化工程，除园林化植树外，其他的绿化美化造林应与生态造林的程序、方法及要求一样，因而监理的内容、方法也基本相同，在此主要对园林绿化植树的监理要点进行介绍。

园林化植树主要方式有：孤植、对植、丛植、群植、带植、风景林和绿篱等多种形式。由于园林绿化面积不一，且有比较详细的设计，监理工程师应严格按设计方案进行质量控制。主要应把握好以下4个监理控制环节。

（1）苗木。用于园林绿化的苗木价格昂贵，且大多为引种树种，因此对苗木的质量要求较高。监理工程师应重点对进场苗木进行检查验收，切实把好苗木关，着重做好以下控制。

①检查苗木质量证明文件：主要对苗木的合格证、检疫证（外地调运）、苗木标签等证明文件进行检查确认，细心查看其是否符合设计要求。

②现场抽检苗木：检测苗龄、苗高、苗冠等质量指标，确认其是否符合设计要求。

③检查苗木运输保护状况：应确保所栽植苗木根系完整，木质化充分，无机械损伤，无病虫害，对于带土坨苗木，应检查土坨是否完整无损。

④对于不符合要求的苗木，应要求施工企业及时清理出场。

（2）整地。对于穴状整地，其规格应符合设计要求；带状整地应按设计要求精细施工。

（3）栽植。树种及栽植形式应符合设计要求；定植穴宽度、深度应大于苗木根幅，栽植时苗木应栽正扶直，深浅适宜，根系舒展；应督促施工企业在施工作业过程中按设计要求培土、施肥、筑土埂围堰、浇水。

（4）抚育管护。督促施工企业定期浇水，以保证苗木生长所需水分；要求施工企业在其抚育管护期内，随时进行观察，做好果树经济林的病、虫、冻害防治工作。

2.3.3　工程零缺陷验收

施工企业在完成造林后应及时向监理机构提交验收申请，监理工程师按照设计对栽植苗木的质量、数量逐一进行检查，全部合格后签发施工质量合格证，不合格部分则要求返工。

2.3.4　工期进度零缺陷控制及其进度款支付

应督促施工企业按照合同约定的工期进度计划进行作业，确保按期完工；全部工程完成后，监理工程师方可签发工程进度款支付凭证，合同款的支付按施工合同约定方式进行。

3　项目建设种草施工零缺陷监理

3.1　种草施工质量零缺陷要求

（1）种子。种子质量应符合设计要求，一般应达到国家三级以上质量等级标准。

（2）整地。整地方式应符合设计要求，深度应达到约20cm，并做到精细耙糖。

（3）播种。播种量须符合设计要求，大粒种子播种深度应达到3~4cm，小粒种子为1~2cm，播种后应及时覆土、镇压。

（4）成苗。种草成苗数不应低于30株/m^2。

3.2　监理零缺陷内容与方法

3.2.1　监理的零缺陷内容

监理的工作内容，应现场对种草施工的种子处理、整地、播种进行监理控制。

（1）种子处理。对种子处理应按照以下3项要点进行现场监理：①检查种子检验检疫证书，检测千粒重、发芽率，判别是否符合设计要求；②督促施工企业对种子进行去杂、除芒、浸种、消毒、摩擦、拌药等处理；③设计有要求时，播种时应加入适量肥料拌种，以便促使幼苗生长发育。

（2）种草整地。对种草整地工序应按照以下3项要点进行现场监理。

①对生态项目中人工种草，应检查整地方式是否有利于蓄水保土；开发建设项目的地被草种植，应检查整地方式和质量是否满足设计要求。

②干旱、半干旱地区，还应检查是否做到提前整地、隔季种草，翻耕后是否及时采取耙糖保墒措施。

③有设计要求时，还应检查灌溉设施布设是否合理，其设施质量是否达到设计要求。

（3）种草播种。对种草播种作业工序应按照以下3项要点进行现场监理。

①生态修复工程项目建设种草施工作业，应主要检查种草方式是否符合设计要求，检查并督促施工企业根据不同种草方式选择最佳的播种期，并按设计播种量实施种植作业。

②开发建设项目种植草被，其种植方式分为铺草皮、种草和播草籽等。施工中应按照设计方式、方法为依据，检查督促施工企业严格遵照设计要求进行施工。

③播种深度一般为大粒种子3~4cm，小粒种子1~2cm，播后及时覆土、镇压。

3.2.2　监理的零缺陷方法

应采取总体布局检查、整地质量检查、出苗与生长状况测定、开发建设项目草被种植等4项监理工作内容。

（1）总体布局的检查。对照设计图、施工企业自验图，结合现场调查，逐片核对种草图斑，并按小地名分别详细进行记录。

（2）整地质量检查。在同一地块不同部位取3处，测量整地翻土深度，细致观察耙糖状况，看是否达到"精细整地"要求。对于开发建设项目的地被草种植，还应检查测定其整地形状是否符合设计要求。

（3）出苗与生长状况测定。选取2m×2m样方，清点其出苗株数，计算出苗率；取同样规格的样方，测定地被草的高度、覆盖度。

（4）开发建设项目草被种植。应按设计规定的的质量要求以及技术规程要求进行检测。

3.3　种草工程零缺陷计量

（1）监理工程师对生态种草工程量的计量方式，可参照上述"生态修复工程项目建设造林施工监理"的内容。

（2）开发建设项目种草绿化，应按建设项目合同约定的程序与方式进行计量，并经监理工程师核实、验收后，按实际完成量进行计量。

4　项目建设施工封禁封育零缺陷监理

4.1　封禁封育总体目标

（1）应有合理的封禁封育规划与计划，封禁封育区四周应有明显的标志。

（2）应有配套的封禁封育制度和相应的乡规民约，设专人管护，无破坏林草事件发生。

（3）以生态自我修复为主，辅以人工补植、补播、平茬复壮、修枝疏伐等措施。

（4）项目期末林草覆盖度应达到项目建设施工合同规定的指标以上，水土流失、沙质荒漠化、盐渍化等生态危害程度明显减轻，生态环境得到显著改善。

4.2   封禁封育施工零缺陷监理

4.2.1   封禁封育施工质量零缺陷要求

封禁封育分为围栏、封禁封育标志、抚育管理、管护利用、动态监测、植被覆盖度等6项施工质量要求。

（1）围栏。围栏设置材料、规格符合设计要求，坚固耐用。

（2）封禁封育标志。封禁区界限明显，设有符合设计要求的封禁封育标志和宣传碑（牌）。

（3）抚育管理。采取的补植、补播、修枝、平茬、疏伐等技管措施达到设计质量要求。

（4）管护利用。遵守法规制度和相应的乡规民约，设定专人管护，无毁林、毁草与封禁封育设施现象发生；实行合理间伐和轮封轮牧。

（5）动态监测。按照设计要求实行动态监测，做到设施到位、人员到位、监测到位。

（6）植被覆盖度。项目期末林草覆盖度达合同规定指标以上。

4.2.2   封禁封育施工质量监理零缺陷控制

监理工程师应通过巡视监理的方式，对封禁封育治理工程项目施工质量进行零缺陷有效控制，主要对以下5项内容进行零缺陷监理检测。

（1）设施检查。对照封禁封育设计图，检查封禁封育区是否有明确的界限和标志，封禁封育标志与宣传牌（碑）是否达到设计要求。

（2）制度检查。检查是否制定了相应的封禁封育制度和乡规民约，现场观察封禁封育与轮封轮牧的具体执行情况。

（3）管护利用检查。检查管护人员及其职责是否明确，是否有违反制度、破坏林草、毁坏设施现象；封禁封育区是否按规划、设计要求结合实施了补植、补播、修枝、疏伐等措施。

（4）育林效果测定。设置若干20m×20m样方，每年清点原有残林株数与新生幼林株数，并各选10株老树、新幼树，测定其株高、冠幅、根（胸）径，推算覆盖度和郁闭度。

（5）育草效果测定。设置若干2m×2m样方，每年观察其群落结构，并测定草的质量、生物量和覆盖度。

4.2.3   封禁封育施工质量零缺陷评定

封禁封育施工质量的零缺陷评定按《造林技术规程（GB/T 15776—2006）》《水土保持工程质量评定规程（SL 336—2006）》《黄河水土保持生态工程施工质量评定规程（试行）》（黄河中上游管理局，2005）和《防沙治沙技术规程（GB/T 21141—2007）》等执行。

4.3   封禁封育工程监理零缺陷计量

（1）封禁封育面积、补植面积、补播面积应分别计算、统计。

（2）监理工程师对封禁封育设施应逐一检查计量，对封禁封育造林种草、补植面积、补播面积的计量方式，可参照上述"生态修复工程项目建设造林施工监理"的内容。

第二节
项目建设工程措施的零缺陷监理

生态修复工程项目建设施工工程措施包括土石方、坡面蓄水保土、治沟、土石坝、混凝土坝、建筑设施、机械沙障与浇灌水管网等工程措施。为此，应对上述各项工程措施进行现场严格的零缺陷监理控制。

1　现场施工零缺陷监理要点

1.1　施工进度零缺陷控制监理

1.1.1　施工工程量进度零缺陷监理控制工作内容

现场监理组织采取测量、检查等方法，实测估算生态修复工程项目建设施工工程措施完成的工程量，并与项目建设施工计划工程量对比，配合建设总工期和已经占用工期，分析和推算工程措施实际完成进度是否符合项目计划进度要求。工程措施施工进度控制的主要监理工作应包括下列 4 项内容。

（1）审批施工企业在开工前提交的依据施工合同约定的工期总目标编制的总施工进度计划、现金流量计划及总说明。

（2）在工程措施施工过程中审批施工企业根据批准的总进度计划编制的年度、季度、月度施工进度计划，以及依据施工合同约定审批特殊、重点工程措施的单位（单项）、分部工程进度计划及有关变更计划。

（3）在工程措施施工过程中，及时检查和督促计划的实施。

（4）定期向建设单位报告工程措施施工进度情况。

1.1.2　施工进度零缺陷控制的季节性工作内容

工程措施施工进度应考虑不同季节的时间安排与所要达到的进度指标；应根据项目当地气候条件适时进行计划调整；施工进度以年（季）度为单位进行阶段控制。

1.1.3　施工总进度零缺陷审批

生态修复工程措施合同项目施工总进度计划应由监理机构零缺陷审查，年度、季度、月度进度计划应由监理工程师审批。经批准的进度计划应作为零缺陷进度控制的主要依据。

1.2　施工质量监理零缺陷控制要点

1.2.1　土方工程施工质量监理零缺陷控制要点

（1）土方开挖施工质量控制。应对土方开挖过程中的 3 项要点进行现场严格监理：①在挖土过程中及时排除坑底表面积水；②在挖土作业中，若发生边坡滑移、坑涌时，则须立即暂停挖土，并根据具体情况采取必要的措施；③基坑严禁超挖，在开挖全过程中，用水准仪跟踪控制挖土标高，机械挖土作业时，坑底留 200~300mm 厚余土，然后采用人工挖土方式作业。

（2）填方施工质量控制。应对以下 3 项填方措施采取相应的质量控制方法。

①对有密实度要求的填方控制：在夯实或压实之后，要对每层回填土质量进行检验。一般采用环刀取样测定土的干密度和密实度；或用小轻便触探仪直接通过锤击数来检验干密度和密实度，符合设计要求后，才能填筑土层。

②基坑与室内填土控制：从场地最低部位开始，由一端向另一端自下而上分层铺填，每层虚铺厚度：沙质土不大于 30cm；黏性土约 20cm，用人工木夯夯实，用打夯机械夯实时不大于 30cm。每层按 30~50m² 取 1 组样；场地平整填方，每层按 400~900m² 取 1 组样；基坑与管沟回填每 20~50m² 取 1 组样，但每层均不少于 1 组，取样部位在每层压实后的下半部。

③填方密实后的干密度控制：应有 90% 以上符合设计要求；其余 10% 的最低值与设计值之差不得大于 0.08t/m³，且不宜集中。

（3）基础土方开挖工程的质量监理要求。基础土方工程开挖完成后，需要采取标高、长、宽、边坡与表面平整度的质量检测，零缺陷检验标准见表 4-1。

表 4-1 土方开挖工程质量零缺陷检验标准

项目	序号	检验内容	允许偏差或允许值（cm）					检验方法
			柱基基坑基槽	挖方场地平整		管沟	地（路）面基层	
				人工	机械			
主控项目	1	标高	−50	±30	±50	−50	−50	水准仪
	2	长度、宽度（由设计中心线向两边量）	+200，−50	+300，−100	+500，−150	+100		经纬仪，用钢尺量
	3	边坡	设计要求					观察或用坡度尺检查
一般项目	1	表面平整度	20	20	50	20	20	用 2m 靠尺和楔形塞尺检查
	2	基地土性	设计要求					观察或土样分析

注：地（路）面基层的偏差只适用于直接在挖、填方上做地（路）面的基层。

1.2.2 坡面工程措施施工质量监理零缺陷控制要点

1.2.2.1 坡面蓄水保土工程措施监理控制要点

控制该项工程措施的施工质量要点是：截（排）水沟位置、断面尺寸与比降、过水流能力等防护措施；水平阶的地面坡度、坡面宽、阶面反坡坡度与阶间距；水平沟的间距与断面尺寸；鱼鳞坑长径、短径与埂高，坑的行距与穴距。

1.2.2.2 护坡工程措施施工质量监理控制要点

分为护坡施工质量要求与监理工作内容 2 项。

（1）护坡工程措施施工质量要求。应督促施工企业按照以下 9 项施工质量要求作业。

①削坡开级施工质量要求：削坡开挖必须由上至下进行，以确保施工安全；安全措施应全部落实到位，现场指挥得力有效，坡脚无人、无机械及其他物品；削坡开级形式、坡度、台阶宽度

必须达到设计要求；削成的坡面坡度要均匀，坡面平整，无土块、石块悬留，无堆积物；截（排）水沟位置、基础处理、断面尺寸、纵坡比降、建筑材料及其规格等必须符合设计要求；筑修成后的截（排）水沟内无障碍物；土质截（排）水沟夯实和表面处理符合规范要求，混凝土预制块砌筑截（排）水沟用座浆法施工，铺砌平整、稳定、缝线规则、紧密；现浇混凝土截（排）水沟要求支模规范、振捣密实、表面无蜂窝麻面、养护措施及时到位；坡脚排水渠断面尺寸、长度、坡比、修筑形式及用料、施工质量等必须符合设计和规范要求。

②喷浆护坡施工质量要求：所使用的水泥标号和质量、砂石料含泥量和粒径必须达到设计要求；水泥砂浆和混凝土应严格按设计标号、配合比、充分拌和，强度达到设计要求；喷涂前应撬落已松动的石块，将岩石表面用水将浮土、杂物、岩硝等冲洗干净；喷浆机型号、喷浆垫层用料、喷涂层数、每层厚度、层间表面处理、总厚度等必须达到设计要求；喷浆作业后的养护方法与养护时间符合设计要求。

③砌石护坡施工质量要求：督促施工企业必须按照干砌石与浆砌石施工质量要求作业。

④干砌石护坡施工质量要求：基础处理与石料质量、规格符合设计要求；砌筑石块应上下错缝、紧靠密实、大块封边、表面平整；砌筑厚度、垫层用料与厚度符合设计要求。

⑤浆砌石护坡施工质量要求：除了应符合干砌石施工质量要求外，还应满足以下要求：砌筑采用座浆法施工，座浆应全面、均匀；砂浆原材料、配合比、强度应符合设计要求，应随拌随用；坡面有涌水时应设置排水孔、反滤层，排水孔尺寸、布设位置、反滤层厚度、滤料符合设计要求；勾缝工艺、宽度、外观符合规范和设计要求，勾缝砂浆应单独拌和；预留伸缩缝的位置与处理应符合设计要求。

⑥抛石护坡施工质量要求：督促施工企业必须按以下施工质量要求进行作业。石料、石笼尺寸、质量和抛投部位、数量符合设计要求；抛石时机应尽量选在枯水期；水深流急时，抛石应先用较大石块在下游抛一石埂，然后依次向上游抛投，或者用石笼从最能控制险情的部位抛起，抛完后用大石块将笼间抛填补齐。

⑦混凝土护坡施工质量要求。督促施工企业必须按照以下 8 项施工质量要求作业：混凝土护坡基础开挖与处理符合设计要求；水泥、砂料、粗骨料、钢筋等材料的规格质量、混凝土标号与强度应符合设计要求；现浇混凝土模板支撑、钢筋加工与绑扎工艺应规范；混凝土振捣均匀，密实，脱模后表面无蜂窝麻面、露筋、掉角、裂缝等现象；浇筑时应留伸缩缝，伸缩缝的处理应符合设计和规范要求；坡面有涌水时应设置排水孔、反滤层；排水孔尺寸、布设位置、反滤层厚度、滤料符合设计要求；浇筑混凝土施工过程中应及时养护，经常保持板面湿润。

⑧坡面截排水施工质量要求。督促施工企业必须按照以下 3 项施工质量要求作业：截排水沟的布设、结构尺寸、纵坡比、建筑材料应符合设计要求；混凝土预制块砌筑截排水沟用座浆法施工，铺砌平整、稳定、缝线规则、紧密；浆砌石、现浇混凝土截排水沟，符合浆砌石、混凝土施工规范。

⑨框网植物护坡施工质量要求：督促施工企业必须按照以下 3 项施工要求进行作业：施工前清除原坡面虚土与杂物；框网形状、布设形式、断面尺寸、建筑材料、施工工序、工艺等符合设计要求；框网内种植的植物种类、种植方法与成活率符合设计要求。

（2）护坡工程措施施工监理工作内容。护坡施工监理技术要点是监理人员应查看施工企业的质检工作是否正常，操作方法、取样点位和数量、结果计算过程等是否规范；同时，对护坡不同治理措施尚应现场重点做好以下7项工程措施施工技艺与质量的监理工作。

①削坡开级：检查施工现场安全保障措施落实情况，是否有专人负责现场施工安全；检查削坡开级型式和坡面平整度，量测削坡坡度、台阶宽度与台阶排水沟尺寸、纵坡比是否达到设计要求；检查截排水沟位置、基础处理、断面尺寸、纵坡比、建筑材料质量及规格等是否符合设计要求；检查土质截排水沟基础夯实和表面处理是否符合规范要求，混凝土预制块砌筑截排水沟铺砌是否平整、稳定、缝线规则、紧密，现浇混凝土截排水沟是否支模规范、振捣密实、表面无蜂窝麻面、养护措施及时到位；检查坡脚挡土墙修筑是否达到了有关规范要求；检查坡脚排水渠断面尺寸、长度、坡比、修筑型式及用料、施工质量等是否符合设计和规范要求。

②喷浆护坡：查验喷浆机型号、水泥标号及出厂合格证，检查砂石料含泥量和粒径是否符合设计要求；检查喷涂前岩石表面浮土、杂物、岩硝等是否清除干净；检查喷浆垫层、水泥砂浆或混凝土配合比、喷层厚度、层数、层间表面处理、总厚度等是否符合设计要求；检查养护方法、养护时间是否符合规范和设计要求。

③砌石护坡：检查基础开挖、处理是否符合设计要求；检查砂石料、反滤层、排水孔、干砌石护坡垫层材料的规格、质量和水泥标号、砂浆配合比是否符合设计要求；检查砌筑及勾缝工艺是否规范，砌体是否密实牢固及表面平整，浆砌石座浆是否饱满，养护是否及时到位；反滤层铺设方式、规格，以及排水孔布设位置、孔径尺寸是否符合设计要求。

④抛石护坡：检查石料、石笼铁丝网规格、质量是否符合设计要求；检查石笼是否坚固，石块或石笼抛投位置、抛投量是否达到设计要求。

⑤混凝土护坡：检查基础开挖与处理是否符合设计要求；检查水泥、砂料、粗骨料、钢筋、预制块的规格、质量是否符合设计要求；检查预制块砌筑是否座浆饱满与表面平整，砌筑工艺及勾缝是否规范；查看混凝土配合比是否满足设计要求，振捣是否均匀、密实，脱模后混凝土表面有无蜂窝麻面、露筋、掉角、裂缝等现象；查看钢筋混凝土支模、钢筋加工与绑扎工艺是否规范；检查反滤层铺设方法与厚度、伸缩缝的位置及处理、排水孔布设位置及尺寸是否符合设计要求；检查养护工作是否及时到位，在养护期内经常保持板面湿润。

⑥坡面截排水：检查测量截排水沟布设位置、段面尺寸、坡比是否与设计一致；检查衬砌材料、砂浆配合比是否符合设计要求；检查浆砌石或混凝土预制块砌筑截排水沟是否用座浆法施工，并且砌筑平整、密实稳固、勾缝规范；检查现浇混凝土截排水沟是否支模规范、振捣密实、表面无蜂窝麻面、养护措施及时到位，伸缩缝位置与处理符合设计要求。

⑦框网植物护坡：检查框网修筑前原坡面虚土与杂物等是否清理干净，基础是否稳固，处理是否满足施工作业要求；检查框网布设位置、形状规格、建筑材料、施工工艺、施工质量是否符合设计要求；检查框网内种植植物的品种、种苗质量、种植方法、密度与成活率是否符合设计要求。

1.2.2.3 坡面固定工程措施施工质量监理控制要点

分为施工质量要求与施工监理2项要点。

（1）坡面固定工程措施施工质量要求。分为喷浆、锚杆支护、喷锚加筋支护3种固坡工程措施施工质量要求。

①喷浆固坡施工质量要求：所使用水泥标号与质量、砂石料含泥量与粒径必须达到设计要求；水泥砂浆与混凝土应严格按照设计的标号、配合比充分拌和，其强度达到设计要求；喷涂前应撬落松动的石块，将岩石表面用水将浮土、杂物、岩硝等冲洗干净；喷浆机型号、喷浆垫层用料、喷涂层数、每层厚度、层间表面处理、总厚度等必须达到设计要求；养护方法与时间符合设计要求。

②锚杆支护固坡施工质量要求：工程位置、锚固岩体点位准确；各锚固岩体上钻孔数量、排列形式、间距、孔径与深度必须符合设计要求；锚杆种类与杆径、长度、强度等必须符合设计要求；其他施工必需材料水泥、砂石料、黏结剂等的种类与规格、质量必须符合设计要求；施工支架应严格按有关规范要求安装；锚杆必须与主结构面（坡面）垂直，安装工序、工艺、深度、黏结剂使用量、外观处理等必须符合设计要求。

③喷锚加筋支护固坡施工质量要求：除了符合喷浆与锚杆支护固定的施工要求外，还应注意以下3点：钢筋的种类、规格、绑扎或焊接、网格尺寸符合设计要求；钢筋网与锚杆的焊接规范、牢固；钢筋混凝土保护层不小于2cm。

（2）坡面固定工程施工监理要点。分为锚杆支护、喷锚加筋支护固坡2项固坡监理要点。

①锚杆支护固坡施工监理要点：检查工程位置、锚固岩体点位是否与设计一致；检查各锚固岩体上钻孔数量、排列形式、间距、孔径及深度是否符合设计要求；检查锚杆的种类与单个锚杆杆径、长度、强度等必须符合设计要求；抽查其他施工必需材料水泥、砂石料、黏结剂等的种类及规格、质量是否符合设计要求；认真检查施工支架是否严格按照有关规范要求进行了安装，且安全可靠，检查施工所有安全保障措施是否落实到位；抽查锚杆是否与主结构面（坡面）垂直，安装工序工艺、深度、黏结剂使用量、外观处理等是否符合设计要求。

②喷锚加筋支护固坡施工监理要点：除了按喷浆护坡和锚杆支护的施工要求检查其施工质量外，还应注意以下3点：检查钢筋的种类、规格、绑扎或焊接、网格尺寸是否符合设计要求；钢筋网与锚杆的焊接是否规范、牢固；钢筋混凝土保护层厚度是否符合规范要求。

1.2.2.4　滑坡整治工程措施施工质量监理控制要点

分为施工质量要求、监理要点2项内容。

（1）滑坡整治工程措施施工质量要求。

①削坡反压工程措施施工质量要求。削坡范围、部位，各部位削坡的深度、宽度、坡度与工程量符合设计要求；修堤反压位置，堤的断面尺寸、碾压密实度及填土量与坡度必须符合设计要求。

②拦排水工程措施施工质量要求。分外围拦工程措施与地下水排水措施质量2项要求。

滑坡体外围拦排地表水措施质量要求：同护坡工程中的截排水措施施工质量要求。

滑坡体内地下水排水措施质量要求：分坝体反滤体、临时排水设施2项质量要求。

反滤体：对其分为施工质量要求与监理检测检验2大项目。反滤体铺设施工质量应符合7项要求：一是反滤体基面（含前一填筑层）处理必须符合设计要求，验收合格后方可填筑，加工好的各种反滤材料检验合格后方可使用；分开堆放在干净土地上，采取保护措施，防止泥水和土块等杂物混入。二是反滤料的粒径、级配、坚硬度、抗冻性和渗透系数必须符合设计要求。三是反滤层的结构层数、层间系数、铺筑位置和厚度必须符合设计要求。四是必须严格控制反滤层的压实参数，严禁漏压和欠压。五是铺筑反滤层，必须严格控制厚度，作好铺设反滤层的防护；砂、砂砾料应当洒水，并预留相当层厚 5%的沉陷量。六是相邻层面必须拍打平整，保证层次清楚，互不混杂。七是分段铺筑时，必须做好接缝处各层间的连接，使接缝层次清楚，不得发生层间错位、折断、混杂；不论平面或斜面接头，都必须为阶梯状。

堆石棱体，应先铺底面上的反滤层，次堆棱柱体，再铺斜向反滤层；斜卧式反滤体，应从坝坡由内向外，依次铺至设计高度，堆石的上、下层面应犬牙交错，不得有水平通缝，层厚一般标准为 0.5～1.0m；滤水坝趾贴坡排水外坡石料的砌筑，应采用平砌法。

反滤体铺设施工质量监理检测检验内容：监理工程师应按设计文件和反滤体施工各项质量要求，对反滤体施工质量进行控制，主要对应以下内容进行检查检验：检查反滤体基面情况，反滤体基面按设计进行处理，符合设计尺寸要求，满足填筑要求；检查检测反滤体材料情况，粒径、级配、坚硬度、抗冻性与渗透系数必须符合设计要求；检测反滤体压实度，密实，无漏压和欠压情况，符合设计要求；检查分段施工情况，应符合施工设计要求；检测反滤体含泥量情况，应达到的质量标准是合格（不大于 5%）、优良（不大于 3%）；检测每层厚度偏小值，其质量标准是合格（不大于设计厚度 15%的合格测点不少于 70%）、优良（不大于设计厚度 15%的合格测点不少于 90%）。

临时排水设施：监理工程师应依据设计文件和临时排水施工要求进行工程质量控制，施工质量控制措施要求如下：砂井应逐层加高，保持高出冲填泥面 0.5～1.0m；应控制砂井的铅垂度和上下层衔接，防止错位；砂井填筑到设计高程时，井口应采用黏土封闭夯实，厚度应不小于1.0m；各种排水设施与冲填泥浆的接触面应铺土保护，厚度应不小于 0.3m；应完善永久性和临时性排水设施的连接。

③抗滑桩措施施工质量要求：抗滑桩的长度、断面尺寸、强度必须符合设计要求；抗滑桩的位置、排列形式、布设密度必须符合设计要求；打桩方法科学合理，推进速度适中，打桩过程中无损坏桩；各点位抗滑桩的深度、桩间连接方式必须符合设计要求。

④抗滑墙措施施工质量要求：抗滑墙主要布设于滑坡坡角，分为干砌石与浆砌石 2 类，其施工工序是基础开挖、物料运输、灰土垫层、反滤层铺设、墙体砌筑等。

基础开挖与处理：基础开挖与处理分为土质、石质、砂砾石 3 种类型。

土质基础开挖及处理：沟槽开挖断面尺寸、坡度、水平位置、高程和基础处理均应符合设计要求。

石质沟槽开挖及基础处理：石沟槽开挖断面尺寸、坡度、水平位置、高程应符合设计要求；基础处理时，基础面无松动岩块、悬挂体、陡坎、尖角等，且无爆破裂；开挖面平整，无反坡与陡于设计坡度缝。

砂砾石开挖及基础处理：砾石沟槽开挖断面尺寸、坡度、水平位置、高程和基础处理均应按设计要求进行。

第一类是干砌石挡墙：干砌石工程施工过程中，监理工程师应通过检查监督材料质量、施工方法、外观尺寸等要点，来确保工程施工质量。对其进行监理控制的工作内容如下。

检查石料：对于施工企业采集或选购的石料，除要求满足岩性、强度等性能指标外，还应满足表 4-2 所示的质量标准。

查看墙体：干砌石工程的外形尺寸应符合工程设计要求，垫层材料必须全面、均匀，自上而下错缝竖砌，紧靠密实；大块封边，表面平整。

干砌石施工要求：面石用料应大小适当、质地坚硬，不得使用风化石料，单块重量≥20kg，最小边不小于20cm；腹石砌筑应排紧挤实，无淤泥杂质，不得出现通缝、浮石、空洞。

表 4-2 石料形状尺寸质量标准表

项目	质量标准		
	粗料石	块石	毛石
形状	棱角分明，六面基本平整，同一面上高差<1cm	上下两面平行，大致平整，无尖角、薄边	不规则，块重>5kg
尺寸	块长>50cm，块高>25cm，块长：块高<3	块厚>20cm	中厚>15cm

第二类是浆砌石挡墙：浆砌石工程监理除应检查上述干砌石工程内容要求外，还应检查以下7方面施工作业：

一是施工应遵守《浆砌石施工技术规定（试行）（SD120—84）》，浆砌石容重应不小于2.2t/m³。二是砌石采用铺浆法，要分段砌筑施工作业。三是砂浆原材料、配合比、强度、拌和时间应符合工程设计要求；砂子用中砂，水泥使用425号普通硅酸盐水泥；砂浆应随拌随用，严禁使用超过初凝时间的砂浆。四是轴线位置允许偏差小于1cm；标高允许偏差±1.5cm；浆砌石工程外形尺寸应符合设计要求，允许偏差为设计尺寸的±4%；表面平整度用2m直尺测量，凹凸不超过2cm；铺浆必须全面、均匀，无裸露石块。五是砌筑要求平整、稳定、密实、错缝，浆砌石砌缝宽度要控制在约1.5~2.0cm。六是基础开砌之前，应洒水湿润基础表面，但不得残留积水，铺设1层厚3~5cm的水泥砂浆（标号100号），随即砌入合格的石料，并适当摇动或敲击使之沉入砂浆中，基础砌筑、砌筑程序、墙体砌筑必须按设计要求进行施工，采用座浆法施工；空隙用碎石填塞，不得用砂浆充填；墙体砌筑过程中和砌好后的保护措施应符合设计要求。七是勾缝砂浆必须单独拌制，不得与砌体砂浆混用；勾缝前，要先剔缝，应将缝槽清洗干净，无残留灰渣与积水，并保持缝面湿润；清缝深度水平缝不小于3cm，竖直缝不小于4cm，无裂缝、蜕皮现象。

（2）滑坡整治工程措施施工监理要点。监理人员应查看施工企业的质检工作是否正常，操作方法、取样点位及其数量、结果计算过程等是否规范；同时，对不同治理措施要重点做到以下4项监理工作。

①削坡反压施工监理要点：检查削坡部位、范围是否符合设计要求；量测各削坡部位的深度、宽度、坡度与工程量；检查修堤反压的位置、清基情况，量测堤的断面尺寸、碾压密实度与填土量及坡度。

②拦排水施工监理要点：滑坡体外围拦排地表水监理要点同护坡工程中的截排水措施；滑坡体内地下水排水措施监理要点同淤地坝或拦沙坝的坝体排水工程。

③抗滑桩施工监理要点：抽样检查抗滑桩的长度、断面尺寸、强度；检查抗滑桩的位置、排列形式、布设密度是否符合设计要求；查看打桩过程中有无损坏桩，发现有损坏桩应及时更换、重打；检查各点位抗滑桩的深度、桩间连接方式是否符合设计要求。

④抗滑墙施工监理要点：抗滑挡墙工程的检查检验方法是，浆砌石质量检测的数量应符合以下要求：每砌筑 10m³ 抽检 1 次，每单元工程不小于 10 处，每处检查缝长度不少于 1m；其外观零缺陷质量标准见表 4-3。

1.2.2.5　泥石流与崩岗防治工程措施监理控制要点

泥石流与崩岗防治工程措施监理分为施工质量要求、施工监理要点、施工质量检测与计量 3 项监理、控制内容。

（1）施工质量要求：指分别对格栅坝、重力式拦沙坝、桩林、排导槽、渡槽、停淤堤、崩壁削坡开级工程措施的施工质量要求。

表 4-3　砌石墙（堤）外观零缺陷质量标准

检查项目		允许偏差（mm）或规定要求	检查频率	检查方法
堤轴偏差		±40	每 20m 测定不少于 2 点	经纬仪测量
墙顶高程	干砌石墙（堤）	0~+50	每 20m 测定不少于 2 处	水准仪测量
	浆砌石墙（堤）	0~+50	每 20m 测定不少于 2 处	
墙面垂直度	干砌石墙（堤）	0.5%	每 20m 测定不少于 2 处	吊垂线和皮尺测量
	浆砌石墙（堤）	0.5%	每 20m 测定不少于 2 处	
墙顶厚度	各类砌筑墙（堤）	−10~+20	每 20m 测定不少于 2 处	钢尺测量
表面平整度	干砌石墙（堤）	50	每 20m 测定不少于 2 处	2m 靠尺和钢卷尺测量
	浆砌石墙（堤）	25	每 20m 测定不少于 2 处	

注：质量可疑处必须检测。

①格栅坝施工质量要求。应着重对格栅坝以下 8 项施工质量要点进行严格监理：坝基要全面清除砂砾、松动石块及其他杂物，结合槽开挖面平整，无反坡、松动岩块、悬挂体、陡坎、尖角及爆破裂缝，结合槽位置、断面尺寸、长度等符合设计要求；水泥、砂石料、粗骨料、钢筋应符合设计和质量要求；支模、钢筋与格栅用料加工、绑扎、焊接规范；格栅规格尺寸符合设计要求，混凝土钢筋与格栅连接牢固；混凝土配合比与强度满足设计所提要求，拌和均匀充分，振捣均匀、密实，脱模混凝土表面无蜂窝麻面、露筋、掉角、裂缝等现象；养护及时，在养护期内保持板面湿润；坝体外形、断面尺寸符合设计要求。

②重力式拦沙坝施工质量要求。应着重对重力式拦沙坝 5 项施工质量要点严格监理：全部清除坝基与岸坡上树木、草皮、树根、乱石、腐殖土及其他杂物，对坝基处水井、洞穴、泉眼、坟墓与滑坡体进行彻底处理；结合槽开挖面平整，无反坡、松动岩块、悬挂体、陡坎、尖角与爆破裂缝；位置、高程、断面尺寸、长度、回填用料、夯压密实度符合设计要求；坝体填筑依其建筑材料不同，分别按均质坝、浆砌石坝、混凝土坝的有关施工规范要求进行作业，坝体各部位高程、断面与外形尺寸必须符合设计要求；溢洪道基础开挖、地基处理必须符合设计要求，溢洪道衬砌（浆砌石、混凝土预制板、混凝土现浇）按有关规范要求施工，各部位高程、断面与外形尺寸必须符合设计要求；溢洪道消力池设施及其他附属工程按设计要求施工，各部位高程、断面与外形尺寸必须符合设计要求。

③桩林施工质量要求。应着重对桩林 3 项施工质量要点进行严格监理：钢筋混凝土桩长度、断面尺寸及其强度必须达到设计要求；现场预制桩配筋型号、数量，以及混凝土用料质量、振捣、外观质量等必须符合混凝土预制件有关规范要求；桩林布设位置、行距、桩距、形式等必须

符合设计要求。桩坑开挖深度、口径，预制桩埋深必须符合设计要求。

④排导槽施工质量要求。排导槽断面（进口段、急流段、出口段）、坡度必须符合设计要求，保证泥石流顺畅排泄；浆砌石边堤砌筑与浆砌石护坡技术要求相同；混凝土边堤修筑与混凝土护坡技术要求相同。

⑤渡槽施工质量要求。对其施工质量的 3 项要求是：入流衔接段、出流衔接段开挖顺直，断面尺寸、坡度必须达到设计要求；进口、出口段基础开挖与处理、外形尺寸、坡度、钢筋制安、混凝土浇筑、振捣、养护等必须符合设计及规范要求，并与入流、出流衔接段平顺连接；槽墩基础开挖和槽墩、槽身的断面尺寸、钢筋制安、混凝土浇筑、振捣、养护等必须符合设计与规范要求。

⑥停淤堤施工质量要求。对其施工质量的 3 项监理要求是：工程位置和走向、基础开挖与处理必须符合设计要求；堤身材料、施工方法必须符合设计和规范要求；浆砌石、现浇混凝土、混凝土预制板堤面的施工方法、断面尺寸必须符合设计与规范要求。

⑦崩壁削坡开级施工质量要求。对其施工质量的 4 项监理要求是：对崩壁上部不稳定土体应全部清除；削坡位置、坡度和台阶布设、台阶宽度符合设计要求；阶面排水沟和种植植物符合设计要求；台阶两侧排水沟与消力池应严格按照设计要求修筑。

（2）施工监理要点：监理工程师在对格栅坝、重力式拦沙坝、桩林、排导槽、渡槽、停淤堤、崩壁削坡开级工程措施进行质量控制的同时，还应查看施工企业的质检记录、操作方法、取样点位和数量、结果计算是否规范。

①格栅坝施工监理要点。对其施工质量的 6 项监理要点是：检查基础和结合槽的开挖深度、断面尺寸与处理是否符合设计和规范要求；检查水泥、砂石料、粗骨料、钢材是否符合设计质量要求；检查支模、钢筋与格栅用料加工、绑扎、焊接是否规范；检查格栅规格尺寸是否符合设计要求，混凝土钢筋与格栅连接是否牢固；检查混凝土配合比与强度是否满足设计要求；振捣是否均匀、密实；脱模后表面有无蜂窝麻面、露筋、掉角、裂缝等现象；养护是否及时，并在养护期内保持板面湿润；坝体外形、断面尺寸是否符合设计要求。

②重力式拦沙坝施工监理要点。对其施工质量的 4 项监理要点是：检查坝基清理与处理是否符合设计和规范要求；检查结合槽的位置、开挖断面尺寸与处理情况是否符合设计要求；按照设计与施工规范，监督控制坝体施工过程与质量，量测坝体各部位高程、断面与外形尺寸等；检查溢洪道开挖、处理、衬砌施工过程与质量，以及各部位高程、断面与外形尺寸是否符合设计和规范要求。

③桩林施工监理要点。对其施工质量的 4 项监理要点是：量测钢筋混凝土桩长度、断面尺寸与其强度是否达到设计要求；检查现场预制桩配筋型号、数量，以及混凝土用料质量、振捣、外观质量等是否符合混凝土预制件有关规范要求；检查桩坑开挖深度、口径，预制桩埋深是否符合设计要求；检查桩林布设位置、行距、桩距、形式等是否符合设计要求。

④排导槽施工监理要点。对其施工质量的 2 项监理要点是：检查排导槽断面（进口段、急流段、出口段）、坡度是否符合设计要求；按照设计和规范要求，监督控制浆砌石、混凝土边堤砌筑的施工过程与质量。

⑤渡槽施工监理要点。对其施工质量的 3 项监理要点是：检查入流衔接段、出流衔接段开

挖、断面尺寸、坡度是否达到设计要求；检查进口、出口段基础开挖及处理、外形尺寸、坡度、浇筑施工过程与质量，以及与入流、出流段的衔接是否符合设计及规范要求；按照设计与规范要求，监督控制槽墩基础开挖和槽墩、槽身的断面尺寸、钢筋制安、混凝土浇筑、振捣、养护等。

⑥停淤堤施工监理要点。对其施工质量的 2 项监理要点是：检查工程位置和走向、基础开挖与处理是否符合设计要求；按照设计和规范要求，监督控制堤身、堤面的施工过程与质量。

⑦崩壁削坡开级施工监理要点。对其施工质量的 3 项监理要点是：检查崩壁上部不稳定土体是否已经全部清除；检查并量测削坡位置、坡度和台阶布设、台阶宽度是否符合设计要求；检查并量测阶面与两侧排水沟、消力池的位置、断面尺寸、施工质量是否达到设计要求。

（3）质量检测与计量。

①施工质量检测方法：对其施工质量的 4 项监理要点是：对各种施工材料的质量检测方法，主要是查看其型号与供货商提供的质量合格证；基础夯实、土质坝堤施工质量用酒精烧干法测定其干容重；工程高程等用水准法测量，工程的断面尺寸、结构长度用皮尺、钢卷尺测定；混凝土强度用混凝土回弹仪测定，或将试块送有关质检部门检验。

②计量方法：格栅坝、拦沙坝、停淤堤、渡槽和排导槽边堤的工程量用断面面积乘以长度测算；崩壁消坡开级的削坡、开级工程量通过削坡和开级的深度、宽度、长度测定；桩林的工程量用每个桩的体积乘以埋桩数量测定。

1.2.3　治沟工程措施施工质量监理零缺陷控制要点

（1）沟道治理工程措施监理要求。应着重对沟道治理工程措施 9 项要点进行严格监理。

①沟道蓄水工程的分布与容量是否符合设计要求。

②引水、灌溉工程的线路布设位置、断面尺寸与技术要求。

③清基深度与结合槽开挖尺寸是否符合设计要求。

④沟道内土质、石质、混凝土坝、谷坊布局是否符合实际要求，单座坝或谷坊建筑位置是否适当。

⑤坝、谷坊的外形尺寸（指其高、顶宽、内外坡比、溢流口）与两肩嵌入两岸是否符合设计要求。

⑥土质谷坊坝体夯实干容重在 $1.5t/m^3$ 以上，且溢流口采用草皮覆盖。

⑦土柳谷坊土料与柳树（或其他类似树种）短杆结合紧密。

⑧石谷坊砌石符合设计与规范要求。

⑨经暴雨考验后工程完整，沟床不下切。

（2）治沟工程规格尺寸的测量方法。使用皮尺或钢卷尺测定工程措施实体的断面高度、长度、宽度等断面尺寸，以及内、外坡比降。

（3）治沟工程措施施工质量测量方法。应按照以下 4 种方法进行施工质量测量。

①土方密实度的测定：测定其干容重（要求不小于 $1.5t/m^3$）。

②检查工程措施的清基和结合槽：清基现场检查内容一是在施工初期现场查看，二是施工中后期在工程实体轮廓线处局部挖开抽查；结合槽现场检查内容一是在施工初期现场查看，二是施工中后期检查工程措施实体顶部两端以及结合处是否符合设计、规范要求。

③砌石工程测定水泥砂浆的配合比是否恰当，衬砌技术是否做到"平、稳、紧、满"要求（砌石顶部要平，每层铺砌要稳，相邻石料要靠得紧，缝间砂浆要灌饱满）。

④暴雨后观察工程实体是否完好，个别部位冲刷是否修复。

（4）沟头防护工程措施施工质量测量方法。应按照以下2种方法进行施工质量测量。

①规格尺寸测量方法：使用皮尺或钢卷尺测定沟头防护及其排、蓄水设施的尺寸，主要是沟头防护高度，顶宽、长，内外坡比，蓄水壕沟深、宽，排、蓄水设施断面尺寸及其长度。

②施工质量检测方法：应测定或检测沟头工程密实度、清基质量、施工技艺质量等。

密实度测定：在沟头防护中部和距左右端1/5处各取1组土样，用酒精烧干法测定其干容重（要求不小于1.5t/m³）。

检查清基质量：一是在施工初期现场查看，二是于施工中后期在沟头防护轮廓线处局部挖开抽查。

施工技艺质量测定：石方工程测定水泥砂浆的配合比是否恰当，衬砌技术是否做到"平，稳、紧、满"要求；混凝土工程测定混凝土的配合比是否恰当、支模是否规范、振捣是否密实、养护是否到位。断面尺寸、长度使用皮尺或钢卷尺测定。

暴雨后观察工程实体是否完好，沟头冲刷、崩塌延伸否，个别部位冲刷是否修复。

1.2.4　坝系工程施工质量监理零缺陷控制要点

（1）坝址位置、结构形式与规模尺寸是否符合设计要求。

（2）对坝址与岸坡的清理位置、范围、深度，以及结合槽开挖断面尺寸实地进行检测是否符合设计要求。

（3）石料的质量、尺寸以及水泥砂浆配合比是否符合设计要求。

（4）坝砌筑技艺方法及其质量是否符合设计和规范要求。

1.2.5　机械沙障工程措施施工质量监理零缺陷控制要点

依据《水土保持综合治理技术规范（GB/T 16453.1～16453.6—1996）》及《开发建设项目水土保持技术规范（GB 50433—2008）》，沙质荒漠化防治工程措施主要是机械沙障，对其施工质量的控制要点如下。

（1）机械沙障施工质量监理的内容与要求。应按照以下3项要求进行现场监理检查。

①检查沙障布设的位置和形式是否符合设计和规范要求：根据沙障布设原则和要求，一般情况下应符合下列3项要求。

带状平铺式沙障：将设置沙障带的走向垂直于主风方向，带宽0.6～1.0m，带间距4～5m，将覆盖材料平铺在流动沙丘上，厚度3～5cm。

全面平铺式沙障：适用于小而孤立的流动沙丘和受流动沙丘威胁的道路两侧与农田、村镇四周；将覆盖物在流动沙丘上紧密平铺，其他要求与带状平铺式沙障相同。

直立式沙障：布设时在单向起沙为主的地区与主风向垂直，呈带状布设；在新月形沙丘上布设时，丘顶应空出一段，在迎风坡自上而下设置多带与新月形沙丘弧度相适应的弧形沙障；其沙障设置间距要求如下：坡度在4°以下的干缓沙地，高立式沙障间距为沙障高度的10～15倍，低立式沙障间距为2～4m。沙丘迎风坡面设置的沙障，其间距要求，应使下一列沙障的顶端与上一列沙障的基部高出5～8cm。在流动沙丘坡度较大的地方，沙障间距按式（4-4）计算。

$$D = h\cot\theta \tag{4-4}$$

式中：D——沙障间距（m）；

　　　h——沙障高度（m）；

θ——沙丘坡度（°）。

②检查设障材料是否符合设计要求：一般情况下用于机械沙障的主要材料有柴草、活性沙生植物枝茎或其他材料；对于设置平铺式沙障还可使用黏土、卵石等材料。

③检查设置沙障施工方法和质量是否符合设计和规范要求：分为平铺式沙障、直立式沙障2类机械沙障进行现场监理检查。

平铺式沙障：其覆盖物为柴草和枝条时，应用枝条横压，再用小木桩固定，或在草带中线上铺压湿沙，柴草的稍端要迎风向。

直立式柴草沙障：分为高立式、低立式与黏土沙障3类进行现场监理。

高立式沙障施工：在沙地表画出设置沙障条带线位置上，人工挖沟深 0.2~0.3m，将柴草均匀直立埋入，扶正踩实，回填沙土 0.1m，柴草露出地表面 0.5~1.0m。

低立式沙障施工：将柴草按设计长度切好，顺设计设置沙障条带线均匀放置在线上，草的方向与带线正交；用脚在柴草中部用力踩压，柴草进入沙土内 0.1~0.15m，两端翘起，高 0.2~0.3m，用手扶正，基部培覆沙土。

黏土沙障施工：黏土沙障属于低立式沙障的一种，施工要求一般是布设在流动沙丘迎风坡自下向上约 2/3 位置；使用黏碱土堆成土埂，高 0.20~0.25m，埂底宽 0.6~0.8m，埂顶呈弧形，土埂间距 2~4m。

（2）机械沙障工程质量的测定与计量。应按照以下 3 种方法对沙障质量与完成量测定。

①机械沙障工程措施设置施工质量要求：要求沙障布设的位置和形式、使用的材料、施工的方法和质量都符合设计要求，并于设置作业后当年就起到固、阻流沙作用。

②机械沙障工程措施设置施工质量评定：按《防沙治沙技术规范（GB/T 21141—2007）》《水土保持工程质量评定规程（SL 336—2006）》的有关规定执行。

③机械沙障工程措施设置施工工程质量测定：应对以下 3 项内容进行严格的测定。

机械沙障设置范围测定：以一定规划范围（乡、村等）为单元，对照其规划、设计图与完成措施验收图，现场检查其总体布局是否符合规划、设计的要求。

机械沙障施工设置走向测定：用罗盘仪测定机械沙障设置带走向是否与主害风向垂直，如沙障带走向不与主害风向垂直时，其偏差角不应大于 45°。

机械沙障设置施工量测定：使用皮尺、测绳测定机械沙障长度、带间距，并目测沙障条带数，即可计算出机械沙障设置工程量。

1.2.6　浇灌水管网工程施工质量监理零缺陷控制要点

（1）浇灌给水管道质量监理验收标准。分为安装质量标准与工艺规定等 4 项内容。

①给水管道安装质量标准、防腐层种类、允许偏差与检验方法分别见表 4-4 至表 4-6。

表 4-4　给水管道零缺陷安装质量标准

项目	内容	质量标准	检验方法
主控项目	埋地管道覆土深度	给水管道在埋地敷设时，应在当地的冰冻线以下，当必须在冰冻线以上铺设时，应做可靠的保温防潮措施。在无冰冻地区埋地敷设时，管顶的覆土埋深不得小于 500mm，穿越道路部位的埋深不得小于 700mm	现场观察检查

（续）

项目	内容	质量标准	检验方法
主控项目	给水管道不得直接穿越污染源	给水管道不得直接穿越化学污染池等污染源	观察检查
	管道上可拆和易腐件不埋土中	管道接口法兰、卡口、卡箍等应安装在检查井或地沟内，不应埋在土壤中	观察检查
	管井内安装与井壁的距离	给水系统各种井室内的管道安装，如设计无要求，井壁距法兰或承口的距离为：管径小于或等于450mm时，不得小于250mm；管径大于450mm时，不得小于350mm	尺量检查
	管道水压试验	管道必须进行水压试验，试验压力为工作压力的1.5倍，但不得小于0.6MPa	管材为钢管、铸铁管时，试验压力下10min内压力降不应大于0.05MPa，然后降至工作压力进行检查，压力应保持不变，不渗不漏；管材为塑料管时，试验压力下稳压1h压力降不大于0.05MPa，然后降至工作压力进行检查，压力应保持不变，不渗不漏
	埋地管道防腐	镀锌钢管、钢管的埋地防腐必须符合设计要求，如设计无规定，则可按表4-6的规定执行。卷材与管材间应粘贴牢固，无空鼓、滑移、接口不严等	观察与切开防腐层进行检查
一般项目	管道坐标、标高、坡度	管道的坐标、标高、坡度应符合设计要求；管道安装的允许偏差应符合表4-6的要求	见表4-6
	管道与支架的涂漆	管道与金属支架的涂漆应附着良好，无脱皮、起泡、流淌和漏涂等缺陷	现场观察检查
	阀门、水表安装位置	管道连接应符合工艺要求，阀门、水表等安装位置应正确；塑料给水管道上的水表、阀门等设施其重量或启闭装置的扭矩不得作用于管道上，当管径大于或等于50mm时必须设独立的支承装置	现场观察检查
	管道连接接口	捻口用的油麻填料必须清洁，填塞后应捻实，其深度应占整个环形间隙深度的1/3	观察与尺量检查
		捻口用水泥强度应不低于42.5MPa，接口水泥应密实饱满，其接口水泥面凹入承口边缘的深度不得大于2mm	观察与尺量检查
		采用水泥捻口的给水铸铁管时，在安装地点有化学侵蚀污染性的地下水源时，应在接口处涂抹沥青防腐层	观察检查
		采用橡胶圈接口的埋地给水管道时，遇上地下土壤或地下水对橡胶圈有腐蚀性污染的地段，在回填土前应用沥青胶泥、沥青麻丝或沥青锯末等材料封闭橡胶圈接口	观察与尺量检查

表 4-5   管道防腐层种类

防腐层层次	正常防腐层	加强防腐层	特加强防腐层
（从金属表面起）1	冷底子油	冷底子油	冷底子油
2	沥青涂层	沥青涂层	沥青涂层
3	外包保护层	加强包扎层	加强保护层
—	—	（封闭层）	（封闭层）
4	—	沥青涂层	沥青涂层
5	—	外保护层	加强包扎层
—	—	—	（封闭层）
6	—	—	沥青涂层
—	—	—	外包保护层
防腐层厚度不小于（mm）	3	6	9

注：管道防腐设计有规定时，执行设计要求；设计无规定时，按本表规定执行。

表 4-6   给水管道安装的允许偏差与检验方法

序号	项　目		允许偏差（mm）	检验方法
1	坐标	铸铁管 埋地	100	拉线与尺量检查
		铸铁管 敷设在沟槽内	50	
		钢管、塑料管、复合管 埋地	100	
		钢管、塑料管、复合管 敷设在沟槽内或架空	40	
2	标高	铸铁管 埋地	±50	拉线与尺量检查
		铸铁管 敷设在沟槽内	±30	
		钢管、塑料管、复合管 埋地	±50	
		钢管、塑料管、复合管 敷设在沟槽内或架空	±30	
3	水平管纵横向弯曲	铸铁管 直段（25m 以上）起点—终点	40	拉线与尺量检查
		钢管、塑料管、复合管 直段（25m 以上）起点—终点	30	

②铸铁管扯承插捻口链接的对口间隙应不小于 3mm，最大间隙不得大于表 4-7 的规定。

表 4-7   铸铁管承插捻口的对口最大间隙（mm）

管径	沿直线敷设	沿曲线敷设
75	4	5
100～250	5	7～13
300～500	6	14～22

③铸铁管沿直线敷设，承插捻口连接的环形间隙应符合表 4-8 的规定；沿曲线敷设时，每个接口允许有 2° 的转角。

表4-8　铸铁管承插捻口的环形间隙（mm）

管径	标准环形间隙	允许偏差
75~200	10	+3，-2
250~450	11	+4，-2
500	12	+4，-2

④橡胶圈接口的管道，每个接口的最大偏转角不得超过表4-9的规定。

表4-9　橡胶圈接口最大允许偏转角

公称直径（mm）	100	125	150	200	250	300	350	400
允许偏转角度（°）	5	5	5	5	4	4	4	4

（2）浇灌水管道安装监理要点。分为浇灌水管道材料及其安装准备阶段2项监理要点。

①绿地浇灌水管道材料零缺陷监理要点：见表4-10。

表4-10　浇灌水管道材料零缺陷监理要点

管道类别	监理项目与内容
给水铸铁管	（a）铸铁管、管件应符合设计要求和国家现行有关标准，并有出厂合格证 （b）管身内外应整洁，不得有裂缝、砂眼、碰伤。检查时可用小锤轻轻敲打管口、管身，声音嘶哑处即有裂缝，有裂缝的管材不得使用 （c）承口内部、插口端部附有的毛刺、砂粒和沥青应清除干净 （d）铸铁管内外表面的漆层应完整光洁，附着牢固
钢管	（a）表面应无裂缝、变形、壁厚不均等缺陷 （b）检查直管管口断面有无变形，是否与管身垂直 （c）管身内外是否锈蚀，凡锈蚀管子，在安装前应进行除锈，涂刷防锈漆 （d）镀锌管的锌层是否完整均匀
塑料管	（a）塑料管、复合管应有制造厂名称、生产日期、工作压力等标记，并具有出厂合格证 （b）塑料管、复合管的管材、配件、胶黏剂应是同一厂家的配套产品 （c）管壁应光滑、平整，不允许有气泡、裂口、凹陷、颜色不均等缺陷
阀门	（a）核对阀门的型号、规格、材质是否与设计要求一致 （b）检查阀体有无裂缝或其他损坏，阀杆转动是否灵活，闸板是否牢固 （c）DN100及以上的阀门应100%进行强度和严密性试验；若有不合格，应进行解体、研磨，检查密封填料并压紧，再进行试压；若仍不合格，则不能使用

②管道安装准备阶段零缺陷监理要点：见表4-11。

表4-11　管道安装准备阶段零缺陷监理要点

管道类别	监理项目与内容
散管与下管	（a）散管：将已检查并疏通好的管子沿沟散开摆顺，其承口应对着水流方向，插口应顺着水流方向 （b）下管：指把管子从地面放入沟槽内；当管径较小、重量较轻时，一般采用人工下管；当管径较大、重量较重时，一般采用机械下管；但在不具备机械下管的现场，或现场条件不允许时，可采用人工下管。下管时应谨慎操作，保证人身安全。操作前，必须对沟壁情况、下管工具、绳索、安全措施等认真检查

（续）

管道类别	监理项目与内容
管道对口 与调直稳固	（a）下至沟底的铸铁管在对口时，可将管子插口稍稍抬起，然后用撬棍在另一端用力将管子插口推入承口，再用撬棍将管子校正，使承插间隙均匀，并保持直线，管子两侧用土固定。遇有需要安装阀门处，应先将阀门与其配合的甲、乙短管安装完毕，而不能先将甲、乙短管与管子连接后再与阀门连接 （b）管子铺设并调直后，除接口外应及时覆土。覆土的目的是稳固管子，防止产生位移，另一方面也可以防止在捻口时将已捻管口振松。稳管时，每根管子必须仔细对准中心线，接口的转角应符合规范要求

（3）喷灌工程施工零缺陷监理要点。分为喷灌施工、安装 2 项工程监理要点。

①生态绿地喷灌工程施工零缺陷监理要点：见表 4-12。

表 4-12   喷灌工程施工零缺陷监理要点

项目		监理项目与内容
喷灌工程施工应符合的技术与管理程序	施工放样	施工现场应设置施工测量控制网，并将它保存到施工完毕；应定出建筑物的主轴线或纵横轴线、基坑开挖线与建筑物轮廓线等；应标明建筑物主要部位和基坑开挖的高程
	基坑开挖	必须保证基坑边坡稳定；若基坑挖成后不能实施下道工序作业，应预留 15～30cm 土层不挖，待下道工序开始前再挖至设计标高
	基坑排水	应设置明沟或井点排水系统，将基坑积水排掉
	基础处理	基坑地基承载力小于设计要求时，必须进行基础处理
	回填	砌筑完毕，应待砌体砂浆或混凝土凝固达到设计强度后回填；回填土应干湿适宜，分层夯实，与砌体接触密实
泵站机组 基础施工要求		（a）基础必须浇筑在未经松动的基坑原状土上，当地基土的承载力小于 0.05μPa 时，应进行加固处理 （b）基础的轴线与需要预埋的地脚螺栓或二期混凝土预留孔的位置应正确无误 （c）基础浇筑完毕拆模后，应用水平尺校平，其顶面高程应正确无误
管道沟槽 开挖要求		（a）应根据施工放样中心线和标明的槽底设计标高进行开挖，不得挖至槽底设计标高以下；如局部超挖则应用相同的土壤填补夯实至接近天然密实度。沟槽底宽应根据管道的直径、材质及施工条件确定 （b）沟槽经过岩石、卵石等容易损坏管道的地方应将槽底至少再挖 15cm，并用砂或细土回填至设计槽底标高 （c）管件接口槽坑应符合设计要求
沟槽回填 要求		（a）管与管件安装完毕后，应填土定位，经试压合格后尽快回填 （b）回填前应将沟槽内一切杂物清除干净，积水排净 （c）回填必须在管道两侧同时进行，严禁单侧回填，填土应分层夯实 （d）塑料管道应在地面和地下温度接近时回填；管周填土不应有直径大于 2.5cm 的石子及直径大于 5cm 的土块，半软质塑料管道回填时还应将管道充满水，回填土可加水灌筑

（续）

项目	监理项目与内容
其他要求	（a）在施工过程中，应做详细的施工记录。对于隐蔽工程，必须填写隐蔽工程记录，经验收合格后方能进入下道工序施工。全部工程施工完毕后应及时编写竣工报告 （b）中心支轴式喷灌机的中心支座采用混凝土基础时，应按设计要求于安装前浇筑完。浇筑混凝土基础时，在平地上，基础顶面应呈水平；在坡地上，基础顶面应与坡面平行 （c）中心支轴式喷灌机中心支座的基础与水井或水泵的相对位置不得影响喷灌机的拖移。当喷灌机中心支座与水泵相距较近时，水泵出水口与喷灌机中心线应保持一致

②生态喷灌工程安装零缺陷监理要点：见表 4-13。

表 4-13　喷灌工程安装零缺陷监理要点

项目	监理项目与内容
喷灌系统设备安装条件	（a）安装人员已经了解设备性能，熟悉安装要求 （b）安装用的工具、材料已准备齐全，安装用的机具经检查确认安全、可靠 （c）与设备安装有关的土建工程等已经验收合格 （d）待安装的设备已按设计核对无误，检验合格，内部清理干净，无杂物
设备检验要求	（a）应按设计要求核对设备数量、规格、材质、型号和连接尺寸，并应进行外观质量检查 （b）应对喷头、管及管件进行抽检，抽检数量不少于 3 件，抽检不合格，再取双倍进行不合格项目的复测；复测结果如仍有 1 件不合格则全批作为不合格 （c）检验用的仪器、仪表和量具均应具备计量部门的检验合格证 （d）检验记录应归档
地理管道安装要求	（a）管道安装不得使用木垫、砖垫或其他垫块，不得安装在冻结的土地基上 （b）管道安装宜按从低处向高处，先干管后支管的顺序进行 （c）管道吊运时，不得与沟壁或槽底相碰撞 （d）管道安装时，应排净沟槽积水，管底与管基应紧密接触 （e）脆性管材和回料管穿越公路或铁路时，应加套管或筑涵洞予以保护
机电设备安装要求	（a）直联机组安装时，水泵与动力机必须同轴，联轴器的端面间隙应符合要求 （b）非直联卧式机组安装时，动力机和水泵轴心线必须平行，皮带轮应在同一平面，且中心距符合设计要求 （c）柴油机的排气管应通向室外，且不宜过长；电动机的外壳应接地，绝缘应符合标准 （d）电气设备应按接线图进行安装，安装后应进行对线检查和试运行 （e）中心支轴式、平移式喷灌机必须按照说明书规定进行安装调试，并由专门技术人员组织实施
其他要求	（a）安装带有法兰的阀门和管件时，法兰应保持同轴、平行，保证螺栓自由穿入，不得用强紧螺栓的方法消除歪斜 （b）管道安装分期进行或因故中断时，应用堵头将敞口封闭 （c）在设备安装过程中，应随时进行质量检查，不得将杂物遗留在设备内

2　施工质量零缺陷检测方法

2.1　规格尺寸测量方法

（1）以每一道工序作业完成的完整规格（面积、体积、长度）为单元，逐项观察每道工序的工程措施位置、数量是否符合规划设计要求。

（2）工程措施长度用皮尺丈量，其断面尺寸（深度、上口宽、底宽尺寸）使用钢尺测定，对坡比降（水平或有微度倾斜）使用手水准与水平尺测定，并计算其规格能力是否符合设计要求。

（3）对各种蓄水、储水等池类的长度、宽度、深度使用皮尺测定，并计算其容量；墙厚度使用钢卷尺测定。

2.2　施工质量检测方法

（1）基础处理及夯填密实度用酒精烧干法测定其干容重（要求不小于 $1.5t/m^3$）。

（2）各单元、分部工程措施施工高程等采用水准法进行测量。

（3）清基质量主要是现场查查看。

（4）测试水泥砂浆和混凝土的配合比、强度，可现场制作试块采用混凝土回弹仪测定，或将试块送相关质检部门检验。

（5）工程措施使用各种施工材料的质量，主要是查看其供货商提供的质量合格证。

3　施工监理过程中存在问题零缺陷处理

对于工程措施施工监理过程中存在问题，视具体情况，可对应采取下述 3 种处理方法。

（1）对于现场发现的一般性问题的处理。当发现工地上有施工技艺不当、不科学、不合理与进度慢的一般性问题，监理机构应通过签发工程现场指示向施工企业提出整改要求，并在下次到场时检查落实情况。

（2）对于现场发现的对工程质量影响不大的工程措施问题，则马上要求施工人员立即改正，并旁站监督处理，记录在案，待问题彻底解决后监理人员方可离开现场。

（3）对于施工中存在的较大安全文明违章隐患与严重质量问题，必须报告总监理工程师签发工程暂停令停工整顿，并通过签发工程现场指示提出整改要求，使安全文明事故得到合法处理并对施工人员进行了宣传教育，不合格工程已返工经检验达到了设计质量标准，或者全面拆除了不合格工程并重新按规范、设计施工，待整顿达到要求和全面落实了整改意见后，由总监理工程师签发复工令，此后即可继续施工，应做到事中控制。

4　投资监理零缺陷控制

生态修复工程项目建设施工中的工程措施投资监理的零缺陷控制是按季度、半年、年终定期进行管理。主要工作是根据年度计划任务和投资计划、进度计划进行阶段性验收，核实工程量，按报账制审批各项工程措施款的拨付。

（1）根据施工企业提交的工程措施施工完工计量申请、质量检验认可、计量计算表等，由驻工地监理工程师与施工企业人员共同在场的情况下，按《造林技术规程（GB/T 15776—2006）》《水土保持工程质量评定规程（SL 336—2006）》《黄河水土保持生态工程施工质量评定规程（试行）》（黄河中上游管理局，2005）和《防沙治沙技术规程（GB/T 21141—2007）》等要求，对已经施工完成的工程措施土方、石方、混凝土方、植被混凝土护坡、机械沙障等量进行抽查、测量验收，抽查测量其工程数量应不小于总数的 30%。

（2）根据实测的工程措施工程量和施工企业上报工程量求得核实比例，以本期总工程量为控制指标，计算得到该次实际完成的土方、石方、混凝土方、植被混凝土护坡、机械沙障等各项工程措施的工程量。

（3）在对工程措施进行工程计量申请、质量检验认可审核无误的基础上，工程措施的工程计量计算表经驻工地监理工程师审查无误并签字认可后，报总监理工程师审核，施工企业根据监理工程师签字确认的工程措施工程量计量单向总监理工程师提交付款申请。经总监理工程师最终审核签认，再经建设单位审定后，在规定期限内向施工企业付款。

5　施工组织协调、安全文明、信息管理和环境保护零缺陷监理

（1）现场检查施工企业的组织、安全、文明、环境保护、施工资料管理情况。一是检查施工组织管理方式是否妥当、施工现场是否有序，有无安全文明隐患、任意扩大扰动范围、乱挖乱堆等破坏生态环境的现象；二是查阅施工日志是否按天记录，是否认真、翔实、完整、规范，资料管理是否整齐、完整、有序。

（2）查问施工企业与建设单位及当地群众的关系是否融洽，如有任何矛盾立即进行沟通协调；有无较大纠纷和劳动争议，用地协议是否真实合理、有无争议，如有争议和不合理处，因尽快与有关各方协调解决，调解无效后交由有关争议仲裁机关裁定。

第五章
生态修复工程项目建设施工安全文明的零缺陷管理

第一节
项目建设施工安全文明的零缺陷监督管理概述

生态修复工程项目建设过程中的施工安全文明关系到人民群众的生命和财产安全，项目建设单位或其委托的监理单位应当加强对建设工程项目安全文明施工作业的零缺陷监督管理。零缺陷监督管理有多种形式，可以事前监督、事中监督，也可以事后监督；可以运用行政管理手段监督，也可以运用法律、经济手段监督执行。

1 项目建设施工安全文明零缺陷监督管理制度

1.1 国家与地方政府对建设工程项目实行的安全文明监督管理规定

国务院负责安全文明生产监督管理的部门依照《中华人民共和国安全生产法》规定，对全国建设工程安全文明生产工作实施综合监督管理。县级以上地方人民政府负责安全生产监督管理的部门依照《中华人民共和国安全生产法》的规定，对本行政区域内建设工程安全文明生产工作实施综合监督管理。

1.1.1 综合监督管理内容

国家对建设工程项目施工安全文明实施监督管理的主要 4 项规定内容如下。

（1）依照有关法律、法规规定，对有关涉及安全文明施工生产作业事项进行审批、验收。

（2）依法对施工生产经营单位执行有关安全文明生产的法律、法规和国家标准或者行业标准的情况进行监督检查。

（3）按照国务院规定的权限组织对重大安全文明事故的调查与处理。

（4）对违反安全文明施工生产法规的行为依法给予行政处罚。

1.1.2 综合监督管理内容

对建设工程项目的施工安全文明综合监督管理实际上涉及以下两个层次的监督管理内涵：

①对市场主体的监督管理；②对管理者的监督管理。

在综合监督管理的内部，也存在着分级负责的问题，即国务院负责安全文明施工生产监督管理的部门对全国建设工程安全文明生产工作实施综合监督管理，同时，地方人民政府负责安全文明施工生产监督管理的部门对其管辖的行政区域内的建设工程安全文明施工生产工作实施综合监督管理。

1.2　国家与地方政府对各专业建设工程项目实施安全文明施工管理

国务院建设行政主管部门对全国建设工程项目施工安全文明生产实施监督管理。国务院铁路、交通、水利、林业等有关部门按照国务院规定的职责分工，负责相关专业建设工程项目安全文明施工生产的监督管理。县级以上地方人民政府建设行政主管部门对本行政区域内的建设工程项目施工安全文明生产实施监督管理，县级以上地方人民政府交通，水利、水保、林业等有关部门在各自的职责范围内，负责本行政区域内的专业建设工程项目施工安全文明生产的监督管理。

2　施工安全文明条件的零缺陷审查

2.1　核发施工许可证时应对安全文明施工措施审查

建设行政主管部门在审核发放生态修复建设工程项目施工许可证时，应当对生态修复建设工程项目是否有安全文明施工措施进行严格审查，对没有安全文明施工措施的，不得颁发施工许可证。

2.2　审查项目安全文明施工措施时的不予收费规定

建设工程项目行政主管部门或者其他有关部门对建设工程是否有安全文明施工措施进行审查时，不得收取任何费用。

3　行政部门安全文明施工生产的零缺陷监督管理

3.1　监督管理权力

为了保证建设工程项目安全文明施工生产的监督管理正常进行，县级以上人民政府负有建设工程项目安全文明施工生产的监督管理职责，并在各自职责范围内履行施工安全文明监督检查职责时，有权采取以下一系列的管理措施。

3.1.1　获得有关文件和资料的权力

建设工程项目施工安全生产的很多工作都需要进行文字记载，这些文件资料是行政部门了解有关施工安全文明措施及其实施情况的重要依据。或者这些文件和资料是监督管理最基本的形式。这里的文件包括被检查单位从行政管理部门获得的有关批准文件，也包括被检查单位的内部管理文件。这里的资料主要是指被检查单位的施工作业生产记录。

3.1.2　现场检查的权力

监督检查必须到达现场，否则就无法了解真实情况。根据这一规定，检查单位可进入施工现场进行检查，包括施工现场的办公、作业区域。可以向有关单位和人员了解情况，包括被检查单位负责人和其他人员，也包括其他了解情况的单位和人员。

3.1.3　纠正违法行为的权力

对于施工作业中违反安全文明生产要求的行为有权利进行纠正，有些可以当场进行纠正，包括违章指挥或者违章操作，未按照要求佩带、使用劳动防护用品等行为。对于难以立即纠正的，如未建立施工安全文明生产责任制，未按照要求设立施工安全文明生产管理机构、配备管理人员，安全文明施工生产资金投入不到位等，有权要求被检查单位在一定期限内纠正。对于依法应当给予处罚的，还应当依据有关法律、法规规定进行处罚。这里所说的法律法规，不仅仅包括施工安全文明生产方面的法律、法规，还包括行政处罚等专门规范政府共同行政行为的法律、法规。

3.1.4　事故隐患的处理权力

监督检查目的之一就是要发现安全文明事故隐患并及时处理。因此，负有施工安全文明生产监督检查管理职责的部门对检查中发现的事故隐患，有权并应当责令被检查单位立即采取措施，予以排除；对于重大的、有现实危险性的事故隐患，在排除前或者排除过程中无法保证安全文明的不良现象，有权并应当责令从危险区域内撤出作业人员或者暂时停止施工作业。这里的暂时停止施工，并不是行政处罚，而是一种临时性的行政强制性管理措施。因此不需要经过行政处罚的相关程序，而应当遵守国家对行政强制性措施的有关规定。

3.2　监督管理注意事项

这里需要强调的是，监督检查的目的是保证施工生产经营活动的正常进行，因此，监督检查不得影响被检查单位正常的施工生产经营活动，应当是负有安全文明施工生产监督检查管理职责部门一项义不容辞的义务。根据这一要求，负有建设工程项目施工安全文明生产监督管理职责的部门在履行职责时，应当注意以下 3 项事宜。

（1）检查内容应当严格限制在涉及施工安全文明生产作业事项上。对于被检查单位和施工安全文明作业事项无关的其他生产经营方面事项，不能予以干涉，同时，不得对被检查单位提出与检查无关的其他任何要求。

（2）检查要讲究方式、方法，不得粗暴和横加干涉。

（3）作出有关处理决定时，既要严肃和慎重，更要严格依照有关规定。特别是不能在没有事实依据情况下，随意作出对被检查单位的施工生产经营活动有重大影响的查封、扣押或者责令暂时停产停业等决定。

4　施工现场零缺陷监督检查

建设行政主管部门或者其他有关部门，可以将施工现场的监督检查委托给建设工程项目施工安全文明监督机构进行具体的零缺陷管理实施。

（1）建设工程项目行政管理单位应当根据法律、法规的要求行使自己的权利，履行自己应尽的义务。但当遇上一些特殊的事项，比如一些专业性、技术性很强的事项，行政机关本身很难完成，行政机关也没有必要纠缠于一些技术性工作。因此法律、法规允许行政机关将一些特定事项委托给专业部门完成。委托在行政法上是一个很重要的制度，行政机关不能任意委托。一般来说，只能在法律、法规明确允许的情况下才能委托，被委托机关必须在委托权限范围内作为。被委托机关不会因为委托而获得行政主体的资格，只能以委托机关的名义作为。被委托机关作为的法律责任由委托机关承担。

（2）委托给建设工程项目施工安全文明监督单位行使的行政权力只能是施工现场的监督检查，这是对于委托范围的限制性规定。行政管理从根本上来说是行政机关不可推卸的责任和义务。只有在行政机关力所难及的领域或者不宜由行政机关直接从事的工作，才可以委托其他专业组织代为履行一部分职责。具体到建设工程项目施工生产安全文明而言，只有那些日常、具体、技术性的监督检查事项，是行政机关难以凭借自身力量完成，而必须实行委托。除此之外的事项，纯属于行政管理事项，比如安全文明施工条件审查、企业资质评定等，只能由行政管理机关作出。

5　淘汰有可能危及零缺陷施工安全文明的工艺、设备、材料

国家对严重危及施工安全文明的工艺、设备、材料实行淘汰制度。具体目录由国务院建设行政主管部门会同国务院其他有关部门制定并公布。

（1）严重危及施工安全文明的工艺、设备、材料，是指不符合施工生产安全文明管理要求，极有可能导致安全文明事故发生，致使人民群众生命财产的安全文明遭受重大损失的工艺、设备和材料。只要是使用了严重危及施工安全文明的工艺、设备和材料，即使安全文明管理措施再严格，人的作用发挥再充分，也仍然难以避免安全文明生产事故的发生。因此，工艺、设备和材料与建设施工息息相关。为了保障人民群众生命和财产安全，国家规定对严重危及施工安全文明的工艺、设备和材料实行淘汰制度。这样做的目的，一是有利于保障安全文明施工生产，另一方面也体现出了优胜劣汰的市场经济规律，有利于提高工程项目建设施工生产经营单位的工艺水平，促进设备更新。

（2）对严重危及施工安全文明的工艺、设备和材料，实行淘汰制度，需要国务院建设行政主管部门会同国务院其他有关部门，在认真分析研究基础上，确定哪些是严重危及施工安全文明的工艺、设备和材料，并且以明示的方法予以公布。对于已经公布的严重危及施工安全文明的工艺、设备和材料，建设单位、监理单位和施工企业都应当严格遵守和执行，不得继续使用此类工艺和设备，也不得转让他人使用，否则，将要承担相应的法律责任。

第二节
项目建设施工现场安全文明的零缺陷控制

施工现场安全文明零缺陷控制是生态修复工程项目建设零缺陷监理工作的重要组成部分，是对建筑施工过程中安全文明生产状况所实施的监督管理。安全文明零缺陷控制的主要工作任务是贯彻落实安全文明生产方针政策，督促生态修复工程施工企业严格按照建筑施工安全文明法规和标准零缺陷组织施工，消除施工中的盲目性、冒险性和随意性，落实各项安全文明施工技术与管

理措施，有效地杜绝各类不安全、不文明的施工隐患，杜绝、控制和减少各类伤亡事故，实现安全文明的零缺陷施工作业。具体而言就是在编制监理大纲与监理规划时，项目监理总工程师应明确安全文明零缺陷监理目标、措施、计划和安全文明监理程序，并建立相关的程序文件，根据工程规模、各分项建设项目和各分包施工队，在充分调查研究基础上，制定安全文明施工监理具体工作及有关程序。督促施工企业落实零缺陷安全文明作业的组织保证体系和对工人进行安全文明作业教育，建立健全安全文明零缺陷施工生产责任制，详细、全面、零缺陷地审查施工方案及其安全文明技术与管理措施。

1 施工现场不安全文明因素分析

1.1 人的不安全因素

人既是管理对象，又是管理的动力。人的行为是安全文明施工作业的关键。人的安全文明行为是复杂和动态的，具有多样性、计划性、目的性、可塑性，并受安全文明意识水平的调节，受思维、情感、意志等心理活动的支配，同时也受道德观、人生观和世界观的影响。态度、意识、认知决定人的安全文明行为水平，因而人的安全文明行为表现出差异性。人的不安全文明因素是人的心理和生理特点造成的，主要表现在身体缺陷、错误行为和违纪违章等3个方面。人的行为对施工安全文明影响极大，据统计数字资料表明，88%的安全文明事故是由于人的不安全行为造成的，而人的生理和心理特点直接影响人的行为。所以，人的生理和心理状况对安全文明施工事故发生有着密切的联系。其主要表现在以下8个方面。

（1）生理疲劳对安全文明行为的影响。人的生理疲劳，表现出动作紊乱而不稳定，不能支配正常状况下所能承受的体力等，容易产生手脚发软，致使人或物从高处坠落、无意识的随意行为等安全文明事故发生。

（2）心理疲劳对安全文明行为的影响。人由于从事单调、重复劳动行为时的厌倦，或由于遭受挫折而身心乏力等注意力不集中，这些表现均会导致操作安全、文明行为的失误。

（3）视觉、听觉对安全文明行为的影响。人的视角受外界亮度、色彩、距离、移动速度等因素影响，会产生错看、漏看，人的听力受外界声音干扰而减弱，都会导致安全文明事故。

（4）人的气质对安全行为的影响。气质是人的个性重要组成部分，它是一个人所具有的典型、稳定的心理特征。人的意志坚定，行动准确，则安全文明度高；而情绪喜怒无常或优柔寡断、行动迟缓反映能力差的人则容易产生安全文明事故。气质使个人的安全文明行为表现出独特的个人色彩。例如，同样是作业操作，有的人表现为遵章守纪，动作及行为安全、文明可靠；有的人则表现为蛮干、急躁等行为，则极易发生安全文明行为上的差错。

（5）人的情绪对安全文明行为的影响。情绪为每个人所固有，从安全文明行为角度看，处于兴奋状态时，人的思维与动作较快；处于抑制状态时，思维与动作显得迟缓；处于强化阶段时，会有反常举动，这种情绪可能引起思维与行动不协调、动作之间不连贯，这就是安全文明行为的忌讳。

（6）人的性格对安全文明行为的影响。性格是每个人所具有、最主要、最显著的心理特征，是对某一事物稳定和习惯的方式。人的性格表现为多种多样，有理智型、意志型、情绪型。理智型用理智来衡量一切，并支配行动；情绪型的情绪体验深刻、安全行为受情绪影响大；意志型有明确目标、行动主动、安全责任心强。

（7）环境、物的状况对人的安全文明行为的影响。环境、物的状况对劳动生产过程的人也有很大的影响。环境变化会刺激人的心理，影响人的情绪，甚至打乱人的正常行动。物的运行失常与布置不当，会影响人的识别与操作，造成混乱和差错，打乱人的正常行为活动。

（8）人际关系对安全文明的影响。作业操作的劳动者互相信任，彼此尊重，遵守劳动纪律和安全文明操作法规，则安全有保障；反之，上下级关系紧张，注意力不集中，则易产生安全文明事故。

1.2　物的不安全因素

物的不安全状态，主要表现在以下 3 个方面。

（1）设备、装置缺陷。主要是指用于施工作业的设备、装置的技术性能降低，强度不够、结构不良、磨损、老化、失灵、腐蚀、物理或化学性能达不到要求指标等。

（2）作业场所缺陷。主要是指作业场地狭小，交通道路窄陡或机械设备拥挤等场地限制。

（3）物资和环境危险源。主要是指所使用油料、机械倾覆、漏电、火灾、土体滑塌、地震、暴雨洪水、沙尘暴等各种人为或自然因素。

1.3　环境因素

环境因素主要表现在以下 2 个方面。

（1）内部环境。指施工企业的管理体系，即企业机械管理部门对机械管理的运作水平。

（2）外部环境。指施工过程遭遇外界水文、地质等外部施工环境的重大影响作用力。

1.4　施工中常见的不安全文明因素

（1）土方工程施工中的不安全文明因素。土方工程施工中的不安全文明因素，是指施工机械距离沟坑边太近，开挖边坡坡度不稳定造成塌方等。因此，造成边坡土体滑塌，对土方开挖以及用机械碾压施工便道、取土等要留有足够的稳定边坡。水坠筑坝施工过程中，由于排水设施等不完善会造成的坝体"鼓肚"、滑塌，因此，对造泥沟、输泥渠、冲填池、坝坡等工区，都要设立安全文明现场检查员，避免造成人员伤亡和财产损失。

（2）石方工程施工中的不安全文明因素。在悬岩陡壁上开采石料时，不系安全绳或拉绳的木桩松动等，都容易造成施工人员跌伤。在坡面上撬动石头时，石块滚落可能砸伤下方施工人员或行人，要注意设立岗哨监视来往通行。在人工搬运石料过程中，使用绳索或木杠滑落或断裂，也容易造成人员砸伤，要注意检查所使用的工具是否结实完备。

（3）爆破施工中的不安全因素。在利用爆破技术开采石料或削坡等作业时，一般多为露天爆破，容易发生安全文明事故。其主要原因可归结为 5 个方面：①由于炮位选择不当或装药超量，放炮时飞石超过警戒线；②违章处理瞎炮，拉动起爆体引起爆炸伤人；③人员、设备未按规定撤离或爆破后人员过早进入危险区造成事故；④爆破时，点炮个数过多或导火索太短，点炮人员来不及撤离到安全地点而发生爆炸；⑤爆炸材料不按规定存放或警戒，管理不严，造成爆炸事故。

（4）其他方面的不安全文明因素。在高处施工作业，由于脚手架或梯子结构不牢固、施工人员安全意识差等，都容易发生坠落等事故。在机械使用方面，司机对施工机械操作不熟练或误操作，也会造成人员或设备的伤亡或损害。违章在高压送电线路下施工或工地供电线路不符合标准等都可能引起触电事故。在汛期未达到防汛坝高的工程，防汛抢险措施不落实，如遇洪水会给工程及人员、实施设备财产等的安全带来威胁。

2   施工安全文明零缺陷控制体系的建立

施工安全的零缺陷控制，从本质上讲，是施工企业分内应尽职尽力完成的管理工作，作为监理单位有责任和义务督促和协助施工企业加强安全文明行为控制。因此，施工安全文明控制体系包括施工企业的安全文明生产体系和监理单位的安全控制（监督）体系。

2.1   监理单位现场安全文明控制及其职责

监理人员必须熟悉国家有关安全文明施工生产方针及劳动保护政策法规、标准，熟悉各项工程的施工技术与管理方法，熟悉作业安排和安全操作规程，熟悉安全文明控制业务。监理单位在工程现场施工安全文明控制方面的 7 项主要职责如下所述。

（1）贯彻和执行国家安全文明生产及劳动保护的政策及法规。

（2）做好施工安全文明生产的宣传教育和管理工作。

（3）审查施工企业的施工安全文明技术与管理措施。

（4）深入现场检查安全文明措施的落实情况，并及时分析不安全、不文明的因素。

（5）督促施工企业建立和完善安全文明控制组织管理和安全文明岗位责任制。

（6）进行工伤事故与不文明行为的统计、分析和报告，并参与安全文明事故的分析处理。

（7）对违章操作、不文明行为或其他不安全行为及时进行纠正，无效时可责成施工企业辞退违章者。

2.2   施工企业零缺陷安全文明生产体系建立

施工企业零缺陷安全文明生产体系包括组织管理体系和制度管理体系。

（1）组织管理体系。应建立以施工企业项目部领导为组长的安全文明生产领导小组，并在各施工队设置兼职安全文明管理员。从技术、物资、财务、后勤服务等方面落实安全文明保障措施，明确各施工作业操作岗位的安全文明责任制，以形成安全文明保证体系。

（2）制度管理体系。施工企业安全文明施工作业规章制度主要包括以下 6 项。

①安全文明施工责任制。应以制度形式明确各级各类人员在施工作业活动中应承担的安全文明责任，使责任制落到实处。

②安全文明施工奖罚制度。要把安全文明施工与经济责任制挂起钩，做到奖罚严明。

③安全文明施工技术措施管理制度。指包括防止工伤、不规范、不文明事故的安全文明措施以及组织措施的审批、实施及确认等管理制度。

④安全文明规范施工作业教育、培训和安全文明检查制度。

⑤交通安全、文明管理制度。

⑥各施工作业工种的安全、文明技术操作规程等。

3　施工安全文明措施零缺陷审核与施工现场安全文明零缺陷控制

3.1　施工安全文明措施零缺陷审核

生态修复工程项目建设施工安全文明主要涉及其各类施工中的土方工程、石方工程及混凝土工程、机械沙障工程等方面，因此，在开工前，监理单位应首先提醒施工企业考虑施工中的安全文明现场管理措施。施工企业在施工作业实施方案或技术措施中，尤其对危险工种要特别强调安全、文明规范作业措施。审核施工企业安全文明措施内容主要有以下 3 项。

（1）安全文明措施要有针对性。针对不同建设工程特点可能给工程施工造成的危害，针对施工特点可能给安全文明带来的不良影响，针对施工中使用的易燃、易爆、有毒或剧毒物品可能给施工作业操作带来不安全、不文明的隐患影响，针对施工现场和周围环境可能给施工人员带来的危害，从技术与管理上采取措施，将可能危及安全文明的因素排除到最低限度。

（2）对施工平面布置的安全文明技术要求审查。施工平面布置安全文明审查注重审核易燃、易爆、有毒与剧毒物品存储仓库和加工车间的位置是否符合安全文明要求，供电线路及其设备的布置与各种水平、垂直运输线路的布置是否符合安全文明要求，高边坡开挖、陡坡植被混凝土防护作业、石料开采与石方砌筑、爆破施工、洞井开挖等是否有适当安全措施。

（3）对施工中应用的新技艺、新材料、新设备等进行严格审查。对在施工作业实施方案中采用的新技术、新工艺、新结构、新材料、新设备等，要审核有无对应的安全文明技术操作规程和管理措施。根据有关技术规程对各工种的施工安全文明技术标准、规范要求进行审核。

3.2　施工现场安全文明零缺陷控制

（1）施工前安全文明措施的落实检查。在生态修复工程项目建设施工企业编制的施工作业实施方案和技术措施中，应对安全文明措施作出计划。由于工期、经费等原因，这些措施经常得不到有效落实。因此监理工程师必须在施工前到施工现场进行实地检查。检查通过将施工平面布置、安全、文明措施计划和安全文明技术状况进行比较，提出问题，并督促施工企业逐项落实。

（2）施工作业过程中的安全文明检查。对生态修复工程项目建设施工安全文明检查是发现施工过程中不安全、不文明行为和状态的重要途径，其检查的主要形式和内容如下所述。

①安全文明检查形式。其现场检查形式分为以下 3 种。

一般性检查：为掌握整个施工安全文明管理情况与技术状况，完善安全文明控制计划，发现问题，并提出有效整改和积极预防措施；

专业性检查：对供电、易燃、易爆、有毒物品进行专项检查等；

季节性检查：针对气候变化进行的汛期、大风沙尘季检查。

②安全文明检查内容。在施工现场过程中安全文明检查包含 4 项内容。

查思想：检查施工人员是否树立了安全文明第一，预防为主的意识，对安全文明施工是否有足够认识；

查制度：检查安全文明施工作业规章制度是否建立、健全和落实；

查措施：检查安全文明施工措施是否有针对性；

查隐患：检查安全文明施工事故可能发生的隐患，发现隐患，立即提出整改措施。

（3）预防施工安全文明事故发生的方法。

①一般方法。指采取看、听、嗅、问、查、测、验、析等方法：看现场环境和作业条件，看实物和实际操作，看记录与资料等；听汇报、介绍、反映和意见，听机械设备运转声响等；对挥发物气味进行辨别；对施工安全文明工作进行详细询问；查明数据、查明原因、查清问题、追查责任；测量、测试、检测；进行必要试验与化验；分析施工安全文明事故隐患。

②安全文明检查表法。指通过事先拟定的施工安全文明检查明细表或清单，对安全文明施工作业进行初步诊断和控制。

第三节
项目建设施工现场安全文明事故报告与调查处理

为了规范生态修复工程项目建设施工安全文明事故的报告和调查处理，落实工程项目建设施工安全文明事故责任追究制度，防止和减少施工安全文明事故，我国于 2007 年 6 月 1 日实施了《生产安全事故报告和调查处理条例（国务院令第 493 号）》。

1   工程项目建设施工安全文明事故等级划分

根据施工生产安全文明事故（以下简称事故）造成的人员伤亡或者直接经济损失，将事故一般分为以下 4 个等级。

（1）特别重大事故。特别重大事故是指造成 30 人以上死亡，或者 100 人以上重伤（包括急性工业中毒），或者 1 亿元以上直接经济损失的事故。

（2）重大事故。重大事故是指造成 10 人以上 30 人以下死亡，或者 50 人以上 100 人以下重伤，或者 5000 万元以上 1 亿元以下直接经济损失的事故。

（3）较大事故。较大事故是指造成 3 人以上 10 人以下死亡，或者 10 人以上 50 人以下重伤，或者 1000 万元以上 5000 万元以下直接经济损失的事故。

（4）一般事故。一般事故是指造成 3 人以下死亡，或者 10 人以下重伤，或者 1000 万元以下直接经济损失的事故。

国务院安全文明生产监督管理部门可以会同国务院有关部门，制定事故等级划分的补充性规定。在事故分类中"以上"包括本数，所称的"以下"不包括本数。

2   工程项目建设施工安全文明事故报告制度

2.1   安全文明事故立即报告的规定

事故发生后，事故现场有关人员应当立即向本单位负责人报告；单位负责人接到报告后，应当于 1h 内向事故发生地县级以上人民政府安全文明生产监督管理部门和负有安全文明生产监督管理职责的有关部门报告。情况紧急时，事故现场有关人员可以直接向事故发生地县级以上人民政府安全生产监督管理部门和负有安全文明监督管理职责的有关部门报告。

2.2　安全文明事故逐级上报的规定

安全文明生产监督管理部门和负有安全文明生产监督管理职责的有关部门接到事故报告后，应当依照下列规定上报事故情况，并通知公安机关、劳动保障行政部门、工会和人民检察院。

（1）特别重大事故、重大事故逐级上报至国务院安全文明生产监督管理部门和负有安全文明生产监督管理职责的有关部门。

（2）较大事故逐级上报至省、自治区、直辖市人民政府安全文明生产监督管理部门和负有安全文明生产监督管理职责的有关部门。

（3）一般事故上报至设区的市级人民政府安全文明生产监督管理部门和负有安全文明生产监督管理职责的有关部门。

安全文明生产监督管理部门和负有安全文明生产监督管理职责的有关部门依照前款规定上报事故情况，应当同时报告本级人民政府。国务院安全文明生产监督管理部门和负有安全文明生产监督管理职责的有关部门以及省级人民政府接到发生特别重大事故、重大事故的报告后，应当立即报告国务院。

必要时，安全文明生产监督管理部门和负有安全文明生产监督管理职责的有关部门可以越级上报事故情况。安全文明生产监督管理部门和负有安全文明生产监督管理职责的有关部门逐级上报事故情况，每级上报的时间不得超过 2h。

2.3　报告事故应包括的内容

安全文明事故报告应包括 6 个方面的主要内容：①事故发生单位概况；②事故发生时间、地点以及事故现场情况；③事故简要经过；④事故已经造成或者可能造成的伤亡人数（包括下落不明人数）和初步估计的直经济损失；⑤已经采取的措施；⑥其他应当报告的情况。

2.4　安全文明事故后续补报的规定

当安全文明事故报告后出现新情况时，应当及时补报。自事故发生之日起 30d 内，事故造成伤亡人数发生变化，应当及时补报。道路交通事故、火灾事故自发生之日起 7d 内，事故造成伤亡人数发生变化，应当及时补报。

2.5　安全文明事故后续处置办法

事故发生单位负责人接到事故报告后，应当立即启动事故相应应急预案，或者采取有效措施，组织抢救，防止事故扩大，减少人员伤亡和财产损失。

2.6　安全文明事故现场保护的规定

事故发生后，有关单位和人员应当妥善保护事故现场及相关证据，任何单位和个人不得破坏事故现场、毁灭相关证据。因抢救人员、防止事故扩大以及疏通交通等原因，需要移动事故现场物件时，应做出标志，绘制现场简图并做记录，妥善保存现场重要痕迹、物证。

3   工程项目建设施工安全文明事故调查

（1）特别重大事故由国务院或者国务院授权有关部门组织事故调查组进行调查。重大事故、较大事故、一般事故分别由事故发生地省级人民政府、设区市级人民政府、县级人民政府负责调查。省级人民政府、设区市级人民政府、县级人民政府可以直接组织事故调查组进行调查，也可以授权或者委托有关部门组织事故调查组进行调查。未造成人员伤亡的一般事故，县级人民政府也可以委托事故发生单位组织事故调查组进行调查。

（2）特别重大事故以下等级事故，事故发生地与事故发生单位不在同一个县级以上行政区域，由事故发生地人民政府负责调查，事故发生单位所在地人民政府应当派人参加。

（3）根据事故具体情况，事故调查组由有关人民政府、安全文明生产监督管理部门、负有安全文明生产监督管理职责的有关部门、监察机关、公安机关以及工会派人组成，并应当邀请事故当地检察院派人参加。事故调查组可以聘请有关专家参与调查。

（4）事故调查组组长由负责事故调查的当地政府指定。组长主持事故调查组工作；事故调查组成员应当具有事故调查所需要的知识和专长，并与所调查事故没有直接利害关系。

（5）事故调查组应履行的工作职责。事故调查组工作人员应履行以下 5 项工作职责：查明事故发生的经过、原因、人员伤亡情况以及直接经济损失；认定事故性质和事故责任；提出对事故责任者的处理建议；总结事故教训，提出防范和整改措施；提交事故调查报告。

（6）事故调查组有权向有关单位和个人了解与事故相关的情况，并要求其提供相关文件及资料，有关单位和个人不得拒绝。事故发生单位的负责人和有关人员在事故调查期间不得擅离职守，并应当随时接受事故调查组的询问，如实提供有关情况。事故调查中发现涉嫌犯罪的事实，事故调查组应当及时将有关材料或者其复印件移交司法机关立案处理。

（7）事故调查组应自事故发生之日起 60d 内提交事故调查报告。特殊情况下，经负责事故调查的人民政府批准，提交事故调查报告期限可以适当延长，但延长期限最长不超过 60d。

（8）事故调查报告应当包括的内容。事故调查报告应当包括下述 7 项主要内容：事故发生单位概况；事故发生经过和事故救援情况；事故造成人员伤亡和直接经济损失情况；事故发生原因和事故性质；事故责任认定以及对事故责任者的处理建议；事故防范和整改措施；事故调查报告中应当附带有关证据材料，事故调查成员应当在事故调查报告上签名；事故调查报告报送负责事故调查的人民政府后，事故调查工作即告结束，事故调查的有关资料应当归档保存。

4   工程项目建设施工安全文明事故处理

（1）重大事故、较大事故、一般事故，负责事故调查的人民政府应当自收到事故调查报告之日起 15d 内作出批复；特别重大事故，30d 内作出批复，特殊情况下，批复时间可以适当延长，但延长的时间最长不超过 30d。有关机关应当按照人民政府批复，依照法律、行政法规规定的权限和程序，对事故发生单位和有关人员处予行政处罚，对负有事故责任的国家工作人员进行处分。事故发生单位应当按照负责事故调查的人民政府批复，对本单位负有事故责任的人员进行处理。负有事故责任的人员涉嫌犯罪时，依法追究相应刑事责任。

（2）事故发生单位应当认真吸取事故教训，落实防范和整改措施，防止事故再次发生。防范和整改措施的落实情况应当接受工会和职工监督。安全文明生产监督管理都门及其有关部门，应当对事故发生单位落实防范和整改措施情况进行监督检查。

（3）事故处理情况由负责事故调查的人民政府或者其授权的有关部门、机构向社会公布，依法应当保密的事故处理情况除外。

5　工程项目建设施工安全文明事故法律责任

（1）事故发生单位主要负责人有下列行为之一的，处上一年年收入 40%~80% 的罚款金额；属于国家工作人员，依法给予处分；有构成以下犯罪的行为，依法追究刑事责任：不立即组织抢救者；迟报、漏报事故的责任人；在事故调查处理期间擅离职守者。

（2）事故发生单位及其有关人员有下列行为之一的，对事故发生单位处予 100 万元以上 500 万元以下罚款；对主要负责人、直接负责人员和其他直接责任者处予一年年收入 60%~100% 的罚款；属于国家工作人员，依法给予处分；构成违反治安管理行为者，由公安机关依法给予治安管理处罚，构成犯罪者，依法追究其刑事责任：谎报或者瞒报事故者；伪造或者故意破坏事故现场者；转移、隐匿资金、财产，或者销毁相关证据、资料者；拒绝接受调查或者拒绝提供有关情况和资料者；在事故调查中作伪证或者指使他人作伪证者；事故发生后逃匿者。

（3）事故发生单位对事故发生负有责任时，应依照规定处予罚款；发生一般事故，处予 10 万元以上 20 万元以下罚款；发生较大事故，处予 20 万元以上 50 万元以下罚款；发生重大事故，处予 50 万元以上 200 万元以下罚款；发生特别重大事故，处予 200 万元以上 500 万元以下罚款。

（4）事故发生单位主要负责人未依法履行安全文明管理职责，从而导致事故发生，依照下列规定处予罚款，属于国家工作人员，依法给予处分；构成犯罪者，依法追究其刑事责任：发生一般事故，处予上一年年收入 30% 的罚款；发生较大事故，处予上一年年收入 40% 的罚款；发生重大事故，处予上一年年收入 60% 的罚款；发生特别重大事故，处予上一年年收入 80% 的罚款。

（5）有关地方人民政府、安全文明生产监督管理部门及其相关部门有下列行为之一时，对直接负责人和其他直接责任者依法给予处分；构成犯罪者，应依法追究其刑事责任：不立即组织事故抢救者；迟报、漏报、谎报或者瞒报事故者；阻碍、干涉事故调查工作者；在事故调查中作伪证或者指使他人作伪证者。

（6）事故发生单位对事故发生负有事故责任时，由相关部门依法暂扣或者吊销其有关证照；对事故发生单位负有事故责任的有关人员，依法暂停或者撤销其与安全、文明生产有关的执业资格、岗位证书；事故发生单位主要负责人受到刑事处罚或者撤职处分，自刑罚执行完毕或者受处分之日起，5 年内不得担任任何生产经营单位的主要负责人。为发生事故单位提供虚假证明的中介机构，由有关部门依法暂扣或者吊销其有关证照及其相关人员的执业资格；构成犯罪者，依法追究其刑事责任。

（7）参与事故调查的人员在事故调查中有下列行为之一的，依法给予处分，构成犯罪者，依法追究其刑事责任：对事故调查工作不负责任，致使事故调查工作有重大疏漏、失误的责任人；包庇、袒护负有事故责任的人员或者借机打击报复责任者。

第六章
生态修复工程项目建设施工现场监理信息的零缺陷管理

第一节
项目建设施工监理现场的零缺陷信息系统与功能

生态修复工程项目建设这个大系统中，监理单位与建设（业主）、设计、施工等单位共同构成一个统一的组织系统，同处于这一个大信息系统之中，共同针对项目建设目标系统进行各自的工作。同时，项目建设监理本身也形成一个信息系统。它从大系统各元素之中和系统之外收集法律法规、国际惯例、专业规范等，以及建设单位要求、合同条件、施工企业情况、施工进度、施工质量等，把这些数据集中存放，制成记录，加以处理。对处理后数据加以解释，依据解释结果作出决策，并采取各种必要行动。包括向建设单位、政府有关部门、银行等提交各类报告、通知，向施工企业发出各种指令、结算账单、设计修改通知等，如图6-1。

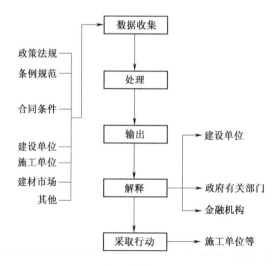

图 6-1　监理信息处理系统示意

1 项目建设施工进度控制子系统

实行进度零缺陷控制的方法主要是定期收集施工实际进度数据，并与工程项目进度计划进行分析比较。如发现进度实际值与进度计划值有偏差，要及时采取措施，调整工程进度计划，才能确定工程建设目标的零缺陷实现，如图 6-2 。

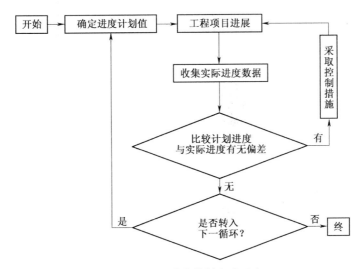

图 **6-2** 工程进度控制方法示意

生态修复工程项目建设施工进度控制子系统的主要零缺陷功能如图 6-3。

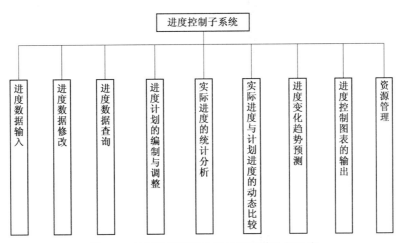

图 **6-3** 工程进度控制子系统零缺陷功能示意

生态修复工程项目建设施工进度控制子系统的 9 项零缺陷主要功能是：①工程建设进度信息管理，指对施工进度控制数据的存储、修改、查询等；②进度计划编制与调整形式，指采用横道图计划、网络计划、日历进度计划等不同形式对进度计划的修改；③工程实际进度统计分析；④实际进度与计划进度的动态比较；⑤工程进度变化趋势预测；⑥计划进度定期调整；⑦工程进度查询；⑧进度计划，各种进度控制图表的打印输出；⑨各种资源资料数据的统计分析。

2　项目建设施工质量零缺陷控制子系统

生态修复工程项目施工质量零缺陷控制子系统的主要功能如图6-4。

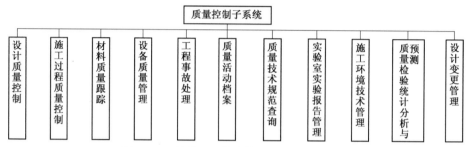

图 6-4　工程质量零缺陷控制子系统功能示意

2.1　设计质量零缺陷控制

生态修复工程项目建设设计质量零缺陷控制的 6 项内容是：①对储存设计文件、核查记录、技术规范、技术方案采用计算机进行统计分析；②提供有关信息；③储存设计质量鉴定结果；④储存设计文件鉴证记录，包括鉴证项目、鉴证时间、鉴证资料等内容；⑤提供图纸资料交付情况报告，统计图纸资料按时交付率、合格率等指标；⑥择要登录设计变更文件。

2.2　施工质量零缺陷控制

生态修复工程项目建设施工质量零缺陷控制的 5 项内容是：①施工作业质量检验评定记录：单元工程、分部工程、单位工程的检查评定结果及有关质量保证资料；②进行数据校验和统计分析；③根据单元工程评定结果和有关质量检验评定标准，进行分部工程、单位工程质量评定，为建设主管部门进行质量评定提供参考数据；④运用数理统计方法，对重点工序和重要质量指标数据进行统计分析，绘制直方图、控制图等管理图表；⑤根据质量控制的不同要求，提供各种报表。

2.3　材料质量零缺陷跟踪

材料质量的零缺陷跟踪，指对主要建设施工材料、成品、半成品及构件进行跟踪管理，处理信息包括材料入库或到货验收记录、材料分配记录、施工现场材料验收记录等。

2.4　设备质量零缺陷管理

设备质量的零缺陷管理指对大型设备及其安装调试的质量管理。大型设备供应有 2 种方式：订购和委托外系统加工。订购设备质量管理包括开箱检验、安装调试、试运行 3 个环节；委托外系统加工的设备还包括设计控制、设备监造等环节，以及计算机储存各环节的记录信息，并提出有关报表。

2.5　工程事故零缺陷处理

工程事故的零缺陷处理指储存重大工程事故的报告，登录一般事故报告摘要，提供多种工程事故统计分析报告。

2.6 质量监督活动的零缺陷档案

质量监督活动的零缺陷档案是指记录质量监督人员的一些基本情况，如职务、职责等；并据单元工程质量检验评定记录等资料进行的统计汇总，提供质量监督人员活动月报表等。

3 项目建设投资零缺陷控制子系统

生态修复工程项目建设投资零缺陷控制的首要问题是对项目总投资进行分解，即将项目总投资按照项目的构成进行分解。生态修复工程项目建设施工可以分解成若干个单项工程和若干个单位工程，每一个单项工程和单位工程均有投资额要求，其两类的投资数额加在一起构成项目总投资。在整体控制过程中，要详细掌握每一项投资发生在哪一部位，一旦投资实际值和计划值发生偏差，就应找出其原因，以便采取措施进行纠偏，使其满足总投资控制要求。其零缺陷控制过程如图 6-5。

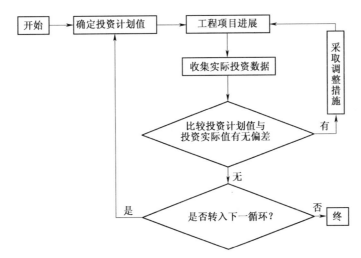

图 6-5　工程建设投资零缺陷控制方法示意

生态修复工程项目建设投资计划值和实际值比较内容包括：概算与修正概算、概算与预算、概算与造价、概算与合同价、概算与实际投资、合同价资金使用、资金使用计划与实际资金使用等方面的比较；项目投资零缺陷控制子系统的主要内容如图 6-6。

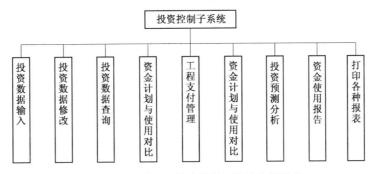

图 6-6　工程质量零缺陷控制子系统功能示意

生态修复工程项目建设投资零缺陷控制子系统的 12 项内容如下：资金使用计划；资金计划、概算和预算的调整；资金分配、概算对比分析；项目概算与项目预算对比分析；合同价格与投资分配、概算、预算的对比分析；实际费用支出统计分析；实际投资与计划投资动态比较；项目投资变化趋势预测；项目计划投资调整；项目结算与预算、合同价的对比分析；项目投资信息查询；提供各种项目投资管理报表。

4　项目建设合同零缺陷管理子系统

在生态修复工程项目建设施工监理信息的零缺陷管理中，除了投资控制、进度控制、质量控制、行政事务管理等信息的零缺陷系统外，以其合同文件的文本为中心，合同管理子系统应具备的零缺陷功能如图 6-7。

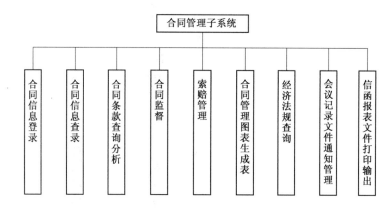

图 6-7　项目建设合同管理子系统的零缺陷功能示意

生态修复工程项目建设监理合同管理子系统的零缺陷内容主要有以下 6 项。

（1）合同文件、资料、会议记录的登录、修改、删除、查询和统计。

（2）合同条款查询与分析。

（3）技术规范查询。

（4）合同执行情况跟踪与管理。

（5）合同管理信息函、报表、文件的打印输出。

（6）项目建设相关法规文件查询。

5　项目建设行政事务零缺陷管理子系统

生态修复工程项目建设行政事务零缺陷管理是监理现场中不可或缺的工作。在监理工作具体实施中，应将各类文件分别归类建档，其内容包括政府主管部门、项目法人、施工企业、监理单位等来自各个部门的文件，进行编辑登录整理和及时处理，以便各项工作顺利开展。

生态修复工程项目建设行政事务管理子系统的零缺陷功能如图 6-8。

生态修复工程项目建设监理行政事务零缺陷管理子系统的 12 项内容是：公文编辑处理；排版打印处理；公文登录；公文处理；公文查询；公文统计；组卷登录；修改案卷；删除案卷；查询统计；后勤管理；外事管理。

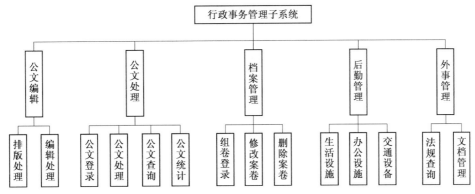

图 6-8　项目建设行政事务管理子系统功能示意

第二节
项目建设现场监理信息的零缺陷管理

1　项目建设监理零缺陷信息资料

生态修复工程建设现场监理零缺陷信息资料主要包含以下 12 项工作内容。

（1）生态修复项目初步设计与计划批复文件，开发建设项目水土保持方案与设计文件。

（2）生态修复工程项目建设设计施工图。

（3）监理规划、监理实施细则。

（4）施工作业实施方案、施工措施计划、施工进度计划、施工资金流计划等资料。

（5）材料、构配件和工程设备等的报验、检验资料。

（6）工程施工质量检验、评定、验收资料。

（7）工程变更与索赔、工程计量与付款证书等资料。

（8）质量缺陷与事故处理文件资料。

（9）监理实施过程中的往来函件、监理指示、工程师通知单、签证、移交证书等。

（10）监理工作日记、日志、会议纪要等。

（11）监理周报、月报、专题报告、工作报告以及监理工作总结报告。

（12）监理程序文件、质量管理手册、监理工作制度、监理人员守则、培训等其他资料。

2　项目建设监理零缺陷主要工作内容

生态修复工程项目建设现场监理零缺陷主要工作内容主要包含以下 3 项。

（1）在工程开工前，完成合同工程项目划分以及编码编制工作。

（2）建立监理信息文件目录，完善信息、文件的传递、批阅制度。

（3）明确施工监理的基本表式。监理人员应认真填写、收集、整理施工中关于施工进度、工程质量、合同支付目标控制以及合同管理、组织协调、环境、安全、文明管理过程的信息。全面、准确、及时地作好监理记录，并按周或月整编成册，归档管理。

3　监理文件零缺陷编写与管理

监理的零缺陷文件必须是书面文件，应当按照规定程序与格式进行起草、打印、校核、签发。监理文件表述要明确、数据要准确、引用要正确、用语要规范。文件构成要素和表达形式必须严谨，以有关法规、工程承建合同以及技术规程、规范和标准为依据。

（1）确定专人管理文件，对于监理单位发送或接收的文件，应及时做好发送和签收记录。

（2）对于监理单位向建设单位发出的请示函，应及时联系建设单位责任人尽快答复；对于监理单位向施工企业发出的指令性文件，要求回复时，施工企业必须按要求尽快落实与回复，预期不回复，监理机构有权处理，并使文件闭合。

（3）监理单位应确定专人进行监理周、月报编写，要做到真实客观、数据准确、重点突出、语言简练，并附上必要的图表和照片，按时报送建设单位。

（4）工程现场监理人员要准确、及时、不间断地做好每一工程项目的现场施工记录，客观全面地反映工程建设中出现的各种问题。监理日记应逐日记述现场监理工作，特别对现场施工出现的问题与处理作详细描述。监理日志由监理单位安排专人负责记录。

（5）严格按照工程项目建设现场监理工作条例要求和规定格式完善监理大事记。

4　项目建设监理单位零缺陷发文格式

4.1　监理文件零缺陷编制

（1）红头文件的编制。红头文件名称、文号按下列格式进行编写。

红头名称为　"××××监理单位全称承担×××项目监理部文件"；

红头文件编号为　"××××监××（20××）××号"。

（2）非红头文件的编制。非红头文件的编制主要包括工程师通知单、现场指示、停工令、复工令、警告通知、工作联系单、备忘录、监理日记（志）、变更通知单、整改通知单等。一般按下列形式编号。

监理工程师通知单文件编号为："生态监理（20××）通知××号"；

监理现场指示文件编号为："生态监理（20××）现指××号"；

停工令文件编号为："生态监理（20××）停工××号"；

复工令文件编号为："生态监理（20××）复工××号"；

警告通知文件编号为："生态监理（20××）警告××号"；

工作联系单文件编号为："生态监理（20××）联系××号"；

备忘文件编号为："生态监理（20××）备忘××号"；

监理日记文件编号为："监理（20××）日记（志）××号"；

变更通知单文件号为："生态监理（20××）变更××号"；

整改通知单文件编号为："生态监理（20××）整改××号"；

会议纪要文件编号为："生态监理（20××）纪要××号"；

监理周（月）报编号为；"生态监理（20××）周（月）报××号"。

4.2　监理文件零缺陷成文日期

监理文件成文日期一般以签发时间为准。若必须另行报经批准时，以批准时间为准。

4.3　监理文件零缺陷格式

（1）文件标题应当简明准确地概括文件属性及其主要内容。

（2）正文内容要条理清楚、数据准确、简明扼要、用词规范；必须引用文函时，应先引用文件标题，后引文函号；必须注明日期的应写明具体的年、月、日。

（3）文件中的数字，除成文时间、层次序数和惯用语、缩略语以及具有修辞色彩语句中作为修辞色彩的数字使用汉字外，其余应使用阿拉伯数字。

（4）需要采用主题词时，按国家或有关部门发布的公文文件主题词规范选用或编写。

（5）主送、抄送等单位应用全称或规范化简称，以示尊重。其中：主送指应送达文件的受理单位；抄送指应送达供其了解文件内容的监理单位上级机关、项目法人、监理同级机构以及其他与本项目相关的单位与机构。

第三节
项目建设监理现场文档的零缺陷管理

1　项目建设监理文档的零缺陷管理作用

生态修复工程项目建设监理信息管理工作中，文书档案的零缺陷管理也是一项很重要的工作。尽管利用计算机可以使大量信息得以集中存储，并快速得到处理，从而保证监理工作动态控制顺利进行。但是，对于监理工作中有许多场合尚需用到信息、资料的原件，如有关工程设计图纸、监理规划、监理合同以及各类监理报告、日记、工程师指令等原始件，在发生索赔、诉讼等事件时，将是必不可少的证据资料。因此，监理工程师在加强电算化信息管理的同时，有必要建立起一套完整的建设监理文书档案管理制度，妥善保管监理技术文件和各类原始资料，这也是建立计算机监理信息系统必要的前提条件。

2　监理文档管理系统的零缺陷主要内容

2.1　监理资料零缺陷台账

（1）监理委托合同。监理委托合同1式5份：档案员1份、经理1份、工程部1份、经济部1份、项目总监理工程师1份；这些合同书待工程竣工后应收入监理单位工程监理档案资料中进行存档处置。

（2）监理文件。监理文件分为行政和技术2大类，分别按时间顺序编目。

（3）已竣工监理工程统计表。已经竣工监理工程的统计表是指按年度统计档案室存档的监理各竣工工程资料。表内主要子项是：工程项目名称、建设区域与地理坐标位置、建设性质、工程类型、建设单位、设计单位、施工企业、监理合同号、开始监理时间、监理内容、工程计划与实际工期、自评与监理确定的工程质量、工程概算值与实际结算值。

（4）在建监理工程统计表。在建的监理工程统计表，应按年度列表，按季度核实，年末未竣工项目列入下一年度，其子项目包括：工程项目名称、建设区域与地理坐标位置、建设性质、工程类型、建设单位、设计单位、施工企业、监理合同号、开始监理时间、监理内容、工程工期、概算、完成部位、已支付工程款、累计支付工程款数额。

2.2　监理资料零缺陷主要内容

生态修复工程项目建设监理资料主要包括 12 类：监理合同；监理大纲、监理规划；监理月报；监理日志；会议记录；监理通知；工程质量事故核查处理报告；施工作业实施方案及审核鉴证；工程结算核定；主体工程质量评定监理核查意见表；单位工程竣工验收监理意见；质量监督站主体结构及竣工核检意见（复印件）。

2.3　监理零缺陷报表

报表是监理单位开展生态修复工程项目建设监理工作不可缺少的零缺陷工具，同时也是监理文书档案的零缺陷主要内容。监理的零缺陷工作报表应根据有关监理文件精神，参照国际通用FIDIC 条款，结合工程监理实践编制。因为生态修复工程建设项目类型繁多，投资与管理体制上也各有特点，具体编制和应用这些表格时，应结合目标工程项目的实际情况，对表式内容进行增删或补充其他表式。这些表格在作为档案收存时，有些可以直接保存，有些尚应经过分类、汇总等某些处理后再入档。

生态修复工程项目建设监理零缺陷报表按其流向可分为以下 4 大类。

（1）施工企业向监理单位提交审批报表种类。施工企业向监理单位提交审批的报表种类，主要有以下 20 种报表种类：①施工作业实施方案报审表；②工程开工报审表；③设计图纸交底会议纪要；④苗木、种子、工程措施材料与设备报审表；⑤进场设备报验单；⑥施工放样报验单；⑦分包申请；⑧合同外工程单价申请表；⑨计日工单价申报表；⑩工程报验单；⑪复工申请；⑫合同工程月计量申请表；⑬额外工程月计量申报表；⑭计日工月计量申报表；⑮人工、材料价格调整申报表；⑯付款申请；⑰索赔申报表；⑱延长工期申报表；⑲竣工报验单；⑳事故报告单。

（2）监理单位向施工企业发放指令表格：监理单位向施工企业项目部现场主要发放以下 12 种监理指令表格：①监理工程师通知；②额外或紧急工程通知单；③计日工通知单；④设计变更通知单；⑤不合格工程通知单；⑥工程检验认可书；⑦竣工验收证书；⑧变更指令；⑨工程暂停指令；⑩复工指令；⑪工地指示；⑫现场指示。

（3）质量检查验评表格。监理单位向施工企业项目部现场主要发放以下 15 种涉及施工质量的监理指令表格：①单位工程质量综合评定表；②质量保证资料评定表；③基础开挖质量评定表；④基础工程质量评定表；⑤主体工程质量评定表；⑥隐蔽工程质量评定表；⑦土石方回填质量评定表；⑧混凝土浇筑工程质量评定表；⑨预制件质量检查表；⑩砌石工程质量评定表；⑪机械沙障设置工程质量评定表；⑫造林工程质量评定表；⑬种草工程质量评定表；⑭植物工程措施质量评定表；⑮配套工程措施质量评定表等。

（4）监理单位向建设单位提交的报表。监理单位主要向建设单位提交以下 8 种报表：①监理月（季）度报告；②项目月支付工程款总表；③暂定金额支付月报表；④应扣款月报表；⑤进度计划与实际完成报表；⑥月度施工进度计划表；⑦备忘录；⑧施工监理日记表格。

参 考 文 献

1 水利部水土保持监测中心. 水土保持工程施工监理规范 [M]. 北京：中国水利水电出版社，2012.

2 郑大勇. 园林工程监理员一本通 [M]. 武汉：华中科技大学出版社，2008.

3 水利部水土保持监测中心. 水土保持工程建设监理理论与务实 [M]. 北京：中国水利水电出版社，2008.

4 孙献忠. 水土保持工程监理工程师必读 [M]. 北京：中国水利水电出版社，2010.

5 李同庆. 园林工程施工监理 [M]. 武汉：华中科技大学出版社，2012.

6 吴立威. 园林工程施工组织与管理 [M]. 北京：机械工业出版社，2008.

7 林立. 建筑工程项目管理 [M]. 北京：中国建材工业出版社，2009.

8 黄河中上游管理局. 黄河水土保持生态工程施工质量评定规程（试行） [M]. 郑州：黄河水利出版社，2005.

第五篇

生态修复工程
零缺陷抚育保质

第一章

生态修复工程项目建设
施工抚育保质零缺陷技术与管理

第一节
项目建设施工抚育保质零缺陷机制与职责

生态修复工程项目建设现场施工结束后，建立项目抚育保质养护技术与管理零缺陷工作机制，是施工现场作业后更为重要的工作，也是对所施工工程质量的补充和完善，项目部应给予1分施工9分抚育保质养护的重视，万万不可因抚育保质养护不到位而造成生态修复工程项目不能达标和未通过竣工验收。

1 项目建设实行施工抚育保质零缺陷机制的重要性

（1）项目建设施工后实行零缺陷施工抚育保质的意义。在生态修复工程项目建设合同规定的施工期限内，对建设现场施工作业完成的生态修复工程实体项目采取有效的抚育保质养护零缺陷技术与管理，是关系到工程实体质量是否达到合同约定的质量等级标准，能否通过建设单位（甲方）对工程进行竣工验收的一项关键性技术与管理工作内容。此外，对工程实施抚育保质养护的工作质量也是对项目建设施工实体质量的保证和基础，是项目部进行施工技术与管理工作质量的综合反映，以及施工企业形象和品牌的展示。

（2）项目建设零缺陷施工抚育保质对提高工程质量的重要性。生态修复工程建设中，对现场作业完工的生态修复工程项目实行零缺陷抚育保质养护试运行后，再进行竣工验收和移交，可有利于发现工程项目在施工过程中的一些质量与功能隐患、内外部瑕疵和设计缺陷等，有利于生态修复工程项目达到建设标准的规范要求，可充分满足项目在立项、设计时设定的生态防护性、环境绿地覆盖率与景观性等目标、功能要求。

2 项目施工抚育保质养护零缺陷工作职责

2.1 项目零缺陷抚育保质养护管理

生态修复工程项目抚育保质养护管理主要包括以下2项零缺陷技术与管理工作内容。

2.1.1 抚育养护零缺陷管理

抚育养护零缺陷管理是专指抚育保质养护队对生态修复工程项目建设施工绿地范围内的所有植物采取浇水灌溉、施肥、除草、修剪整形、防治病虫害、防治鼠兔害等技艺措施，以及看护防治人畜毁林毁草、防火、防涝排水等工作。

2.1.2 抚育保质零缺陷管理

抚育保质零缺陷管理是指项目部抚育保质养护队，在工程项目抚育保质期内对整个植物工程项目、配套工程措施项目的实体质量进行的松土除草、补植、补种、幼苗管理、封禁保护和工程设施配建的更换、维护、修补。

2.2 项目抚育保质养护零缺陷工作职责

对已完工而在抚育保质养护期内的生态修复工程项目，项目部应根据工程规模、功能类别等情况，确定抚育保质养护管理队的人员建制；要实行专职、固定式的抚育保质养护管理零缺陷工作责任制。并制定相应的抚育保质养护岗位零缺陷工作标准、规范、要求和考核指标等。实行抚育保质养护岗位零缺陷责任制，按人划分和确定保质养护责任区。抚育保质养护管理队具体承担着生态修工程项目区域内 4 项零缺陷工作职责。

2.2.1 日常管理

日常管理是指制定和编制月、季度和年度抚育保质工作计划，并负责组织实施和监管。

2.2.2 安全管理

安全是生态修复工程项目区域抚育保质养护的保证。养护管理工必须熟悉并正确执行各项技术操作安全规程，并规范对日常使用的器械、工具和物料的保养管理，消除安全隐患。

2.2.3 防毁管理

生态修复工程项目建设区域是新建立的生态防护植被工程雏体，为此，应对所承担管辖区范围进行全面的巡查、维护、看管，防止人为的损害和破坏。

2.2.4 管理改进

抚育保质养护队应建立和实行工作质量监管和奖罚制度，并在实践运行中持续改进和逐步完善，不断提高生态修复工程项目建设区域的整体抚育保质养护技术与管理工作质量。

3 项目抚育保质养护技术与管理的零缺陷记录和建档管理

项目部对生态修复工程项目行使抚育保质养护的零缺陷工作职责，除应对其工作过程自始至终进行零缺陷全面记录外，还应建立技术与管理零缺陷工作档案，从而为总结和提高抚育保质养护工作质量管理提供依据。

3.1 实行翔实的抚育保质养护工作记录

应对生态修复工程项目建设区域的抚育保质养护工作过程进行详细的记录。其内容应包括以下 5 项要点。

①抚育保质养护人员分工、责任区划分、抚育保质工作质量标准和考核检查记录等。

②项目区域各种设施、功能运行状况及维修记录。

③生态防护绿地植物病虫害、鼠兔害发生及防治技术措施记录。

④项目区域防毁、防火和安全等应急情况的处理记录。

⑤项目区域发生的其他事项处理情况记录。

3.2　建立抚育保质养护技术与管理资料档案

应设专人对生态修复工程项目建设抚育保质养护的有关技术与管理文件资料进行收集、整理和建档管理。其内容应包括以下各项资料。

①施工资料，指包括与抚育保质养护有关的施工文字说明、表格和图纸等。

②工程合同或建设单位对抚育保质养护有关的标准、规范，以及国家或当地政府有关部门颁发的具体规定要求等文件。

③对项目区域抚育保质养护有关的技术与管理决定、记录等。

4　项目抚育保质养护技术与管理期限

4.1　项目建设抚育保质养护期限确定的参考因素

生态修复工程项目建设现场施工作业后的抚育保质养护技术与管理期限，理论上是根据和针对生态修复工程项目建设设计的目的、宗旨、目标、防护年限、防护功能类别、结构构造、构造复杂性、安全性能、规模程度等诸多因素，经过科学计算而确定的。

4.2　项目建设抚育保质养护设定期限

生态修复工程项目建设施工抚育保质养护期限，在具体实践中，可根据项目建设的防护功能、规模、所处地理位置等综合因素，一般分别将其设定为 1 年、2~3 年或 3~5 年的期限。如若发生工程质量问题，视质量事故的严重程度，甲方要处予抚育保质养护期限适当延期的处置决定。

第二节
项目建设栽种绿色植物抚育养护零缺陷技术与管理

1　绿地植物灌溉水的零缺陷技术与管理

1.1　灌溉水对生态修复植物的作用

水是植物光合作用不可缺少的原料之一，它构成植物体的重要物质组成部分；当植物生长缺乏水分时，会表现出明显的萎蔫症状，若缺水持续时间过长，则造成植物嫩枝、梢叶的干枯甚至死亡。因此，适时灌溉浇水，增加土壤和空气湿度，对生态修复工程项目建设所栽种植物的生命及其生长发育意义巨大。

1.2　适宜灌溉水时期

在生态修复植物合同抚育养护期，应根据生态修复植物在各个物候期对水分要求和土壤水分的状况，及时、适量地给予植物浇水。对绿地植物浇水分为休眠期浇水与生长期浇水 2 种。

（1）休眠期浇水宜在秋末冬初和早春进行。我国北方地区降水量相对较少，冬春严寒且干旱，因此在休眠期浇水非常重要和必要。秋末冬初浇水（北京为 11 月上中旬）一般称为灌"冻水"或"封冻"水。水在冬季结冻时要放出潜热，可提高植物的越冬抗寒能力，并防止早春干旱，故在北方地区，浇过冬水是不可或缺的。对于"边缘树种"、越冬困难的树种以及幼苗等植物，浇冻水尤为必要。

（2）早春浇水能够促进植物的生长发育。在早春浇水，不但有利于植物新梢和叶片的生长，而且有利于开花和坐果，早春浇水是促使植物苗木健壮生长、花繁果茂的关键技术与管理措施。

1.3　分期零缺陷灌溉水作业的原则

对生态修复植物生长期灌溉水分为花前灌水、花后灌水、花芽分化期灌水 3 个时期。

（1）花前浇灌水。在我国三北早春干旱和风大雨少的地区，及时浇水能够有效补充土壤水分不足，是解决生态植物萌芽、开花、新梢生长和提高开花、坐果率的有效措施，同时还可以防止春寒、晚霜的危害。盐碱地区早春浇水后进行中耕，还可以起到压碱的作用。花前浇水可在萌芽后结合花前追肥进行。浇花前水的具体时间要因地、因树种而异。

（2）花后浇灌水。多数生态修复植物在花谢后约半个月即进入新梢迅速生长期，如果此时水分不足，会抑制新梢生长。尤其北方各地春天风多且大，地面蒸发量大，必须及时浇水，以保持土壤适宜的湿度，满足植物生长对水分的需求。花后及时浇水能够增强植物的光合作用，促进新梢和叶片的生长；同时，对后期花芽分化也有良好的促进作用。达不到及时浇水条件的地区，也应积极采取对绿地土壤进行有效保墒的措施，如采取覆草、盖沙等技法。

（3）花芽分化期浇灌水。在花芽分化时期浇水对观赏生态修复植物的群落景观非常重要。因为开花结果植物一般是在新梢生长缓慢或停止生长时，其花芽开始分化。此时也是果实迅速生长期，特别需要较多的水和养分，若水分不足，则会严重影响果实发育和花芽分化。因此，在新梢停止生长前适时适量地浇水，可促进春梢生长而抑制秋梢生长，有利于花芽分化及果实发育。以北京地区为例，应在 3、4、5、6、9、11 月，每月灌水 1 次。干旱年份和土质不佳或因缺水生长不良时，应适当增加灌水量和次数。在西北干旱地区，也应适当增加浇水量和次数。

1.4　适宜浇灌水量的零缺陷确定

（1）当土壤保持 60%~70% 的田间持水量时，就可满足植物正常的生理和生长活动对水分的需求。若田间持水量过高，植物根系的呼吸作用就会受到抑制，易引起烂根等现象；反之，持水量过低，植物根细胞内的水分会反向渗透到根组织外，极易导致根细胞因失水而死亡。

（2）浇灌水量受多种因素影响。不同植物种类、不同品种、植株大小不同、不同生长发育期、不同气候条件，以及不同土质状况等，都与浇水量有着密切的关系。有条件浇灌时应浇饱灌足，切忌表土打湿而底土仍然干燥。已达花龄的乔木，浇水时应渗透到 80~100cm 深。浇水量一般以达到土壤最大持水量的 60%～80% 为宜。根据不同土壤持水量、浇灌前土壤湿度、土壤容重，要求土壤浸湿的深度，可计算出一定面积的适宜浇水量，即：

浇灌水量＝浇灌面积×土壤浸湿深度×土壤容重×（田间持水量－浇灌前土壤湿度）

（3）浇灌前的土壤湿度每次浇水前都应测定，田间持水量、土壤容重、土壤浸湿深度等项目，可数年测定 1 次。如果在植物生长地块安置张力计，则不必计算浇水量，浇水量和浇水时间都可由真空计算器的读数表示出来。应用上式计算出的浇水量，还应根据植物种类、品种、不同生长发育期、物候期，以及日照、温度、风、干旱持续期的长短等因素进行调整。

1.5　浇灌水的零缺陷作业方式

人工浇水适宜在山区及离水源较远的地区。采取人工浇灌方式前应松土，并修筑围堰，堰深约 15～30cm，大小视树龄而定。浇灌数量多时，应按垄、行或畦依次进行。

正确的浇水作业操作方式，应使水分均匀分布，并注意节约用水，防止造成土壤冲刷。常用浇水的方式有以下 5 种。

（1）地表面浇水。该浇水方式是常用的绿地灌水方式。取水水源分河水、井水、塘水等。适宜浇灌面积较大，分为畦灌、沟灌、漫灌等。畦灌时要先做好畦埂，灌水应使水面与畦埂相齐，待水渗入后及时中耕松土。沟灌方式应用普遍，能保持土壤的良好结构，它是采用高畦低沟的方式，引水沿沟底流动浸润土壤，待水分充分渗入周围土壤后，不致破坏土壤结构，并且方便实行机械化。漫灌是大面积的表面浇水方式，因用水量太大，现已很少使用。

（2）地下浇水。采用地下浇水的方式，是利用埋设在地下多孔的管道输水，水从管道孔眼中渗出，浸润管道周围的土壤，用该法浇水不致流失或引起土壤板结，便于耕作，较地面浇水优越，节约用水。但要求设备条件较高，在碱地中须注意避免"泛碱"。安装滴灌设备，可以大大节约用水量。

（3）空中浇水。空中浇水包括人工降雨和对树冠喷水等，又称"喷灌"。人工降雨是浇灌机械化中较先进的一种技术，但需要人工降雨机及输水管等全套设备，目前我国正处于应用和改进阶段。喷灌具有的 5 项优点：①基本上不产生深层渗漏和地表径流，可节约用水，一般可节约用水 20% 以上，对渗漏性强、保水性差的沙土，可节省用水 60%～70%；②减少对土壤结构的破坏，保持土壤原有的疏松状态，调节生态修复防护林区域的小气候，避免高温、干风对生态树木的危害，对植物产生最适宜的生理作用，从而提高树木的绿化修复效果；③节省劳力，工作效率高，便于田间机械化作业，为喷施化肥、农药和除草剂等创造了条件；④对土地平整度要求不高，地形复杂的山地亦可采用；⑤喷灌可以降低气温，有利于果实着色。

使用喷灌浇水的缺点主要是有可能增加生态树木感染白粉病和其他真菌病害的几率；有风情况下，喷灌较难做到喷水均匀，在 3～4 级风力下，喷灌用水因地面流失和蒸发，其水量损失可达 10%～40%；加之喷灌设备价格较贵，因此投资较大。

（4）滴灌。顾名思义是将水（以及肥料、农药等）通过输送管路，利用安装在末级管道（称为毛管）上的灌水器（也称滴头），或与毛管制成一体的滴灌带（管）将压力水以水滴状湿润土壤（或栽培基质）的一种微灌方式。通常将毛管和滴水器放在地面，也可以把毛管和滴水器埋入地下，前者称为地表滴灌，后者称为地下滴灌。

滴灌作为一种先进的现代化节水灌溉技术，不但具有节水量大、节约劳力、管理简便、易控制杂草病害等优点，而且还可以有效提高生态绿地用水的利用率，便于实行自动化控制，更是一项对植物进行科学灌溉施肥的方法，能够将水分与养分适时适量地输送到植物根部附近的土壤中，使植物根部土壤经常保持适宜于植物生长的水分、通气和营养状况。因此，既可以较好地满足植物的需水需肥要求，又可避免水分和肥料在土壤里大范围残留，减少对环境的污染。现在，我国滴灌推广面积居世界领先地位，微灌技术正处于迅速发展阶段。

（5）渗灌。渗灌是指将压力水通过渗水管管壁上，如肉眼看不见的微孔，以出汗的方式渗流出来湿润植株根际土壤的灌溉方法。渗灌具有节水、省工和易于实现自动化控制、田间作业方便、设备使用年限长等优点，是今后灌溉技术的科技发展方向。

2　施肥零缺陷技术与管理

2.1　施肥作业零缺陷技术与管理方法

对生态修复植物施肥作业分为基肥、追肥、根外追肥 3 种技术与管理方法。

（1）基肥。基肥是指在植物播种、移植或定植前施入土壤中肥料的常用方法。目的是提高土壤肥力，全面供给植物整个生长期间所需要的养分。基肥以农家肥为主，也配合施用一些化肥。多于整地前将基肥翻入土中或在栽植前环施、穴施和放射性沟施。

（2）追肥。追肥是指补充基肥养分不足而施用的肥料，以满足植物不同生长发育期的需要。常用腐熟的人粪尿、麻酱渣或饼肥液作追肥，也施用尿素、过磷酸钙或磷酸二氢钾等液肥，但施用浓度宜≤3%～1%。追肥量应根据植物种类、植株高矮及土壤湿度不同而有所区别。一般人粪尿要稀释 5～10 倍，饼肥要稀释 100 倍（即先用 10 倍水浸泡沤制，充分发酵后使用时再稀释水 10 倍）。应在土壤干燥时追肥，且第 2 天清晨必须再浇 1 次清水，即"还水"，否则易致根腐烂。地栽花卉生长期可追肥 3～6 次，宜在发芽前后、开花前后及结实前后施追。但现蕾开花时期不可追施肥料，以免引起落花。雨季绿地较湿，应施用干肥，避免烂根。对病害植物不宜追肥。南方移植至北方地区的喜酸性土盆栽花木，可使用矾肥水对其追肥，一般每月 1 次。

（3）根外追肥。根外追肥是指使用稀薄化肥液或微量元素，喷洒在植物叶上，使肥料溶液通过叶子被植物吸收利用的方法。叶面喷施肥料的特点是，简单易行，用肥量小，发挥作用快，可及时满足植物的营养需要，同时也能避免某些肥料元素在土壤中的固定作用。它能够及时补充植物根系吸收养分的不足，尤其是当土壤过湿，植物不适于浇灌施肥时使用最宜。在干旱缺水季节、缺水地区和不便施肥的地区，都宜采用此法。一般根外追肥时的最适温度为 18～25℃，或者湿度较大些效果更好，因而适宜喷施时间为无风天气的上午 10 时以前和下午 4 时以后，在阴天喷于叶背面效果更佳。大风天或阳光强烈时均不宜喷施。常用于叶面喷施的肥料有尿素、过磷酸钙、硫酸亚铁和磷酸二氢钾等。使用人工或机制喷雾器都可，喷液配制浓度为 0.1%～0.2%。

2.2　施肥作业零缺陷技术与管理方式

施肥作业分为环状沟、放射沟、穴施、全面撒施和灌溉 5 种技术与管理的方式。

（1）环状沟施肥法。在幼树树冠垂直投影外围稍远处挖 30～40cm 宽环状沟，沟深据树龄、树势及根系深度而定，一般深 20cm~50cm，将肥料均匀地施入沟内，覆土填平灌水。随树冠的扩大，环状沟每年外移，每年的扩展沟与上年沟之间不得留隔土墙。

（2）放射沟施肥法。以树干为中心，从距树干 60~80cm 处开始，在树冠四周等距离向外挖 6~8 条由浅渐深的沟，沟宽 30~40cm，沟长视树冠大小而定，一般沟长 1/2 在冠内，1/2 在冠外，沟深 20~50cm，将充分腐熟的有机肥与表土混匀后施入沟中，封沟灌水。下次施肥时，调换开沟位置，开沟时注意避免伤根。此法适用于中壮龄树木。

（3）穴施法。当有机肥不足时，基肥以集中穴施最佳。即在树冠投影外缘和树盘中，开挖深 40cm，直径 50cm 左右的穴，穴数视树木大小、肥量多少而定，施肥入穴后填土平沟灌水。该方法适用于对中壮龄树木的施肥。使用该方式施肥的特点是肥料较为集中，不易流失，但与植物根系接触面较少，费工较多。

（4）全面撒施法。全面撒施的做法是把肥料均匀地撒在树冠投影内外的地面上，人工使用铁锹再翻入土壤中。该法适用于群植、林植的乔灌木及草本植物的施肥作业。

（5）灌溉式施肥法。灌溉式施肥法是指结合喷灌、滴灌等浇水形式进行的施肥方式。该法供肥及时，肥料养分分布均匀，不伤根，不破坏耕作层的土壤结构，施肥生产率高。

2.3 施肥量的零缺陷确定

适宜施肥量应根据植物种类、树（苗）龄、生长期以及土壤理化性质等状况而定。

（1）乔木施肥量的确定标准。确定乔木合理施肥量的 3 项参考标准：①胸径<15cm 每 3cm 胸径应施堆肥 1kg；②胸径>15cm 每 3cm 胸径应施堆肥 1~2kg；③乔木在生长期、花期、结果期间，应适当增大施肥量。

（2）灌木施肥量确定标准。确定灌木植物的合理施肥量应根据灌木龄和灌幅大小而定，一般按乔木施肥量的 1/3~1/2 确定其适宜的施肥量。

（3）露地花卉植物施肥量确定标准。

①多年生及一二年生草本花卉的基肥施用量为 2~3.5kg/m³（肥土各半）。

②球根花卉基肥施用量为 2~2.5kg/m³（肥土各半）。

（4）草被植物施肥量确定标准。

①草被应在 1~2 年施 1 次腐熟有机肥，施肥以晚秋至早春休眠期为宜，每次施肥量为 1.5kg/m³，施后及时浇水。

②刚修剪过的草坪应在 1 周后施肥。

3 农药施用作业零缺陷技术与管理

3.1 农药施用的专业技能知识

3.1.1 农药的含义与分类

（1）农药的含义。农药是对农业药剂的简称，指专用于防治危害农林业植物及其产品的害虫、螨类、病菌、线虫、杂草、鼠类、软体动物等的药剂，也包括植物生长调节剂、辅助剂、增效剂等。

（2）农药的种类。农药品种繁多，为便于研究、生产和应用，必须对其进行科学的分类。农药分类方法很多，通常是先根据农药的防治对象或用途分为几大类，然后再根据农药作用方式或成分等做进一步分类。

①杀虫剂：指用于防治害虫的药剂叫杀虫剂。可按其作用方式、成分与来源分类分为如下几种。

胃毒剂：指通过消化系统进入虫体内，使害虫中毒死亡的药剂，如敌百虫等。胃毒剂适用于防治咀嚼式口器的植物害虫。

触杀剂：指通过接触害虫体壁渗入体腔与血液中，使害虫中毒死亡的药剂，如大多数有机磷杀虫剂、拟除虫菊酯类杀虫剂。触杀剂对各种口器的害虫均适用，但对体被蜡质分泌物的介壳虫、粉虱等效果较差。

熏蒸剂：指以气体分子状态充斥其作用的空间，通过害虫的呼吸系统进入虫体，使害虫中毒死亡的药剂，如磷化铝、溴甲烷等。熏蒸剂应在密闭条件下使用效果最佳。如用磷化铝片剂防治蛀干害虫时，要用泥土封闭虫孔；用溴甲烷进行土壤消毒时，须用薄膜覆盖等。

内吸剂：指通过植物根、茎、叶的吸收，在植物体内输导、存留或产生代谢产物，害虫在取食植物组织汁液时，使害虫中毒死亡的药剂，如乐果、吡虫啉等。内吸剂对刺吸式口器的害虫防治效果佳，对咀嚼式口器的害虫也有一定的防治效果。

其他杀虫剂：忌避剂，如驱蚊油、樟脑；拒食剂，如拒食胺；绝育剂，如噻替派、六磷胺等；昆虫生长调节剂，如灭幼脲等。这类杀虫剂是以其特殊的性能作用于昆虫，通常将这些药剂称为特异性杀虫剂。

实际上，杀虫剂的杀虫作用并不完全单一，多数杀虫剂通常兼具几种杀虫作用，如乐果有很强的内吸作用与触杀作用，敌敌畏具有触杀、胃毒、熏蒸3种作用。

有机合成杀虫剂：指药剂化学成分中含有结合碳元素的杀虫剂，它是采用化学合成方法制成，也称为合成杀虫剂。该类杀虫剂种类很多，应用广泛，根据化学结构可分为有机磷杀虫剂、有机氮杀虫剂、拟除虫菊酯类杀虫剂等，如敌敌畏、抗蚜威、溴氰菊酯等。

无机杀虫剂：指在药剂化学成分中不含结合碳元素的杀虫剂，也称矿物杀虫剂，如氟硅酸钠等。

植物杀虫剂：指利用具有杀虫作用植物生产出的杀虫剂，如烟草、鱼藤、除虫菊、苦蒿素、印楝素等。

微生物杀虫剂：指具有杀虫作用的微生物及其代谢物的混合物，如阿维菌素、苏云金杆菌、白僵菌等。

激素类杀虫剂：指人工合成的昆虫激素。它用于干扰害虫体内激素消长，改变其正常生理过程，使之不能正常生长发育，从而达到消灭害虫的目的。这类杀虫剂又叫昆虫生长调节剂，如保幼激素、灭幼脲等。

杀螨剂：指能用来防治植食性螨类的药剂，如三氯杀螨醇、尼索朗、三唑锡等。有不少杀虫剂也具有兼治螨类的作用，如灭扫利等。

②杀菌剂：指用来防治植物病害的药剂叫杀菌剂。按其作用方式、成分分类分为如下几类。

保护剂：在病原物侵入寄主之前，喷布于寄主表面，以保护寄主免受危害，如波尔多液、代森锌等。

治疗剂：在病原物侵入寄主后，用来处理寄主，以减轻或阻止病原物危害的药剂，如多菌灵、三唑酮等。

免疫剂：指用于增强植物抗病能力，避免或减轻病菌侵染的药剂，如硫氰苯胺等。

无机杀菌剂：利用天然矿物和无机物制成的杀菌剂，如石硫合剂、波尔多液等。

有机合成杀菌剂：指采用人工合成方法制成的杀菌剂。它的种类很多，常分为有机硫杀菌剂、有机磷杀菌剂等，如代森锌、多菌灵、粉锈宁等。

植物杀菌剂：指某些植物体内含有的抑菌或杀菌作用的化学物质，如大蒜杀菌素。

农用抗生素：指一些抗生菌产生的对细菌和真菌有抑制作用的代谢物，如多抗霉素、春雷霉素等。

杀线虫剂：指用来防治植物线虫病的药剂，如克线磷、克线丹、威百亩等。

③除草剂：指用来防除杂草和有害植物的药剂。按其选择性能、成分与来源分类分为如下几类。

选择性除草剂：能够毒害或杀死某些植物，而对另一些植物无毒害或较安全的一类除草剂，如 2，4-D、敌稗等。

灭生性除草剂：这类除草剂在植物间无选择性或选择性较差，因此不仅能杀死杂草，对植物、农作物也有毒害，如百草枯、草甘膦等。

无机除草剂：指由无机化合物制成的除草剂，如氯酸钾等。

有机合成除草剂：由人工合成用于除草的有机化合物，根据化学成分又分为苯氧羧酸类、醚类、酰胺类、氨基甲酸酯类、取代脲类、均三氮苯类、有机磷类、杂环类等。

微生物除草剂：由微生物或其代谢物制成的除草剂，如鲁保一号等。

④杀鼠剂：指防治鼠类的药剂。多为胃毒剂，主要采用毒饵施药，如敌鼠、大隆等。

3.1.2　农药的剂型

一般化学农药都必须加工成一定剂型才能投入使用。未经加工的农药叫做原药（固体叫原粉、液体叫原油），其中具有杀虫、杀菌或除草等作用的成分叫有效成分。原药中除少数品种外，绝大多数不能直接在生产上使用。这是因为在每亩土地上每次施用的原药数量很少，要使少量的原药在大面积上均匀分散，就必须在原药中兑入水、粉等分散的物质；而绝大多数原药不溶于水。此外，施用的农药还应该良好地附着在病虫体上或植物体上，以充分发挥药效。但一般原药不具备这样的性能，所以原药中还应该加入一些辅助剂。这样，就需要将原药进行加工，制成适用的药剂形态，这种药剂形态就叫做剂型，如可湿性粉剂、乳油等。农药的加工对提高药效、改善药剂性能以及降低毒性、保障安全等方面都起着重要作用。

（1）农药辅助剂。凡能改善农药性状，提高药效，便于使用或扩大使用范围的物质都叫辅助剂，如湿润剂、乳化剂、填充剂等。农药剂型的稳定性、乳化性、湿润展着性、黏着性、悬浮性等，均与所用辅助剂有很大关联。在辅助剂中，以湿润剂和乳化剂最为重要，它们都具有很强的表面活性。

常用农药辅助剂有填充剂、溶剂、湿润剂、乳化剂、分散剂、增效剂、稳定剂等。

填充剂：指用来稀释农药原药的固体惰性物质叫填充剂。常用填充剂有黏土、滑石粉、高岭土、硅藻土等。

溶剂：指用来溶解农药原药的液体。农药加工中，常用溶剂有苯、甲苯、二甲苯等。

湿润剂：具有降低水表面张力，使药液在植物或虫体上易于湿润展着，增大接触面积，减少流失，提高药效等作用的物质叫湿润剂。常用湿润剂有亚硫酸纸浆废液、茶籽饼、皂角、合成洗衣粉等。

乳化剂：能使两种互不相溶液体中的一种液体，以极小的液珠均匀地分散在另一种液体中，形成稳定、不透明乳状液的物质叫作乳化剂。常用乳化剂有 BY 乳化剂、农乳 100 号、磷辛 10 号等种类。

（2）常用农药剂型为粉剂、可湿性粉剂、乳油、颗粒剂、烟剂及其他剂型。

粉剂：由原药加填充料，经机械粉碎混合制成的粉状制剂。我国对粉剂质量的要求是：95%通过 200 号筛目，粉粒平均直径为 30μm，含水量<1.5%，pH 5~9。低浓度粉剂可直接作喷粉用，高浓度粉剂可供作拌种、制毒谷、制毒饵与土壤处理施用。粉剂具有加工简单、价格便宜、不需用水、使用方便、工效高等优点。缺点是其附着力差，药效和残效不如可湿性粉剂和乳油，而且在喷粉中易漂移损失和污染环境，从而限制了该剂型的使用。另外粉剂不易被水湿润，不能分散和悬浮在水中，因此不能兑水喷雾。

可湿性粉剂：农药原药加填充料和湿润剂，经过粉碎加工制成的粉状制剂。对其质量的要求是：99.5%通过 200 号筛目，悬浮率>34%，平均粒径为 25μm 以下。由于加有湿润剂，易被水湿润，分散后的药粒仍比较稳定地悬浮于水中。通常有效成分含量高，流动性差，主要供喷雾用，也可供灌根、泼浇使用，但不宜直接作喷粉用。

乳油：又称乳剂，由原药、溶剂和乳化剂相互溶解而成透明油状液体。加水后就变成不透明的乳状药液，乳剂中的小油珠直径在 10μm 以下。被喷雾器喷出的雾滴中含有几个小油珠，落在虫体或植物上，待水分蒸发后，剩下的油珠便展开形成一个比原油珠直径大 10~15 倍的油膜以发挥作用。乳剂的湿润性、展着性、附着力、渗透性和残效期都优于可湿性粉剂。主要供喷雾使用，也可用作拌种、泼浇等。乳油其颜色深浅有所不同，但均应清澈、不分层、无沉淀。

颗粒剂：是用原药或制剂加载体等制成的颗粒状剂型。颗粒为 30~60 号筛目，直径 50~300μm，并要求颗粒具有一定硬度，在运输、堆藏过程中不易破碎，施用后的解体性也应符合要求。颗粒剂由于粒度大，施用时沉降性强，漂移性小，所以对环境污染小，对施药人员安全，对绿化植物、农作物和天敌也安全，施用时功效高且方便。一些剧毒农药制成颗粒剂，可使它成为低毒化药剂，并可以控制农药释放速度，具有延长残效期、减少用药量等优点。

烟剂：是将高温下易挥发的固体农药与助燃剂和燃料按一定比例混合配成的粉状或片状制剂。使用时点燃烟剂，药剂受热挥发，遇冷空气凝成细小微粒飘浮于空气中，呈高度分散状态，药粒细小，可以深入到极小缝隙中，改善了药物对植物表面处理的质量，在室内和温室中使用防治病虫害最经济有效，目前主要用于防治森林、造林植物、粮食和室内害虫，在温室中防治蔬菜和花卉的病虫害。

其他剂型：主要是指熏蒸剂、缓释剂、胶悬剂、毒笔、毒绳、胶囊剂、超低容量制剂、可溶性粉剂、片剂等。随着农药加工技术的不断进步，各种新制剂被陆续开发利用。如微乳剂、固体乳油、悬浮乳剂、可流动粉剂、漂浮颗粒剂、微胶囊剂、泡腾片剂等。

（3）农药的名称。分为农药原药的名称、商品农药的名称这 2 部分内容。

①农药原药的名称命名方法，大体上可分为 5 种：根据农药原药的化学名称来命名（如硫酸铜、磷化铝等）；根据农药原药的实验代号命名（如 E-605、4049 等）；根据国外农药原药商品名称的音译命名（如敌敌畏是 DDVP 的音译，乐果是 rogor 的音译，敌杀死是 decis 的音译等）；根据农药原药外国商品名称的意译命名（如氯化苦、七氯等）；根据农药原药的性质、用途、效果等命名（如杀螟硫磷、多菌灵、敌稗等。我国许多农药的名称，都是根据这个原则来命名的）。

②商品农药是一种成分复杂的混合物，它包括农药原药（有效成分和杂质）和辅助剂（溶剂、乳化剂、填料等）。商品农药的名称通常由 3 部分组成，第 1 部分是农药的有效成分含量，常用百分浓度表示；第 2 部分是农药原药的名称；第 3 部分是剂型的名称。如 1%苦参碱水剂、2.5%敌杀死乳油、70%甲基托布津可湿性粉剂等。

3.1.3　农药施用作业的方法

在防治植物病虫害时，使用农药方法多种多样。选择最合适的施药方法，不仅可获得最佳防治效果，而且还保护天敌，减少污染，对人、畜、植物安全。因此，采用正确施药方法非常重要。安全、有效、经济是确定施药方法的前提。在此前提下，首先应根据植物的形态、发育阶段、防治对象及其发生规律、农药性质与剂型以及当时环境条件等，做全面具体的综合分析，最后确定出应采用的最佳施药方法。总之，农药的使用方法很多，在使用农药时可根据农药的性能与病虫害发生的特点灵活运用。下面重点介绍我国常用的 8 种施药方法。

（1）喷粉法。利用喷粉机具将粉剂喷洒在植物体上。其优点是功效高，使用方便，不受水源限制，尤其适用于干旱地区、缺水山区，也是防治暴发性病虫害的有效手段。缺点是用药量大，粉剂黏附性差，粉粒容易飘失，药效差，污染环境。因此，喷粉时宜在早晚叶面有露水或雨后叶面潮湿且无风条件下实施，使粉剂易于在叶面沉积附着，以提高防治效果。适于喷粉的剂型为低浓度粉剂，如 1.5%乐果粉剂、2%敌百虫粉剂等。喷粉作业技术要求必须均匀周到，使植株表面上均匀地覆盖一层极薄的药粉。这可以用手指按一下植株来检查，当看到有一点药粉黏在手指上就可以了。如果看到植株叶面发白，说明药量太多了，不仅浪费，还容易造成药害，通常喷粉药量约为 $30kg/hm^2$。

（2）喷雾法。指利用喷雾机具将药液均匀地喷布于防治对象与被保护的寄主植物上，是目前生产上应用最广泛的一种方法。根据喷液量的多少及其他特点，可分为 3 种类型。

①常规喷雾法：喷出药液的雾滴约在 $200\mu m$，通常林业植物、农作物喷液量为 $600L/hm^2$ 以上。适宜作喷雾的剂型有可湿性粉剂、乳油、水剂、水溶剂、胶悬剂等。喷雾作业技术要求是使药液雾滴均匀覆盖在带病虫的植物体上，对常规喷雾而言，通常应使叶面充分湿润，但不使药液从叶上流下为度，对于在叶片背面为害的害虫，还应加强对叶背面的喷药力度。

常规喷雾与喷粉法比较，具有附着力强、残效期长、效果佳等优点。但其缺点是功效低，用水量大，对暴发性病虫常不能及时控制其危害。

②低容量喷雾法：又称弥雾法，是指通过器械的高速气流，将药液分散成 $100\sim150\mu m$ 直径的液滴。用液量介于常规与超低容量喷雾法之间，为 $50\sim200L/hm^2$。其优点是喷洒速度快，省劳力，效果显著，可用于少水或丘陵地区较为适宜。

③超低容量喷雾法：这种方法用液量比低容量喷雾法更少，喷液量为 5L/hm² 以下。超低容量喷雾是通过高能的雾化装置，使药液雾化成直径在 100μm 以下的细小雾滴，经漂移而沉降在植物上。其优点是省工、省药、喷雾速度快、劳动强度低。缺点是需要专用的施药器械，喷雾操作技术要求严格，施药效果易受气流影响，不宜喷洒高毒农药。

超低容量喷雾的药液，通常不用水作为载体而多采用挥发性低，对作物、人、畜均安全、无毒害作用的油作为载体。

（3）土壤处理法。在温室、苗圃，常将药剂施于土壤中来防治土壤传播病害和地下害虫的方法称为土壤处理。土壤处理的具体方法要根据农药的剂型特点来决定，同时也要考虑到病、虫、杂草的特点。其常用方法有药土混合法、土壤消毒法或土壤封闭法 2 种。

①药土混合法：指将农药与细土拌匀，撒于地表面或与种子混播，或撒于播种沟内，用来防病、治虫、除草的方法。撒于地面的毒土要湿润，药土用量是 300~450kg/hm²，与种子混播的毒土要松散干燥，其用量为 75~150kg/hm²；药土的配合比例因农药种类而不同。

②土壤消毒法或土壤封闭法：指将药剂撒于地面再翻入土壤耕作层内或用土壤注射器将药液注入土壤中用来防治病、虫、杂草与线虫等的方法叫作土壤消毒。用除草剂喷洒地面防治杂草出土的方法叫作土壤封闭。

（4）种苗处理法。指包括拌种、闷种、浸种和浸苗、种衣剂处理等。

①拌种：指在播种前用一定量药粉或药液与种子搅拌均匀，用以防治种子传染的病害与地下害虫。拌种用药量，一般为种子质量的 0.2%~0.5%。掌握适宜的拌种药量是确保有效、安全用药的关键。

②闷种：是指先把种子摊在地上，再把稀释后的药液均匀地喷洒在种子上，继而搅拌均匀，然后堆起熏闷并用麻袋等物覆盖，经 1 昼夜后，晾干即可。

③浸种和浸苗：是指将种子或幼苗浸泡在一定浓度药液里，用于消灭种子、幼苗所携带的病菌或虫体。浸种药液用量以浸没种子为限，对幼苗有杀伤作用的药剂如用甲醛或升汞浸种后需用清水冲洗种子，以免发生药害。浸种防治效果与药液浓度、温度和时间有密切关系。浸种温度通常应在 10~20℃，温度高时，应适当降低药液浓度或缩短浸种时间。浸苗做法基本与浸种相同，刚萌动种子、幼苗对药剂很敏感，尤以根部反应最为明显，处理时应慎重，以免对种子、幼苗造成药害。

④种衣剂：是一种特殊剂型，专用于处理种子，使药剂在种子表面涂覆一层后，使之干燥即成为已经处理种子，它包括成膜剂和杀虫杀菌成分，当种子吸水胀大后膜剂随之伸长，杀虫杀菌剂可兼治苗期病害和虫害。国内针对不同植物种子已经研制出多种种衣剂，如"呋多""甲多"等。

（5）熏蒸法与熏烟法。指利用有毒气体杀死害虫、病菌的方法，通常应在密闭条件下实施。

①熏蒸法：使用熏蒸剂如溴甲烷或易挥发的药剂如敌敌畏，或易吸潮分解放出毒气的药剂如磷化铝等来防治害虫的方法，该法主要用以防治仓库、温室害虫与土壤消毒等。其优点是防治隐蔽害虫具有高效、速效的特点。

②熏烟法：指利用烟剂点燃后发出的浓烟，或用药剂直接加热发烟，来防治植物病虫害的方法。烟雾的雾粒极细，能较长时间地悬浮在空气中而不沉落，能在多方向的物体上附着，并能穿

透较狭窄孔隙，对于防治隐蔽在缝隙中的病虫也很有效。

（6）毒谷、毒饵。指使用害虫喜食的饵料与农药混合制成，可引诱害虫前来取食，产生胃毒作用将害虫毒杀而死。常用毒饵有麦麸、米糠、豆饼、花生饼、玉米芯、菜叶等。饵料与敌百虫、辛硫磷等胃毒剂混合均匀，撒在害虫所活动的场所，主要用于防治蝼蛄、地老虎、蟋蟀等地下害虫。毒谷是用谷子、高粱、玉米等谷物作饵料，煮至半熟有一定香气味时，取出晾干，拌上胃毒剂，然后与种子同播或撒施于地表面。

（7）涂抹、毒笔、根区撒施法。指对植物采取涂抹、毒笔、根区撒施的方法防治害虫。

①涂抹：指利用内吸性杀虫剂在植物幼嫩部分直接涂药，或将树干刮去老皮露出韧皮部后涂药，让药液在植物体内输送到各个部位。此法又称内吸涂环法。如在石楠上涂 40%氧乐果 5 倍液，用于防治绣线菊蚜，效果显著。

②毒笔：指采用触杀性强的拟除虫菊酯类农药为主剂，与石膏、滑石粉等加工制成的粉笔状毒笔。用于防治具有上、下树习性的幼虫。毒笔的简单制法是用 2.5%溴氰菊酯乳油按 1∶99 与柴油混合，然后将粉笔在此油液中浸渍，晾干即可。其药效可持续约 20d。

根区施药：利用内吸性药剂埋于根系周围，通过根系吸收运输到树体全身，当害虫取食时使其中毒死亡。如用 3%呋喃丹颗粒剂埋施于植物根部，可防治多种刺吸式口器害虫。

（8）注射法、打孔法。指采取对树干注射药液、打孔后将药液注入孔内的防治虫害方法。

①注射法：采用注射机或兽用注射器将药剂注入树干内部，使其在树体内传导输送或挥发而杀死害虫。通常将药剂稀释 2~3 倍。可用于防治天牛、木蠹蛾等。

②打孔法：指采用木钻、铁钎等利器在树干基部向下打 1 个 45°角的孔，深约 5cm，然后将 5~10mL 的药液注入孔内，再用泥封口。药剂浓度为稀释 2~5 倍。对一些树势衰弱的古树名木，也可用注射法给树体挂吊瓶，注入营养物质，以增强树势。

3.1.4　农药的浓度表示法及其稀释计算方法

在农药中，除了有效成分含量低的粉剂和颗粒剂可以直接施用外，通常有效成分含量高的剂型，必须用稀释剂稀释后才能施用，以保证药效，并避免对植物产生药害。因此，正确掌握农药稀释计算非常重要和必需。

（1）农药浓度的表示法。使用稀释倍数、百分浓度、百万分浓度、波美度 4 种表示方法。

①稀释倍数表示方法：指用加入农药中的稀释剂数量的倍数来表示农药浓度的方法。例如，50%敌敌畏乳油 1000 倍液，就是用 50%敌敌畏乳油 1 份加水 1000 份配制成的稀释药液。因此，稀释倍数法通常不能直接反映出农药稀释液中农药有效成分的含量。固体制剂加水稀释，用质量倍数；液体制剂加水稀释，如不注明按体积稀释，通常也均按质量倍数计算。而且生产上常忽略农药和水的密度差异，即把农药的密度视为 1。在实际应用中，常根据稀释倍数大小分成内比法与外比法。内比法适用于稀释倍数在 100 倍及以下的药剂，计算时要在总份数中扣除原药剂所占份数。例如需配制氧乐果 50 倍液，则需用氧乐果 1 份加水 49 份。该法适用于稀释 100 倍以上的药剂，计算时不扣除原药剂在总份数中所占份额。例如，需配制溴氰菊酯 3000 倍液，则需用溴氰菊酯 1 份加水 3000 份。

②百分浓度（%）表示方法：指 100 份药液中含有多少份药剂的有效成分。例如 20%速灭杀丁乳油，表示 100 份这种乳油中含有 20 份速灭杀丁的有效成分。百分浓度常又分为质量百分

浓度和容量百分浓度 2 种。固体药剂用液态或固态稀释剂来稀释时，常用质量百分浓度法计算。液体药剂用液态稀释剂来稀释时，则常用容量百分浓度法进行计算。

③百万分浓度（μg/g）表示方法：指在 100 万份农药中含有效成分的份数。如 40μg/g 春雷霉素水剂，即表示在 100 万份药剂中含有 40 份春雷霉素有效成分。

④波美度（°Be′）表示方法：指用波美比重计插入溶液中直接测得的度数，来表示该溶液浓度的方法。以°Be′为符号来表示，读作波美度。石硫合剂液就是使用波美度来表示其浓度。

（2）农药稀释计算方法。可采用以下方法进行农药稀释的有效成分含量、稀释倍数计算。

按有效成分含量计算：通用计算式（1-1）如下：

$$原药剂浓度×原药剂质量=稀释药剂浓度×稀释药剂质量 \tag{1-1}$$

以上公式若已知 3 项，即可求出任何 1 项，因一定量农药稀释后浓度变稀，但农药的有效成分含量不会改变。

例 1　要配制 0.5%氧乐果药液 1000mL，求 40%氧乐果乳油用量？

计算；1000×0.5%÷40%＝12.5（mL）

如果求稀释剂用量而不求稀释药剂用量则可根据式（1-2）进行计算：

$$释药剂质量=原药剂质量+稀释剂质量 \tag{1-2}$$

代入上式则得式（1-3）：

$$稀释剂质量=原药计质量×\frac{原药剂浓度-稀释药剂浓度}{稀释药剂浓度} \tag{1-3}$$

例 2　用 50%福美双可湿性粉剂 5kg 配成 2%的稀释液，需加水多少？

根据上述公式则计算结果是：

$$稀释剂用量=5×（50%-2%）÷2%＝120（kg）$$

按稀释倍数计算：该法不考虑药剂的有效成分含量，通用计算式（1-4）如下：

$$稀释后药液质量=原药剂质量×稀释倍数 \tag{1-4}$$

若稀释倍数在 100 倍以下时，计算稀释剂用量要扣除原药剂所占的份额。其计算式是：

$$稀释剂用量=原药剂用量×稀释倍数-原药剂用量 \tag{1-5}$$

例 3　配制 10%吡虫啉可湿性粉剂 1000 倍液，问 2kg 该药粉需兑水多少？

计算：稀释后药液质量＝2×1000＝2000（kg）

例 4　配制 40%乐果乳油 50 倍液涂干，问 5kg 该乳油需兑水多少？

计算：稀释剂用量＝5×50-5＝245（kg）

例 5　使用 2.5%敌杀死乳油配制 15L（1 桶喷雾器容量）3000 倍药液，问需原药液多少？

计算：原药剂用量＝15000÷3000＝5（mL）

石硫合剂稀释计算：先用波美比重计测出原液密度，再用式（1-6）、式（1-7）计算：

$$原药液质量=\frac{使用药液质量×使用药液波美度}{原药液波美度} \tag{1-6}$$

$$稀释剂质量=原药液质量×\frac{原药液波美度-使用药液波美度}{使用药液波美度} \tag{1-7}$$

例 6　欲配制 0.5°Be′ 的石硫合剂 40kg，需要 20 波美度的原液多少？

计算：需原液质量 = 40×0.5÷20 = 1（kg）

例 7　今有 2kg 的 24°Be′ 石硫合剂原药，需要稀释成为 0.4°Be′ 的稀释液，应加水多少？

$$计算：稀释剂质量 = 2×\frac{24-0.4}{0.4} = 118（kg）$$

3.2　农药合理、安全使用的零缺陷技术与管理

农药的合理、安全使用是在掌握农药性能基础上，科学用药，充分发挥其药效作用，防止有害生物产生抗药性，并保证人、畜、植物及其他有益生物的安全，做到经济合算，增产增收。也就是在使用农药防治病、虫、草害的同时，一方面要取得好的防治效果，另一方面也要考虑防止或减轻农药所发生的毒副作用。

要做到合理、安全使用农药，应着重做好 4 个方面的零缺陷技术与管理工作：一是科学使用农药，充分发挥农药的药效；二是采取有效对策，克服有害生物的抗药性；三是积极防止农药对植物、有益生物和人畜产生毒害作用；四是有效控制农药残留量，防止环境受到污染。

总之，科学使用农药，要坚持做到：一是防治对象要准确；二是施药时间要准确；三是选择与使用农药品种与用药量要准确。并密切注意农药的合理轮换、混用与其相应施药方法，达到高效、经济、安全使用农药的目的。

3.2.1　科学使用农药

农药的药效受到多种因素影响，怎样利用所能控制的因素，科学使用农药，充分发挥农药效能，就显得非常重要。在生产实践中，为了充分发挥农药的效能，可以从以下 6 项技术与管理方面加以实践。

（1）对症下药。应针对防治对象，选择适当药剂。农药种类很多，各种药剂都有一定的性能与防治范围，在施药前，应根据防治病虫种类、发生程度、发生规律、植物种类、生育期选择合适的药剂和剂型，做到对症下药，避免盲目用药。尽可能地选用安全、高效、低毒的农药。通常杀虫剂只能杀虫而不能防治病害，杀菌剂只能防治病害而不能杀虫，除草剂用来消灭杂草，对害虫和病害都无效，每种药剂都有各自的防治对象，有些药剂使用范围广一些，有些则使用范围窄一些，绝没有"万能灵药"。如氰戊菊酯能防治许多种害虫，但对螨类防效较差；波尔多液防治对象的范围很广，却难以防治葡萄白腐病；敌稗防除杂草的种类很多，但对多年生杂草的防治效果却不高。有些药剂的防治对象范围非常窄，如抗蚜威只能用于防治蚜虫类，灭蝇胺只能用于防治潜叶蝇。因此应充分了解农药的有效防治对象，做到对症下药，才能充分发挥农药应有的药效。

（2）适期用药。指要掌握病虫害发生规律，把农药用到"火候上"。抓住关键时机，适时施药是防治植物病虫害的关键。要做到这一点，必须了解病虫害的发生规律，做好预测预报工作，选择在病虫害最敏感阶段、最薄弱环节进行施药才能取得最佳的防治效果。不能适期施药，会造成农药、劳力的极大浪费，通常在病虫发生初期施药，防治效果较为理想。因为这时病虫发生量少，自然抵抗力弱，药剂容易将其杀死，有利于控制其蔓延危害。因此，掌握对各种病虫害的施药关键期是非常重要而关键的。

（3）准确掌握用药量。指准确地控制药液浓度、单位面积用药量和用药次数，不宜任意加大或减少。使用农药的药量一定要称量准确。若随意加大药量与喷药次数，不仅浪费药剂，还可能出现药害，加重残留污染，杀伤天敌，甚至容易引起人、畜中毒事故；低于需要防治的用量标准，则达不到防治效果。此外，在用药前还应搞清楚农药的规格，即有效成分的含量，然后再确定用药量。如常用杀菌剂福星，其规格分为 10%乳油、40%乳油，若 10%乳油稀释 2000~2500 倍液使用，40%乳油则需稀释 8000~10000 倍液。

（4）讲究施药方法。采用正确施药方法不但能充分发挥农药的防治效果，而且还能减少对有益生物的杀伤和农药残留，减轻植物药害。病虫危害和传播方式不同，施药方法也应随之不同。例如，防治地老虎、蛴螬、蝼蛄等地下害虫，应设计采用撒施毒谷、毒饵、毒土、拌种等方法；防治气流传播的病害，就应考虑采用喷雾、撒粉与采用内吸剂拌种等方法；防治种子、土壤传播的病害，则采用种子处理、土壤处理等方法。农药剂型不同，使用方法也不同，如粉剂不能用于喷雾，可湿性粉剂不宜用于喷粉，烟剂则要在密闭条件下使用等。

（5）轮换用药。长期使用 1 种农药防治某种害虫或病害，易使害虫、病菌产生抗药性，降低农药防治效果，增加防治难度。例如，很多害虫对拟除虫菊酯类杀虫剂、一些病原菌对内吸性杀菌剂的部分品种容易产生抗药性，如果增加用药量、浓度和次数，害虫、病原菌的抗药性会随之同步增大。因此，应合理轮换使用不同作用机制的农药品种实施病虫草害防治。

（6）合理混用农药。把 2 种、2 种以上对病害、害虫具有不同作用机制的农药混合使用，可以提高防治效果，甚至可以达到同时兼治多种病虫害的目的，扩大了防治范围，降低了防治成本，延缓害虫和病菌产生抗药性，延长农药品种使用年限，如灭多威与拟除虫菊酯类混用，有机磷制剂与拟除虫菊酯混用，甲霜灵与代森锰锌混用等。农药能否混用，主要取决于农药自身的化学性质，混用后不会产生化学变化和物理变化；混用后不能提高对人畜和其他有益生物的毒性和危害；混用后要提高药效，但不能提高农药残留量；混用后应具有不同的防治作用和防治对象，但不能产生药害。

3.2.2 安全使用农药

（1）农药对人、畜的毒性。目前生产上应用的农药中大多数种类对人与哺乳动物有毒，如使用不当会造成人、畜中毒事故。对人、畜的毒性分为急性、亚急性和慢性 3 种中毒形式。

①急性毒性：指农药一次经口或皮肤或呼吸道进入动物体内，迅速表现出中毒症状的毒性。如剧毒有机磷农药的急性中毒症状表现是：开始恶心、头痛，继而出汗、流涎、呕吐、腹泻、瞳孔缩小、呼吸困难，最后昏迷甚至死亡。为了比较农药对高等动物急性毒性的高低，常用致死中量（LD_{50}）来表示，致死中量是指将一群试验大白鼠、小白鼠、兔等动物毒死一半所需的药量。为了统一标准，折算成动物每千克体重所需药剂的毫克数，其单位是 mg/kg。

由于最高、最低致死量均受试验生物种群中敏感性大或敏感性小的个体影响，而致死中量则不受这些因子的影响，因此，只有用致死中量作为农药急性毒性的标准，才较为精确可靠。致死中量值越小，说明这种药剂毒性越强。按照农药致死中量值大小，可将农药毒性划分为 3 级：高毒、中毒、低毒（表 1-1）。

表 1-1　农药急性毒性分级暂行标准

给药途径	Ⅰ（高毒）	Ⅱ（中毒）	Ⅲ（低毒）
LD_{50}（大白鼠经口）（mg/kg）	<50	50~500	>500
LD_{50}（大白鼠经皮 24h）（mg/kg）	<200	200~1000	>1000
LD_{50}（大白鼠吸入 1h）（g/m^3）	<2	2~10	>10

上述用动物测定的毒力大小，可用以比较对人、畜毒性的大小，作为农药生产和使用时制定安全作业操作规程的科学依据。实验动物虽与人体差别很大，但它能反映出对人、畜毒性的可能大小。

②亚急性毒性：指在 3 个月以上较长时间内经常接触、吸入农药或食物中带有农药成分，最后导致人、畜发生与急性中毒类似的症状。

③慢性毒性：指长期服用或接触少量药剂后，逐渐引起内脏机能受损，阻碍正常生理代谢而表现出的中毒症状。该种毒害还可延续给后代，主要引起致癌、致畸、致突变。有些化学性质稳定、脂溶性高的农药，如有机氯杀虫剂，通过食物链的相互转移，最后积累在人体内，造成慢性累积中毒。

（2）农药安全使用及防护。在使用农药防治生态修复工程项目建设造林种草植物病虫害的同时，要做到对人、畜、天敌、植物及其他有益生物的安全，要选择合适药剂和准确使用浓度。在人口稠密的地区、居民区等处喷药时，要尽量安排在夜间作业，若必须白天实施，应提前发布告示、划分施药区范围，以避免发生人、畜的药性中毒意外事故。操作人员必须严格按照《中华人民共和国农药管理条例》所规定的用药操作规程规范工作。

农药进入人体的途径：在使用农药时，以皮肤进入为主，口和呼吸道进入次之，此外，农药也可以从眼睛进入人体造成中毒。

①经皮肤进入人体后的药害：使用农药时，有效成分被人体吸收的绝大部分是通过皮肤渗透，称为经皮毒性。皮肤上如有伤口，情况就更加严重。乳油和油剂比乳状水液通过皮肤渗透速度快得多。因此，当量取乳油或油剂并配制药液时，操作时应十分小心，手和胳膊不要黏附这种高浓度药液。可湿性粉剂、粉剂或颗粒剂中的有效成分通过皮肤被吸收较困难，但是这时如出汗会促进农药对皮肤的渗透。人体各器官、组织对农药的吸收程度不同。例如，眼睛最容易吸收药剂并渗透到体内，而手掌相对地吸收较慢。皮肤接触药剂的面积大小和时间长短，也是重要因素，接触面积越大、时间越长则吸收药性越多。

②经呼吸道进入人体后的药害：熏蒸剂或其他易挥发的药剂，吸入毒性比口服毒性大得多，使用这些药剂时，应特别重视保护呼吸道。农药熏蒸、喷雾或喷粉时，所产生的蒸汽、药液、雾滴或药粉颗粒能够通过呼吸损害鼻腔、喉咙和肺组织，粒径<10μm 的药剂雾粒蒸汽或烟雾微粒能够到达肺部，粒径 50~100μm 者也可能被吸入并影响上呼吸道。在密闭或相对密闭的空间里实施农药施喷撒等操作，容易经呼吸道吸入大量农药，如在温室里使用烟雾剂、在通风不良情况下分装高挥发性的农药制剂等。

③经口进入人体后的药害：在正常农药操作中，通过口部进入消化道一般很少发生。万一发生则后果相当严重，因为农药口服毒性常比经皮毒性要大 5~10 倍，某些情况下农药确有进入口

中的危险，例如进行操作时或农药操作后未经洗手、洗脸就吸烟、吃食物、喝水，药械故障或喷雾器喷头堵塞时用嘴去吹、用农药污染过的手或手套擦脸上的汗，药剂处理过的种子或其他农产品、刚施过剧毒农药的植物果实等被人们误食、误用的例子也时有发生。经口中毒的农药剂量一般较大，不易彻底清除，通常中毒较严重，危险性也较大。

（3）农药中毒的预防：应积极采取以下 7 项技术与管理措施有效预防农药中毒事件的发生。

①选择身体健康的青壮年担任施药人员：凡体弱多病有高血压、皮肤病、结核病的患者，皮肤伤口未愈合者，药剂过敏者和孕期、经期、哺乳期的妇女等，均不能参与该项工作。

②用药人员必须完善一切安全防护措施：配药、喷药作业时应穿戴防护服、手套、风镜、口罩、防护帽、防护鞋等标准的防护用品。

③喷药前应仔细检查药械：施药器械有问题，应先修好再用。喷药过程中如果发生堵塞，应先用清水冲洗，然后再排除故障，不要用嘴吹喷头或滤网。

④喷药应选在无风的晴天作业：阴雨天或高温炎热的中午不宜喷施用药，有微风情况下，作业人员应站在上风头，顺风喷洒，风力超过 4 级时，必须停止施药。

⑤要严肃认真地实施施药作业：在配药、喷药时，不能谈笑打闹、吃东西、抽烟、用手擦眼睛等。如果中间休息或作业完毕时，需用肥皂洗净手脸，工作服也要洗涤干净。

⑥施药人员每次喷药时间不要超过 6h：在喷药作业过程中，如稍有不适或头痛目眩时，应立即停止施药作业并离开现场，寻找通风阴凉处安静休息，如症状严重，必须立即送往医院医治，不可延误。

⑦禁用高毒农药实施生态植物病虫防治：在实施植物病虫防治中，禁用高毒农药如甲胺磷、一六〇五等。污染严重的化学农药也不能应用。同时，用药前还应搞清所用农药的毒性，做到心中有数，谨慎使用。尽量选用高效、低毒或无毒、低残留、无污染的农药品种。

3.2.3　克服害虫和病原菌的抗药性

许多病虫害由于长期连续使用同一种农药防治，发生药效降低现象，以致不得不增大用药量才能保持原效果。对有些病虫，纵然把药量或用药浓度提高几倍至几十倍，仍然不能取得理想效果。其原因就是病虫对这种农药产生了抗药性。在生物中已经知道的如细菌对抗生素、真菌对杀菌剂、昆虫对杀虫剂与杂草对除草剂等都已发现抗药性的现象，而其中杀虫剂的抗药性发展最普遍，是目前最引人关注的一个重要问题。

（1）害虫和病原菌对农药抗性的产生原因和抗药性类型。

①抗药性产生原因：抵御外界恶劣环境是生物的一种本能，在一个不断受到农药侵害的环境中，生物体同样有一种逐渐产生抵抗力的反应，尤其是在同一药剂的连续反复侵害袭击下，这种反应尤为强烈。在一个有害生物种群中，总是有一部分个体对药剂十分敏感，有一部分则不很敏感，甚至会有少数个体极不敏感。不同浓度农药喷施到有害生物体上以后，敏感的个体很容易中毒死亡，但是，不很敏感的个体则会存活下来，并继续繁殖。不敏感个体所繁殖的后代基本上也不敏感。因此，在种群中不敏感个体逐渐占了优势，最后形成了不敏感种群，称为抗性种群。这个过程就是抗药性发生的过程，是在一定浓度下的药剂对种群中敏感度不同的个体发生选择作用的结果。有人认为，药剂浓度越高，则被杀死的敏感和中等敏感的个体越多，虽然残存的个体比较少了，但这些个体的耐药力也特别高。因此繁殖的后代所形成的种群，也是抗药性很强的种

群。也有人认为，抗药性可以在较低药剂浓度下被诱发而成。长时间的低浓度处理，实际上是对有害生物产生一种训练抗药力的效果。

②抗药性：分为多种抗药性、交互抗药性、负交互抗药性 3 种类型。

多种抗药性（复合抗药性）：一种害虫或病原菌对几种不同类型药剂均产生抗药性，这种现象称为多种抗药性，又叫复合抗药性。具有多种抗药性病虫对农药资源损耗相当严重。

交互抗药性：一种害虫或病原菌对某种农药产生抗药性后，对未曾使用过的另一些农药也有抗药性，这种抗药性成为交互抗药性，又叫正交互抗药性。例如对乐果有抗药性的桃蚜，对溴氰菊酯等有交互抗性。但是并不是一种病害或害虫对各种药剂都能产生交互抗性，通常而言，凡是作用机制相似或接近的药剂，就容易产生交互抗性，而不同类型药剂，由于对病虫的毒杀机制不同，就不容易产生交互抗性。

负交互抗药性：一种病虫对某种药剂产生抗性后，对另一种药剂反而表现出特别敏感，此现象称负交互抗药性。有人发现蚜虫对拟除虫菊酯类杀虫剂和灭多威具有负交互抗药性。

（2）对抗药性判断。在生产实践中，不能一出现药效降低现象，就认为是抗药性。因为产生药效降低的原因是多方面的，不仅要考虑有抗药性的可能，而且还要考虑农药的质量、施药技术、环境以及病、虫本身的生理状态等条件。只有在弄清楚上述条件的前提下，经过严格的抗药性测定，才能最后肯定某种病、虫是否产生了抗药性。

①抗药性判断要从抗药性的出现过程、抗药性的发生规律和抗药性发生的差异现象这 3 个方面来判断抗药性。

抗药性的出现过程：抗药性通常都不是在毫无预兆情况下突然出现的。在出现药效严重减退现象之前，必定有一段药效逐渐减退的过程，虽然这种过程因病虫、药剂不同而有长有短。例如月季黑斑病菌对多菌灵的抗药性发展相当快，但也要经过 2~3 年历程，在田间发现药效连续减退终至无效。如飞虱对氨基甲酸酯类杀虫剂的抗药性发展就会慢得多，要经历相当长的时间。

抗药性的发生规律：出现抗药性一般不是跳跃式，而是连续性发生的。例如，第 2 次用药发生抗药性，第 3 次用药不发生抗药性，而第 4 次用药又发生，这种跳跃式、偶发的"抗药性现象"就应当引起我们的关注和怀疑。

抗药性发生的差异现象：发生抗药性在一个生物种群里的表现应该是基本一致。如在同一块地里，某一部分田地药效强而另一部分田地则药效很差，这种情况下也不能轻率做"抗药性现象"的判断。

由上述可见，可以初步排除一些非抗药性现象的药效减退事件被误认为抗药性问题。

②当发生以下 3 种情况时，则应考虑到发生抗药性问题的实际可能性。

第 1 种情况：一种药剂在一种有害生物上连续使用至少 1 年时间以上，而且在 1 年内多次反复使用。对于 1 年内发生世代数很多的蚜虫、螨类、白粉虱、蚊、蝇等病虫，1 年可多达十几个世代，如果频繁地使用同一种药剂，抗药性出现的几率就比较高。对于 1 年内世代数很少的多种鳞翅目、鞘翅目害虫，则要经过几年的连续使用，才有可能表现出抗药性现象。

第 2 种情况：每次使用药剂以后，虫口数量的回升速度比过去明显地加快。在没有出现抗药性之前，药剂杀伤力强，害虫中毒后的死亡率很高，虫口密度会很快被压下去，经过较长时间后残存的少量害虫才能繁殖起来，达到相当的虫口密度。但是，发生了抗药性以后，由于残存害虫数量增多了，虫口密度的回升就会明显加快。另外，有一部分害虫由于具有抗药能力，虽然中了毒，却并未死亡，会复苏过来继续危害。

第 3 种情况：药剂有效使用浓度或有效使用剂量发生明显的逐次增高现象。因产生了抗药性，原有效使用浓度或剂量已不能取得原先所能达到的防治效果，因而需逐步增高。

（3）克服抗药性的技术与管理措施。应积极有效地采取综合防治、交替用药与合理混合用药、使用增效剂这 3 项克服抗药性的技术与管理措施。

①实行综合防治：克服单纯依靠药剂的倾向，利用其他防治措施与药剂防治相配套，充分发挥其他措施的防治作用，以有效控制农药的使用量，减轻对病虫的选择性压力。

②交替用药与合理混合用药：选择作用机制不同的无交互抗性的药剂实行交替使用或 2 种或多种农药混用，特别是作用机制或代谢途径不同的农药混用，避免长期连续使用 1 种农药，是延缓抗药性产生的一个重要措施，也是目前普遍采用的技术与管理方法。

③使用增效剂：增效剂是一种能有效抑制解毒酶活性的化合物，它本身不具有毒效功能，但把它加入到农药中后，就能使某些农药的防治效果提高几倍，增效剂不仅可起到增效作用，还能克服病虫抗药性的产生。

3.2.4 避免农药对植物产生药害

农药使用不当时，对植物的生长发育会产生有害作用，这种现象称为药害。

（1）药害的症状和种类。农药对生态造林种草植物产生药害后，在外表上可能表现出明显的症状，也可能看不出显著症状，但却使植物的生理功能受到影响。根据药害发生的速度和时期，将药害分为急性药害和慢性药害。

①急性药害：指施药后短期内表现出症状的药害。如在叶部表现有斑点、焦灼、失绿、畸形、落叶；在果实上可产生果斑、锈果、落果；种子表现为发芽率降低或不出芽；根系发育不正常或形成黑根、鸡爪根等；全株表现为生长迟缓、矮化、茎叶扭曲，严重时可使植株枯死。

②慢性药害：指施药后经过较长时间才表现出症状的药害。慢性药害常由于植物的生理代谢受到影响，引起营养不良、抑制生长、植株矮小、开花结果延迟等。慢性药害一旦发生，一般很难挽救。生态植物由于种类多，生态习性各有不同，加之有些种类长期生活于温室、大棚，其组织幼嫩，常因用药不当而出现药害。

（2）产生药害的原因。主要有药剂种类选择不当、部分植物对某些农药品种过敏等原因。

①药剂种类选择不当：波尔多液含铜离子浓度较高，多施用于木本植物，而草本植物由于组织幼嫩，若用之易产生药害。石硫合剂防治白粉病效果很强，但由于其具有腐蚀性与强碱性，用于瓜叶菊等草本植物时易产生药害。

②部分植物对某些农药品种过敏：如有些观赏植物性质特殊，即使在正常使用情况下，也易产生药害。如碧桃、寿桃、樱花等对敌敌畏敏感，桃、梅类对乐果敏感，桃、李类对波尔多液敏感等。各种植物在开花期是对农药最敏感的时期之一，在植物敏感期用药应慎重。

高温、雾重与相对湿度高时易产生药害：温度高会增大农药的化学活性和植物的代谢作用，使药剂容易侵入植物组织引起药害。湿度大时，有利于药剂熔化和侵入植物体而发生药害。例如波尔多液在多雾、阴潮的雨天或露水大时的气候条件下施药就容易发生药害。

浓度高、用量大：为克服病虫的抗药性而随意加大浓度、用量，易产生药害。此外，农药产品质量低劣，如乳油分层、湿润性和乳化性不良、粉粒过粗等，以及施药操作技术差，如雾滴过大、喷粉分布不匀、混用农药不合理、稀释所用水的水质差等都能引起药害。

（3）防止药害的措施。采取的措施分为合理用药、挽救措施、加强肥水管理3项。

①合理用药：使用农药前必须充分了解农药的性能，考虑植物品种和生长发育状况、气候条件与有害生物种类、发育阶段，最后确定出最有利的施药时机，采取安全有效的方法和用药量实行施药作业。

②挽救措施：为防止生态植物出现药害，除针对药害发生原因采取相应措施预防发生外，对于已经出现药害的植物，要根据用药方式的不同可采用清水冲根或叶面淋洗的办法，去除残留毒物成分。

③加强肥水管理：应加强对生态绿地肥水管理，使绿地植物尽快恢复健康，消除或减轻药害对其造成的不利影响。

3.2.5　保护有益生物安全

（1）农药对害虫天敌的影响。在自然界中，一些捕食性与寄生性天敌对控制害虫起着重要作用。在应用农药防治害虫过程中，由于杀伤了天敌，可能会造成某些害虫严重发生。有不少广谱杀虫剂，使用初期能迅速杀死大量害虫，起到良好的防治效果，但经过一段时期后，反而会引起防治对象或一些次要害虫大量发生，虫口密度有时比不喷药区更高，这种现象称为害虫再增猖獗。农药引起害虫再增猖獗的原因，多数情况是由于农药杀害了大量天敌，使害虫发生失去了自然控制力。特别是如蚜虫、螨、介壳虫、叶蝉等繁殖快的害虫，自然天敌是控制其大量发生的重要因素。如果用药不当，连续大量使用广谱性农药，杀伤了大量天敌，由于害虫和天敌虫口恢复的速率不同，就很容易引起害虫再增猖獗。

施药后害虫数量增加的另一种情况是，原来占次要地位的害虫，施用化学农药后，反而由原来的少数突然增到大多数，变为严重害虫。在化学防治中，农药对害虫天敌的影响不容忽视，但是其影响的程度有很大差异。在不同种类的农药品种中，以杀虫剂对害虫天敌的影响较大，而杀菌剂与除草剂的影响较小。农药品种不同对天敌的影响也有差别。克服农药对害虫天敌不良影响的4项途径是：一是应用选择性和内吸性农药，这些农药对害虫施用后毒力强，但对蜘蛛和其他天敌较安全，对广谱性的农药尽量少用或慎用。二是采用适当的浓度，同一种药剂使用浓度不同对天敌的影响不同。三是选用适当的施药方法，不同施药方法对天敌影响差异很大，如拌种、涂茎比喷雾或喷粉法对天敌安全得多。四是选择适当的施药时期，施药时间不同，对天敌影响也不同。例如，对天敌昆虫通常在天敌的蛹期施药较安全，对寄生蜂应避免在羽化盛期，而在寄生蜂尚在寄主体内时施药较为适宜，对蜘蛛类则应避开优势种的孵化和激增期施药。

（2）农药对传粉昆虫的影响。蜜蜂和其他传粉昆虫能帮助多种植物授粉，但是蜜蜂对多数农药很敏感，施药时若不注意，就会引起蜜蜂大量死亡。为了避免和减轻农药对蜜蜂的毒害作用，在生产中可采用以下3项措施：

①选择对蜜蜂低毒的农药。

②避免在植物开花期施药：在植物开花期，不能施用对蜜蜂高毒的农药；若必须施药，应选择在清晨、黄昏或夜晚蜜蜂未起飞时用药，以减少药剂直接接触，以减轻蜜蜂受到毒害。

③选用适当的施药方法：一般，杀虫剂喷粉法比喷雾法对蜜蜂的危险性大，因为粉剂易附着

在蜜蜂体上携回巢中杀伤幼蜂和新羽化的工蜂；颗粒剂对蜜蜂非常安全，采用土壤处理、拌种、涂茎的技术与管理措施对蜜蜂也很安全。

（3）农药对鱼类及其他有益生物的影响。施用农药不当，对鱼类也会产生毒害，例如在河、湖、池塘里洗刷喷药器具，把剩余药液倒入河、湖内或池塘里，混入农药后的河水、湖水、池塘水均会引起鱼类中毒死亡。鱼类对农药非常敏感，鱼类的生存、繁殖所需的水质条件范围非常窄，如果农药使水质发生变化就会对鱼类产生毒害。鱼类多以浮游生物为食料，如浮游生物体表吸附有农药，就会与食料一起进入鱼体内。将水底泥土和有机质一起吞食的鱼类，同时也把吸附在泥土上的药剂食入鱼体内也会引起中毒。为防止农药对鱼类产生毒害，应积极采取 3 项技术与管理措施：

①避免使用对鱼类毒性强的农药（如鱼藤、三环锡、克菌丹、百菌清等）。

②防止农药直接或间接流入河流、池塘（不可在养鱼的水域洗涮喷药器械和倾倒剩余药液，严禁使用农药毒鱼）。

③施药后的田块要科学排灌（严格防止含有农药田水流入养鱼池或河流、湖泊、池塘）。

3.2.6 控制农药残留和对环境污染的防止措施

农药残留的毒性和对环境污染是一个威胁人类健康的严重问题，应采取措施预防。

（1）制定农药禁用和限用规定。世界各国根据本国农药使用的具体情况，做出了不同的禁用和限用规定。我国从 1983 年开始禁止生产和使用有机氯杀虫剂、有机汞制剂和有机砷制剂，如六六六、滴滴涕、西力生、赛力散等。从 2007 年 1 月起对甲胺磷、对硫磷、甲基对硫磷、久效磷、磷胺等 5 种高毒有机磷农药禁止使用。农业部和卫生部 1982 年制定并颁发了《农药安全使用规定》，1997 年 5 月 8 日制定《农药管理条例》，2002 年 8 月份颁发的《农药限制使用管理规定》对农药限制使用制定了详细管理措施，2002 年 7 月农业部发出通知：全面推进"无公害食品计划"，力争 5 年内基本解决餐桌污染问题。国内外许多调查资料都表明，一些农药经过一段时间的禁用和限用后，其在农产品中的残留量有所下降。

（2）制定农药允许残留量。农药允许残留量也称农药残留限度。农产品上常有一定数量的农药残留，但其残留量有多有少，如果这种残留量不超过某种程度，就不致引起对人的毒害，这个标准叫农药允许残留量。它是根据人体每日最大允许摄入药剂量制定的。农产品与食物中不同农药的残留量，应该小于该种农药的允许残留量，这样才不至于影响人体健康。

（3）制定使用农药的安全间隔期。农药施于植物上，会因为风吹、雨淋、日晒与化学分解而逐渐消失，但仍会有少量残留在植物上，因此，规定在植物上最后 1 次施药离收获的间隔天数为安全间隔期。不同农药与不同加工剂型在不同植物上的降解速度不一样，因而安全间隔期也不同。1981 年我国农业部颁发了《农药安全使用标准》，其中规定了一些常用农药的安全间隔期。

（4）发展高效、低毒、低残留的农药。作为一种理想农药的发展方向应该向与环境相容方向发展，对靶标生物的活性强，对非靶标生物的毒性低，例如吡虫啉、抗蚜威等以及昆虫几丁质合成抑制剂，生物制剂如苏云金杆菌等。

总之，化学农药仍然是目前防治有害生物的主要手段。从 20 世纪 40 年代开始人工合成有机农药以后，农药品种与数量飞速增长，对农业增产和林业建设起到了积极作用，但这些人工合成的化学物质是地球上原本没有的，是人类强加于自然界的化学物质，因此引发了不少始料不及的后果，特别是对人类健康及非靶标生物的伤害，恶化了人类自己的生存空间。

因而，在使用农药时，应当充分发挥其优点，克服其缺点，扬长避短，兴利除弊，把化学防治纳入到病虫害综合防治体系中，让农药充分而恰当地发挥其应有的作用。

3.3　植物常用农药零缺陷施用技术

3.3.1　杀虫剂

（1）植物杀虫剂。其种类有苦参碱、鱼藤酮、烟碱、印楝素、烟百素5种。

①苦参碱：又名苦参素，是由中草药植物苦参的根、果提取制成的生物碱制剂，对害虫有触杀和胃毒作用，对人畜低毒。对蚜虫、叶螨、叶蝉、粉虱、潜叶蝇、地下害虫、鳞翅目幼虫等均有极强的防治效果。剂型有0.36%水剂、0.04%水剂。

②鱼藤酮：又名施绿宝，是从鱼藤根中提取并经结晶制成，具触杀、胃毒、生长发育抑制和拒食作用，对人畜低毒。对鳞翅目、半翅目等多种造林植物害虫均有较强防效，如茶尺蠖、茶毛虫、卷叶蛾类、刺蛾、小绿叶蝉、黑刺粉虱、茶蚜等。剂型有2.5%乳油、5%乳油、7.5%乳油、4%粉剂。

③烟碱：又名尼古丁，是从烟草粉末、粉碎的烟茎或烟筋中提取出的游离烟碱，具触杀、胃毒和熏蒸作用，对人畜低毒。可防治蚜虫、蓟马、蝽象、叶蝉、飞虱、螨类、潜叶蝇、潜叶蛾、鳞翅目幼虫等。剂型有10%乳油、2%水乳剂。

④印楝素：指从印楝树里提取的一种生物杀虫剂，具胃毒、触杀、拒食、忌避等作用，对人畜低毒。可有效地防治多种害虫，如舞毒蛾、金龟甲、夜蛾类、潜叶蝇、飞蝗等。剂型有0.3%乳油。

⑤烟百素：是烟碱、百部碱、楝素等3种混配而成的杀虫剂，具胃毒、触杀、拒食作用，对人畜低毒。可用于防治鳞翅目、双翅目、同翅目和半翅目等多种害虫。剂型有0.1%乳油。

（2）微生物杀虫剂。其种类有苏云金杆菌、杀螟杆菌、白僵菌、核多角体病毒4种。

①苏云金杆菌：简称Bt，又名敌保、杀虫菌1号。是一种细菌性微生物农药，属低毒、广谱性胃毒剂。本品中的伴孢晶体（S-内毒素）是主要毒素，因为有病变过程，所以对害虫毒杀速度较慢。对鳞翅目幼虫如尺蠖、舟蛾、刺蛾、天蛾、夜蛾、螟蛾、枯叶蛾、蚕蛾和蝶类等均有理想的防治效果，但对灯蛾和毒蛾效果差。剂型有100亿孢子/g菌粉。

②杀螟杆菌：是一种细菌性微生物杀虫剂。其有效成分为伴孢晶体和芽孢，是苏云金杆菌的一个变种，属低毒、广谱性胃毒剂。对鳞翅目食叶性害虫刺蛾、天蛾、夜蛾、尺蛾、毒蛾、蓑蛾、蚕蛾、卷蛾、菜蛾等防治效果明显。剂型有100亿孢子/g菌粉。

③白僵菌：是一种真菌性微生物药剂，由昆虫病原半知菌类丛梗孢科白僵菌属真菌经发酵、加工而成，本品中的杀虫成分主要是白僵菌（球孢或卵孢）活孢子。对鳞翅目、直翅目、鞘翅目、同翅目和蜱螨目等200多种害虫有寄生性，如油松毛虫、黄褐天幕毛虫、茶毒蛾、杨毒蛾、小褐木蠹蛾、榆木蠹蛾、光肩星天牛、透翅蛾等。剂型有50亿~80亿活孢子/g菌粉。

④核多角体病毒：为低毒病毒杀虫剂。该病毒被鳞翅目幼虫取食后，病毒在虫体内大量复制增殖，迅速扩散到害虫全身各个部位，急剧吞噬消耗虫体组织，导致害虫染病后全身化水而亡。剂型有10亿PIB/g可湿性粉剂。

（3）抗生素杀虫剂。其种类有埃码菌素、多杀菌素 2 种。

①埃码菌素：又名甲氨基阿维菌素、威克达。属大环内酯类化合物，是阿维菌素的结构改造物，是一种高效、广谱的杀虫、杀螨剂。对鳞翅目、鞘翅目、同翅目、螨类具有很高的活性。剂型有 1% 乳油。

②多杀菌素：又名菜喜、催杀。是一种微生物代谢产物，属大环内酯类化合物。具有快速触杀和胃毒作用，对叶片有较强的渗透作用，可杀死表皮下害虫。能有效地防治鳞翅目、双翅目和缨翅目害虫，也可防治鞘翅目、直翅目中某些大量取食叶片的害虫种类。剂型有 2.5%、48% 悬浮剂。

（4）化学杀虫剂。化学杀虫剂分为有机磷类、氨基甲酸酯类、拟除虫菊酯类、特异性杀虫剂和其他杀虫剂 5 大种类。

一是有机磷类，分为敌百虫、敌敌畏、辛硫磷、乙酰甲胺磷、甲基异柳磷等 9 种。

敌百虫：为高效、低毒、广谱性杀虫剂。胃毒作用强，兼具触杀作用。在弱碱条件下，可脱去 1 分子的氯化氢而转变为毒性更大的敌敌畏再分解为无毒化合物。对多种鳞翅目幼虫刺蛾、蓑蛾、松毛虫等防治效果强。剂型有 90% 晶体、80% 可溶性粉剂、5% 粉剂等。

敌敌畏：又名 DDVP。为高毒、高效、广谱性杀虫剂。对昆虫有触杀、胃毒和强烈熏蒸作用。在碱性和高温条件下消解快，可变为无毒物质。可用于防治多种植物上的蚜虫、卷叶蛾、叶螨、尺蠖、叶甲、叶蝉等。但对高粱易产生药害。剂型有 80%、50% 乳油。

辛硫磷：又名肟硫磷、倍腈松、腈肟磷。属高效、低毒、无残毒杀虫剂。有胃毒和触杀作用。遇碱遇光易分解。对鳞翅目幼虫有高效，也可用于防治地下害虫蛴螬、蝼蛄、金针虫与林木上的蚜虫、卷叶蛾、尺蛾、粉虱、介壳虫、叶螨等害虫。不能与碱性农药混用，剂型有 40%、50% 乳油，25% 微胶囊剂，1.5% 颗粒剂等。

乙酰甲胺磷：又名杀虫灵、高灭磷。属高效、低毒、低残留杀虫剂。有胃毒、触杀和内吸作用。在酸性介质中比较稳定，在碱性介质中易分解。药效期可维持 10~15d。可用于防治介壳虫、飞虱、叶蝉、蓟马、蚜虫、尺蠖、小造桥虫等害虫。剂型有 25% 可湿性粉剂，30%、40% 乳油等。

甲基异柳磷：属于高毒农药。有触杀和胃毒作用。遇强酸、强碱易分解，遇光和热加速分解。适于防治蛴螬、蝼蛄、金针虫、线虫等地下害虫。此药剂可用于拌种或土壤处理，不适于叶面喷雾，不能与碱性农药混用。剂型有 20%、40% 乳油，20% 粉剂。

毒死蜱：又名乐斯本。属高效、中毒农药。具有触杀、胃毒和熏蒸作用。在碱性介质中易分解，对铜有腐蚀性，适于防治各种害螨、尺蠖、舞毒蛾、叶蝉、瘿螨、蚜虫、潜叶蝇等害虫。颗粒剂在土壤中残留期长，可用于防治地下害虫。剂型有 40%、48% 乳油，14% 颗粒剂。

杀螟硫磷：又名杀螟松。属高效、中毒、低残留农药。具有强烈的触杀和胃毒作用。对植物渗透力强。在高温与碱性条件下易分解，铁、铜等金属会引起分解。可用于防治天牛、木蠹蛾、透翅蛾、天蛾、夜蛾、卷叶蛾、茶毛虫等害虫，对叶蝉、叶甲也有较强防效。剂型有 50% 乳油。

哒嗪硫磷：又名杀虫净、哒净松、苯哒磷等。属于低毒、广谱性有机磷杀虫、杀螨剂。对害虫具有触杀和胃毒作用，无内吸作用。对多种食叶性和刺吸性害虫均有效。其杀虫机制为抑制昆虫体内胆碱酯酶。可防治小叶蝉、卷叶螟、木虱、蓟马、红铃虫、刺槐尺蠖、大造桥虫、小造桥虫、淡剑夜蛾、白眉刺蛾以及棉红蜘蛛等。剂型有 20%乳油。

杀扑磷：又名速扑杀、速蚧克等。外观为蓝色液体。属高毒、广谱性有机磷杀虫剂。具有触杀、胃毒和渗透作用。对动物无致畸、致突变、致癌作用。对各种介壳虫有特效，可作为生态修复绿化树木上防治介壳虫专用药剂。剂型有 40%乳油。

二是氨基甲酸酯类，分为拉维因、丁硫威、抗蚜威、西维因、灭多威 5 种。

拉维因：又名灭索双。属高效、广谱、安全杀虫剂。有轻度硫黄味，具有胃毒作用。在强碱下易分解。对鳞翅目害虫有杀卵作用，可以和多种拟除虫菊酯类、有机磷杀虫剂混用，有增效作用。对鳞翅目害虫有较好的防治效果，但对刺吸性害虫无效。剂型有 75%可湿性粉剂、37.5%胶悬剂。

丁硫威：为高效、低毒、广谱性杀虫、杀线虫和杀螨剂。具有内吸和触杀、胃毒作用。可防治天牛、毒蛾、飞虱、蚜虫、叶蝉、食心虫、卷叶蛾、介壳虫和害螨等多种害虫。还可用于土壤处理和种子处理，防治地下害虫。其剂型有 5%颗粒剂、12.5%乳油、2%粉剂等。

抗蚜威：又名辟蚜雾。为高效、中毒、低残留的选择性杀蚜剂。具触杀、熏蒸和内吸作用，被植物根部吸收后可向上输导，速效但持效期不长，性状较稳定，在强酸强碱中煮沸能分解，水溶液遇紫光亦能分解。对蚜虫有高效（除棉蚜虫外）。剂型有 50%可湿性粉剂。

西维因：又名胺甲萘。为高效、低毒的广谱性杀虫剂。具有触杀兼胃毒作用。对光、热和酸性介质稳定，遇碱水解失效。能有效防治林木、花卉等植物上的多种鳞翅目幼虫。还可用于防治对有机磷农药产生抗性的一些害虫。剂型有 25%可湿性粉剂、40%胶悬剂。

灭多威：又名乙肟威、灭多虫。具硫黄气味，为广谱性杀虫剂，分解快，残毒低。具有内吸、触杀、胃毒作用。遇碱易分解，对生态观赏、草被植物上的飞虱、叶蝉、蚜虫、叶甲等害虫有良好的防治效果，用于土壤处理，可防治土壤线虫。对有机磷、拟除虫菊酯类农药产生抗性的害虫防治效果也较好，剂型有 24%水剂、20%乳油。

三是拟除虫菊酯类，又分为溴氰菊酯、氰戊菊酯、氯氰菊酯、甲氰菊酯等 8 种。

溴氰菊酯：又名敌杀死、凯素灵。属中毒、广谱性神经毒剂。以触杀、胃毒为主，有一定的忌避拒食作用，无内吸和熏蒸作用。高剂量能杀灭成虫、幼虫与卵，低剂量可使幼虫拒食或抑制成虫产卵。可用于防治植物各种蚜虫、潜叶蛾、尺蠖、松毛虫、叶甲、灯蛾、蝶类等鳞翅目、鞘翅目、双翅目、半翅目害虫。剂型有 2.5%乳油、2.5%可湿性粉剂。

氰戊菊酯：又名速灭杀丁、速灭菊酯。属中等毒性的广谱性杀虫剂。以触杀、胃毒作用为主，兼有驱避作用。对天敌无选择型。耐光性强，在酸性中稳定，在碱性中不稳定。适于防治各种植物上的蚜虫、蓟马、叶蝉、美国白蛾、鼠妇、柏肤小蠹、灯蛾等害虫。剂型有 20%乳油。

氯氰菊酯：又名兴棉宝、安绿宝。是一种高效、中毒、低残留农药。具有触杀和毒作用，并有拒食作用，无内吸作用。对光热稳定，在酸性溶液中稳定，在碱性中易分解。药效迅速。可防治花卉、树木上的蚜虫、介壳虫、斜纹夜蛾等害虫。剂型有 10%乳油。

甲氰菊酯：又名灭扫利。为中等毒性、选择性的杀虫杀螨剂。有较强的趋避和触杀作用，可杀灭幼虫、成虫和卵。在日光、热、湿条件下稳定，碱性条件下易分解。适于防治叶螨、粉虱、叶甲和鳞翅目害虫幼虫。剂型有 20%乳油。

氟胺氰菊酯：又名马扑立克。为中等毒性的广谱杀虫剂。具有触杀和胃毒作用，并由拒食和驱避作用。在光热与酸性介质中稳定，碱性介质中易分解。可用于防治各种蚜虫、潜叶蛾、粉虱、叶蝉、盲蝽等害虫。剂型有 10%、20%乳油。

氟氯氰菊酯；又名天王星、虫螨灵、联苯菊酯等。属于中等毒性、广谱拟除虫菊酯类杀虫、杀螨剂。具有胃毒和触杀作用，没有内吸和熏蒸作用。可防治茶翅蝽、棉蚜、蓟马、卷叶蛾、美国白蛾、凤仙花天蛾、棉铃虫、茶尺蠖、青刺蛾、金纹细蛾、草地螟、茶黄螨和山楂叶螨等。剂型有 10%乳油。

醚菊酯：又名多来宝。是一种醚类化合物。属于低毒、高效、广谱的杀虫剂。具有胃毒和触杀作用，无内吸作用，对植物和天敌昆虫安全。可防治黄杨绢野螟、绿刺蛾、飞虱、蔷薇长管蚜、杨潜叶蛾等。剂型有 10%悬浮剂。

高效氟氯氰菊酯：又名保富。属于低毒、高效、广谱性的杀虫剂。具有触杀和胃毒作用，没有内吸作用。可有效防治鳞翅目幼虫、鞘翅目的部分幼虫和刺吸口器害虫，如金纹细蛾、蚜虫、茶毒蛾、桑褐刺蛾、丽绿刺蛾、花布灯蛾、茶尺蠖、桑刺尺蠖和桐尺蠖等。对大袋蛾、小袋蛾防治效果较差。剂型有 5%乳油、12.5%悬浮剂。

四是特异性杀虫剂，又分为灭幼脲、定虫隆、抑食肼、虫酰肼、噻嗪酮 5 种。

灭幼脲：又名敌灭灵、除虫脲等，属苯甲酰基类杀虫剂。具有胃毒和触杀作用，无内吸性。其杀虫机理是抑制昆虫几丁质合成酶的形成，导致幼虫畸形而死，对鳞翅目低龄幼虫有特效。可防治尺蠖类、舟蛾类、刺蛾类、蚕蛾类、凤蝶类、松毛虫类、夜蛾类、美国白蛾、毒蛾类、天蛾类、舟蛾类等低龄幼虫。剂型有 20%灭幼脲 1 号。

定虫隆：又名抑太保。高效、低毒杀虫剂。具有胃毒和触杀作用。杀虫机理是抑制昆虫几丁质合成，阻碍虫体正常蜕皮、羽化。可用于防治多种鳞翅目幼虫，但对蚜虫、飞虱、叶蝉等害虫无效。对拟除虫菊酯、有机磷、氨基甲酸酯等已产生抗药性的害虫防效强，但作用速度慢，一般 5~7d 见效。剂型有 5%乳油。

抑食肼：又名虫死净。高效、中毒杀虫剂。具有较强胃毒作用和内吸作用。对鳞翅目、双翅目幼虫具有抑制进食、加速蜕皮和减少产卵的作用。施药后 2~3d 见效。持效期长，在土壤中的半衰期为 27d，无残留。可用于防治蠹蛾、毒蛾、尺蠖等。剂型有 20%可湿性粉剂、25%胶悬剂。

虫酰肼：又名米螨。是促进鳞翅目幼虫蜕皮的新型仿生杀虫剂。低毒、无残留。具有较强的胃毒作用和内吸作用，被幼虫取食后，干扰或破坏昆虫体内原有的激素平衡，致使昆虫提前蜕皮，导致幼虫脱水，因饥饿而死。可用于防治卷叶蛾、松毛虫、天幕毛虫、毒蛾、黏虫、甘蓝夜蛾等。用分散种子处理剂处理种子，可防治地下害虫。剂型有 24%悬浮剂。

噻嗪酮：又名扑虱灵、优乐得、稻虱净。属低毒昆虫生长发育抑制剂。对昆虫具有强触杀作用，又有胃毒和一定的内吸输导作用。杀虫机理类似灭幼脲，主要抑制几丁质合成和干扰新陈代谢。可防治花卉植物上的温室白粉虱、黑刺粉虱、烟粉虱和叶螨，花灌木、地被草和林木上的小绿叶蝉、大青叶蝉、白背飞虱、木虱、介壳虫等。用分散种子处理剂处理种子，可防治地下害虫。剂型有 20%可湿性粉剂。

五是其他杀虫剂，分为吡虫啉、阿克泰、啶虫脒 3 种。

吡虫啉：又名艾美乐、蚜虱净、大功臣、咪蚜胺等。是一种氯代尼古丁杀虫剂。属低毒、低残留、高效、广谱性杀虫剂。具有很强的内吸性。可防治多种蚜虫、粉虱、蓟马、斑潜蝇、盾蚧等，用悬浮剂处理种子可有效防治蝼蛄、蛴螬、地老虎等地下害虫。剂型有 10%可湿性粉剂、70%水分散粒剂和 70%湿拌种剂等。

阿克泰：又名锐胜。是一种硫代烟碱类产品。对人畜低毒的广谱性杀虫剂。具有胃毒、触杀和强内吸作用。对植物安全。可防治粉虱、飞虱、潜叶蛾、介壳虫、蚜虫等。用分散种子处理剂处理种子，可防治地下害虫。剂型有 25%水分散粒剂、70%分散种子处理剂。

啶虫脒：又叫吡虫清、莫比朗。该药对害虫有胃毒和触杀作用，对植物有内渗作用，对人畜毒性中等。可防治多种林木上的蚜虫和鳞翅目幼虫等。剂型有 3%乳油、20%可湿性粉剂等。

3.3.2　杀螨剂

（1）抗生素杀螨剂。分为阿维菌素、浏阳霉素、杀螨脒 3 种。

阿维菌素：又名齐螨素、螨虫素、虫螨克、爱福丁等。是一种农用抗生素类杀虫、杀螨剂。属低毒、高效、广谱性药剂。对螨类具有胃毒、触杀和渗透作用，无内吸性。主要是干扰虫、螨神经生理活动，使其麻痹中毒而死亡。可防治垂丝海棠、樱桃、代代红、玫瑰、报春花上的螨类，对月季、红花羊蹄甲、凤仙花、杏、山楂、蜀葵和木槿上的二斑叶螨、山楂叶螨效果优良。剂型有 1.8%乳油。

浏阳霉素：又名华光霉素。是一种抗生素类速效杀螨剂。属低毒农药，以触杀作用为主，无内吸作用。对若螨和成螨有明显防治效果，对螨卵作用缓慢。可防治玉兰、柑橘、樱花、小叶橡皮树和紫藤上的柑橘全爪螨、苹果全爪螨，西府海棠、碧桃、山楂和石榴上的山楂叶螨，杨、柳树上的杨始叶螨，常绿树上的柏小爪螨、松小爪螨，月季、茉莉、桂花、万寿菊和美人蕉等上的二斑叶螨、朱砂叶螨等。剂型有 10%乳油。

杀螨脒：是一种微生物代谢产物，属于高效安全的杀螨剂，具有触杀和内吸作用。可防治多种叶螨，对螨的各个虫期均有较好的防治效果。剂型有 25%水剂、1.8%乳油。

（2）化学杀螨剂。分为吡螨胺、氟虫脲、哒螨灵、霸螨灵、农螨丹、噻螨酮 6 种。

吡螨胺：又名必螨立克。是一种酰胺类杀螨剂。对人畜、鸟类安全，是一种呼吸抑制剂。具有触杀和胃毒作用，无内吸性，但具良好的渗透性。对卵和成螨效果强。可防治柑橘、四季橘、佛手、榆、黄葛树和紫荆上的柑橘全爪螨，月季、小叶鼠李、玫瑰和日本晚樱上的苹果全爪螨。剂型有 10%可湿性粉剂。

氟虫脲：又名卡死克。是一种酰基脲类昆虫生长调节剂。具有胃毒和触杀作用，无内吸性。其杀虫作用机理为抑制昆虫和螨类表皮几丁质的形成。杀幼螨和若螨效果强，杀成螨差。可防治苹果全爪螨、柑橘全爪螨、竹裂爪螨、云杉小爪螨等害虫，对已产生抗性的害虫和害螨有较好的防治效果。剂型有 5%可分散液、液剂。

哒螨灵：又名速螨酮、灭螨灵、哒螨酮、扫螨净等。是一种哒嗪类杀虫、杀螨剂。具有较强的触杀性，作用快，无内吸作用，对螨类各生育期杀灭效果好。也可防治毛白杨皱叶瘿螨、葡萄瘿螨、柳刺皮瘿螨、柑橘锈壁虱、茶瘿螨、卵形短须螨、叶蝉、蓟马、桃瘤蚜、桃粉蚜等。剂型有 15%乳油、20%可湿性粉剂等。

霸螨灵：又名唑螨酯、杀螨王等。是一种新型苯氧基吡唑类杀螨剂。属于中等毒性药剂，对植物安全。具有强触杀作用，对螨类有强烈的速效性和持效性，无内吸作用。对叶螨、锈螨、瘿螨和已有抗性的害螨均有防效。一般在害螨发生初期施用。剂型有 5%悬浮剂。

农螨丹：是尼索朗和灭扫利 2 种药剂混配而成的杀虫、杀螨剂，属于低毒、高效、广谱性药剂。具有触杀、胃毒和忌避作用，无内吸性。对螨类各生育期均有很强的防治效果，又能兼治一些害虫。可防治截形叶螨、山楂叶螨、二斑叶螨、苹果全爪螨、朱砂叶螨等，对卵、若螨和成螨防治效果强。对某些鳞翅目幼虫也有防治效果。剂型有 7.5%乳油。

噻螨酮：又名尼索朗。是一种噻唑烷酮类杀螨剂，属低毒药剂。对植物表层具有较强的渗透性，但无内吸性。对多种害螨的卵、幼螨和若螨有强烈的毒杀作用，但对成螨无效，而对雌成螨所产下的卵有抑制孵化作用，对锈螨、瘿螨效果差。可防治截形叶螨、仙人掌短须螨、苜蓿苔螨、柏小爪螨和卵形短须螨等。剂型有 5%乳油。

3.3.3　杀线虫剂

（1）线虫必克。是由厚孢轮枝菌研制而成的微生物杀线虫剂，属于低毒性药剂。厚孢轮枝菌在适宜的环境下产生分生孢子，分生孢子萌发的菌丝寄生于雌性线虫和卵内，使其致病死亡。可有效地防治蔷薇根结线虫病、桂花根结线虫病、牡丹根结线虫病、菊花线虫病和早熟禾草坪线虫病等。剂型有 2.5 亿孢子的粉粒剂。

（2）棉隆。又名必速灭。外观为灰白色，具有轻微的气味。属于低毒、广谱性的熏蒸性杀线虫、杀菌剂。易在土壤中扩散，能与肥料混用，不会在植物体内残留，不但全面持久地防治多种线虫病害，并能兼治土壤中的真菌、地下害虫。能够有效地防治月季、四季海棠、扶桑、瓜叶菊、大丽花、黄杨、仙客来、郁金香、风信子、芍药、牡丹等的根结线虫、剑线虫、茎线虫和滑刃线虫，并兼治地下害虫和土传病害。剂型有 98%颗粒剂。

（3）硫威纳。又名保丰收、维巴姆和威百亩等。属于低毒杀线虫剂，对眼睛有刺激作用，对鱼高毒，对蜜蜂无毒。对线虫具有熏杀作用。本产品在土壤中降解为异氰酸甲酯。异氰酸甲酯对线虫、病原菌和杂草具有强力杀灭作用。可有效地防治菊花、百合、鸢尾和月季根部线虫。剂型有 35%水剂。

（4）二氯异丙醚。又名灭线虫。属于低毒杀线虫剂。具有熏蒸作用。气体在土壤中挥发慢，可在播种前 7~10d 处理土壤，也可在栽培植物的生育期施用。可用于防治多种林木上的孢囊线虫、剑线虫、毛刺线虫等。剂型有 80%乳油。

（5）克线丹。又名硫线磷。属于高毒有机磷杀线虫剂。具有触杀作用，无熏蒸作用。在土壤中的半衰期为 40~60d，低温使用易发生药害。药剂被植物体吸收后很快被水解而消失，在植物体内的残留量很少。可有效防治各种植物的根结线虫、毛刺线虫、短体线虫、矮化线虫、穿孔线虫、刺线虫、肾形线虫、螺旋线虫等。剂型有 10%、20%颗粒剂。

3.3.4　杀菌剂

（1）非内吸性杀菌剂。分为石硫合剂、波尔多液、代森锌、福美双、代森锰锌等 11 种。

石硫合剂：为无机杀菌剂，由石灰、硫黄和水混合熬制而成的枣红色透明液体，有较浓的臭鸡蛋味，其有效成分是多硫化钙（CaS_2）。是一种应用广泛的杀菌、杀螨、杀虫剂。分解产生硫黄细粒，对植物病害有良好的防治作用。可用于防治树木花卉植物上的各种锈病、白粉病、花腐病、细菌性穿孔病和叶螨、介壳虫等。常用配料比例是：生石粉 1 份、硫黄粉 2 份、水 12 份。

波尔多液：是一种杀菌广谱、持效期长的保护性杀菌剂。有效成分分为碱式硫酸铜，喷洒药液后在植物体和病菌表面形成一层很薄的药膜，该膜不溶于水，但在二氧化碳、氨、树体与病菌分泌物的作用下，使可溶性铜离子逐渐增加而起杀菌作用，可有效地阻止孢子发芽，防止病菌侵染。可用于防治早期落叶病、炭疽病、轮纹病、霉心病、锈病、霜霉病等。使用上不能与石硫合剂等碱性农药混用。生产上常用的波尔多液比例有波尔多液石灰等量式（硫酸铜：生石灰＝1：1）、倍量式（1：2）、半量式（1：0.5）和多量式（1：3~5）。

代森锌：为有机硫杀菌剂，有臭鸡蛋味。属于低毒、高效、广谱性的保护剂。有触杀作用，药效期短，不能与铜制剂混合使用。可用于防治各种生态修复植物感染的霜霉病、锈病、炭疽病等。剂型有60%、80%可湿性粉剂。

福美双：又名阿脱生、赛欧散。属中毒、高效、低残留和广谱性的有机硫类保护剂，无内吸作用。对种子传播与土壤传播的病害有较强的杀伤作用。可用来防治苗期立枯病、炭疽病、猝倒病、白粉病、疫病等。剂型有50%、70%可湿性粉剂。

代森锰锌：又名百利安、速克净和爱富森等，是一种代森锰和锌离子的络合物，为有机硫类杀菌剂。其作用机理主要是抑制菌体内丙酮酸的氧化，从而达到杀菌目的，并且使病原菌不易产生抗性。可防治造林苗木立枯病、泡桐炭疽病、樱花褐斑穿孔病、桃细菌性穿孔病、葡萄黑痘病、桂花叶斑病和苹果锈病。剂型有70%可湿性粉剂。

炭疽福美：是由福美锌和福美双合成，又名锌双合剂。具有抑菌和杀菌的双重作用，对植物上的炭疽病初发期有明显效果。杀菌机理为通过抑制病原菌的丙酮酸氧化而中断其代谢过程，从而导致病原菌死亡。可有效地防治北京杨炭疽病、广玉兰炭疽病、苹果炭疽病、山茶炭疽病、梅花炭疽病、红叶李炭疽病、法国冬青炭疽病、兰花炭疽病和桃树炭疽病等。剂型有80%可湿性粉剂。

速克灵：又名腐霉利。是一种二甲酰亚胺类杀菌剂。属于内吸和广谱性的保护剂，一般在发病前或发病初期使用。作用机理为菌丝触及药剂后，致其细胞壁肥大、破裂而死亡，从而阻止了病菌的发展。可防治苗木茎腐病、樱桃褐腐病、贴梗海棠灰霉病、竹芋灰霉病、牡丹灰霉病、梅花菌核病、菊花菌核病和桃树褐腐病等。剂型有50%可湿性粉剂。

农抗120：又名抗霉菌素120。是一种嘧啶核苷类杀菌抗生素。属于低毒、广谱、无内吸性杀菌剂，有预防和治疗作用。对多种植物病原菌有较好的抑制作用。对月季白粉病、紫薇白粉病、黄栌白粉病、苹果白粉病和丁香枯萎病等有很强的防治效果。剂型有2%水剂。

克菌宝：属低毒、高效、对植物安全和广谱性药剂。既能防治真菌性病害，又可防治细菌性病害。作用机理是直接杀死病原菌孢子，但无内吸性。可防治柑橘疮痂病、月季黑斑病、香石竹锈病、茶轮斑病、万寿菊灰霉病、秋海棠细菌性叶斑病、万年青细菌性叶腐病、桑细菌病、茉莉白绢病、枸杞灰斑病和葡萄穗枯病等。剂型有52%可湿性粉剂。

加瑞农：是一种由春雷霉素和铜制剂混配而成的杀菌剂，前者能渗透到植物体内起治疗作用，后者在植物表面起保护作用。对真菌和细菌性病害有显著防治效果。可防治蔷薇白粉病、菊花白粉病、樱花白粉病、棣棠叶斑病、梅花叶斑病、白玉兰斑枯病、桃细菌性穿孔病、柑橘细菌性叶斑病、柑橘溃疡病、花叶万年青细菌性叶腐病和绿萝细菌性叶斑病。剂型有47%可湿性粉剂。

百菌清：又名达科宁、霜疫净、克劳优、打克尼尔和霉必清等。是一种取代苯类杀菌剂。属于触杀型药剂，没有内吸作用。对多种植物的病害只有预防作用。其作用机理是破坏酶的活力，干扰新陈代谢，使真菌细胞因被破坏而死亡。可防治月季黑斑病、月季斑枯病、杨树黑斑病、小叶橡皮树炭疽病、扁叶竹白粉病、丁香叶斑病、菊花褐斑病、牡丹轮纹病、杨树灰斑病和桃真菌性穿孔病等多种病害。剂型有 75%可湿性粉剂。

（2）内吸性杀菌剂。有武夷菌素、多氧霉素、十三吗啉、特克多、世高、三唑酮等 9 种。

武夷菌素：简称 BO-10。是一种链霉菌类杀菌剂。属于低毒、高效、光谱和内吸性强的杀菌抗生素药剂，有预防和治疗作用。对革兰氏菌、酵母菌有抑制作用，对病原真菌的抑制活性更强。可防治芍药轮纹病、苹果炭疽病、紫藤白粉病、杨树白粉病、葡萄白粉病、毛白杨煤污病和柑橘绿霉病。剂型有 BO-10 乳剂。

多氧霉素：又名多抗霉素、保利霉素、保丽安等。是一种肽嘧啶核苷酸类结构的杀菌抗生素。作用机理是干扰真菌细胞壁几丁质的生物合成，对细菌和酵母菌无效。可用于防治大叶黄杨白粉病、鸡冠花叶斑病、紫荆角斑病、山茶叶斑病、葡萄灰霉病、臭椿褐斑病和松苗叶枯病。剂型有 10%可湿性粉剂。

十三吗啉：又名克啉菌。是一种杂环类杀菌剂。具有保护和治疗作用，能被植物吸收，对担子菌、子囊菌和半知菌类所引起的病害有效。可防治乔灌木、地被植物上的各类白粉病和锈病，尤其对托布津和粉锈宁已有抗性的白粉病效果最强。剂型有 75%乳油。

特克多：又名噻菌灵。是一种硫化苯唑类内吸性杀菌剂。作用机理为抑制真菌线粒体的呼吸作用和细胞增殖。该产品对担子菌、半知菌和子囊菌具有较强的作用，还具有高效防腐作用。防治苗木茎腐病、梅花炭疽病、芒果炭疽病、白杨叶锈病、梨黑星病、柑橘绿霉病、紫藤白粉病、草莓白粉病、米兰叶枯病。剂型有 45%悬浮剂。

世高：又名恶醚唑、敌萎丹。属低毒、高效新型内吸性广谱杀菌剂。其作用机理是甾醇脱甲基化抑制剂，可通过输导组织传送到植物全身，杀灭植体内病原菌。可有效防治斑点落叶病、炭疽病、疮痂病、早疫病、白粉、蔓枯病等病害。剂型有 10%水分散颗粒剂、3%悬浮种衣剂。

三唑酮：又名粉锈宁、百理通。是一种杂环类杀菌剂。具广谱性和强内吸性。有预防、铲除、治疗和熏蒸作用。杀菌机理主要是抑制菌丝的生长和孢子的形成。可防治毛白杨锈病、草坪锈病、松针锈病、胡杨锈病、鸢尾锈病、花叶万年青锈病、月季白粉病、山茶白粉病、山楂白粉病、瓜叶菊白粉病和山桃白粉病等，对植物上的叶枯病、褐斑病和叶斑病等也有良好的防治效果。剂型有 20%乳油、25%可湿性粉剂。

杜邦福星：是一种新型氟硅唑类（三嚓唑）药剂。是广谱和内吸性杀菌剂。对植物具有保护作用，兼有治疗和铲除作用。作用机理是抑制病原菌生物合成，导致细胞膜不能形成，使菌丝不能生长，从而达到杀菌作用。可防治白粉病、菌核病、灰霉病、煤污病、锈病、炭疽病和褐斑病等。剂型有 40%乳油。

恶霉灵：又名土菌消。是一种内吸性杀菌剂，同时又是一种土壤消毒剂。实施土壤消毒时，药剂与土壤中的铁、铝离子结合，抑制土传病原菌孢子的生成。土菌消常与福美双混用于种子消毒和土壤处理。对腐霉菌、镰刀菌等病原菌引起的树木和地被植物的苗期猝倒病、立枯病等有较强的预防效果。剂型有 70%可湿性粉剂。

甲基托布津：又名甲基硫菌灵、丰瑞、菌真清等。是一种取代苯类杀菌剂。属于低毒、高效、广谱和内吸性药剂，具有预防和治疗作用。作用机理是药剂在植物体内转化为多菌灵，干扰病原菌细胞分裂。采用药液灌根可防治多种苗木植物的立枯病。喷雾可防治黄栌白粉病、水曲柳白粉病、月季白粉病、大叶黄杨白粉病、紫薇白粉病、丁香花斑病、青竹叶枯病、大丽花花腐病和君子兰叶斑病等病害，但对霜霉病和疫病无效。剂型有 70%可湿性粉剂。

3.3.5　除草剂

①禾草灵。又名伊洛克桑。作用机理是受药物侵入后的野燕麦等杂草，其光合作用与同化物向根部的运输作用均受到抑制。禾草灵在单子叶与双子叶植物之间有良好的选择性，为选择性叶面处理剂，有局部内吸作用，可被植物根、茎、叶吸收，但传导性差。禾草灵适用于除稗草、野燕麦、狗尾草、毒麦、看麦娘与马唐等 1 年生禾本科杂草。剂型有 36%乳油。

②草甘膦。为内吸传导性广谱灭生性芽后除草剂。通过茎叶处理，杂草茎叶吸收药液并传导全株，使杂草枯死，并且在土壤中迅速分解，对土壤中的种子和微生物无不良影响。可用于防治 1 年生与多年生禾本科、莎草科杂草和阔叶杂草。剂型有 10%、41%水剂，30%可溶性粉剂。

③百草枯。又名克芜踪、对草快。为速效触杀型灭生性除草剂。对单子叶、双子叶植物的绿色组织有很强破坏作用，但无传导作用，只能使着药部位受害。可有效防除灰菜、猪毛菜、青蒿、稗草、马唐等杂草。对车前、蓼、毛地黄等效果较差。剂型有 15%、20%水剂。

④伏草隆。又名棉草伏、高度蓝。为内吸传导性土壤处理剂。药剂有较弱的叶部活性，主要通过杂草根部吸收。若药液中加入表面活性剂或无毒油类时，可增加叶部的吸收量。伏草隆对杂草种子的萌发无影响。可防治稗草、狗尾草、蟋蟀草、小旋花、早熟禾、马唐、千金子、看麦娘、铁苋菜、繁缕、马齿苋、龙葵、藜、碎米草等杂草。对多年生的禾本科植物与深根性杂草无效。剂型有 80%可湿性粉剂。

⑤地乐胺。又名丁乐灵、双丁乐灵。为选择性萌前除草剂。作用机理是药剂进入植物体后，主要抑制分生组织的细胞分裂，从而抑制杂草幼芽与幼根的生长，从而导致杂草死亡。可防除稗草、狗尾草、牛筋草、马齿苋、马唐、藜、龙葵、地肤等 1 年生单子叶杂草与部分双子叶杂草，对菟丝子也有较强的防除效果。剂型有 48%乳油。

⑥甲草胺。又名拉索、草不绿、澳特拉索。是酰胺类选择性芽前除草剂。其机理是被植物幼芽吸收后，向上传导；出苗后主要靠根吸收向上传导，使芽、根停止生长，无法形成不定根，杂草在幼芽期还未出土即被杀死。能有效防治马唐、稗草、狗尾草、蟋蟀草、苋、秋葵、马齿苋、臂形草、轮生粟米草、藜、蓼等。剂型有 43%、48%乳油，10%、15%颗粒剂。

3.3.6　植物生长调节剂

（1）乙烯利。又名一试灵、乙烯灵。乙烯利是促进成熟的植物生长调节剂。无致畸、致突变和致癌作用。作用机理是被植物吸收后，经由植物树皮、果实、叶片等部位进入植物体内，后传导到起作用的部位，释放出乙烯，从而促进雌花发育、果实成熟，改变雌雄花比例，打破种子休眠，促进植物新陈代谢，矮化植株，促进植物器官脱落，诱导某些作物雄性不育等。

（2）矮壮素。属低毒植物生长调节剂。矮壮素是赤霉素的拮抗剂。经叶面、幼枝、芽、根系和种子进入植株体内。它可以控制植株徒长，促进生殖生长，使植株节间缩短，叶绿素含量增多，光合作用增强，以提高作物坐果率。矮壮素还能提高某些植物的抗旱、抗寒、抗盐碱与抗某些病虫害的能力。

（3）复硝酚钠。又名爱多收、丰产素。爱多收是植物细胞赋活剂。作用机理能迅速渗透到植物体内，加快植物发根速度。对促进花粉管生长、帮助受精结实的作用尤为明显。爱多收可促进植物发芽、打破休眠、促进生长发育、提早开花、防止落花落果等。

（4）赤霉素。又名九二〇、赤霉酸、赤霉素 A。赤霉素是一种广谱性植物生长调节剂，未见致突变与致肿瘤作用。作用特点对蔬菜具有显著的增产作用。具有促进种子发芽，促进植物生长，提早开花结果，减少花、果脱落的作用。

（5）复硝酚铵。是一种混合型植物生长调节剂。作用特点是通过植物叶面吸收，迅速渗透到植物体内，促使细胞产生兴奋性，从而促进植物机体生长。主要功能为促进种子发芽，提高出芽率；使幼苗生长粗壮，能迅速恢复移栽作物的生长能力，增加抵抗力；尤其能促进花粉管伸展。使用方法灵活，可采用苗床灌注、浸种、花果喷雾和苗期叶面喷雾等方法。

4　植物修剪作业零缺陷技术与管理

4.1　修剪的目的意义

对生态修复植物实施日常性的养护整形修剪，是提高生态修复绿色景观工艺水平、充分展示生态修复建设植物防护与造景美化环境的需要，对增强生态防护景观的艺术特性、增强生态修复工程项目建设绿地的生态防护效应，具有非常重要的现实和长远意义。

4.2　修剪的原则

对生态修复植物的修剪应把握住以下 3 项原则。

（1）应根据植物生态防护类型、植物种类和设计格式，确定适宜的修剪标准；规则式修剪要求整齐统一，自然式修剪要达到自然神韵别致。

（2）要遵循强势轻剪、弱势重剪的技法，合理掌握修剪力度。

（3）去除植物生长不正常和影响防护、造型不合理的枝条。

4.3　修剪零缺陷工艺

对生态修复植物实施修剪作业，应针对不同植物种类采用不同的工艺手法。

（1）行道树修剪。定干高度宜>3m，剪除定干高度以下的萌蘖枝、枯死枝和折断枝。

（2）绿篱修剪。应在新梢萌发后进行，重点是达到统一高度和宽度，保持整齐的篱体景观。

（3）花灌木修剪。修剪目的应使灌丛枝均衡生长，保持内高外低、自然丰满的圆球形。对中央枝上的小枝应疏剪，外丛生枝应短剪；对新枝开花的花灌木应在休眠期回缩剪枝，在生长期进行疏花、疏果的轻剪；对老枝开花的花灌木应在花后进行整枝修剪。

（4）地被草被修剪。在生长期修剪草类，应遵循每次刈剪量高度不超过 1/3 的原则；当草已长得很高时，应分次刈剪；草刈剪留茬高度为 3~4cm。

4.4　修剪作业适宜时期

应根据不同植物种类、不同防护类型确定适宜的修剪作业期。

（1）冬季零缺陷修剪。冬季零缺陷修剪也称植物休眠期修剪。冬季适宜对落叶类树木进行大规模的整形修剪，如整形和选定主枝的修剪；常绿类花木的冬季修剪应控制在萌发新叶前后进行；对冬季开花常绿花木的修剪，应在花木植物的花后到新梢、新叶萌发前完成其作业操作。

（2）夏季零缺陷修剪。夏季零缺陷修剪是指在植物生长期的修剪。此期修剪重点是整形和剪除多余的徒长枝，以改善植物光照条件和平衡营养，同时，还可采取环状剥皮、捻梢、曲枝等修剪辅助措施。

5　绿地除草作业零缺陷技术与管理

5.1　清除杂草的意义

杂草是指非人为设计和种植的草本植物。杂草不但消耗生态绿地土壤中的养分和水分，而且还会与生态防护植物争夺阳光，极易使生态修复植物受到病虫的侵害，从而降低生态防护效益。因此，及时清除杂草也是绿地养护技术与管理的一项重要工作。

5.2　杂草传播的途径

流水、鸟类排泄物、动物排泄物、植物引种、苗木调运和施用农家肥等，都可以为传播杂草籽、杂草植株和有害植物创造繁衍的机会。

5.3　清除杂草的原则

清除杂草的原则是：除小草，早除草；除草须除根；清除出的杂草要焚烧处理；锄草要密切结合中耕，在晴朗或初晴天气、土壤不是过分潮湿时作业；除草应持续安排作业操作。

5.4　清除杂草的零缺陷作业方法

清除生态绿地内杂草的零缺陷作业操作方法分为以下 3 种方式。

（1）人工除草。使用锄头、铁锹工具，与中耕相结合进行的人工清除杂草方式。

（2）机械除草。使用割灌机，结合地被物或草坪的整修，割除杂草地上部分枝叶的方法。

（3）化学除草。使用化学药剂清除杂草的方法。使用除草剂须注意：在晴朗无风时喷施；根据杂草的种类和危害程度合理选用除草剂；使用灭生性除草剂要考虑其药效长短，避免将药液喷洒到植物上；使用选择性除草剂前要做危害性试验，确定安全用药浓度；要合理处置除草剂残液，避免引起药害；应防止操作人员中毒；及时清洗干净药具。常用除草剂见表1-2。

表1-2　常用除草剂名称及作用

序号	药剂品名	化学名称	除草作用
1	草甘膦	N-（膦酰甲基）甘氨酸	内吸，灭生性除草剂
2	二甲四氯	2-甲基-4-氯苯氧乙酸	内吸，选择性除草剂
3	敌稗	N-3，4-二氯苯基丙酰胺	触杀，选择性除草剂
4	百草枯	1，1′-二甲基-4，4″-联吡啶	触杀，灭生性除草剂
5	灭草灵	N（3，4-二氯苯基）氨基甲酸甲酯	触杀和内吸兼顾，选择性除草剂

（续）

序号	药剂品名	化学名称	除草作用
6	西马津	2-氯-4，6-双（乙氨基）均三氮苯	内吸，选择性除草剂
7	氟乐灵	2，6-二硝基-N，N-二丙基-4-三氟甲基苯胺	内吸，选择性除草剂
8	扑灭通	2-甲氧基-4，6-双（异丙基氨基）均三氮苯	内吸，灭生性除草剂
9	茅草枯	2，2-二氯丙酸钠	内吸，灭生性除草剂
10	2，4-D 丁酯	2，4-二氯苯氧乙酸正丁酯	内吸，选择性除草剂

6　绿地防火零缺陷技术与管理

为防止生态修复绿地发生火灾，应积极、零缺陷地预防火灾的发生和扑灭火的各项零缺陷组织管理措施。

6.1　预防生态修复绿地火灾的零缺陷组织管理措施

主要应实施以下 4 项预防火灾的零缺陷管理措施。

（1）加强生态修复树木植物的广泛防火宣传教育，实现依法预防、控制火灾和火患。

（2）切实建立和实施生态修复绿地的防火管理目标责任制。

（3）建立专业性的防火护林管理组织。

（4）加强生态修复绿地的防火巡逻和巡视，在生态修复绿地内全面控制火源。

6.2　生态修复绿地防火必备专用设施及器械

应配置和设立以下 4 项专用设施及器械。

（1）要规划设计设置宽度为 20~50m 防火线。

（2）挖设上宽 1.5m、下宽为 0.5m、沟深为 1m 的防火沟。

（3）构筑防火值班瞭望台。

（4）配备必要的灭火器械。

7　绿地植物防御自然灾害和人为因素的零缺陷技术与管理

为使生态修复绿地植物发挥持续的生态防护效益和改善生境的生态效应，防止人为或自然灾害（如强风、台风、暴晒、寒冷等）对生态修复植物造成损害，应对生态修复绿地植物采取积极有效的零缺陷防范措施。

7.1　风害防护作业的零缺陷技术与管理

为抵御寒冷、干燥大风对新植生态树木的吹袭伤害，应在垂直于风害的方向设置挡风障，其材料各地可就地取材，如竹竿、柳或杨椽、高粱秸秆、玉米秸秆等。另外，对绿地适时灌浇防冻水和春灌也能有效防止风害。

7.2 暑害防护作业的零缺陷技术与管理

（1）搭建荫棚。强烈日晒对生态初植幼苗的伤害也比较严重，为此应设置荫棚加以防护；新栽植的大树在缓苗期也易受到烈日的损害，也应对其覆遮阳网或搭荫棚。荫棚高度视树木植物的规格而定。棚架可用小圆材或竹材，棚上方及其东南西三侧，都以芦席或篾席悬之，可按日照方向及强度，随时启闭，傍晚及阴天时，应全部开启，以通空气，沐雨露。在暴风来袭前夕也应及时卷起，以减低风力，避免发生意外。

（2）树干包裹。为避免有些树木植物受到日光直射的伤害，应用草、土、纸等包裹其树干。

7.3 寒害防护作业的零缺陷技术与管理

对生态修复植物造成威胁的寒害，分为寒风、冻结、霜柱、雪害 4 种类。

（1）寒风。当寒风袭来之际，气温骤降，会使生态树木直接或间接受到不同程度的伤害。

（2）冻结。冬季严寒使大地冻结。在背阴环境中的一些幼小树、地被等苗木会被冻死。

（3）霜柱。指地面冻结后，土体常膨胀上壅，其下部水分亦渐次冻结也向上壅起，地面有柱状小冰块壅出地表面的现象。一些浅根性地被植物的根系随之暴露，极易造成死亡。

（4）雪害。近年来我国北方、南方地区在冬季降大雪、暴雪或特大暴雪之后，沉重的积雪极易把生态树枝压弯、压折难以恢复原状，甚至劈裂。尤其是常绿针叶树受雪害更为严重。

7.4 预防寒害作业技术与管理零缺陷措施

防除生态修复植物免受寒害的作业技术与管理措施应从晚秋开始实施，依次进行。对御寒能力较差的植物应及早预防。分为地被植物、小灌木和乔木 3 项预防寒害措施。

（1）地被植物。当寒气来袭之时，常会造成绿地地表、地下冻结和霜柱形成。受其危害的地被植物有地被各类花草、苔藓等。由冻结而致壅起地盘后，地表面呈现凹凸不平；霜柱可使树根浮起，危害更甚。预防寒害对地被植物侵害的 5 项作业技术与管理措施如下所述。

①铺叶。在绿地面铺盖树叶既能保持地温，又可保护地被物；该法适用于面积较小的生态修复绿地。

②铺沙。指对绿地面的铺沙作业，所铺沙宜为粗、细沙粒拌合而成的砂；其可增进地表温度而起到御寒作用。

③铺草。用草绳将草网盖在绿地地面上，再用绳索镇压其上以免移动。绳索以棕制者为佳，其周围及道旁，可用由竹劈成 1m 多长的竹片弯成拱形，插在地被植物两端及边缘，使其固定。

④铺席。用草席铺设地面，然后以绳索镇压其上，以免移动。这种御寒作业工艺适用于坡面草被。

⑤适灌。适时灌溉过冬水和春灌。

（2）小灌木。对生态修复小灌木实施预防寒害作业技术与管理的 7 项措施如下。

①设置屏障。在垂直寒风的方向，南方以芦苇或竹篾席为主要材料设立防护屏障；北方以沙柳、沙蒿等材料为主设置挡风沙障。

②栽植御寒竹林。在长江流域地区适合采用栽植竹林抵御寒风。其做法是在苗木或灌木之

间，借其栅状开展的枝叶阻止寒风侵袭；另外落地竹枯叶也起到提高地温作用。

③束枝。将灌木枝用绳索束缚成捆状，也可抵御寒风。

④覆土。对生态树木根际厚覆细土，以帮助根部保温。凡落叶树和根系萌发力强的生态修复植物皆适用。

⑤修剪。先修剪树木枝叶，后以物覆盖其上或用覆土的做法；该法适用于萌芽性强的生态修复绿化树种。

⑥卷叶。指将植物叶用绳裹卷的做法，予以避寒；适用于丝兰、龙舌兰、凤梨、棕竹和竹等植物。

⑦浇灌水。适时灌溉过冬水和春灌。

（3）乔木。乔木是高大树木和有根际分枝的较大型植物类。对乔木采取的 5 项防寒措施如下。

①裹干。此法是有效防止植物霜裂、皮焦等危害现象发生的实用性措施。供御寒之物要不仅限于树干部，对顶叶、根盘等都应一并覆被，并略加修饰更增添冬季修复建设区的美观。裹干法是把稻草用绳索将其缚绑在干茎上，其顶端可把稻草末端竖成笠状，覆之其上。若树木矮小，应将稻草梢端束成蓑状，在其顶端覆被全树，再以绳束之，如裘被体，就起到保温作用。牡丹、山茶、南天竹、紫金牛等小矮型花木，都可适用。

②悬枝。将树木枝条用绳索悬空，以防枝上落雪过厚导致摧折，主要用于松树。悬枝方法是在树旁立 1 根或多根木柱或竹竿，将柱端悬绳束其枝上，所悬之枝可分数层。

③灌溉防冻水。于土壤未冻结之前灌溉 1 次防冻水。灌溉防冻水不宜过早，应以"日化夜冻期"灌溉为宜。

④根茎培土。对绿地灌溉完防冻水后结合封堰，在树木根颈部培起直径 80~100cm、高度40~50cm 的土堆，以防止严寒冻伤根茎和根系，同时减少土壤水分的蒸发。

⑤涂白与喷白。使用石灰加石硫合剂对枝干涂白，可减少树干向阳部因昼夜温差大引起的霜冻危害，还可以杀死一些越冬害虫。对萌发花芽早的植物进行树干喷白，可有效延迟开花、避免早霜的危害。

⑥春灌。当土壤开始解冻后应对绿地及时灌溉浇水，使其保持湿润。此举可起到避免霜寒、防止树枝干梢、降低土温等作用。

7.5　防止人为毁坏绿地植物等设施零缺陷管理措施

为有效防止人为因素对生态修复绿地造林种草植物及其设施设备的破坏行为，积极营造和倡导文明行为，为此，应对生态修复工程项目建设区采取的零缺陷管理措施是：

（1）生态绿地必须设置管护和巡查人员的日常值班。

（2）加强爱护生态绿化植物及其设施的文明宣传教育。

（3）构筑必要的围护围栏、栅栏等设施。

8　生态修复绿地的排水作业零缺陷技术与管理

排水作业是生态修复绿地防涝的主要技术与管理措施。土壤水分若过多，会致使氧气不足，抑制植物根系的呼吸，减弱吸收功能。严重缺氧时，根系进行无氧呼吸，容易积累酒精，使蛋白质凝固，造成根系死亡。特别是对耐水力差的植物苗更应该及时排水。

栽植苗木时修筑的浇水圈，在降雨过大时应挖沟排水，防止树池长期积水。同时，在地势低洼易积水处，应开排水沟，保证雨天能及时排水。要保持适宜的地下水位高度（一般要求在1.5m 以下）。在地下水位较高处，要采取网沟排水，汛期水位上涨时，可在根部外围挖深井，用水泵将地下水排至绿地场外，严防淹根，以保持土壤通气。

生态修复绿地采取的排水作业零缺陷技术与管理主要有以下 3 种措施。

8.1　地面零缺陷排水

采取将生态绿地区域地表整平成 0.1%~0.3% 的坡度，且不留坑洼死角，以确保雨水自然流到河流、湖泊等而排走。

8.2　明沟零缺陷排水

在地表挖明沟将低凹处积水引至外出水处的方法。明沟沟底坡度以 0.2%~0.5% 为宜。在生态修复项目区内及树旁开纵横浅沟，内外联通，以排除积水，这是生态排水中通常采用的作法，其关键在于构筑全面排水系统，使多余的水有出口。此法适用于高低不平，难以形成地表径流的生态修复建设项目绿地区域。

8.3　暗管沟零缺陷排水

在地下埋设暗管或用砖石砌沟，用以排除积水，特点是筑沟费用较高。

9　项目建设工程措施施工保质零缺陷养护管理

应纳入生态修复工程项目建设施工零缺陷保质范畴的各单项工程主要有 5 项：土石方工程；坡面排水工程；治沟工程；土石坝与混凝土坝工程；浇灌水管网工程等。

9.1　土石方工程保质零缺陷养护

对土石方工程采取保质养护零缺陷措施，是指对土石分级、土方开挖与运输、土料压实、土方工程冬雨季施工等工程措施，于施工现场作业完工后，在保质养护期限内，由于人为或自然因素的作用，个别工程局部会出现未达标、遗漏等各种各样的缺陷现象，应及时组织进行修补完善或重建，并应作出详细记录。

9.2　坡面排水工程保质零缺陷养护

要对坡面建成的截水沟、排水沟及其配套工程沉沙池与蓄水池等，加强日常巡视检查，若发现有淤塞、漏裂或水流不能正常循环运转现象时，应立即组织修复；每年应对沉积水底的残花、落叶及废弃物等污泥进行捞除处理 1 次；并作详细记录。

9.3　治沟工程保质零缺陷养护

在对沟道工程措施谷坊、淤地坝、拦沙坝等实施零缺陷保质养护中，应严格规范地进行日常性的检查、巡查，发现存在质量隐患，应立即组织修补完善或重建，并应作出详细记录。

9.4　土石坝与混凝土坝工程保质零缺陷养护

应加强对坝体、坝面的养护保质措施管理，发现存在未达标、不合格部分，应立即组织修补完善或拆除重建，并作详细的保质养护工作记录。

9.5　浇灌水管网工程保质零缺陷养护

在浇灌水管网工程施工安装完成后，应进行强度、严密性等试验；试验分为输水和排水 2 个项目进行，以检查浇灌水系统、排水系统及各连接部位的工程质量，对于需更换、维修的构配件应及时配新、修缮；若发现输水、排水及其构筑物存在着质量问题，应立即维修达到合格要求，并作详细的保质养护修检记录。

第二章
生态修复绿地植物病虫鼠兔害零缺陷防治技术与管理

第一节
植物病虫害零缺陷防治原则与方法

1 植物病虫害零缺陷防治原则

防治病虫害，是对生态修复绿地植物进行抚育养护管理中的一项重要技术管理措施，是巩固和提高生态修复工程项目建设施工效果不可缺少的重要环节。植物病虫害不仅直接制约着植物的生长发育和影响生态修复防护功能及效益的发挥，而且还会对生态修复工程项目建设成果造成毁灭性的破坏作用。为此，生态修复植物零缺陷防治病虫害必须切实贯彻和执行"预防为主，综合治理"的原则，强化生态环保意识，要求在达到保护绿地植物的同时，保护生态修复建设项目区的生态环境。

2 植物病虫害零缺陷防治方法

防治生态修复绿地植物病虫害，应该以造林种草的营造技术为基础，充分利用生态生物群落间相互依存、相互制约的客观规律，以及植物与环境的关系，因地制宜地选用生物、物理、化学等防治手段，达到安全、有效、经济地控制植物病虫害，保护和促进植物健康生长的目的。

（1）养护技术措施：对生态修复植物实施养护技术措施，是指在生态修复建设项目区范围，有目的地创造和保持抑制某些病虫害大发生的环境条件，使植物病虫害发生降低到不影响生态防护功能发挥的水平之下。养护技术措施是控制植物病虫害的基础，主要工作内容包括：严格植物检疫；选择抗病虫害的植物品种和健壮种苗；适地适树，确定适宜栽植密度；加强水肥管理；合理修疏枝；促进生境多样化；清除或消灭病虫害孳生地和越冬场所。

（2）生物防治措施：生物防治措施是充分利用生物及其代谢产物防治病虫害。利用天敌昆虫控制害虫（以虫治虫），利用昆虫病原微生物控制害虫（以菌治虫），利用益鸟治虫，应用昆虫激素治虫等。

（3）物理与机械防治措施：物理与机械防治措施主要是利用各种物理现象和简单器械工具捕杀、诱杀植物害虫。

（4）药剂防治措施：药剂防治在生态修复植物病虫害综合治理中占有重要的地位，防治效果迅速且有效，但在运用中应加强环保意识，必须使用高效、低毒、低残留且无公害的药剂。

3　植物病虫害零缺陷防治的重要性与特点

3.1　植物病虫害零缺陷防治的重要性

生态修复植物在生长和发育过程中，经常会受到各种病虫的危害，导致植物生长不良，叶、花、果、茎、根常出现坏死斑或发生畸形、变色、腐烂、凋萎及落叶等现象，从而失去生态防护价值和生态防护效益作用，甚至引起整株植物的死亡，给生态建设植被造成很大的损失。

生态修复植物病虫害是一种较为常见的自然灾害，它曾经给植物种植业造成过巨大的损失。据记载，在 20 世纪 20 年代，因茎线虫的危害，使英国当时的水仙种植业几乎全军毁灭。榆树枯萎病最早只在荷兰、比利时和法国发生，后随着苗木的调运，在短短的十几年里，传遍了整个欧洲，约在 20 世纪 20 年代末，美国从法国调入榆树原木，又将该病传入美洲大陆，很快就在美国广泛传播，使 40% 的榆树被毁。20 世纪 80 年代，驰名中外的北京香山红叶——黄栌，受到白粉病的危害后，其叶片不能正常变红，使得香山红叶的壮美景观大为逊色。20 世纪 90 年代，香山景区尺蠖大发生，1/3 的黄栌叶片被害虫蚕食，受害非常严重。菊花叶枯线虫病是菊花等园林花卉植物的重要病害之一，它危害菊属、草莓属、福禄考属、大丽花属、罂粟属、牡丹、翠菊等大量的园林植物。其他如杨树腐烂病、杨树与槐树溃疡病、泡桐丛枝病、红松疱锈病、樱花根瘤病、月季黑斑病、菊花褐斑病、金叶女贞炭疽病等发生普遍且严重。病毒病在花卉植物上发生极为普遍，我国 12 种（类）重要花卉都被侵染有数种病毒病。此外，蚜虫、蓟马、蚧虫、粉虱、叶蝉等 5 类刺吸式害虫，因其虫体小，先期症状不易被发现，往往会造成更为严重的危害。松毛虫、侧柏毒蛾、双条杉天牛、双斑锦天牛、柏肤小蠹、日本双齿长蠹等也已成为行道树、生态风景林的重要害虫。

综上所述，为保证生态修复工程项目建设植物的正常生长与发育，有效地发挥其生态修复防护功能及其环境景观的绿化效益，病虫害防治是必不可缺少的重要的技术与管理工作环节。据国家林业和草原局调查统计，我国每年因林木病虫害发生而毁掉的森林总面积，要远远大于因火灾而毁掉的森林总面积数量。由此可见，及时发现、准确诊断、弄清病虫种类，快速、有效地实施科学防治的零缺陷技术与管理措施，是保证生态植物正常发挥其功能效益的重要日常工作内容之一。

3.2　植物病虫害的发生特点

生态植物发生的病虫害主要分为两大类：一类是露地栽植的乔木、灌木、藤本、地被、草坪等植物；另一类是在日光温室、塑料棚等保护地栽培的花卉、观叶等植物。

3.2.1　露地植物病虫害的发生特点

（1）生态修复植物因种类繁多，一般栽培面积不大且分散交错种植，通常情况下病虫害危害不重，但因其寄主种类多，故而病虫害的种类也相应要增多。

（2）由于人为活动在生态修复绿地系统中频繁且复杂，加之各种植物的生长周期长短不一，且立地条件复杂、小气候多样化，使得绿地生态系统中一些种群关系经常被打乱。加之生态修复建设绿地极易受到工业等"三废"的污染，因而病虫害发生的类别要复杂得多。

（3）生态修复工程项目建设所栽种植物除自身持有病虫害之外，还会受到来自周边的蔬菜、果树、农作物上的病虫侵入危害。

（4）因对生态修复植物的栽植管理滞后，也就是说对生态修复植物的肥水养护没有做到精细化管理的程度，也会因植物生长不良导致病虫害的发生更为频繁。

3.2.2　保护地植物病虫害的发生特点

（1）因保护地小范围环境的湿度大，植物品种单一又密植，使得病虫害的发生严重且防治难度大。

（2）花卉植物的生态习性差异性较大，它们对温度、湿度、光照、水分、养分、酸碱度、通风等要求极为严格，栽培管理上稍有疏忽，便会导致植物生长不良，极易引发各种生理性病害如黄叶、干尖、烂根、落花落蕾等，同时也加重了侵染性病害及其他病虫害的发生。

4　植物病虫害零缺陷防治的技能知识

4.1　植物昆虫知识

危害生态修复植物的动物绝大多数是有害昆虫，在分类上属于动物界节肢动物门的昆虫纲。昆虫是动物界中种类最多的一类，全世界150万种动物中，昆虫就多达100万种以上，数量比例占2/3之多。昆虫的个体数量多得也十分惊人，如1株树木上可寄生10万余只蚜虫。昆虫在地球上的分布范围很广，从赤道到两级，从海洋到沙漠，从高山到平原，都有昆虫的存在。昆虫与人类关系密切，它们能够危害生态修复植物或传播病害。对人类不利的昆虫，称为害虫，如蚜虫、叶蝉等。对人类有益的昆虫称为益虫，如瓢虫可以消灭害虫，蜜蜂可以酿蜜，家蚕可以吐丝等。

4.1.1　昆虫的身体构造与功能

（1）昆虫纲成虫的共同特征。昆虫纲成虫身体的共同形态特征是分为头、胸、腹3个体段。头部有口器和1对触角、1对复眼，通常还有2~3个单眼；胸部由3个体节组成，有3对分节的足，大部分种类有2对翅；腹部一般由9~11节组成，末端有外生殖器，有的还有1对尾须；身体外层具坚韧的"外骨骼"。

（2）昆虫头部。昆虫头部主要由其的基本构造、头式、触角、昆虫眼、口器组成。

①基本构造：昆虫头部位于身体的最前端，以膜质的颈与胸部相连接。头上长有触角、复眼、单眼等感觉器官和取食用的口器。头部是昆虫感觉和取食的中心。

②头式：按取食的方式，将昆虫头部形式分为下口式、前口式、后口式3大类。

③触角：触角着生于昆虫额头的两侧，它由柄节、梗节和鞭节构成。触角的主要功能是昆虫

在觅食、求偶和产卵活动中，起着嗅觉和触觉的作用。昆虫触角常见的有以下 12 种类：刚毛状、丝（线）状、念珠状、球杆（棒）状、锤状、锯齿状、栉齿状、羽毛状、膝状、环毛状、具芒状、鳃片状。

④眼：眼是昆虫的视觉器官，对于昆虫在活动中决定行动方向起着重要的作用。

⑤口器：口器是昆虫的取食器官。昆虫口器的类型分为咀嚼式口器、刺吸式口器、虹吸式口器、锉吸式口器 4 种。

（3）昆虫胸部。它由前胸、中胸和后胸 3 个体节组成。昆虫胸部具有足和翅的运动器官。

胸部基本构造：昆虫的每一胸节，都由背板、2 侧板、腹板 4 块骨板组成。

胸足构造及其类型：胸足由基节、转节、腿节、胫节、跗节和前跗节组成。常见胸足的类型有步行足、跳跃足、捕捉足、开掘足、游泳足、携粉足、抱握足。

翅构造及其类型：绝大多数的昆虫具有 2 对翅，也有些昆虫翅退化为 1 对翅或全部退化。昆虫的翅一般呈三角形，它由前缘、后缘或内缘、外缘组成。昆虫翅上分布着许多脉纹称为翅脉，起着支撑和加固翅面的作用。昆虫翅常见的类型有膜翅、覆翅、鞘翅、半鞘翅、鳞翅、缨翅、平衡棒 7 种。

（4）昆虫腹部。昆虫腹部主要由基本构造和外生殖器两部分组成。

①腹部的基本构造：昆虫腹部一般由 9~11 节组成，腹部的体节只有背板和腹板，而无侧板，背板与腹板之间以侧膜相连。

②腹部的外生殖器构造：腹部第 1~8 节两侧各有 1 对气门，用以呼吸。分为雌、雄性外生殖器。雌性昆虫的外生殖器为产卵的工具，称作产卵器；产卵器由 3 对产卵瓣组成，分别叫腹产卵瓣、内产卵瓣和背产卵瓣。雄性外生殖器用于与雌性交配，称为交配器。交配器主要包括阳茎和抱握器 2 部分。尾须为昆虫着生于腹部第 11 节两侧的一对须状物，分节或不分节，长短不一，具有感觉作用。

（5）昆虫体壁。昆虫体壁是包被在昆虫体躯最外层的组织，起着支撑身体和着生肌肉的作用，还具有保护内脏、防止体内水分过度蒸发和防止微生物及其他有害物质侵入的作用。同时体壁上还具有许多感觉器官，可获取外界环境中的许多信息。

体壁的构造及特性：体壁的构造是由外向内依次为表皮层、皮细胞和底膜 3 个层次组成。通常昆虫在幼龄阶段的体壁较薄、柔软且蜡质较少，而较易被药剂杀死，因此，利用昆虫这一特性，应在害虫 3 龄之前实施防治就能取得良好的效果。油乳剂较可湿性粉剂杀虫效果好的原因，就是油乳剂易于破坏害虫疏水性的体壁蜡层而渗入虫体，提高了杀虫效果。

体壁的衍生物：昆虫由于适应环境以及进化的发展，体壁常向外突出或向内凹陷而形成各种衍生物。衍生物是由皮细胞和表皮特化而形成的。

4.1.2　昆虫繁殖发育的特性

（1）昆虫的生殖方式主要有两性生殖、孤雌生殖、卵胎生殖和多胚生殖 4 种方式。

①两性生殖：这是昆虫中最普遍的两性卵生生殖方式，即雌、雄性昆虫交配，精卵结合后，由雌虫把受精卵产出体外，每粒卵发育成 1 个子代个体，如蝗虫、刺蛾等。

②孤雌生殖：也称单性生殖，是指卵不经受精就能发育成新个体的现象。孤雌生殖对昆虫的扩散有着非常重要的意义，即使只有 1 头雌虫被带到新区域，如若环境条件适宜，它就能在这个

地区繁衍起来。有些昆虫以两性生殖和孤雌生殖方式交替进行，称为异态交替，如蚜虫。而有些昆虫则可以同时进行两性生殖和孤雌生殖，如蜜蜂。

③卵胎生殖：有些昆虫的胚胎发育是在母体内完成的，即卵在母体内已孵化，产下的新个体是幼虫。胚胎发育只能依靠卵本身供给营养，如蚜虫。

④多胚生殖：指由 1 个卵发育成 2 个或更多个胚胎，最后每个胚胎都发育成 1 个新个体的现象。该生殖方式多见于膜翅目中的寄生蜂类，如赤眼蜂、茧蜂等。多胚生殖是对活体寄生的适应，因为寄生类昆虫并不是所有个体都能找到它对应的寄主，一旦找到合适的寄主，利用多胚生殖方式就可以繁殖更多的后代。

（2）昆虫的变态及其类型。昆虫由卵到成虫的个体发育过程，不仅随着虫体的长大而发生着量的变化，而且在其外部形态、内部器官和生活习性等方面也发生着周期性质的改变，这种现象称为变态。昆虫的变态分为不完全变态和完全变态 2 种类型。

①不完全变态：指昆虫在个体发育过程，只经过卵、若虫和成虫 3 个阶段。直翅目、同翅目、半翅目的昆虫属于不完全变态类，如蝗虫、蝉、蚜虫、蝽类等，它们的若虫与成虫不同之处是翅未长成和性器官没有成熟，称为渐变态。若是若虫不仅在形态上类似成虫，而且在生活习性、栖息环境、取食食物上都若似成虫，那么此期虫就称之为若虫。

②完全变态：指昆虫在个体发育过程，要经过卵、幼虫、蛹和成虫 4 个阶段。鳞翅目、鞘翅目、膜翅目、双翅目、脉翅目等属于完全变态类昆虫，如蝶蛾类、甲虫类、蜂类、蚊蝇类、草蛉类等。幼虫与成虫在形态上差异较大，必须要经过一个蛹的阶段来完成形态的转变。

（3）昆虫各发育阶段的特点。分为卵期、幼虫期、蛹期、成虫期 4 个发育阶段。

①卵期：是昆虫个体发育的第 1 个阶段。昆虫卵通常很小，最小仅 0.02mm（如卵寄生蜂），最大为 9~10mm（如 1 种螽斯），平均在 0.5~2.0mm。卵是 1 个大细胞，外为一层坚硬的卵壳，顶端有 1 至数个小孔为精子进入卵的通道。卵壳的构造很复杂，具有高度不透性，一般杀虫剂很难侵入。卵内有细胞质、卵黄和卵核。胚胎发育在卵内完成后，幼虫或若虫破卵壳而出的过程称为孵化。从卵产下到孵化要经历的过程称为卵期。

卵有球形、半球形、长卵形、袋形、桶形、长椭圆形、椭圆形、长茄形、馒头形、鱼篓形、炮弹形、有柄形等。不同的昆虫其产卵方式和场所也常不同，表现为单粒散产（如粉蝶类）、集聚成块（如斑蛾类）、露地产（如天蛾类）、植物组织内产（如叶蝉）等形式。

②幼虫期：是昆虫的主要取食危害阶段，也是人工防治的关键时期。不完全变态昆虫自卵孵化为若虫到变为成虫要经历的时期称为若虫期；完全变态昆虫自卵孵化为幼虫到变为蛹要经历的时期称为幼虫期。幼虫在生长过程将束缚体躯的旧表皮脱去，代之以新表皮继续生长的现象称为蜕皮。昆虫每蜕一次皮，视为增长 1 龄，每两次蜕皮之间的历期称为龄期。

不完全变态昆虫的若虫，其口器、复眼、胸足与成虫相同，翅芽随蜕皮逐渐发育长大。完全变态昆虫的幼虫，外形和成虫截然不同，没有复眼、翅等，有临时性器官如腹足等。

③蛹期：是全变态类昆虫特有的发育阶段，也是幼虫转变为成虫的过渡时期。该类末龄幼虫老熟后寻找适当场所，身体缩短，不食不动蜕去最后一层皮变为蛹，此过程称为化蛹。末龄幼虫在化蛹前的静止时期称为预蛹期。从化蛹时起至成虫羽化所经历的时期称为蛹期。

不同的昆虫种类蛹的形态也不同，常有离蛹、被蛹和围蛹 3 种类型。离蛹的触角、足、翅等附肢不紧贴在蛹体上，可自由活动，称裸蛹，如鞘翅目多数昆虫的蛹。被蛹的触角、足、翅等附肢都紧贴于蛹体上，不能自由活动，如鳞翅目蝶蛾类昆虫的蛹。围蛹实际上是一种离蛹，只是由于幼虫最后脱下的皮包围于离蛹之外，形成了圆筒形硬壳，如双翅目昆虫的蛹。

蛹期表面静止，但内部一是分解幼虫原有的内部器官，二是形成成虫所具有的内部器官。

④成虫期：是昆虫生命活动最后一个阶段，为繁殖时期的交配和产卵。不完全变态昆虫的末龄若虫和完全变态昆虫的蛹蜕去最后一次皮变为成虫的过程称为羽化。成虫从羽化到死亡所经历的时期称为成虫期。有些昆虫羽化时，性器官已发育成熟，不再取食便可交配、产卵，不久即死去，这类昆虫寿命一般只有几天。而绝大多数昆虫的成虫羽化后，性器官并未同时成熟，需继续取食，促使性器官成熟才能交配产卵。这种成虫期对性成熟不可缺少的取食称为"补充营养"。成虫从羽化到产卵的间隔期称为产卵前期，此时期诱杀成虫效果较好。

（4）昆虫的季节发育特点。分为世代和年生活史、休眠和滞育对其发育特点进行介绍。

①昆虫的世代和年生活史：昆虫自产下卵或幼体到成虫性成熟繁殖后代为止的个体发育史称为1个世代。各种昆虫的世代长短和1年内的世代数，受环境条件和遗传性的影响各不相同，分为1年1代、1年多代和数年1代。昆虫由当年越冬虫态开始活动起，到第2年越冬结束止的发育过程，称为年生活史，包括昆虫在1年中各代的发生期、生活习性和越冬虫态等。

②昆虫的休眠和滞育：昆虫在一年的生活期内，常出现暂时停止发育的休眠和滞育现象。休眠是指由于不利的环境条件直接引起的生长发育暂时停止现象，当不利的环境条件消除时即可恢复生长发育。滞育是环境光周期变化而造成；凡滞育的昆虫都各有固定的滞育虫态，在幼虫期表现为停止生长发育，成虫期表现为中止生殖。

（5）昆虫的主要习性。主要指昆虫具有的假死性、趋性、群集性、迁移性。

①假死性：指昆虫受到某种刺激或振动时，表现出停止活动，身体蜷曲，或从植株上坠落地面，静止不动，稍停片刻又爬行或起飞的现象。具有假死性的昆虫有金龟甲、象甲、瓢虫、叶甲等成虫，应利用昆虫的这种假死性进行人工捕杀或虫情调查。

②趋性：指昆虫对外界刺激（如光、温、湿、化学物质等）所产生的一种强迫性定向活动。趋向的活动称为正趋性，背向的活动称为负趋性。趋性分为趋光性、趋化性、趋温性、趋湿性等。利用昆虫的趋性，在害虫防治上可采取如灯光诱杀、色板诱杀、食饵诱杀等措施。

③群集性：指同种昆虫的大量个体高度密集在一起的习性。分为两种：一种是暂时性群集，发生在昆虫生活史的某一阶段，经一段时间后就分散；第二种是长期群集，包括整个生活周期不再分散，如竹蝗、飞蝗等害虫。

④迁移性：指昆虫为了满足取食食物和适应环境的需要，向周围扩散、蔓延的习性。

4.1.3　植物昆虫重要目的识别

（1）昆虫分类的基本知识，包括昆虫分类的意义、阶元、命名。

①昆虫分类的意义：昆虫在自然界的种类很多，它们有些种类对人类有益，有些有害，有些则与人类没有直接关系。为此，要防治害虫，就应该对益虫类和害虫类的昆虫进行识别。

在大量的昆虫种类中，彼此之间存在着一定的亲缘关系，亲缘关系较为接近，其形态特征也相似，适应环境的能力、生活习性、发生规律也愈接近。所以昆虫分类就是在昆虫的亲缘关系基础上，运用对比分析和归纳的方法将昆虫进行分门别类。

②昆虫分类的阶元：昆虫分类阶元包括界、门、纲、目、科、属、种7个等级。为更精细确切地加以区别，常添加各种中间阶元，如亚级、总级或类、群、部、组族等。种是昆虫分类的基本单位，许多相近的种集合为属，许多相近的属集合为科，依次向上归纳为更高级的阶元，每一阶元代表1个类群。昆虫的分类地位是动物界节肢动物门昆虫纲。昆虫纲以下分为目、科、属、种。以下以马尾松毛虫为例。

　　　鳞翅目 Lepidoptera

　　　　　异角亚目 Aheterocera

　　　　　　　蚕蛾总科 Bombycoidea

　　　　　　　　枯叶蛾科 Lasiocmapidae

　　　　　　　　　松毛虫属 *Dendrolimus*

　　　　　　　　　　马尾松毛虫 *Dendrolimus punctatus* Walker

③昆虫的命名：昆虫的种都有一个科学的名称，即学名，为国际通用。学名采用拉丁文字表示，每一学名一般由两个拉丁词组成，第1个词为属名，第2个词为种名，最后是定名人的姓氏。有时在种名后还有一个亚种名。

（2）植物昆虫的11个重要目概述。指植物昆虫的等翅目、直翅目、半翅目、同翅目、缨翅目、鞘翅目、鳞翅目、膜翅目、双翅目、脉翅目和螨类。

①等翅目：统称白蚁，其体小型至中型，体色大多为白色或淡黄色；触角念珠状，口器咀嚼式，分长翅、短翅和无翅类型，足跗节4~5节。白蚁分布在我国长江以南，主要危害树木或房屋建筑等，危害性较严重的有家白蚁、黑胸散白蚁等。

②直翅目：体中至大型，口器咀嚼式，触角丝状或剑状，前胸发达，具前后翅；雌虫多具发达产卵器，雄虫大多能发音。属不完全变态，成虫多产卵于植物组织或土中，多以卵越冬。本目多数是植食性害虫，部分为肉食性或杂食性。分蝗科、蝼蛄科、蟋蟀科、螽斯科。

③半翅目：统称椿象，简称蝽。体小至中型，体壁坚硬且身体略偏平，刺吸式口器，前胸背板发达。该目昆虫为不完全变态。多为植食性，刺吸植物茎叶或果实汁液，是重要的植物害虫；部分种类为捕食性，是天敌昆虫。分为蝽科、盲蝽科、同蝽科、缘蝽科、猎蝽科。

④同翅目：为小至中型昆虫，触角刚毛状或丝状，口器咀嚼式；除粉虱及雄介壳虫属于过渐变态外，都为渐变态；两性或孤植生殖；植食性，刺吸植物汁液，并传播病毒或分泌蜜露引起煤污病，多数为园林植物的重要害虫。该目害虫分为蝉科、叶蝉科、蜡蝉科、木虱科、粉虱科、蚜总科、蚧总科。

⑤缨翅目：统称为蓟马，体微小型，长1~2mm，触角丝状或念珠状，6~9节；口器锉吸式，前后翅狭长，膜质；雌虫产卵器锯状、柱状或无产卵器；过渐变态，雄虫少，多数种类为孤雌生殖；多数为植食性，少数为捕食性。该目害虫分为蓟马科、纹蓟马科。

⑥鞘翅目：称为甲虫，体坚硬、微小至大型；口器咀嚼式，触角10~11节，前翅为鞘翅，后翅膜质，跗节4~5节；全变态。多数种类为植食性，少数捕食性、寄生性和腐蚀性。

鞘翅目分为肉食亚目和多食亚目，肉食亚目昆虫的腹部第1节腹板被后足基节窝分开，多为肉食性，常见有步甲科和虎甲科。多食亚目昆虫的腹部第1腹板不被后足基节窝分开，食性复杂,有水生和陆生 2 大类群。

⑦鳞翅目:分为蝶亚目和蛾亚目。其体小至大型;触角细长,丝状、栉齿状、羽毛状或球杆状等;口器虹吸式;翅膜质,因翅面上覆有鳞片而称为鳞翅。为完全变态;成虫除少数种类外,一般不危害;幼虫多足型,口器为咀嚼式,绝大多数为植食性,取食植物叶、花、芽或钻蛀茎、根、果实,或卷叶潜叶危害。蝶亚目昆虫白天活动,触角球杆状,休息时双翅竖立于体背;蛾亚目昆虫夜间活动,触角多种,休息时双翅平复于体背,但非球杆状。

⑧膜翅目:体微小至中型,色多暗淡,头大而前胸细小;口器咀嚼式,但蜜蜂为嚼吸食。翅膜质,前翅大、后翅小,以翅构列相连。雌虫产卵器发达;为完全变态,食叶性幼虫为伪蠋式,外形似鳞翅目幼虫,有 6~8 对腹足,无趾钩。分为植食性或肉食性 2 类,肉食性又分为捕食性和寄生性。

⑨双翅目:体小至中型,触角线状、念珠状或具芒状;口器刺吸式或舐吸式;只有 1 对膜质的前翅,后翅退化成平衡棒。雌虫腹部末端数节能伸缩,形成伪产卵器。完全变态,幼虫无足型,蛹为裸蛹,蝇类蛹为围蛹。有植食性、捕食性、寄生性、粪食性、腐食性等。植食性分为潜叶、蛀茎、蛀根、蛀果等类。分瘿蚊科、花蝇科、潜蝇科、食蚜蝇科、寄蝇科。

⑩脉翅目:小至大型,头灵活,触角丝状、念珠状、梳齿状或棒状,口器咀嚼式,前后翅膜质,跗节 5 节;完全变态,幼虫寡足型,行动活泼。成、幼虫为捕食性,可捕食蚜虫、介壳虫、木虱、粉虱、叶蝉、蛾类幼虫及卵和叶螨等,多数为生态园林植物重要的益虫。

⑪螨类:属节肢动物门蛛形纲蜱螨目,与蜘蛛、昆虫都很相似,其主要区别见表 2-1。

表 2-1　昆虫蜘蛛蜱螨外形主要区别

构造	昆虫	蜘蛛	蜱螨
体躯	分头、胸、腹 3 部分	分头胸部和腹部 2 部分	头、胸、腹愈合不易区分
触角	有	无	无
足	3 对	4 对	4 对,少数 2 对
翅	多数有翅 1~2 对	无	无

螨类的形态特征:体型微小,圆形或卵圆形,分节不明显,头胸部和腹部愈合。

螨类的生物学特性:螨类在食性上有植食性、捕食性和寄生性等种类,其一生共分为卵、幼螨、若螨、成螨 4 个阶段,雌性若螨又分为第 1 若螨和第 2 若螨 2 个时期。螨类多为两性生殖,个别螨类为孤雌生殖。

叶螨科:体微小,梨形,雄螨腹末尖。体多为红色、暗红色、黄色或暗绿色,口器刺吸式。植食性,以成若螨刺吸植物叶片汁液为主,有些能吐丝结网。主要种类有山楂叶螨、柑橘全爪螨、二斑叶螨、果苔螨等害虫。

瘿螨科:体微小,狭长,蠕虫形,具环纹。仅有 2 对足,位于前肢体段。口器刺吸式。主要危害叶片,主要种类有葡萄瘿螨、柑橘瘿螨、毛白杨瘿螨等。

跗线螨科:体微小,须肢粗壮,分节不明显,躯体腹面具发达表皮内突。雌螨较大,椭圆形,背部凸圆,雄螨较小,狭长,体末端具生殖乳突。植食性,以成、若螨刺吸植物嫩叶、嫩茎、花、果等汁液,主要种类有侧多食跗线螨等。

4.2　植物病害防治的技能知识

4.2.1　植物病害概述

（1）生态修复植物病害的概念和危害性。植物受到病原生物或不良环境条件的持续干扰，当干扰强度超过了植物能够忍耐的程度，植物正常的生理代谢就会受到严重影响，在生理和外观上表现出异常，使其生长量或产量降低、品质下降，甚至死亡，导致严重影响植物的生态防护功能与作用的正常发挥，这种现象称为生态植物病害。

病害对生态修复植物的影响与制约主要表现在 6 方面：影响水分和矿物质的吸收与疏导；制约光合作用；遏制养分的转移与运输；降低生长与发育速度；影响营养产物的积累与储存；制约营养产物的消化、水解和再利用。

生态修复植物染病后，新陈代谢受到扰乱，生理机能发生改变，随之引起植物组织和形态的改变。植物病害对人类的影响表现在以下 3 个方面：首先，降低了防护效果和植物产品的产量及品质；其次，染病植物的产品含有毒素，极易造成人畜中毒；第三，限制了生态修复植物的栽植范围，极大地影响到植物的生态修复防护功能，甚至对生态环境造成破坏。

（2）生态修复植物病害发生的基本原因。主要是指病原、寄主植物、环境条件对生态修复植物病害发生的影响。

①病原：指起主导作用、引起植物生病的直接原因。植物病原分为非生物性病原和生物性病原 2 大类。非生物性病原是指一切不利于植物正常生长发育的物理、化学因素，如营养物质的缺乏和过量、水分供应失调、温度过高或过低、日照过强或过弱、土壤通气不良、有毒物质毒害等。非生物性病原致使植物得的病害不能相互传染，称为非侵染性病害或非传染性病害，也叫生理病害。生物性病原主要是以植物为寄生对象的有害生物，包括真菌、原核生物（细菌和菌原体）、病毒、亚病毒、线虫、寄生性植物、藻类、原生动物等，统称为病原生物，简称病原物。其中病原真菌、病原细菌简称病原菌。病原物都是寄生物，被寄生的植物叫寄主，也称寄主植物。凡由生物性病原引起的植物病害都能相互传染。

②寄主植物：当病原物侵染时，若植物的抗病防御性强，则不会发病或发病很轻。因此，引进与栽培抗病品种和加强栽培管理是提高植物抗病性的有效措施和防治病害的主要途径。

③环境条件：植物病害的发生、促进和抑制都离不开环境条件，如特定的气候、土壤、水分、地理位置等。当环境条件有利于病原物而不利于寄主植物时，病害就会发生和发展；反之，当环境条件有利于寄主而不利于病原物时，病害就不会发生或受到抑制。

（3）生态修复植物病害的症状。主要指生态修复植物病害症状、病状类型与病症类型等。

①病害症状：生态修复植物被病害侵染后的症状分为病状和病症 2 类。病状是指植物得病后本身表现出的不正常状态，如变色、坏死、畸形、腐烂和枯萎等。病症是指引起植物发病的病原物在病部的表现，如霉层、小黑点、粉状物等。植物病害迟早都会表现出病状，但不一定表现出病症。由真菌、细菌、寄生性种子植物和藻类等引起的病害，病部多表现出明显的病症，如不同颜色的霉状物、大小不同的粒状物等。由病毒、植原体、类病毒和多数线虫等引起的病害，病部没有病症。非传染性病害是由于不适宜的环境条件引起的，因此也无病症。凡有病症的病害都是病状先出现，病症紧随其后出现。

②病状类型：生态修复植物得病后的病状类型有变色、坏死、腐烂、萎蔫、畸形等。

③病症类型：指病原物在植物病部表面的各种形态表现，主要是病原菌的营养或繁殖体的结构物，生态修复植物常见病症有以下 5 种类型：霉状物（病原真菌菌丝、各种孢子梗和孢子在植物表面形成肉眼可见的特征。霉状物由真菌的菌丝、分生孢子或孢囊梗及孢子囊等组成。据霉层质地分为霜霉、绵霉和霉层）；粉状物（病原真菌在植物各受害部位产生各种颜色的孢子密集在一起的症状特征，分为白粉、黑粉、锈粉、白锈等）；点状物（病原真菌在病部产生的大小不同、形状、色泽、排列的点状结构，它是病原真菌的繁殖器官，包括分生孢子盘、分生孢子器、子囊壳、闭囊壳等）；颗粒状物（主要是病原真菌的菌核，是病原真菌的菌丝扭结成的休眠结构）；脓状物（是细菌病害在病部溢出的含细菌菌体的脓状黏液，表现为露珠状，当空气干燥时，脓状物风干后呈胶状态）。

4.2.2　植物病害的病原生物

植物侵染性病害是由病原生物引起的。病原生物包括真菌、原核生物、线虫、病毒、寄生性种子植物、藻类、原生动物等。它们都是异养生物，都能在植物上引起多种病害。

（1）植物病原真菌。指病原真菌的一般性状、生活史、类群及其所致病毒等主要特点。

一般性状：真菌是有细胞核、没有叶绿素的生物类。世界上已知真菌约有 11255 属 10 万种以上，据估计，自然界存在的真菌有 150 万种。真菌引起的植物病害占整个植物病害的 70% ~ 80%，几乎每种植物上都存在着几种甚至上百种真菌病害，少数病害经常会造成严重损失甚至灾难；真菌还能引起人畜的病害，有些真菌在农产品中产生霉素，对人和动物都有严重的毒害作用。然而，真菌也有对人类有益的一面，腐生性真菌是物质循环中的分解者，与植物形成共同形成的菌根能够促进植物的生长和发育。

真菌营养生长的结构叫营养体，繁殖的结构称为繁殖体。

生活史：指从一种孢子开始，经过萌发、生长和发育，最后又产生同一种孢子的整个循环过程。真菌的生活史包括无性阶段和有性阶段。无性阶段繁殖的大量孢子叫无性孢子，它可以致使植物在生长期发生病害并传播。真菌营养生长后期进行的有性繁殖，产生 1 次有性孢子，它的作用一是繁衍后代，二是抵御和度过不良环境；待条件适宜时，又转入营养阶段和无性繁殖，继续为害；有性孢子多在植物生长后期或腐生阶段产生。

类群及其所致病毒：真菌界分黏菌门和真菌门，真菌门包括 5 亚门 18 纲 68 目。致植物病害的 5 亚门真菌有：鞭毛菌、接合菌、子囊菌、担子菌、半知菌。

鞭毛菌导致植物病害的特点：它能引起根肿病、猝倒病、瘟病、霜霉病、白锈病和腐烂病；病状为畸形、腐烂、叶斑；病症为棉絮状物、霜霉状物、白锈状物等。

接合菌导致植物病害的特点：引起植物软腐病、褐腐病、根霉病和黑霉病等；病状为花器、果实、块根及块茎等器官腐烂，幼苗烂根；病症为病部产生黑点霉状物。

子囊菌和半知菌导致植物病害的特点：引起植物斑病、炭疽病、白粉病、煤烟病、霉病、萎蔫病、干腐枝枯病菌、腐烂病和过度生长性病害；病状为叶斑、炭疽、疮痂、溃疡、枝枯、腐烂、肿胀、萎蔫和发霉等；病症为白粉、烟霉、黑点、黑色刺毛状物、白色菌丝体、霉状物、颗粒状的菌核和根状菌索等。

担子菌导致植物病害的特点：引起植物黑粉病、锈病、根腐病及过度生长性病害；病状是斑点、斑块、立枯、纹枯、根腐、肿胀和瘿瘤等；病症是黄锈、黑粉、霉状物、粉状物、颗粒状菌核或粗线状菌索等。

（2）植物病原原核生物。主要介绍植物病原原核生物病害的症状特点和对其的防治要点。

细菌是原核生物界的单细胞生物，形态有球状、杆状和螺旋状。分为棒形杆菌属、假单胞杆菌属、黄单胞杆菌属、土壤杆菌属、欧氏杆菌属、植原体属、螺原体属。

①植物原核生物病害的症状特点：植物原核生物病害主要具有如下 2 项症状特点。

一般细菌病害的症状特点：细胞主要在薄壁细胞组织和维管束组织中繁殖和扩展。分为 3 种情况：在寄主薄壁细胞组织内扩展引起叶斑、腐烂病；在寄主维管束导管内扩展引起萎蔫病；侵入寄主后分泌生长激素，刺激寄主过度分裂形成肿瘤。

菌原体病害的症状特点：常引起植株矮化或矮缩、枝叶丛生、叶小黄化。

植物病原原核生物的初侵染来源是种子、苗木等繁殖材料，以及病株残体、田边杂草、带菌土壤和越冬昆虫等；细菌侵入途径为自然孔口、伤口；细菌主要通过雨水、灌溉流水、风夹雨、介体昆虫、线虫及种子、种苗等传播；一般高温、多雨、湿度大、氮肥多施等因素都有利于细菌病害的流行。

②植物病原原核生物病害的防治要点：应采取必要措施消除侵染来源；采取加强栽培管理、选用抗病品种等技术措施进行防治；使用抗生素药剂进行积极治疗。

（3）植物病原病毒。主要介绍其形状与种类、症状、传播与传染途径、防治技术与管理要点。

①植物病毒的形状与种类：病毒是超显微的专性活细胞内寄生物，形状有杆状、丝状、弹状和球状。主要有烟草花叶病毒、黄瓜花叶病毒、马铃薯 Y 病毒、郁金香杂色病毒。

②植物病毒症状：植物病毒大部分属于系统侵染而全株发病的病毒，且只有病状而无病症；常见的外部症状有变色、畸形、坏死。

③植物病原病毒的传播与传染途径有 2 个。

非介体传播：病毒从患病寄主经机械方式或病株与健壮株细胞的有机结合传播到无病植株，主要包括汁液传播、种子传播、花粉传播、嫁接传播和菟丝子传播等。

介体传播：指病毒依附在其他生物体上，并借助其活动而进行的传播及传染。介体有昆虫、螨类、真菌、线虫和菟丝子。

亚病毒是指一类不具有完整病毒结构或功能的分子生物，包括类病毒、病毒卫星等。类病毒病害症状是畸形、矮化、斑驳、叶片扭曲和坏死，它们通过嫁接刀、种子、蚜虫等传播。

④防治植物病毒病的技术与管理要点。铲除一切侵染源，建立无病苗圃和无病种子基地；彻底消灭刺吸式口器的昆虫、真菌、螨类的传毒介体；对以无性繁殖为主的植物采用茎尖组织培养的方式进行脱毒；对感染病毒植株或处于休眠的种子、鳞茎、球根等进行热处理，对确认已染上类病毒病害的植物休眠器官，应在4℃低温下培养 2~3 个月即可脱毒；弱毒疫苗的应用；培育抗病毒品种并在生产中应用。

（4）植物病原线虫。主要指植物病原线虫的危害症状和防治要点。

①危害症状：线虫是线虫纲的低等动物，利用穿刺取食和食道腺的分泌物影响植物生长，造成伤口有利于其分病原物的侵入和危害。有茎线虫属、滑刃线虫属、根结线虫属。病害植物全株

症状表现为生长缓慢、衰弱、矮小、叶色变淡，甚至枯萎等现象；病害植物局部症状为畸形，具体表现出肿瘤、丛根、根结顶芽花芽坏死、茎叶扭曲、干枯、虫瘿等症状。

②防治植物线虫病的技术与管理要点：在引种和调运苗木、花草苗及种子过程严格实行严格的植物检疫；选用高抗性或免疫的品种、实行轮作或间作、施用有机肥等措施；采用温水或药剂处理种植材料；采用药剂或热蒸汽处理土壤；利用捕食性和寄生性线虫、病毒、原生动物、细菌等防治植物线虫病害。

（5）寄生性种子植物。主要介绍寄生性种子植物性状和防除措施。

①寄生性种子植物性状：种子植物大多属于自养，少数为异养，由于缺少足够的叶绿素或器官的退化，而成为寄生性种子植物，常见有菟丝子科、桑寄生科、列当科、玄参科。

②防除寄生性种子植物的技术与管理措施：加强检疫；人工拔除；与非寄主轮作；种植诱发植物；施用除草剂等。

4.2.3　植物侵染性病害的发生与发展

（1）植物病原生物的寄生性和致病性。寄生性是指1种生物依附于其他生物（寄主）而生存的能力。病原物的寄生性主要是从寄主植物活细胞和组织中获得营养的能力。按病原物的寄生性强弱，将病原物分为活体营养生物、半活体营养生物和死体营养生物3种。植物病原生物的致病性是指病原物对寄主植物组织的破坏和毒害，从而使寄主植物发生病害的能力。植物病原物都是寄生物，但不一定都是病原物，如豆科植物的根瘤菌等。

（2）寄主植物的抗病性。抗病性是指植物避免、中止或阻滞病原物的侵入和扩展，减轻发病和减少损失程度的一类特性。有被动抗病性因素和主动抗病性因素，还有物理抗病性因素、化学抗病性因素。

（3）植物侵染性病害的发生与发展。侵染过程指病原物从接触寄主植物到发病的过程，这个过程受病原物、寄主植物和环境条件的影响，环境条件包括物理、化学和生物等。分为接触期、侵入期、潜育期和发病期4个阶段。

（4）植物侵染性病害的循环。病害循环是指病害从前一生长季节开始发病，到下一生长季节再次发病的过程，也可称为病害的侵染循环。侵染过程是病害循环的1个环节，涉及下述3个问题：

病原物越冬或越夏的场所类型有：田间病株、种子、苗木和其他繁殖材料、土壤及粪肥、病株残体、介体内外、温室或贮藏窖内。

病原物的初次侵染及再次侵染。

病原物的传播途径：自身传播、气流和风力的传播、雨水和流水的传播、生物介体传播、土壤与肥料的传播、人为传播等。

4.2.4　植物的非侵染性病害原因

（1）化学因素。主要是由于植物营养失调、生存环境受到污染和植物病害所致。

（2）物理因素。主要是由于温度、水分、湿度、光照不适所致。

（3）非侵染性与侵染性病害的关系。非侵染性病害降低植物对病原生物的抵抗能力，有利于侵染性病原的侵入和发病。同理，侵染性病害也会削弱植物对非侵染性病害的抵抗力。

5 防治植物病虫害的常用农药与器械

5.1 农药基础知识

（1）农药的含义。农药是指用于防治危害农林植物及其产品的害虫、病菌、线虫、鼠类、软体动物和杂草等的化学药剂。主要类型也包括植物生长调节剂、辅助剂、增效剂等。

（2）农药的剂型。农药原药经过加工，制成一定药剂形态叫剂型。常用的剂型有粉剂、可湿性粉剂、乳油、颗粒剂、烟剂和其他剂型等。

（3）常用农药的种类。根据防治病虫害不同的用途，一般将常用农药分为以下7种类型。

①杀虫剂。是用来防治各种害虫的药剂。有些还兼杀螨，如敌敌畏、乐果、甲胺磷、杀灭菊酯等药剂。它们主要通过胃毒、触杀、熏蒸和内吸4种方式起到杀死害虫的作用。

②杀螨剂。是专门防治螨类（红蜘蛛）的药剂，如三氯杀螨砜、三氯杀螨醇和克螨特等药剂。杀螨剂有一定的选择性，对不同发育阶段的螨防治效果各异，有些对卵、幼虫或幼螨的触杀作用较明显，但对成螨的触杀效果较差。

③杀菌剂。是防治植物病害的药剂。如波尔多液、代森锌、多菌灵、三唑酮、可瘟灵等药剂。主要起抑制病菌发生和生长，保护植物不受侵害和渗入体内，消灭入侵病菌的作用。

④除草剂。是专门防除田间杂草的药剂。如除草醚、杀草丹、氟乐灵、绿麦隆等药剂。根据其杀虫作用，可分为触杀性除草剂和内吸性除草剂，前者只能用于防治由种子发芽的1年生杂草，后者可杀死多年生杂草。有些除草剂当使用浓度过量时，杂草和苗都会被杀死。

⑤植物生长调节剂。是专门用来调节植物生长和发育的药剂。如赤霉素、萘乙酸、矮壮素、乙烯利等药剂。这类药剂具有与植物激素相类似的效应，可以促进或抑制植物的生长、发育，以满足植物各个时期生长发育的需要。

⑥杀线虫剂。适用于防治林木、果树以及蔬菜、烟草等植物上的各种线虫。杀线虫剂是由原有兼治作用的杀虫、杀菌剂发展而成的一种药剂。目前使用的杀虫剂几乎全部是土壤处理剂，多数兼有杀菌、杀灭土壤害虫的作用，有些还起除草作用。按其化学结构分为3类：卤化烃类、二硫代氨基甲酸酯类和有机磷类。

⑦杀鼠剂。按作用分胃毒剂和熏蒸剂；按来源分为无机杀鼠剂、有机杀鼠剂和天然植物杀鼠剂；按作用特点分为急性杀鼠剂（单剂量杀鼠剂）和慢性抗凝血剂（多剂量抗凝血剂）。

5.2 喷施农药的主要器械

（1）按器械的使用范围分类。按器械的使用范围，大致分为以下4类。

①内喷药用。如喷粉机、喷雾弥雾机、超低量喷雾机和喷烟机等。

②仓库熏蒸用。如烟雾剂、熏蒸器等。

③种子消毒用。如浸种器、拌种机等。

④田间诱杀用。如黑光诱杀灯和一般诱虫器具等。

（2）按器械的配套动力分类。主要分为手动和机动2类器械。

①手动药械。如手动喷粉器、手摇拌种机、手动喷雾器、手动超低量喷雾器。

②机动药械。如机动喷粉机、机动喷雾机、机动弥雾机、电动超低量喷雾机、机动背负超低量喷雾机、机动烟雾机、拖拉机悬挂喷雾机、飞机喷雾机、飞机喷粉机、飞机超低量喷雾机和机动拌种机等。

6   植物常见病虫害的鉴别与种类

6.1   植物病害的鉴别及其种类

6.1.1   植物病害的检查与识别

植物病害大致分为 2 大类：一类是传染性病害，它由真菌、细菌、病毒等病原微生物引起；另一类是非传染性病毒，由土壤、气候等环境条件引起。识别病害的主要方法是，首先是看症状，再细观察其发生规律是由少到多、由点到面，还是突然全面发生，是局部还是全部。其次看病斑上有无病原菌侵染迹象，先观察其特征，再取下切片用显微镜检查。第三是做病原菌分离、培养和接种，以确定其性质与种类。

叶片上出现斑点一般周围有轮廓，较为规则，后期上面又生出颗粒状物，这时可用显微镜观察。叶片细胞里有菌丝体或子实体，为传染性病斑。根据子实体特征再鉴定具体是哪一种微生物。病斑不规则，轮廓不清，大小不一，查不到病菌的则为非传染性病斑。通常情况下，传染性病斑中干燥的多为真菌侵染所致。

叶片生出粉状物，叶片正面生出白色粉状物多为白粉病或霜霉病。白粉病在叶片上多呈片状，霜霉病则多呈颗粒状。叶片背面（或正面）生出黄色粉状物多为锈病。

叶片黄绿相间或皱缩变小、节间变短、丛枝、植株矮小多为病毒等所致，是由比细菌、真菌更为低等的生物所引起。叶片黄化，整株或局部叶片均匀褪绿，进一步白化，通常是由类菌质体或生理原因引起。若阔叶树的整枝或整株枝叶枯黄、萎蔫，要首先检查有无害虫，再取下萎蔫枝条，检查其维管束和皮层下木质部，如发现有变色病斑，则多为真菌引起的导管病害，影响水分输送造成；若没有变色病斑，可能是由于茎基部或根部腐烂，或土壤、气候环境条件恶劣造成的非传染性病害。

如果出现部分叶片尖端焦边或整个叶片焦边，再观察其发展，看是否出现黑点，检查有无病菌；松树针叶枯黄，若先由各处少量叶子开始，夏季逐渐传染扩大，到秋季又在病叶上生出隔断，则很可能是针枯病；整枝整株针叶焦枯或枯黄半截，则多为土壤、气候所致。

以下 2 种情况多是由于土壤、气候等环境条件所致。

①若发现整株叶片很快出现焦头或焦边。

②整枝整株针叶很快焦枯或焦黄半截，或者当年生针叶都枯黄半截的。

花梗及茎皮层起泡、流水、腐烂、局部细胞坏死多为腐烂病，后期在病斑上生出黑色颗粒状小点，遇雨生出黄色的丝状物，多为真菌引起的腐烂病；只起泡流水，病斑扩展不太大，病斑上还生黑点，多为细菌引起的溃疡病。树皮坏死，木质部变色腐朽，病部后期生出病菌的子实体（木耳等），是由真菌中担子菌引起的树木腐朽病。

草本花卉茎部出现不规则的变色斑，发展较快，使植株枯黄或萎蔫的多为疫病。树木根部皮层腐烂、易脱落多为紫纹羽病、白纹羽病或根朽病。紫纹羽病根上有紫色菌丝层。白纹羽病有白色菌丝层，后期病部生出病菌子实体（蘑菇等）的多为根朽病；根部长瘤子，表皮粗糙的多为根癌肿病。幼苗根际处变色下陷，造成幼苗死亡多因幼苗立枯病所致。

一些花卉植物根部生有许多与根颜色相似的小瘤子多为根结线虫病。地下根茎、鳞茎、球茎、块根等坏死腐烂，如表面较干燥、后期皱缩，多因真菌危害所致；如出现溢脓或软化症状，多为细菌危害所致。

树干、树枝流脂、流胶的病因较复杂，可能是由真菌、细菌、昆虫或生理等多种原因引起。树木小枝枯梢从顶端向下枯死，多由真菌或生理原因引起。前者一般先从星星点点的枝梢开始，病症有个过程；后者一般是一发病就在部分或全部枝梢上发生，并且发展较快。

叶片、枝或果上出现斑点，病斑上常有轮状排列的突破病部表皮的小黑点，它是由真菌引起。花瓣上出现斑点并有发展，污染花瓣，花朵下垂，多为真菌引起的花腐病所致。

6.1.2 生态修复植物主要病害的种类

生态修复植物主要病害的种类主要分为传染性病害和非传染性病害 2 类。

（1）传染性病害。属于生物性病原，如真菌、细菌、病毒、类菌质体、线虫、螨类、寄生性种子植物等引起的病害，并且具有传染性。病害绝大多数是由真菌引起的，其次是由病毒和细菌引起的，而由其他病原物引起的病害只是少数。这类病害主要是凭借风、雨水、流水、昆虫、种苗、土壤、病株残体、人类活动等传播，继而不断地再侵染，如幼苗立枯病、福禄考白粉病、黑斑病等。

（2）非传染性病害。又称生理性病害，是由非传染性病原，如营养物质缺乏或过剩、水分供应失调、温度过高或过低、光照不足、环境过湿、土壤含盐量过多、空气中有毒气体以及药害肥害等引起的病害，它们不具有传染性。如缺铁造成叶片黄化，缺磷则影响花蕾开花，施肥过多造成植株徒长等。

6.2 植物主要虫害的种类

植物在生长发育过程，其根、茎、叶、花、果、种子等都可能遭受害虫的为害，害虫发生严重时会使苗木及观景受到损失。根据害虫食性及为害部位，将植物害虫分为以下 4 类。

（1）苗圃害虫。苗圃害虫多栖居于土壤中，为害种子和幼苗根部、嫩茎和幼芽。如地老虎、蝼蛄等。

（2）枝梢害虫。枝梢害虫多为蛾类和甲虫类，它们钻蛀、啃食植物的枝梢及幼茎；以及蚜虫、介壳虫等，它们用刺吸式口器吸取植株汁液，消耗植体内营养，同时还传播疾病，引起病害。

（3）食叶害虫。食叶害虫以叶为食，致植物生长衰弱、破坏观景的害虫，如枯叶蛾、毒蛾、丹蛾等。

（4）蛀干害虫。蛀干害虫如天牛、吉丁虫类和象甲类。其中以天牛为害最重，能造成植物大量死亡。

（5）种子害虫。种子害虫有螟蛾、卷蛾、象甲、花蝇类等，它们以种子和果实为食，降低种实产量。

7   植物零缺陷检疫

7.1   植物检疫概述

7.1.1   植物检疫的重要性

植物检疫又称法规防治，指一个国家或地方政府用法律、法规的形式，禁止或限制危险性病、虫及杂草人为地传入或传出，或对已传入的危险性病、虫及杂草，采取有效措施消灭或控制其扩大蔓延。对生态植物进行检疫的特点，一是具有强制性，任何单位和个人不许违规；二是具有全局战略性，不计局部地区单位或个人当时的利益得失，主要谋划全局和长远利益；三是采取一切必要措施，防止危险性有害生物进入或将其控制在一定范围或彻底消灭。植物零缺陷检疫是一项根本性预防本地区病虫危害或侵入的措施。

随着 21 世纪我国生态园林工程建设的快速发展，植物检疫就愈发突出它的重要性和必要性。首先，植物检疫能够有效地起到保护本地区生态园林植物体系的安全；其次，可以防止植物各种危险病虫的扩散和传播。

7.1.2   植物检疫对象的确定

植物检疫对象的确定，指国家主管部门根据一定时期国内外病虫害发生、危害情况，结合国家和本地区实际情况，经一定程序制订、发布禁止和传播携带有病、虫、杂草的危害植物名录。确定生态修复植物病虫害检疫对象的 3 项原则是：国内尚未发生或局部发生的病、虫及杂草；危害严重，传入后则可能给生态修复建设绿化业等造成重大损失，而防治又比较困难的病、虫及杂草；借助人为活动传播，即随种子、苗木及包装材料等传播的病、虫及杂草。

7.2   植物检疫的零缺陷程序和方法

7.2.1   植物检疫的零缺陷程序

（1）对内检疫。指对国内范围植物采取报检、检验、检疫处理和签发证书 3 项程序检疫。

①报检：指育苗、施工应检疫植物及其产品的单位或个人，在育苗生产期间或苗木调运之前，向当地县级以上植检部门提出产地检疫申请并提交相关材料。含两种情况：一是从本省（市）向外省（市）调出和本省（市）县（区）间调运应施检疫的植物及其产品，在运出前，调出单位或个人应凭调入地植物检疫部门签出的检疫要求书，向造林种植所在地植物检疫部门报检。二是本省（市）单位或个人需从外省（市）调入应施检疫的植物及其产品，应在植物及其产品调运前向调入地植物检疫部门提出申请，取得检疫要求书后，货主凭此检疫要求书到调出地植物检疫部门报检。

②检验：植物检疫机关根据申请单位或个人提供的材料，检疫机构人员对申请产地检疫的植物及其产品实施产地检疫。

③检疫处理和签发证书：经产地检疫合格的苗木，则签发《产地检疫合格证》；经检验若发现检疫对象，签发《检疫处理通知单》，报检单位应按规定进行除害处理，经复检合格后再签发《产地检疫合格证》。如带有尚无有效方法处理的检疫对象应停止调运或销毁。

（2）对外检疫。我国进出口检疫包括进口检疫、出口检疫、旅客携带物检疫、国际邮包检疫、过境检疫等。应严格执行《中华人民共和国动植物检疫条例》及其实施细则的有关规定。

7.2.2　植物检疫的对象

用于生态修复工程建设使用的植物检疫对象包括以下 5 项：生态修复工程建设所需植物的苗木、种子、果实和其他繁殖材料；木材、竹材、根桩、枝条、藤皮及其制品；花卉植物的种苗、种子、球茎、鳞茎、鲜切花、插花；中药材；可能被植物检疫对象污染的其他产品、包装材料和运输工具等。

第二节
植物病害零缺陷防治技术与管理措施

生态修复植物病害零缺陷防治技术与管理措施主要针对针叶树病害、阔叶树病害与竹林等重要病害种类，如松树、杨树与板栗等生态经济林树木病害等。

1　针叶树病害零缺陷防治技术与管理措施

生态修复植物针叶树病害主要是指松、柏树木等的病害，这里主要介绍松材线虫病、松针褐斑病、松疱锈病、落叶松枯梢病、马尾松赤枯病等的防治技术。

1.1　松材线虫病

（1）分布与危害。松材线虫病 *Bursaphelenchus xylophilus*（Steiner et Buhrer）Nickle 在我国主要分布于江苏、浙江、安徽、福建、江西、山东、河南、湖北、湖南、广东、广西、重庆、四川、贵州、陕西等地区，是目前世界上最危险的林业生物灾害，也是目前我国最具危险性的森林病害。自然状态下，单株松科植物感染该病后 1~2 个月即可死亡，成片松林感病后 3~5 年即可毁灭。

（2）寄主。松材线虫病的寄主是黑松、琉球松、马尾松、赤松、华南五针松、华山松、台湾果松、白皮松、台湾五针松、日本五针松、云南松、思茅松、黄山松、油松、湿地松、海南五针松、黄松、火炬松等松属植物。

（3）病原。松材线虫病的病原为松材线虫 *Bursaphelenchus xylophilus* 引起的松树萎蔫病或松树枯萎病，这种病害的蔓延主要通过墨天牛属 *Monochamus* 的几个种传播病原松材线虫，在亚洲，松褐天牛是关键传播昆虫。

（4）生物学特性。病原松材线虫主要通过媒介昆虫松褐天牛补充营养的伤口进入木质部，寄生在树脂道中，每头松褐天牛可携带数千条到上万条线虫。松材线虫在大量繁殖的同时也在松树体内移动，逐渐遍及全株，并导致树脂道薄壁细胞和上皮细胞的破坏和死亡，造成植株失水，蒸腾作用降低，树脂分泌急剧减少和停止。所表现出来的外部症状是针叶陆续变为黄褐色乃至红褐色，萎蔫，最后整株枯死。松材线虫幼虫 4 龄。由卵孵化的幼虫在卵内即蜕皮 1 次，孵出的幼虫为 2 龄幼虫，再经 3 次脱皮发育为成虫，雌、雄成虫交尾后产卵。成虫形成后 1d 之内即能产卵，每条雌虫可产卵 100 多粒。世代重叠明显。

（5）危害症状。松材线虫病的危害症状是针叶黄褐色或红褐色、萎蔫下垂，树脂分泌停止，在树干上可观察到天牛侵入孔或产卵痕迹，病树整株干枯死亡，木材有蓝变现象。

（6）防治技术。松材线虫病采取营林措施、疫木除害处理、生物防治、化学防治 4 项技术进行防治。

①营林措施。传播媒介越冬幼虫至蛹期，伐除病死树、疑似感病木、衰弱木；对发生严重松林，可实施局部皆伐。伐除时，不残留直径 1cm 以上松树枝丫，伐根尽可能要刨除或采取药物处理。

②疫木除害处理。砍伐下来的病死木用塑料薄膜帐幕封闭磷化铝（$20g/m^3$）熏杀或采用热处理等安全处理措施。

③生物防治。采用释放管氏肿腿蜂、引诱剂 2 种防治措施进行防治。

释放管氏肿腿蜂防治：在松褐天牛幼虫幼龄期，每年放蜂 1 次；每 $0.67hm^2$ 设置 1 个放蜂点，每点约放蜂 1 万头。

引诱剂防治：在松褐天牛成虫期，在发病林分每隔 100m 设置 1 个诱捕器，诱杀成虫或用衰弱或较小的松树作为诱饵木引诱松褐天牛集中产卵，每 $0.67hm^2$ 设置 1 株；于每年秋季将诱饵木伐除并进行除害处理，杀死其中所诱天牛。

④化学防治。分别在松褐天牛成虫期与羽化初期采取不同的化学防治方法。

松褐天牛天牛成虫期防治方法：采用地面树冠喷洒或飞机喷洒绿色威雷（300~400 倍液）$750~1200mL/hm^2$ 进行防治，每年 5~6 月喷药 1~2 次，间隔期约为 20d。

松褐天牛羽化初期防治：用 2%噻虫啉微胶囊悬浮剂 $600mL/hm^2$ 兑水配制成 10L 药液进行飞机喷雾防治，或使用 2%噻虫啉微胶囊悬浮剂 2000~3000 倍液实施地面喷雾。

1.2 松针褐斑病

（1）分布与危害。松针褐斑病在我国主要分布于浙江、安徽、福建、江西、河南、湖南、广东、广西等地区。该病在我国陆续发生和流行会给被害严重林分造成毁灭性损失。

（2）寄主。松针褐斑病的寄主是湿地松、火炬松、黑松、黄山松、马尾松、萌芽松、赤松、长叶松、加勒比松等松属植物。其中湿地松、火炬松和黑松感病较重。

（3）病原。松针褐斑病的病原为无性型为松针座盘孢菌 *Lecanosticta acicola*（Thum.）Sydow。有性型为狄氏小球腔菌 *Mycosphaerella deranessii* Barr，在我国至今尚未发现。

（4）危害症状。松针褐斑病的病原菌侵染寄主针叶，最初产生褪色小斑点，多为圆形或近圆形，随后病斑变为褐色，有时病斑连接成褐色段斑。典型的病叶明显地分成 3 段：上段褐色枯死，中段褐色段斑与绿色健康组织相间，下段仍保持绿色。在病害适生季节，产生针头大小，黑色子实体，黑色分生孢子堆自裂缝中挤出。病害自树冠基部开始发病，逐渐向上部扩展，受害严重部分仅在树冠顶部 2、3 轮枝条梢部保存部分绿叶，不久整株将枯死。

（5）发病规律。受害树木的子实体与病斑组织中的菌丝体可在树上病叶或落叶上越冬。在发病林分中，终年都见活孢子存在，侵染在整个季节都可能发生。分生孢子在雨水中释放，并借助雨水的溅落传播。分生孢子在水中萌发，芽管自气孔侵入，潜育期为 20d 以上。在初发病林分中，常形成明显的发病中心，在一年的 4~6 月和 9~10 月有 2 次发病高峰。

（6）防治技术。防治松针褐斑病可采取营林措施、化学防治2种方法。

①营林措施。对发病中心范围内的病株进行择伐，对其余轻度感病病株的下部病枝进行剪枝，清除病叶，对病树病枝集中处理；对重病林分实行皆伐，重新营造其他树种。

②化学防治。低矮幼林、苗圃与种子园可采用1∶1∶100的波尔多液、25%多菌灵可湿性粉剂800倍液、70%百菌清800~1000倍液或50%甲基托布津胶悬剂600倍液喷雾。树高、郁闭度大的林分施放百菌清、多菌灵、五氯酚等烟剂进行熏杀，15kg/hm²施药，2~3次，每次间隔时间为10~15d。

1.3　松疱锈病

（1）分布与危害。通常以五针松受松疱锈病危害最为普遍和严重，是世界性危险病害。在我国分布于辽宁、吉林、黑龙江、山西、内蒙古、安徽、山东、陕西、新疆、甘肃等地区。从幼苗到成过熟林木均可染病，20年生以下的中幼林感病最重。病害发生于松树枝干部皮层，不危害木质。病树因生理机能衰退而死亡。

（2）寄主。松疱锈病原菌的性孢子器和锈孢子器阶段寄主有红松、华山松、新疆五针松（西伯利亚红松）、乔松和偃松。夏孢子堆、冬孢子堆和担孢子阶段茶藨子专化型寄主为茶藨子属中的东北茶藨子、黑茶藨子、狭萼茶藨子、冰川茶藨子；马先蒿专化型寄主为马先蒿属中的返顾马先蒿、穗花马先蒿等。

（3）病原。五针松疱锈病病原菌为茶生柱锈菌 *Cronartium ribicola* J. C. Fischer ex Rabenhorst。

（4）危害症状。针叶受松疱锈病侵入后，先期出现褪绿斑点，后逐渐变为红褐色。发病初期枝干皮层略微肿胀，变松软，呈条状或块状隆起，偶尔有松脂外溢。4月上中旬，发病部位（多为枝干连接处或大小侧枝分叉处）皮层呈梭形肿胀，5月病部皮层陆续破裂，露出扁平柱状或不规则的枕状疱囊（锈子器），初为乳白色，后呈橘黄色，突于皮层外，5月中旬被膜破裂并散出黄色粉末（即锈孢子），6月中旬锈孢子散放结束。病皮开裂、干枯、下陷、萎缩凹陷呈粗糙疡状。部分病斑周围皮层大量流脂后，常生一层黑色的煤污菌。连年发病的枝干，其病斑不断扩展，树势逐渐衰弱，新梢很短，针叶萎蔫，被害主干和侧枝上方均出现丛生小枝。当病斑绕枝干一周时，则整枝或整株枯死。8月末至9月初，在锈子器发生处附近皮层流出初为乳白色后变成橘黄色、尝之具甜味的"蜜滴"（性孢子与密液的混合物），数日后干枯，剥开树皮时可见"血迹状斑"。

（5）发病规律。松疱锈病的发病规律一般是先在侧枝基部发病，然后向干部扩展，发病部位多在地上200cm以内的树干或树冠下层枝梢基部，少数植株可整株发病。7月下旬至9月，冬孢子成熟后不经过休眠即萌发产生担子和担孢子。担孢子主要借风力传播，接触到松针后即萌发产生芽管，大多数芽管自针叶气孔、少数从韧皮部直接侵入松针。侵入后约15d即在针叶上出现很小的褪色斑点，在叶肉中产生初生菌丝并越冬。翌年春天随气温升高，初生菌丝继续生长蔓延，从针叶逐步扩展到细枝、侧枝直至主干皮层。

（6）防治技术。对松疱锈病防治可采取营林措施、化学防治2种方法。

①营林措施。松树感病初期，对发病轻的松树下层枝梢实施人工修枝。发病率在10%以下的应适时间伐，发病率在40%以上幼林应进行皆伐改造。冬孢子产生之前灭除林间及周围100m

范围内的转主寄主以切断病菌侵染循环。

②化学防治。对其防治可采用药剂涂抹和喷雾 2 种方法。

药剂涂抹法：北方用松焦油或煤焦油，南方可选用 2% 粉锈宁液或 0.5% 的多菌宁硫黄胶悬液、柴油原液或粉锈宁与多硫胶悬剂的混合液（1.5% 粉锈子：1% 多菌宁硫黄胶悬剂为 1：1）在病部涂抹。涂药范围为病斑及其上下 10cm，左右 5~6cm（菌丝集中分布区）的皮层，施药前用钉刷刺破周围皮层或利用刀以 45°角砍伤病部皮层（有利于药剂充分渗入病斑韧皮部），再用毛刷将药剂涂于病部。连续涂药 2~3 年。或用松焦油、20% 粉锈宁 150~300 倍液、15% 粉锈清 150~300 倍液涂抹干部溃疡斑。

喷雾法：对 1~3 年生的苗圃幼苗，喷洒 1：1：20 的波尔多液或 300~500μL/L 的敌菌灵乳剂，以防止担孢子侵染。

1.4　落叶松枯梢病

（1）分布与危害。落叶松枯梢病在我国主要分布于黑龙江、吉林、辽宁、山东等地区。从幼苗到 30 年生大树的枝梢均可感病，尤其是 6~15 年生落叶松受害最重。受害新梢枯萎，树冠变形，甚至枯死。严重影响落叶松高生长。

（2）寄主。落叶松枯梢病的寄主是兴安落叶松、华北落叶松、黄花落叶松、朝鲜落叶松、日本落叶松等。

（3）病原。落叶松枯梢病的病原在有性阶段为落叶松葡萄座腔菌 *Botryosphaeria laricina*（Sawada）Shang，无性阶段为大茎点霉属 *Macrophoma* sp.。

（4）危害症状。树木被落叶松枯梢病侵入后，初病时嫩梢茎部退绿，渐发展呈烟草棕色，凋萎变细，顶部弯曲下垂呈钩状。自弯曲部向下 5~15cm 的枝梢逐步干枯，呈浅黄棕色。发病晚期，新梢木质化病梢常直立枯死而不弯曲，针叶全部脱落。病梢常溢出松脂呈块状。如连续几年发病，病树顶部常呈丛枝状。新梢病后 10 余日，在顶梢残留叶上或弯曲茎部可见有散生的近圆形小黑点，是病原菌的分生孢子器。

（5）发病规律。落叶松枯梢病在东北地区一般是 6 月下旬或 7 月初始见发病，7 月中下旬症状急剧显现，8 月中旬至 9 月上旬症状最为明显。病菌以菌丝及未成熟的座囊腔，或残存的分生孢子器，在病梢及顶梢残叶上越冬。翌年 6 月以后，座囊腔成熟产生子囊和子囊孢子。子囊孢子借风传播，侵染带伤新梢，成为当年主要侵染源。该病孢子飞散期为 6~8 月，6 月下旬至 7 月中、下旬为孢子飞散盛期，此间如遇连雨天孢子飞散数量迅速增加，出现飞散高峰，几次高峰亦可连续出现。

（6）防治技术。对落叶松枯梢病防治可采取营林措施、化学防治 2 种方法。

①营林措施。清除病死株、感病苗木与重病幼树，剪除病梢，集中烧毁。

②化学防治。发病初期，使用 70% 托布津 1000 倍液，10% 百菌清 800 倍液，65% 代森锌 300 倍液对其树冠进行喷雾。对郁闭度大的成片林地可施放烟剂，可施用五氯酚钠、多菌灵烟剂 7.5kg/hm²。

1.5　马尾松赤枯病

（1）分布与危害。马尾松赤枯病在我国主要分布于贵州、四川、广西、广东、云南、湖南、湖北、浙江、江西、福建、江苏、河南、陕西等地区。主要危害幼林新叶，也危害少数老叶。

（2）寄主。马尾松赤枯病的寄主是马尾松、云南松、黑松、黄山松、油松、华山松、火炬松、湿地松、杉木、柳杉、金钱松等，其中马尾松、湿地松、火炬松、云南松受害最重。

（3）病原。马尾松赤枯病的病原是枯斑多毛孢 *Pestalotiopsis funereal* Desm。

（4）危害症状。树木受到马尾松赤枯病侵染后，受害针叶初期显黄色段斑，病斑和健康组织交界处常有一暗红色的环圈。病斑可出现在针叶不同部位，病状多分为叶尖枯、段斑枯、叶基枯、全叶枯和针叶断落等现象，后期在病斑上有明显的黑色椭圆形小颗粒，在黑色小颗粒上有墨汁状的分生孢子角。严重危害者会造成整株树枯黄，形如火烧。

（5）发病规律。马尾松赤枯病的病菌以分生孢子和菌丝体在树上病叶中越冬。孢子借雨水和风力传播，可从自然气孔或伤口侵入针叶。潜伏期 7~10d，可以重复多次侵染。5 月平均温度 16℃ 以上时，分生孢子开始飞散，月平均气温达 19℃ 时开始发病，月平均气温达 20~25℃ 时发病快，6~9 月为发病盛期。在发病后期，7~8 月高温干旱可加剧病害发展。月平均气温降到 12℃ 以下时，病害基本停止发生。

（6）防治技术。对马尾松赤枯病的防治可采取营林措施、化学防治 2 种方法。

①营林措施。严禁病苗上山，适地适树，合理密植；选用抗性强树种，营造以湿地松为主的针阔混交林或在林中补植木荷、香樟、枫香、油桐等阔叶树；清除病死株及感病枝条，集中烧毁；间伐过密松树，保持林内通风透光；增施硫酸钾 100g/株，增强树势、提高抗性。

②化学防治。发病初期，在郁闭度大的林分，施放百菌清烟剂 15kg/hm²，每隔 10d 施放 1 次，连续施放 2 次。对于对地形复杂、水源紧张的地方，可使用石灰+草木灰（9∶1）或石灰+草木灰+硫黄粉（8∶1∶1）防治，选在早晨露水未干时撒到松针上。使用 70%百菌清 700 倍液、禾枯灵 500 倍、80%多菌灵 500 倍液喷雾，隔 7~10d 喷 1 次，连续喷雾 3 次。

2　阔叶树病害零缺陷防治技术与管理措施

主要介绍对杨树、桉树、泡桐、板栗、竹类与果树等病害类采取的零缺陷防治技管措施。这里重点介绍对杨树烂皮病、杨树溃疡病、杨锈病、杨树黑斑病、杨树灰斑病、杨皱叶病、杨白粉病、杨冠瘿病采取的零缺陷防治技术与管理措施。

2.1　杨树烂皮病

（1）分布与危害。我国主要在黑龙江、吉林、辽宁、内蒙古、河北、河南、山东、山西、陕西、新疆、青海等地区发生较为普遍。被害树木树势衰弱，甚至枯死。常造成大片杨、柳树死亡，是致杨、柳树毁灭性的病害。

（2）寄主。为杨树、柳树、槭树、樱桃、接骨木、花椒、桑树、木槿等木本植物。

（3）病原。有性型为污黑腐皮壳菌 *Valsa sordida* Nit.，无性型为金黄壳囊孢菌 *Cytospora chrysosperma*（Pers.）Fr.。

（4）危害症状。烂皮病害主要发生在主干和枝条上，表现出干腐和枯梢 2 种类型。

①干腐型：发生于主干、大枝与分枝处。发病初期，病斑呈暗褐色水渍状，略为肿胀，皮层组织腐烂变软，手压有水渗出，后失水下陷。有时病部树皮龟裂，甚至变为丝状。病斑有明显黑

褐色边缘，但无固定形状。病斑在粗皮树种上表现不明显。发病后期在病斑上长出许多枕头状小突起，即病原菌分生孢子器，如果遇到雨水或空气湿度大时，黑点顶端会挤出乳白色浆状物，并逐渐变为橘黄色，此为病菌的分生孢子角。孢子角变干后形成细长卷须。

②枝枯型：主要发生在苗木、幼树与大树的枝条上。发病初期病斑呈暗灰色，病部迅速扩展，环绕一周后，上部枝条即枯死。此后，在枯枝上散生许多黑色小点，即为病原菌的分生孢子器。此外，在老树干上有时也发生杨树烂皮病，但症状不明显，只有当树皮裂缝中出现分生孢子角时才能发现。

（5）发病规律。该病害4~9月均可发生，分生孢子角于4月初始现，5月中旬大量出现，雨后或潮湿天气下更多，7月后病势逐渐缓和，8~9月又出现发病高峰，9月后停止发展。有性世代在东北6月出现。分生孢子和子囊孢子借风、雨、昆虫等传播。病菌生长温度范围为4~35℃，平均气温10~15℃有利于发病。该病菌是一种弱寄生菌，衰弱、有伤口的树木、幼树、嫩枝较易感病。在一年中的春、秋季2次发病高峰中，春季危害较重。

（6）防治技术。采取营林措施、物理防治与化学防治3种相结合的技术与管理方法进行防治。

①营林措施：对病斑横向长度大于树干粗度1/2的重病株、病死株与感病枝条，应及时清除，集中烧毁；造林前，尽量避免苗木水分流失；起苗、包装、运输中尽量减少创伤。

②物理防治：秋末或春初在树干距地面1m以下涂白、绑草把（或草绳）或在树干基部培土，以防树干遭受到冻害和日灼。

③化学防治：可采取喷雾与药剂涂抹的技术与管理措施进行积极防治。

喷雾：采用70%甲基托布津50倍液、5°Be′石硫合剂、50%多菌灵100倍液、40%福美砷50倍液、10%碱水等对树干枝叶实施喷雾作业。

药剂涂抹：对病斑横向长度小于树干粗度1/2的，可采取刮涂法对病斑进行处理。用小刀或刮刀将病斑刺破，一直刮到病斑与健康树干皮交界处再涂药，涂腐烂敌、腐必清等药剂后，再涂以50~100mg/L赤霉素，以利于伤口的愈合。对发病较轻，病斑小于树干周皮1/3的可刮皮后涂抹10%碱水。

2.2 杨树溃疡病

（1）分布与危害。在我国主要分布于北京、黑龙江、辽宁、天津、内蒙古、山东、山西、河北、河南、安徽、江苏、湖北、湖南、江西、陕西、甘肃、宁夏、贵州和西藏等地区。本病为树木枝干部位的重要病害，别名杨树水泡型溃疡病，对苗木、大树均危害。受害严重的树木病疤密集连成一片，形成较大病斑，导致养分不能输送，植株逐渐死亡。

（2）寄主。为杨树、柳树、刺槐、油桐、核桃、雪松、苹果、杏、梅、海棠等树木。

（3）病原。有性型为葡萄座腔菌 *Botryosphaeria   dothidea*（Moug. Ex Er.）Ces. et de Not.，无性型为小穴壳菌 *Dothiorella gregaria* Sacc.。

（4）危害症状。在主干和大枝上，皮孔边缘形成小泡状溃疡斑，初为圆形，极小，不易识别，其后水泡变大。泡内充满褐色黏液，水泡破裂流出褐色液体，遇空气变为黑褐色，病斑周围也呈黑褐色，之后病斑干缩下陷，中央纵裂。主要有3种类型：在光皮杨树品种上，多围绕皮孔产生直径约 1cm 的水泡状斑；在粗皮杨树上，通常并不产生水泡，而是产生小型局部坏死斑；当从干部的伤口、死芽和冻伤处发病时，形成大型的长条形或不规则形坏死斑。

（5）发病规律。以菌丝、分生孢子、子囊腔在老病疤上越冬，翌年春季孢子成熟，靠风雨传播，多由伤口和皮孔侵入，翌年春季还可在老病处发病。分生孢子可反复侵染。皮层腐烂变黑，到春季病斑出现黑粒——分生孢子器。后期病斑周围形成隆起愈伤组织，此时中央开裂，形成典型溃疡症状。粗皮杨树发病不呈水泡状，发病处树皮流出赤褐色液体。秋季老病斑出现粗黑点为病菌有性阶段。辽宁一般在 4 月发病，5 月为高峰期；8 月又重复发生，9 月为高峰期。

（6）防治技术。采取营林措施、物理防治与化学防治 3 种相结合的技术与管理方法进行防治。

①营林措施：造林前，尽量避免苗木水分流失；起苗、包装、运输过程中尽量减少创伤；并清除病死株与感病枝条，集中烧毁。

②物理防治：秋末或春初在树干距地面 1m 以下涂白或使用 0.5°Be′石硫合剂或 1∶1∶160 波尔多液喷干。涂白剂中可加入适量杀虫、杀菌剂。

③化学防治：发病初期，用 50% 多菌灵可湿性粉剂 500 倍液、75% 百菌清可湿性粉剂 800 倍液、50% 福美霜+80% 炭疽福美可湿性粉剂 1500~2000 倍的混合液，喷涂或浇灌，可控制病害蔓延。发病高峰期前，也可用 1% 溃腐灵 50~80 倍液，涂抹病斑或用注射器直接注射在病斑处，或用溃疡灵 50~100 倍液、多氧霉素 100~200 倍液、70% 甲基托布津 100 倍液、50% 退菌特 100 倍液、20% 农抗 120 水剂 10 倍液、菌毒清 80 倍液喷洒主干与大枝上。

2.3 杨锈病

（1）分布与危害。杨锈病又称为落叶松—杨锈病或青杨锈病，在我国分布于辽宁、吉林、黑龙江、北京、内蒙古、河北、福建和云南等地区。主要危害杨树叶片，从小苗到成年大树都能发病，但以小、幼苗受害较为严重，降低光合作用强度，影响生长，严重时可提前 1~3 个月落叶。该病是杨树中分布最广、危害最大的一种病害，为转主寄生菌，性孢子和锈孢子阶段在落叶松上、夏孢子和冬孢子阶段在杨树上。可在兴安落叶松和长白落叶松转主寄主上发病，但危害不严重。

（2）寄主。为多种杨树。

（3）病原。松杨栅锈菌 *Melampsora larici-populinn* Kleb.。

（4）危害症状。起初在落叶松针叶上出现短段状淡绿绿，病斑渐变淡黄绿色，并有肿起的小疱。叶斑下表面长出黄色粉堆。严重时针叶死亡。在杨树叶片背面初生淡绿色小斑点，很快便出现橘黄色小疱，疱破后散出黄粉。秋初于叶正面出现多角形的锈红色斑，有时锈斑连接成片。病害一般是下部叶片先发病，逐渐向上部蔓延。

（5）发病规律。病菌以冬孢子在杨树落叶中越冬。翌年 4 月上旬，冬孢子遇水或潮气萌发，产生担孢子，并由气流传播到落叶松叶上，芽管由气孔侵入。经 7~8d 潜育后，在叶背面产生黄色锈孢子堆，6 月上旬为落叶松发病盛期，叶片病斑相连成片，6 月底逐渐干枯。锈孢子由气流传播到转主寄主杨树叶上萌发，由气孔侵入叶内，经 7~14 年潜育后，在叶正面产生黄绿色斑点，然后在叶背形成黄色夏孢子堆。夏孢子可反复多次侵染杨树。故 7~8 月锈病非常猖獗，进入第 2 次发病盛期。到 8 月中旬以后，杨树病叶上形成冬孢子堆。幼嫩叶片易发病。

（6）防治技术。采取营林措施、化学防治相结合的技术与管理方法进行防治。

①营林措施：早春潜伏期，清除林地病落叶，减少越冬菌源数量；清除作业时要避免孢子飞散，否则将达不到预期效果；避免营造落叶松与杨树的混交林；选择抗病杨树品种。

②化学防治：在落叶松发病初期，使用 0.5 波美度石硫合剂、15% 粉锈宁、25% 敌锈钠等喷雾。落叶松发病盛期，使用 15% 粉锈宁 600 倍液或 25% 粉锈宁 800 倍液喷雾。杨树发病期，用 15% 粉锈宁 600 倍液或 25% 粉锈宁 800 倍液喷雾。

2.4　杨树黑斑病

（1）分布与危害。在我国主要分布于吉林、辽宁、安徽、河南、陕西、河北、湖北、江苏、云南、新疆等地区。叶片、叶柄、嫩梢和果穗均能感病，严重时叶面病斑累累，甚至全叶变黑枯死，提前落叶。

（2）寄主。主要是杨树、柳树。

（3）病原。主要是杨褐盘二孢菌 *Marssonina brunnea*（ell. Et Ev. Sacc.），另一种是白杨盘二孢菌 *M. castagnei*（Desm. et Mont.）Magn.。

（4）危害症状。叶片、叶柄、嫩梢和果穗都感病，严重时叶面病斑累累，甚至全叶变黑枯死。首先在叶子背面出现针刺状凹陷发亮小点，后变红褐色至黑褐色，约为 1mm，病斑稍突起，5~6d 后出现灰白小点（分生孢子堆）。病斑可发展成圆斑或角斑，连片后整个叶子变黑，使树叶提前 2 个月脱落。在嫩梢及果穗上症状相似，但在嫩梢上条斑大，长 2~6mm 不等，宽 2~3mm，稍突起。后期出现略带红色的分生孢子堆，在果穗上病斑小，孢子堆不带红色。白杨盘二孢菌 *M. castagnei* 在叶面上形成直径 1~6mm 的近圆形、暗褐色病斑。空气潮湿时，在病斑上产生 1 至多个乳白色小点，病斑数量多时，可连成不规则斑块。在嫩梢上病斑初为梭形，黑褐色，长 2~5mm，后隆起，可见孢子盘，嫩梢木质化后，病斑中间开裂成溃疡斑。

（5）发病规律。在安徽沿江地区，4 月开始发病，6~8 月为发病盛期，10 月停止发病。病菌以菌丝体、分生孢子盘和分生孢子在病落叶或 1 年生枝梢的病斑中越冬。越冬菌丝于翌年 4 月初产生分生孢子，成为初侵染源。潜伏期 3~7d。分生孢子借风、雨、云雾等传播。当出现持续 1 周以上高温无雨干旱天气，病害明显受到抑制，而当出现降水、温度下降时，病情迅速扩展，病害加重。加拿大杨、沙兰杨、214 杨、北京杨等高度感病。新疆杨、银白杨、山杨、毛白杨、胡杨均受 *M. castagnei* 的侵染，黑杨派和青杨派树种抗该病害能力较强。

（6）防治技术。宜采取营林措施、化学防治相结合的技术与管理方法进行有效防治。

①营林措施：造林时，选择排水良好地段，避免连作；适地适树，选用抗性强树种；合理密植，改善通风透光条件；越冬期，扫尽树下落叶，集中烧毁，是减轻病原的主要措施。

②化学防治：发病初期，在病菌初侵染之前，对苗木喷 70% 代森锰锌或 12% 的速保利 800~1000 倍液，10d 喷 1 次，连续喷 3~4 次。发病盛期，用烟雾机在发病前期交替施用 2.5% 氟硅唑和 8% 百菌清热雾剂 4 次，相隔 10d。

2.5　杨树灰斑病

（1）分布与危害。在我国主要分布于河北、山东、辽宁、吉林、黑龙江、陕西、新疆等地区。在叶部为灰斑病，在顶梢为黑脖子病，在茎干皮部产生肿茎溃疡病。从小苗到大树都发病。以幼苗、幼树受害严重。使叶片提早脱落，嫩梢枯顶，造成多顶苗，该病在东北三省发病率较高。

（2）寄主。主要是杨树。

（3）病原。有性阶段为东北球腔菌 *Mycosphaerella mandshurica* M. Miura，无性阶段为杨棒盘孢菌 *Coryneum populinum* Bresad.。

（4）危害症状。该病害主要发生在杨树叶片和嫩梢上。在叶片上先生出水渍状病斑，病斑的色泽因树种而异，有绿褐色、灰褐色和锈褐色等。后期病斑上生出黑绿色突起的小毛点，有时连片，这是病菌的分生孢子盘。幼苗顶梢和幼嫩枝梢感病后死亡变黑，失去支撑力而下垂，致使上部叶片全部死亡，病部风折后形成无顶苗。

（5）发病规律。杨树灰斑病一年可发病多次，潜育期5~10d，发病后2d即可形成新的分生孢子，这些孢子成熟后可再次侵染。病原菌随落叶在地表越冬，翌年春季。当温、湿度适宜时侵染新的叶片和嫩枝梢。某些地区每年可有2次发病高峰，第1次在5月下旬，第2次在7月初，部分地区发病较晚，8月末发病，9月末基本停止。苗圃中1年生苗发病最重，2~3年生苗受害中等，老龄杨树亦可发病但危害不大。病害发生与降水、空气温度关系密切，空气湿度增大，6~8d后发病率随即增高。北方地区一般在7月多雨时节大量发病。

（6）防治技术。采取营林措施、化学防治相结合的技术与管理方法进行防治。

①营林措施：清除病死株、重病幼树和林地枯枝落叶；发病初期，造林密度、苗圃育苗时不宜过密，当叶片过密时打去底叶3~5片，以便通风透光。

②化学防治：发病初期，每隔10d喷施1∶1∶125~170波尔多液1次。或用多菌灵50%可湿性粉剂400倍液、甲基托布津50%可湿性粉剂500倍液、10%百菌清油剂800倍液喷施感病植株叶、梢。发病盛期也可喷施以上药剂。

2.6　杨皱叶病

（1）分布与危害。在我国主要分布于北京、河北、河南、山西、山东、陕西、甘肃、安徽、新疆等地区。从苗木到大树均可受害，造成叶片早期大量脱落，影响树木正常生长。

（2）寄主。主要是毛白杨、山杨、青杨等。

（3）病原。四足螨 *Eriophyes dispar* Nal.。

（4）危害症状。致使新吐出幼叶皱缩变形，肿胀变厚，卷曲成团，初呈紫红色，似鸡冠状。后随树叶长大，皱叶不断增大，形成"绣球"状的病瘿球，直至6月后，病叶逐渐干枯，悬挂在树上，遇风雨后瘿球脱落，叶片或整个瘿球呈黑色。1个芽中几乎所有的叶片都受害，展叶后即表现出症状。通常病芽比健芽展叶早。

（5）发病规律。以成螨在冬芽鳞片间越冬，主要在枝条顶端1~11个芽内，以5~8个芽内最为集中。绝大多数枝条为1个芽受害，少数枝条为2~3个芽受害。翌年发芽展叶后即开始发病。当年发病重的树，翌年发病会更加严重。毛白杨雄株受害重，而雌株很少受害。发芽迟，枝条细长或弯曲的植株，受害严重。一旦发现皱叶即可见越冬成螨，5月上中旬可见大量四足螨，可肉眼观察到病叶上有一层土黄色的粉状物。

（6）防治技术。采取营林措施、物理防治与化学防治相结合的技术与管理方法进行防治。

①营林措施：严禁用带有四足螨卵的苗木造林，禁用受四足螨危害的枝条做接穗和插条繁植苗。

②物理防治：在发病初期（展叶后表现症状时）人工摘除病芽、病叶，集中烧毁、深埋或高温沤肥。

③化学防治：对面积较大发病严重的幼树林或成林，于杨树发芽前喷洒 5°Be′ 石硫合剂 1 次，或 5% 噻螨酮乳油 2000 倍液、1.8% 虫螨克星 3000 倍液、20% 螨克乳油 1500 倍液等，每 10d 喷施 1 次，共喷施 1~3 次。当四足螨大量出现时，向枝条上喷洒齐螨素 1000 倍液、50% 溴螨酯乳油 1000 倍液或 0.2°Be′ 石硫合剂。为增加药液与叶片的黏着性，需加 0.1%~0.3% 的合成洗衣粉、豆浆、明胶等。喷药应从苗木展叶时开始，10~15d 喷施 1 次，连喷 2~3 次。

2.7　杨白粉病

（1）分布与危害。在我国主要分布于北京、河北、内蒙古、辽宁、吉林、黑龙江、江苏、安徽、山东、河南、湖北、湖南、广西、四川、贵州、云南、陕西、甘肃、新疆等地区。幼树被害后，叶面布满白粉，叶片褪绿变薄，有些扭曲变形。苗圃苗木严重侵染时会造成提前落叶，甚至枯死，影响苗木生长质量。大树被害也严重影响正常生长。

（2）寄主。主要寄主有响叶杨、青杨、山杨、辽杨、小青杨、欧洲山杨、苦杨、小叶杨、云南白杨、黑杨、加拿大杨、箭杆杨、毛白杨等。

（3）病原。杨白粉病的病原共有 3 个属 6 个种 3 个变种。钩状钩丝壳 *Uncinula abunca*（Wallr. Fr.）Lev. var. *adunca*、东北钩状钩丝壳 *U. aduaca* var. *mandshurica* Zheng & Chen、易断钩丝壳 *U. fragilis* Zheng、长孢钩丝壳 *U. longispora* Zheng & Chen、小长孢钩丝壳 *U. longispora* var. *minor* Zheng & Chen、假香椿钩丝壳 *U. pseudocedrelae* Zheng & Chen、薄囊钩丝壳 *U. tenuitunicata* Zheng & Chen、杨球针壳 *Phyllactinia populi*（Jacz.）Yu、杨生半内生钩丝壳 *Pleochaeta populicola* Zhang。

（4）危害症状。植株被侵染后主要在叶两面形成大小不等的白色粉斑，有些扩展到全叶，有时绿色枝条上生白粉。不同杨树品种被不同的病原菌侵染后表现的症状常略有不同。到秋初，在白粉病病斑中产生黄褐色到深褐色小黑点，即为病原菌的子囊壳。有些杨白粉病在出现小黑点后，白粉层消失。

（5）发病规律。在北方地区，病原菌以子囊壳在落叶上或枝条上越冬，翌年杨树放叶期，子囊壳释放出子囊孢子进行初次侵染。在相对湿度 85%~90%，气温 10~15℃ 条件下，子囊孢子很快萌发侵入寄主，1 周后在叶上出现白粉（菌丝体），菌丝体生出分生孢子梗，在整个生长季节产生大量分生孢子，多次进行再侵染，扩大病情。在气温 5~30℃ 情况下，分生孢子均可萌发，最适温度为 15~25℃，春秋两季常发病迅速、严重。造成树木提早落叶。

（6）防治技术。采取营林措施、化学防治相结合的技术与管理方法进行防治。

①营林措施：因地制宜选择抗病品种，通风透光，避免密植；加强水肥管理，合理施肥，注意氮、磷、钾肥合理使用，防止偏施氮肥，增强树体抗性；剪去病梢，清除落叶集中烧毁；清除林地内的落叶，集中深埋或高温沤肥；秋季翻地、冬灌，提高抗病性。

②化学防治：发病期可喷洒 1∶1∶100 波尔多液、0.3~0.5°Be′石硫合剂、50%甲基托布津 800~1000 倍液、15%粉锈宁可湿性粉剂 300~400 倍液。每月喷洒 2 次，共喷施 2~3 次。

2.8　杨冠瘿病

（1）分布与危害。又名根癌病。在我国主要分布于河北、辽宁、吉林、山东、山西、浙江、福建和河南等地区，以河北、山西、河南等地区较重。杨树等多种阔叶树苗木、幼树、大树均可发病，主要发生于根颈处，有时也发生在主根、侧根、主干、枝条上。

（2）寄主。寄主范围广，除危害杨属植物外，还可侵染李属、蔷薇属、猕猴桃属、葡萄属、柳属等 300 多属 600 多种果树、林木、花卉均受害。绝大多数为双子叶植物。

（3）病原。根癌农杆菌 *Agrobacterium tumefaciens*（Smith et Townsend）Conn。

（4）危害症状。受害处形成大小不等、形状各异的瘤。初生小瘤呈灰白色或浅黄色，质地柔软，表面光滑，后渐变成褐色至深褐色，质地坚硬，表面粗糙并龟裂，瘤组织内部紊乱，后期肿瘤开放式破裂，坏死，不能愈合。受害株上的瘤数多少不一，当瘤环树干一周、表皮龟裂变褐色时，植株上部会死亡。

（5）发病规律。病原细菌在癌瘤组织皮层内或土壤中越冬，在土壤中存活 2 年以下。主要从伤口侵入寄主组织，潜育期几周至 1 年以上。借灌溉水、雨水、嫁接工具、机具、地下害虫等传播，苗木调运是远距离传播的主要途径。苗木重茬时发病重。

（6）防治技术。应采取检疫措施、营林措施、物理防治、化学防治相结合的技术与管理方法综合防治。

①检疫措施：严格苗木检疫，发现病苗立即烧毁。可疑病苗用 0.1%高锰酸钾溶液或 1%硫酸铜溶液浸 10min 后用水冲洗干净后栽植。

②营林措施：已发生过根癌病的地块不能作为育苗地。如圃地已被污染，用不感病树种轮作 3 年以上或用硫酸亚铁、硫黄粉 75~225kg/hm² 进行土壤消毒。起苗后清除土壤内病根。从无病母树上采接穗并适当提高采穗部位。嫁接尽量用芽接法，嫁接工具在 75%酒精中浸 15min 消毒。栽植前可用根癌宁生物农药 30 倍稀释液药剂或 1×10⁶个/mL 非致病菌株 *A. radiobacter* K84 制剂浸种、浸根、浸插条，可保护、促进伤口愈合，预防根癌病的发生。中耕时防止伤根。碱性土壤适当施用酸性肥料和增施有机肥料，使土壤 pH 值降至微酸性。

③物理防治：黑光灯诱杀地老虎、金龟子、蝼蛄成虫，防治地下害虫。早期发现癌瘤后，用利刀将其切除，切除病瘤的根上贴敷具有 30 倍根癌宁的药棉；或用农用链霉素 2000 倍液或 K84 兑水 1 倍液涂抹切口消毒，再涂波尔多液或 843 康复剂保护。切下的癌瘤集中烧毁。

④化学防治：5%辛硫磷颗粒均匀撒施地面后翻耙。用甲醇、冰醋酸、碘片 50∶25∶12 混合液或木醇、二硝基邻甲酚钠 80∶20 的混合液，涂抹肿瘤数次，瘤可消除。病株周围的土壤用 402 抗菌剂 2000 倍液灌注。

2.9　桉树焦枯病

（1）分布与危害。在我国主要分布于广东、广西、海南、福建等地区。病树轻则部分落叶、枯枝，重则只留下光秃枝干，状如火烧。

（2）寄主。巨桉、悉尼蓝桉、巨尾桉、河红桉等桉属树木。

（3）病原。帚梗柱枝孢属的 *Cylindrocladium quinqueseptatum* Morgan Hodges 和 *C. scoparium* 这2个种，但多以前者对生态修复造林植物造成的危害最重。

（4）危害症状。感染叶片、枝条、落叶上有灰绿色、边缘水渍状不规整的病斑。严重发病的植株中下部叶片几乎全部感病，枝条失水变硬、干枯，叶片脱落，造成整株坏死。

（5）发病规律。以子实体或菌丝在桉树落叶、病枝上和林下土壤中越冬。在福建从4月上中旬开始，随着气温的升高，越冬病原菌逐渐释放分生孢子，从新叶背面的自然孔口或枝条伤口侵入寄主组织。随着降水量增多，以及多风多雨天气的带动发展，使分生孢子在林间飞散传播，直至11月才停止。分生孢子的飞散高峰期出现在全年降水量最多的月份。病原菌侵入寄主后潜育期一般为3~10d，林间从4月下旬或5月初开始出现新病斑，发生高峰期在7~8月，9月病情逐渐和缓，进入11月后天气逐渐变冷，气温下降，降水量减少，11月中旬则停止发展。病原菌分生孢子主要通过气流、雨水飞散传播，病害主要发生在林木和4年生以下幼林中，同时侵染萌芽林，从植株下部开始发病，逐渐向上蔓延，多发生于高温高湿季节。

（6）防治技术。应采取营林措施、化学防治相结合的技术与管理方法综合防治。

①营林措施：栽植密度合理，及时抚育间伐，经常清理林间病死株、衰弱木、濒死木等，清洁林分；枯枝落叶集中烧毁或埋掉，减少侵染源；对轻度受害林分，采用施肥措施，施桉树专用肥，以降低防治成本。

②化学防治：始发期，用75%百菌清、75%达科宁或72%甲霜灵锰锌可湿性粉剂300倍液每隔约10d喷雾1次，共2~3次。发病盛期，使用0.5%OS-施特灵乳油1000倍液，在药后10~14d内再施药1次。

2.10　桉树青枯病

（1）分布与危害。在我国主要分布于广东、海南、云南、福建和台湾等地区。幼苗、大树均可受害，枝叶萎蔫至干枯、根部腐烂。一般从当年秋季开始发病维持至翌年夏季整株枯死。

（2）寄主。巨桉、尾叶桉、巨尾桉、柳桉等苗圃幼苗与2年生以下的幼林，3年生以上幼林一般较少发病，但在广西等地区，3~4年生的柳桉、尾叶桉、尾巨桉和10年生的柠檬桉也时有发病。发病后的幼苗萎蔫枯死。

（3）病原。青枯病菌 *Ralstonia solanacearum*（E. F. Smith）Yabuuch。

（4）危害症状。病菌在土壤中主要通过根部自然孔口或伤口侵入，沿输导组织繁殖扩展，使病部变褐坏死，叶片失水萎蔫，根系腐烂变黑，坏死根茎有发酵味，横切后经保湿数分钟即出现黄褐色或乳白色细菌溢脓。重病株根茎部至树干韧皮部出现褐色坏死。整个感病期间，桉树生长势弱，叶片变黄或变紫，后期大量脱落，出现偏枯或整株枯萎死亡。

（5）发病规律。青枯病菌为典型的土传病害，病菌大多由根际侵入蔓延到植株维管束组织内，使植株凋萎，又可从病株的根部转入土壤再感染邻近健康植株，在桉树适宜种植地区，一年四季均可发病。一般3月开始病株逐渐增多，6~10月发病严重，7~9月是高峰期。高温或台风雨后造成树木伤口，温度在33~35℃，相对湿度80%以上时，该病最易流行。

（6）防治技术。应采取营林措施、化学防治、生物防治相结合的技术与管理方法综合防治。

①营林措施：选择抗病品种造林，如柠檬桉、窿缘桉、赤桉等，严禁用病苗造林；整地时深翻暴晒，杀灭病菌；避免苗圃地连作，实行轮作，低洼苗圃地注意开沟及时排水。

②化学防治：发现少量植株发病时，应及时清理感病植株，集中烧毁，并对感病植株周围土壤用 250g/m² 生石灰消毒或 1：100 倍福尔马林液或 1% 有效氯漂白粉液消毒，消毒作业时，要使消毒液充分渗透到土层中彻底杀死病原细菌，同时应对周围健康植株，用石灰、铜氨合剂或高锰酸钾处理根部。

③生物防治：利用菌类的拮抗作用，如假单孢杆菌 *Pseudomonas* spp.、芽孢杆菌、链霉素 *Streptomyces* spp. 等分泌的各种抗生素或可降解病原物的酶，直接作用于病原菌，杀死病菌或抑制其生长与繁殖。利用菌根技术，实行桉树苗木菌根化，如采用彩色豆马勃 *Pisolithus tinctorius*、黏滑菇 *Hebeloma westraliense*、硬皮马勃 *Scleroderma polyrhizum* 等接种苗木后造林。

2.11　泡桐丛枝病

（1）分布与危害。在我国主要分布于河南、河北、山西等泡桐栽培地区。主要危害泡桐的树枝、干、花部位。

（2）寄主。泡桐。

（3）病原。为植原体 *Ca. Phytoplasm astris*。

（4）危害症状。常见丛枝病分为丛枝型、花变枝叶型 2 种症状类型。

①丛枝型：发病开始时，个别枝条上大量萌发腋芽和不定芽，抽生很多小枝，小枝上又抽生小枝，抽生小枝细弱，节间变短，叶序混乱，病叶黄化，至秋季簇生成团，呈扫帚状，冬季小枝不脱落，发病当年或第 2 年小枝枯死，若大部分枝条枯死会引起全株枯死。

②花变枝叶型：花瓣变成小叶状，花蕊形成小枝，小枝腋芽继续抽生形成丛枝，花萼明显变薄，色淡无毛，花托分裂，花蕾变形，有越冬开花现象，常见为丛枝型，隐芽大量萌发，侧枝丛生，纤弱，形成扫帚状，叶片小，黄化，有时皱缩，幼苗感病则植株矮化。1 年生苗发病，表现为全株叶片皱缩，边缘下卷，叶色发黄，叶腋处丛生小枝，发病苗木当年即枯死。

（5）发病规律。病原体大量存在于韧皮部输导组织筛管中，通过筛板移动，能扩及整个植株。病原菌侵入寄主后潜伏期较长，一般可达 2~18 个月，可通过病根与嫁接苗传播，亦可通过昆虫介体传播，调运带病种根与苗木是病害远程传播的重要途径。

（6）防治技术。应采取营林措施、预防、化学防治相结合的技术与管理方法进行综合防治。

①营林措施：树液回流前，伐除老病株 1 年 1 次，修除病枝，集中销毁；实行长期、大范围轮作。秋季发病停止后，春季树液流动前进行环剥，环剥宽度一般与被剥病枝处的直径相当；适当增施磷肥，少施钾肥，以提高泡桐的抗病能力；对 2 年生以上泡桐，每年施磷肥 0.10~25kg/株，适当调节磷钾比值，可有效地减轻丛枝病的发生。

②预防刺吸式害虫：防治沙枣木虱、小板网蝽若虫，减少传病媒介，控制病害蔓延。

③化学防治：用 25 万单位的盐酸四环素和土霉素药液，以注射法、吸根法与叶面喷施方法进行药物防治。用注射器向病株髓心注药液，苗高 0.5~1.0m，注入 10~20mL，苗高 1.5~2.0m，注入 40~60mL。1~8 年生树木，扒开树枝对应的侧根，选 2~3cm 粗的根剪断，浸入药液中，封土埋好，经 1~2d 即可，2~3 次为宜。直接对病株叶面喷施盐酸四环素、土霉素药液或 0.3°Be′

石硫合剂。

2.12 板栗疫病

（1）分布与危害。在我国主要分布在北京、河北、辽宁、陕西、山西、甘肃、山东、江苏、浙江、安徽、江西、福建、湖南、河南、广东、广西、湖北、云南、贵州、四川、重庆等地区。板栗苗木和结果树木均可被侵染，发病后，病斑迅速包围枝干，使果实产量、质量明显降低，严重时，造成整个枝条或全株枯死。

（2）寄主。主要是栗属、栎属树木以与漆树、山核桃、欧洲山毛榉、花槭等植物。

（3）病原。寄生隐丛赤壳 *Cryphonectria parasitica*（Murr.）Barr.。

（4）危害症状。病原菌自伤口侵入主干或枝条后，形成黄褐色至褐色病斑。剥开粗糙树皮，受害处呈深褐色至黑褐色，韧皮部变色死亡。病斑组织湿腐，有酒糟味。树皮干缩纵裂，剥开枯死树皮，有污白色至淡黄色扇形菌丝体。春季在病斑上产生橘黄色疣状子座；秋季子座变橘红至紫褐色。随着病斑扩展，树皮开裂，脱落下来，露出木质部。病斑边缘形成愈合组织，年复一年，形成中心低、边缘高的多层愈合圈。当病斑环绕主干时，造成整株死亡。菌丝着生在形成层或皮层内，组成紧密的扇形菌丝层。子座自树皮裂缝中突出，常呈橘红色。

（5）发病规律。病原菌主要以菌丝、子座、成熟或未成熟的子囊壳和少量分生孢子器，以及分生孢子在病株枝干、枝梢或以菌丝形式在栗实内越冬。分生孢子可借风、雨、昆虫或鸟类传播。子囊孢子和分生孢子都可侵染，分生孢子是翌年初侵染的主要来源。孢子萌发后从伤口侵入，一般侵入 5~8d 后出现病斑，10~18d 产生子座，随后产生分生孢子器。平均温度下降到 10℃ 以下时，病斑发展迟缓。

（6）防治技术。采取营林措施、化学防治相结合的技术与管理方法进行综合防治。

①营林措施：彻底清除重病株和重病枝，并及时烧毁，减少侵染源；修剪整枝过程尽量减少伤口；选用无病接穗，砧木要选抗病性强的大叶栎、芽栗或锥栗嫁接；嫁接时在嫁接口或伤口处涂杀菌剂保护。

②化学防治：在萌芽前，用 3~5°Be′ 石硫合剂或波尔多液（1∶1∶160）喷洒，或用 0.5%福尔马林浸种 30min、5%氯酸钠浸苗 5min。可用 70%甲基托布津粉剂 400 倍液、大蒜浸渍液 3 倍涂刷，隔 15d 涂刷 1 次，连续涂刷 3~5 次。发病轻者可刮除病病皮，涂抹 10%碱水或 401、402 抗菌剂 200 倍液加 0.1%平平加（助渗剂）、石硫合剂等；同时，对修剪口、伤口进行涂刷，并将枝干涂药部位用塑料薄膜包扎，以防药效挥发。

2.13 猕猴桃细菌性溃疡病

（1）分布与危害。在我国主要分布于北京、安徽、山东、湖北、四川、陕西、重庆等地区。危害树木主干、枝蔓、新梢与叶片，极易造成植株死亡。严重影响猕猴桃产量和果品质量。

（2）寄主。主要危害中华猕猴桃等猕猴桃属植物。

（3）病原。丁香假单孢杆菌猕猴桃致病性变种 *Pseudomonas syringae* pv. *actinidiae* Takikawa et al.。

（4）危害症状。发病初期在罹病叶上形成红色小点，后形成不规则暗褐色病斑，病斑周围有明显的黄色水渍状晕圈。湿度大时，病斑迅速扩大为水渍状大型病斑，数个病斑愈合时，主脉间全部变成暗褐色，并有菌脓溢出。细弱小枝条发病时，初呈暗绿色水渍状，不久变为暗褐色，并产生纵向线状龟裂，很快整个新梢呈暗褐色而萎蔫枯死。

（5）发病规律。病原菌在病组织、土壤表层和野生猕猴桃上越冬，一般在1月中、下旬侵染发病，病部产生纵向线状龟裂，溢出菌脓。借风雨、昆虫传播，从植株体表气孔、水孔、皮孔、伤口等处侵入，2月上、中旬以后病情急剧发展，菌脓大量溢出，5月中下旬病菌停止侵染危害。9月中旬开始第2次发病时期，主要危害秋梢叶片，主干、枝蔓很少发病。以春季发病最为明显，危害也最严重。

（6）防治技术。可采取营林措施、化学防治相结合的技术与管理方法进行综合防治。

①营林措施：选择抗性品种，设置隔离带；结合修剪除去病枝、病叶、徒长枝、下垂枝等集中烧毁；冬剪须在1月底前完成；在剪口截面上涂农用链霉素或甲基托布津50倍液。

②化学防治：用1∶1∶100波尔多液，农用链霉素100mg/kg，3~5°Be′石硫合剂，5%菌毒清400~500倍液，整株喷施预防。经常检查枝蔓，刮掉菌脓及病斑。用50倍农用链霉素、50倍甲基托布津、45%施纳宁150倍液刮口涂药或用棉球蘸药包扎，涂药范围应大于病灶上下范围2~3倍。春季发病盛期，主干、枝蔓和叶可用农用链霉素250mg/kg，或50%氧氯铜500~800倍液。间隔10d喷1次，连续喷2~3次。清园后喷施5°Be′石硫合剂或1∶1∶100波尔多液1~2次。用生石灰于猕猴桃主干与主枝处严密涂白进行预防。

2.14　梨锈病

（1）分布与危害。也称其为梨（苹果）—桧柏锈病、赤星病、黄斑病。在我国主要分布于北京、辽宁、安徽、湖南、江西、重庆、四川、云南和甘肃等梨产区，特别是在果园邻近栽植桧柏的地区尤为严重，是危害梨树的重要病害。该病主要危害梨树嫩叶、新梢和幼果，易引起枯枝、枯梢和落叶，造成幼果僵滞，产生畸形果，不能食用，严重影响产量和品质。该病在桧柏上主要危害嫩枝与针叶，严重时使针叶大量枯死，甚至小枝死亡。

（2）寄主。病原菌的性孢子器、锈孢子器阶段寄生在梨树、苹果、山楂、木瓜、花楸、海棠上，冬孢子堆、担孢子阶段寄生在桧柏、龙柏、翠柏等桧柏属植物。

（3）病原。梨胶锈菌 *Gymnosporangium haraeanum* Syd.，属于一种转主寄生菌。

（4）危害症状。于5月中下旬在苹果或梨叶表面发生的黄绿色小斑点，渐扩大成橙黄色圆形斑，边缘红色，其后表面产生具黏性的鲜黄色，后变为黑色的小粒点（性孢子器）。随后在叶背面形成黄白色隆起，其上生有很多黄色毛状物（锈孢子器）。叶柄受害时形成橙黄色稍隆起的纺锤形病斑。幼果受害后则形成近圆形病斑，初为黄色、后为褐色，其上亦生有黄色毛状锈孢子器。果实受害部位由于生长受阻，造成畸形。嫩枝受害时病部凹陷，龟裂易断。桧柏受害后于针叶叶腋处出现黄色斑点，4月间便渐形成锈褐色角状突起，遇水后膨胀，形成黄褐色、胶质的鸡冠状冬孢子角，似柏树"开花"。受害小枝肿大成米粒至黄豆粒大小的瘤状物，称为菌瘿。春季菌瘿表面破裂生黄褐色角状物，遇水后亦膨大成鸡冠状的冬孢子角。通常梨—桧柏锈病主要危害针叶，而苹—桧柏锈病主要危害小枝。

（5）发病规律。病菌以菌丝体的形式在柏树上越冬，春天形成冬孢子角，4~5月冬孢子萌发产生担孢子。担孢子随风、借气流传侵染梨树，而不再侵染柏树。病菌侵染后在叶片正面呈现橙黄色病斑，接着在病斑上长出性孢子器，在叶背面形成锈子器。一般梨树展叶后 20d 内最易感病。一年中只有一个短时期内产生担孢子侵染梨树。锈孢子不再侵染梨树，5 月末至 7 月上旬，随风传播至桧柏类植物的嫩枝与新梢上，病菌侵入后不能进行再次侵染，只是在松柏、龙柏等松柏科植物上越冬。

（6）防治技术。宜采取营林措施、化学防治相结合的技术与管理方法进行综合防治。

①营林措施：清除梨园附近的转主寄主柏树，切断病源；梨园四周方圆 5km 范围内不可栽植桧柏、龙柏等松柏科类树木，这是防治梨锈病最关键、也是最有效的技术与管理措施。

②化学防治：梨树发芽前，对桧柏等转主寄主先剪除病瘿，再喷 4~5°Be′ 石硫合剂或 200~300 倍液的五氯酚钠、或 1°Be′ 石硫合剂与 300 倍五氯酚钠的混合液，消除潜伏期的病原菌。梨树发病期可用 10% 苯醚甲环唑可分散粒剂 5000~8000 倍、40% 福星乳油 6000~10000 倍、5% 霉能灵可湿性粉剂 1000~2000 倍液、40% 特富灵可湿性粉剂 2000~3000 倍液、20% 三唑酮乳油 2000 倍液适时喷药。第 1 次用药掌握在梨树萌芽时期作业，以后间隔 10d 用药 1 次，连喷 3~4 次。花期用药应掌握在大多数花谢后实施，避免盛花期用药发生药害。柏树发病期可用喷 4~5°Be′ 石硫合剂或 200~300 倍的五氯酚钠或 1°Be′ 石硫合剂与 300 倍五氯酚钠的混合液。

2.15　毛竹枯梢病

（1）分布与危害。在我国主要分布于浙江、江西、江苏、上海、安徽、福建、广东、四川、陕西等地区。主要危害当年生新竹嫩梢和侧枝，造成枝枯和梢枯或整株枯死，给毛竹带来严重危害。

（2）寄主。主要是毛竹。

（3）病原。竹喙球菌 *Ceratosphaeria phyllostachydis* Zhang。

（4）危害症状。危害当年新竹，病斑产生在主梢或枝条节叉处，表现为枯枝、枯梢、枯株 3 种类型。病初期病斑为褐色后逐渐加深至酱紫色，不断自竹节处向上、下方扩散成棱形，或向一方扩展成舌形，当病斑环绕主梢或枝条一周时，其以上部叶片萎蔫纵卷，枯黄脱落。病害严重发生时，竹冠变成黄褐色，远看似火烧。后期竹冠灰白色，远看竹林似戴白帽。

（5）发病规律。以菌丝体在病竹上越冬。一般于翌年 4 月产生有性世代，6 月可见无性世代。子囊孢子约 5 月中旬开始释放，借风、雨传播，由伤口或直接侵入新竹。病菌侵染的适宜期为 5 月至 6 月中旬，潜育期一般为 1~3 个月。林间最早在 7 月中上旬表现症状，8~9 月为发病盛期，10 月后病斑停止扩展。翌年春天，在病斑处长出许多突出的黑色粒状子实体。通常在山冈、风口、阳坡、林缘、生长稀疏、抚育管理差的竹林内发生较重。

（6）防治技术。通常采取营林措施、化学防治相结合的技术与管理方法进行综合防治。

①营林措施：于未发病期，结合卫生伐砍去枯梢、枯株、病枝。冬季或春季出笋前（3 月底前）进行砍伐。在发病盛期，伐除重病株，减少病原。伐除的病株要及时烧毁，以防止病原传播。

②化学防治：发病初期，用 50% 多菌灵 1000 倍液，或 1∶1∶100 的波尔多液，或 70% 可湿

性甲基托布津 1000 倍液在新竹发枝放叶期喷药，药液务必向上喷施到竹梢。林分条件适合的可用 5%百菌清烟剂防治，每 7~10d 防治 1 次，连续防治 2~3 次。放烟时风速要在 1.5m/s 以下，在林内以风速 0.3~1m/s 为宜，时间以清晨至太阳升起前和傍晚至 22：00 为最佳放烟时机。也可采用 70%可湿性甲基托布津 1000 倍液进行竹腔注射。

第三节
植物虫害零缺陷防治技术与管理措施

　　危害生态修复植物的虫害种类不可胜数，按其危害植物部位与方式分为食叶害虫、枝干害虫、刺吸食性害虫及地下害虫 4 大类，现重点介绍对 70 种食叶害虫、枝干害虫、刺吸性害虫及地下害虫的零缺陷防治技术与管理措施。

1　食叶害虫零缺陷防治技术与管理

　　食叶害虫指在生态修复植物的叶部取食危害，造成叶片缺刻，影响林木生长和生态防护效果。害虫种类包括蛾类、蝶类、叶蜂、叶甲等。

1.1　马尾松毛虫

　　（1）分布与危害。马尾松毛虫 *Dendrolimus punctatus* Walker 在我国主要分布于安徽、河南、陕西、四川、云南、贵州、湖南、湖北、江西、江苏、浙江、福建、台湾、广东、海南、广西等地区，以幼虫取食针叶危害，造成林木生长衰弱，危害严重时，松树成片枯死，是经常造成林木植物灾害的重要害虫。

　　（2）寄主。马尾松毛虫的寄主主要是马尾松、黑松、湿地松、火炬松、南亚松等。

　　（3）危害症状。树木受到马尾松毛虫侵害后，初孵幼虫嚼食卵壳，然后在附近的针叶上群集取食，3、4 龄后分散取食。被害严重时，大片松林针叶全部被食光，远看似火烧状。

　　（4）生物学特性。马尾松毛虫在河南以 1 年 2 代为主；在长江流域各地区 1 年发生 2~3 代；在广东、广西、福建南部 1 年 3~4 代；在海南 1 年 4~5 代。在长江流域地区越冬幼虫于 4 月中、下旬结茧化蛹，5 月上旬羽化产卵。5 月中、下旬第 1 代幼虫孵化，初龄幼虫群聚危害，松树针叶呈团状卷曲枯黄；4 龄以上食量大增，将叶食尽，7 月上旬结茧化蛹，7 月中旬羽化产卵。7 月下旬第 2 代幼虫孵化，9 月上旬结茧化蛹，9 月中旬羽化产卵，9 月下旬至 10 月上旬孵化出第 3 代幼虫，第 3 代幼虫于 11 月中旬越冬。幼虫一般在树冠顶端的松针丛中或树干树皮裂缝中越冬；卵大多产于树冠中下部的松针或小枝上，聚集成块，每个卵块一般 300~400 粒卵。

　　（5）防治技术。通常采取营林措施、物理防治、生物防治相结合的技术与管理方法防治马尾松毛虫。

　　①营林措施。全部保留松树纯林中的阔叶树，并对其加强抚育管理。合理确定间伐强度，不过度修枝，禁止乱砍滥伐。保护林下杂灌木植被、杂草，增加蜜源植物，尽量使植物群落多样化，使林相趋向复杂。有条件的可进行封山育林，定期封山，轮流开放，促进林分健康生长，保

护有益天敌，增加生物多样性，充分利用天敌的自然控制和林分自我调控作用。有些鸟类不仅是松毛虫成虫的捕食天敌，还取食松毛虫的其他虫态，可根据当地实际，一般在鸟类繁殖活动开始之前，挂置鸟巢，一般 3 个/hm²，可用于招引大山雀 *Parus major*、喜鹊 *Cyanopica* spp. 等食虫鸟类。

②物理防治。有条件地区，可在成虫期利用灯光诱杀，设置数量一般为 1 台/hm²。

③生物防治。利用天敌赤眼蜂防治，通常在产卵初期和盛期各释放 1 次，释放量为 75 万~150 万头/hm²。放蜂点设置数量应根据气温、风向情况，一般 30~90 个/hm²。幼虫期的防治关键是越冬代，最佳防治时机在幼虫 4 龄以前，球孢白僵菌 150000 亿~450000 亿个孢子/hm²、苏云金杆菌 6 亿~30 亿 IU/hm² 喷施或 25% 灭幼脲 Ⅲ 号粉剂 450~600g/hm² 喷粉。

1.2 油松毛虫

（1）分布与危害。油松毛虫 *Dendrolimus tabulaeformis* Tsai et Liu 在我国主要分布于北京、天津、河北、辽宁、山西、陕西、四川、重庆、山东等地区，以幼虫取食松树针叶危害。大发生时可将针叶全部吃光，严重影响松树生长，甚至造成大面积松林枯死，严重影响生态修复植物的生态防护功能，是严重危害松树的主要害虫。

（2）寄主。油松毛虫的寄主是油松、樟子松、华山松、马尾松与白皮松。

（3）危害症状。油松毛虫危害树木的方式是：初孵幼虫群集取食，被食针叶形成缺刻，2 龄后分散取食，可将针叶咬断。严重被害的林分远看似火烧。

（4）生物学特性。油松毛虫 1 年发生 1 代或 1~2 代。在北京地区，越冬幼虫于 3 月中下旬到 4 月中旬活动，取食针叶。5 月中下旬至 6 月上旬开始结茧化蛹，6 月中下旬为化蛹盛期。成虫于 6 月上旬开始羽化，7 月上中旬为羽化盛期。第 1 代卵 6 月上旬开始出现，7 月上中旬为产卵盛期。第 1 代幼虫于 6 月中旬开始出现，初孵幼虫群集于卵块附近的针叶上，啃食针叶边缘，形成许多缺刻，使针叶枯萎；2 龄幼虫分散取食，能咬断针叶；3 龄以后幼虫取食整个针叶。部分幼虫生长发育迟缓，至 10 月上中旬开始下树越冬，1 年完成 1 代。生长发育较快的第 1 代幼虫，于 7 月下旬开始结茧化蛹，8 月中旬成虫开始羽化，产生第 2 代卵，8 月底至 9 月上中旬孵化为幼虫，10 月中下旬幼虫下树越冬，1 年完成 2 代。越冬幼虫大部分在树干基部 30cm 以下树皮裂缝中与树基土壤内和枯枝落叶、石块、土块下，以背风向阳面居多。成虫有较强趋光性。

（5）防治技术。采取营林措施、物理防治、生物防治与物理化学防治相结合的技术与管理方法防治油松毛虫。

①营林措施。全部保留松树纯林中的阔叶树，并对其加强抚育管理。合理确定间伐强度，不过度修枝，禁止乱砍滥伐。保护林下杂灌木植被、杂草，增加蜜源植物，尽量使植物群落多样化，使林相趋向复杂。有条件可实行封山育林，定期封山，轮流开放，促进林分健康生长，保护有益天敌，增加生物多样性，充分利用天敌的自然控制和林分自我调控作用。有些鸟类不仅是松毛虫成虫的捕食天敌，还取食松毛虫的其他虫态，可根据当地实际情况，一般在鸟类繁殖活动开始之前，挂置鸟巢，一般设置量 3 个/hm²，招引大山雀 *Parus major*、喜鹊 *Cyanopica* spp. 等食虫鸟类。

②物理措施。人工捕杀幼虫。在蛹期、卵期可人工摘茧、采卵。捕杀时要戴上手套，避免接

触毒毛以防中毒。

③生物防治。喷施松毛虫质型多角体病毒 1500 亿~3750 亿/hm²、25% 灭幼脲Ⅲ号胶悬剂 300~450g/hm²、25% 灭幼脲Ⅲ号粉剂 450~600g/hm²、Bt 乳剂 800 倍液。1.2% 苦·烟乳油 1200 倍液喷烟防治。地面喷烟雾，在幼虫 1~2 龄时，选择无风的傍晚作业效果最佳。

④物理化学措施防治。将 2.5% 溴氰菊酯用柴油、煤油稀释，药、油比例为 1∶15 和 1∶7.5，600mL/hm²，在树干 1.3~1.5m 高处喷 1 个宽约 2cm 的药环，阻杀上树幼虫。也可在树干胸径处绑 2 道毒绳。应在幼虫上树前完成防治作业。

1.3 落叶松毛虫

（1）分布与危害。落叶松毛虫 *Dendrolimus superans* Butler 在我国主要分布于辽宁、吉林、黑龙江、内蒙古、河北和新疆等地区。严重被害时，大片松林针叶全部被食光，远看似火烧状，连年危害，造成大面积松林枯死，是松林主要危险性害虫。

（2）寄主。落叶松毛虫的寄主主要是落叶松、红松、油松、黑松、樟子松、新疆云杉、红皮云杉、鱼鳞云杉、冷杉、臭冷杉等。

（3）危害症状。落叶松毛虫的初孵幼虫多群集于枝梢端部，2 龄后逐渐分散取食针叶。严重被害时大片松林针叶全部被食光，远看似火烧状。

（4）生物学特性。落叶松毛虫 2 年发生 1 代或 1 年 1 代，以 3~4 龄幼虫于枯枝落叶层下，土缝、石块下越冬。在新疆阿尔泰林区以 2 年 1 代为主，在东北地区大多 1 年 1 代。1 年 1 代的翌年春季 4~5 月越冬幼虫上树活动，将整个针叶食光，6~7 月老熟幼虫大多在树冠上结茧化蛹，7~8 月成虫羽化、交尾产卵，卵产在针叶上，排列成行或堆，7 月中下旬幼虫孵化，初龄幼虫多群集于枝梢端部，把针叶的一侧吃成缺刻，几天后针叶卷曲枯黄成枯萎丛；2 龄后逐渐分散危害，嚼食整根松针，但在每束针叶基部残留较长的一段，因而树冠上造成很多残缺不全的针叶，顶端流出树脂，日久成黄褐色。10 月中下旬幼虫下树越冬：落叶松毛虫主要发生地是低山、丘陵或高山的山麓，排水良好而林内落叶层较厚，窝风的 10 年生以上的落叶松人工林。干旱通常会促使其大量繁殖，危害加重。

（5）防治技术。应采取物理、生物与化学防治相结合的技术与管理方法积极防治落叶松毛虫。

①物理防治。在其蛹期、卵期，采取人工摘除茧蛹、卵块。

②生物防治。在卵期释放赤眼蜂 30 万头/hm²。于幼虫期，幼虫 4 龄以前，松毛虫质型多角体病毒 1500 亿~3750 亿/hm² 喷雾、25% 灭幼脲Ⅲ号粉剂 450~600g/hm² 喷粉、20% 灭·阿可湿性粉剂 30~50g/hm² 地面常规喷雾。

③化学防治。将 2.5% 溴氰菊酯用柴油、煤油稀释，药、油比例为 1∶15 与 1∶7.5，600mL/hm²，在树干 1.3~1.5m 高处喷 1 个宽约 2cm 的药环，当幼虫上树时，爬过药环而中毒死亡。在幼虫上树前 1~2d 完成防治作业。毒环要喷闭合。

1.4 赤松毛虫

（1）分布与危害。赤松毛虫 *Dendrolimus peaabilis* Butler 在我国主要分布于辽宁、河北、山东、江苏等地区。被害严重林分，其害虫可将松林针叶全部吃光，似火烧状，连续危害致使大片松林枯死，造成生态破坏，是松树的主要害虫。

（2）寄主。赤松毛虫的寄主主要是赤松、黑松、油松、樟子松与落叶松。

（3）危害症状。赤松毛虫的初孵幼虫先啃食针叶边缘并呈现缺刻形危害状，被害针叶常弯曲枯黄；3龄后取食整个针叶，严重被害的林分，远看似火烧状。

（4）生物学特性。赤松毛虫1年发生1代，以幼虫越冬。在山东半岛，3月上旬开始出蛰活动，7月中旬结茧化蛹，7月下旬成虫出现，盛期在8月上中旬，同时产卵。每头雌蛾共可产卵230~460粒，分3~5次，每次产100~200粒，在健壮针叶上排列块状，8月中旬卵开始孵化，初孵幼虫先啃食针叶边缘并使其呈现缺刻，被害针叶常弯曲枯黄；3龄后取食整个针叶，盛期是8月底至9月初，至10月下旬幼虫开始越冬。在河北、辽宁出蛰期比山东晚10d；结茧化蛹期，河北比山东晚20d，比辽宁早10d；越冬期，辽宁比河北、山东晚约10d。幼虫有下树越冬习性，天气寒冷时，沿树干向下爬行，蛰伏于树皮翘缝或地面石块下与地面杂草中越冬。成虫有强趋光性。

（5）防治技术。应采取营林措施、物理防治、生物防治与物理化学防治相结合的技术与管理方法防治赤松毛虫。

①营林措施。强化封山育林措施，逐步改善恢复林分生态环境，提高松林长势与自控能力。造林时适度密植，疏林补密，合理抚育修枝，以保持树木正常的枝叶量。

②物理防治。在重度发生区，成虫羽化前设置杀虫灯诱杀成虫，杀虫灯应设在开阔地段。在幼虫上树前，用带宽3~5cm农用塑料薄膜，围绑在树干胸径处，阻隔害虫上树危害。

③生物防治。分为卵期采用释放害虫天敌和幼虫期喷施药剂、药雾、药粉的防治方法。

卵期防治：释放赤眼蜂天敌，30万头/hm^2。

幼虫期防治：Bt乳剂稀释成1亿个活芽孢/mL，树冠喷雾；4龄幼虫前，喷施质型多角体病毒1500亿~3750亿个PIB/hm^2；幼虫期，灭幼脲（或3%高渗苯氧威1：8）0.25kg，柴油7.5kg，用药量为1.875kg/hm^2超低量喷雾；25%灭幼脲Ⅲ号3000倍、24%米满2000倍液、1.2%苦烟碱1000倍液树冠喷雾。郁闭度大的林分可用1.2%烟参碱插管烟剂7.5kg/hm^2；25%灭幼脲Ⅲ号胶悬剂300~450g/hm^2、25%灭幼脲Ⅲ号粉剂450~600g/hm^2喷粉。

④物理化学防治。使用2.5%敌杀死或20%速灭杀丁和废机油浸泡纸绳制成毒绳，在树干胸径处围绑1~2道，阻隔害虫上树。

1.5　思茅松毛虫

（1）分布与危害。思茅松毛虫 *Dendrolimus kikuchii* Matsumura 在我国主要分布于河南、江苏、安徽、浙江、湖北、四川、江西、湖南、贵州、福建、云南、广东、广西、台湾、海南等地区。幼虫危害针叶，大量发生时，可将针叶食光，造成大面积松林枯黄，影响林木生长，严重被害可致林木枯死，造成对生态修复植物的破坏。

（2）寄主。思茅松毛虫的寄主主要是马尾松、华山松、云南松、黄山松、思茅松、云南油杉、黑松、落叶松、海南五针松、金钱松。

（3）危害症状。思茅松毛虫的幼虫初期群集，啃食针叶的边缘成缺刻状。幼虫食叶量随虫龄增加而增多，严重被害的林分，远看似火烧状。

（4）生物学特性。思茅松毛虫1年发生1~3代，大多以4龄幼虫在树干裂缝与针叶丛中越冬，少数以5龄幼虫越冬。翌年2月底越冬幼虫开始活动取食，5月中旬结茧化蛹，蛹期19~22d，6月上中旬羽化产卵。第1代幼虫6月底至7月危害。第2代幼虫9月上旬危害，至12月中旬越冬。8月上旬第1代幼虫结茧化蛹。成虫多在18:00~20:00羽化，羽化后当天或第2天凌晨交尾，呈"1"字形，持续20~23h，分散后即在松针上产卵，卵堆成块，有数十粒到数百粒不等。成虫白天静伏隐蔽场所，夜间活动，以傍晚最盛，具有趋光性。初孵幼虫有取食卵壳的习性。幼虫初期有群集习性，幼虫行动活泼，稍受惊即吐丝下垂或弹跳落地。老龄幼虫具有受惊后立即将头下弯，竖起胸部毒毛以示预警的习性。老熟幼虫下树爬至杂草灌木上结茧化蛹，而极少在针叶丛中结茧。

（5）防治技术。应采取营林措施、物理防治、生物防治相结合的技术与管理方法防治思茅松毛虫。

①营林措施。强化封山育林措施，逐步改善恢复林分生态环境，提高松林生长势和自控能力。造林时适度密植，疏林补密，合理抚育修枝，保持树木正常的枝叶量。

②物理防治。重度发生区，在成虫羽化前，设置安装杀虫灯，诱杀成虫，1台/hm²。

③生物防治。对白僵菌地面喷雾，稀释液为1亿~5亿个孢子/mL。对白僵菌地面喷粉，100亿个孢子/g，7.5kg/hm²。在4龄幼虫前，用球孢白僵菌150000亿~450000亿个孢子/hm²、质型多角体病毒1500亿~3750亿个孢子/hm²喷施。Bt乳剂800倍液喷烟。25%灭幼脲Ⅲ号粉剂450~600g/hm²喷粉。1.2%烟参碱乳油750~1500g/hm²喷雾或1.2%苦·烟乳油1200倍液喷烟。

1.6　云南松毛虫防治

（1）分布与危害。云南松毛虫 *Dendrolimus houi* Lajonquiere 在我国主要分布于云南、浙江、福建、四川、广西、广东、湖南、湖北、贵州等地区。以幼虫取食松树针叶危害，大发生林分常将针叶吃光，影响松树正常生长，严重时被害林木枯死。

（2）寄主。云南松毛虫的寄主主要是云南松、高山松、思茅松、马尾松、海南松、华山松、圆柏、侧柏、柏木、柳杉、油杉等。

（3）危害症状。云南松毛虫的初孵幼虫群集取食，3龄后分散取食针叶。严重被害林分远看似火烧状。

（4）生物学特性。云南松毛虫在湖北恩施1年发生1代，以卵越冬，翌年4月中旬幼虫开始孵化，4月下旬至5月初为盛期，7月下旬结茧化蛹，9月上旬出现成虫，10月中旬为羽化末期。在云南景东、昌宁1年发生2代，以幼虫越冬，在腾冲1年仅发生1代，以卵越冬。在福建闽东地区为1年发生1代，以卵越冬。卵产于叶或小枝上。有的一串串排列整齐，有的单粒、双粒或几十粒不等，有时堆产。茧多结在树枝顶端及基部，也有相当一部分有迁移结茧的习性，喜欢群集在石缝、灌丛。结茧有群集性，通常2至数个聚集在一起结茧，茧外有毒毛。

（5）防治技术。应采取营林措施、物理防治、生物防治、化学防治相结合的技术与管理方法防治云南松毛虫。

①营林措施。强化封山育林措施，逐步改善恢复林分生态环境，提高松林生长势和自控能

力。造林时适度密植，疏林补密，合理抚育修枝，保持树木正常的枝叶量。

②物理防治。人工摘茧蛹和卵块，集中销毁。利用杀虫灯诱杀成虫，一般 1 台/hm²。

③生物防治。对于越冬幼虫，用白僵菌 225000 亿~750000 亿个孢子/hm² 人工地面投放粉炮，于空气湿度 80% 以上的阴雨天或雨后或早上露水未干时作业。卵期施放 "生物导弹"（赤眼蜂携带病毒）。重度发生区 75~105 枚/hm²，中度发生区 45~75 枚/hm²。幼虫期用苏云金杆菌乳剂 800 倍液低量喷雾。或在 4 龄幼虫之前，用球孢白僵菌 150000 亿~450000 亿个孢子/hm²，或质型多角体病毒 1500 亿~3750 亿多角体/hm² 喷施。25% 灭幼脲 Ⅲ 号胶悬剂 300~450g/hm² 喷施，或 25% 灭幼脲 Ⅲ 号粉剂 450~600g/hm² 喷粉。

④化学防治：在幼虫期使用 2.5% 溴氰菊酯 150mL/hm² 常规放烟雾（溴氢菊酯与柴油按 1∶20 比例混合）进行防治。

1.7 兴安落叶松鞘蛾

（1）分布与危害。兴安落叶松鞘蛾 *Coleophoraobducta* Meyriek 在我国主要分布于辽宁、吉林、黑龙江、河南、河北、内蒙古等地区，取食针叶，严重影响树木生长。

（2）寄主。兴安落叶松鞘蛾的寄主主要是兴安落叶松、长白落叶松、日本落叶松和华北落叶松。

（3）危害症状。兴安落叶松鞘蛾主要以幼虫负鞘取食针叶，食光叶肉，残留叶表皮。被害树冠远看呈灰白色，形如下霜，严重时整株树冠变赤褐色，如同火烧。

（4）生物学特性。兴安落叶松鞘蛾 1 年发生 1 代，以 3 龄幼虫在被食过的树叶残片上吐丝制成鞘，在短枝分枝处与芽腋或树皮缝内越冬。翌春 4 月中下旬越冬幼虫开始活动，5 月上旬开始化蛹，中旬为化蛹盛期，6 月上旬成虫羽化，中旬达到羽化盛期。上午 8∶00~10∶00 为羽化高峰期。成虫交尾 1 次，交尾后 1d 便可以产卵。6 月下旬开始孵化。1、2 龄幼虫无鞘，取食针叶，3 龄幼虫开始在叶内制鞘，制鞘后藏身鞘内，取食松叶时头部探出鞘外背负叶鞘取食，9 月下旬至 10 月上旬，当气温缓降时，仍有幼虫负鞘活动，若气温逐降则无幼虫活动并开始越冬。

（5）防治技术。应采取生物防治、物理防治、化学防治相结合的技术与管理方法综合防治兴安落叶松鞘蛾。

①生物防治。幼虫期用 0.9% 阿维菌素乳油原药与 0# 柴油按 1∶25 配比后 276mL/hm² 喷烟；或 25% 灭幼脲 Ⅲ 号胶悬剂或 1.2% 苦·烟乳油 1000~2000 倍液树冠喷雾。性信息素引诱防治。在落叶松鞘蛾成虫羽化前，设置诱芯与诱捕器，45~75 套/hm²。保护和利用大山雀、麻雀、蜘蛛和蜂类等天敌。

②物理防治。于成虫羽化期，在林内悬挂杀虫灯诱杀，1~2 台/hm²。

③化学防治。在成虫期用 2.5% 敌杀死 4000 倍液喷雾树冠。应急时采用。

1.8 松阿扁叶蜂

（1）分布与危害。松阿扁叶蜂 *Acamholyda postiealis* Matsumura 又名松扁叶蜂，在我国主要分布于辽宁、吉林、黑龙江、河南、山东、山西、河南、陕西等地区。以幼虫取食针叶，大发生时针叶受害率 80% 以上，枝梢布满残渣与粪屑，林分似火烧一般。严重影响树木生长、松果结实和种子产量。

（2）寄主。松阿扁叶蜂的寄主主要是红松、油松、赤松、樟子松。

（3）危害症状。松阿扁叶蜂的初孵幼虫在针叶基部吐丝结网，将咬断的针叶拖回网内取食。3龄后幼虫转移到当年新梢基部吐丝做巢，定居其中，从巢的取食口取食。

（4）生物学特性。松阿扁叶蜂在大多数地区1年发生1代，各虫态发育相对整齐。在河南，树下越冬幼虫3月下旬开始化蛹，蛹期13~17d。5月上旬成虫大量羽化，并开始产卵，5月中旬为产卵盛期，每个雌虫平均产卵36.8粒，最多达42粒。卵期14~18d，5月下旬幼虫大量孵化并进入危害期。幼虫孵化时，用上颚在卵的一端咬一小孔，钻出后爬至针叶基部吐丝3~5根结网。开始咬断针叶拖回网内取食。3龄后幼虫转移到当年新梢基部吐丝做巢定居。幼虫受惊后迅速退回巢内，并有吐丝下垂习性。幼虫有迁移习性。幼虫危害时间35~40d，6月上旬至下旬为危害盛期，6月下旬幼虫老熟下树，在树冠下5~10cm深土层中做椭圆形土室越夏越冬。直到翌年5月上旬羽化后钻出土室。成虫有补充营养的习性，在针叶上取食形成小缺刻。成虫受惊后落地假死，不久即飞翔逃跑。成虫寿命17~20d。一般在山口风大的地方与山梁上土壤瘠薄的地方分布较少，阳坡避风处与山沟里土层深厚处虫口密度较高。成虫群聚飞翔，在林中呈团状分布，喜于透光好的松林上产卵。

（5）防治技术。应采取营林措施、生物防治相结合的技术与管理方法综合防治松阿扁叶蜂。

①营林措施。人工垦覆6~15cm表土层，破坏越冬幼虫和预蛹的栖息场所。注意保护和招引啄木鸟及其他天敌生物，增强自然控制能力。

②生物防治。采用喷烟、喷雾的方法进行有效防治。

喷烟：在林区内按25m×26m间距布置放烟点，放烟防治在林分郁闭度0.7以上效果最佳，采用阿维菌素+苏云金杆菌烟剂150~450g/hm²。

喷雾：在4龄幼虫期，使用2%苦·烟乳油2000倍液、25%灭幼脲Ⅲ号胶悬剂和0.9%阿维菌素1000~2000倍液实施喷雾作业。

1.9　鞭角华扁叶蜂

（1）分布与危害。鞭角华扁叶蜂 Chinolyda flagellicornis F. Smith 又名鞭角扁叶蜂，在我国主要分布于福建、浙江、湖北、四川、重庆等地区。以幼虫取食针叶危害。大发生年份可将树叶吃光，严重被害树木发生枯萎。

（2）寄主。鞭角华扁叶蜂主要危害柏木、柳杉等树种。

（3）危害症状。鞭角华扁叶蜂的初孵幼虫在卵壳附近群集并吐丝结网，在网中取食1年生嫩叶表皮，大龄幼虫不断地筑新网巢，并在枝条间转移危害。

（4）生物学特性。鞭角华扁叶蜂在重庆1年发生1代。以老熟幼虫入土做土室，以预蛹越夏越冬。翌年3月上旬开始化蛹，3月中旬开始羽化，4月中旬为羽化末期。3月下旬成虫开始产卵，4月中旬为末期。4月上旬卵开始孵化，4月中旬为盛期，5月中旬为末期。5月上旬至6月中旬老熟幼虫坠落地面，进入土中。越冬预蛹多分布于树冠投影内2~13cm土壤中；土室椭圆形。蛹期平均17.6d。刚羽化成虫早晚或阴天一般静伏不动，晴天11:00~13:00常群集林冠上部飞翔和交尾，雌虫交尾后3~5h开始产卵，卵绝大多数产在1年生鳞叶上，初孵幼虫在卵壳附近群集并吐丝结网，开始在网中取食 1 年生嫩叶表皮，食量随着虫龄增大而增加，当将虫网附近鳞叶吃光后，又成群转移到其他枝条，筑新网巢继续危害。幼虫只做枝条间转移，不做株间转移。最末 1 龄幼虫一般分散危害。幼虫 6 龄（少数 4~5 龄），历期平均 27d。

（5）防治技术。应采取物理防治、生物防治相结合的技术与管理方法综合防治鞭角华扁叶蜂。

①物理防治。人工剪除虫枝，摘除卵块，捕杀成虫，集中烧毁。人工翻土 10~15cm，破坏蛹室，杀死预蛹。在重灾区林地，人工土中挖除活茧，将挖到的虫茧集中销毁或放于昆虫笼内，收集天敌寄生昆虫，重新释放于发生地。小面积发生时可用人工压低虫口密度。

②生物防治。保护、利用、招引林间益鸟大山雀、啄木鸟等，并采取以下 2 项措施。

喷雾：在低龄幼虫期，使用灭幼脲 1 号，用量 0.4kg/hm²。飞机喷洒 150000 亿~450000 亿个孢子/hm²、苏云金杆菌 6 亿~30 亿 IU/hm²、25% 灭幼脲 Ⅲ 号胶悬剂 450~600g/hm² 喷雾。

喷粉：将 1.2% 烟参碱粉剂与滑石粉按 1∶25 比例混合后，按 22.5kg/hm² 喷粉作业。

1.10 伊藤厚丝叶蜂

（1）分布与危害。伊藤厚丝叶蜂 *Pachynematus itoi* Okutani 在我国主要分布在黑龙江、吉林、辽宁等地区。以幼虫取食整个针叶造成危害。受害较重林分，针叶全部被食光，松林一片枯黄似火烧状，严重影响落叶松的生长。

（2）寄主。伊藤厚丝叶蜂的寄主主要是西伯利亚落叶松、日本落叶松、长白落叶松和兴安落叶松。

（3）危害症状。伊藤厚丝叶蜂的幼虫群居取食簇生叶，2 龄时开始把针叶大部食掉，只残留叶脉，3 龄后将针叶全部食掉。

（4）生物学特性。伊藤厚丝叶蜂 1 年发生 3 代，以老熟幼虫在枯枝落叶层中结茧越冬。翌年 5 月上旬开始化蛹，5 月中旬开始羽化、产卵。5 月底第 1 代幼虫开始孵化，6 月下旬化蛹，7 月上旬第 1 代成虫羽化、产卵；7 月中旬第 2 代幼虫开始孵化，8 月上旬化蛹，8 月中旬第 2 代成虫羽化、产卵，8 月下旬第 3 代幼虫开始孵化，9 月中旬陆续进入枯枝落叶层结茧越冬。成虫白天羽化。羽化历时 15~20d。雌虫羽化后常伏在下木、杂草叶面上，雄虫羽化后比较活跃。雌虫交尾后飞向树冠，卵多产在树冠南侧中上部枝梢顶端，以第 1、第 2 簇叶为多。卵产在叶背面。产卵时雌虫先用产卵器将针叶刺裂缝，然后将卵产于其中。卵一半在槽中，一般外露。1 头雌虫只在 1 簇叶上产卵，卵期 8~10d。幼虫群居性强，孵化后往叶簇下方转移取食，幼虫 3 龄以后食叶量增加，达到暴食期。第 1 代幼虫期 1 个月，第 2、3 代 15~20d。9 月中旬老熟幼虫逐渐从树枝上坠落于枯枝落叶层中，在枯枝落叶层与土壤交界处结茧越冬。

（5）防治技术。应采取物理防治、生物防治相结合的技术与管理方法综合防治伊藤厚丝叶蜂。

①物理防治。在重灾区林地人工挖除活茧，以压低虫口密度。卵期或幼虫集中取食期，人工剪除卵、幼虫枝条，并将其集中烧毁或挖坑掩埋。

②生物防治。采取以下 3 项生物防治的技术与管理措施进行积极灭虫。

枝叶喷洒白僵菌粉剂：当气温 22℃ 以上，空气湿度为 60% 以上，有露水清晨或雨后温湿度均适宜条件下，用100亿个孢子/mL活孢的白僵菌粉剂喷洒，用量22.5kg/hm²。

菌液树冠喷雾：使用苏云金杆菌乳剂原液2.5kg/hm²树冠喷雾，对消灭低龄幼虫效果显著。20%杀铃脲1000倍液、25%灭幼脲Ⅰ号200kg/hm²、25%灭幼脲Ⅲ号700kg/hm²进行喷雾。

1.11　靖远松叶蜂

（1）分布与危害。靖远松叶蜂 *Diprion jingyuanensis* Xiao et Zhang 在我国主要分布于甘肃、山西等地区，是我国危害油松的重要森林害虫。危害严重时将大面积油松针叶全部吃光，持续发生造成树势衰弱，甚至枯死，造成油松林分的严重损失。

（2）寄主。靖远松叶蜂的寄主主要是油松树木。

（3）危害症状。靖远松叶蜂的幼虫取食针叶，严重发生时，有群集性，成片松林针叶被吃光呈现灰黄色。

（4）生物学特性。靖远松叶蜂在山西1年发生1代，少数2年发生1代（跨越3个年度）。以茧内预蛹在枯枝落叶层下、杂草基部层下、苔草层下和其他地被物下越冬越夏。第1代幼虫，一般在5月上旬开始化蛹，5月下旬为化蛹盛期，6月中旬为化蛹末期，于5月下旬始见成虫，6月下旬至7月初为成虫盛期，8月下旬至10月中旬老熟幼虫相继坠地，爬行寻觅适宜场所结茧。茧呈圆筒形，两端钝圆，初结茧为白色，其后渐变为黄褐色至栗褐色。每头雌虫产卵120~229粒，有孤雌生殖现象。幼虫共8龄，1~7龄幼虫均有群集取食习性。少数有滞育现象，2年完成1代。通常在纯林、疏林和阴坡等虫口密度较大。

（5）防治技术。应采取物理防治、生物防治相结合的技术与管理方法综合进行防治靖远松叶蜂。

①物理防治。在重灾区林地人工挖除活茧，以压低虫口密度。在幼虫集中取食阶段人工剪除有卵、幼虫的枝条，并集中销毁。

②生物防治。采取白僵菌粉剂与苏云金杆菌乳剂原液、灭幼脲喷雾、喷烟进行防治。

白僵菌粉剂与苏云金杆菌乳剂原液喷雾：用100亿个孢子/mL的白僵菌粉剂22.5kg/hm²喷雾；使用苏云金杆菌乳剂原液喷雾，用量为2.5kg/hm²；可以添加促食剂。

灭幼脲喷雾：用25%灭幼脲Ⅰ号200g/hm²、25%灭幼脲Ⅲ号700g/hm²喷雾。

喷烟：1.2%苦参碱·烟碱烟剂15kg/hm²喷烟，适用于缺水、郁闭度在0.5以上的成片林木。

1.12　蜀柏毒蛾

（1）分布与危害。蜀柏毒蛾 *Parocneria orienta* Chao 在我国主要分布于浙江、湖北、四川、重庆、上海、天津等地区，以幼虫取食叶与小枝顶芽，严重影响林木的生长。

（2）寄主。蜀柏毒蛾的寄主主要为柏木、侧柏、桧柏等。

（3）危害症状。蜀柏毒蛾的越冬代幼虫先取食幼嫩鳞叶与小枝顶芽，造成枝叶生长停滞，大龄幼虫取食老叶与嫩枝，叶片常被吃光，使林木枯黄甚至死亡，如同火烧一般。

（4）生物学特性。蜀柏毒蛾1年发生2代，以第2代幼虫（或卵）越冬。通常2月上旬至6月中旬为越冬代发生期，初孵幼虫在鳞叶、小枝上活动，若遇振动惊骇，吐丝下垂，借风飘移到邻近柏木上危害。幼虫暴食期为4月下旬至5月中旬，主要取食柏木鳞叶，先食中上部后食下部，先吃嫩叶，后吃老叶，直至逐株吃光，越冬代幼虫取食期约为 110~130d。成虫多在黄昏羽化，白天静伏于枝叶间，多在树冠、树干上交尾。卵多产于树冠中、下部鳞叶背面，以及小枝与小枝分叉处，产卵同时分泌少量胶液将卵粒黏于枝叶上。卵聚产，少则几粒、十几粒，多则几十粒、上百粒。成虫具有强烈的趋光性。

（5）防治技术。应采取营林措施、物理防治、生物防治相结合的技术与管理方法综合防治蜀柏毒蛾。

①营林措施。开展幼林抚育和成林间伐，严禁过度修枝。

②物理防治。人工摘除虫卵并集中销毁。成虫期，林缘或林间空地设置诱虫灯诱杀成虫。

③生物防治。采取以下喷雾、喷烟的生物防治措施。

喷雾：在低龄幼虫期，用蜀柏毒蛾核型多角体 3600 亿 PIB/hm^2、苏云金杆菌 25 亿 IU/hm^2、25%灭幼脲 Ⅲ 号胶悬剂 $450g/hm^2$、1.2%苦·烟乳油 $1500g/hm^2$ 喷雾。苏云金杆菌施菌时间应在采桑养蚕前 20d 以上。

喷烟：使用 15%灭幼脲烟雾剂喷烟。

1.13 侧柏毒蛾

（1）分布与危害。侧柏毒蛾 *Parocneria furva* Leech 在我国主要分布于北京、河北、河南、山东、安徽、江苏、浙江、广西、贵州、四川、青海等地区。叶片尖端被食，基部光秃，随后逐渐变黄，枯萎脱落，大发生时常将整株树叶吃光，严重影响林木生长，影响生态与景观。

（2）寄主。侧柏毒蛾的寄主主要是侧柏、黄柏、桧柏。

（3）危害症状。侧柏毒蛾的幼虫孵化后分散啃食叶表皮，并吐出白色黏液涂在叶面，随后吐丝缀嫩叶呈饺子状，或在叶缘吐丝将叶折叠，藏在其中取食。幼虫长大，群集于顶梢吐丝缀叶取食，多雨季节最为猖獗，3~5d 内即把嫩叶吃光，形成秃梢。

（4）生物学特性。侧柏毒蛾 1 年发生 2 代，以初龄幼虫在树皮缝内越冬。翌年 3 月幼虫出蛰，幼虫白天潜伏于树皮下或树内，夜晚取食。老熟后，在叶片间、树皮下或树洞内吐丝结薄茧、化蛹。6 月中旬成虫羽化，羽化时间多在夜间至上午，傍晚后飞翔交尾，交尾后即产卵，每雌平均产卵 87 粒。卵产于叶柄、叶片上。初孵幼虫咬食鳞叶尖端和边缘成缺刻，3 龄后取食全叶。第 1 代幼虫于 8 月中旬化蛹，8 月下旬出现成虫。9 月上中旬出现第 2 代幼虫。成虫具趋光性。

（5）防治技术。应采取营林措施、物理防治、生物防治、化学防治相结合的技术与管理方法综合防治侧柏毒蛾。

①营林措施。对郁闭度较大的林分，要及时修枝、间伐，以减轻危害。修枝剪去部分虫卵枝要立即烧毁或深埋。

②物理防治。采用杀虫灯诱杀成虫。

③生物防治。使用 25%灭幼脲Ⅲ号悬浮液 2000~2500 倍液喷雾。要在 3 龄前进行防治，以防扩散。应轮换用药，以免产生抗药性。注意保护和利用天敌。卵期利用寄生蜂，幼虫期利用寄生蜂、寄生蝇、步行虫、螳螂、蚂蚁、蜘蛛、胡蜂和鸟类等天敌。

④化学防治。使用 25%溴氰菊酯 2000 倍液，或 2.5%溴氰菊酯乳油 8000 倍液与 25%灭幼脲

Ⅰ号3000倍液混合液，或5%高效氯氰菊酯4000倍液喷雾。

1.14　美国白蛾

（1）分布与危害。美国白蛾 *Hyphantria cunea* Drury 在我国主要分布于北京、天津、河北、辽宁、吉林、山东、河南、安徽、江苏等地区。以幼虫取食叶片危害，食性很杂，仅在我国其寄主植物就多达49科108属175种，几乎包含了林木、果树、农作物与地被草等植物，但最喜食的植物有桑、臭椿、糖槭、白蜡、悬铃木、榆树、杏树和柿树等。虫口密度高时每株树上有多达几百只、上千只幼虫危害，常将整株叶片或成片树叶食光，整个树冠全部被网幕笼罩，严重影响树木生长和生态修复防护与绿化景观。

（2）寄主。美国白蛾的食性杂，主要喜食种类有糖槭、桑、悬铃木、臭椿、白蜡、核桃、山楂、苹果、李、梨、榆、杨、柳、刺槐等170多种。

（3）危害症状。美国白蛾的幼虫群居取食，吐丝结网形成网幕，低龄幼虫群集于寄主叶上吐丝结网幕，在网幕内取食寄主叶肉，受害叶片仅留叶脉和上表皮，呈白膜状枯黄。4龄幼虫开始分散取食，同时不断吐丝将被害叶缀成网幕，网幕随龄期增大而扩散，有些长达1~2m，犹如一层白纱缚在树木上，被食后的叶片仅剩叶脉和叶柄。老龄幼虫食叶呈缺刻和孔洞，严重时树木食成光杆，使得林相呈现残破状。

（4）生物学特性。美国白蛾在辽宁、吉林、陕西与河北北部等地1年发生2代，北京、天津、山东、江苏、安徽和河北中、南部地区1年发生3代，以蛹在墙缝、砖瓦堆、树皮缝和杂草枯枝落叶中越冬。成虫夜间活动，飞翔能力不强，趋光性较强。在各种光中，尤对紫外光趋性最强。成虫交尾后不久即开始产卵，产卵量500~800粒，最多可达2000粒，卵期6~20d。成虫有趋臭味、腥味、异味特性，尤其是臭水坑、畜舍、养殖场、厕所等卫生条件差的地方极易发生危害。幼虫期30~40d，共6~7龄，幼虫具有暴食性。初孵幼虫有取食卵壳的习性，孵化后不久即开始吐丝结网，营群居生活，开始吐丝缀叶1~3片，之后将越来越多的叶片包进网幕中，使之不断扩大，1~3龄幼虫群居取食寄主植物的叶肉组织，留下叶脉和上表皮，使被害叶呈网状枯黄，4龄幼虫开始分散取食，同时不断吐丝将被害叶缀成网幕，网幕随龄期增大而扩散，有些长达1~2m，犹如一层白纱缚在树木上。5龄以后开始抛弃网幕分散取食，食量大增，进入暴食期，被食后的叶片仅剩主脉与叶柄。幼虫耐饥性很强，5龄以上幼虫耐饥力达8~12d。老熟幼虫爬行能力较强，有些可爬至数百米远以外，寻找化蛹场所。

（5）防治技术。应采取物理防治、生物防治、化学防治相结合的综合方法进行有效防治美国白蛾。

①物理防治。采取剪网、围草诱蛹、挖蛹、灯光诱杀、摘除卵块和阻隔法等防治。

剪网：于3龄幼虫前，利用高枝剪等工具将网幕连同小枝剪下，将剪下的网幕应就地集中进行灭虫处理，杀死散落在地上的幼虫。

围草诱蛹：在老熟幼虫化蛹前，用谷草、稻草或草帘等物，上松下紧围绑于树干高1~1.5m处，诱集化蛹。化蛹期结束后，及时解下草把就地用纱网罩住集中存放，以保护天敌，30d后进行灭虫处理。

挖蛹：在冬春季节，人工挖除越冬蛹，集中堆于沙坑，坑口用纱网封口以保护天敌，待成虫羽化后集中实施灭虫处理。

灯光诱杀：在成虫期间，可使用诱虫灯进行诱杀成虫。

摘除卵块：在卵期，人工摘除带卵块的叶片，然后将其集中烧毁或挖深坑掩埋。

阻隔法：于老熟幼虫下树前在树干基部 1~1.5m 处，用毛刷等工具涂抹菊酯类化学药剂与废机油（或柴油）的混合物，形成宽 10~15cm 的封闭药环。菊酯类化学药剂与废机油（柴油）混合比例为 1∶30~1∶50。

②生物防治。对于美国白蛾的危害，可采取以下 5 项技术与管理措施实施有效防治。

通过实施人工挂置鸟巢、林业措施等，以保护和利用鸟类、有益昆虫等天敌。

在老熟幼虫和化蛹初期，人工释放白蛾周氏啮小蜂对其捕食。

在幼虫网幕期，喷施苏云金杆菌 0.5 亿~2.5 亿 IU/hm²、美国白蛾核型多角体病毒（HcNPV）3 亿~4 亿 PIB/hm²、球孢白僵菌 150000 亿~450000 亿个孢子/hm²。

其他药剂：使用 25%灭幼脲 Ⅲ 号胶悬剂，常量或低容量喷雾，150~450g/hm²；1.8%阿维菌素乳油，常量或低容量喷雾，450~600g/hm²；3%高渗苯氧威乳油，常量或低容量喷雾，250~400g/hm²。

植物源杀虫剂：主要有使用 1%苦参碱可溶性液剂，常量喷雾 750~900mL/hm²，喷烟用药量 450~750mL/hm²，药剂与废机油混合比例为 1∶10~30，1.2%苦·烟乳油，常量喷雾 750~900mL/hm²，低容量喷雾 300~450mL/hm²，喷烟用药量 450~750mL/hm²，药剂与废机油（柴油）混合比例为 1∶9。

③化学防治。打孔注药防治。采用药剂是：5%吡虫啉乳油 0.3~0.5mL/cm，或 3 倍液，1mL/cm 胸径、30%氯胺磷乳油 5~10 倍液 0.7~1mL/cm。

1.15 杨扇舟蛾

（1）分布与危害。杨扇舟蛾 *Clostera anachoreta* Fabricius 在我国除新疆、贵州、广西和台湾外，几乎遍布全国。是杨树常见食叶害虫，以幼虫取食叶片。大发生林分可将成片杨树叶吃光，影响树干正常生长，造成树势衰弱。

（2）寄主。杨扇舟蛾的寄主为多种杨树、柳树。

（3）危害症状。杨扇舟蛾的 2 龄以后幼虫吐丝缀叶，形成大虫苞，3 龄以后幼虫分散取食，可将全叶吃尽，仅剩叶柄。

（4）生物学特性。杨扇舟蛾 1 年发生数代。河南、河北 1 年 3~4 代，安徽、陕西 1 年 4~5 代，以蛹越冬。在江苏 1 年发生 5~6 代。每年 4 月中下旬越冬代成虫开始出现、产卵；5 月上中旬第 1 代幼虫开始孵化，5 月下旬至 6 月上中旬第 1 代成虫开始羽化。第 2 代成虫出现于 7 月中下旬。第 3 代成虫于 8 月上中旬羽化、产卵。9 月上旬至 9 月中旬是第 4 代幼虫的危害高峰期。第 5 代幼虫于 9 月下旬发生，危害至 10 月中旬开始化蛹越冬。个别延至 11 月中旬化蛹。成虫傍晚前后羽化最多，白天静栖，夜晚活动，有趋光性。越冬代成虫出现时，树叶尚未展开，卵多产于枝干上，以后各代则主要产于叶背面，常百余粒产在一起，排成单层块状，幼虫 2 龄后吐丝缀叶，形成大虫包，3 龄以后分散取食。越冬代幼虫老熟后，多沿树干爬至地面，在枯叶下、树干旁、粗树皮下或表土内结茧化蛹越冬，其他代老熟幼虫在树叶上结茧化蛹。

（5）防治技术。应采取物理防治、生物防治、化学防治相结合的技术与管理方法进行综合防治杨扇舟蛾。

①物理防治。在幼虫期，初龄幼虫吐丝结茧群集期，人工摘除虫苞后即集中实行灭虫处理。在成虫羽化前设置杀虫灯诱杀成虫。

②生物防治。每代幼虫 3 龄以前施药，主要药剂有：青虫菌 1 亿~2 亿个孢子/mL、Bt 乳剂 2000 倍液、25% 灭幼脲 Ⅲ 号悬浮剂 1500 倍液、0.2% 阿维菌素 2000~3000 倍液等地面喷雾。大面积发生时，采用 25% 灭幼脲 Ⅲ 号 450~600g/hm²，采取飞机超低量喷雾灭虫作业。

③化学防治。可采用打孔注药法防治，也可采用 5% 吡虫啉乳油 0.3~0.5mL/cm，或 3 倍液，1mL/cm 胸径打孔注药防治。

1.16　杨小舟蛾

（1）分布与危害。杨小舟蛾 *Micromelalopha troglodyte* Graeser 在我国主要分布于黑龙江、吉林、辽宁、河南、河北、山东、安徽、江苏、浙江、江西、四川等地区。以幼虫取食杨树叶片，危害严重林分的树叶被全部吃光，造成树势衰弱，严重影响树木生长。

（2）寄主。杨小舟蛾的寄主为多种杨树、柳树。

（3）危害症状。杨小舟蛾的幼虫孵化后，群集叶面啃食表皮，被害叶呈网状。幼虫稍大后即分散蚕食，将叶片咬成缺刻，残留较粗的叶脉、叶柄。

（4）生物学特性。杨小舟蛾 1 年发生数代。杨小舟蛾在江苏 1 年发生 5~6 代，以蛹越冬，第 2 年 4 月下旬越冬代成虫出现，第 1 代幼虫 5 月上旬出现并危害，5 月下旬为盛期。第 2 代幼虫于 6 月上旬出现，6 月下旬化蛹、羽化为成虫。第 3 代幼虫集中在 7 月危害。第 4 代幼虫从 7 月下旬开始危害，8 月达到盛期，9 月上旬开始化蛹。第 5 代幼虫危害至 9 月下旬化蛹，部分转化为越冬蛹，部分羽化为成虫、产卵、孵化出第 6 代幼虫危害，这一代幼虫危害至 10 月中下旬化蛹越冬。成虫白天多隐蔽，夜晚交尾产卵。有趋光性。卵多产于叶片表面或背面，呈块状，每块有卵 300~400 粒。幼虫孵化后，群集叶面危害，稍大后即分散取食。7~8 月高温多雨季节危害最重。每雌可产卵 400~500 粒。幼虫行动迟缓，白天多伏于树干粗皮缝处与树杈间。夜晚上树危害，黎明前后沿枝干下移隐伏。老熟幼虫吐丝缀叶，结薄茧化蛹。

（5）防治技术。应采取物理防治、生物防治、化学防治相结合的综合方法进行综合防治杨小舟蛾。

①物理防治。幼虫期，于初龄幼虫吐丝结苞群集期，人工摘除虫苞，集中灭虫处理；在成虫羽化前设置杀虫灯，以诱杀成虫。

②生物防治。在每代幼虫 3 龄前施药，主要药剂有：蜡螟杆菌二号稀释液 1 亿~2 亿个孢子/mL、Bt 乳剂 2000 倍液、25% 灭幼脲 Ⅲ 号悬浮剂 1500 倍液、0.2% 阿维菌素 2000~3000 倍液等喷雾。大面积发生时，采用 25% 灭幼脲 Ⅲ 号 450~600g/hm² 进行飞机超低量喷雾作业。

③化学防治。对于超过 10m 树高的大树，采用打孔注药法防治，5% 吡虫啉乳油 0.3~0.5mL/cm，或 3 倍液，药量是 1mL/cm 胸径打孔注药防治。

1.17　分月扇舟蛾

（1）分布与危害。分月扇舟蛾 *Clostera anastomosis* L. 又名银波天社蛾，在我国主要分布于辽宁、吉林、黑龙江、内蒙古、河北、江苏、上海、广西、广东、湖南、湖北、四川、重庆、云南等地区，是杨、柳的主要食叶害虫之一，可致使树木生长势下降，影响防护效益、材质等。

（2）寄主。分月扇舟蛾的寄主主要是杨树、柳树、白桦等。

（3）危害症状。分月扇舟蛾的幼虫群栖食害树木芽鳞、嫩枝皮，随着叶片展开取食叶片，常吃光整株叶片，仅留下树枝与叶柄。

（4）生物学特性。分月扇舟蛾在东北大兴安岭1年发生1代，以3龄幼虫做薄茧在树下枯枝落叶层内越冬，翌年5月下旬越冬幼虫出蛰，上树群栖危害。6月中下旬结茧化蛹，7月上旬羽化、交尾、产卵。7月中旬羽化为幼虫，8月上旬做白色椭圆形茧越冬。初孵幼虫群栖于叶片上，经过一段时间便开始剥食叶肉，呈箩底状，使叶片枯黄。2龄后咬食叶片边缘，呈孔洞。幼龄幼虫能吐丝下垂，随风传播。4龄后食量大增，咬食整个叶片，受惊后极易掉落地面。幼虫老熟后吐丝卷叶在其中化蛹，杨树叶被吃光时，便爬到四围的白桦、蒙古栎、大黄柳、杜鹃、松树上结茧化蛹。成虫有趋光性，在河北1年发生2代。8月下旬以2龄幼虫下树在树皮裂缝、树周围枯枝落叶层与表层土壤中越冬，翌年4月中旬越冬代幼虫开始上树危害。

（5）防治技术。应采取物理防治、生物防治、化学防治相结合的技术与管理方法进行综合防治分月扇舟蛾。

①物理防治。人工搂集林内树下落叶，集中烧毁除治越冬幼虫。人工摘除蛹茧叶、虫叶后，集中烧毁或深埋。在林内挂置杀虫灯诱杀成虫。采取毒环、毒绳阻隔法，对树干下部或基部用溴氰菊酯毒笔画双环或涂抹乳油，以及树干绑毒绳毒杀上树幼虫。在幼虫上树始见期实施，到始盛期结束。使用2.5%~5%氯氰菊酯+柴油+机油按比例1∶30∶1配制成混合药液。用毛笔蘸足药，在树干胸高1~1.3m处刷宽3cm闭和环。

②生物防治。使用高渗苯氧威3000~4000倍，450~600mL/hm² 进行喷雾作业；喷施Bt乳剂600倍液或1.8%阿维菌素3000倍液。施放高渗苯氧威烟剂、灭幼脲烟剂，于初孵幼虫开始施药。

③化学防治。2.5%氯氰菊酯+柴油按比例1∶20配成，或氯氰菊酯+柴油按比例1∶40配成混合烟剂喷烟。宜在林分郁闭度0.7以上，清晨日出前或傍晚落日后，且晴天微风或无风的条件下实施作业。

1.18 杨白潜蛾

（1）分布与危害。杨白潜蛾 *Leucoptera susinella* Herrich-Schaffer 在我国主要分布于黑龙江、吉林、辽宁、河北、内蒙古、山东、上海、河南、甘肃等地区。对幼苗、幼树威胁很大，严重影响苗木生长、防护效果和树木材质。

（2）寄主。杨白潜蛾的寄主为多种杨树、柳树。

（3）危害症状。杨白潜蛾的幼虫潜食杨树、柳树叶肉，在叶片上形成黑褐色病斑状的大型潜痕，危害严重时整个叶片枯焦脱落。

（4）生物学特性。杨白潜蛾在河北（易县）、山西（忻县）1年发生4代；辽宁1年发生3代，均以蛹在茧内越冬。在河北、北京区域，除落叶上有少量越冬茧外，多数在欧美杨与柳树的树皮缝内、唐柳的树干鳞形气孔上越冬。翌年4月中旬，杨树放叶后，成虫羽化（辽宁在5月下旬、山西忻县在 5 月中旬出现越冬代成虫）。成虫羽化时，通常先停留在杨树叶片基部腺点上（可能吸食腺点上汁液）。有趋光性。羽化当天即可交尾产卵。卵一般与叶脉平行排列。每个卵块 2~3 行，每头雌虫产卵量平均为 49 粒。幼虫孵出时，从卵壳底面咬破叶片，潜入叶内取食叶肉。幼虫不能穿过叶脉，但老熟幼虫可以穿过侧脉潜食。被害处形成黑褐色虫斑，虫斑逐渐扩大，常由 2~3 个虫斑相连成大斑，通常 1 个大斑占叶面 1/3~1/2。幼虫老熟后从叶正面咬孔而出，吐丝结"工"字形茧，经过约 1d 时间化蛹。越冬茧以树干上树皮裂缝中为多，生长季节多在叶背面。单株树干上的茧绝大多数集中在树干向阳面。

（5）防治技术。应采取营林措施、物理防治、化学防治、生物及其他药剂防治相结合的方法综合防治杨白潜蛾。

①营林措施。扫除落叶，杀灭落叶中蛹；树干涂白可杀死越冬茧、蛹，并集中烧毁。

②物理防治。在杨白潜蛾成虫发生期间，设置黑光灯诱杀其成虫。

③化学防治。用蛀虫清 500~800 倍液内渗性杀虫剂，或 50% 杀螟松乳油 1500~2000 倍液喷杀杨白潜蛾幼虫、成虫。

④生物及其他药剂防治。使用 50% 杀虫安可湿性粉剂、0.5% 甲氨基 1000 倍液、1.8% 阿维菌素乳油 1500 倍液实施喷雾防治作业。

1.19　舞毒蛾

（1）分布与危害。舞毒蛾 Lymantria dispar L. 在我国主要分布于黑龙江、吉林、辽宁、内蒙古、陕西、宁夏、甘肃、青海、新疆、河北、山西、山东、河南、湖北、四川、贵州、江苏等地区。分布广，寄主种类多，适应性强，取食量大，是经常造成灾害的植物主要害虫。大发生时，将大片树林、行道树、防护林吃光，造成树势衰弱，影响生长量。多种蔷薇科果树受害严重，造成果实大量减产。

（2）寄主。舞毒蛾能取食 500 余种植物，以栎树、杨树、柳树、榆树、桦树、槭树与多种蔷薇科果树为主。

（3）危害症状。舞毒蛾小幼虫先取食幼芽，而后蚕食叶片。大龄幼虫取食量大，虫口密度高时，可将老、嫩叶片全部食光。

（4）生物学特性。舞毒蛾 1 年 1 代，以卵越冬。在辽宁，4 月中旬至 5 月初幼虫孵化，初孵幼虫群集在卵块上，初龄幼虫借助风力传播，幼虫期 40~50d。6 月上旬老熟幼虫在树皮缝隙与建筑物等地，吐丝将其缠绕以固定虫体预蛹，预蛹期 72~84h。绿色初蛹从预蛹幼虫中蜕出。蛹期 16~20d，6 月末 7 月初成虫羽化，羽化后当晚交尾，交尾后寻找树干与建筑物产卵 1~3 块，每块卵 100~343 粒不等，初产卵杏黄色，逐渐由绿变赤褐色，表面覆盖黄褐色绒毛。每头雌蛾可产卵 700~1000 粒不等。雄成虫有白天活动的习性，夜晚寻找雌成虫交尾，雌成虫夜晚活动，飞翔能力不强，白天昼伏在枝头静止不动，有较强的趋光性。雌虫有群集产卵特性。

（5）防治技术。应采取物理防治、生物防治相结合的技术与管理方法综合防治舞毒蛾。

①物理防治。人工刮除树干、墙壁上的卵块，集中烧毁处理。应用杀虫灯诱杀成虫。

②生物防治。在幼虫 3~4 龄期开始分散取食前喷雾。药剂有：白僵菌 150000 亿~450000 亿个孢子/hm²、舞毒蛾核型多角体病毒 1250 亿 PIB/hm²、20% 灭幼脲 Ⅲ 号 450~600mL/hm²、25%

杀铃脲 150~300mL/hm²、0.36%苦参碱 2250mL/hm²、Bt 乳剂 5 亿个孢子/g 用量为 750mL/hm²、1.8%阿维菌素乳油 105~150mL/hm²。

1.20　黄褐天幕毛虫

（1）分布与危害。黄褐天幕毛虫 *Malacosoma neustria testacea* Motschulsky 又称"顶针虫"，在我国主要分布于辽宁、吉林、黑龙江、北京、河北、山东、江苏、安徽、河南、湖北、江西、湖南、四川、陕西、甘肃、内蒙古、山西等地区。以幼虫取食叶片，大发生时，将整片林木树叶吃光，严重影响树木生长和生态景观，是林木重要食叶害虫。

（2）寄主。黄褐天幕毛虫寄生于蒙古栎、柳树、杨树、桦树、榆树等阔叶树种枝叶上，发生严重时也危害落叶松等针叶树。

（3）危害症状。黄褐天幕毛虫的卵多产在树枝上，呈"顶针"状，幼龄幼虫群集在卵块附近小枝上取食嫩叶，在枝丫处吐丝结网，网呈幕状。

（4）生物学特性。黄褐天幕毛虫 1 年发生 1 代，以胚胎发育后的幼虫在卵壳中越冬。翌年 4 月末孵化开始活动，5 月上旬达到孵化高峰，6 月中旬化蛹，6 月末出现成虫，7 月中旬达到羽化高峰，7 月下旬达到产卵高峰。成虫白天潜伏于树冠外围枝叶间，遇惊扰时迅速做短距离飞行，具较强的趋光性。卵多产在枝上，呈"顶针"状，排列整齐。初孵幼虫群集在卵块附近小枝上取食嫩叶，2 龄幼虫开始向树权移动，吐丝结网，夜晚取食，白天群集潜伏于网幕内，3 龄幼虫食量大增，白天也取食，易暴发成灾，5 龄幼虫开始分散活动。幼虫有摆头习性。幼虫老熟后，爬到树皮缝隙、阔叶树叶或枝上、灌木丛中吐丝结茧。做茧后不立即化蛹，结茧部位多在树冠的中下部。

（5）防治技术。应采取物理防治、生物防治相结合的技术与管理方法综合防治黄褐天幕毛虫。

①物理防治。幼虫白天聚集在网幕内，实行人工摘除网幕内的蛹和卵块，然后集中烧毁或挖深坑掩埋处理；利用杀虫灯诱杀成虫。

②生物防治。人工悬挂鸟巢，招引益鸟，控制害虫种群数量；使用 1.2%苦·烟乳油 800~1000 倍液、Bt 可湿性粉剂 300~500 倍液、25%灭幼脲 Ⅲ 号 2000 倍液、1.8%阿维菌素乳油 6000~8000 倍液喷雾。

1.21　春尺蠖

（1）分布与危害。春尺蠖 *Apocheima cinerarius* Erschoff 在我国主要分布于新疆、青海、甘肃、陕西、内蒙古、河北、天津、山东等地区。以幼虫取食树芽和叶片形成危害。

（2）寄主。春尺蠖的寄主主要是沙枣、杨树、柳树、榆树、槐树、梧桐、苹果、桑等。

（3）危害症状。春尺蠖的初孵幼虫取食幼芽，使树芽发育不齐，展叶不全。较大龄幼虫取食叶片，由于幼虫发育快，随着龄期增加，食量大增，将整枝叶片全部食光并扩展到整株树叶尽被食光。因此，受春尺蠖危害过的树乃至整条林带或片林树叶都被食光，树枝干枯似死。

（4）生物学特性。春尺蠖 1 年发生 1 代，以蛹在土中越冬。翌年 4 月中下旬羽化。羽化多在傍晚和清晨，雄成虫一般在午后羽化，出土后在树干阴面静伏，雌成虫羽化后潜伏于表土中，黄昏后由树干爬行到树枝上进行交尾。4月下旬成虫开始大量产卵。初孵幼虫取食嫩芽、叶肉，长大后危害全叶，至 4~5 龄时食量猛增。幼虫能吐丝下垂，并随风转移危害。6 月中下旬老熟，潜入土深 0~30cm 处（在沙土层则较深）化蛹。蛹一般集中在树根附近。向阳东南面分布较多，成虫具有趋光性。卵常产在枝、干皮缝或芽苞内。每只雌虫一生共产卵数百粒。

（5）防治技术。应采取物理防治、生物防治、化学防治相结合的技术与管理方法综合防治春尺蠖。

①物理防治。可采取阻隔、人工挖蛹、灯光诱杀 3 种方法防治春尺蠖害虫。

阻隔防治法：应在雌成虫羽化上树前实施，采取以下 4 项措施。

塑料环阻隔：在树干胸径处刮除粗糙老树皮或以耐冲淋材料填平糙面，形成宽约 10~15cm 的平滑环圈。用宽 10~15cm 的塑料胶带或塑料薄膜沿环圈部位缠绕一周，封闭严实。定期处理阻隔在塑料环下的雌虫。

塑料裙阻隔：在树干距离地面 20~30cm 处刮除粗糙老树皮或以耐冲淋材料填平糙面，不留沟隙，形成宽约 3~5cm 的平滑环圈。用宽为 15~20cm 的塑料薄膜，缠绕一周，上缘紧贴树干扎实，下缘保留一定的空隙，呈喇叭口或裙子状。

黏虫胶阻隔：在树干胸径处，刮去粗皮，涂刷 1~2 个黏虫胶环。胶环宽 5~10cm，两胶环间距 20~40cm。

毒环法：在成虫始见期，在树干胸径处涂刷宽约 15cm 的毒环，也可在树干上缠塑料薄膜，将药剂涂抹在塑料薄膜上。可根据需要与塑料胶带环或塑料裙阻隔法配套应用。

人工挖蛹防治法：土壤结冻前，结合秋翻在树冠垂直投影半径 1~1.5m 范围内翻土，将蛹暴露在外或集中处理。翻土深度约 30~50cm。

灯光诱杀防治法：于成虫羽化期，设置诱虫灯诱杀成虫。

②生物防治。在 1~2 龄幼虫发生高峰期喷雾。药剂有：春尺蠖核型多角体病毒（AciNPV）3000 亿~6000 亿 PIB/hm²、飞机超低容量喷雾剂量 3750 亿~7500 亿 PIB/hm²；苏云金杆菌（Bt）16000IU/mg 可湿性粉剂 1200~1500g/hm²；25% 灭幼脲 Ⅲ 号悬浮剂地面常量喷雾 600~900g/hm²，飞机低量喷雾 480~600g/hm²；20% 除虫脲悬浮剂地面常量喷雾 640~900g/hm²，飞机低量喷雾 300~750g/hm²；20% 杀铃脲悬浮剂地面常量喷雾 300~450g/hm²，飞机防治 120~150g/hm²；1.2% 苦·烟乳油地面常量喷雾 750g/hm²，超低量喷雾 450~525g/hm²，稀释 2~3 倍，飞机防治 300~450g/hm²；1.2% 苦·烟乳油与柴油混合（1∶9），525~600g/hm² 喷烟防治；1% 苦参碱可溶性液剂常量喷雾 450~750mL/hm²（1200~3000 倍液），超低量喷雾 300~450mL/hm²，飞机防治 300~450mL/hm²，3~5 倍液。

③化学防治。应急防治该害虫时，可用 4.5% 高效氯氰菊酯乳油 330~600mL/hm² 喷雾。

1.22 黄翅缀叶野螟

（1）分布与危害。黄翅缀叶野螟 *Botyodes diniasalis* Walker 又名杨黄卷叶螟。在我国主要分布于黑龙江、吉林、辽宁、北京、河北、河南、陕西、宁夏、山西、山东、江苏、安徽、上海、广东等地区。主要以幼虫危害树木嫩梢叶片，严重影响树木生长。

（2）寄主。黄翅缀叶野螟的寄主为多种杨树、柳树。

（3）危害症状。杨、柳树的受害叶被黄翅缀叶野螟幼虫吐丝缀连呈饺子状或筒状，严重时把叶片吃光，形成"秃梢"。

（4）生物学特性。黄翅缀叶野螟1年发生4代，少数3代、5代、6代。以初龄幼虫在落叶、地被物与树皮缝隙中结茧越冬，翌年4月树木萌芽后开始出蛰危害。越冬成虫6月上旬羽化。成虫具强趋光性，并寻找蜜源。卵产于叶背面，以中脉两侧最多，呈块状或串状。初孵幼虫喜群居啃食叶肉，3龄后分散缀叶呈饺子状虫苞或叶筒内栖息取食，尤喜危害嫩叶。7~8月阴雨连绵年份危害严重，3~5d内即把嫩叶吃光，形成"秃梢"。幼虫极活泼，稍受惊扰即从卷叶内弹跳逃跑或吐丝下垂。老熟幼虫在卷叶内吐丝结白色稀疏的薄茧化蛹。最后1代幼虫于10月底越冬。

（5）防治技术。应采取营林措施、物理防治、生物防治、化学防治相结合的技术与管理方法综合防治黄翅缀叶野螟。

①营林措施。冬春时节，结合抚育管理，人工清理树下落叶，并集中销毁，以杀死越冬幼虫，可有效降低越冬黄翅缀叶野螟害虫基数。

②物理防治。设置高压电网黑光灯、杀虫灯诱杀成虫。

③生物防治。采取下述低龄幼虫期、喷雾、喷烟多项防治技术与管理措施。

低龄幼虫期防治措施：采用苏云金杆菌30亿~45亿 IU/hm²。

喷雾防治措施：25%灭幼脲 Ⅲ 号1500~2000倍液、3%高渗苯氧威2500~4000倍液、1.2%苦·烟乳油800~1000倍液、1.8%阿维菌素3000~6000倍液等喷雾防治。

喷烟防治措施：1.2%苦参碱·烟碱烟剂7.5~30kg/hm²喷烟。

④化学防治。使用2.5%溴氰菊酯乳油与柴油1∶20比例混合喷烟。在幼虫大发生时应急防治，措施是采用2.5%高效氯氟氰菊酯2500~3000倍液、3%高效氯氰菊酯2000~3000被液喷雾。

1.23　榆紫叶甲

（1）分布与危害。榆紫叶甲 *Ambrostoma quadriimpressum* Motschulsky 在我国主要分布于黑龙江、吉林、辽宁、河北、贵州、内蒙古等地区。成虫取食榆树芽苞、不能正常发芽，连年危害，使榆树成为"干枝梅""小老树"，树势衰弱并引起其他病虫危害。

（2）寄主。榆紫叶甲的寄主主要是榆树。

（3）危害症状。榆紫叶甲的成虫、幼虫取食叶片，叶缘可见缺刻，严重时将叶片食光。

（4）生物学特性。榆紫叶甲1年发生1代，以成虫在榆树下土壤内2~11cm越冬。越冬成虫翌年5月上旬，当榆树刚萌芽时上树活动，取食芽苞危害。5月中旬为交尾盛期，产卵初期成虫在榆树展叶前，常产卵于枝梢末端，卵成串排列，榆树展叶后产卵于叶片背面聚产成块状。幼虫孵化后即取食叶片，6月中旬幼虫开始下树入土化蛹，7月上旬开始见新成虫羽化。经过大量取食叶补充营养，当气温达约30℃时，新成虫与上一代成虫一起群集于荫蔽处进行夏眠。通常于7月下旬至8月上旬天气转凉时出蛰活动，10月上旬随着天气变冷，相继下树入土越冬。成虫不能飞翔，新成虫与越冬后刚出现的成虫假死性较强。幼虫行动缓慢，不活泼，老熟幼虫常易被风摇落。

（5）防治技术。应采取物理防治、化学防治相结合的技术与管理方法综合防治榆紫叶甲。

①物理防治。采取人工捕杀法、阻隔法的物理技术与管理措施进行防治。

人工捕杀法：成虫上树后产卵前，利用成虫假死习性，在其危害盛期树干振落捕杀。

阻隔法：于越冬成虫上树危害前，用20%灭扫利乳油、20%速灭杀丁乳油分别与柴油、机油按1∶1∶8比例制作毒绳，绑缚在树干胸径处，以阻杀成虫上树。

②化学防治。于成虫初上树期和幼虫盛发期，采用2.5%溴氰菊酯乳油8000~10000倍液、20%菊杀乳油2000倍液、8%绿色威雷2000倍液喷雾防治。

1.24　花布灯蛾

（1）分布与危害。花布灯蛾 *Camptoloma interiorata* Walker 在我国主要分布广东、广西、湖南、湖北、福建、浙江、安徽、江苏、山东、辽宁、吉林、黑龙江等地区。以幼虫取食叶片，是蒙古栎主要害虫，因与柞蚕竞争食物资源，可造成柞蚕减产或绝产。

（2）寄主。花布灯蛾的寄主主要是板栗、麻栎、槲栎、乌桕、槠等。

（3）危害症状。花布灯蛾的幼虫群集食叶危害，早春可取食芽苞。取食叶肉，残留表皮，使一些叶片远看似"白叶"，可将叶片全部吃光。

（4）生物学特性。花布灯蛾在北京1年发生1代，以3龄幼虫在树干周围石块下、枯枝落叶层处结虫包内群聚越冬，虫包内幼虫平均有800多头。翌年春季，越冬幼虫出蛰，群集食叶危害，早春取食叶芽尤甚，常分散在枝条上做小虫苞。5月上中旬幼虫老熟，在地面枯枝落叶层或石块下作茧化蛹。6~7月成虫羽化，成虫白天停息在叶背，黄昏后交尾，翌日在叶背面产卵，成圆块状，卵块上覆盖雌蛾脱下的粉红色绒毛。卵期8~20d。10月中旬以后，幼虫从树冠陆续向树干或向大枝上转移，成纺锤形丝囊，并在其中群集越冬。

（5）防治技术。应采取物理防治、生物防治、化学防治相结合的技术与管理综合防治花布灯蛾。

①物理防治。于幼虫群集在树干或枝丫处筑虫包期间，实行人工摘除；人工捕杀时要把握时机，要在越冬期间完成；注意将树干上幼虫清理干净，并将收集的幼虫集中处理；使用黑光灯、杀虫灯诱杀成虫。

②生物防治。使用20%除虫脲悬浮剂7000倍液、5%氟虫脲1000~2000倍液喷洒。

③化学防治。使用25%噻虫嗪水分散剂4000倍液喷雾。

1.25　灰斑古毒蛾

（1）分布与危害。灰斑古毒蛾 *Orgyia ericae* Germar 在我国主要分布于黑龙江、吉林、辽宁、内蒙古、北京、河北、河南、山东、山西、陕西、宁夏、甘肃、青海、新疆等地区。以幼虫取食为害，造成树势减弱，影响荒漠、沙地林木生长、甚至死亡，是沙质荒漠地区灌木林危害最严重的害虫之一。

（2）寄主。灰斑古毒蛾的寄主主要是花棒、沙冬青、柠条、杨柴、沙拐枣、沙棘、梭梭、沙枣、沙蓬、胡杨、盐豆木、山毛榉、杨树、柳树、桦树、栎树、杜鹃、柽柳、苹果、山楂等。

（3）危害症状。灰斑古毒蛾以幼虫取食多种林木和沙生植物的叶片、花苞、嫩枝皮层危害，常将叶片全部啃尽。

（4）生物学特性。灰斑古毒蛾在宁夏1年2代，以卵在茧内越冬。翌年6月上中旬越冬卵开始孵化，6月下旬至7月上旬为幼虫孵化高峰期，7月上中旬老熟幼虫大部分结茧化蛹，7月中下旬成虫开始产卵。7月下旬至8月中旬出现第2代幼虫，8月中旬至9月上旬结茧化蛹，8月下旬至9月中下旬成虫羽化，交尾产下越冬卵。雄成虫具趋光性。

（5）防治技术。应采取物理防治、生物防治相结合的技术与管理方法综合防治灰斑古毒蛾。

①物理防治。于冬季至翌年5月底，人工摘除茧。摘下的茧应放入容器内，待天敌昆虫飞出后再做处理。灭卵消灭虫源时，可收集寄生天敌，用于林间释放。

②生物防治。采取下述3种生物防治方法对灰斑古毒蛾害虫实施防治。

保护天敌：指采取积极措施保护捕食、寄生灰斑古毒蛾卵、幼虫与蛹的各种天敌昆虫，包括舞毒蛾黑瘤姬蜂 *Coccygomimus disparis*、寡埃姬蜂 *Itoplectis viduata* 等；保护捕食性害虫益鸟类和爬行动物等，包括杜鹃、大杜鹃、家燕、喜鹊等；保护和利用人工摘除卵茧内大量的寄生蜂。

生物制剂喷雾：于2龄幼虫期，使用核型多角体病毒 0.6亿~2.5亿 PIB/mL，宜添加1%的甲基纤维素或 0.05%的 $MgSO_4$ 水溶液喷雾；苏云金杆菌 8000IU/mg 可湿性粉剂 750g/hm² 800~1200倍液常规喷雾、苏云金杆菌 8000IU/mg 油悬剂 3000~4500mL/hm² 超低容量喷雾；25%杀铃脲 120~150g/hm²，12500~15000倍液喷雾；25%灭幼脲 Ⅲ 号 750g/hm² 超低容量或 3000倍液喷雾；1.8%阿维菌素 300mL/hm² 超低容量喷雾；0.57%甲氨基阿维菌素苯甲酸盐 700mL/hm² 超低容量喷雾；1.2%苦·烟乳油 525g/hm² 超低容量喷雾；5%桉精油，1000倍液常量喷雾。

人工诱捕：利用人工合成的灰斑古毒蛾性信息素做诱芯设置诱捕器，或取未经交尾的雌蛾置于诱捕器中诱捕雄成虫。

1.26 椰心叶甲

（1）分布与危害。椰心叶甲 *Brontispa longissima* Gestro 在我国主要分布于广东、广西、海南等地区。主要危害棕榈科植物，以成虫、幼虫危害寄主尚未展开和初展开的心叶，影响寄主植物的生长，严重时可导致植株死亡。现已有数百万株棕榈科植物严重受害，对椰子产业和观赏棕榈科植物的种植构成了严重威胁。

（2）寄主。椰心叶甲的寄主主要是椰树、大王椰子、克利椰子、孔雀椰子、蒲葵、西谷椰子、酒瓶椰子、华盛椰、光叶加州蒲葵、鱼尾葵、刺葵、山葵、散尾葵、红棕榈、椰枣、油棕、糖棕、贝叶棕、巴拉卡棕、肖斑棕、海枣、假槟榔、槟榔、桃榔、省藤等。

（3）危害症状。椰心叶甲的成虫、幼虫在折叠叶内沿叶脉平行取食表皮薄壁组织与心叶，在叶上留下与叶脉平行、褐色至深褐色的狭长条纹，严重时食痕连成坏死斑，叶尖枯萎下垂，整叶坏死，树势衰弱直至死亡。

（4）生物学特性。椰心叶甲在海南1年发生3~5代，每个世代需要55~110d，其中卵期3~5d，幼虫期30~40d，预蛹期3d，蛹期5~6d，成虫羽化后无需取食即可交尾，交尾后的雌虫可终身产卵，产卵期较长，可达5~6个月。成虫惧光，见光即迅速爬离，寻找隐蔽处。成虫具有一定的飞翔能力和假死现象。产卵期长，卵产于未展开心叶上，卵上常覆盖排泄物或嚼碎的叶片。幼虫6~7龄，孵化后，沿箭叶的叶轴纵向取食叶片的薄壁组织。成虫与幼虫常聚集取食，喜聚集在未展心叶的基部活动，导致树势减弱、果实脱落、茎干变细，甚至整株死亡。

（5）防治技术。应采取生物防治、生物与化学防治相结合的技术与管理方法综合防治椰心叶甲。

①生物防治。林间释放椰甲截脉姬小蜂或椰心叶甲啮小蜂，每200m²放1个放蜂器。

②生物与化学防治。采取下述3种防治方法对椰心叶甲害虫实施防治。

挂药包防治：在心叶片上方挂1~2个绿僵菌、椰甲清药包（杀虫单与啶虫脒复配剂）及其他化学药包（45%虫啶咪·杀虫丹可溶性粉剂、33%吡虫啉·杀虫丹可溶性粉剂）。药包固定在心叶上方，下雨或淋水时水滴落在包装袋上，并渗透到药袋内，部分杀虫剂溶解在水中并顺着心叶流到椰心叶甲集中的植物心叶部位，从而杀死害虫。1~2个月换药1次。

叶部施药防治：先把未展开心叶松开，然后对树冠心部进行洒药，1包/株，该药包2/3的绿僵菌粉剂均匀施于心叶及其周边1~2片新叶的中上部，主要用于灭杀棕榈科植物中上部的椰心叶甲，1/3的绿僵菌粉剂均匀地施于心叶基部，用于杀死基部的椰心叶甲。

全株喷药防治：对危害严重地段，分上半年和下半年2个阶段各喷药3~5次。通常选用1.2%苦·烟乳油，2%噻虫啉微胶囊悬浮剂1000倍液全株喷雾，喷至药液下滴为止。

1.27　刺桐姬小蜂

（1）分布与危害。刺桐姬小蜂 *Quadrastichus erythrinae* Kim 在我国主要分布于福建、广东、海南、台湾等地区。危害植株叶片、嫩枝等。

（2）寄主。刺桐姬小蜂的寄主主要是刺桐、杂色刺桐、金脉刺桐、珊瑚刺桐、鸡冠刺桐。

（3）危害症状。刺桐姬小蜂使受害植株的叶片、嫩枝等处出现畸形、肿大、坏死或虫瘿等症状，严重时引起植株大量落叶甚至死亡。

（4）生物学特性。刺桐姬小蜂害虫常年发生。1个世代约1个月，1年发生多个世代，在深圳1年发生9~10个世代，世代重叠严重。成虫羽化不久即交配，雌虫产卵前先用产卵器刺破寄主表皮，将卵产于寄主新叶、叶柄、嫩枝或幼芽表皮组织内，幼虫孵出后在该组织内取食，形成虫瘿，大多数虫瘿内只有1头幼虫，少数虫瘿内有2头幼虫。幼虫在虫瘿内完成发育并化蛹，成虫从羽化孔内爬出。该虫生活周期短，繁殖能力很强，一旦出现轻度危害，短时间便会扩散到全株。

（5）防治技术。应采取物理防治、化学防治相结合的技术与管理方法综合防治刺桐姬小蜂：

①物理防治。采取下述2种物理防治方法对刺桐姬小蜂害虫实施防治。

人工消灭虫源法防治：根据刺桐姬小蜂有在树上越冬的习性，可在冬季剪除树上和收集受害叶、叶柄、嫩枝与花蕾叶、茎，然后集中烧毁，以消灭虫源。

使用杀虫灯诱杀：利用世代重叠严重和成虫具有趋光性的特点，用杀虫灯诱杀成虫。

②化学防治。在新叶芽抽出前，采用16%虫线清乳油100倍液，对树干、树枝表面实行喷药或根部施药，以防止刺桐姬小蜂成虫羽化迁飞。在成虫期，以10%吡虫啉3000倍液、2%噻虫啉微胶囊悬浮剂2000~3000倍液、5%甲维盐4000倍液喷雾防治。

1.28　黄脊竹蝗

（1）分布与危害。黄脊竹蝗 *Ceracris kiangsu* Tsai 在我国主要分布于湖南、四川、重庆、江西、福建、广西、广东、湖北、江苏、浙江、安徽、贵州、云南等地区。以若虫和成虫取食竹叶危害。大发生时常使大面积竹林枯死，是危害毛竹的最大害虫。在食料缺乏时，还可危害水稻与玉米等农作物。

（2）寄主。黄脊竹蝗的寄主主要是以毛竹为主的刚竹属各主要竹种、以青皮竹为主的箣竹属各主要竹种。也可危害玉米、水稻等农作物与多种杂草。

（3）危害症状。黄脊竹蝗的跳蝻危害竹梢顶叶，树冠上层呈黄或赭色，与健康竹林的绿色差异明显。

（4）生物学特性。黄脊竹蝗1年发生1代，以卵在土中越冬。越冬卵于4月底5月初开始孵化，孵化期可延续至6月上旬。初孵跳蝻有群聚特性。卵孵化盛期为每日14:00~16:00，约占54%。初孵跳蝻多群聚于小竹与禾本科杂草上，1龄末2龄初开始上竹，3龄后全部上大竹。5龄跳蝻食量最大，约占总食量的60%以上。成虫羽化时间以8:00~10:00最盛，产卵多在2:00~6:00。跳蝻和成虫有嗜好咸味与人尿的习性。

（5）防治技术。应采取物理防治、生物防治和化学防治相结合的技术与管理方法综合防治黄脊竹蝗。

①物理防治。首先，采用人工挖除卵块的方法；其次，使用新鲜人粪尿加少量农药配成药液，用药液浸泡稻草把24h后将稻草把散放在竹林中；或将竹子一劈为二后，直接将液体放盛在竹腔内，置于竹林内诱杀成蝗。

②生物防治。应采取以下2种生物防治方法消灭黄脊竹蝗害虫。

保护利用天地：竹蝗产卵集中，且产卵地常有红头芫菁，为此应对其加以保护利用。

喷粉喷雾喷药：在1~2龄跳蝻期，用25%灭幼脲Ⅲ号胶悬剂150~300g/hm²、25%灭幼脲Ⅲ号粉剂75~100g/hm²喷粉；蜡状芽孢杆菌、枯草芽孢杆菌、微孢子虫液，均按1亿个孢子/mL的浓度喷雾。白僵菌使用50亿个孢子/g粉剂，7.5kg/hm²、绿僵菌使用50亿个孢子/g粉剂，3.0~4.5kg/hm²喷粉。按顺风方向喷药，药液（粉）务必向上喷施到竹梢。喷粉应在叶面露水未干的早上或雨后实施，尽量避免雨天作业，防止药物被雨水冲刷流失。也可用1%阿维菌素油剂300~450mL/hm²与柴油按1∶15的比例混合后喷烟。

③化学防治。于跳蝻上竹后，对竹腔内注射5%吡虫啉1~4mL，或使用5%吡虫啉剂7.5~15g/hm²进行喷雾作业。

1.29 竹织叶野螟

（1）分布与危害。竹织叶野螟 *Algedonia coclesalis* Walker 在我国主要分布于陕西、河南、山东、安徽、江苏、上海、浙江、福建、江西、湖北、湖南、四川、重庆、广东、广西、台湾等地区。以幼虫取食竹叶危害，被害竹林翌年出笋减少或不出笋，新竹眉围下降，竹林衰败，甚至使大面积竹子枯死。

（2）寄主。竹织叶野螟的寄主主要是毛竹、淡竹、刚竹、红壳竹、石竹、桂竹、角竹、青皮竹、苦竹、绿竹等。

（3）危害症状。竹织叶野螟4龄前数条缀叶成苞，取食当年新竹叶上表皮，5龄后取食全叶。严重时竹叶被食殆尽，被卷虫苞的竹叶会自然脱落，远看一片枯白，竹秆下部数节积水枯死。

（4）生物学特性。竹织叶野螟 1 年发生 1~4 代不等，各代均以老熟幼虫在土茧中越冬，世代重叠明显，以第 1 代幼虫危害最重，第 2 代较轻，第 3、4 代较少见。以浙江为例，各代成虫期分别是 5 月中旬至 6 月中旬、7 月中旬至 8 月中旬、8 月下旬至 9 月中旬、9 月下旬至 10 月。各代幼虫期分别为 5 月底至 7 月下旬、7 月下旬至 9 月上旬、8 月下旬至 10 月中旬、9 月下旬至 11 月上旬。成虫羽化多在晚上，有补充营养习性，常群集飞出竹林，寻找蜜源植物。有一定的飞翔能力，具趋光性。产卵大多在当年新竹的中上部或梢部，林缘和林窗新竹上的卵块多于林内新竹。每头雌虫平均产卵约 100 粒。每代幼虫均有部分滞育越冬。

（5）防治技术。应采取物理防治、生物防治相结合的技术与管理综合防治竹织叶野螟。

①物理防治。于冬季挖土杀死越冬幼虫、蛹，以降低虫口密度。

②生物防治。采取喷药雾、药烟防治和竹腔注药 2 种生物防治技术与管理措施。

喷药雾、药烟防治：25%灭幼脲 Ⅲ 号胶悬剂，150~300mL/hm²、5%苯氧威乳油 2000~4000 倍液喷雾防治。要顺风作业喷药，药液务必向上喷施到竹梢。也可 0.9%阿维菌素乳油与 0# 柴油按照 1∶25 的比例混合喷烟。

竹腔注药防治：竹腔注射 5%吡虫啉 1~4mL。

1.30　刚竹毒蛾

（1）分布与危害。刚竹毒蛾 *Pantana phyllostachysae* Chao 在我国主要分布于浙江、福建、江西、湖南、四川、重庆、广西、贵州等地区。大发生时可将竹叶吃光，使竹腔各节内积水，致被害竹林成片死亡，翌年竹笋减少，成竹眉围下降，竹林荒芜。

（2）寄主。刚竹毒蛾主要寄主并危害毛竹、淡竹、刚竹、石竹、白夹竹、慈竹、寿竹等刚竹属各竹种与苦竹等。

（3）危害症状。刚竹毒蛾在竹梢叶部取食，各龄幼虫吐丝下垂转移取食，幼虫善爬行，有假死性。老熟幼虫多在竹叶背面和竹秆的竹节线下群集结茧。

（4）生物学特性。刚竹毒蛾 1 年发生 3~4 代，以卵和 1~2 龄幼虫在竹上越冬。卵翌年 3 月中旬孵化并取食危害，10 月中旬成虫产卵越冬。喜温暖湿润环境，多半发生在背风向阳山腰或山脚处，然后向周围扩散。成虫通常在黄昏或清晨活动，具有趋光性，卵多产于竹叶背面，每次产卵 3~4 粒，呈直线排列。幼虫食性单一，以食毛竹为主，在食料缺乏时，也食林地周围其他禾本科植物。幼虫 5 龄为多，1~2 龄有吐丝下垂随风扩散习性，善爬行，能倒退，受惊时会弹。

（5）防治技术。应采取营林措施、物理防治、生物防治、化学防治相结合的技术与管理方法综合防治刚竹毒蛾。

①营林措施。加强竹林抚育，合理采伐，控制密度。

②物理防治。摘卵、刮卵，消灭越冬虫卵，对摘下虫卵应集中销毁。杀虫灯诱杀成虫；杀虫灯按 2 台/hm²，悬挂在离地面高 1.5~2.0m 处，并要及时清理被捕杀的成虫。

③生物防治。使用白僵菌 50 亿个孢子/g 粉剂 3.0~4.5kg/hm² 喷粉；1.8%阿维菌素油剂与 0# 柴油按 1∶20 比例混合后喷烟；1.2%苦烟乳油 800~1200 倍液、5%苯氧威乳油 2000~4000 倍液喷雾。

④化学防治。使用 5%吡虫啉乳油 1500~3000 倍对竹林液树冠喷雾。

2 枝干害虫零缺陷防治技术与管理

危害生态植物的枝干害虫一般生活隐蔽，防治相对困难，主要包括天牛类、蠹虫类、象虫类等以幼虫钻蛀危害的害虫。

2.1 纵坑切梢小蠹

（1）分布与危害。纵坑切梢小蠹 *Tomicus piniperda* L. 在我国主要分布于江苏、浙江、湖南、江西、辽宁、河北、山西、山东、云南、四川等地区。成虫、幼虫在树皮和边材之间筑坑道危害。成虫蛀食松枝梢头补充营养，自下向上逐渐深入嫩梢髓部，使梢头枯黄、断梢，严重影响幼林生长和成材。森林火灾与其他病虫危害造成树势衰弱或林地卫生状况差等原因，是该虫发生和成灾的重要条件。

（2）寄主。纵坑切梢小蠹的寄主主要是油松、赤松、黑松、华山松、樟子松、马尾松、云南松。

（3）危害症状。纵坑切梢小蠹在繁殖期危害树干，在韧皮部蛀坑道致使林木死亡。成虫补充营养期危害嫩梢，凡被害树梢均变黄枯死。

（4）生物学特性。纵坑切梢小蠹在东北1年发生1代，以成虫在被害树干蛀道内越冬。翌年4月上旬离开越冬场所，飞上树冠侵入去年生嫩梢补充营养，由下向上蛀入嫩梢髓部。侵入孔圆形，周围堆积一圈白色松脂。一般1头成虫至少危害10个松梢，4月下旬至5月上旬离开嫩梢，寻找衰弱树与林中贮放原木侵入。雌虫先侵入并构筑交尾室，然后雄虫进入交尾。卵密集产于母坑道两侧，每雌虫平均产卵79粒，最多140粒。5月卵孵化，幼虫期15~20d。坑道为单纵坑。筑于树皮内，微触及边材。母坑道一般5~6cm，最长14cm，子坑道在母坑道两侧，约10~15条，与母坑道略呈垂直。6月化蛹，7月新成虫出现并侵入健康木危害，10月开始下树，集中于松树基部做盲孔或侵入风倒、风折木内越冬。阳坡较阴坡先受害，立地条件差的林木先受害，衰弱树易受害，林缘树较林内树受害严重。

（5）防治技术。应采取营林措施、生物防治相结合的技术与管理方法综合防治纵坑切梢小蠹。

①营林措施。及时伐除受害木，并实行剥皮或熏蒸处理。伐倒原木要及时运出林外，伐根要尽量低。不能及时运出时，在3月底前采取剥皮处理。剪除被害枝梢，以消灭成虫。

②生物防治。采取设置诱饵木诱集成虫等3项措施消灭纵坑切梢小蠹害虫。

设置诱饵木诱集成虫：成虫未扬飞前，采用衰弱木或新采伐原木，按每800m²设置1~2根诱饵木。将饵木锯成2m长，置于林缘或林间空地，引诱成虫前来产卵。待饵木中新的子坑道大量出现而幼虫尚未化蛹时，将其运出林外，进行剥皮或浸水处理。

成虫期诱杀成虫：在林间设置诱捕器，利用信息素诱集并杀灭雄成虫。一般中度危害区设置3~7个/hm²，重度危害区8~10个/hm²，高度危害区12~15个/hm²。诱捕器设置间距50~100m。设置在林缘空地的诱捕器，距林缘10~25m，诱捕器最小间距应在20m以上。每天要检查引诱情况，及时处理诱捕器内的成虫。

喷施粉拟青霉菌粉防治：于每年1~2月（梢转干始期），在林间多次喷施粉拟青霉菌粉防治纵坑切梢小蠹害虫，用药量为 15kg/hm^2。

2.2 横坑切梢小蠹防治

（1）分布与危害。横坑切梢小蠹 *Tomicus minor* Hartig 在我国主要分布于黑龙江、吉林、辽宁、江西、河南、四川、云南等地区，成虫、幼虫在树皮和边材之间筑坑道，成虫蛀食松枝梢头补充营养危害，阳坡较阴坡先受害，立地条件差的林木先受害，衰弱树易受害，林缘树较林内树受害严重。被害木易风折，森林火灾或其他病虫危害造成树势衰弱或林地卫生状况差等是该虫发生和成灾的有利条件。

（2）寄主。横坑切梢小蠹的寄主主要是油松、黑松、马尾松、云南松、红松、樟子松。

（3）危害症状。横坑切梢小蠹的母坑道为复横坑，由交配室分出左右两条横坑，稍呈弧形；在立木上弧形的两端皆朝向下方，在倒木上则方向不一。子坑道短而稀，一般长约 2~3cm，自母坑道上、下方分出。蛹室在边材上或皮内。在边材上的坑道痕迹清晰。

（4）生物学特性。横坑切梢小蠹害虫与纵坑切梢小蠹形态和生物学特性极为相似。在东北 1 年发生 1 代，成虫在被害嫩枝内蛀道或土内越冬。翌年 4 月成虫离开越冬场所，飞上树冠侵入去年生嫩梢补充营养，侵入孔圆形，周围堆积松脂。自下向上逐渐深入嫩梢髓部，蛀食一段时间后，退出旧孔，另蛀新孔。可侵入健康木，补充营养后离开嫩梢，潜入衰弱树干、枝皮层。母坑道为复横坑，子坑道在母坑道两侧。雌虫先侵入并构筑交尾室，然后雄虫进入交尾。每头雌虫产卵 40~50 粒，卵期 9~10d，产卵期长达 2 个多月。5 月下旬孵化，由母坑向两侧危害，6 月在子坑道末端化蛹。6~7 月新成虫出现，蛀入新梢补充营养，9 月又蛀入枝干危害和越冬。

（5）防治技术。采取营林措施、生物防治、化学防治相结合的技术与管理方法综合防治横坑切梢小蠹。

①营林措施。加强林木经营管理，增强树势，提高抵御害虫侵入能力。采伐的原木要及时运出林外，伐根尽量要低。不能及时运出时，在 3 月底前剥皮或熏蒸处理。剪除被害松枝，消灭成虫。该法适用于小面积低矮树受害林区。

②生物防治。采取放置诱饵木灭卵等 2 项措施进行生物防治横坑切梢小蠹害虫。

放置诱饵木灭卵：成虫未扬飞前，采用衰弱木或新采伐原木，按每 800m^2 放 1~2 根诱饵木诱集成虫。将饵木锯成 2m 长，置于林缘或林间空地，引诱成虫前来产卵。待饵木中出现大量新子坑道时，将其运出林外，进行剥皮或浸水处理。

设置诱捕器捕杀：在成虫期，于林间设置诱捕器，利用性信息素诱集并杀灭雄成虫。一般中度危害区设置 3~7 个/hm^2，重度危害区 8~10 个/hm^2，高度危害区 12~15 个/hm^2。诱捕器设置间距 50~100m。设置在林缘空地的诱捕器，距林缘 10~25m，诱捕器最小间距应在 20m 以上。每天检查引诱情况，及时处理诱捕器内的成虫。

③化学防治。早春成虫出蛰前，在树干基部喷施 40%氧化乐果、80%敌敌畏乳油 100~200 倍液。施药前将树干基部土壤扒开，喷药后再将土培成比原先高 5cm 以上的土堆。在转梢危害时期，可采用 48%乐斯本乳油 800 倍液、5%锐劲特悬浮剂 1000 倍液、1.8%阿维菌素乳油 1000 倍液、4.5%高效氯氰菊酯乳油轮换喷雾或喷粉。

2.3　云杉八齿小蠹

（1）分布与危害。云杉八齿小蠹 *Ips typographus* L. 在我国主要分布于吉林、黑龙江、四川、陕西、甘肃、青海、新疆等地区，以吉林、青海发生危害为重。该小蠹虫是危害天然成、过熟云杉林的次期性害虫，成虫和幼虫取食被害木韧皮部，使林木输导组织遭到破坏，水分、养分无法传输，逐渐干枯死亡。

（2）寄主。云杉八齿小蠹的寄主主要是红皮云杉、鱼鳞云杉、天山云杉、雪岭云杉、紫果云杉、青海云杉、冷杉、红松、黑松、樟子松、兴安落叶松等。

（3）危害症状。云杉八齿小蠹主要寄生在树干中下部，成虫从树皮鳞片缝隙处钻孔侵入，筑坑道于韧皮部与边材之间，多为复纵坑。成虫和幼虫取食韧皮部，破坏林木的输导组织。最初危害特征不明显，严重时针叶变黄绿而脱落，和其他小蠹一起造成林木大面积枯死，而以红皮云杉、鱼鳞云杉与雪岭云杉受害最为严重。

（4）生物学特性。云杉八齿小蠹在生长白山林区1年发生3代，以成虫越冬。大部分成虫在枯死树皮下或旧坑道内越冬，少数成虫在受害树下的枯枝落叶层和土层中越冬。翌年4月中下旬开始活动，5月上旬侵入树干，开始蛀坑道产卵。第1代幼虫于6月中旬老熟。羽化后于6月下旬至7月上旬继续侵入树干，蛀道产卵危害。第2代幼虫于7月下旬老熟。第2代成虫于8月上旬产卵，第3代幼虫于8月中下旬老熟，陆续进入成虫期。发育期不整齐。此虫最初危害症状不明显，仅在侵入孔下或树基地面有褐色木屑，树干有流脂，以后针叶失去光泽，变黄绿而脱落，8月下旬更为明显。此虫多寄生于树干中、下部，在林缘立木上的分布可由树干基部到树梢部，有时也能危害粗达5cm以上的枝条下部。

（5）防治技术。应采取营林措施、生物防治、化学防治相结合的技术与管理方法综合防治云杉八齿小蠹。

①营林措施。及时伐除和清理被害木、林间倒木与过高伐根，并将其运离林区、就地销毁或对虫害木进行熏蒸处理。须加强抚育，保持林内卫生。

②生物防治。5月下旬或7月中下旬，选择去枝丫、梢头2m长的饵木诱杀成虫，以3~5根为1组，下面加垫木平铺20cm，设置8~10处/hm²。当小蠹蛀入木段高峰期过后，要进行剥皮或化学药剂处理。设置聚集信息素诱捕器，1~3个/hm²。

③化学防治。对虫源地周围树木和不能及时清理的树木，在小蠹虫每次扬飞前，喷洒8%氯氰菊酯微囊悬浮剂200~400倍液。在树干基部至中部，包塑料布，内投磷化铝3~5片密闭熏杀等。

2.4　红脂大小蠹

（1）分布与危害。红脂大小蠹 *Dendroctonus talens* LeConte 于1998年秋季始现于我国山西沁水、阳城等地区，此后，陆续在山西油松林集中分布区从南到北大面积暴发成灾。1999年秋，河北、河南相继发现大面积灾情。2001年5月，陕西延安等地也发现该虫危害。红脂大小蠹主要危害胸径在10cm以上成材松树的主干和主侧根，以及新鲜油松的伐桩、伐木，以成虫或幼虫取食松树韧皮部形成层，严重时造成整株树木死亡。

（2）寄主。红脂大小蠹的寄主主要是油松、白皮松、华山松、樟子松等。

（3）危害症状。红脂大小蠹侵入部位多约在树干基部至 1m 处，在干基侵入孔处，可见中心有红褐色漏斗状孔或不规则凝脂块。虫口密度较大，受害部位相连形成环剥时，可造成整株树木死亡。

（4）生物学特性。红脂大小蠹在山西 1 年发生 1 代。以成虫、幼虫和少量的蛹在树干基部或根部皮层内越冬。越冬成虫于 4 月上旬开始出孔扬飞，5 月中下旬为扬飞盛期，6 月中下旬扬飞结束。成虫产卵始期于 5 月中旬，6 月上旬为产卵盛期。初孵幼虫始见于 5 月下旬，6 月中旬为孵化盛期，7 月下旬为化蛹始期，8 月中旬为化蛹盛期，8 月上旬成虫羽化，8 月下旬为羽化始盛期，9 月上旬为盛期，成虫羽化后栖息于韧皮部与木质部之间，进行补充营养后，进入越冬阶段。越冬幼虫于 5 月中旬化蛹，6 月下旬为化蛹始期，7 月中旬为盛期。7 月上旬成虫羽化，下旬为羽化盛期。但由于幼虫大部分在树基和根部皮层内越冬，且虫龄不整齐，7～10 月上旬林内一直有成虫扬飞侵害。成虫产卵始期于 7 月中旬，8 月上中旬为盛期，孵化始于 7 月下旬，8 月中下旬为孵化盛期，以老熟幼虫和 2～3 代龄幼虫在韧皮部与木质部之间越冬。越冬成虫的子代和越冬幼虫于翌年发育成子代，两代世代交替、重叠。所以除冬季见不到卵外，其他虫态全年可见。

（5）防治技术。应采取营林措施、生物防治、化学防治相结合的技术与管理方法综合防治红脂大小蠹。

①营林措施。伐除林内受害严重的枯死木、濒死木；伐除木要用磷化铝片统一进行熏蒸处理。

②生物防治。采取人工设置饵木诱杀、设置诱捕器捕杀的措施进行防治。

设置饵木诱杀：设置饵木引诱成虫，饵木应设置在郁闭度低、阳坡地段的成熟林和过熟林内，以利于最大限度地发挥饵木的作用。

设置诱捕器捕杀：于成虫扬飞期，在林间每隔 20～50m 悬挂 1 个诱捕器。

③化学防治。采取立木熏蒸、虫孔注药方法进行有效防治。

立木熏蒸方法：在树干距地面 50cm 处，用手锯绕树干锯一周凹槽，深至树皮裂缝处，刨开树干基部 30cm 范围内的土层，将厚 0.06mm、宽 1m 的塑料布裁成梯形围绕树干一周，塑料布上缘用线绳嵌入凹槽绑紧，地面处塑料布边缘至少距基 30cm 且呈裙状，边缘用土埋实，内置 3～4 片磷化铝片剂，之后将塑料布接口处用胶带黏牢即可。或用鳞化铝在树干基部 10～15cm 周围的土层内均匀的扎 4 个孔，孔深 20～30cm，每孔内放 1～2 片磷化铝片剂，用土掩埋踏实来熏杀根部害虫。

虫孔注药方法：于成虫羽化尚未出孔前，在树干、树基部喷洒西维因等油剂。40%氧化乐果乳油 5 倍稀释液虫孔注药。先用铁丝等工具将排粪孔清理干净，每虫孔注入稀释液 5mL，而后用凝脂或湿土将虫孔堵严。

2.5　落叶松八齿小蠹

（1）分布与危害。落叶松八齿小蠹 *Ips subelongatus* Motschulsky 在我国主要分布于河北、山西、内蒙古、辽宁、吉林、黑龙江、山东、浙江、云南、甘肃、新疆等地区，以吉林、黑龙江和内蒙古东部危害尤重。常因林地过火、局部干旱造成林木树势衰弱后，作为次期性害虫的先锋虫种侵害，并猖獗成灾。主要以幼虫、成虫蛀食韧皮部、边材，对树冠部、基干部或全株皮层危害，破坏林木输导组织，导致树木生长衰弱至枯死。为我国北方落叶松林的主要害虫。

（2）寄主。落叶松八齿小蠹的寄主主要是兴安落叶松、长白落叶松、华北落叶松、日本落叶松，樟子松、红松、赤松、红皮云杉、鱼鳞云杉等也有发生。

（3）危害症状。落叶松八齿小蠹主要产卵于寄主树干部，从干基到较粗树干均可侵入危害。幼虫期在树干韧皮部取食，坑道为复纵坑，通常是1上2下，形成倒"Y"字形。严重发生时可使被害树木树皮呈片状脱落，极易引发天牛类害虫侵入，从而加重危害。

（4）生物学特性。落叶松八齿小蠹在黑龙江1年发生2代，在第1、第2代之间存在明显的姊妹世代。主要以成虫在枯枝落叶层、伐根与楞场原木皮下越冬，少数个体以幼虫、蛹在寄主树皮下越冬。1年内出现3次扬飞高峰。第1次为越冬成虫扬飞，开始于5月上旬，5月中旬为高峰期。第2次为姊妹世代和新成虫扬飞，开始于6月下旬，7月中旬为高峰期。第3次为第2代与姊妹世代新成虫的扬飞，8月中旬为高峰期。蛀食坑道在边材上清晰可见，母坑道复纵坑在立木上通常1上2下呈倒"Y"字形，在倒木上3条成放射状向外伸展，长约15cm，最长达40cm。可持续2~4年，以致形成虫源地。

（5）防治技术。应采取营林措施、生物防治、化学防治相结合的技术与管理方法综合防治落叶松八齿小蠹。

①营林措施。及时伐除、清理虫害树木，及时除害处理或运离林区或就地销毁，防止扩散。除害处理时，将被害原木、松杆集中在一起，在小蠹虫扬飞前实行熏蒸处理，药剂可采用磷化铝$4g/m^3$、溴甲烷$16g/m^3$。

②生物防治。饵木诱杀，在小蠹虫扬飞前，将新采伐下的落叶松杆作诱饵设置于林间。长约1~2m，设置林内显眼处，放置1堆/hm^2，每堆为15~30根。小蠹虫产卵后，将饵木回收剥皮处理，以消灭其幼虫。

③化学防治。在小蠹虫扬飞前2~3d，以8%氯氰菊酯微囊悬浮剂200~400倍液喷洒虫源木、虫源地周围树木和不能及时清理的树木。在卵期、幼虫期和蛹期，对树干基部至中部包裹塑料布，内投3~5片磷化铝片密闭熏杀。虫孔注射吡虫啉等，树干涂白涂剂与磷化铝堵孔。

2.6　柏肤小蠹

（1）分布与危害。柏肤小蠹 Phloeosinus aubei Perris 在我国主要分布于北京、河北、辽宁、江苏、山东、河南、四川、云南、陕西、青海、新疆等地区。成虫进行补充营养期危害枝梢，幼虫蛀干，危害林木干、枝，影响树形、树势，造成枯枝和树木死亡。常和双条杉天牛 Senmnotus bifasciatus 混合危害，加速柏树的死亡。

（2）寄主。柏肤小蠹的寄主主要是侧柏、桧柏、龙柏、蜀桧、刺柏、杉木、油松、榆叶梅、红叶李等树木。

（3）危害症状。柏肤小蠹成虫补充营养时蛀空枝梢，导致被害梢枯黄，遇大风即折断，影响树木生长和树冠形状。繁殖期危害树干和大枝，幼虫在木质部和韧皮部之间取食，破坏输导组织，严重时整株树木枯黄甚至死亡。严重时常见树下有成堆被咬折断的枝梢。

（4）生物学特性。柏肤小蠹在山东1年发生1代，以成虫在柏树枝梢内越冬。翌年3~4月间陆续飞出。雌虫寻觅生长势弱的侧柏、桧柏蛀圆形侵入孔侵入皮下，雄虫跟踪进人，并共同筑成不规则的交配室，在内交尾，交尾后的雌虫向上咬筑单纵母坑道，并沿坑道两侧咬筑卵室在其中产卵。在此期间，雄虫在坑道将雌虫咬筑母坑道产生的木屑由侵入孔推出孔外。4月中旬出现初孵幼虫，由卵室向外沿边材表面（主要在韧皮部）筑细长而弯曲的幼虫坑道。5月中下旬老熟幼虫在坑道末端与幼虫坑道呈垂直方向咬筑1个深约4mm的圆筒形蛹室，在其中化蛹，蛹室外口用半透明膜状物封住。成虫于6月上旬开始出现，成虫羽化期一直延续到7月中旬，6月中下旬为羽化盛期。羽化后沿羽化孔向上爬行，经过一段时间即飞向健康柏树树冠上部或外缘树枝梢，咬蛀侵入孔向下蛀食，进行补充营养。枝梢常被蛀空，遇风吹即折断。

（5）防治技术。应采取营林措施、生物防治、化学防治相结合的技术与管理方法综合防治柏肤小蠹。

①营林措施。及时清除虫源木、风折木、风倒木、濒死木与过高伐根等小蠹虫滋生场所，并集中处理，保持林间卫生。

②生物防治。保护和释放管氏肿腿蜂。在成虫转移蛀孔侵入柏树前，对受害柏树附近堆放2cm以上新鲜柏枝、木段进行诱杀，第一批产的卵发育至老熟幼虫时，将饵木剥皮或采用药剂、水浸等处理。

③化学防治。在小蠹虫每次扬飞前2~3d，用8%氯氰菊酯微囊悬浮剂200~400倍液喷洒虫源木、虫源地周围树木和不能及时清理的树木。在树干基部至中部，包塑料布，内投3~5片磷化铝片密闭熏杀，或对虫孔注射吡虫啉等。

2.7　松褐天牛

（1）分布与危害。松褐天牛 *Monochamus alternatus* Hope 又名松褐天牛、松天牛，在我国主要分布于河北、江苏、浙江、安徽、福建、江西、河南、山东、湖南、湖北、广东、广西、重庆、四川、贵州、云南、西藏、陕西等地区。主要以幼虫危害生长势弱树木或新伐倒木韧皮部及其木质部，成虫啃食嫩皮补充营养，破坏、切断输导组织，影响水分、养分运输，严重影响松树生长，造成松林成片枯死。成虫是松材线虫的主要传播媒介。

（2）寄主。松褐天牛的寄主主要是马尾松、黑松、湿地松、赤松、油松、华山松、云南松、思茅松、雪松、落叶松、冷杉、云杉等。

（3）危害症状。松褐天牛成虫补充营养期间在1~2年生嫩枝上取食，产卵部位1~2龄幼虫在内皮和边材取食，形成不规则平坑，3~4龄后侵入木质部3~4cm，蛀凿"U"形坑道。

（4）生物学特性。松褐天牛发生世代数随地理位置不同而略有不同。在浙江、安徽1年发生1代，在广东1年2~3代，以2代为主。以老熟幼虫在木质部坑道中越冬。浙江翌年3月下旬，越冬幼虫开始在虫道末端蛹室中化蛹，4月中旬即有成虫开始羽化，成虫羽化后从木质部内咬一圆形羽化孔外出，5月为成虫活动盛期。成虫羽化后活动分3个阶段，即移动分散期、补充营养期和产卵期。补充营养时，主要在树干和1~2年生嫩枝上，以后则逐渐移向多年生枝取食，成虫喜食2年生枝，喜在衰弱木和新伐倒木上产卵。产卵前在树干上咬刻槽。成虫是传播线虫的媒介，成虫从木质部中外出后，体表和虫体的气管系统携带大量的松材线虫，一般在成虫补充营养时，很快释放出松材线虫。

（5）防治技术。应采取营林措施、物理防治、生物防治、除害处理、化学防治相结合技术与管理方法综合防治松褐天牛。

①营林措施。伐除病死树、疑似感病木、衰弱木，对发生严重松林，实施局部皆伐。伐除时，不残留直径 1cm 以上松树枝丫。要尽可能要刨除伐除木伐根，或用虫线清等化学药剂进行喷淋后罩塑料薄膜再覆土，或投放磷化铝 1~2 粒后罩塑料薄膜覆土进行熏蒸处理。

②物理防治。虫害木伐倒后，剖成厚度小于 2cm 木板，可杀死绝大多数松褐天牛。人工捕捉松褐天牛成虫，以锤击法杀灭卵和皮下小幼虫。

③生物防治。采取设置饵木诱杀、设置诱捕器诱杀、释放天敌捕杀、菌粉菌液杀虫方法防治。

设置饵木诱杀：诱饵木间隔 100m 以上，每点砍伐活松树 1 株，分成 3 段，堆成三角形架，枝丫堆放在三角架下，间隔一定时间在三角架上添加 1 段新伐树段。

设置诱捕器诱杀：于成虫期在林中设置诱捕器，可监测其发生与种群变动情况。撞板漏斗型诱捕器效果最佳。也可用衰弱或较小的松树作为诱饵木引诱松褐天牛集中产卵，在诱木基部离地面 30~40cm 处的 3 个方向侧面，用刀砍 3~4 刀（小树可少些），刀口深入木质部约 1~2cm，刀口与树干大致成 30°角，用注射器把引诱剂注入刀口内，引诱剂使用浓度为 1:3，施药量（mL）大致与诱木树干基部直径（cm）相当，于每年秋季将诱饵木伐除并进行除害处理，杀死其中所诱天牛。

释放天敌捕杀：在林间释放管氏肿腿蜂或花绒寄甲防治松褐天牛幼虫。要注意保护管氏肿腿蜂和招引啄木鸟等天敌。

菌粉菌液杀虫：用 25%灭幼脲 Ⅲ 号胶悬剂 1000~1500 倍液，于秋季向纱布袋撒白僵菌粉放置或对侵入孔内注射菌液。

④除害处理。将已被侵害的松木集中在一起，用塑料薄膜密闭熏蒸。或用蒸汽热、炕房热烘处理或恒温 50℃ 条件热处理。

⑤化学防治。使用 2%噻虫啉微胶囊悬浮剂 600mL/hm² 兑水配制成 10L 药液进行飞机喷雾防治或 2000~3000 倍液喷雾；地面超低容量喷雾 8%氯氰菊酯微囊悬浮剂 900mL/hm²；也可插毒签杀死幼虫。

2.8　双条杉天牛

（1）分布与危害。双条杉天牛 *Semanotus bifasciatus* Motschulsky 在我国主要分布于辽宁、北京、河北、河南、山东、山西、陕西、江苏、浙江、湖北、江西、安徽、贵州、四川、福建、广东和广西等地区。主要以幼虫蛀食树干韧皮部和木质部，造成树势衰弱，甚至枯死。

（2）寄主。双条杉天牛的寄主主要是侧柏、桧柏、扁柏、罗汉松等。

（3）危害症状。双条杉天牛幼虫先在皮下蛀食，后钻入木质部，在木质部表面形成一条条弯曲不规则的坑道，树木受害后树皮易于剥落，衰弱木被害后，上部即枯死，连续受害可使整株死亡。直径 2cm 以上的枝条均可被害。

（4）生物学特性。双条杉天牛在山东、陕西 1 年 1 代，以成虫越冬。在北京多数为 1 年 1

代，少数 2 年 1 代，以成虫、蛹和幼虫越冬，翌年 3 月上旬至 5 月上旬成虫出现。3 月中旬至 4 月上旬为盛期。3 月中旬开始产卵，下旬幼虫孵化，幼虫孵化 1~2d 后才蛀入皮层危害，5 月中旬开始蛀入木质部内，8 月下旬幼虫在木质部内化蛹，蛹期约 10d。9 月上旬开始羽化为成虫进入越冬阶段。翌年 3 月上旬开始，成虫咬破树皮爬出，在树干上形成一个圆形羽化孔。成虫爬出后不需要补充营养。雌雄成虫都可多次交尾，并有边交尾边产卵的习性。每雌产卵平均为 71 粒。卵多产于树皮裂缝和伤疤处，每处产卵 1~10 粒不等，卵期为 7~14d。

（5）防治技术。应采取营林措施、生物防治、化学防治相结合的技术与管理方法综合防治双条杉天牛。

①营林措施。及时清理危害严重且没有挽救价值的树木。清理时要将树根挖出，并对虫害木进行除害处理。

②生物防治。采取设置诱饵木捕杀、释放天敌捕杀进行防治。

设置诱饵木捕杀：在林缘设置粗 5cm、长约 1m 新砍柏树枝或粗 10~20cm，长约 1~2m 柏木以诱杀成虫。成虫期过后，应将所有饵木进行集中处理。

释放天敌捕杀：于 4 月幼虫刚开始孵化，蛀道短，温度适宜，按 2 万头/cm（胸径）释放浦螨或肿腿蜂；6 月选择晴朗天气，采用点株式放蜂法，每株树作为 1 个放蜂点，蜂虫比 5∶1。

③化学防治。在成虫活动期，8%氯氰菊酯微囊悬浮剂 400 倍液喷雾，连续喷 2 次，药效可覆盖整个成虫期。

2.9　萧氏松茎象

（1）分布与危害。萧氏松茎象 Hylobitelus xiaoi Zhang 在我国主要分布于江西、湖南、福建、广东、广西、贵州、四川等地区。主要以幼虫侵害树干基部和根颈部，蛀食韧皮部，严重时切断全部输导组织，导致树木死亡。被害湿地松会大量流脂，从而降低松脂产量。

（2）寄主。萧氏松茎象的寄主主要是湿地松、火炬松、马尾松、华山松、黄山松。

（3）危害症状。萧氏松茎象以幼虫侵害树干基部和根颈部的韧皮部组织。被害湿地松大量流脂。对于不同寄主，幼虫所排出粪便形状、颜色和残留部位也不相同。湿地松上的排泄物呈稀酱状，紫红色或花白色，从地表根茎上溢出或流淌在树皮表面，火炬松和马尾松上的排泄物呈粉状（3 龄前）或条块状（3 龄后），白色或黄褐色，多落在树根茎处的地面上。

（4）生物学特性。萧氏松茎象 2 年发生 1 代，以大龄幼虫在蛀道、成虫在蛹室或土中越冬。2 月下旬越冬成虫出孔、出土活动，5 月上旬开始产卵。卵期 12~15d。5 月中旬幼虫开始孵化，11 月下旬停止取食进入越冬，翌年 3 月重新取食，8 月中旬幼虫陆续化蛹，9 月上旬成虫开始羽化，11 月部分成虫出孔活动，然后在土中越冬，其余成虫在蛹室中越冬。成虫靠爬行活动，极少飞翔。成虫具夜出活动性，即傍晚上树进行取食、交配和扩散等活动，早晨回到树干基部或土缝中。成虫需取食松枝进行补充营养，产卵于树干基部树皮下。卵孵化后即咬食松树皮层，在皮下蛀食一通道，取食韧皮部，在危害后的树皮与木质部之间留下螺旋状或不规则虫道。

（5）防治技术。应采取营林措施、除害处理、物理防治、生物防治、化学防治相结合的技术管理方法综合防治萧氏松茎象。

①营林措施。对虫害严重林分要及时更新改造，中幼林防治应及时修枝间伐。清理杂灌木与

地被物，加强林间卫生。种植山苍子、臭椿等植物。

②除害处理。带虫原木进行剥皮处理，剥下的树皮烧毁、深埋或用 2.5%溴氰菊酯乳油 1500 倍液喷洒毒杀；或用磷化铝片剂熏蒸处理，用药量分别为 20~30g/m³ 和 12~15g/m³，并分别熏蒸 24h、72h。

③物理防治。人工捕杀成虫、幼虫。在幼虫蛀食危害期，可采用小刀等工具剥开虫道或流脂团，顺虫道捉杀幼虫、蛹与成虫，人工挖虫必须持续 2 年以上时间。

④生物防治。使用白僵菌粉剂 50 亿/g 进行喷粉防治，用量 1kg/hm²；1.8%阿维菌素乳油 10 倍液从幼虫排泄孔注药，剂量为 3mL/孔。

⑤化学防治。使用 16%虫线清 50 倍液涂干或 200~300 倍液喷干。

2.10 光肩星天牛

（1）分布与危害。光肩星天牛 *Anoplophora glabripennis* Motsch 在我国主要分布于辽宁、河北、山西、陕西、甘肃、宁夏、内蒙古等地区，主要以幼虫蛀食木质部，成虫补充营养时亦可取食寄主叶柄、叶片与小枝皮层，严重发生时被害树木千疮百孔，风折或枯死，木材失去利用价值。在"三北"地区危害尤重。

（2）寄主。光肩星天牛的寄主主要以杨属、柳属、榆属、槭属等植物为主。

（3）危害症状。光肩星天牛成虫产卵刻槽圆形或唇形，幼虫期树干外部见蛀孔和虫粪，羽化孔圆形，木质部有蛀道，严重时树干上千疮百孔，木质部被蛀空，上部出现枯梢，乃至整株枯死。

（4）生物学特性。光肩星天牛 1 年发生 1 代或 2 年 1 代。卵、幼虫、蛹均能在被害树木内越冬，多数以幼虫越冬。成虫羽化后需补充营养，2~3d 后交尾，在树干上咬出刻槽，卵单产于皮下刻槽内，每头雌虫平均产卵约 30 粒。孵化幼虫取食腐坏的韧皮部与形成层，3 龄末或 4 龄以后蛀入木质部形成坑道，翌年老熟幼虫在坑道末端筑蛹室化蛹。成虫一般于 6 月开始出现，7 月上旬至 8 月上旬为羽化盛期。

（5）防治技术。应采取营林措施、物理防治、除害处理、生物防治、化学防治相结合的技术与管理方法综合防治光肩星天牛。

①营林措施。采取以下 3 种营林技术与管理措施防治光肩星天牛害虫。

利用抗性强杨树种恢复林分。清理被天牛重度危害的衰弱木、濒死木与成过熟林，防治或设计中涉及的树木，可利用伐根萌芽更新或嫁接毛白杨等抗性树种以恢复林分。

新造林时合理配置目的树种、非寄主树种和一定比例的诱饵树种等多树种混林。

在春季叶芽萌动前，采取高干截头等措施，可防治在树干中上部危害的天牛，利用萌芽更新恢复冠形。

②物理防治。人工捕捉成虫。5~6 月或 7~8 月卵期或低龄幼虫期以锤击刻槽，砸死卵与小幼虫。

③除害处理。对采伐后的林木按干、枝、冠分类，枝丫集中处理，树干编号，集中堆垛，在成虫羽化前进行熏蒸、加工利用等灭虫处理。

④生物防治。采取天敌防治法和树干打孔注药措施消灭光肩星天牛害虫。

天敌防治法：保护枯朽的树木和有鸟巢穴的立木，人工挂鸟巢，招引和利用啄木鸟。利用花绒寄甲、管氏肿腿蜂等天敌防治光肩星天牛害虫。

树干打孔注药措施：用 1.2% 阿维菌素微囊悬浮剂 1mL/cm 对树干打孔注药。

⑤化学防治：采取以下 4 种化学防治技术与管理措施防治光肩星天牛害虫。

采用 50% 杀螟松乳油 100~200 倍液或 40% 乐果乳油 200~400 倍液对树干上的卵刻槽与排粪孔喷施，杀灭卵和皮下小幼虫。

在 2 龄以上幼虫至蛹期，疏通天牛排粪孔后，插入毒签（一般为磷化铝），或向内注入或塞入药剂，最后用泥封口。

对实施喷药等其他措施防治困难的高大树木，采取树干打孔注药，药剂有：5% 吡虫啉乳油 0.3~0.5mL/cm，或 3 倍液，1mL/cm；30% 氯胺磷乳油 5~10 倍液，0.7~1mL/cm（可根据情况适当加大稀释倍数，避免药害）。

对树干、大侧枝、树冠喷雾，使用 8% 氯氰菊酯微囊悬浮剂 300~500 倍液，常量喷雾或 100~500 倍液，超低量喷雾；3% 高效氯氰菊酯微囊悬浮剂 400~600 倍液，常量喷雾或低量喷雾（仅限应急防治）。成虫期用 2% 噻虫啉微囊悬浮剂 2000~3000 倍液，常量喷雾；或以 1% 噻虫啉胶囊粉剂 $3kg/hm^2$ 与 3~4kg 轻钙粉拌匀，喷粉。

2.11　云斑白条天牛

（1）分布与危害。云斑白条天牛 *Batocera horsfieldi* Hope 在我国主要分布于上海、江苏、广东、浙江、河北、陕西、安徽、江西、湖南、湖北、福建、广东、广西、四川、云南等地区。以幼虫在树干内蛀食危害，树干基部几乎被蛀空，极易折断，造成树势衰弱，严重时树干枯死，对树木材质造成严重损害。

（2）寄主。云斑白条天牛的寄主主要是白蜡、桑树、柳树、乌桕、女贞、泡桐、枇杷、杨树、苦楝、悬铃木、柑橘、紫薇等。

（3）危害症状。云斑白条天牛的初孵幼虫在韧皮部蛀食呈"△"状刻痕，受害部位变黑，树皮胀裂，并排出木屑和虫粪，堆积于树干基部。羽化孔和产卵刻槽均为圆形。

（4）生物学特性。云斑白条天牛在上海 2~3 年完成 1 代，以幼虫和成虫在虫道内越冬。4 月中旬出现成虫进行补充营养、交尾和产卵。卵大多产于距离地面 1m 以下树干基部，咬 1 个圆形或椭圆形刻槽，产卵于其上方，每穴产卵 1 粒。树干周围一圈可连续产卵 10~12 粒。每雌虫产卵约 40 粒。7 月初，初孵幼虫先在韧皮部蛀食，呈"△"状刻痕，被害部位树皮突胀、纵裂，并排出木丝状粪屑，堆积于树干基部。单株有多条幼虫蛀食，以后渐蛀入木质部，深达髓部，再转向上蛀，虫道略弯曲。老熟幼虫在虫道末端做蛹室化蛹。成虫羽化后在蛹室内生活 9 个月才离开树体。

（5）防治技术。应采取营林措施、物理防治、生物防治、化学防治相结合的技术与管理综合防治云斑白条天牛。

①营林措施。新造林时，规划营造目的树种、非寄主树种、抗性树种等多树种混交林。在已发生天牛林带旁，栽植一定比例蔷薇、桑树、构树等诱饵树种林木，并在每年春季修剪使其成丛状；秋季落叶后至春季发芽前，统一清理重度危害的衰弱木、濒死木以及防治规划涉及的寄主林

木。对采伐下来的虫害木严格采取熏蒸、加工、热处理等灭虫处理。

②物理防治。于秋冬季至产卵前，在树干 2m 以下涂白，涂白剂由石灰、食盐、硫黄粉按 5∶0.25∶0.5 的比例，加水 20kg 混合配制。

③生物防治。在幼虫期，以白僵菌 1000 万个分生孢子/mL 稀释液按 5~10mL/虫孔注孔。招引、保护和利用啄木鸟、寄生蜂等该害虫天敌，对其捕杀。

④化学防治。采取成虫羽化期喷雾和幼虫期毒签、堵孔、注入药剂方法进行防治。

成虫羽化期喷雾：使用药剂有 8%氯氰菊酯微囊悬浮剂 300~500 倍液常量喷雾，100~500 倍液超低量喷雾；2%噻虫啉微囊悬浮剂 1000~2000 倍液，常量喷雾；5%噻虫啉悬浮剂 500~750 倍液，常量喷雾；20%噻虫啉悬浮剂 2000~2500 倍液，常量喷雾；48%噻虫啉悬浮剂 5000~7500 倍液，常量喷雾。

幼虫期毒签、堵孔、注入药剂：在幼虫期，清除虫孔内虫粪、木屑，插入毒签、堵孔或注入药剂，用泥封口。主要有磷化铝片 0.1g/虫孔，堵孔；10%吡虫啉可湿性粉剂 100~300 倍液，5~10mL/虫孔，注射。

2.12　青杨脊虎天牛

（1）分布与危害。青杨脊虎天牛 *Xylotrechus rusticus* L. 在我国主要分布于辽宁、吉林、黑龙江等地区。以幼虫蛀干危害为主。成、过熟林被害后极易风折，严重被害木枯死。危害 7~15 年生树木。

（2）寄主。青杨脊虎天牛的寄主主要是杨属、柳属、桦木属、栎属、水青冈属（山毛榉属）、椴树属、榆属等植物。

（3）危害症状。青杨脊虎天牛初孵幼虫向四周扩散，环状钻蛀危害，在树干上形成 1~2m 不等的虫害木段。蛀入孔椭圆形，只危害树木健康部位，同一部位翌年不会重复被害。树干被害部位集中，折干率较高。

（4）生物学特性。青杨脊虎天牛 1 年发生 1 代，以幼虫在木质部内越冬，翌年 4 月上旬越冬幼虫开始活动钻蛀危害，虫道不规则，化蛹前蛀道伸到木质部表面层，并在蛀道末端以木屑封闭。4 月下旬开始化蛹，5 月下旬成虫开始羽化，6 月初为羽化盛期，羽化后进行交尾，6 月中旬产卵，卵成堆状。成虫产卵时直接把产卵器插入树皮裂缝内，几乎不在光滑的嫩枝上产卵，这也是导致主干比侧枝受害严重，下部比上部受害重的原因。6 月中旬至 7 月上旬卵孵化，初孵幼虫即可钻蛀危害，7~8 月一般在韧皮部和木质部之间危害，到 8~10 月全部钻蛀到木质部内取食，10 月下旬停止取食，进入冬眠状态。成虫飞翔能力不强，善于爬行，通常就近、集中产卵于树干老树皮裂缝较隐蔽处，初孵幼虫向四周扩散钻蛀危害，从而在树干上形成 1~2m 不等虫害木段。该虫危害寄主的部位与林龄有关，5~7 年生树木在 1m 以下，8~12 年生树木在 3m 以下，12 年生以上树木在 4m 以下区段受害较严重。

（5）防治技术。应采取生物防治、化学防治相结合的技术与管理方法综合防治青杨脊虎天牛。

①生物防治。在幼虫期，释放管氏肿腿蜂防治。对在韧皮下危害尚未进入木质部的幼龄幼虫，以 3%高渗苯氧威乳油 1000 倍药液树干刷药。

②化学防治。于幼虫期用毒签、磷化铝片堵虫孔，用泥封口。在成虫期、羽化期，喷施 8% 氯氰菊酯微囊悬浮剂，300~600 倍液常量或超低量喷干。使用 2.5% 吡虫啉 10 倍液，5mL/株干基部打孔注射。早春在树干绑缚塑料布，用磷化铝片剂密闭熏蒸树干内幼虫。

2.13 青杨楔天牛

（1）分布与危害。青杨楔天牛 *Saperda populnea* L. 在我国主要分布于黑龙江、内蒙古、辽宁、陕西、甘肃、宁夏、青海、新疆、山东、山西、河北、河南等地区。幼虫蛀食枝干特别是枝梢部分，被害处形成纺锤状瘤，阻碍养分正常运输，使枝梢干枯，易遭风折，或造成树干畸形，呈秃头状，影响成材。在幼树主干髓部危害，可使整株树枯死。

（2）寄主。青杨楔天牛的寄主主要以杨属、柳属的多种植物为主。

（3）危害症状。青杨楔天牛多在 2 年生嫩枝上可见马蹄形产卵刻槽，在枝干、枝梢处常见纺锤形虫瘿，被害枝梢易遭风折形成秃头。如果在幼树主干髓部危害，可使整株树死亡。

（4）生物学特性。青杨楔天牛 1 年发生 1 代，以老熟幼虫在树枝虫瘿内越冬，翌年春天开始化蛹，成虫羽化后常取食树叶边缘作为补充营养，约经 2~5d 后进行交尾，成虫一生可交尾多次，交尾后约 2d 后开始产卵。产卵前先用产卵器在枝梢上试探，然后用上颚咬成马蹄形刻槽，产卵其中，每雌虫平均产卵约 40 粒。初孵幼虫向刻槽两边的韧皮部侵害，10~15d 后，蛀入木质部，被害部位逐渐膨大，形成椭圆形虫瘿，10 月上旬幼虫老熟，将蛀下的木屑堆塞在虫道末端，即为蛹室，幼虫在其内越冬。

（5）防治技术。应采取营林措施、物理防治、生物防治、化学防治相结合的技术与管理方法综合防治青杨楔天牛。

①营林措施。结合秋冬季修枝人工剪除带虫瘿枝条，集中堆放用纱网罩上，待天敌羽化后进行烧毁等处理。

②物理防治。人工砸马蹄形产卵痕迹，每隔 7~10d 砸 1 次，连续进行 2~3 次效果较佳。

③生物防治。于幼虫期，应用管氏肿腿蜂天敌防治。

④化学防治。在树冠、树干上喷洒 8% 氯氰菊酯微囊悬浮剂（绿色威雷）200~300 倍液，300~600 倍液常量或超低量喷干。在幼林期，用吡虫啉 10 倍液点涂被害部位。

2.14 桑天牛

（1）分布与危害。桑天牛 *Apriona germari* Hope 又名桑粒肩天牛。是我国多种林木、果树的重要害虫，除黑龙江、内蒙古、宁夏、青海、新疆外，各地区均有发生。主要以幼虫蛀食木质部，成虫也取食树皮造成危害，树木被害后生长不良，树势早衰，降低木材利用价值，影响果实产量。

（2）寄主。桑天牛的寄主主要是柳树、刺槐、榆树、构树、朴树、杨树、苹果、海棠、柑橘、山核桃等树木。

（3）危害症状。桑天牛成虫喜啃食嫩梢树皮，被害伤疤呈不规则条块状，边缘残留绒毛状纤维物。在树干同一方位，可见有顺序向下排列的圆形排泄孔。产卵刻槽呈"川"字形。

（4）生物学特性。桑天牛在广东、海南 1 年 1 代，江西、浙江、江苏、湖南、湖北、河南 2

年1代，辽宁、河北2~3年1代。以幼虫在树干蛀道内越冬，幼虫期长达2年。第3年6月初化蛹，6月下旬羽化。成虫只有取食构树、桑、无花果等桑科植物嫩梢、枝皮补充营养，才能完成发育至产卵。多将1年生皮层咬成"川"字形刻槽，卵单产于皮下刻槽内，每雌平均产卵约100粒。孵化幼虫先在韧皮部和木质部之间向上蛀食，然后蛀入木质部，转向下蛀食，逐渐深入心材，如植株矮小，下蛀可达根际，每隔一定距离向外咬1排粪孔。在上海，6月初化蛹，6月下旬出现成虫，成虫寿命可达80d，有假死性。

（5）防治技术。应采取营林措施、物理防治、生物防治、化学防治相结合的技术与管理方法综合方法防治桑天牛。

①营林措施。尽量避免在有桑天牛危害的杨树周围栽植桑树、构树、栎树和小叶朴等桑天牛成虫补充营养的树种。也可保留桑天牛成虫补充营养树种，作为诱饵树，捕杀成虫或每隔一定时间对诱饵树喷施1次药剂杀灭成虫。

②物理防治。在卵期或初孵幼虫期锤击刻槽杀卵或初孵幼虫。

③生物防治。大龄幼虫期，注射白僵菌1000万个分生孢子/mL稀释液5~10mL/虫孔。

④化学防治。成虫期，采用8%氯氰菊酯微囊悬浮剂150~300倍常量或超低量喷干，用20%吡虫啉500倍液，0.3mL/cm胸径干基打孔注药。在大龄幼虫期，可在蛀孔插入磷化铝毒签，或用磷化铝片剂、10%吡虫啉可湿性粉剂100~300倍液、2.5%溴氰菊酯乳油400倍液，5~10mL/虫孔，注孔。于卵期、初孵幼虫期，在产卵刻槽5cm×5cm范围内，涂抹50%溴氰菊酯300倍液、40%氧化乐果原液杀卵，或30%氯胺磷乳油5~10倍液喷产卵刻槽（产卵刻槽外露微细木丝），防治未进入木质部的初孵幼虫。

2.15　栗山天牛

（1）分布与危害。栗山天牛 *Mallambyx raddei* Blessig 在我国主要分布于黑龙江、吉林、辽宁、河北、河南、山东、陕西、江苏、浙江、湖南、安徽、湖北、山西、江西、福建、四川、云南等地区。被害树冠枝条大部分干枯，树干千疮百孔，树势衰弱，风折木极多，严重被害木通常枯死，丧失价值。被害严重林分多分布在过成熟林，林龄一般是40~60年生，树木胸径在16cm以上。树龄越大危害越重。

（2）寄主。栗山天牛的寄主主要是辽东栎、蒙古栎、麻栎、槲树、栓皮栎、锥栗、家桑、蒙古桑、泡桐、水曲柳、苹果、梨和柑橘等。

（3）危害症状。栗山天牛使被害树冠枝条大部分干枯，树干千疮百孔，树势衰弱，风折木极多，严重被害木通常枯死，林龄一般为40~60年生、树木直径在16cm以上的成、过熟林被害严重。

（4）生物学特性。栗山天牛3年1代，以幼虫越冬，幼虫期较长，蛀食树干长约1000d，主要蛀食树干，幼虫在蛀道内3次越冬。当年孵化幼虫蜕皮1~2次，到10月中旬开始越冬，11月上旬全部进入越冬状态。越冬幼虫翌年4月上旬开始活动，经过2~3次蜕皮后，11月上旬以4龄幼虫开始越冬。第3年以5~6龄老熟幼虫越冬。蛹、成虫、卵期较短，3个虫态加在一起仅约2个月，成虫需要补充营养，具有趋光、群集性和很强的飞翔能力。

（5）防治技术。应采取营林措施、物理防治、化学防治相结合的技术与管理综合方法防治栗山天牛。

①营林措施。对生长过密或生长势较弱、零星发生的林分进行抚育间伐，伐除遭栗山天牛危害的林木和生长衰弱或过密的林木；对危害较重的中龄林、近熟林实行卫生伐除。抚育强度为天然林15%～20%，人工林10%～20%。混交种植红松、落叶松、云杉、核桃楸、水曲柳等，培育混交林，逐步形成针阔混交林或阔叶混交林。

②物理防治。采用人工捕捉、灯光诱集。在成虫大量羽化前对树干涂白。

③化学防治。成虫期可喷施8%氯氰菊酯300～600倍液防治。涂抹50%溴氰菊酯300倍液、40%氧化乐果原液杀卵，或30%氯胺磷乳油5～10倍液喷产卵刻槽。发现有新鲜粪便排出的虫孔，用细铁丝钩出虫粪，塞入56%磷化铝0.15g，然后用黄泥封堵虫孔。用20%吡虫啉500倍液，0.3mL/cm胸径；干基打孔注药用量按1mL/cm胸径注射。

2.16 锈色粒肩天牛

（1）分布与危害。锈色粒肩天牛 *Apriona swainsoni* Hope 在我国主要分布于河南、山东、福建、广西、四川、贵州、云南、江苏、湖北、浙江等地区。以幼虫蛀食树干危害，造成树势衰弱，严重被害树木枯死，破坏材质。

（2）寄主。锈色粒肩天牛的寄主主要是槐树、柳树、云实、黄檀等。

（3）危害症状。锈色粒肩天牛主要危害主干、主枝，卵多产在直径7cm以上树干基部，卵上覆盖草绿色糊状分泌物。卵孵化后蛀入皮层，蛀入孔即排粪孔，有木屑和粪便排出，悬吊于排粪孔外。蛀道呈"Z"形。羽化孔圆形。

（4）生物学特性。锈色粒肩天牛害虫在山东2年1代，以幼虫在枝干蛀道内越冬。4月上旬开始蛀食危害；5月上旬开始化蛹，成虫出现期始于6月上旬，6月中下旬大量出现成虫。成虫羽化后，爬至树冠，取食新梢嫩皮进行补充营养。该虫不善飞翔，有假死习性。雌成虫多在径粗7cm以上树干产卵。产卵前，先用口器将缝隙底部做成产卵槽，然后将卵产于槽内，再用草绿色糊状分泌物覆盖于卵上。多次产卵。单雌产卵量43～133粒。初孵幼虫蛀入后沿春材部分横向蛀食，不久又向内蛀食。第1年蛀入木质部深可达0.5～5.5cm，第2年4月中旬开始活动，向内蛀至髓心附近后，转而向上蛀食，然后，再向外蛀食。第3年4月上旬开始排出木丝，4月中下旬老熟幼虫蛀食到韧皮部后，这时粪便很少排出树体外，全填塞在树皮下的蛀道内。幼虫历期22个月，蛀食危害期长达13个月。

（5）防治技术。应采取物理防治、生物防治、化学防治相结合的技术与管理方法综合防治锈色粒肩天牛。

①物理防治。直接捕杀天牛成虫；也可利用杀虫灯诱杀。

②生物防治。保护和利用天敌——花绒坚甲进行防治。

③化学防治。在主干基部打孔注药防治卵或初孵幼虫。10%吡虫啉、30%氯胺磷1:5药液，施药量15～20mL/株。

2.17 星天牛

（1）分布与危害。星天牛 *Anoplophora chinensis* Forster 又名柑橘天牛。在我国主要分布于辽宁、河北、山东、河南、湖南、山东、陕西、安徽、甘肃、四川、浙江、广西、贵州、云南等地区。以成虫啃食枝干嫩皮，以幼虫钻蛀枝干危害，造成枝干千孔百洞，被害严重树易风折枯死，影响材质、防护、观赏价值。

（2）寄主。星天牛的寄主主要是杨树、柳树、榆树、刺槐、悬铃木、乌桕、相思树、柑橘、核桃、苦楝、桑树、女贞、樱花等。

（3）危害症状。星天牛的初孵幼虫从产卵处蛀道进入，在树木表皮与木质部之间蛀食，形成不规则的扁平虫道，虫道内充满虫粪，20~30d 后开始向木质部蛀食，常见向上蛀成不规则的虫道，也有向下蛀入根部；并开有通气孔 1~3 个，从中排出似锯木屑粪便，整个幼虫期长达 10 个月，虫道长 20~60cm，宽 0.5~2.0cm。幼虫危害部位在离地面 20cm 以下的树干上占 91.4%，在 20~100cm 之间占 6.3%，钻入地下根部占 2.3%。幼虫共 6 龄。老熟幼虫用木屑、木纤维把虫道两头堵紧，构做蛹室，并在其中化蛹。

（4）生物学特性。星天牛在南方 1 年 1 代，以不同龄期幼虫在被害寄主树木木质部蛀道内越冬。翌年 3 月越冬幼虫继续蛀食危害。4 月上旬开始化蛹，5 月上旬化蛹基本结束。5 月下旬成虫陆续开始羽化，6 月中旬至 7 月上旬为羽化高峰期，羽化后成虫白天飞翔，咬食枝条嫩皮补充营养，之后开始交尾，7 月为产卵盛期，产卵刻槽为"T"形或"八"字形。每雌成虫产卵约为 30 粒，喜欢把卵产在距地面向上 1m 以下胸径 10cm 以上的主树干上，以 15cm 以内为多，每一刻槽产卵 1 粒，产卵后分泌一种胶状物质封口。幼虫龄共 6 龄：初孵幼虫先在刻槽附近向下蛀食表皮和木质部之间，形成不规则扁平虫道，虫道内充满虫粪。1~2 月以后才向木质部蛀食，并向外开通气孔，从中排出粪便，蛀道不规则，并充满木屑虫粪，11 月初开始越冬。

（5）防治技术。应采取营林措施、物理防治、生物防治、化学防治相结合的技术与管理方法综合防治星天牛。

①营林措施。采取伐除与药物熏蒸、截干更新林分、伐根嫁接改造方法进行防治。

伐除与药物熏蒸方法：伐除受害严重林木，并进行除害处理，可采取熏蒸、剖板加工、水浸等方法，必须在成虫羽化前完成。可采用磷化铝（6g/m³）、硫酰氟（40~60g/m³）塑料帐幕熏蒸 3~7d。水浸泡需 30~50d。

截干更新林分方法：对在树干中上部集中危害的天牛，自树干 1.6~1.8m 处截去，并利用截头更新恢复林分。截干时间须要在春天叶芽萌动前实施。

伐根嫁接改造方法：宜边伐边嫁接，间隔较长时间时，应先将伐根表面处理后再嫁接。

②物理防治。6~7 月是成虫羽化期，可在晴天中午前后进行人工捕杀成虫。7 月中旬至 8 月上旬，利用明显刻槽，锤击虫卵和幼虫可采用锤击产卵痕。7~8 月树干基部有产卵裂口和流出泡沫状胶质时，即刮除树皮下的卵粒和初孵幼虫。并辅助涂以石硫合剂或波尔多液等进行消毒防腐。

③生物防治。保护和招引啄木鸟天敌。提高林分自然控制力。挂设木段招引大斑啄木鸟，木段设置数量为 1~1.5 个/hm²。

④化学防治。采用药物插入虫孔、树干涂刷药泥方法进行有效防治。

药物插入虫孔方法：采用磷化锌毒签插入排粪孔并用泥堵孔熏杀。或用 50% 敌敌畏乳油、40% 氧化乐果乳油 20~40 倍液注入或用药棉蘸药塞入虫孔。堵孔时需将蛀孔中的粪便和木屑去除干净，插入毒签后用泥浆密封。

树干涂刷药泥方法：在成虫活动盛期，用80%敌敌畏乳油或40%乐果乳油掺和适量水和黄泥，搅成稀糊状，涂刷在树干基部或距地表30~60cm以下树干上，毒杀在树干上爬行与咬破树皮产卵的成虫和初孵幼虫。

2.18　白杨透翅蛾

（1）分布与危害。白杨透翅蛾 *Paranthrene tabaniformis* Rott. 在我国主要分布于北京、天津、河北、山西、内蒙古、辽宁、吉林、黑龙江、上海、江苏、安徽、山东、河南、四川、陕西、甘肃、青海、宁夏、新疆等地区。主要以幼虫蛀食树干、枝条。枝梢被害后枯萎下垂，抑制顶芽生长，徒生侧枝，杉成秃梢，尤其是苗木主干被害处形成瘤状虫瘿，易遭风折。

（2）寄主。白杨透翅蛾的寄主主要是杨树、旱柳等树木。

（3）危害症状。白杨透翅蛾蛀食植株枝干、侧枝顶梢与嫩芽，在木质部和韧皮部之间钻蛀虫道危害，被害部形成瘤状或圆形虫瘿，造成树苗枯萎和秃梢，风吹后易风折。一般成虫羽化后蛹壳仍留于羽化孔处。

（4）生物学特性。白杨透翅蛾在华北地区1年发生1代，以幼虫在枝干虫道内越冬，翌年4月上中旬恢复取食。5月末开始化蛹，幼虫化蛹时先在距羽化孔约5mm处吐丝把坑道封闭，并在坑道末端做圆筒形蛹室，6月初成虫开始羽化，羽化后蛹壳仍留于羽化孔处。成虫喜光，飞翔力很强，羽化当天便交尾产卵，卵量很大，卵多单产于1~2年生幼树的叶腋、叶柄基部、伤口、树皮裂缝等处，卵期8~17d，幼虫多在组织幼嫩、易于咬破的地方蛀入树皮下，随着幼虫发育钻入髓部，开凿隧道。9月下旬开始越冬。

（5）防治技术。应采取物理防治、生物防治、化学防治相结合的技术与管理方法综合防治白杨透翅蛾。

①物理防治。于冬、秋季幼虫休眠期人工及时剪除虫瘿，然后将虫瘿集中放置待天敌羽化飞出后再集中处理。

②生物防治。在成虫羽化期，用性信息素诱杀成虫。诱捕器设置高度1.2~1.6m，设置数量5个/hm²。当幼虫侵入后，使用白僵菌10⁷个分生孢子/mL稀释液注孔，5~10mL/虫孔。

③化学防治。对树干、枝上涂刷溴氰菊酯泥浆，配法：2.5%溴氰菊酯乳油1份，黄黏土5~10份，加适量水和成泥浆，以毒杀初孵化幼虫。当幼虫侵入后，用磷化铝片剂、10%吡虫啉可湿性粉剂100~300倍液、2.5%溴氰菊酯乳油400倍液药液注孔，5~10mL/虫孔。

2.19　杨干透翅蛾

（1）分布与危害。杨干透翅蛾 *Sphecia siningensis* Hsu 在我国主要分布于青海、甘肃、陕西、山西、内蒙古等地区。以幼虫蛀害8年生以上中龄杨树，危害严重时，树干木质部直至髓心都被蛀空，被害林木的材质严重被破坏。

（2）寄主。杨干透翅蛾的寄主主要以多种杨树为主。

（3）危害症状。杨干透翅蛾以幼虫蛀害8年生以上中龄杨树，在树干基部留下孔状洞穴，蛀道上行呈"L"形。严重危害时，干基部皮层翘裂，树干木质部直至髓心都被蛀空，致使整个树木枯死或从基部风折。

（4）生物学特性。杨干透翅蛾 3 年发生 1 代，当年孵化幼虫蛀入树干后，潜入皮下或木质部内越冬。翌年春活动继续蛀食危害，至 10 月停止取食，第 2 次越冬。第 3 年春又行危害。幼虫入侵后在树干内经过 2 年，危害时间长达 22 个月。成虫 5～10 月分 2 批羽化，刚羽化后在树干静止一段时间开始交尾，有较强飞翔能力，雌虫平均产卵约为 500 粒，卵产在大树基部树皮开裂处。

（5）防治技术。应采取生物防治、化学防治相结合的技术与管理方法综合防治杨干透翅蛾。

①生物防治。于幼虫期，用棉球蘸白僵菌或绿僵菌后堵塞虫孔。在成虫羽化期，利用杨干透翅蛾性信息素诱杀成虫。

②化学防治。在成虫期，使用 2.5% 溴氰菊酯 4000 倍液注射树干。在幼虫期，用磷化铝片堵塞虫孔。对树干涂刷溴氰菊酯泥浆，其配方是：2.5% 溴氰菊酯乳油 1 份，黄黏土 5～10 份，加适量水和成泥浆，以毒杀初孵化幼虫。

2.20　杨干象

（1）分布及危害。杨干象 *Cryptorhynchus lapathi* L. 在我国主要分布于黑龙江、内蒙古、吉林、辽宁、河北、山西、陕西、甘肃、新疆等地区，主要以幼虫在树干内钻蛀危害，造成树木风折，生长衰弱，甚至大片死亡。扩散快，危害重，是杨树毁灭性害虫。

（2）寄主。杨干象的寄主主要是杨树、柳树、桤木、桦树等。

（3）危害症状。杨干象使被害嫩枝具针刺状小孔，叶片呈网状，树干上可见排泄孔，排出黑褐色丝状物，虫道表面颜色逐渐变深呈油浸状，枝干部有刀砍状横裂口。

（4）生物学特性。杨干象在东北地区 1 年 1 代，以初孵幼虫或卵越冬。翌年 4 月下旬幼虫开始活动，卵也相继孵化。6 月中旬幼虫老熟化蛹，8 月中旬成虫羽化交尾产卵。9 月为羽化盛期，初孵幼虫侵害韧皮部，横向钻蛀坑道，从表皮有针状小孔排出黑褐色丝状物，枝干被害处增生形成"刀砍"被害状。随着虫龄增长，幼虫钻入木质部，从树皮表面孔中排出木丝屑。成虫羽化后，在嫩枝、叶片上取食补充营养，在枝上留下针刺状小孔，在叶背啃食叶肉呈网眼状。成虫假死性强，卵产于叶痕和树皮裂缝中。产卵时咬产卵孔，每孔产 1 粒卵，并分泌黑色物将产卵孔塞住，每雌平均产卵 44 粒。成虫寿命 30～40d。

（5）防治技术。应采取营林措施、物理防治、化学防治相结合的技术与管理方法综合防治杨干象。

①营林措施。对有虫株率达 50% 以上已经失去防治价值的林分，应及早皆伐，以清除虫源，减少对周围林分的潜在威胁，并设计选择适宜品种进行林分改造。

②物理防治。在卵期、幼龄幼虫期，锤击卵和幼龄幼虫。在成虫期，清晨时振动树枝，对振落的假死成虫予以捕杀。

③化学防治。采取成虫期喷雾等以下 4 项化学防治技术与管理措施进行有效灭虫。

成虫期喷雾：于成虫出现期，用 2.5% 溴氰菊酯 1000 倍液、50% 吡虫啉 100 倍液、8% 氯氰菊酯微囊悬浮剂 1000 倍液喷雾。

虫孔注射药剂：使用 2.5% 溴氰菊酯乳油 350mL 加 10kg 水，用注射器对蛀入孔和排粪孔注射 1mL/孔，注射后再用塑料薄膜封缠注射部位，可起到延长药效，促进伤口愈合的作用。

药剂点涂虫孔：使用 2.5%溴氰菊酯乳油 350mL 加 10kg 机油，制成混合制剂，用硬毛刷点涂蛀入孔和排粪孔，塑料薄膜封缠。

树干涂毒环：用 2.5%溴氰菊酯乳油 350mL 加 10kg 机油，制成混合制剂，在树干上涂毒环，于成虫羽化期前完成涂环。

2.21　芳香木蠹蛾东方亚种

（1）分布与危害。芳香木蠹蛾东方亚种 *Cossus cossus orientalis* Gaede 在我国主要分布于黑龙江、吉林、辽宁、内蒙古、河北、北京、天津、山东、河南、山西、陕西、宁夏、青海、甘肃等地区。幼虫蛀入枝、干和根颈木质部内危害，蛀成不规则坑道，造成树木机械损伤，破坏树木的生理机能，使树势减弱，形成枯梢或枯枝，树干遇风易折断，甚至整株死亡。

（2）寄主。芳香木蠹蛾东方亚种的寄主主要是毛白杨、新疆杨、小青杨、北京杨、胡杨、欧美杨、沙兰杨、旱柳、垂柳、龙爪柳、白榆、家榆、槐树、刺槐、桦树、山荆子、白蜡、稠李、梨树、桃树与丁香等。

（3）危害症状。芳香木蠹蛾东方亚种的低龄幼虫多聚集于根颈处蛀食皮层，稍大后分散蛀入枝、干及根茎木质部危害，破坏树木生理机能，使树势减弱，形成枯梢或枝、干风折，甚至整株死亡。

（4）生物学特性。在宁夏、甘肃为 2 年 1 代，跨 3 个年度，经过 2 次越冬。幼虫或在薄茧内越冬，多数以幼虫越冬。5 月上旬成虫开始羽化。5 月中旬至 6 月下旬为成虫羽化盛期。成虫羽化后寻觅杂草、灌木、树干等场所静状不动，成虫白天潜伏，夜间活动，以夜晚 20:00~24:00 交尾、产卵活动最为频繁。交尾后即行产卵。卵多产于树冠干枝基部的树皮裂缝与旧蛀孔处。卵成单粒或成堆，35~60 粒为 1 块，无被覆物。雌虫平均产卵量 580 粒。卵期 13~21d。初孵幼虫喜群居，蛀食树干、枝韧皮部，随后进入木质部。被害枝干上常见幼虫排出的粪堆，白色或赤褐色木屑。第 2 年 3 月下旬出蛰活动，4 月上旬至 9 月下旬。中龄幼虫常数头在一虫道内危害，此为该虫种危害最严重时期。至秋末，幼虫老熟后，即陆续由排粪孔爬出，坠落地面，寻觅向阳、松软、干燥处，钻入土深度 33~60mm 处做薄茧越冬。第 3 年春在土壤里越冬后的幼虫离开越冬薄茧，重做化蛹茧。幼虫化蛹前体色由紫红色渐变为粉红色至乳白色。成虫羽化前，蛹体以刺列蠕动至地表。蛹期：雌蛹 27~33d，雄蛹 30~32d。成虫羽化后，蛹壳半露于地表，明显易见。

（5）防治技术。应采取下述营林措施、物理防治、除害处理、生物防治、化学防治相结合的技术与管理方法综合防治芳香木蠹蛾东方亚种。

①营林措施。加强林分抚育管理，防止林分树木机械损伤。清除受害严重的虫源木或受灾严重林带。剪除被害枝梢。

②物理防治。人工钩杀主干和较大枝条虫道内的幼虫。采取人工挖茧，挖茧深度 10~30cm。当幼虫自枝干内爬出准备入土越冬前在地面爬行时，组织人力及时进行搜杀。

③除害处理。对伐除下的虫害木要及时进行除害处理。虫害木除害处理可采取熏蒸、剖板加工、水浸等方法，要随伐随除。可采用磷化铝（6g/m³）、硫酰氟（40~60g/m³）塑料帐幕熏蒸 3~7d；水浸泡需 30~50d。

④生物防治。使用 1.2%苦·烟乳油 800~1000 倍液、Bt 乳剂 500~800 倍液，20%除虫脲 5000~8000 倍液喷施杀灭初孵幼虫。保护和利用天敌控制其害虫危害和蔓延，招引、保护和利用啄木鸟等动物。在成虫羽化高峰期，于 5 月中旬至 8 月中旬利用黑光灯诱杀成虫。悬挂芳香木蠹蛾性信息素诱捕器进行诱杀成虫，将诱捕器悬挂于树干 1.5~2.5m 处，按 45~75 套/hm² 设置，诱捕器间距 50m。

⑤化学防治。对受害树木根部释放辛硫磷粉剂，搅拌均匀后灌水熏杀。在初孵幼虫期，用 2.5%溴氰菊酯 1500~2000 倍液、10%吡虫淋乳油 1500~2000 倍液在树皮裂缝与旧蛀孔处喷施。10%吡虫啉乳油药液、氯胺磷乳油 100~500 倍液、20%氯氰菊酯乳油 100~300 倍液干基打孔注药（0.3mL/cm 胸径）。将磷化铝片剂（3.3g/片），按每虫孔 1/20 片剂量填入树干或根部木蠹蛾虫孔内，或用毒签或棉团蘸药塞入虫孔，外敷胶泥。

2.22 柳蝙蛾

（1）分布与危害。柳蝙蛾 *Phassus excrescens* Butler 在我国主要分布于辽宁、吉林、黑龙江、内蒙古、河北、山东、安徽、江西和广西等地区。幼虫蛀入树干后，向下钻蛀形成坑道，坑道口常呈现环形凹陷，周围有木屑包。受害轻时树势衰弱，严重时易遭风折或整株枯死。

（2）寄主。柳蝙蛾食性很杂，可危害杨树、柳树、榆树、刺槐、银杏、板栗和桦树等 200 多种林木，初龄幼虫可取食杂草。

（3）危害症状。柳蝙蛾幼虫蛀入树干后，向下钻蛀形成坑道，坑道口常呈现环形凹陷，周围有木屑包。受害轻时树势衰弱，严重时易遭风折。

（4）生物学特性。柳蝙蛾大多 1 年 1 代，少数 2 年 1 代，以卵在地面越冬，或以幼虫在树干基部和胸高处的髓部越冬。卵翌年 4~5 月孵化，初孵化幼虫先取食杂草，后蛀茎危害，6~7 月转移木本寄主，蛀茎危害。8 月上旬开始化蛹，8 月下旬羽化为成虫，9 月进入盛期，成虫昼伏夜出，卵产于地面，产卵量大，平均每头雌虫可产卵 2738 粒（685~8423 粒）。

（5）防治技术。应采取营林措施、化学防治相结合的技术与管理方法综合防治柳蝙蛾。

①营林措施。于幼虫地面活动期，清除杂草，及时剪除被害枝，集中深埋或烧毁。枝干涂白防止受害。

②化学防治。在幼虫从地面转移上树期，对地面、树干喷洒 20%速灭杀丁 2000 倍液，40%灭扫利 1000 倍液。用磷化铝片或磷化铝毒签堵孔或 2.5%溴氰菊酯乳油加适量水制成药液，使用注射器注射该药液至虫孔。

2.23 沙棘木蠹蛾

（1）分布与危害。沙棘木蠹蛾 *Holcocerus hippophaecolus* Hua，Chou，Fang et Chen 是我国三北地区特有种，主要分布在内蒙古、辽宁、山西、陕西、宁夏、河北等地区。主要寄生在 20 年生以上沙棘枝干上，以幼虫蛀食根茎以下及主根、大侧根韧皮部与木质部，破坏输导组织而导致树势衰弱，造成整株和成片大面积沙棘林死亡，是沙棘的毁灭性害虫。

（2）寄主。沙棘木蠹蛾的寄主主要是沙棘、沙柳、榆树、山杏、沙枣等。

（3）危害症状。沙棘木蠹蛾幼虫危害沙棘干部、根部，严重时沙棘根部被蛀空，充满紫红色木屑和虫粪，导致植株逐渐腐朽干枯而死亡。

（4）生物学特性。沙棘木蠹蛾4年发生1代，以幼虫在被害沙棘根际主根和大侧根的蛀道中越冬，翌年春开始活动继续取食危害，6月老熟幼虫爬出蛀孔入土化蛹，7月羽化出成虫并交尾产卵，7月下旬孵化幼虫，10月下旬幼虫越冬。成虫具较强趋光性，飞行迅速，夜间在20:00～24:00集中出现并交尾，平均产卵500粒，卵产在树干基部树皮裂缝和靠近根基土中，每次产15～186粒，卵期平均25d。卵孵化后初孵幼虫钻入树皮，并向下蛀食，到翌年可钻入心材危害，并将木屑虫粪从侵入孔排除。因4年1代，历经46个月13个龄期，幼虫同期大小不整齐，分为1年群、2年群，以此类推。老熟幼虫爬出在树冠周围15cm深土中做薄茧化蛹，蛹期约30d。

（5）防治技术。应采取营林措施、除害处理、物理防治、生物防治、化学防治相结合的技术与管理方法综合防治沙棘木蠹蛾。

①营林措施。平茬更新。秋季开始落叶后1周至春季发芽前1周，陕西一般在10月中旬至翌年3月中旬进行平茬更新。对危害程度在30%以上中龄林，根茎在1.5cm以上全部平茬，危害程度在30%以下的只平茬受害株。根据沙棘木蠹蛾生活习性，刨出根茎，留下主根。将地下30cm以上垂直根掏出连同主干取走集中成垛。平茬时要注意保护水平根，不能生拉硬扯，以保证萌芽效果。

②除害处理。将平茬后的沙棘根、干收集堆成1～2m高柴垛，用3%高效氯氰菊酯400～600倍液喷施2次，以杀死根部和干部爬出的幼虫。

③物理防治。于4月下旬至5月上旬（陕西），在成虫羽化高峰期，于傍晚成虫羽化未活动前，在地面与干基捕捉成虫，也可组织人力在沙棘林内挖蛹。

④生物防治。采取以下3种生物防治方法防治沙棘木直蛾害虫。

采用沙棘木蠹蛾性信息素诱杀：每一诱捕器剂量为0.5mg。诱捕器间距离是30～150m。诱捕器悬挂于林带上风头一行林带的两株树之间，诱捕时间为每晚18:30～21:30。

保护和利用天敌捕杀：沙棘木蠹蛾的天敌有榆木蠹蛾黑卵蜂 *Scelio* sp.、榆林沙蜥 *Phrynocephalus* sp. 等，其中，毛缺沟姬蜂 *Lissonota setosa* 是最有利用前途的天敌，可寄生幼虫。

虫孔注射药液：用1亿～8亿孢子/g白僵菌液喷杀幼虫，也可用白僵菌粘膏涂在排粪孔口，或用注射器对蛀虫孔注射5亿～50亿/mL白僵菌液，喷完后用黏土封口。

⑤化学防治。可采取以下3种化学防治方法防治沙棘木蠹蛾害虫。

虫孔注射药液或药片：将地表虫粪与部分土壤清除，露出排粪孔，向排粪孔内注射5倍高效氯氰菊酯稀释液10mL覆土，或将磷化铝片剂（每片3.3g）研碎按每虫孔0.11g或0.165g填入干与根部虫孔内，以熏杀根、干内幼虫。

树木涂药：辽宁6月至10月下旬，每隔30d实施1次树干涂药，阻杀下树转移的当年生小幼虫。也可对尚未蛀入干内的初孵幼虫，使用2.5%溴氰菊酯3000～5000倍液于每年6月中下旬喷干毒杀。

树干基部钻孔注药毒杀干内幼虫：药剂为5%吡虫啉乳油3倍液，施药量按林木平均胸径1.0～1.5mL/cm，外敷胶泥。春季施药效果更佳，秋季较差。

2.24　臭椿沟眶象

（1）分布与危害。臭椿沟眶象 *Eucryptorrhynchus brandti* Harold 在我国主要分布于河北、河南、山西、山东、辽宁、甘肃、陕西、宁夏、北京、上海、江苏、安徽、四川、黑龙江等地区。该虫食性单一，主要以幼虫蛀食枝、干和根部韧皮部与木质部，成虫补充营养时亦可取食寄主叶柄、叶片与小枝皮层。被害树木木质部轻则枝枯，重则整株死亡。

（2）寄主。臭椿沟眶象的寄主主要是臭椿与槭树、苦楝、桑树、杨树、柳树、榆树等。

（3）危害症状。臭椿沟眶象的雌成虫产卵前取食嫩梢和叶片补充营养。初孵幼虫先危害皮层，稍大后蛀食木材部边材，树干被害处向外分泌流胶。羽化孔圆形。产卵部位为嫩枝皮层 2～3mm 处。幼虫随着虫龄增大逐渐深入木质部危害，可造成树势衰弱甚至死亡。

（4）生物学特性。臭椿沟眶象 1 年发生 1 代，虫期发育不整齐，以幼虫在枝、干、根部蛀道内越冬，成虫在椿树干基周围 1～50cm 深表土中越冬。越冬成虫于翌年 4 月中旬开始出现，越冬幼虫于翌年 4 月中旬开始化蛹，成虫一般于 5 月初开始羽化，成虫出现盛期为 5 月下旬至 8 月上旬。成虫羽化后即可交配，雌虫需补充营养，在树干上产卵，每雌虫平均产卵约 40 粒，卵期约为 10d。孵化幼虫取食干部、根部的韧皮部与形成层，以后蛀入木质部形成坑道，翌年老熟幼虫在坑道末端筑蛹室化蛹。幼虫于 11 月中旬越冬，成虫于 10 月底至 11 月上旬越冬。

（5）防治技术。应采取物理防治、化学防治相结合的技术与管理方法综合防治臭椿沟眶象。

①物理防治。在臭椿树干、干部杂草或干基 30～50cm 范围内刨土杀成虫。在成虫盛期，利用其假死性人工捕捉。

②化学防治。采取以下 4 种化学防治方法防治臭椿沟眶象害虫。

使用 4%毒沙（毒土）撒施在树干基部毒杀：撒施 30%辛硫磷可控缓颗粒剂，土壤封闭毒杀。使用 40%辛硫磷乳油 1000mL+50kg 细沙土拌匀制成毒土，可撒施 666.7m²。撒施后尽快浅锄或耧耙。若是灌溉条件允许，施药后田间灌水。

树干基打孔注药防治：蛀入树干木质部幼虫，可在蛀孔插入磷化锌毒签或磷化铝片等，用毒泥堵孔。也可用 20%吡虫啉 0.3mL／cm 胸径、50%氯胺磷乳油 5～10 倍溶液。

喷施药剂防治：对树干和地面杂草，可喷施 2.5%溴氰菊酯 2000～2500 倍液，8%氯氰菊酯微囊悬浮剂 150～300 倍液。

树干涂白防治：树干 1.5m 以下用石硫合剂涂白。

2.25　白蜡窄吉丁

（1）分布与危害。白蜡窄吉丁 *Agrilus planipennis* Fairmaire 又名花曲柳窄吉丁、秽小吉丁、花曲柳瘦小吉丁。在我国主要分布于黑龙江、吉林、辽宁、河北、天津、内蒙古和山东等地区，是木犀科梣属木毁灭性蛀干害虫。以幼虫蛀入树干，在韧皮部与木质部间取食，切断输导组织，在虫口密度低时，有虫道的地方树皮死亡，虫口密度高时，虫道布满树干，造成整株树木死亡。以大叶白蜡受害最为剧烈。

（2）寄主。白蜡窄吉丁的寄主主要是水曲柳、花曲柳、白蜡等。

（3）危害症状。白蜡窄吉丁的幼虫在韧皮部与木质部间形成"S"形虫道，虫道横向弯曲，切断输导组织，在虫口密度低时，有虫道的地方树皮死亡，虫口密度高时，虫道布满树干，蛀道处树皮常纵裂。造成整株树木死亡。

（4）生物学特性。白蜡窄吉丁在北京 1 年发生 1 代，以老熟幼虫在树干蛀道末端木质部浅层内越冬。翌年 4 月上旬开始化蛹，4 月下旬至 6 月下旬为成虫期，产卵期为 5 月下旬至 7 月下旬，卵散产。6 月中旬最早孵化幼虫蛀入树体，在韧皮部和木质部浅表层蛀食。幼虫蛀食部位的外部树皮裂缝稍开裂，可作为内有幼虫的识别特征。幼虫体稍大后即钻蛀到韧皮部与木质部间危害，形成不规则封闭蛀道，蛀道内堆满虫粪，造成树皮与木质部分离。幼虫约经 45d 即可老熟，7 月下旬最早发育成的老熟幼虫，在木质部蛹室越冬，成虫喜光、喜温暖，有假死性，遇惊扰则假死坠地。成虫进行补充营养时，喜取食大叶白蜡、花曲柳、水曲柳树叶，将被害树叶咬成不规则缺刻。

（5）防治技术。应采取营林措施、物理防治、生物防治、化学防治相结合的技术与管理方法综合防治白蜡窄吉丁。

①营林措施。清除受害严重树木，并集中进行除害处理。

②物理防治。利用害虫假死习性，在早晨或傍晚人工震动树干，捕杀落地成虫。

③生物防治。可采取保护与利用天敌、对树冠喷施烟乳油 2 种生物防治方法。

保护与利用天敌：对白蜡吉丁柄腹茧蜂 *Spathius agrili*、白蜡吉丁啮小蜂 *Tetr - astichus planipennisi*、肿腿蜂、蒲螨 *Pyemotes* sp. 等天敌昆虫和啄木鸟进行保护和利用。

对树冠喷施烟乳油：使用 1.2% 苦·烟乳油 1000 倍液对树冠实施喷雾。

④化学防治。使用 10% 吡虫啉可湿性粉剂 3000 倍液喷干封杀出孔的成虫。必须在即将出孔前实施。也可在成虫羽化高峰期，以 10% 吡虫啉可湿性粉剂 3000 倍液树冠喷雾。

2.26 苹果蠹蛾

（1）分布与危害。苹果蠹蛾 *Cydia pomonella* L. 自 20 世纪 50 年代由中亚传入我国新疆，现主要分布新疆、甘肃地区。主要以幼虫蛀果危害，可导致果实成熟前大量脱落和腐烂，是苹果、梨、桃、核桃等果树的果实毁灭性害虫，严重影响着林果产品的生产和销售。

（2）寄主。苹果蠹蛾的寄主主要是苹果、花红、海棠、沙梨、香梨、山楂、野山楂、李、杏、巴旦杏、桃、核桃、石榴以及栗属、榕属（无花果属）、花楸属植物等。

（3）危害症状。苹果蠹蛾幼虫危害后在果实表面有蛀孔或堆积有褐色丝状虫粪或碎屑等。

（4）生物学特性。苹果蠹蛾 1 年发生 1~3 代，以老熟幼虫在果树树干裂缝和根部周围的土壤中越冬，也有部分在堆果场、贮果库与果箱果筐里越冬。成虫羽化后 1~2d 进行交尾产卵。卵多产在叶片正、背面，部分也可产在果实和枝条上，尤以上层叶片和果实着卵量最多。刚孵化幼虫，先在果面上四处爬行，寻找适当蛀入处蛀入果内。蛀入时不吞食果皮碎屑，而将其排出蛀孔外。幼虫从孵化开始至老熟脱果为止。非越冬的当年老熟幼虫，脱离果实后爬至树皮下，或从落在地上的果中爬上树干裂缝处和树洞里作茧化蛹，也可在地面上其他植物残体或土缝中，以及果实内、果品运输包装箱与贮藏室等处作茧化蛹。越冬代成虫一般于 4 月下旬至 5 月上旬开始羽化。

（5）防治技术。应采取物理防治、生物防治、化学防治相结合的技术与管理方法综合防治苹果蠹蛾虫。

①物理防治。及时摘除树上蛀果，清除地表落果与果园中的废纸箱、废木堆、废化肥袋、杂草、灌木丛等所有可能为苹果蠹蛾提供越夏越冬场所的材料。对清理下来的蛀果应集中深埋。在

每年 6 月中旬，用胡麻草或粗麻布在果树主干与主要分枝处绑缚宽 15~20cm 的草、布环，诱集苹果蠹蛾老熟幼虫，10 月果实采收之后取下集中烧毁。期间，可于 6 月下旬至 7 月上旬在草、布环上喷高浓度杀虫药剂，则防治效果更加显著。在苹果蠹蛾越冬代成虫的产卵盛期前，将果实套袋以阻止苹果蠹蛾蛀果危害。

②生物防治。采取以下 3 种生物防治方法防治苹果蠹蛾害虫。

保护天敌进行防治：保护苹果蠹蛾天敌并促进其种群增加。利用鸟类、蜘蛛、步甲、寄生蜂、线虫、真菌等进行防治，还可释放赤眼蜂，喷施苏云金杆菌和颗粒病毒等进行防治。

用性信息素诱杀成虫：于成虫期，综合使用引诱剂和迷向法。采用苹果蠹蛾性信息素诱杀成虫，诱捕器设置密度为 30~60 个/hm²。也可采用单管手挂式迷向散发器防治，悬挂密度 2 根/株，约 1800 个/hm²，可配套悬挂诱捕器检查迷向效果，诱捕器悬挂数量通常 3 个/hm²。

药剂喷雾防治：3%苯氧威乳油 2000~3000 倍液、25%阿维·灭幼脲悬浮剂 2000~3000 倍液、2%阿维·苏云金杆菌可湿性粉剂 1000~2000 倍液、1.2%苦·烟乳油 800~1000 倍液、0.3%苦参碱水剂 800~1000 倍液等药剂，进行喷雾防治。

③化学防治。采取树皮涂刷药剂、喷雾法 2 种化学防治方法防治苹果蠹蛾害虫。

树皮涂刷药剂：冬季果树休眠期及早春发芽之前，刮除果树主干和主枝上的粗皮、翘皮。刮完树皮后，可用 5°Be′的石硫合剂涂刷，或用涂白剂涂刷。将刮除的树皮和越冬害虫全面收集，然后集中烧毁或深埋。

喷雾法：使用 24%虫酰肼悬浮剂 1000~2000 倍液、50%二嗪磷乳油 800~1000 倍液喷雾。

2.27 核桃举肢蛾

（1）分布与危害。核桃举肢蛾 *Atrijuglans hetaohei* Yang 在我国分布广泛，在北京、河南、河北、陕西、山西、四川、贵州、甘肃等地均有发生，是核桃产区主要害虫之一。以幼虫钻入核桃青皮内取食，早期钻入硬壳内的部分幼虫可蛀食种仁，有些蛀食果柄。造成提前落果，有些果实虽然未脱落，但果仁已经变质，干缩变黑失去食用价值。严重影响核桃产量和质量，甚至造成绝收。

（2）寄主。核桃举肢蛾的寄主主要是核桃、核桃楸。

（3）危害症状。核桃、核桃楸受到核桃举肢蛾的侵害后，果实逐渐变黑而凹陷。果仁变质，干缩变黑。

（4）生物学特性。山西、河北 1 年发生 1 代，河南 1 年发生 2 代，在北京、陕西、四川每年发生 1~2 代。以老熟幼虫在树冠下的土内或在杂草、石缝中或树皮缝中结茧越冬。6~7 月化蛹，6 月下旬为盛期，蛹期约 7d。6 月下旬至 8 月上旬大量成虫出现。成虫在傍晚飞翔、交尾、产卵，一般将卵散产在 2 果相接的缝内或萼洼，卵期 58d。幼虫 7~8 月危害，当果径约 2cm 时，幼虫咬破果皮钻入青皮层内，不转果危害。在果内危害期为 30~45d，8~9 月老熟，幼虫老熟后脱果入土化蛹。

（5）防治技术。应采取营林措施、物理防治、生物防治、化学防治相结合的技术与管理方法综合防治核桃举肢蛾。

①营林措施。加强核桃树的栽培技术管理，适时浇水、施肥，适当修剪，疏除雄花。

②物理防治。晚秋或早春深翻树盘，越冬幼虫即被翻入土壤深层而不能羽化出土。挖树盘范围为树冠投影部分，深度20cm以上。幼虫蛀果后大量脱落，应及时收集落果。核桃采收后，要将树下及其周围落叶、杂草等及时清理干净。集中烧毁或深埋土中。

③生物防治。可使用20%除虫脲可湿性粉剂2500~3000倍液对树冠喷雾。

④化学防治。于成虫羽化出土前，在树干周围地面上均匀撒施75%辛硫磷粉剂，或75%辛硫磷乳油，用量为3750~7500g/hm²。施药后要浅锄，使农药与土壤充分混合均匀。在其产卵盛期，使用10%吡虫啉可湿性粉剂1000~2000倍液对树冠喷雾。分为2~3次作业，每次喷药间隔期为10d。

2.28　栗瘿蜂

（1）分布与危害。栗瘿蜂 *Dryocosmus kuriphilus* Yasumastu 又称栗瘤蜂。在我国分布很广，河北、河南、山东、陕西、江苏、浙江、湖北、湖南、四川、云南等地区。该虫在不少板栗产区猖獗成灾。以幼虫危害芽、叶片，使被害芽春季长成瘤状虫瘿、叶片畸形，小枝枯死。严重时影响新梢生长与结实，树势衰弱，枝条枯死，是影响板栗生产的主要害虫之一。

（2）寄主。栗瘿蜂的寄主主要是板栗、锥栗与茅栗。

（3）危害症状。栗瘿蜂使得树木被害芽春季长成坚硬的木质化瘤状虫瘿，使叶片畸形，树势衰弱，小枝枯死。受害严重时，虫瘿比比皆是，很少长出新梢，不能结实。

（4）生物学特性。栗瘿蜂1年发生1代，以初孵幼虫在被害芽内越冬。翌年从4月上旬栗芽萌动时开始取食危害，4月下旬形成虫瘿，被害芽不能长出枝条而逐渐膨大形成坚硬的木质化虫瘿。幼虫在虫瘿内做虫室，继续取食危害，老熟后即在虫室内化蛹。每个虫瘿内有1~5个虫室。5月中旬至6月下旬为蛹期。5月下旬至6月底为成虫羽化期。成虫咬1个圆孔从虫瘿中钻出，成虫出瘿后即可产卵，营孤雌生殖。成虫产卵在栗芽上，喜欢在枝条顶端的饱满芽上产卵，一般从顶芽开始，向下可连续产卵5~6个芽。每个芽内产卵1~10粒，一般为2~3粒。卵期约15d。幼虫孵化后即在芽内危害，于9月中旬开始进入越冬状态。

（5）防治技术。应采取物理防治、生物防治、化学防治相结合的技术与管理方法综合防治栗瘿蜂虫。

①物理防治。在新虫瘿形成期，及时剪除虫瘿与虫瘿周围的无效枝，尤其是树冠中部的无效枝。集中销毁，消灭其中的幼虫。

②生物防治。采取保护和利用天敌、幼虫初孵化时防治2种方法防治该害虫。

保护和利用天敌：寄生蜂有7~8种，其中以长尾小蜂为主，春季树上干瘤内都是寄生蜂幼虫。应将干瘤放在栗园内，待天敌飞走，于6月后烧掉。寄生蜂成虫发生期不喷农药。

幼虫初孵化时防治：1.8%阿维菌素2000~3000倍液或每100L水加1.8%阿维菌素33~55mL喷雾。在春季幼虫开始活动时用50%磷胺乳油涂树干。每株树用药量是20mL。

③化学防治。在成虫脱瘿高峰期，喷洒氰戊菊酯乳剂1500倍液或高效氯氰菊酯+吡虫啉1000~1500倍液实施作业。

2.29　枣实蝇

（1）分布与危害。枣实蝇 *Carpomya vesuviana* Costa 是我国于2007年发现的新入侵有害生物，目前主要分布于新疆局部地区。该虫以幼虫蛀食果肉进行危害，不蛀食枣核和种仁，并引起落果，导致果实提早成熟和腐烂。

（2）寄主。枣实蝇的寄主主要是枣属植物。

（3）危害症状。枣实蝇主要以幼虫蛀食果肉，果面可见斑点、蛀孔，在果实内部蛀食后形成蛀道，并引起落果，导致果实早熟与腐烂。

（4）生物学特性。枣实蝇1年发生代数因分布地区而异，一般6~10代不等，世代重叠，以蛹在寄主植物根部周围的土壤中越冬，也可在堆果场、贮果库以及麻袋、塑料袋等包装材料中以及干枣内化蛹越冬。成虫多在9:00~14:00羽化，白天交配、产卵，晚间在树上歇息，成虫将卵产于表皮下，卵为单产，平均每雌成虫可产19~22粒卵，因枣果种类不同，大小不一，每果一般可产1~6粒卵，甚至更多。幼虫孵化后蛀食果肉并向中间蛀食，1~2龄幼虫是危害枣果的主要龄期。幼虫一般在树冠垂直投影范围内的土壤中化蛹，此外还可在麻袋、塑料带等包装材料与干枣内化蛹。

（5）防治技术。应采取营林措施、物理防治相结合的技术与管理方法综合防治枣实蝇。

①营林措施。对危害严重枣园可采取嫁接换头和向枣树喷洒落花素的方式实行停产休园，停产休园应持续2年以上时间。

②物理防治。可采取以下4项物理防治方法防治枣实蝇害虫。

树下施撒毒土：定期翻晒枣树下与周围的土壤或在树下施撒毒土。

诱杀成虫：使用诱捕器、色板等诱杀成虫。引诱剂可选用糖醋液、甲基丁香酚或引诱剂+马拉硫磷，诱捕器设置密度为15~30个/hm²。发生较重的地方，可增设诱捕器数量。

地表覆盖地膜：在枣林地表覆盖地膜，以阻止羽化成虫飞出危害。

结实期销毁虫害果：应及时捡拾落果，摘除树上虫害果。收集受害枣果应集中销毁。

2.30　红棕象甲

（1）分布与危害。红棕象甲 *Rhynchophorus ferrugineus* Olivier 又称锈色棕榈象、椰子隐喙象。目前在我国除海南分布较广外，广东、广西、福建、上海等地区均为局部发生危害。寄主受害后，叶片发黄，后期从基部折断，严重时叶片脱落仅剩树干，直至死亡，是危害棕榈科植物的重要害虫。在海南，椰树遍布全岛，椰果和槟榔是当地农民收入主要来源之一，由于红棕象甲的危害，对地方经济发展、城镇绿化造成了很大的影响。该虫许多寄主同时也是城市绿化的名贵寄主树种植物。

（2）寄主。红棕象甲的寄主植物主要是椰树、椰枣、海枣、台湾海枣、银海枣、西谷椰子、桃椰、油棕、糖棕、王棕、槟榔、假槟榔、酒瓶椰子、西谷椰子、三角椰子、甘蔗等。

（3）危害症状。红棕象甲的成虫、幼虫均危害棕榈科植物，幼虫孵化后向茎内蛀食，形成隧道并在隧道内留下植株纤维与排泄物。被害组织很快坏死腐烂并发出臭味，受害株初期表现为树冠外围叶子变枯黄，后扩展至树冠中心，心叶也黄萎。一旦受害，轻则导致树苗矮化，树叶易折断掉，严重时树木枯死，树茎易风折。

（4）生物学特性。红棕象甲1年发生2~3代，发育不整齐，世代重叠。成虫在1年中有6月、11月2个明显出现时期。雌虫通常在幼树上产卵，在树冠基部幼嫩松软组织上蛀洞后产卵，有时也产卵在叶柄裂缝、暴露组织或由害虫造成损伤的部位。卵散产，1处1粒，1头雌虫一生可产卵162~350粒。幼虫孵出后即向四周钻蛀取食柔软组织汁液，并不断向深层钻蛀，形成纵横交错的蛀道，取食后剩余的纤维被咬断并遗留在虫道周围。该虫危害幼树时，从树干受伤部位或裂缝侵入，也可从根际处侵入。危害老树时一般从树冠受伤部位侵入，造成生长点迅速坏死，危害极大。老熟幼虫用植株纤维结成长椭圆形茧，结茧后进入预蛹阶段。而后蜕皮化蛹，蛹期8~20d。成虫羽化后，在茧内停留4~7d，直至性成熟才破茧而出。

（5）防治技术。应采取生物防治、化学防治、生物化学防治相结合的技术与管理方法综合防治红棕象甲。

①生物防治。喷洒、虫孔注入质型多角体病毒可感染包括成虫在内的各个虫态。应用斯氏线虫 *Steinernema ribrawae* 和异小杆线虫 *Heteorhabditis* sp. 注孔。利用下盾螨 *Sypoaspis* 寄生蛹和成虫。

②化学防治。在幼虫、成虫期，对树干受害，可用51%除虫菊素+增效醚、丁硫克百威、密啶磷注射进行防治。涂药防治：对树冠受害，可在植株叶腋处填放吡虫啉与沙子的拌合物。根部施入内吸性杀虫剂防治：对于高大受害植株，挖出一条营养根并斜割切口再放入装有10mL内吸性杀虫剂原液玻璃瓶内，瓶口斜向上，并用棉花把瓶口塞牢。

③生物化学防治。幼虫孵化后，至蛀入前，使用40%乐斯本乳油1500倍液或阿维菌素1500倍液喷淋。

3　刺吸式害虫零缺陷防治技术与管理

刺吸式害虫主要包括蚧虫类、蚜虫类、木虱、螨类、蓟马、蜻类与蝉类等害虫。它们刺吸植物组织的汁液，造成植物失绿、叶卷曲等，导致植物因失水衰弱乃至死亡。这类害虫多微小或小型，体外具蜡质，变态复杂。

3.1　松突圆蚧

（1）分布与危害。松突圆蚧 *Hemiberlesia pitysophila* Takagi 在我国主要分布在福建、江西、广东和广西等地区。主要危害松树针叶、嫩梢与球果，且分泌蜡质，以雌虫群栖于寄主的叶鞘内或者针叶、嫩梢、球果上吸食汁液，致使针叶和嫩梢生长受到抑制，被害处变色发黑、缢缩或者腐烂，针叶枯黄，受害严重时针叶脱落，新抽枝条变短、变黄，甚至导致松林大面积枯死，对松林构成严重威胁。

（2）寄主。松突圆蚧的寄主植物主要是马尾松、黑松、晚松、湿地松、火炬松、卵果松、展叶松、短叶松、卡锡松、南亚松、本种加勒比松、巴哈马加勒比松等松属植物。

（3）危害症状。松突圆蚧主要在叶鞘内危害，其次在针叶上危害，使针叶枯黄，造成马尾松大面积枯死，严重危害松林。

（4）生物学特性。松突圆蚧在广东1年发生5代，以4代为主，每年3~5月是该蚧虫发生高峰期，9~11月为低峰期。3月中旬至4月中旬为第1代若虫出现高峰期，以后各代依次为：6月初至6月中旬，7月底至8月中旬，9月底至11月中旬。4~7月是全年虫口密度最大、危害最严重时期。世代重叠，全年都可见到各虫态的不同发育阶段，无明显越冬现象，越冬种群以2龄若虫为主。松突圆蚧传播扩散速度非常迅速，雌蚧虫生命力强，即使在砍伐后的枝叶中日晒

10d，其存活率仍达 70% 以上，可以人为运输，或随动物、雨水传播，所以远距离传播几率大。

（5）防治技术。应采取营林措施、生物防治、化学防治相结合的技术与管理方法综合防治松突圆蚧。

①营林措施。适当实行修枝间伐，保持冠高比为 2：5，侧枝保留 6 轮以上，郁闭度保持在 0.5~0.7。修剪下的带蚧枝条要集中销毁。

②生物防治。花角蚜小蜂 *Coccobius azumai* Tachikawa 为松突圆蚧专性寄生蜂，可产卵寄生和摄食刺死松突圆蚧雌蚧。采用林间小片繁殖种蜂、人工挂放种蜂枝条的办法放蜂定居成功率高。保护和利用当地寄生蜂。种类主要有友恩蚜小蜂和黄蚜小蜂。方法与外引蜂基本相同。在发生区不施用或少用化学药物，对显花类植物采取保护措施和增殖措施可发挥本土寄生蜂的天敌作用。

③化学防治。注干：在树干基部向下 45° 打 1 孔，孔深约为胸径的 1/2，注药后用黏土封住孔口。涂干：在树干距地面高约 1.5m 处，绕树干刮 1 个宽约 20cm 环带，环带仅刮除粗皮，在环带内喷药。注干与涂干药剂组合：使用 40% 杀扑磷乳油（1：5）+40% 毒死蜱乳油（1：5）+40% 氧乐果乳油（1：2.5）混合。以橡胶籽油 3 份和柴油 7 份混合后加入乳化剂配制成混合油剂，50mL/L 对松突圆蚧林间喷雾，飞机喷雾采用 250mL/L 稀释液。

3.2   日本松干蚧

（1）分布与危害。日本松干蚧 *Matsucoccus matsumurae* Kuwana 在我国主要分布于辽宁、山东、江苏、安徽、浙江、上海、吉林等地区。以若虫刺吸危害树木枝干，幼树受害后，致使软化垂枝和树干弯曲。受害树木生长不良、树势衰弱、针叶枯黄、芽梢枯萎，进而树皮增厚、硬化、卷曲翘裂。通常以 5~15 年生树木受害最重。连续多年严重危害，可致树木死亡。

（2）寄主。日本松干蚧的寄主主要以油松、赤松、马尾松为主，其次是黑松、垂枝赤松、黄山松、黄松、琉球松、偃松等。

（3）危害症状。植物受到日本松干蚧的危害后，树干向阳面倾斜弯曲或枝条软化下垂、针叶枯黄脱落和枝梢萎蔫等症状，被害较久的松树，其树皮增厚、硬化、卷曲或翘裂，容易引起次期性病虫害的发生，造成大片松林枯死。

（4）生物学特性。日本松干蚧 1 年发生 2 代，以 1 龄寄生若虫越冬（或越夏）。各代发生时期因气候不同而有差异，南方早春气温回升早，越冬代 1 龄寄生若虫长成 2 龄无肢若虫时期早，成虫期比北方早 1 个多月（越冬代成虫期，北方秋季气温下降早，第 2 代 1 龄寄生若虫进入越冬期比南方亦早）。日本松干蚧雌雄异型。雄成虫一般交尾后即死亡；雌成虫一般能活 5~14d。若虫孵出后，通常活动 1~2d 后，即潜入树皮缝隙、翘裂皮下和叶腋等处。1 龄寄生若虫蜕皮后，触角和足等附肢全部消失，雌雄分化，虫体迅速增大。2 龄无肢雄若虫脱皮后成为 3 龄雄若虫。

（5）防治技术。应采取营林措施、除害处理、生物防治、化学防治相结合的技术与管理方法综合防治日本松干蚧。

①营林措施。实行卫生伐与修枝，清除林内严重被害木、濒死木和被害后极度弯曲下垂枝条及树冠下萌生的无培养前途幼树。改变林内卫生状况，以增强树势。

②除害处理。对疫木除害处理可采取熏蒸、烘烤、焚烧等方法。采用溴甲烷 20g/m³ 在 20℃

下密封熏蒸 24h，或在烘干窑内密封加温至 70℃ 烘烤 6h。必须在成虫羽化前完成。

③生物防治。助迁蒙古光瓢虫 *Exochomus mongol* 和异色瓢虫 *Harmonia axyridis*，保护利用大草蛉 *Chrysopa septempunctata*、枯岭草蛉、益蛉、盲蛇蛉、蚂蚁等捕食性天敌。

捕食性天敌按 1.5 万~2 万头/hm² 林间释放，分 1~2 次实施作业。

④化学防治。使用 40%速扑杀乳油 3 倍液，1.8%阿维菌素倍液 3 倍液和 35%吡虫啉乳油 5 倍液，在树干基部实施打孔注药，每孔注射 1mL。

3.3 湿地松粉蚧

（1）分布与危害。湿地松粉蚧 *Oracella acuta* Lobdell 又名火炬松粉蚧。在我国主要分布于广东、广西、福建、湖南等地区。以若虫刺吸树液危害湿地松松梢、嫩枝与球果，普遍引发煤污病态，严重危害树木正常生长。

（2）寄主。湿地松粉蚧的寄主植物主要是湿地松、火炬松、萌芽松、长叶松、矮松、裂果沙松、黑松、加勒比和马尾松等松属植物。

（3）危害症状。湿地松粉蚧使得被害树木的针叶伸展长度明显缩减，基部大量流脂、变色坏死，继而脱离；严重被害树木针叶全部脱落，嫩梢枯萎，受害株的新梢呈丛枝或短化。

（4）生物学特性。湿地松粉蚧在广东 1 年 3~4 代，以 3 代为主，世代重叠，以初龄若虫在上一代雌虫的蜡包内越冬，或以中龄若虫在针叶基部与叶鞘内越冬。没有明显的越冬阶段，但冬季发育迟缓。初孵若虫聚集在雌成虫蜡包内或在较隐蔽嫩梢上、针叶中、球果上聚集生活，随气流被动扩散，自然扩散距离通常是 17km，最远可达 22km。部分初孵若虫在较隐蔽嫩梢、针叶束或球果上聚集生活。1 年有 2 个扩散高峰（4 月中旬至 5 月中旬，9 月中旬至 10 月下旬），中龄幼虫爬向嫩梢取食，高龄幼虫开始分泌蜡质并形成蜡包。雄虫分为有翅型、无翅型，有蛹期；雌虫无蛹期。雌成虫在蜡包内产卵，产卵期长达 20~40d。

（5）防治技术。应采取营林措施、除害处理、物理防治、生物防治、化学防治相结合的技术与管理方法综合防治湿地松粉蚧。

①营林措施。加强林分经营管理，及时间伐，发现虫枝立即剪除，并集中烧毁。

②除害处理。对必须外运原木，对小径材等采用溴甲烷 20~30g/m³，熏蒸 24h，经检查、确认无湿地松粉蚧害虫时，方可外运。

③生物防治。采取喷洒菌液、适量释放益虫进行防治消灭湿地松粉蚧害虫。

喷洒菌液防治：在湿地松粉蚧发生高峰期，喷洒 1 亿个孢子/mL 浓度的蜡蚧轮枝菌 *Verticiuium lecanum* 孢子液或 2 亿个孢子/mL 浓度的芽枝状枝孢霉 *Cladosporium cla-dosporioides* 孢子液 2~3 次，每次喷洒间隔期为 6d。

适量释放益虫防治：4 月下旬至 5 月上旬，在林间释放孟氏隐唇瓢虫 *Cryptolaemus montrouzieri*、圆斑弯叶毛瓢虫 *Nephus ryuguus*。可按照益害比为 2∶5 比例释放，释放密度不宜太大。也可应用引进的迪氏跳小蜂 *Zarhopalus debarri* 与本地粉蚧长索跳小蜂 *Anagyrus dactylopii* 共同防治。

④化学防治。于 5~6 月对重度发生区，使用 40%速扑杀乳油 1000 倍液树冠喷雾。涂抹前用刀刮去树基部木栓层，环刮长度 10cm。用毛刷将 40%氧化乐果乳油 5 倍液涂抹到环刮部位，并

用吸水性强的纸环包涂抹部位，然后再把药剂浇到吸水纸上，最后用黑色塑料薄膜包裹。

3.4 苹果绵蚜

（1）分布与危害。苹果绵蚜 Eriosoma lanigerum Hausmann 原产于美国，后传播到欧洲和世界各地。在我国分布于山东、辽宁、云南、江苏、河北、天津和西藏等地区。群集寄主危害，喜于植物嫩梢、叶腋、嫩芽、根、果实梗与萼等处危害，吸取汁液，使树体衰弱，严重时甚至导致树木干枯死亡。对树木产量、质量影响很大。

（2）寄主。苹果绵蚜的寄主植物是苹果、梨树、山楂、花楸、李树、桑树、榆树、山荆子、海棠、花红等。

（3）危害症状。苹果绵蚜使得树木的叶柄被害后变成黑褐色，叶片早落。果实受害后发育不良，易脱落。侧根受害形成肿瘤后不再生须根，并逐渐腐烂。

（4）生物学特性。我国不同地区1年发生代数差别较大，如在华东地区1年可发生12~18代，西藏地区每年可发生7~23代。以1、2龄若虫在树干粗皮裂缝、病疤边缘、剪锯口等处越冬。春季苹果树液开始流动，蚜虫活动加剧。5月上旬，越冬若蚜成长为成蚜，开始胎生第1代若蚜，多在原地危害。5月中下旬至6月中旬，是全年繁殖盛期，这时1龄若虫四处扩散，危害1年生枝、叶腋。7~8月受高温和天敌影响，蚜虫数量急剧下降。9月上中旬至10月，绵蚜虫数量逐渐增加，出现第2次危害盛期，并且产生大量有翅胎生蚜，有利于绵蚜虫近距离传播。到11月中旬，若蚜虫进入越冬状态。

（5）防治技术。应采取营林措施、生物及化学防治相结合的技术与管理方法综合防治苹果绵蚜。

①营林措施。首先，于冬末春初，结合冬剪，彻底清除潜伏在枝干、伤疤、剪锯口、粗皮裂缝中的越冬幼虫。对于清除后的杂草、虫枝等要及时烧毁。其次，结合翻树盘，消灭隐蔽在根际表层的越冬若虫。

②生物及化学防治。采用化学药液喷雾、主干药液涂环、根部涂药防治方法进行防治。

化学药液喷雾防治：可于5~6月在绵蚜第1次危害盛期，使用1.8%齐螨素乳油3000~6000倍液、22%吡虫啉乳油1500~2000倍液、10%吡虫啉可湿性粉剂1000~2000倍液、48%乐斯本乳油2000~4000倍液，喷雾防治。

主干药液涂环防治：7~8月是苹果绵蚜害虫天敌繁殖和活动的时期，宜采用涂环、涂根的防治方法。涂环在离地表约50cm主干处刮1道5~10cm（视树粗度而定）的毒环，使用40%氧化乐果5~10倍液涂环，然后用塑料布包扎捆绑。

根部涂药防治：挖去地表土，外露出粗根，涂上50%绵蚜潜叶灵50倍液，再在涂药处盖1层塑料布，然后覆土。

3.5 草履蚧

（1）分布与危害。草履蚧 Drosicha corpulenta Kuwana 在我国分布很广，华南、华中、华东、华北、西南、西北等地区均有发生。草履蚧危害树种广泛，若虫与雌成虫常成堆聚集在芽腋、嫩梢、叶片和枝杆上，吮吸树木汁液危害，致使林木发芽推迟，树势衰弱、枝梢枯萎，造成植株生长不良，早期落叶，受害严重林分成片死亡。

（2）寄主。草履蚧的寄主植物主要是杨树、泡桐、悬铃木、白蜡、柳树、刺槐、核桃、枣树、柿树、梨树、苹果树、桑树、碧桃、月季、柑橘等。

（3）危害症状。草履蚧的若虫与雌成虫常成堆聚集在芽腋、嫩梢、叶片和枝干上吮吸汁液危害，造成植株生长不良，早期落叶，枝梢干枯，变形成"鸡爪"状，严重时可导致树木死亡。

（4）生物学特性。草履蚧1年发生1代，以卵和若虫在寄主植物周围泥土中、石块下越冬，很少在树干翘皮缝隙下越冬，翌年2月至3月中旬孵化，若虫孵化后留在卵囊内，2月中旬后，随气温升高，若虫开始出土上树危害，爬到嫩枝、幼芽靠口针刺吸树液，严重时引起煤污病发生，4月上中旬是危害盛期。1龄若虫末期，虫体分泌大量白色蜡粉，若虫经第2次脱皮后变为雌虫，4月下旬，雄虫开始在树皮裂缝与翘皮下化蛹，5月上旬，雄虫羽化后与雌虫交配，5月中旬为交尾盛期。交配后的雌虫在5月下旬由树干爬到树根附近疏松泥土中产卵，卵在土中越夏越冬，长达8个月之久，翌年2~3月幼虫孵化。

（5）防治技术。应采取物理防治、化学防治的相结合技术与管理方法综合防治草履蚧。

①物理措施。采取胶带阻隔法、黏虫胶阻隔法、人工消灭成虫法进行物理措施防治。

胶带阻隔法：利用胶带表面光滑不利于若虫爬行的特点，在树干胸径处，用胶带缠绕树干一周，同时每天组织人工及时消灭下面的若虫。

黏虫胶阻隔法：在树干胸径处，刮去粗皮，涂刷1~2个黏虫胶环。胶环宽5~10cm，2胶环间距为20~40cm.

人工消灭成虫法：根据成虫多在树干周围40cm表土内、裂缝、枯落物下产卵的特点，在成虫下树产卵过程中，组织人工集中消灭地面与树体上成虫。

②化学防治。采取毒环法、树干打孔注药法、喷洒农药法防治草履蚧害虫。

毒环法：在树干距离基部约70cm处，用黏稠度大的废机油、高效氯氰菊酯原液按30∶1比例涂20cm宽隔离环毒杀害虫。

树干打孔注药法：若虫上树后实行打孔注药，5%吡虫啉乳油0.3~0.5mL/cm胸径，或3倍液1mL/cm胸径；30%氯胺磷乳油5~10倍液，0.7~1mL/cm胸径。

喷洒农药法：在成虫期，采用菊酯类农药3000~4000倍液均匀喷洒树体与地表。

3.6　落叶松球蚜

（1）分布与危害。落叶松球蚜 *Adetges laricis* Vallot 在我国主要分布于陕西、青海、内蒙古、黑龙江、吉林、辽宁、山东、新疆等地区。该虫危害2类寄主树种，第1寄主为云杉，在枝梢端部取食并产生大量虫瘿危害；第2寄主为落叶松，以侨蚜刺吸落叶松针叶与嫩枝汁液，并产生大量白色丝状分泌物，造成枝条霉污而干枯，严重影响树木生长。

（2）寄主。落叶松球蚜的寄主植物以云杉、落叶松为主。

（3）危害症状。落叶松球蚜从2龄起体表出现白色分泌物，使得针叶与主干枝条出现煤污状，致使针叶提早变黄，枝条枯萎，树冠早期封顶，严重影响林木正常生长。

（4）生物学特性。落叶松球蚜是一种多态型球蚜，包括干母、伪干母、瘿蚜、侨蚜和性母等主要虫型。它完成全部生活史需经2年。在第1寄主上以干母若虫在云杉冬芽上越冬，在第2

寄主上以伪干母若虫在落叶松芽腋和枝条皮缝中越冬。在云杉芽苞周围固定的越冬干母若虫，翌年3月下旬开始取食云杉树液，5月上旬出现干母成虫，虫体被有蜡丝，在身体周围产卵，产卵位置在冬芽腋处，5月中旬开始孵化，5月下旬为孵化盛期。若虫爬行至云杉侧枝芽针叶基部危害，受干母刺激后的侧枝膨大形成虫瘿，至6月下旬虫瘿开始开裂。具翅芽的若蚜虫爬出瘿室，在周围针叶和小枝上脱皮羽化形成有翅瘿蚜，迁飞至落叶松在针叶上营孤雌产卵，瘿蚜所产卵于7月中旬开始孵化为伪干母若蚜，初孵若蚜，不具分泌物，寄生在新梢皮缝中，至7月下旬便开始停育，处于越夏越冬状态。翌年3月中旬，越冬伪干母若蚜虫开始活动，经3次脱皮至4月上旬出现伪干母成虫，同期进行孤雌产卵，4月下旬开始孵化，5月上旬为孵化盛期。在伪干母所产卵堆中，孵化出的一部分若蚜于5月中旬羽化成具翅性母成虫，于5月下旬至6月上旬迁回至云杉上。每年可发生5代。

（5）防治技术。应采取营林措施、物理防治、化学防治相结合的技术与管理方法综合防治落叶松球蚜。

①营林措施。造林时合理搭配树种，避免云杉与落叶松混交和同地、同圃育苗。结合幼林抚育及时清除林内杂草，保持林内卫生。

②物理防治。于6月下旬至7月上旬，人工剪除虫瘿，并集中烧毁。

③化学防治。于3月下旬至4月上旬，在落叶松上用2.5%溴氰菊酯、5%氯氰菊酯2000倍液喷施杀卵。在瘿蚜迁飞期内10%吡虫啉可湿性粉剂2000倍液喷雾。5月中旬至6月上旬，在第1代侨蚜和第2代侨蚜孵化盛期，可喷洒1%苦参碱可湿性粉剂1000倍液。对郁闭度较大的林分，可以喷施敌敌畏插管烟剂。

3.7　扁平球坚蚧

（1）分布与危害。扁平球坚蚧 *Parthenolecanium corni* Bouche 又称东方盔蚧、褐盔蜡蚧、水木坚蚧、刺槐蚧、糖槭蚧。在我国主要分布在东北、华北、华东、西北等地区。以若虫、成虫危害枝叶和果实，在内蒙古赤峰等地区大多危害山杏经济林，造成山杏林分生长衰弱，山杏果实减产或绝收。

（2）寄主。扁平球坚蚧的寄主植物以桃树、杏树、李树、樱桃、苹果、梨树、葡萄、山楂、枣、刺槐、榆树、柳树、糖槭等为主。

（3）危害症状。扁平球坚蚧的越冬若虫寻找1~2年生枝条固定吸食危害，并排出大量黏液，污染叶面与枝条，如油渍状，小若虫爬到叶背与叶柄群居危害，受害严重树皮缝周围呈现一片红色。

（4）生物学特性。扁平球坚蚧1年发生2代，以2龄若虫在枝干裂缝、老皮下以及叶痕、花芽基部等处越冬，翌年3月中下旬开始活动，先后爬到枝条上寻找适宜场所固着危害，绝大多数选择1~2年生直枝条，3年以上枝条很少寄生。4月上旬虫体开始膨大，并逐渐硬化变为成虫、5月上旬开始产卵于蚧壳内。1个雌虫一般产卵1000~1600粒，卵黄白色，卵期7~10d，5月上旬为产卵盛期，5月下旬到6月初为孵化盛期，小若虫爬到叶背与叶柄群居危害，受害严重树皮缝周围一片红色。于6月中下旬迁回枝条上固定取食，7月中下旬若虫陆续羽化为成虫并产卵。8月上、中旬为第2代若虫孵化，分散到树上危害，9月下旬随着天气渐凉，转移到树皮裂缝、翘皮等处陆续越冬。

（5）防治技术。应采取生物防治、化学防治相结合的技术与管理方法综合防治扁平球坚蚧。

①生物防治。在大多数若虫出蛰时，用 1.8% 阿维菌素乳油 3000~4000 倍液喷雾。

②化学防治。发芽前用 3~5°Be′ 石硫合剂均匀喷施 1 遍，防除越冬若虫。防治前，要人工刮除老翘皮，露出虫体，喷药作业应仔细周到。在大多数若虫出蛰时，使用 300~500 倍液的菊酯类杀虫剂喷雾应急防治。在第 1 代卵孵化盛期施药有利，只有若虫期可以活动，此时体表背蜡层较薄，到成虫期药剂不能渗透蚧壳。

3.8 枣大球蚧

（1）分布与危害。枣大球蚧 *Eulecanium gigantean* Shinji 又称瘤坚大球蚧、枣球蜡蚧。在我国主要分布于山西、辽宁、安徽、山东、宁夏、新疆等地区。主要以雌成虫、若虫于枝干上刺吸汁液造成危害。寄主被害后，导致大量落果、减产，并使树木生长衰弱，枝条干枯，严重时整株死亡，直接影响林果品产量和质量，对枣业发展构成极大威胁。

（2）寄主。枣大球蚧的寄主植物主要是枣属、核桃属、苹果属、梨属、李属、栗属、榆属、杨属、柳属、蔷薇属、槭属植物以及槐树、刺槐、扁桃（巴旦杏）、文冠果、黄槟榔青、紫薇、华北珍珠梅等树木。

（3）危害症状。枣大球蚧对寄主植物危害后，受害叶片发黄，枝条干萎，导致大量落果、减产。密集发生时，长密被于枝叶上，严重时遍布整个枝条，介壳与分泌的蜡质等覆盖枝叶表面，阻碍光合作用和呼吸，使枣树树势衰弱或枯死，枝条变干，甚至树体死亡。

（4）生物学特性。枣大球蚧 1 年发生 1 代。以 2 龄若虫固定在 1~2 年生枝条上越冬，翌春 4 月越冬若虫开始活动。4 月中下旬危害最烈，4 月底至 5 月初羽化，5 月上旬出现卵，10 头雌成虫产卵量达 8000~9000 粒。5 月底至 6 月初若虫大量发生，若虫 6~9 月在叶面刺吸危害，9 月中旬至 10 月中旬转移回枝条，在枝条上重新固定，进入越冬期。若虫主要沿枣叶 3 条基脉两侧固定取食，尤以中脉两侧分布最多，若虫出壳在枣树盛花期，6 月中旬若虫变为暗棕红色，披少量蜡粉，9 月中旬开始陆续由叶、果转向 1~2 年生枝上，寻找适当部位固定越冬，10 月中旬转移结束。

（5）防治技术。应采取营林措施、生物防治、物理防治、化学防治相结合的技术与管理方法综合防治枣大球蚧。

①营林措施。于 3 月下旬，结合树木修剪整形，剪除枯死枝条，并集中烧毁。

②生物防治。采取保护、利用天敌措施。黑缘红瓢虫 *Chilocorus rubidus* 和红点唇瓢虫 *Chilocorus kuwanae* 及某些寄生蜂对枣大球蚧有较强的控制作用。

③物理防治。于 4 月下旬雌成虫膨大产卵时，先用硬物刺破雌虫蚧壳并将其杀死，再人工摘除，最后把它们集中深埋或烧毁。

④化学防治。采取药液喷雾防治、孵化期喷雾灭虫、卵孵化盛期喷雾、春季树枝涂抹等 4 种方法进行灭虫。

药液喷雾防治成虫法：使用 2.5% 敌杀死、20% 灭扫利乳油 2000 倍液喷雾防治雌成虫。

孵化期喷雾灭虫法：枣树花期正是若虫孵化期，可使用 5% 来福灵 4000 倍液喷雾灭虫。

卵孵化盛期喷雾防治越冬若虫法：卵孵化盛期，可使用2.5%敌杀死1000倍液喷雾；并可对树干喷雾3~5°Be′石硫合剂防治越冬若虫。

春季树枝涂抹防治法：树液流动后，在主干或主枝上刮除15~20cm宽老皮，用氧化乐果稀释3~5倍液涂抹并用塑料薄膜包扎，3d后再涂1次，7d后解膜。

3.9　刺槐叶瘿蚊

（1）分布与危害。刺槐叶瘿蚊 *Obolodiplosis robiniae* Haldemann 原分布于美国，传入我国后主要分布于辽宁大部分市区及北京和河北的部分地区，后又在山东发现该虫。此虫主要危害当年生嫩叶，同时导致刺槐白粉病严重发生，影响光合作用，削弱树势，在苗圃对刺槐幼苗危害较大。

（2）寄主。刺槐叶瘿蚊的寄主主要是刺槐、红花刺槐。

（3）危害症状。刺槐叶瘿蚊通常使植物的当年生嫩叶缘遭受幼虫吸取食汁液，引起组织增生，小叶边缘向叶背纵卷，随着小叶生长和幼虫龄期增大，被害叶卷缩加重，增厚变脆，轻则新叶不能完全伸展，重则使小叶枯黄脱落。

（4）生物学特性。刺槐叶瘿蚊1年发生约5代，以老熟幼虫在被害树冠下土中越冬。4月上旬化蛹，中下旬羽化产卵，5月初幼虫开始危害，6月初出现第2代幼虫，7月中旬出现第3代幼虫，8月上旬第4代幼虫，9月中旬出现第5代幼虫。以幼虫危害树叶，8~9月为幼虫危害盛期。成虫将卵产于叶背，每处产卵3~20粒，幼虫孵出后即开始取食危害，老熟后在卷叶内或入土化蛹。在卷叶内化蛹，成虫羽化时将蛹皮脱出卷叶一半。10月上旬仍可见到叶内有少量幼虫。

（5）防治技术。应采取营林措施、物理防治、生物防治、化学防治相结合的技术与管理方法综合防治刺槐叶瘿蚊。

①营林措施。调整树种结构和造林相结合，实行林分更新改造，并加强管理，以增强树势。对集中连片、坡度在15°以上刺槐树林，采取与当地乡土树种带状混交方式造林。剪除和焚毁受害枝叶。

②物理防治。于6月下旬至8月下旬，可采用诱虫灯对成虫诱杀，每5hm²设置1盏幼虫灯进行诱杀。

③生物防治。于成虫期，保护利用草蛉、蜘蛛、大赤螨和虎甲等捕食性天敌对幼虫进行防治，具有明显效果。幼虫期，采用喷洒苦参碱、灭幼脲 Ⅲ 号2000~3000倍液树冠喷雾。

④化学防治。应急防治刺槐叶瘿蚊害虫时，采用10%吡虫啉1000倍液，在树冠未展叶期喷洒药剂效果比较显著。

3.10　梨圆蚧

（1）分布与危害。梨圆蚧 *Quadraspidiotus perniciosus* Comstock 又名梨笠圆盾蚧，是一种危险性的果树害虫。在我国主要分布于北京、山西、辽宁、江苏、浙江、福建、江西、新疆等地区，目前其分布几乎遍布全国。以若虫和雌成虫群集固着在寄主枝干、叶柄、叶背、果实上刺吸危害，轻者造成树势衰弱，发芽推迟，果实萎缩，重者整株枯死。

（2）寄主。梨圆蚧的寄主植物主要是梨树、苹果树、桃树、梅树、枣树、柿树、樱桃、柑橘等。

（3）危害症状。梨圆蚧使得植物的受害枝、干皮层爆裂或木栓化，枝条干枯，造成树势衰弱。果实常出现凹陷、龟裂，形成紫红色斑点，有时群集果萼处，果实萎缩，形成畸形果或僵果。

（4）生物学特性。梨圆蚧1年发生2~3代，以1~2龄若虫在黑色圆形介壳下于10月后在寄主枝杆上越冬。越冬代若虫于第2年春季树液流动时开始取食危害。5月上中旬出现成虫，并以胎生方式繁殖。5月底至6月初第1代初龄若虫大量出现，初龄若虫至雌虫成熟约50d，7月底至8月初第2代初龄若虫大量出现，9月中下旬第3代初龄若虫大量出现，各世代重叠现象严重。

（5）防治技术。应采取物理防治、化学防治相结合的综合技术与管理方法综合防治梨圆蚧。

①物理防治。结合冬季修剪，剪除虫枝或用清洁球刷除1~2年生枝上的越冬若虫。

②化学防治。采取人工刮树皮后、若虫高峰期喷施药剂（液）等5种方法进行防治。

人工刮树皮后喷施药剂（液）：在刮树皮清园后喷施药剂，喷施卵螨蚧虫杀乳油1500倍液，或喷施2~5°Be′石硫合剂、20%速扑杀1000倍液杀死越冬虫蚧。

若虫高峰期喷施药剂（液）：第1代若虫高峰期喷施5%来福灵3000~4000倍液、20%蚧杀600~800倍液、25%蚧死净乳油1000倍液。

结合叶面施肥喷药剂（液）：在对果树喷施叶面肥和坐果剂时，将药剂混加在肥液中进行喷施。

第2代若虫高峰期喷施药剂（液）：喷施蚧杀600~800倍液或2000倍速扑蚧进行防治。

第3代若虫高峰期喷施药剂（液）：喷施95%溶敌乳油1000倍液或卵螨蚧虫杀2000倍液灭杀害虫。

第四节
绿地鼠兔害以及有害植物零缺陷防治技术与管理措施

1 绿地鼠兔害零缺陷防治技术与管理措施

鼠兔类主要对生态修复工程项目建设区域的造林苗木和幼树根、地上部分皮层啃食危害，直接造成苗木、幼树的死亡，从而极大地影响造林成活率，或致使林木生长发育衰弱。

1.1 棕背䶄

（1）分布与危害。棕背䶄Clethrionomys rufocanus Sundevall. 在我国主要分布于黑龙江、吉林、辽宁、内蒙古、河北、山西、四川、湖北、陕西、甘肃、宁夏、新疆等地区。冬季至早春是危害期，啃食树皮，造成树干基部环剥树木死亡，春季也刨食松树种子，危害森林更新。

（2）寄主。棕背䶄的寄主植物主要是樟子松、红松、落叶松、油松、赤松、黑松、椴树、榆树、杨树、蒙古栎、桦树、柳树、黄波罗、水曲柳、刺龙芽、胡枝子等针、阔叶树生态造林植物。

（3）生物学特性。棕背䶄是典型林栖鼠种类，在大、小兴安岭、长白山、华北和新疆阿尔泰山区主要栖息在针叶林、针阔混交林中，为优势种。在次生阔叶林中也普遍存在。全年数量季节消长为单峰型，8 月数量最高。每年 5~6 月为繁殖盛期，8 月以后繁殖减慢。数量年度变化明显，同地块不同年份相同日期调查数量差距可达 4 倍。昼夜均活动，不冬眠，冬季在雪被下活动。

（4）防治技术。应采取物理防治、生物防治相结合的技术与管理方法综合防治棕背䶄。

①物理防治。采用使用 P-1 拒避剂、喷涂保护剂等 4 项措施进行防治。

使用 P-1 拒避剂：用 P-1 拒避剂浸润造林苗木茎干部位，施药后立即造林。种子直播造林必须用 P-1 拒避剂浸种或拌种处理后方可造林。1t P-1 拒避药剂处理 600hm² 造林苗木。

喷涂保护剂：应用其他林木保护剂喷涂处理幼苗、幼树时，必须在休眠期内使用。

设置鼠夹捕杀：对该鼠害危害面积小或零散发生的林地，可设捕鼠夹捕杀。使用中号铁板夹诱饵使用白瓜子按鼠密度布置一定数量的鼠夹。

茎干防护：利用硬料套管或矿泉水瓶自制的套管套在幼树茎干部，防止害鼠啃咬。

②生物防治。采取保护利用天敌、施撒抗生育药剂的方法进行有效灭鼠。

保护利用天敌灭鼠：保护和利用生境内鹰、狐狸等天敌动物，降低该种鼠害危害度。

施撒抗生育药剂：在林地使用环保型雌性抗生育药剂莪术醇饵剂或对雌雄鼠两性同时作用的植物性抗生育药剂，施撒用药量是 2.5~3.0kg/hm²。

1.2 大沙鼠

（1）分布与危害。大沙鼠 *Rhombomys opimus* Lichtenstein 在我国主要分布于内蒙古、宁夏、甘肃、新疆等地区。主要危害沙生造林植物的枝梢，使被害部位形成刀削状伤口，常啃咬树皮、树根、枝梢和幼苗，固沙造林植物成片死亡。

（2）寄主。大沙鼠的寄主植物主要是梭梭、高梭梭、白梭梭、柽柳、白刺、盐爪爪、花棒、毛条、柠条、沙枣、杨树、琵琶柴、沙拐枣、猪毛菜等。

（3）生物学特性。大沙鼠为典型的荒漠种类，生活在灌木、半灌木固定沙丘或沙地。在梭梭、柽柳丛等沙生植物的生境中分布较多，在内蒙古多集聚于白刺、盐爪爪丛生的生境中。在新疆大沙鼠栖息在平原黏土荒漠区域。繁殖期 4~9 月，寿命可达 3~4 年。洞道分支多，分为上下 2 层或 3 层，每层间距 60~70cm 以上，每个洞穴有 1~2 个巢室，巢内垫有细软的杂草、植物叶、梭梭细枝、沙拐枣茎皮和驼毛等。大沙鼠属于白日活动鼠类，而且活动范围大，夏季以清晨和傍晚活动最为频繁；在冬季，活动主要集中在中午时分，且活动时间短。每年有 2 次储粮，第 1 次在仲夏，第 2 次在秋季，贮藏仓库中，每库约 1kg，最多 1 个洞贮粮 20~40kg。

（4）防治技术。应采取物理防治、生物防治相结合的技术与管理方法综合防治大沙鼠。

①物理防治。使用硬质塑料套管或矿泉水瓶自制的套管套在幼树茎干部，以使树干免受大沙鼠的啃食危害。

②生物防治。采取设置招引天敌设施、构筑天敌栖息场所、投施抗生育药剂灭鼠措施。

设置招引天敌设施：树立招鹰架、招鹰塔以便招引天敌猛禽栖息停留。按 6~8 个/km² 设置，立杆高 4m，横杆 60~100cm，使用三角形架支撑。在地形平坦、视野开阔的地段，可适当降低立杆高度，丘陵、坡地立杆高度不变。

构筑天敌栖息场所：在林地构筑石堆、柴草堆，以提供天敌栖息场所，石堆长宽均 1m、高 0.5m，柴草堆长、宽、高各 2m。设置数量可根据取材来源方便程度设定。

投施抗生育药剂：选择 0.2%莪术醇抗生育药剂，用药量是 3.0~3.5kg/hm²，投药时间可在 4 月中旬前，即鼠类进入繁殖期前投药。

1.3 中华鼢鼠

（1）分布与危害。中华鼢鼠 *Myospalax fontanieri* Milne-Edwards 在我国主要分布于北京、河北、山西、陕西、内蒙古、甘肃、宁夏、青海、河南、湖北、四川等地区。以植物地下根茎为食，粮食、蔬菜、草类、果树与林木均遭受危害。

（2）寄主。中华鼢鼠的寄主植物主要是油松、华山松、落叶松、樟子松、冷杉、云杉、侧柏、刺槐、杨树、柳树、漆树、桑树、银杏、白桦、白榆、苹果、山杏、山楂、杜仲、紫穗槐等百余种植物。

（3）生物学特性。中华鼢鼠的主要栖息地是荒地、林地、丘陵、山坡地区。终生地下生活。地表有圆形土丘，地下洞道窝巢范围庞大，采食穴道距地面 6~10cm，经常是边挖洞、边取食、边弃洞。独居，仅在繁殖期雌雄同居，两者洞道相互沟通。繁殖期在 2~7 月，年产 1 胎，每胎 1~5 只。3~4 月是鼢鼠对苗木根系的暴食期，9、10 月作物成熟期和野草枯黄期，鼢鼠进行频繁的贮粮活动，仓库中储存马铃薯、红薯、萝卜、豆类、谷穗和杂草的肥大根茎等。不冬眠，冬季 1~2 月还啃食杂草和树根。

（4）防治技术。应采取营林措施、物理防治、物理化学防治相结合的技术与管理方法综合防治中华鼢鼠。

①营林措施。实行春灌，可有效杀灭鼢鼠。

②物理防治。使用地弓、地箭、弓形夹防治，就地取材，自制地弓、地箭安装在有效洞道上杀灭鼠。发现有效洞后，将鼠洞重新掘开，露出洞口，持锹在洞口后方等待鼢鼠再次封洞，用铁锹截断其后路，再用锹将鼠与土掘到地面，然后立即实施捕杀。

③物理化学防治。采取造林苗木根部蘸药浆处理、幼林根部药液灌根、春防与秋防的方法实施灭鼠。

造林苗木根部蘸药浆处理：造林时应用 P-1 拒避剂、防啃剂蘸根或使用多效抗旱驱鼠剂蘸浆处理苗木根部。

幼林根部药液灌根：造林幼林地防治可采用 P-1 拒避剂灌根方法，在树根 10cm 处，使用尖锐木棍向下扎 1 个深 15cm 小洞，将 50mL 药液灌入洞中，然后覆土封闭洞口。药剂与水按 1∶2 稀释后使用，每株 1 洞灌根。

春防与秋防：使用 0.02%溴敌隆原药拌当归、党参，对鼠洞内投药，每洞 10g。

1.4 阿尔泰鼢鼠

（1）分布与危害。阿尔泰鼢鼠 *Myospalax myospalax* 又名东北鼢鼠。在我国主要分布于黑龙江、吉林、辽宁、内蒙古、河北、河南、山东、安徽等地区。主要以植物地下鲜嫩根、茎为食，其次是植物地上绿色枝叶部分，在林业造林上危害樟子松与苗圃地幼苗。

（2）寄主。阿尔泰鼢鼠的寄主主要是樟子松，喜食苦卖菜、茵陈蒿、马铃薯、葱、细叶胡枝子等。

（3）生物学特性。阿尔泰鼢鼠喜栖息在土质松软的平原地区、草原、林间空地、河谷滩地与丘陵等生境。洞道庞大复杂，有窝、仓库、便所，距地面 1m，洞道、仓库内堆放节节草、鲜嫩苦菜、老米口袋和龙须菜、花生等大量食物。早春 3～4 月开始活动，5～6 月繁殖活动频繁。9～10 月是采食 、储粮、扩大洞道准备越冬阶段，直到地表开始封冻才不见活动。在初春和秋季气温低的季节，多在午间活动。在繁殖季节和高温季节日间活动时间加长。在日出前或日落后偶尔会到地面采食。1 年只有 1 个繁殖高峰，在 5～6 月，孕鼠怀胎数 1～9 只，多为 2～4 只。

（4）防治技术。应采取营林措施、物理防治、生物防治、物理化学防治相结合的技术与管理方法综合防治阿尔泰鼢鼠。

①营林措施。对造林幼林地、苗圃、种子园，可实施秋翻，翻地可以使鼠密度下降，同时还能降低林木被害程度。

②物理防治。布设地弓地箭防治，采用当地现有材料，自制地弓、地箭安装在有效洞道上杀灭害鼠。发现有效洞后，将鼠洞重新掘开，露出洞口，持锹在洞口后方等待鼢鼠再次封洞，用锹截断其后路，再用锹将鼠与土掘到地面，然后捉住杀死。

③生物防治。在 4～6 月、9～10 月危害期间，注意保护鼬科动物和狐狸等天敌。

④物理化学防治。造林时应用 P-1 拒避剂等林木保护药剂蘸根或使用多效抗旱驱鼠剂蘸浆处理。幼林地防治可采用 P-1 拒避剂灌根，药剂与水按 1∶2 稀释后使用，在树根 10cm 处，用尖锐木棍向下扎 1 深 15cm 小洞，将 50mL 药液灌入洞中，覆盖土壤封闭洞口。在林地使用0.02% 溴敌隆和用马铃薯、淀粉黏合剂配制的毒饵实施防治。

1.5   蒙古兔

（1）分布与危害。蒙古兔 *Lepus capensis* L. 别名草兔。在我国主要分布于黑龙江、吉林、辽宁、内蒙古、甘肃、宁夏、陕西、山西、河北、河南、北京、湖北、四川等地区。危害各种幼树树皮、叶、嫩梢与枝干，咬断的嫩枝伤口斜面极为完整。以啃食树皮和咬断幼树枝干受害最重。

（2）寄主。蒙古兔的寄主主要是刺槐、侧柏、油松、山桃、山杏、仁用杏、枣树、梨树等。

（3）生物学特性。蒙古兔无固定巢穴，白天多在较隐蔽地方挖临时藏身的卧穴。这种窝仅是深入地表 10cm 的凹陷，常因人畜惊扰而迁移。产仔时通常选择灌丛下或草间较隐蔽的地方垫草筑巢。植食性，种类广泛，青草、树苗、嫩枝、树皮与农作物、蔬菜、种子等均食用。繁殖季节长，冬末交配，早春开始产仔。年产约 2～3 窝，在长江流域可达 4～6 窝，每窝产 2～6 仔。白天在卧穴中休息，人畜惊扰时逃跑。夜间活动，有固定的兔子道路线，通常是每天在固定路线上行走活动。天敌动物多，主要为鹰隼等猛禽，以及狼、狐狸、猫科动物等。

（4）防治技术。应采取物理防治、生物防治相结合的技术与管理方法综合防治蒙古兔。

①物理防治。采取造林苗木涂刷药液、制作和设置索套捕捉等以下 4 项物理防治措施。

造林苗木涂刷药液：造林时，用 P-1 拒避剂药液浸润苗木茎干，预防野兔危害。或在幼林地林木萌动前，使用 P-1 拒避剂与水 1∶2 喷雾或药液 1∶1 涂刷树干。

制作和设置索套捕捉：自行制作钢（铁）丝索套，分单个索套和多个索套，布设在野兔经常行走的固定路线上捕捉。寻找野兔行走路线要依靠经验，野兔常以沟壑和侵蚀沟为道路，冬季落雪后寻找野兔踪迹更准确、高效。

造林苗木覆盖保护：对 1~2 年生新植侧柏和刺槐苗等实行高培土、树干基部捆绑木条、塑料布、金属网或使用带刺植物覆盖树体保护。

设置弓形踏板夹捕捉：使用弓形踏板夹布设在兔道上，待野兔取食诱饵时踏翻铁夹捕杀。诱饵用胡萝卜、水果、新鲜绿色植物枝叶等。

②生物防治。保护和实施人工繁殖、利用天敌。包括金雕 *Aquila chrysaetos*、草原雕 *Aquilarapax*、狼、狐狸、黄鼬、蛇等。

2　有害植物零缺陷防治技术与管理措施

生态修复工程项目建设造林种草绿地中侵入的有害植物分为外来有害植物、本地有害植物 2 大类，主要有紫茎泽兰、薇甘菊、飞机草等，它们侵占造林绿化植物的生存空间，影响、制约造林绿化植物的正常生长发育，严重时引起生物多样性降低，加剧水土流失和降低土壤营养水平等，有些还对人类直接有害。

2.1　紫茎泽兰

（1）分布与危害。紫茎泽兰 *Eupatorium adenophorum* Spreng 属于菊科泽兰属多年生丛生状草本植物，称为亚热带飞机草、解放草、败马草、黑颈草、霸王草、臭草，是一种世界性恶性有毒有害杂草。该草自 20 世纪 50 年代初从中缅边境传入我国云南南部，目前已传入到我国云南、贵州、四川、重庆、西藏、湖南、湖北、广西等地区，并仍向东向北扩散危害。该草生长迅速，传播速度快，可侵占宜林荒山、影响造林苗木生长、抑制树种天然更新和森林恢复，以及导致幼树衰弱和材质变劣，甚至死亡。此外，该草还可引起动物和昆虫拒食现象，以及动物过敏、烂蹄发炎、"反胃""胀肚"现象，也可通过释放特殊气味影响人畜活动。

（2）生物学特性。紫茎泽兰花期为 11 月至翌年 4 月，结果期 3~4 月，主要以种子繁殖，在茎秆下部也能产生气生根，当地上部分被割除弃于地面时，气生根伸入土内而形成新植株；地上部分被拔除后，在根上也能产生不定芽，形成新的地上枝。11 月下旬开始孕蕾，12 月下旬现蕾，2 月中旬始花，新枝萌发从连续降雨的 5 月开始，5~9 月为生长旺期，其中以高温高湿的 7~8 月最快，植株平均月增高 10cm 以上，11 月花芽分化，株高增长速度下降，1 株紫茎泽兰可产 3 万~5 万粒种子，种子细小，以风传为主，也可随移动物体附着传播；该草海拔高度分布范围大约为330~3000m，寿命通常是 13~14 年。

（3）防治技术。应采取物理及营林措施、生物防治相结合的技术与管理方法综合防治紫茎泽兰。

①物理及营林措施。采取人工与机械翻耕除害、脱毒与安全利用、提取药剂等 3 项措施防治紫茎泽兰。

人工与机械翻耕除害：秋冬季采取人工挖除和机械翻犁等措施进行防治，并将挖出的该有害植物根、茎晒干烧毁。人工挖除时，应注意皮肤接触会引起过敏，吸入其花粉后会引起腹泻、气喘等症状。挖除后应立即种植适应性强、生长快的造林苗木、草，以遮阴方法抑制其生长，减少和避免紫茎泽兰的侵占。栽植马尾松、云南松、华山松、桉树、象草 *Pennisetum purpureum*、狗芽根 *Cyaodon dactylon*、刚莠竹 *Microstegium ciliatum* 等植物，通过替代控制紫茎泽兰。

脱毒与安全利用：紫茎泽兰中蛋白质含量为 20%，含有 16 种氨基酸，其中 8 种动物生长必需的氨基酸含量均较高，是一种理想的饲料资源，可通过大规模收购紫茎泽兰并加以安全利用，制成牲畜可食用的优质天然饲料，但由于紫茎泽兰含有单宁、香豆等有毒有害物质，在制作饲料前应对其进行脱毒处理。

提取药剂：提取紫茎泽兰化学成分制成害虫驱杀剂或菌类抑制剂。

②生物防治。通过人为的招引入和释放泽兰实蝇 *Procecidochares utilis* 及泽兰尾孢菌 *Cercospora eupatorii* 等进行生物防治。

2.2 薇甘菊

（1）分布与危害。薇甘菊 *Mikania micrantha* H. B. K. 在我国主要分布于广东、海南、四川、云南等地区。薇甘菊为多年生草质藤本植物，是世界十大有害杂草之一，被称为"植物杀手"，是我国发生最严重的外来入侵害草之一。该有害草生长迅速，花期长，种子易于传播，可在快速覆盖生境的同时，并能通过竞争作用和"他感作用"抑制生态林草及其他植物的生长，危害性极大，且扩散蔓延速度极快。

（2）生物学特性。薇甘菊从孕花蕾到盛花期约 5d，开花后 5d 完成受粉，再经过 5~7d 种子成熟，然后种子广泛散布开始新一轮传播，所以生活周期很短。开花数量很大，0.25m² 面积内可有头状花序达 20535~50297 个，合小花 82140~201188 朵。薇甘菊瘦果细小，长椭圆形，亮黑色，具 5 "脊"，先端（底部）一圈有冠毛 25~35 条，长 2.5~3.0mm，种子细小，长 1.2~2.2m，宽 0.2~0.5mm，每籽粒不过 0.1mg，可随风飘移到遥远之地。乘风传播扩散其种子是薇甘菊广泛入侵的重要原因。此外，薇甘菊茎上的节点极易生根，进行无性繁殖。薇甘菊幼苗初期生长缓慢，在 1 个月内苗高仅为 11cm，单株叶面积 0.33cm²，但随着苗龄增长，其生长速度随之加快，其茎节极易出根，伸入土壤吸取营养，薇甘菊 1 个节 1 年生长近 20cm。

（3）防治技术。应采取营林措施、物理防治、化学防治相结合的技术与管理方法综合防治薇甘菊。

①营林措施。在林中空地或树林不密集的地块，人工种植速生乡土阔叶树种山乌桕、山苍子、黄桐等，尽快将"林中空隙"郁闭起来，从而达到有效防治薇甘菊的目的。

②物理防治。采取对薇甘菊人工切茎的方法进行防治，每隔 3 周对其切茎 1 次，连续切茎 3 次。应选择在夏、秋季。切茎高度以 20cm 以下为宜，薇甘菊切茎后不可散置于地面，切茎后，也不必将蔓藤拉下，任其在树上干枯即可。此外，也可将切下的蔓茎先集中堆放，待晒干后烧掉，或堆放后上面予以覆盖，以遮阴方式减少阳光直射，防止长出新生蔓茎，以避免再度萌发新株造成更大的危害。

③化学防治。使用 70% 嘧磺隆粉剂 5~10g 和 2.5g 洗衣粉溶于 1kg 水中，再加入 15~20kg 水稀释，并搅拌均匀，可喷洒 100m²。

2.3 飞机草

（1）分布与危害。飞机草 *Eupatorium odoratum* L. 又名香泽兰。在我国主要分布于海南、广东、广西、云南、贵州、四川、香港、澳门等地区。该草是一种有毒、繁殖力强、生长快、生态适应性广的恶性杂草。通过与周围生态绿化植物争阳光、争肥料，直至致其他植物死亡，从而对生物多样性构成严重威胁。被世界各国列为重要的检疫性杂草。它危害多种作物，并侵犯草牧场。当高度达到15cm以上时，就能明显地影响其他草本植物的生长，能产生化感物质，抑制邻近植物的生长，还能使昆虫拒食。其叶有毒，含香豆素。用其叶擦皮肤会引起红肿、起泡，误食嫩叶会引起头晕、呕吐，还能引起家畜和鱼类中毒。

（2）生物学特性。飞机草属丛生型多年生草本或亚灌木，兼有性生殖和无性生殖2种方式，每株可产种子3万~5万粒，依靠匍匐枝进行无性繁殖，10d就可以形成1株新植株；种子休眠期很短，在土壤中不能长久存活。花期2次，分别为4~5月、9~12月，果熟季节恰值干燥多风，种粒细小且轻，千粒重仅约为0.05g，故扩散、蔓延迅速，并因瘦果具毛易黏附其他物体而被长距离传播、蔓延迅速。飞机草生长繁茂，密集成丛，通常以成片单优植物群落出现，并能通过遮阴作用排挤本地植物种。

（3）防治技术。应采取营林措施、物理防治、生物防治、化学防治相结合的技术与管理方法综合防治飞机草。

①营林措施。应营造乔灌草混交林，宜在裸地上人工种植繁草植物，在生态修复造林绿化区域种植地被草本植物，以减少飞机草种子传播落地机会。

②物理防治。对刚传入、定居，未大面积扩散地区，实行人工拔除。对于入侵面积较大的地区，使用推土机等大型机械设备对其实施铲除作业措施。或在飞机草开花尚未结籽前人工拔除。人工拔除要彻底，需火烧清理拔除的植株，并压实土壤。大型机械设备将飞机草主根系推至地表面，并使其集中，然后火烧，不保留任何其剩余部分。

③生物防治。应用香泽兰灯蛾 *Pareuchaetes pseudoinsulata*、香泽兰瘿实蝇 *Cecidochares connexa* 和安娴珍蝶 *Actinote anteas* 等天敌防治。

④化学防治。在种子成熟前，使用10%草甘膦水剂 $12 \sim 15 \text{g/hm}^2$，兑水 $25 \sim 30 \text{kg}$ 均匀喷雾；使用20%百草枯水剂 1500mL/hm^2，兑水 $30 \sim 40 \text{kg}$ 均匀喷雾。

2.4 金钟藤

（1）分布与危害。金钟藤 *Merremia boisiana*（Gagn.）van Ooststr. 又名多花山猪菜，属多年生藤本植物。自20世纪90年代入侵我国以来，目前已扩散至广东、广西、海南、云南等地区。该草具有顽强的生命力，蔓延生长和攀爬生长速度很快，可严重阻碍生态绿化树木生长，最终导致树木死亡，还缠绕果树、农作物，严重影响果树与农作物的生长，直接导致减产减收，甚至颗粒无收，危害性极大，且扩散蔓延速度极快。

（2）寄主。金钟藤的寄主是生态修复造林地中生长的所有乔木、灌木植物。

（3）生物学特性。金钟藤为喜阴湿植物，多生长于山腰以下等低海拔荫蔽生境。该草攀爬、蔓延速度快，每天可达 0.5~0.8cm，个别条件适宜月份每天可超过1cm。金钟藤依靠其发达茎叶攀爬高大乔木，可很快达到树冠，继而枝叶疯长，将整株树木包覆起来，树木因无法光合作用最终枯死，幼树被强制拉伸而枝干变形无法成活。同时，金钟藤也可以不依靠树木，直接通过其茎在地面伸出不定芽向水平方向蔓延，其势头无法抵挡，在林区形成铺天盖地的"绿毯"，严重阻碍生态绿化和其他植物的光合作用等生理活动，直至将其杀死。

（4）防治技术。应采取物理与营林措施、生物防治、化学防治相结合的技术与管理方法综合防治金钟藤。

①物理与营林措施。对金钟藤实施清除时，先把主茎斩断，再挖根；对生长在地表的金钟藤先清理藤茎，再查找到其根部并挖出晒干。人工防治时间应在金钟藤种子成熟前实施作业，以防止其种子再次繁殖。对已经成熟的种子，应先摘除种子后再清理清除。并在林中空地、树林不密集地块，人工种植速生乡土树种植物。

②生物防治。保护和引入金钟藤天敌，抑制其生长，同时引种能抑制其生长的植物进行替代防治。采取安全利用的方式，将金钟藤用作饲料或利用该草提取有用化学物质，以达到生物防治目的。

③化学防治。使用草甘膦和 2，4-D 丁酯或用苯甲酸盐水剂喷雾。药剂防治时应注意用药安全，防止对环境、水源等造成污染。使用的药物包装袋应集中销毁，蘸过药的用具、容器与其清洗用水，禁止乱倒、乱扔，防止污染农田、菜地、水源地等。

2.5 加拿大一枝黄花

（1）分布与危害。加拿大一枝黄花 *Solidago canadensis* L. 在我国主要分布于河北、上海、江苏、浙江、安徽、福建、江西、山东、河南、湖南、陕西、甘肃、新疆等地区。该草具有极强繁殖能力，传播速度快，生长优势明显，生态适应性广阔，与周围植物争光、争肥，欺占直至其他植物死亡，从而对生物多样性构成严重威胁。扰乱生态平衡。入侵农田，会使农作物产量、质量急剧下降，其花粉还易诱发老人和孩子过敏性哮喘和过敏性鼻炎。

（2）生物学特性。加拿大一枝黄花属于多年生根茎植物，以种子和地下根茎繁殖。每年 3 月底至 4 月初开始萌发。10 月开花，花由无数小型头状花组成，11 月种子成熟，每株可形成 2 万~20 万粒种子。通常加拿大一枝黄花的种子发芽率约为 50%，种子可由风传播，或由动物携带传播。其根系非常发达，每株植株地下有 5~14 条根状茎，以根茎为中心向四周辐射伸展生长，其上有多个分枝，顶端有芽，芽可直接萌发成独立的植株，具极强的繁殖能力。加拿大一枝黄花基本上以丛生为主，连接成片，排挤其他植物。

（3）防治技术。应采取营林措施、物理防治、物理与化学防治、化学防治相结合的技术与管理方法综合防治加拿大一枝黄花。

①营林措施。及时复耕或种植树苗、草等绿化植物，以抑制加拿大一枝黄花的再生蔓延。

②物理防治。人工铲除。在盛花期前剪除花穗、剪除花穗并短截或砍除植株等处理。

③物理与化学防治。应以割杀为主，手工拔除和化学除草为辅。用"草甘膦"等药剂在开花以前混合喷洒。对人工割除后又萌发的植株，也可用上述化学方法防治。割杀和拔除的其植株要集中销毁。

④化学防治。使用 10%草甘膦 50 倍液，或用 20%百草枯 150 倍液对草喷雾。在该花地下根茎开始生长前，连续使用 3 次，每次间隔 20~30d。

第三章

生态修复工程项目建设
施工抚育保质期零缺陷监理

第一节
项目建设施工抚育保质期监理零缺陷管理

1　项目施工抚育保质零缺陷质量责任

1.1　项目施工企业肩负着抚育保质零缺陷质量责任

在生态修复工程项目建设施工作业一系列过程中，施工企业在抚育保质期限间，承担着无可推卸的零缺陷抚育保质职责。抚育保质期也称为缺陷修补责任期。缺陷修补责任期一般从项目建设施工现场实际完工日期开始计算，其时间期限按合同规定执行。生态修复工程项目建设施工缺陷修补责任期的工程质量责任，主要是指施工企业对实施的植物措施成活率没有达到合同规定的部分进行补植补种，对有缺陷的工程措施进行修补、完善。

1.2　项目施工零缺陷抚育保质要求

施工企业在抚育保质期终止前，应零缺陷尽快完成监理单位交接书上已列明、在规定之日要求完成的工作内容，以使工程项目尽快符合建设设计方案和合同指标内容的要求。

2　抚育保质期监理单位零缺陷控制管理工作任务

监理单位在生态修复工程项目施工抚育保质期的零缺陷控制管理工作主要有3项。

2.1　项目建设施工质量零缺陷检查分析

对生态修复工程项目建设施工质量进行零缺陷检查分析，是指监理单位对发现的施工质量问题进行分析、归类，并及时将有关内容通知施工单位加以完善解决。

2.2　项目建设施工质量问题责任零缺陷鉴定

在生态修复工程项目建设施工抚育保质期内，监理单位对生态修复工程项目建设施工作业期间遗留下来的质量问题，认真查对设计资料和有关竣工验收要求指标，并根据下列 4 项要求零缺陷分清其责任的归属。

（1）凡是施工企业未按照有关规范、标准或合同、协议、设计要求施工作业，造成的项目建设质量缺陷问题由施工企业负责。

（2）凡是由于设计原因造成的项目建设质量问题，施工企业不承担责任。

（3）凡是因材料或构件质量不合格造成的质量问题，属施工企业采购的，由施工企业负责；属建设单位采购的，当施工企业提出异议时，建设单位仍坚持使用，施工企业不承担责任。

（4）因干旱、洪水、地质灾害等自然因素造成的质量事故，施工企业不承担责任。

在抚育保质期内出现的质量问题，不管由谁来承担责任，施工企业均有义务进行修补。

2.3 修补缺陷项目零缺陷质量检查

在生态修复工程项目建设施工抚育保质、缺陷修补责任期内，监理工程师必须要像监理控制正常生态修复工程项目建设施工现场一样，及时对所修补的缺陷项目按照建设施工作业的规范、标准、合同设计文件等进行现场和到位的零缺陷检查要求，严格抓好每一项质量缺陷环节的质量控制，确保抚育养护和对有质量缺陷项目的零缺陷修补、修复或重建工作。

3 项目建设施工修补零缺陷验收和保修期终止证书的签发

3.1 项目建设施工修补零缺陷验收

施工企业按照合同和监理要求，对负有缺陷责任的项目修补、修复或重建完成后，监理单位应及时对其组织零缺陷验收。验收管理可参考竣工验收的标准与方法。

3.2 项目建设施工缺陷责任终止证书的签发

施工企业在缺陷责任期终止前，对列明未完工和指令修补缺陷的项目全部完成后并经监理单位检查验收认可，才能获得监理单位签发的《缺陷责任终止书》（最终验收证书）。《缺陷责任终止书》应由监理工程师在缺陷责任期终止后 28d 内发给施工企业。

| 第二节
项目建设施工抚育保质期植物跟踪检疫零缺陷管理

1 项目建设施工栽种植物跟踪检疫监测零缺陷管理

1.1 抚育期植物跟踪检疫监测零缺陷管理的目的意义

1.1.1 项目建设施工植物面临的跟踪检疫严峻形势

生态修复工程项目建设施工中实施的造林种草，建设绿色生态环境，改善脆弱的生态环境，是我国南北各地区实践绿色发展的基本方针。各地区随着经济发展，生态修复建设绿化环境水平的提高和力度加大，外来检疫性、危险性林业有害生物入侵扩散的几率也大大增加，虽然各地均采取了不同程度的检疫复检措施，但由于外调种苗范围广、种类多、数量大，加之物流运输频繁，林业有害生物带入事件仍有发生，严重威胁着当地乔灌草植被健康生长和生态安全。

1.1.2　项目建设施工植物跟踪检疫零缺陷监测目的意义

全面开展生态修复工程项目建设施工新造林种草地及其木质包装材料的零缺陷跟踪检疫、监测调查工作，力争杜绝外来林业有害生物的进入和危害，切实把好植物检疫检查、检测的最后一道关口，对建设绿色永续发展的零缺陷生态修复工程防护系统意义非常重大。

1.2　植物跟踪检疫零缺陷管理调查、监测时间与方法

1.2.1　植物跟踪检疫零缺陷监测方法总则

采取线路踏查、标准地调查相结合及其疫木检疫的方法，对生态工程项目新造林种草地、木质包装材料及其制品进行检疫性和危险性林业有害生物跟踪调查监测。生态修复建设新造林地跟踪检疫监测于每年春季造林栽植期间或造林结束后进行，对木质包装材料及其木质制品的检疫监测全年四季均可进行检测调查。

1.2.2　线路跟踪检疫零缺陷监测调查方法

对生态修复工程建设项目新造林地实行零缺陷跟踪检疫监测，应选择一条穿过不同造林小班、不同树种、不同树龄、不同立地条件等有代表性的线路作为踏查路线，在此路线上边走边用目测法对所能观察到的寄主林分进行调查，发现有检疫性或危险性林业有害生物危害，立即细致查看其危害程度、勘测其危害活动范围，并设置标准地进行详查。通过线路踏查可以确定检疫性和危险性林业有害生物发生种类、范围、面积及苗木调入地等有关林分因子等，并填写线路踏查记录表。

1.2.3　标准地跟踪检疫零缺陷监测调查方法

标准地跟踪检疫零缺陷监测调查是指在线路踏查基础上，选取有代表性林草地，对可能带有检疫性、危险性林业有害生物的新造林种草地或林草地内有死树或衰弱林草被的地块重点排查。每块标准地内的林木株数应不少于100株（丛）、草地面积不少于10m²，在标准地内抽取有虫株（感病株）进行虫情（感病指数）调查、观察与测定。

1.2.4　木质包装材料跟踪检疫零缺陷监测调查方法

木质包装材料及其制品以批为单位进行有害生物跟踪检疫抽样检查监测，抽样数量为每批总件数的0.5%~10%，最低不少于5件。对抽取的样品采取直观检验与分离检测技术相结合的方法进行细致观察、测定检查。

1.3　植物跟踪检疫零缺陷监测管理调查的重点内容

1.3.1　重点跟踪检疫监测工作内容

检疫监测跟踪监测调查的重点内容是美国白蛾、红脂大小蠹、松材线虫病、杨树蛀干害虫（光肩星天牛、青杨天牛、杨干象、杨干透翅蛾、白杨透翅蛾等）、锈色粒肩天牛、沟眶象、松突圆蚧、日本双棘长蠹等检疫性和危险性极大的林业有害生物。

1.3.2 重点跟踪检疫监测工作方法

对生态修复建设区域植物进行重点跟踪检疫监测的主要是采取挂黑光灯、诱捕器和人工调查等方法，对外地调入的杨树、柳树、榆树、油松、樟子松、臭椿与花灌木以及木质包装、光缆线盘等进行严格跟踪检疫、监测，尤其是对生态修复工程项目建设施工新造林种草地范围内的死树草、衰弱木进行重点、细致、严格的排查，认真、严格地做到及时发现疫情、及时扑灭。

1.4 主要检疫性有害生物的跟踪检疫零缺陷监测管理科目

1.4.1 美国白蛾

（1）监测时间与方法。于每年4月底至6月上旬、7月下旬至8月中旬期间，在林间每隔30~40m挂设1个美国白蛾诱捕器进行诱捕，6月上旬至9月中旬通过线路踏查监测是否有美国白蛾的幼虫及网幕出现，据此判断美国白蛾是否发生。

（2）成灾判断标准。林木失叶率达到20%以上或受害株率为2%以上即为成灾。

1.4.2 红脂大小蠹

（1）监测时间与方法。在每年的5~8月期间，在油松林边缘悬挂诱捕器结合线路踏查进行监测，一般未发生害虫区每隔1000m挂设1个诱捕器，定期观察、记录能否诱到红脂大小蠹，据此判断红脂大小蠹是否发生。

（2）成灾判断标准。油松受害株率达到20%以上或死亡株率为5%以上即为成灾。

1.4.3 松材线虫病

（1）监测时间与方法。于每年的9~11月和翌年4~6月进行线路踏查监测，或者5月在松墨天牛羽化期于林间空气流通处每隔50~100m挂设引诱器进行诱捕，据此判断松材线虫病是否发生或发生密度、危害程度。

（2）成灾判断标准。当松树出现感染病株即为成灾。

2 项目施工抚育保质期植物跟踪检疫管理案件零缺陷处理

2.1 植物跟踪检疫零缺陷执法管理的主体

对生态修复项目建设区实施植物检疫、跟踪检疫零缺陷管理的国家行政执法主体，是各省、直辖市、自治区、地区、县（旗、州等）人民政府下设的各级森林病虫害防治检疫站。

2.2 植物跟踪检疫零缺陷执法管理环节

开展造林植物的零缺陷检疫执法，不仅要依法办事，而且要严格按程序执法。检疫零缺陷执法程序应把握和做到以下7个关键工作环节。

2.2.1 亮明身份

植物检疫人员在进入生态修复工程项目造林种草植物抚育区域场所，执行检疫工作任务时，应着装国家统一制发的植物检疫制服，并出示《森林植物检疫员证》和《林业行政执法证》，说明自己是在依法执行公务，请当事人给予积极配合。

2.2.2　查看现场

详细查看生态修复工程项目新造林植物是否感染或受到病虫害侵害的实际状况，并做详细记录。

2.2.3　依法抽样

对生态修复工程项目新造林种草区域，应按《森林植物检疫技术规程》抽足样量；完善抽样笔录和采样凭证，留存影像资料。

2.2.4　收集证据

对生态修复工程项目新造林种草区域进行检疫执法要按程序实施，做好证据的收集。主要是要完善"三录"，即现场笔录（或询问笔录）、勘验笔录、影像资料摄录。

2.2.5　检疫检验

对所抽取的生态修复工程项目新造林种草样品要及时进行检疫检验，并做出鉴定结论，为检疫处理提供法律依据。

2.2.6　及时处理

依据检疫检验结果，并结合违法事实所做出的结论，要引用检疫法律条款及时做出处理意见。如发现有植物病虫害检疫对象或有危险性林业有害生物，需及时做出防治、除害处理的决定意见。同时按照相关法律条款进行处罚。

2.2.7　依法告知

森检员对做出的处理意见要及时告知生态修复工程项目施工方当事人，并要求当事人在处罚决定书上签字，以免形成程序违法。

2.3　植物跟踪检疫零缺陷执法管理流程

植物跟踪检疫零缺陷执法流程据检疫对象及其类别的不同，分为简易程序和一般程序。

2.3.1　简易程序

植物跟踪检疫零缺陷执法管理工作的简易程序如图 3-1。

2.3.2　一般程序

植物跟踪检疫零缺陷执法管理工作的一般程序如图 3-2。

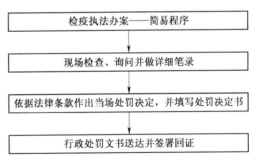

图 3-1　检疫零缺陷执法管理工作的简易程序

2.4　植物跟踪检疫零缺陷执法管理案件处理文书的格式

森检员在对生态修复工程项目造林种草苗木种子等行使零缺陷植物检疫、跟踪检疫执法过程中，其询问笔录、处罚决定等格式有 9 种：

（1）林业行政案件询问笔录格式；

（2）林业植物检疫行政处罚当场处罚决定书格式；

（3）林业植物检疫行政处罚文书送回证格式；

（4）林业行政处罚勘验、检查笔录格式；

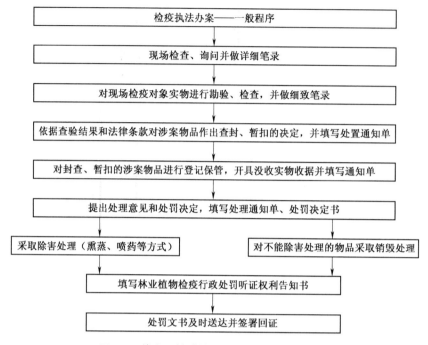

图 3-2 检疫零缺陷执法管理工作的一般程序

（5）林业植物检疫封查、暂扣涉案物品通知单格式；

（6）林业植物检疫行政处罚登记保存通知单格式；

（7）林业植物检疫性有害生物处理通知单格式；

（8）林业植物检疫行政处罚没收实物收据单格式；

（9）林业植物检疫行政处罚听证权利告知书格式。

3 植物检疫性和危险性有害生物名录

3.1 国家林业局公布的林业检疫性有害生物名录

2004 年 8 月 12 日，国家林业局公布第 4 号《公告》（办造字［2004］号文件）公布了 19 种森林植物检疫对象，自 2005 年 3 月 1 日生效，原林业部发布的森林植物检疫对象名单同时废止。

2005 年 8 月 29 日，农业部、国家林业局、国家质量监督检验检疫总局《公告》538 号补充了刺桐姬小蜂为森林植物检疫对象。

2008 年 2 月 18 日，国家林业局发布第 3 号《公告》，将枣实蝇增列为全国林业检疫性有害生物。

2010 年 5 月 5 日，农业部、国家林业局发布第 1380 号《公告》，将扶桑绵粉蚧增列为全国林业检疫性有害生物，至此，国家公布的林业检疫性有害生物共计为 22 种。

3.1.1 杨干象（*Cryptorrhynchus lapathi* Linnaeus）

杨干象是危害杨属（*Populus*）植物中黑杨派与欧美品系杂交品种、旱柳（*Salix matsudana*）、爆竹柳（*S. fragilis*）、复叶槭（*Acer negundo*）等植物的幼苗和人工林的主要枝干害虫。主要分布在我国的河北、内蒙古、辽宁、吉林、黑龙江、甘肃、新疆等地区。

3.1.2　松突圆蚧（*Hemiberlesia pitsophila* Takagi）

松突圆蚧是危害马尾松（*Pinus massoniana*）、黑松（*P. thunbergil*）、湿地松（*P. elliottii*）等植物的一种针叶、球果害虫。主要分布在我国的福建、广东等地区。

3.1.3　双钩异翅长蠹 [*Heterobostrychus aequalis*（Waterhouse）]

双钩异翅长蠹是危害热带、亚热带地区橡胶属（*Hevea*）、黄桐（*Endospernum chinense*）、木棉属（*Bombax*）、白格（*Albizzia procera*）等木材、锯材、弃皮木材及藤科等制品的一种严重性害虫。在我国主要分布于广东、广西、海南等地区。

3.1.4　美国白蛾 [*Hyphantria cunea*（Drury）]

美国白蛾是危害林木、果树、灌木等植物的一种食叶性害虫。具有食性杂、繁殖量大、抗逆性强、传播途径广的特点。在我国主要分布于北京、天津、河北、河南、辽宁、吉林、山东、江西等地区。

3.1.5　苹果蠹蛾 [*Laspeyresia Pomonella*（Linnaeus）]

苹果蠹蛾是危害大苹果（*Malus pumila*）、塞威氏苹果（*M. sylvestris*）的野生及栽培品系、花红（*M. asiatiaca*）、香梨（*Pyrus aromatica*）、沙果梨（*P. pyrifolia*）、杏（*Prunus armeniaca*）、野山楂（*Crategeus cuneata*）等植物的一种蛀果害虫。我国主要分布在甘肃、新疆等地区。

3.1.6　枣大球蚧 [*Eulecanium gigantean*（Shinji）]

枣大球蚧是危害枣属（*Zizyphus*）、刺槐（*Robinia pseudoacacia*）、巴旦杏（*Amygda-lus communis*）等多种植物的一种枝梢害虫。我国主要分布在河北、山西、辽宁、安徽、河南、甘肃、青海、宁夏、新疆等地区。

3.1.7　松材线虫病 [*Bursaphelenchus xylophilus*（Steiner et Burher）Nickle]

松材线虫病是危害松属（*Pinus*）等植物的一种毁灭性流行病。该病原的线虫通过媒介昆虫松墨天牛（*Monchamus alternatus* Hole）补充营养时从伤口进入植株木质部，寄生在树脂道中，大量繁殖后遍及全株，造成导管阻塞、植株失水、蒸腾作用降低、树脂分泌急剧减少和停止。针叶陆续渐变为黄褐色乃至红褐色萎蔫，最后整株枯死。我国主要分布在江苏、安徽、山东、广东等地区。

3.1.8　松疱锈病 [*Cronartium ribicola* J. C. Fischer ex Rabenhorst]

松疱锈病是危害红松（*Pinus koraiensis*）、华山松（*P. armandii*）等五针松的一种枝干病害，在我国主要分布于辽宁、吉林、黑龙江、四川等地区。

3.1.9　冠瘿病 [*Agrobacterium tumefaciens*（Smith and Townsend）Conn.]

冠瘿病是危害杨属（*Populus*）、柳属（*Salix*）、山楂属（*Crataegus*）等林木、果树和木本花卉的一种根部病害，寄主范围广泛，至少包括331属的640种植物。菌株侵染植物的根茎部引起过度增生而形成瘿瘤。我国主要分布在北京、河北、山西、内蒙古、辽宁、上海、浙江、安徽、江西、山东、河南、四川、云南、陕西、甘肃、宁夏等地区。

3.1.10　杨树花叶病毒病 [*Poplar mosaic* Virus（PMV）]

杨树花叶病毒病是危害杨属（*Populus*）植物中黑杨派、青杨派的一种叶部病毒病害。我国主要分布在山东、河南、湖南、陕西、甘肃、宁夏等地区。

3.1.11　落叶松枯梢病 [*Guignardia laricina*（Sawada）Yamamoto et K. Ito]

落叶松枯梢病是危害落叶松属（*Larix*）植物幼苗、幼树与 30 年生大树的一种枝梢病害，尤其对 6~15 年生幼树危害最为严重。我国主要分布在内蒙古、辽宁、吉林、黑龙江、山东、陕西、甘肃、青海、宁夏等地区。

3.1.12　猕猴桃溃疡病（*Pseudomonas syringae* pv. *actinidiae* Takikawa et al.）

猕猴桃溃疡病是危害猕猴桃属（*Actinidia*）植物的一种毁灭性枝梢病害。该病危害寄主的新梢、枝干与叶片，会造成枝蔓枯死，发病严重时整株枯死。我国主要分布在福建、湖南、四川、陕西等地区。

3.1.13　椰心叶甲 [*Brontispa longissima*（Gestro）]

椰心叶甲的中文别名为红胸叶虫、椰子扁金花虫、椰子棕扁叶甲、椰子刚毛叶甲。鞘翅目（Coleoptera），叶甲总科（Chrysomeloidea），铁甲科（Hispidae），潜甲亚科（Anisoderinae），能够危害 35 种之多，其中，椰子为最主要的寄主。原产于印度尼西亚与巴布亚新几内亚，现广泛分布于太平洋群岛和东南亚地区。

3.1.14　红脂大小蠹（*Dendroctonus valens* Leconte）

红脂大小蠹属鞘翅目、小蠹科、大小蠹属，又称强大小蠹，是国内新记录种。该虫 1998 年秋季在山西东南部沁水、阳城等县的部分油松林内被首次发现，现在山西、陕西、河北、河南等地区均有分布，原产于美国、加拿大、墨西哥、危地马拉和洪都拉斯等美洲国家及地区。

3.1.15　薇甘菊（*Mikania micrantha* H. B. K）

薇甘菊在我国主要分布在香港、澳门和广东珠江三角洲地区，原产中美洲地区。

3.1.16　红棕象甲（*Rhynchophorus ferrugineus* Olivier）

红棕象甲主要危害油棕、椰子、枣椰，在我国深圳和香港还发现危害酒瓶椰。我国主要分布于广东、广西、海南、云南、福建、台湾等地区。以幼虫钻蛀树干内部，取食柔软组织，可致受害严重的植株导致死亡。

3.1.17　青杨脊虎天牛（*Xylotrechus rusticus* L.）

青杨脊虎天牛主要危害杨属、柳属、桦属、栎属、山毛榉属、椴属和榆属等林木，是一种危险性蛀干害虫。我国主要分布在黑龙江、吉林、辽宁、内蒙古、上海等地区。

3.1.18　草坪草褐斑病菌（*Rhizoctonia solani* Kühn）

草坪草褐斑病菌主要危害松、杉类针叶树幼苗，有些阔叶树幼苗也能受害，还可危害许多农作物。全国各地都有发生。

3.1.19　蔗扁蛾（*Opogona sacchari* Bojer）

蔗扁蛾属鳞翅目的辉蛾科。原产非洲热带、亚热带地区，巴西木是其重要寄主。1987 年进口的巴西木进入广州，现已传播到我国 10 余个省份。在南方发生很严重，凡有巴西木即香龙血树（*Dracewna fragrans* Ker-Gawl.）侵入的地区几乎都有蔗扁蛾的发生。

蔗扁蛾食性广泛，威胁香蕉、甘蔗、玉米、马铃薯等农作物和温室栽培的植物，特别是一些名贵花卉植物等。

3.1.20　刺桐姬小蜂（*Quadrastichus erythrinae* Kim）

刺桐姬小蜂属姬小蜂科、啮小蜂亚科、胯姬小蜂属。该属有 60 余种，绝大多数是寄生性昆虫。刺桐姬小蜂是 2004 年国际上发表的新种，仅危害刺桐、杂色刺桐、金脉刺桐、珊瑚刺桐、鸡冠刺桐等刺桐属植物。该虫目前分布于毛里求斯、留尼旺、新加坡、美国夏威夷、中国台湾和广东深圳。我国台湾于 2003 年首次在台南县发现刺桐姬小蜂，随后扩散至台湾全岛。

3.1.21　枣实蝇（*Carpomya vesuviana* Costa）

枣实蝇属于双翅目实蝇科，是危害枣属（*Ziziphus* Mill）植物的重要蛀果性害虫。该虫分布于意大利、毛里求斯、印度、巴基斯坦、泰国、阿富汗、塔吉克斯坦、土库曼斯坦、乌兹别克斯坦、伊朗、阿曼、波斯尼亚、塞浦路斯、俄罗斯、格鲁吉亚、阿塞拜疆、亚美尼亚等国家和地区。2007 年 9 月，在我国新疆吐鲁番地区鄯善县、托克逊县、吐鲁番市的部分地区发现。

3.1.22　扶桑绵粉蚧（*Phenacoccus solenopsis* Tinsley）

扶桑绵粉蚧属于半翅目、粉蚧科、绵粉蚧属。英文名称为 solenopsis solenopsis mealybug mealybug。扶桑绵粉蚧原产于北美，1991 年在美国发现其危害棉花，随后在墨西哥、智利、阿根廷和巴西相继被发现和报道。2005 年印度和巴基斯坦也发现该虫害，对当地棉花生产造成了严重危害。

（1）扶桑绵粉蚧在我国各省份的分布状况。扶桑绵粉蚧主要分布在我国各省份所辖的地区如下所列。

①福建分布地区。主要在福州市、莆田市、泉州市、厦门市、漳州市、三明市。

②海南分布地区。主要在海口市、三亚市。

③广东分布地区。主要在广州市、深圳市、珠海市、汕头市、佛山市、韶关市、梅州市、东莞市、江门市、肇庆市、清远市。

④湖南分布地区。主要在长沙市、岳阳市、湘潭市。

⑤浙江分布地区。主要在杭州市、金华市。

⑥江西分布地区。主要在赣州市、九江市。

⑦广西分布地区。主要在南宁市、钦州市、崇左市、来宾市。

⑧云南分布地区。主要在西双版纳傣族自治州、文山壮族苗族自治州、丽江市、楚雄彝族自治州。

⑨四川分布地区。主要在攀枝花市。

（2）扶桑绵粉蚧寄主。扶桑绵粉蚧主要寄主的植物有棉花、陆地棉、扶桑、向日葵、南瓜、茄子、番茄、甜茄、龙葵、马利筋、番木瓜、黄花蒿、三叶鬼针草、一点红、银胶菊、苍耳、田旋花、铺地草、磨盘草、巴豆、咖啡黄葵、赛葵、地桃花、黄细心、列当、长隔木、大戟、羽扇豆、蜀葵、灰毛滨藜、碱蓬草、菁草、豚草、黄花稔、酸浆、马缨丹、洋金花、假海马齿、神秘果、芝麻、蒺藜。

3.2　检疫性有害生物普查

3.2.1　检疫性有害生物普查的法律法规有关规定

（1）《中华人民共和国森林法》第二十二条。

（2）《中华人民共和国植物检疫条例》第五条和第六条。

（3）《中华人民共和国植物检疫条例实施细则（林业部分）》第九条。

3.2.2 检疫性有害生物的普查方法

（1）普查前期的准备工作内容。

①组建普查队伍，培训普查人员。以区县为单位做好普查前的技术培训工作和其他各项准备工作。地市级普查领导小组办公室负责组织开展市级普查培训班，培训普查技术骨干。

②购置必要的普查仪器、设备、工具和药品等。

③收集、分析普查区域内寄主植物种类、分布状况和果园、果品贮存地、果品批发市场、苗圃、花圃、苗木花卉市场、木材加工厂和贮木场等信息。

④查阅本辖区及其邻近省份历史上林业有害生物发生与防治情况以及有关图片、记录等资料，并根据最近年度普查结果，确定本市（旗区）重点调查种类、具体调查时间和路线。

（2）外业调查。

①定点调查。以旗（县、区）为单位，根据普查对象的寄主分布状况，对每种普查对象选择 10~30 个有代表性的固定调查点，列出每个调查点所在位置以及所代表的寄主面积，并在普查对象发生盛期或症状显露期开展标准地调查。

②踏查。根据林木资源、林相以及果园、公园、景区、种苗繁育基地与栽植工地、贮木场、木材加工厂等的分布情况，选择有代表性的寄主植物，制订调查路线，在有害生物发生盛期或其症状显露期进行踏查。发现检疫性林业有害生物时，要设立标准地或样方开展详查。

③监测测报点调查。将各级林业有害生物监测测报点的监测数据纳入普查统计；当各级监测测报点监测到检疫性有害生物时，要立即设立标准地进行详查。

④标准地详查方法。对有害生物进行标准地设置和调查方法。

第一，每块标准地面积应不小于 3 亩，采取平行线法或对角线取样法，抽取样树 20~30 株，进行危害程度分级调查。分别统计调查总株数、病虫种类或病虫编号、被害株数和危害程度，计算感病株率、感病指数、虫口密度、有虫株率。

第二，对贮木场和加工场（点）的检疫调查应视疫情发生情况，从棱垛表层抽样或分层抽样调查。对原木、锯材、竹材、藤等，每堆垛（捆）抽样不得少于 $5m^3$ 或 3~6 根（条），每根样材选设样方 2~4 个，样方大小一般为 $20cm×50cm$ 或 $10cm×100cm$；不足上述数量的全部逐根检查。检查上述受检物表面有无蛀孔屑、虫粪、活虫、茧蛹、病害症状等，并要剥开树皮，查看韧皮部或木质部内部有无害虫和菌体。

第三，对于集贸市场的检疫调查，按应检物总数量的 0.5%~15% 进行抽样检查。小批量的森林植物及其产品应全部检查。

第四，具体调查方法参见《中国林业检疫性有害生物及检疫技术操作办法》（中国林业出版社，2005）所述。

（3）调查内容和要求。

①标本采集、记录。普查过程中发现的有害生物要及时采集一定数量的标本，并详细填写在《标本采集标签》。标本要妥善保管，以备后续核查。

②疫情分布地点记录。详细记录并统计疫情分布到村、街道、小班的资料。

③疫情面积调查。翔实测定疫情分布面积、发生面积与成灾面积。

疫情分布面积：指在疫情的种群密度（虫口密度、感病指数）属于轻度发生以下时，按实际受害面积统计其分布面积，并注明被害株数或数量（木材及木制品）。

疫情发生面积：林业有害生物种群密度（虫口密度、感病指数）达到轻度发生以上时，按实际受害面积，依据原国家林业局制定的林业有害生物发生（危害）程度标准统计其发生面积。林业有害生物疫情发生（危害）程度的判断标准见表3-1。

表 3-1　林业有害生物发生危害程度的判断标准

序号	有害生物种类	调查阶段	统计单位（%）	发生危害程度		
				轻度	中度	重度
1	杨干象（幼林） *Cryptorrhynchus lapathi* L.	幼虫	有虫株率	2~5	6~15	16以上
2	红脂大小蠹 *Delulroctonus valens* Leconte	幼虫、成虫	有虫株率	2~6	7~12	13以上
3	松纵坑切梢蠹 *Tomicus piniperda* L.	成虫	枝梢被害率	5~10	11~20	21以上
4	美国白蛾 *Hyphantria cunea*（Drury）	幼虫	有虫株率	0.1~2	2.1~5	5.1以上
5	青杨脊虎天牛 *Xylotrechus rusticu* L.					
6	苹果蠹蛾 *Laspeyresia pomonella*（L.）	幼虫	有虫株率	2~3	4~5	6以上
7	蔗扁蛾 *Opogona sacchari*（Bojer）	幼虫	有虫株率	3~5	6~10	11以上
8	椰心叶甲 *Brontispa longissima*（Gestro）	幼虫、成虫	有虫株率	3~5	6~10	11以上
9	红棕象甲 *Rhyncnophorus ferrugineus* Olvier	幼虫	有虫株率	3~5	6~10	11以上
10	双钩异翅长蠹 *Herobostrychus aequalis*（Waterhouse）	幼虫、成虫	有虫株率	1~4	5~10	11以上
11	枣大球蚧 *Eulecanium gigantean*（Shinji）		叶片受害率	5~10	11~35	36以上
12	种实害虫		种实被害率	5~9	10~19	20以上

（续）

序号	有害生物种类	调查阶段	统计单位（%）	发生危害程度		
				轻度	中度	重度
13	落叶松枯梢病 *Guignardia laricina*（Sawada）*Yamamotoet K. lto*		感病指数	5~20	21~40	41以上
14	松材线虫病 *Bursaphelenchus xylophilus* Nickle		感病株率	1以下	1.1~2.9	3以上
15	松疱锈病 *Cronartium ribicda* J. C. Fischer ex Rabenhorst		感病株率	3~5	6~10	11以上
16	猕猴桃溃疡病 *Pseudomonas syringae pv. actinidiea* Tiakikawa et al.		感病株率	3~5	6~10	11以上
17	冠瘿病 *Agrobacterium tumefaciens*（Smith and Townsend）Conn		感病株率	3~5	6~10	11以上
18	杨树花叶病 *Poplar mosaic* Virus		感病株率	3~5	6~10	11以上
19	草坪草褐斑病 *Rhizoctonia solani* Kühn		感病株率	3~5	6~10	11以上
20	枣实蝇 *Carpomya vesuviana* Costa		有虫株率、果实受害率	1~5	6~10	11以上
21	根结线虫病 *Meloidogyne* spp.		感病株率	3~5	6~10	11以上
22	白蜡窄吉丁 *Agrilus planipennis* Fairmaire		有虫株率	2~6	7~12	13以上
23	杨棉纹截尾吉丁 *Poecilonotavariolosa*（Payk）		有虫株率	2~6	7~12	13以上
24	银杏超小卷蛾 *Pammene ginkgoicola* Liu		有虫株率	1~5	6~10	11以上
25	松墨天牛 *Monochamus alternatus* Hope	幼虫	有虫株率	1~5	6~10	11以上
26	锈色粒肩天牛 *Apriona swainsoni*（Hope）		有虫株率	2~6	7~12	13以上
27	栗山天牛 *Massicus raddei*（Blessig）		有虫株率	1~5	6~10	11以上
28	日本松干蚧 *Matsucoccus matsumurae*（Kuwana）	若虫	头/10cm²	0.5~2	2.1~6.9	7以上
29	梨圆蚧 *Quadraspidiotus perniciosus*（Comstock）		叶片（果实）受害率	5~10	11~35	36以上

注：表中统计单位有2个以上指标时，可根据不同时期、不同调查方法达到1个指标即可。

疫情成灾面积：在检疫性有害生物发生区，根据国家林业局（林造发［2012］26号文）中的"主要林业有害生物成灾标准、指标界定与有关说明"，要详细统计成灾面积，其成灾标准见表3-2。

表3-2 检疫性林业有害生物成灾判断标准

序号	有害生物种类	成 灾 指 标
1	松材线虫病	发现感染病株
2	美国白蛾	植株失叶率20%以上；受害株率在2%以上
3	薇甘菊	林木植株死亡率在3%以上
4	叶部病虫害	植株失叶率在40%以上；林木死亡株率在5%以上
5	钻蛀性害虫	受害株梢率15%以上；林木死亡株率在5%以上
6	叶部病害	植株感病率在40%以上；林木死亡株率在5%以上
7	树干部病害	受害株梢率在20%以上；林木死亡株率在5%以上
8	有害生物	植株死亡率在5%以上

注：表中统计单位有2个以上指标时，可根据不同时期、不同调查方法达到1个指标即可。

疫情统计调查规定：在同一林分中发现2种以上疫情时，必须分别对其统计调查。

发现新的检疫性有害生物调查：在乡镇区域内若发现新的检疫性有害生物且疫情为轻度以下发生时，应详细记录发生情况。

④检疫性有害生物来源调查。要调查了解传入地、传入时间、传入途径及方式等情况。

（4）标本制作与鉴定。在实际进行调查检疫性有害生物过程中，对制作的标本要求完整、成套、典型且标签填写清晰，并摄制和配置调查现场的彩色照片；对于不能鉴定出的有害生物种类，要立即报送上一级森防站进行统一组织鉴定，或由上一级森防站再向上报送至国家林业和草原局外来林业有害生物检验鉴定中心进行科学鉴定。

（5）资料整理与汇总。对外业调查所作的笔录、采集到的数据、照片或摄像等资料要进行系统的分类整理、分析和归档。

3.3 国家林业局公布的233种林业危险性有害生物名录

3.3.1 昆虫与螨类计156种

（1）家白蚁 *Coptotermes formosanes* Shiraki

（2）沙枣木虱 *Trioza magnisetosa* Log.

（3）刺槐蚜 *Aphis robiniae* Macchiati

（4）板栗大蚜 *Lachnus tropicalis*（Van der Goot）

（5）葡萄根瘤蚜 *Viteus vitifolae*（Fitch）

（6）落叶松球蚜 *Adelges laricis* Vall.

（7）吹绵蚧 *Icerya purchasi* Maskell

（8）中华松梢蚧 *Sonsaucoccus sinensis*（Chen）

（9）竹巢粉蚧 *Nesticoccus sinensis* Tang

（10）白蜡绵粉蚧 *Phenacoccus fraxinus* Tang

（11）皱绒蚧 *Eriococcus rugosus* Wang

（12）紫薇绒蚧 *Eriococcus lagerostroemiae* Kuwana

（13）栗红蚧 *Kermes nawae* Kuwana

（14）日本龟蜡蚧 *Ceroplastes japonicus* Green

（15）红蜡蚧 *Ceroplastesr rubens* Maskell

（16）朝鲜球坚蚧 *Didesmococcus koreanus* Boreh

（17）瘤大球坚蚧 *Eulecanium gigantea*（Shinji）

（18）槐花球蚧 *Eulecanium kuwanai*（Kanda）

（19）思茅壶蚧 *Cerococcus schimae*（Borchsenius）

（20）栗链蚧 *Asterolecanium castaneae* Russell

（21）檫树白轮蚧 *Aulacaspis sassafris* Chen

（22）松针蚧 *Fiorinia jaonica* Kuwana

（23）柳蛎盾蚧 *Lepidosaphes salicina* Borchsenius

（24）沙枣密蛎蚧 *Mytilaspis conchiformis*（Gmelin）

（25）橄榄片盾蚧 *Parlatoria olea*（Colvee）

（26）香樟袋盾蚧 *Phenacaspis camphora* Chen

（27）柽柳原盾蚧 *Prodiaspis tamaricicola* Young

（28）蛇眼臀网盾蚧 *Pseudaonidia duplex*（Cockerell）

（29）桑白蚧 *Pseudaulacaspis pentagona*（Targioni-Tozzetti）

（30）杨圆蚧 *Quadraspidiotus gigas* Thiem et Gerneck

（31）梨圆蚧 *Quadraspidiotus perniciosus*（Comstock）

（32）杨齿盾蚧 *Quadraspidiotus slavonicus*（Green）

（33）柽柳晋盾蚧 *Shansiaspis ovalis* Chen

（34）中国晋盾蚧 *Shansiaspis sinensis* Tang

（35）卫矛蜕盾蚧 *Fioriniaeuonymi* Young

（36）西安矢尖蚧 *Unaspis xianensis* Liu el Wang

（37）花曲柳窄吉丁 *Agrilus planipennis* Fairmaire

（38）花椒窄吉丁 *Agrilus zanthoxylumi* Hou and Feng

（39）杨锦纹截尾吉丁 *Poecilonota variolosa*（Payk）

（40）杨十斑吉丁 *Melanophila picta* Pallas

（41）日本双棘长蠹 *Sinoxylon japonicus* Lesne

（42）双斑锦天牛 *Acalolepta sublusca*（Thomson）

（43）星天牛 *Anoplophora chinensis*（Foerster）

（44）光肩星天牛 *Anoplophora glabripennis*（Motsch.）

（45）黑星天牛 *Anoplophora leechi*（Gahan）

（46）皱绿柄天牛 *Aphrodisium gibbicolle*（White）

（47）栎旋木柄天牛 *Aphrodisium sauteri* Matsushita

（48）桑天牛 *Apriona germari*（Hope）

（49）红缘天牛 *Asias halodendri*（Palias）

（50）橙斑白条天牛 *Batocera davidis* Deymlle

（51）云斑白条天牛 *Batocera horsfieldi*（Hooe）

（52）杉棕天牛 *Callidium villosulum* Fairmaire

（53）斑胸蜡大牛 *Ceresium sinicum ornaticolle* Pic.

（54）花椒虎天牛 *Clytus validus* Fairmaire

（55）麻点豹天牛 *Coscinesthes salicis* Gressitt

（56）栗山天牛 *Massicus raddei*（Blessig）

（57）四点象天牛 *Mesosa myops*（Dalman）

（58）松褐天牛 *Monochamus alternatus* Hope

（59）云杉小墨天牛 *Monochamus sutor* L.

（60）云杉大墨天牛 *Monochamus urussovi*（Fischer）

（61）松巨瘤天牛 *Morimospasmasma paradoxum* Ganglbauer

（62）暗腹樟筒天牛 *Oberea fusciventris* Fairmaire

（63）舟山筒天牛 *Oberea inclusa* Pascoe

（64）灰翅筒天牛 *Oberea oculata*（L.）

（65）眼斑齿茎天牛 *Paraleprodera diophthalma*（Pascoe）

（66）圆斑紫天牛 *Purpuricenus sideriger* Fairmaire

（67）锈斑楔天牛 *Saperda balsamifera* Motschulsky

（68）青杨天牛 *Saperda populnea*（L.）

（69）粗鞘双条杉天牛 *Semanotus sinoauster* Gressitt

（70）光胸断眼天牛 *Tetropium castaneum*（L.）

（71）家茸大牛 *Trichoferus campestris*（Faldermann）

（72）青杨脊虎天牛 *Xylotrechus rusticus* L.

（73）合欢双条天牛 *Xystrocera globosa*（Olivier）

（74）紫穗槐豆象 *Acanthoscelides pallidipennis* Motschulsky

（75）柠条豆象 *Kytorhinus immixtus* Motchulskv

（76）椰心叶甲 *Brontispa longissima*（Gestro）

（77）山杨卷叶象 *Byctiscus omissus* Voss

（78）油茶象 *Curculio chinensis* Chevrolat

（79）栗实象 *Curculio davidi* Fairmaire

（80）榛实象 *Curculio dieckmanni*（Faust）

（81）沙棘象 *Curculio hippophes* Zhang

（82）麻栎象 *Curculio robustus* Roelofs

（83）剪枝栎实象 *Cyllorhynchites ursulus*（Roelofs）

（84）长足大竹象 *Cyrtotrachelus bugueti* Guer

（85）大竹象 *Cyrtotrachelus longimanus* Fabricius

（86）大粒横沟象 *Dyscerus cribripennis* Matsumura et Kono

（87）核桃横沟象 *Dyscerus juglans* Chao

（88）疱瘤横沟象 *Dyscerus pustulatus*（Kono）

（89）臭椿沟眶象 *Eucryptorrhynchus brandti*（Harold）

（90）沟眶象 *Eucryptorrhynchus chinensis*（Olivier）

（91）松树皮象 *Hylobius abietis haroldi* Faust

（92）萧氏松茎象 *Hylobitelus xiaoi* Zhang

（93）杨黄星象 *Lepyrus japonicus* Roelofs

（94）多瘤雪片象 *Niphades verrucosus*（Voss）

（95）一字竹象 *Otidognathus davidis* Fabricius

（96）松黄星象 *Pissodes nitidus* Roel.

（97）粗颗点木蠹象 *Pissodes punctatus* Longer & Zhang

（98）云南木蠹象 *Pissodes yunnanensis* Longer & Zhang

（99）榆跳象 *Rhynchaenus alini* Linnaeus

（100）蒙古象 *Xylinophorus mongolicus* Faust

（101）樱桃虎象 *Rhynchites auratus* Scop.

（102）冷杉梢小蠹 *Cryphalus sinoabietis* Tsai et Li

（103）华山松大小蠹 *Dendroctonus armandi* Tsai et Li

（104）云杉大小蠹 *Dendroctonus micans* Kugelann

（105）红脂大小蠹 *Dendroctonus valens* Le Lonte

（106）六齿小蠹 *Ips acuminatus* Gyllenhal

（107）光臀八齿小蠹 *Ips nitidus* Eggers

（108）十二齿小蠹 *Ips sexdentatus* Borner

（109）落叶松八齿小蠹 *Ips subelongatus* Motschulsky

（110）云杉八齿小蠹 *Ips typographus* L.

（111）柏肤小蠹 *Phloeosinus aubei* Perris

（112）杉肤小蠹 *Phloeosinus sinensis* Schedle

（113）中穴星坑小蠹 *Pityogenes chalcographus* L.

（114）云杉四眼小蠹 *Polygraphus polygraphus* L.

（115）横坑切梢小蠹 *Tomicus minor* Hartig

（116）纵坑切梢小蠹 *Tomicus piniperda* L.

（117）花椒波瘿蚊 *Asphondylia zantaoxyli* Bu & Zheng

（118）云南松脂瘿蚊 *Cecidomyia yunnanensis* Wu et Zhou

（119）枣叶瘿蚊 *Dasiyneura datifolia* Jiang

（120）水竹突胸瘿蚊 *Planetella conesta* Jiang

（121）柳瘿蚊 *Rhabdophaga salicis* Schrank

（122）竹笋绒茎蝇 *Chyliza bambusae* Yang et Wang

（123）落叶松球果花蝇 *Lasiomma laricicola*（Karl）

（124）一点突额杆蝇 *Tetradacus citri*（Chen）

（125）沙棘绕实蝇 *Rhagoletis batava obscuriosa* K01.

（126）桔（橘）大实蝇 *Bactrocera（Tetradacus）minax*（Enderlein）

（127）蔗扁蛾 *Opogona sacchari*（Bojer）

（128）白杨透翅蛾 *Paranthrene tabaniformis* Rottenberg

（129）落叶松鞘蛾 *Coleophora laricella* Htübner

（130）芳香木蠹蛾东方亚种 *Cossus cossus orientalis* Gaede

（131）沙棘木蠹蛾 *Holcocerus arenicola*（Staudinger）

（132）小木蠹蛾 *Holcocerus insularis* Staudinger

（133）榆木蠹蛾 *Holcocerus vicarius* Walker

（134）咖啡木蠹蛾 *Zeuzera coffeae* Nietner

（135）木麻黄豹蠹蛾 *Zeuzera multistrigata* Moore

（136）异色卷蛾 *Choristoneura diversana* Hübner

（137）松点卷蛾 *Lozotaenia coniferana*

（138）银杏超小卷蛾 *Pammene ginkgoicola* Liu

（139）云杉超小卷蛾 *Pammene ochsenheimeriana*（Zeller）

（140）球果小卷蛾 *Pseudowmoides strobilellus*（Linnaeus）

（141）云南松梢小卷蛾 *Rhyacionia insulariana* Liu

（142）松梢斑螟 *Dioryctria mongolicella* Wang et Sung

（143）云杉梢斑螟 *Dioryctria reniculelloides* Mutuura & Munroe

（144）臭椿皮蛾 *Eligma narcissus*（Cramer）

（145）云杉树蜂 *Sirex piceus* Xiao & Wu

（146）中华树蜂 *Sirex sinicus* Maa

（147）栗瘿蜂 *Dryocosmus kuriphilus* Yasumatsu

（148）云杉球果长尾小蜂 *Torymus caudatus* Boheman

（149）竹广肩小蜂 *Aiolomorphus rhopaloides* Walker

（150）柠条广肩小蜂 *Bruchophagus neocaraganae*（Liao）

（151）槐树种子小蜂 *Bruchophagus onois*（Mayr）

（152）刺槐种子小蜂 *Bruchophagus philorobiniae* Liao

（153）落叶松种子小蜂 *Eurytoma laricis* Yano

（154）黄连木种子小蜂 *Eurytoma piotnikovi* Nikolskaya

（155）水杉小爪螨 *Oligonychus metasequoiae* Kuang

（156）针叶小爪螨 *Oligonychns ununguis*（Jacobi）

3.3.2　病原菌生物计 53 种

（157）松苗叶枯病 *Cercospora pini-densiflorae* Hari. *et* Nambu

（158）红松流脂溃疡病 *Tympanis confusa* Nyi.

（159）马尾松赤枯病 *Pestalotiopsis funereal* Desm.

（160）马尾松赤落叶病 *Hypoderma desmazierii* Duby

（161）二针松疱锈病 *Cronartium flaccidum*（Alb. et Schw.） Wint.

（162）松瘤锈病 *Cronartium quercuum*（Berk.） Miyabe

（163）落叶松芽枯病 *Cladosporium tenuissimum* Cooke

（164）落叶松早期落叶病 *Mycosphaerella laricileptolepis* Ito et aL.

（165）落叶松癌肿病 *Lachnellula willkommii*（Hartig） Dennis

（166）云杉稠李球果锈病 *Thekopsora areo-lata*（Fr.） Magn.

（167）云杉鹿蹄草球果锈病 *Chrysomyxa pirorlata*（Koern.） Wint.

（168）云杉锈病 *Chrysomyxa deformans*（Diet.） Jacz.

（169）红皮云杉叶锈病 *Chrysomyxa rhododendri* De Bary

（170）青海云杉叶锈病 *Chrysomyxa qilianensis* Wang，Wu et Li

（171）云杉毡枯病 *Rosellinia herpotrickioides* Hepting & Davidson

（172）云杉苗枯病 *Sclerotinia sclerotiorum*（Lib.） Duby.

（173）油杉枝瘤病 *Libertella wangii* Ren et Zhou

（174）油杉枝锈病 *Peridermium kunmingense* Ren

（175）铅笔柏枯梢病 *Phomopsis juniperovora* Hahn

（176）柳杉赤枯病 *Cercospora sequoiae* Ell. et EV.

（177）杨树黑斑病 *Marssonina* spp.

（178）杨树叶枯病 *Alternaria alternata*（Fr.） Keissl

（179）杨树炭疽病 *Glomerella cingulata*（Stonem.） Spauld. et Schrenk

（180）杨树灰斑病 *Mycosphaerella martdshurica* M. Miura

（181）杨树黑星病 *Venturia* spp.

（182）欧洲山杨黑斑病 *Septogloeum rhopaloideum* Dean. & Bisby

（183）榆树黑斑病 *Stegophora oharana*（Nishikado et Matsumoto） Petrak

（184）榆溃疡病 *Ascochyta ulmi*（West.） Kleber

（185）槐树腐烂病 *Fusarium tricinatum*（Cord.） Sacc.

（186）竹黑粉病 *Ustilago shiraiana* P. Henn

（187）竹丛枝病 *Balansia take*（Miyake） Hara

（188）竹秆锈病 *Puccinia corticioides* Berk. et Br. Syn.

（189）刺槐干腐病 *Phytophthora cinnamomi* Rands

（190）合欢锈病 *Ravenelia japonica* Diet. *et* Syd.

（191）梭梭白粉病 *Leveillula saxaouli*（SoroK.） Golov.

（192）梭梭瘤锈病 *Uromyces sydowii* Z. K. Lin et Guo

（193）油桐芽枯病 *Botrytis cinerea* Pets.

（194）油桐黑斑病 *Mycosphaerella aleuritidis*（Miyake）Ou

（195）油桐枯萎病 *Fusarium oxysporum* Schl.

（196）油橄榄疮痂病 *Gloeosporium olivarum* Alm.

（197）核桃炭疽病 *Colletotrichum gloeosporioides* Penz.

（198）枣炭疽病 *Colletotrichum　gloeosporioides* Penz.

（199）木菠萝软腐病 *Rhizopus artocarpi* Racib.

（200）木菠萝果腐病 *Physalospora rhodina* Berk. Et Curt.

（201）枸杞炭疽病 *Colletotrichum gloeosporioides* Penz.

（202）西蒙德木枯萎病 *Fmarium* spp.

（203）棕榈腐烂病 *Paecilomyces varioti* Bainier

（204）罗汉松叶枯病 *Pestalotia podocarpi* Laughton

（205）肉桂炭疽病 *Colletotrichum gloeosporioides* Penz.

（206）杜仲种腐病 *Ashbya gossypii*（Ashby et Now.）Guill

（207）八角炭疽病 *Colletotrichum gloeosporioides* Penz.

（208）板栗溃疡病 *Pseudovahella modonia*（Tul.）Kobayashi

（209）合欢枯萎病 *Fusarium oxysporum* f. sp. Perniciosum

3.3.3　有害植物计 24 种

（210）藜 *Chenopodium album* L.

（211）灰绿藜 *Chenopodium glaucum* L.

（212）菊叶香藜 *Chenopoium foetium* Chrad

（213）巴天酸模 *Rumex patientia* L.

（214）宽叶独行菜 *Lepidium latifolium* L.

（215）黄香草木樨 *Melilotus officinalis*（Linn.）Desr.

（216）白香草木樨 *Melilotus alba* Desr.

（217）窄叶野豌豆 *Vicia angustifolia* L. Ex Reichard

（218）冬葵 *Malva verticillata* L.

（219）密花香薷 *Elsholtzia densa* Benth.

（220）野薄荷 *Mentha haplocalyx* Brig.

（221）车前草 *Plantago depressa* Willd

（222）苍耳 *Xanthium sibiricum* Patrin

（223）黄花蒿 *Artemisia annua* L.

（224）碱茅 *Puccinellia distans*（L.）Parl.

（225）赖草 *Leyrnus secalinus*（Georgi）Tzvel.

（226）狗尾草 *Setaria viridis*（L.）Beauv.

（227）油杉寄生 *Arceuthobium chinense* Lecomte

（228）无根藤 *Cassytha filiformis* L.

（229）松寄生植物 *Taxillus* spp.

（230）桑寄生植物 *Loranthus* spp.

（231）槲寄生植物 *Viscum* spp.

（232）薇甘菊 *Mikania micrantha* H. B. K.

（233）紫茎泽兰 *Eupatorium adenophora* Spreng.

3.4   我国部分省、自治区、直辖市公布的检疫性林业有害生物补充名录

在开展植物检疫管理工作和对调运植物苗木种子及其制品实施检疫执法过程中，检疫执法人员不仅要掌握国家公布的检疫性有害生物现状，还要全面掌握所涉及区域的补充检疫性有害生物种类及其危害症状等情况，以此杜绝检疫性有害生物传播和蔓延所造成的危害。现将我国部分省、自治区、直辖市公布的建议性有害生物名录（表3-3）列出，以供在检疫管理中参阅。

表3-3 我国部分省、自治区、直辖市补充检疫性有害生物名录

（1）河北省	（2）山东省	（3）甘肃省
1. 锈色粒肩天牛	1. 松墨天牛	1. 松墨天牛
2. 双斑锦天牛	2. 日本松干蚧	2. 光肩星天牛
3. 双条杉天牛	3. 卫矛矢尖蚧	3. 双条杉天牛
4. 花曲柳窄吉丁	4. 栗瘿蜂	4. 白杨透翅蛾
5. 柳蝙蛾	5. 小黄家蚁	5. 吹绵蚧
6. 日本松干蚧	6. 桃仁蜂	6. 梨圆蚧
7. 梨圆蚧	7. 根结线虫病	7. 云杉大小蠹
8. 新刺轮蚧	8. 加拿大一枝黄花	8. 红火蚁
9. 红火蚁	9. 角斑绢网蛾	9. 尖唇散白蚁
10. 葡萄根瘤蚜	10. 咖啡豹蠹蛾	10. 沙棘木蠹蛾
11. 苹果棉蚜	11. 冬枣黑斑病	11. 苹果棉蚜
12. 菊花叶枯线虫病		12. 二针松疱锈病
13. 加拿大一枝黄花		13. 加拿大一枝黄花
14. 板栗疫病		14. 板栗疫病
15. 桃仁蜂		15. 大痣小蜂
（4）宁夏回族自治区	（5）天津市	（6）河南省
1. 松墨天牛	1. 松墨天牛	1. 锈色粒肩天牛
2. 桑天牛	2. 锈色粒肩天牛	2. 双条杉天牛
3. 光肩星天牛	3. 双条杉天牛	3. 白杨透翅蛾
4. 梨圆蚧	4. 柳蝙蛾	4. 蒙古木蠹蛾
5. 云杉大小蠹	5. 红火蚁	5. 中华松梢蚧
6. 沟眶象	6. 六星黑点豹蠹蛾	6. 苹果棉蚜
7. 臭椿沟眶象	7. 加拿大一枝黄花	7. 根结线虫病
8. 沙棘木蠹蛾	8. 咖啡豹蠹蛾	8. 加拿大一枝黄花
9. 加拿大一枝黄花	9. 板栗疫病	9. 板栗疫病

（续）

（7）吉林省	（8）内蒙古自治区	（9）青海省
1. 落叶松癌肿病	1. 光肩星天牛	1. 光肩星天牛
2. 杨锦纹吉丁	2. 青杨天牛	2. 白杨透翅蛾
3. 白杨透翅蛾	3. 双条杉天牛	3. 锈斑楔天牛
4. 柳蝙蛾	4. 白杨透翅蛾	4. 槐花球蚧
5. 日本松干蚧	5. 杨十斑吉丁	5. 加拿大一枝黄花
6. 落叶松种子小蜂	6. 加拿大一枝黄花	6. 臭椿沟眶象
7. 松黄星象		
（10）山西省	（11）黑龙江省	（12）陕西省
1. 桑天牛	1. 白杨透翅蛾	1. 双条杉天牛
2. 光肩星天牛	2. 柳蝙蛾	2. 白杨透翅蛾
3. 白杨透翅蛾	3. 杨树冰核细菌性溃疡病	3. 杏仁蜂
4. 红脂大小蠹	4. 光肩星天牛	4. 板栗疫病
		5. 加拿大一枝黄花
（13）新疆维吾尔自治区	（14）北京市	（15）辽宁省
1. 桑天牛；2. 光肩星天牛	1. 松墨天牛	1. 青杨天牛
3. 青杨天牛；4. 锈色粒肩天牛	2. 栗山天牛	2. 双条杉天牛
5. 双条杉天牛；6. 白杨透翅蛾	3. 锈色粒肩天牛	3. 花曲柳窄吉丁
7. 杨干透翅蛾；8. 梨圆蚧	4. 杨锦纹吉丁	4. 白杨透翅蛾
9. 山杨楔天牛；10. 柳脊虎天牛	5. 花曲柳窄吉丁	5. 柳蝙蛾
11. 苹果小吉丁虫；12. 苹果透翅蛾	6. 银杏超小卷蛾	6. 日本松干蚧
13. 杨大透翅蛾；14. 日本龟蜡蚧	7. 日本松干蚧	7. 加拿大一枝黄花
15. 沟眶象；16. 苹果顶芽小卷蛾	8. 梨圆蚧	8. 板栗疫病
17. 落叶松种子小蜂；18. 枸杞瘿螨	9. 根结线虫病	
19. 泰加大树蜂；20. 黄刺蛾		
21. 葡萄黑痘病；22. 蛞蝓		
（16）四川省	（17）安徽省	（18）西藏自治区
1. 红火蚁	1. 红火蚁	1. 青杨天牛
2. 杨干透翅蛾	2. 加拿大一枝黄花	2. 光肩星天牛
3. 毛竹枯梢病	3. 油茶软腐病	3. 白杨透翅蛾
4. 桉树焦枯病	4. 栗新链蚧	4. 杨干透翅蛾
5. 油橄榄孔雀斑病		

（19）湖北省		
1. 橘大实蝇	4. 萧氏松茎象	7. 圆柏叶枯病
2. 栗链蚧	5. 杨柳烂皮病	8. 红火蚁
3. 鞭角华扁叶蜂（鞭角扁叶蜂）	6. 加拿大一枝黄花	

4 危及项目建设的有害生物零缺陷风险分析

对有害生物进行零缺陷风险分析（pest risk analysis，PRA），是以生物学、经济学及相关学科的证据为基础的评估过程，用以确定某种有害生物是否应被管控及管控所采取植物检疫性处置措施的程度。该风险分析包括有害生物风险零缺陷管理和有害生物风险零缺陷分析两部分内容。

4.1 有害生物风险零缺陷管理

4.1.1 风险的特征

风险是自然或客观存在的，它引起损失事件的发生并导致随机性和不确定性，是实际后果与预期后果的差异。风险具有未来性、损害性、不确定性和可预测性4个特征：①未来性是指将来可能要发生导致损失的事件所造成的，已经发生的损失事件不能叫做风险，只能叫做事故。②损害性是指风险发生的后果，给人们的利益造成损害，包括经济损害和非经济损害。③不确定性是风险的最根本特性，主要表现在时间上的不确定性、空间上的不确定性和损失程度的不确定性，这种不确定性主要是由于对风险因素认识的不足和风险因素自身的变异所致。④可预见性是指在风险发生前，是完全可以根据其前奏所表现出的多种迹象或特征进行识别和判定的。

4.1.2 风险的零缺陷管理

风险零缺陷管理是研究风险发生及其变化规律，以及评估风险可能造成损失的程度，并选择有效手段或积极措施，有计划有目的地规避和处理风险，以期用最小成本代价，获得最大安全保障。

为了达到风险零缺陷管理目标，需要完成一系列规范化的风险管理程序（图3-3）。

（1）风险识别。风险识别是风险管理中的首要环节和基础，是对尚未发生的、潜在的风险因素进行连续地、系统地分析与鉴别、分类，并以此判定风险因素的主次和程度大小。

（2）风险测算评估。风险测算是科学、有效地为控制风险的方法提供理论依据，对造成损失的严重性和最大可能损失进行分析、估计与衡量的方法。

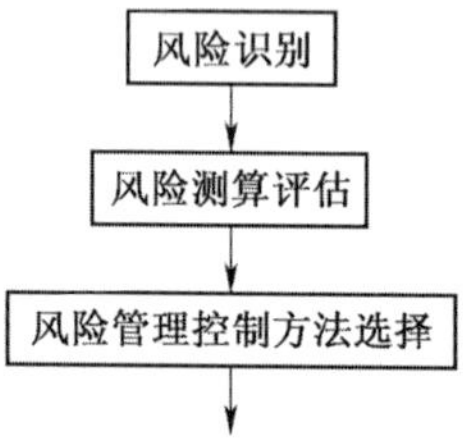

（3）风险管理控制方法选择。这是根据风险识别和测算

图 3-3 风险零缺陷管理的控制程序

的结果选择最佳的风险控制方法，通常采取回避风险和防止风险2种方法：①风险回避。指放弃可能带来损失的活动，这是一种较为简单和彻底的有效控制风险方法，也是一种消极的方法，容易失去与放弃与活动相关联的利益。②防止风险。指采取预防措施和抑制措施等，减少损失发生的机会，或降低损失的严重性，这是一种积极、主动的风险防控管理措施。

（4）风险管理控制方法实施。风险管理控制方法的实施，是指实行所选的风险管理控制方法，最终达到风险管理的目标，通过实施可检验出所选方法是否有效和正确。

目前，人们通常把风险识别、风险测算评估和提出风险管理措施这个过程叫做风险分析。

4.2 有害生物风险零缺陷分析

4.2.1 风险零缺陷分析内容及其过程

（1）有害生物风险零缺陷分析的核心内容主要有2个：①有害生物风险评估，是指采取系统分析、评价有害生物的传入和扩散的可能性，以及由此而带来潜在的经济损失影响。②有害生物风险管理，是指评价和选择降低有害生物传入和扩散风险的技术与管理综合措施。

（2）有害生物风险分析大致可分为风险分析启动、风险评估阶段和风险管理3个阶段，其过程如图3-4。

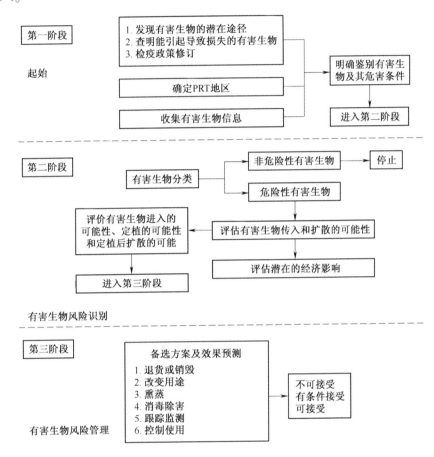

图 **3-4**　有害生物风险零缺陷分析流程示意

4.2.2　林业有害生物危险性等级分类

按照原国家林业局森林病虫害防治总站编制的林业有害生物危险性等级分类标准（试行）（No.2009-003），可进行林业有害生物危险性评判和危险性等级分类。根据林业有害生物危险性评判和危险性等级分类的结果，评估有害生物传入和进一步扩散的可能性，评估潜在的经济损失影响、评价有害生物定殖的可能性和定殖后扩散的可能性。

4.3　有害生物风险零缺陷分析在植物检疫中的地位和作用

早期开展实施的植物检疫是以有害生物风险分析为依据的，也就是说植物检疫的诞生实际上是有害生物风险分析的结果。同时，植物检疫的发展还极大地促进了有害生物风险分析的逐渐成熟，而有害生物风险零缺陷分析的成熟又有力地推动了植物检疫执法更加科学和有效。有害生物风险零缺陷分析是植物检疫的科学保障，是实现进境植物检疫严格执法的前提，是出入境植物检疫和跟踪检疫的保证。

参 考 文 献

1 邱立新. 林业有害生物防治技术［M］. 北京：中国林业出版社，2014.

2 康世勇. 园林工程施工技术与管理手册［M］. 北京：化学工业出版社，2011.

3 孙启忠，韩建国，卫智军，等. 沙地植被恢复与利用技术［M］. 北京：化学工业出版社，2006.

4 丁世民. 园林绿地养护技术［M］. 北京：中国农业大学出版社，2009.

5 吴立威. 园林工程施工组织与管理［M］. 北京：机械工业出版社，2008.

6 林立. 建筑工程项目管理［M］. 北京：中国建材工业出版社，2009.

7 水利部水土保持监测中心. 水土保持工程施工监理规范［M］. 北京：中国水利水电出版社，2012.

8 郑大勇. 园林工程监理员一本通［M］. 武汉：华中科技大学出版社，2008.

9 水利部水土保持监测中心. 水土保持工程建设监理理论与实务［M］. 北京：中国水利水电出版社，2008.

10 国家林业局森林病虫害防治总站. 林业有害生物防治技术［M］. 北京：中国林业出版社，2014.

11 刘朝霞. 鄂尔多斯林业有害生物防治实务全书［M］. 北京：中国农业科学技术出版社，2012.

后 记

2003年7月，当我经过考试和评审获得内蒙古自治区人事厅颁发的正高级工程师资格证书时，就有一种专业业绩归"零"的感觉和要"从头再做起"的心动，于是就萌发了把自己长期从事生态园林科研、规划设计和工程建设现场技术与管理工作实践中积累下的成败心得，以及生态园林建设生产中亟待修正、改进和创新的技术与管理工作实践，总结升华到理论的念头，故此就决定创作一部生态园林工程项目建设施工技术与管理方面的专著。在牵头组织列出写作提纲后，率领撰写团队经过3年多辛勤劳动，才发现无论是在所写内容的篇幅上，还是在撰写章节的深度上，都是一口吃不下的"刺猬"。经过缜密思虑后，决定分为园林工程和生态工程两大块分期组织撰写。为此，我于2010年10月将《园林工程施工技术与管理手册》定稿交稿后，就马不停蹄地继续完成生态修复工程建设稿的创作编著，直至2017年11月终于完成了这部总字数近400万字的《生态修复工程零缺陷建设手册》的写作，实现了自己作为"治沙人"梦寐以求的专业祈愿和奋斗目标。

在此，我代表编写组全体作者，向中华人民共和国成立以来为我国生态修复建设事业付出艰辛工作、血汗甚至生命的所有技术与管理的老工作者、老前辈、老专家们致以崇高的敬礼！诚挚感谢在10多年的创作撰写过程中所借鉴引用的我国生态修复工程建设前辈、专家、学者等原作者创作积累的大量宝贵理论精华和实践成果。

此时此刻，我要代表编写组诚挚感谢中国林业出版社原党委书记、社长金旻编审和现任党委书记、董事长刘东黎编审等出版社领导所给予的高度重视；诚挚感谢中国林业出版社副总编辑徐小英编审及其责任编辑团队的求真敬业、务实奉献和辛勤劳动，把由我牵头创作撰写的《生态修复工程零缺陷建设手册》这部书稿调整结构、重新策划分成《生态修复工程零缺陷建设设计》《生态修复工程零缺陷建设技术》《生态修复工程零缺陷建设管理》3本专著，并将其作为"生态文明建设文库"的重要组成申报获得了2019年度国家出版基金的资助。

今天，在《生态修复工程零缺陷建设技术》等专著正式出版之际，我深深地怀念、感谢和感激曾经把我从死亡线上挽回生命且至今还不知道姓名的那几位救命恩人。1991年10月21日深夜大约22点至23点，在神东2亿吨煤炭矿区生态建设现场返回住所的途中，我所乘坐的小型汽车与包神铁路上正常行驶的火车头相撞。事故发生后除司机被方向盘卡在汽车里，包括我在内的其余三人均被巨大的撞击力抛出车外，而我当时处于深度昏迷状态，被火车头司机宣布说"三人均已死亡"中的一人。如果当时那几位路经事故现场救我生命的恩人视而不见打道回府，会有我的后半生吗？还会有我完整的生态修复工程建设实践与理论创新职业生涯吗？会有由我总策划、总牵头、总主持编著的生态修复工程零缺陷建设系列专著问世吗？答案不想可知。

从我国生态修复工程建设技术长期实践中用心创新研发出的本专著，其突出的科技创新特点是科学、精湛、新颖、系统、博大、严谨、精益、深厚、实用、适用和易于推广应用，这是源于得到了我国生态修复工程建设技术业界众多领导和同行科技践行者们的积极参与和无私奉献。

本专著自 2003 年 7 月筹划创作至 2017 年 11 月成稿，在 10 多年系统广泛而深入的计划、调查、测试、分析、资料搜集、图文制作、创新写作、研发修改、理论升华等一系列过程中，得到了许多专家和领导的鼎力支持和学术指导斧正。首先，诚挚感谢国家林业和草原局局长张建龙和中国工程院院士、全国生态保护与建设专家咨询委员会主任尹伟伦教授，在政策理论性、科学严谨性、实践创新性、适用指导性等方面给予的指导。还要衷心感谢国家林业和草原局调查规划设计院党委书记张煜星高级工程师，原神华集团有限责任公司财务部总经理郝建鑫高级经济师，内蒙古自治区级重大专项"巴丹吉林沙漠脆弱环境形成机理及安全保障体系"课题组成员、内蒙古宇航人高技术产业有限责任公司董事长邢国良高级工程师，内蒙古沙谷丰林环境科技有限责任公司董事长谭敬高级工程师等领导和专家给予的热忱关注、关怀、指导、指正、支持和帮助。为此我代表编委会向他们致以诚挚、崇高的敬礼！

诚挚感谢北京林业大学副校长、中国水土保持学会副理事长、中国治沙暨沙业学会副理事长王玉杰教授担任本专著编委会主任，并在专业学术方面给予的指导指正和作序。

诚挚感谢积极参与并分别担任本专著编委会副主任的多位专家型领导。他们分别是：中国治沙暨沙业学会副理事长、中国治沙暨沙业学会荒漠矿业生态修复专业委员会主任、全国首届"千镇百县矿山生态修复扶贫工程项目主任"、湖南西施生态科技股份有限公司董事长张卫高级工程师；国家林业和草原局驻北京森林资源监督专员办副专员戴晟懋高级工程师；中国林业科学研究院防沙治沙首席专家、中国治沙暨沙业学会常务副理事长兼秘书长杨文斌研究员；中国神华铁路运输有限公司副总经理宋飞云高级经济师；北京林业大学水土保持与荒漠化防治学科负责人、荒漠化防治教研室主任、北京市教学名师丁国栋教授；中国林业出版社副总编辑徐小英编审。同时也诚挚感谢内蒙古阿拉善盟林业治沙研究所副所长武志博高级工程师和原所长田永祯高级工程师、北京林业大学水土保持学院赵廷宁教授以及上述感谢的张卫高级工程师和戴晟懋高级工程师、杨文斌研究员、丁国栋教授等专业英才分别担任本专著执行主编和副主编；还要诚挚感谢各位编委和作者的艰辛创作以及通力合作。最后要感谢我爱人郝丽华对我长期无微不至的贴心关怀和大力支持！

"是金子总会发光的。"2017 年 9 月在内蒙古自治区鄂尔多斯市召开的《联合国防治荒漠化公约》第 13 次缔约方大会上，本人独著发表的"中国生态修复工程零缺陷建设技术与管理模式"科技论文，向世界展示出了中国在防治荒漠化生态修复工程建设实践探讨并升华为理论创新研究的成果，得到了参会的联合国防治荒漠化官员、各国专家、代表的高度赞赏。9 月 13 日鄂尔多斯电视台新闻联播和 9 月 18 日鄂尔多斯日报头版分别以"康世勇：让矿区'黑三角'变成'绿三角'"和"鄂尔多斯生态人物——康世勇：让生态科研如花绽放"为标题作了专题报道，翔实报道了数十年致力于我国生态修复工程零缺陷建设实践与理论密切结合研究所取得的成就并给予了充分肯定。这一年，本人研发完成的"中国生态修复工程零缺陷建设技术与管理模式""中国神华神东 2 亿吨煤炭矿区荒漠化防治模式""神东生态环保标准及其标准化过程控制的探讨"项目，分别获神华神东煤炭集团公司 2017 年度管理课题研究成果一等奖、三等奖、优秀奖。

科学、系统、正确、适用、实用和与时俱进的创新理论研究及其发展，从来都离不开生产实践的检验，而精湛、成功的实践活动也从来都不能脱离正确理论的指导。本人在历经我国神东 2 亿吨现代化煤炭矿区生态修复建设 34 年生产实践中，牵头组织开展的"神东 2 亿吨煤炭基地生态修复零缺陷建设绿色矿区实践"科研项目，荣获中国煤炭工业协会颁发的"2018 年煤炭企业管理现代化创新成果（行业级）二等奖"；在生态修复零缺陷建设神东 2 亿吨现代化生态型绿色煤炭矿区生产实践中开展的"生态修复工程零缺陷建设"理论研究成果，荣获"2019 年中国能源研究会能源创新奖——学术创新三等奖"；在立项研究的神东 2 亿吨煤炭现代化安全生产管理和中国荒漠化土地生态复垦创新课题研究实践中，通过融入生态修复工程"三全五作"零缺陷建设理论，经过艰辛研究完成的"神东矿区零缺陷安全管理探讨"和"中国荒漠化土地生态经济开发建设"两项管理课题，分别荣获 2019 年神东煤炭集团公司管理课题研究成果二等奖和优秀奖；撰写的"神东 2 亿吨煤都荒漠化生态环境修复零缺陷建设绿色矿区技术"，被甄选为优秀科技论文发表在 2019 年"世界防治荒漠化与干旱日纪念大会暨荒漠化防治国际研讨会"。这些成果，均向世界展示了我国科学防治亿吨现代化煤炭矿区荒漠化、建设绿色煤都的零缺陷技术成就。

我国是世界上拥有荒漠化土地资源最多的国家之一，如何采取生态经济方式科学、系统、全面开发建设广袤的荒漠化土地，是我国现在和今后面临的实现绿色可持续发展亟待攻克的一项生态修复与土地利用、科技研发与开发建设、经济发展与自然和谐的复合型难题。本人撰写的"超世界规模土地复垦工程——中国荒漠化土地生态经济方式开发建设"一文，以"生态经济零缺陷开发建设中国荒漠化土地"主题思想的创新理念，成为发表在中国土地学会 2019 年年会上的优秀学术论文之一，为大力推进生态文明建设向纵深方向高质量迈进，为实现人与自然、生态与经济、国土与建设、荒漠与绿化的和谐发展目标提供了重要参考，并且向世界响亮地提出了中国生态修复科技工作者对荒漠化土地采取生态经济方式开发建设的创新命题和理念。

本专著的编著出版，虽然是编委会和编写组全体参与者长期从事生态修复建设的实践经验浓缩和理论创新的升华，但所阐述的生态修复建设理论及其观点内容一定会存在不少错漏和不足，恳请读者提出宝贵的指导意见。

康世勇

2020 年 2 月 24 日于内蒙古鄂尔多斯东胜家中

（E-mail：kangshiyong1960@126.com）